作 者 简 介

喻德生，江西高安人．1980 年步入教坛，1990 年江西师范大学数学系硕士研究生毕业，获理学硕士学位．南昌航空大学数学与信息科学学院三级教授，硕士研究生导师，江西省第六批中青年骨干教师，中国教育数学学会常务理事，《数学研究期刊》编委，南昌航空大学省优质课程"高等数学"负责人，教育部学位与研究生教育发展中心评审专家，全国研究生数学建模竞赛评审专家，江西省教育厅青年教师讲课比赛评委、专业评估专家，江西科技厅评审专家．历任大学数学教研部主任等职．指导硕士研究生 12 人．主要从事几何学、计算机辅助几何设计和数学教育等方面的研究．参与国家自然科学基金课题 3 项，主持或参与省部级教学科研课题 12 项、厅局级教学科研课题 16 项．在国内外学术刊物发表论文 60 余篇，撰写专著 7 部，主编出版教材 12 种 18 个版本．作为主持人获江西省优秀教学成果奖二等奖 1 项、三等奖 2 项，指导学生参加全国数学建模竞赛获全国一等奖 1 项、二等奖 2 项，省级一等奖 3 项，并获江西省优秀教学成果荣誉 2 项，南昌航空工业学院优秀教学成果奖 6 项，获校级优秀教师或优秀主讲教师 8 次．

Email: yuds17@163.com

空间有向几何学
多面体重心线有向度量理论与应用

喻德生 著

南昌航空大学科学文库

科学出版社

北 京

内 容 简 介

本书是《空间有向几何学》系列成果之三. 在《平面有向几何学》系列研究和《空间有向几何学》(上、下册)等的基础上, 创造性地、广泛地综合运用多种有向度量法和有向度量定值法, 特别是有向体积法和有向体积定值法, 对空间多边形和多面体重心线的有关问题进行深入、系统的研究, 得到一系列的有关空间多边形和多面体重心线的有向度量定理, 主要包括空间多边形和多面体重心线的共面共点定理、空间多边形和多面体顶点到重心线包络面有向距离公式、空间多边形和多面体顶点到重心线面有向距离公式, 以及以上定理和公式的应用, 从而揭示这些定理之间, 这些定理与经典数学问题、数学定理之间的联系, 较系统、深入地阐述了空间多边形和多面体重心线有向度量的基本理论、基本思想和基本方法. 它对开拓数学的研究领域, 揭示事物之间本质的联系, 探索数学研究的新思想、新方法具有重要的理论意义; 对丰富几何学各学科, 以及相关数学学科的教学内容, 促进大、中学数学教学内容改革的发展具有重要的现实意义; 此外, 有向几何学的研究成果和研究方法, 对数学定理的机械化证明和工程有关学科也具有重要的应用和参考价值.

本书可供数学研究工作者、大学和中学数学教师、大学数学专业学生和研究生以及高中生阅读, 可以作为大学数学专业学生、研究生和中学数学竞赛的教材, 也可供相关学科专业的师生、科技工作者参考.

图书在版编目(CIP)数据

空间有向几何学: 多面体重心线有向度量理论与应用/喻德生著. —北京: 科学出版社, 2022.5
ISBN 978-7-03-072228-7

Ⅰ. ①空… Ⅱ. ①喻… Ⅲ. ①有向图 Ⅳ. ①O157.5

中国版本图书馆 CIP 数据核字（2022）第 077520 号

责任编辑: 胡庆家 贾晓瑞 / 责任校对: 彭珍珍
责任印制: 吴兆东 / 封面设计: 陈 敬

科 学 出 版 社 出版
北京东黄城根北街 16 号
邮政编码: 100717
http://www.sciencep.com
北京虎彩文化传播有限公司 印刷
科学出版社发行 各地新华书店经销
*
2022 年 5 月第 一 版 开本: 720×1000 B5
2022 年 5 月第一次印刷 印张: 20
字数: 402 000
定价: 148.00 元
(如有印装质量问题, 我社负责调换)

前　言

　　"有向" 是自然科学中的一个十分重要而又应用非常广泛的概念. 我们经常遇到的有向数学模型无外乎如下两类:

　　一是 "泛物" 的有向性. 如微积分学中的左右极限、左右连续、左右导数等用到的量的有向性, 定积分中用到的线段 (即区间) 的有向性, 对坐标的曲线积分用到的曲线的有向性, 对坐标的曲面积分用到的曲面的有向性等, 这些都是有向性的例子. 尽管这里的问题很不相同, 但是它们都只有正、负两个方向, 因此称为 "泛物" 的有向性. 然而, 这里的有向性没有可加性, 不便运算.

　　二是 "泛向" 的有向量, 亦即我们在数学与物理中广泛使用的向量. 我们知道, 这里的向量有无穷多个方向, 而且两个方向不同的向量相加通常得到一个方向不同的向量. 因此, 我们称为 "泛向" 的有向量. 这种 "泛向" 的有向数学模型, 对于我们来说方向太多, 不便应用.

　　然而, 正是由于 "泛向" 有向量的可加性与 "泛物" 有向性的二值性, 启示我们研究一种既有二值有向性又有可加性的几何量. 一维空间的有向距离, 二维空间的有向面积, 三维空间乃至一般的 N 维空间的有向体积等都是这种几何量的例子. 一般地, 我们把带有方向的度量称为有向度量.

　　"有向度量" 并不是数学中一个全新的概念, 各种有向度量的概念散见于一些数学文献中. 但是, 有向度量的概念并未发展成为数学中的一个重要概念. 有向度量的应用仅仅局限于其 "有向性", 而极少触及其 "可加性". 要使有向度量的概念变得更加有用, 要发现各种有向度量的规律性, 使有向度量的知识系统化, 就必须对有向度量进行深入的研究, 创立一门独立的几何学——有向几何学. 为此, 必须明确有向几何学的研究对象, 确立有向几何学的研究方法, 构建有向几何学的知识体系. 这对开拓数学研究的领域, 揭示事物之间本质的联系, 探索数学研究的新思想、新方法具有重要的理论意义; 对丰富几何学各学科, 以及相关数学学科, 特别是数学分析、高等数学等学科的教学内容, 促进高等学校数学教学内容改革的发展具有重要的现实意义; 此外, 有向几何学的研究成果和研究方法, 对数学定理的机械化证明也具有重要的应用和参考价值.

　　就我们所知, 著名数学家希尔伯特在他的数学名著《直观几何》中, 利用三角形的有向面积证明了一个简单的几何问题, 这是历史上较早的使用有向面积证题的例子. 二十世纪五六十年代, 著名数学家 Wilhelm Blaschke 在他的《圆与球》

中, 利用有向面积深入地讨论了圆的极小性问题, 这是历史上比较系统地使用有向面积方法解决问题的例子. 但是, 有向面积法并未发展成一种普遍使用, 而又十分有效的方法.

二十世纪八九十年代, 我国著名数学家吴文俊、张景中院士, 开创了数学机械化的研究, 而计算机中使用的距离和面积都是有向的, 因此数学机械化的研究拓广了有向距离和有向面积应用的范围. 特别是张景中院士十分注重面积关系在数学机器证明中的作用, 指出面积关系是 "数学中的一个重要关系", 并利用面积关系创立了一种可读的数学机器证明方法——所谓的消点法, 也称为面积法.

近年来, 我们在分析与借鉴上述两种思想方法的基础上, 发展了一种研究有向几何问题的方法, 即所谓的有向度量定值法. 除上述提到的两个原因外, 我们也受到如下两种数学思想方法的影响.

一是数学建模的思想方法. 我们知道, 一个数学模型通常不是一个简单的数学结论. 它往往包含一个或多个参数, 只要给定参数的一个值, 就可以得出一个相应的结论. 这与经典几何学中一个一个的、较少体现知识之间联系的结论形成了鲜明的对照. 因此, 我们自然会问, 几何学中能建立涵盖面如此广泛的结论吗? 这样, 寻找几何学中联系不同结论的参数, 进行几何学中的数学建模, 就成为我们研究有向几何问题的一个重点.

二是函数论中的连续与不动点的思想方法. 我们知道, 经典几何学中的结论通常是离散的, 一个结论就要给出一个证明, 比较麻烦. 我们能否引进一个连续变化的量, 使得对于变量的每一个值, 某个几何量或某几个几何量之间的关系始终是不变的? 这样, 构造几何量之间的定值模型就成为我们研究有向几何问题的一个突破口.

尽管几何定值问题的研究较早, 一些方面的研究也比较深入, 但有向度量定值问题的研究尚处于起步阶段. 近年来, 我们研究了有向距离、有向面积定值的一些问题, 得到了一些比较好的结果, 并揭示了这些结果与一些著名的几何结论之间的联系. 不仅使很多著名的几何定理——Euler 定理、Pappus 定理、Pappus 公式、蝴蝶定理、Servois 定理、中线定理、Harcourt 定理、Carnot 定理、Brahmagupta 定理、切线与辅助圆定理、Anthemius 定理、焦点和切线的 Apollonius 定理、Zerr 定理、配极定理、Salmon 定理、二次曲线的 Pappus 定理、两直线上的 Pappus 定理、Desarques 定理、Ceva 定理、等截共轭点定理、共轭直径的 Apollonius 定理、正弦及余弦差角公式、Weitzentock 不等式、Mobius 定理、Monge 公式、Gauss 五边形公式、Erdos-Mordell 不等式、Gauss 定理、Gergonne 定理、梯形的施泰纳定理、拿破仑三角形定理、Cesàro 定理、三角形的中垂线定理、Simson 定理、三角形的共点线定理、完全四边形的 Simson 线定理、高线定理、Neuberg 定理、共点线的施泰纳定理、Zvonko Cerin 定理、双重透视定理、三重透视定理、Pappus

重心定理、角平分线定理、Menelaus 定理、Newton 定理、Brianchon 定理等结论和一大批数学竞赛题在有向度量的思想方法下得到了推广或证明, 而且揭示了这些经典结论之间、有向度量与这些经典结论之间的内在联系. 显示出有向面积定值法的新颖性、综合性、有效性和简洁性. 特别是在三角形、四边形和二次曲线外切多边形中有向面积定值问题的研究, 涵盖面广、内容丰富、结论优美, 并引起了国内外数学界的关注.

打个比方说, 如果我们把经典的几何定理看成是一颗颗的珍珠, 那么几何有向度量的定值定理就像一条条的项链, 把一些看似没有联系的若干几何定理串连起来, 形成一个完美的整体. 因此, 几何有向度量的定值定理更能体现事物之间的联系, 揭示事物的本质.

之后, 我们又将平面有向几何学的思想方法, 应用于空间有关问题的研究, 亦得到了一些比较好的结果, 并分别于 2019 年 6 月和 2020 年 8 月在科学出版社出版了空间有向度量研究的两部专著:《空间有向几何学》(上、下册).

《空间有向几何学》(上册) 是本系列研究成果之一. 在《平面有向几何学》系列等研究的基础上, 创造性地、广泛地运用有向距离法和有向距离定值法, 对空间点、平面间的有关问题进行更深入、系统的研究, 得到了一系列有关两点间有向距离、点到平面间有向距离的定值定理, 揭示了这些定理与经典数学问题、数学定理和一大批数学竞赛题之间的联系, 较系统、深入地阐述了空间有向距离的基本理论、基本思想和基本方法.

《空间有向几何学》(下册) 是本系列研究成果之二. 在《平面有向几何学》系列研究和《空间有向几何学》(上册) 的基础上, 创造性地、广泛地运用有向距离法和有向距离定值法, 对与空间多边形有向面积有关一些问题进行更深入、系统的研究, 得到了一系列点到平面间有向距离的定值定理, 揭示了这些定理与经典数学问题、数学定理和一些数学竞赛题之间的联系, 较系统、深入地阐述了空间有向距离、有向面积的基本理论、基本思想和基本方法.

本书是《空间有向几何学》系列成果之三. 在《平面有向几何学》系列研究和《空间有向几何学》(上、下册) 的基础上, 创造性地、广泛地综合运用多种有向度量法和有向度量定值法, 特别是有向体积法和有向体积定值法, 对空间多边形和多面体重心线的有关问题进行深入、系统的研究, 得到一系列的有关空间多边形和多面体重心线的有向度量定理, 主要包括空间多边形和多面体重心线的共面共点定理、空间多边形和多面体顶点到重心线包络面有向距离公式、空间多边形和多面体顶点到重心线面有向距离公式, 以及以上定理和公式的应用, 从而揭示这些定理之间, 这些定理与经典数学问题、数学定理之间的联系, 较系统、深入地阐述了空间多边形和多面体重心线有向度量的基本理论、基本思想和基本方法.

除一些引证的结果外, 本系列著作均为作者原创性成果. 如被引用, 请标明出处.

　　本书得到南昌航空大学科研成果专项资助基金的资助, 得到罗胜联校长和科技处、数学与信息科学学院领导的大力支持, 表示衷心感谢! 同时, 也感谢科学出版社胡庆家、陈玉琢两位编辑的关心与帮助.

　　由于作者阅历、水平有限, 书中可能出现疏漏, 敬请国内外同仁和读者不吝批评指正.

作　者
2021 年 4 月

目　　录

第 1 章 多面体有向体积公式

1.1 多面体体积的概念与性质

从几何上来看, 两点间的距离是一维图形长短的度量, 多面体的体积是三维图形大小的度量, 那么这两类度量之间有什么联系呢? 本节主要阐述多面体和多面体体积的基本知识, 为多面体有向体积的研究奠定基础. 首先, 介绍多面体的基本概念; 其次, 介绍多面体体积的基本概念, 并通过长方体体积的定义, 推出平行六面体、三棱柱和四面体的体积公式, 从而给出一道数学竞赛题相关问题的解答; 最后, 介绍四面体体积的行列式计算公式, 从而阐述四面体体积的基本性质.

1.1.1 多面体的基本概念

多面体有三个相关的定义: 在传统意义上, 它是一个三维的多胞形; 而在更新的意义上, 它是任何维度的多胞形的有界或无界的推广; 将后者进一步一般化, 就得到拓扑多面体. 本书只讨论三维多胞形意义上的多面体.

定义 1.1.1 由四个或四个以上多边形所围成的几何体, 叫做多面体. 围成多面体的各个多边形叫做多面体的面, 两个面的公共边叫做多面体的棱, 若干个面的公共顶点叫做多面体的顶点.

立方体、棱锥和棱柱都是多面体的例子. 多面体包住三维空间的一块有界体积; 有时其内部也视为多面体的一部分. 一个多面体是多边形的三维对应.

正多面体是指多面体的各个面都是全等的正多边形, 并且各个多面角都是全等的多面角. 例如, 正四面体 (即正三棱锥体) 的四个面都是全等的三角形, 每个顶点有一个三面角, 共有四个三面角, 可以完全重合, 也就是说它们是全等的.

多面体可以有无数, 但正多面体的种数很少. 正多面体只有正四面体、正六面体、正八面体、正十二面体、正二十面体五种. 其中面数最少的是正四面体, 面数最多的是正二十面体. 有些化学元素的结晶体呈正多面体的形状, 如食盐的结晶体是正六面体, 明矾的结晶体是正八面体. 正多面体点、线、面数之间的关系如下:

类型	面数	棱数	顶点数	每面边数	每顶点棱数
正四面体	4	6	4	3	3
正六面体	6	12	8	4	3
正八面体	8	12	6	3	4
正十二面体	12	30	20	5	3
正二十面体	20	30	12	3	5

定义 1.1.2　以多面体某面 (某对角面) 为一面、空间任意一点为一个顶点的多面体, 称为多面体的面多面体 (对角面多面体).

为方便起见, 当任意点在多面体某面 (某对角面) 上时, 我们把任意点与这个面 (对角面) 所组成的平面图形 (即多边形或多角形), 看成是多面体的面多面体 (对角面多面体) 的特殊情形.

显然, 过空间一点 P, 可以作四面体 $P_1P_2P_3P_4$ 的四个面四面体, 即 $PP_1P_2P_3$, $PP_2P_3P_4$, $PP_3P_4P_1$, $PP_4P_1P_2$; 过空间一点 P, 也可以作 n 棱锥 $P_0\text{-}P_1P_2\cdots P_n$ 的 n 个面四面体和一个面 n 棱锥体, 即 $PP_0P_1P_2$, $PP_0P_2P_3$, $\cdots$, $PP_0P_nP_1$ 和 $P\text{-}P_1P_2\cdots P_n$.

1.1.2　多面体体积的基本概念与公式

要确定三维图形——多面体的大小, 可以从纵、横、竖三个维度来度量, 这样就把多面体体积度量的问题转化成三个一维度量, 即距离度量的问题; 而由纵、横、竖三个维度的对称性, 就可以将多面体体体积定义为三个一维度量, 即距离度量的乘积. 可见, 不同的距离度量, 会产生不同的体积度量. 一般地, 多面体体积的定义如下.

定义 1.1.3　多面体的体积是指满足不变性和可加性两个条件的正实值函数, 即这样的函数应满足下列两条件:

(i) 合同的多面体具有相同的体积;

(ii) 如果一个多面体是由两个 (或若干个) 多面体组成的, 则它的体积等于组成它的多面体的体积之和.

显然, 即使对同一度量的距离, 满足以上条件的体积的度量也不是唯一的. 因此, 我们约定, 本书所讨论的体积, 都是指多面体在纵、横、竖三个维度上的欧氏距离度量的乘积, 即通常意义下的体积.

一般地, 我们规定单位长度的正方体, 即长、宽、高三个维度的度量都是一个单位长度的正方体的体积为一个体积单位. 于是, 由于长方体在长、宽、高三个维度的度量处处都是一样的, 因此可以把长方体的体积定义为长、宽、高的乘积. 特别地, 正方体的体积就是边长的立方.

定义 1.1.4　设 $P_1P_2P_3P_4\text{-}Q_1Q_2Q_3Q_4$ 是长方体, 则其体积定义为长、宽、高的乘积, 记为 $\mathrm{v}_{P_1P_2P_3P_4\text{-}Q_1Q_2Q_3Q_4}$, 即

$$\mathrm{v}_{P_1P_2P_3P_4\text{-}Q_1Q_2Q_3Q_4} = \mathrm{d}_{P_1P_2}\mathrm{d}_{P_1P_4}\mathrm{d}_{P_1Q_1}. \tag{1.1.1}$$

特别地, 当 $\mathrm{d}_{P_1P_2} = \mathrm{d}_{P_1P_4} = \mathrm{d}_{P_1Q_1}$ 时, 即得正方体的体积等于边长的立方, 即

$$\mathrm{v}_{P_1P_2P_3P_4\text{-}Q_1Q_2Q_3Q_4} = \mathrm{d}_{P_1P_2}^3.$$

定理 1.1.1 平行六面体 $P_1P_2P_3P_4$-$Q_1Q_2Q_3Q_4$ 的体积等于底面积与高的乘积, 即

$$v_{P_1P_2P_3P_4\text{-}Q_1Q_2Q_3Q_4}$$

$$= a_{P_1P_2P_3P_4} d_{Q_i\text{-}\pi_{P_1P_2P_3P_4}}$$

$$= a_{Q_1Q_2Q_3Q_4} d_{P_i\text{-}\pi_{Q_1Q_2Q_3Q_4}} \quad (i=1,2,3,4). \tag{1.1.2}$$

证明 如图 1.1.1 和图 1.1.2 所示. 不妨设 $\angle Q_1P_1P_4$, $\angle Q_1P_1P_2$ 均为锐角. 首先, 过底边 P_4P_3 作一垂直于底面 $P_1P_2P_3P_4$ 的平面 $\pi_{Q_4'P_4P_3Q_3'}$, 分别与上底棱 Q_2Q_3, Q_4Q_1 相交于 Q_3', Q_4', 并从平行六面体 $P_1P_2P_3P_4$-$Q_1Q_2Q_3Q_4$ 上截下一个倒置的锲形体 P_3P_4-$Q_3'Q_3Q_4Q_4'$, 同时将锲形体 P_3P_4-$Q_3'Q_3Q_4Q_4'$ 平移至平行六面体 $P_1P_2P_3P_4$-$Q_1Q_2Q_3Q_4$ 的对侧, 使 Q_3 与 Q_2, Q_4 与 Q_1 重合, 从而得到一个体积与平行六面体 $P_1P_2P_3P_4$-$Q_1Q_2Q_3Q_4$ 体积相等且两对面 $P_1P_2R_2R_1$, $P_3P_4Q_4'Q_3'$ 均与底面垂直的平行六面体 $P_1P_2P_3P_4$-$R_1R_2Q_3'Q_4'$.

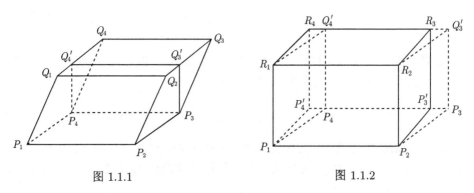

图 1.1.1   图 1.1.2

其次, 过侧棱 P_2R_2 作一垂直于侧面 $P_3P_4Q_4'Q_3'$ 的平面 $\pi_{R_2P_2P_3'R_3}$, 分别与上底棱 $Q_3'Q_4'$ 和下底棱 P_3P_4 相交于 R_3 和 P_3', 并从平行六面体 $P_1P_2P_3P_4$-$R_1R_2Q_3'Q_4'$ 上截下一个竖置的锲形体 P_2R_2-$P_3'P_3Q_3'R_3$, 同时将锲形体 P_2R_2-$R_3'P_3Q_3'R_3$ 平移至平行六面体 $P_1P_2P_3P_4$-$R_1R_2Q_3'Q_4'$ 的对侧, 使 P_2 与 P_1 重合, P_3 与 P_4 重合, 从而得到一个体积与 $P_1P_2P_3P_4$-$R_1R_2Q_3'Q_4'$ 体积相等的长方体 $P_1P_2P_3'P_4'$-$R_1R_2R_3R_4$. 于是由定义 1.1.1, 可得

$$v_{P_1P_2P_3P_4\text{-}Q_1Q_2Q_3Q_4} = v_{P_1P_2P_3P_4\text{-}R_1R_2Q_3'Q_4'}$$

$$= v_{P_1P_2P_3'P_4'\text{-}R_1R_2R_3R_4} = a_{P_1P_2P_3'P_4'} d_{R_i\text{-}\pi_{P_1P_2P_3'P_4'}} \quad (i=1,2,3,4).$$

因为

$$a_{P_1P_2P_3'P_4'} = a_{P_1P_2P_3P_4} = a_{Q_1Q_2Q_3Q_4},$$

$$d_{R_i-\pi_{P_1P_2P_3'P_4'}} = d_{Q_i-\pi_{P_1P_2P_3P_4}} = d_{P_i-\pi_{Q_1Q_2Q_3Q_4}} \quad (i=1,2,3,4),$$

所以式 (1.1.2) 成立.

推论 1.1.1　三棱柱体 $P_1P_2P_3\text{-}Q_1Q_2Q_3$ 的体积等于底面积乘高, 即

$$v_{P_1P_2P_3\text{-}Q_1Q_2Q_3} = a_{P_1P_2P_3}d_{Q_i-\pi_{P_1P_2P_3}} = a_{Q_1Q_2Q_3}d_{P_i-\pi_{Q_1Q_2Q_3}} \quad (i=1,2,3).$$

$$(1.1.3)$$

证明　因为平行六面体 $P_1P_2P_3P_4\text{-}Q_1Q_2Q_3Q_4$ 的对角面 $P_1P_3Q_3Q_1$ 将其分成两个体积相等的三棱体柱 $P_1P_2P_3\text{-}Q_1Q_2Q_3$ 和 $P_1P_3P_4\text{-}Q_1Q_3Q_4$, 故由平行六面体的体积公式, 可得

$$v_{P_1P_2P_3\text{-}Q_1Q_2Q_3} = 0.5a_{P_1P_2P_3P_4}d_{Q_i-\pi_{P_1P_2P_3P_4}}$$

$$= 0.5a_{Q_1Q_2Q_3Q_4}d_{P_i-\pi_{Q_1Q_2Q_3Q_4}} \quad (i=1,2,3).$$

因为

$$a_{P_1P_2P_3} = 0.5a_{P_1P_2P_3P_4}, \quad a_{Q_1Q_2Q_3} = 0.5a_{Q_1Q_2Q_3Q_4},$$

$$d_{Q_i-\pi_{P_1P_2P_3P_4}} = d_{Q_i-\pi_{P_1P_2P_3}}, \quad d_{P_i-\pi_{Q_1Q_2Q_3Q_4}} = d_{P_i-\pi_{Q_1Q_2Q_3}} \quad (i=1,2,3),$$

所以式 (1.1.3) 成立.

定理 1.1.2(四面体体积公式: 点-面距离表达式)　四面体 $P_1P_2P_3P_4$ 的体积等于一面的面积与这面上高的乘积的三分之一, 即

$$v_{P_1P_2P_3P_4} = \frac{1}{3}a_{P_iP_{i+1}P_{i+2}}d_{P_{i+3}-\pi_{P_iP_{i+1}P_{i+2}}} \quad (i=1,2,3,4; P_{i+4}=P_i). \quad (1.1.4)$$

证明　如图 1.1.3 所示. 因为三棱柱 $P_1P_2P_3\text{-}Q_1Q_2Q_3$ 的对角面 $Q_iP_{i+1}P_{i+2}$; $P_iQ_{i+1}Q_{i+2}(i=1,2,3)$ 将其分成六个体积相等四面体 $Q_iP_iP_{i+1}P_{i+2}$; $P_iQ_iQ_{i+1}Q_{i+2}(i=1,2,3)$, 即

$$v_{Q_1P_1P_2P_3} = v_{Q_2P_2P_3P_1} = v_{Q_3P_3P_1P_2} = v_{P_1Q_1Q_2Q_3} = v_{P_2Q_2Q_3Q_1} = v_{P_3Q_3Q_1Q_2}.$$

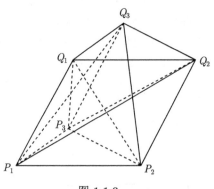

图 1.1.3

又因为

$$v_{Q_1P_1P_2P_3} + v_{Q_2P_2P_3P_1} + v_{Q_3P_3P_1P_2} + v_{P_1Q_1Q_2Q_3} + v_{P_2Q_2Q_3Q_1} + v_{P_3Q_3Q_1Q_2}$$
$$= 2v_{P_1P_2P_3\text{-}Q_3Q_1Q_2},$$

所以

$$v_{Q_1P_1P_2P_3} = v_{Q_2P_2P_3P_1} = v_{Q_3P_3P_1P_2} = v_{P_1Q_1Q_2Q_3} = v_{P_2Q_2Q_3Q_1} = v_{P_3Q_3Q_1Q_2}$$
$$= \frac{1}{3}v_{P_1P_2P_3\text{-}Q_3Q_1Q_2} = \frac{1}{3}a_{P_1P_2P_3}d_{Q_i\text{-}\pi_{P_1P_2P_3}}$$
$$= \frac{1}{3}a_{Q_1Q_2Q_3}d_{P_i\text{-}\pi_{Q_1Q_2Q_3}} \quad (i = 1,2,3).$$

将上式中的四面体, 换成相应的四面体 $P_1P_2P_3P_4$, 即得式 (1.1.4).

注 1.1.1 当 P_1, P_2, P_3, P_4 共面时, 规定 $v_{P_1P_2P_3P_4} = 0$, 式 (1.1.4) 亦成立. 因此, 我们把共面的四点, 所构成的平面图形 (四边形或四角形)$P_1P_2P_3P_4$, 看成是四面体的特殊情形.

推论 1.1.2 (n 棱锥体积: 点-面距离表达式) n 棱锥 $P_0\text{-}P_1P_2\cdots P_n$ 的体积等于底面积与高的乘积的三分之一, 即

$$v_{P_0\text{-}P_1P_2\cdots P_n} = \frac{1}{3}a_{P_1P_2\cdots P_n}d_{P_0\text{-}\pi_{P_1P_2\cdots P_n}}. \tag{1.1.5}$$

证明 当 $P_0\text{-}P_1P_2\cdots P_n$ 为凸棱锥时, $P_0\text{-}P_1P_2\cdots P_n$ 的对角面 $P_0P_1P_3$, $P_0P_1P_4, \cdots, P_0P_1P_{n-1}$ 将其分成 $n-2$ 个四面体 $P_0P_1P_2P_3, P_0P_1P_3P_4, \cdots$, $P_0P_1P_{n-1}P_n$, 故由定义 1.1.3 和定理 1.1.2, 并注意到

$$d_{P_0\text{-}\pi_{P_1P_2P_3}} = d_{P_0\text{-}\pi_{P_1P_3P_4}} = \cdots = d_{P_0\text{-}\pi_{P_1P_{n-1}P_n}} = d_{P_0\text{-}\pi_{P_1P_2\cdots P_n}},$$

可得

$$v_{P_0\text{-}P_1P_2\cdots P_n} = v_{P_0P_1P_2P_3} + v_{P_0P_1P_3P_4} + \cdots + v_{P_0P_1P_{n-1}P_n}$$
$$= \frac{1}{3}a_{P_1P_2P_3}d_{P_0\text{-}\pi_{P_1P_2P_3}} + \frac{1}{3}a_{P_1P_3P_4}d_{P_0\text{-}\pi_{P_1P_3P_4}}$$
$$+ \cdots + \frac{1}{3}a_{P_1P_{n-1}P_n}d_{P_0\text{-}\pi_{P_1P_{n-1}P_n}}$$
$$= \frac{1}{3}\left(a_{P_1P_2P_3} + a_{P_1P_3P_4} + \cdots + a_{P_1P_{n-1}P_n}\right)d_{P_0\text{-}\pi_{P_1P_2\cdots P_n}}$$
$$= \frac{1}{3}a_{P_1P_2\cdots P_n}d_{P_0\text{-}\pi_{P_1P_2\cdots P_n}},$$

因此, 式 (1.1.4) 成立.

当 $P_0\text{-}P_1P_2\cdots P_n$ 为凹棱锥时, 先将 $P_0\text{-}P_1P_2\cdots P_n$ 分割成若干个凸棱锥, 再利用定义 1.1.3 和定理 1.1.2 以及上述结论, 亦可以证明式 (1.1.4) 成立.

例 1.1.1 如图 1.1.4 所示. $ABCD\text{-}A'B'C'D'$ 是一个六面封闭的长方体水箱. 已知 $\mathrm{d}_{AA'}=7\mathrm{m}, \mathrm{d}_{AB}=5\mathrm{m}, \mathrm{d}_{AD}=4\mathrm{m}$, 因使用过久, 在棱 AA', DD', AB 上各有一个小孔. 图中 P, Q, R 是小孔的位置, 已经测得 $\mathrm{d}_{AR}=3\mathrm{m}, \mathrm{d}_{AP}=2\mathrm{m}, \mathrm{d}_{DQ}=1\mathrm{m}$. (1) 求三角形 PQR 的面积; (2)(1957 年北京市数学竞赛题) 问这水箱最多还能盛多少水 (水箱不必平放).

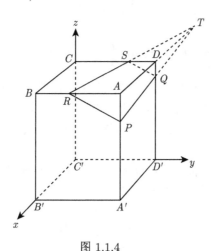

图 1.1.4

解 分别以 $C'B', C'D'$ 所在直线为 x, y 轴建立空间直角坐标系, 并设三角形 PQR 所在平面与棱 CD 的交点为 S. 于是 $ABCD\text{-}A'B'C'D'$ 上底面顶点和小孔的坐标分别为 $A(4,5,7), B(4,0,7), C(0,0,7), D(0,5,7); P(4,5,5), Q(0,5,6),$ $R(4,2,7)$, 三角形 PQR 的投影法向量

$$\boldsymbol{n}_{PQR}=\frac{1}{2}\left(\begin{vmatrix}5&5&1\\5&6&1\\2&7&1\end{vmatrix},\begin{vmatrix}5&4&1\\6&0&1\\7&4&1\end{vmatrix},\begin{vmatrix}4&5&1\\0&5&1\\4&2&1\end{vmatrix}\right)=(1.5,4,6),$$

于是三角形 PQR 所在平面的方程为 [6]

$$\pi_{PQR}:1.5(x-4)+4(y-5)+6(z-5)=0,$$

即 $1.5x+4y+6z-56=0$.

分别将 $x=0, z=7; y=5, z=7$, 代入该平面的方程, 求得 $y=3.5; x=-4$. 故三角形 PQR 所在平面与棱线 CD 和 AD 的交点分别为 $S(0,3.5,7)$ 和 $T(-4,5,7)$.

(1) 由三角形投影向量的几何意义, 可得

$$a_{PQR} = |\boldsymbol{n}_{PQR}| = \sqrt{1.5^2 + 4^2 + 6^2} = \sqrt{54.25}(\text{m}^2);$$

(2) 由长方形和三棱台体的体积公式, 可得

$$v_{ABCD\text{-}A'B'C'D'} = d_{AA'}d_{AB}d_{AD} = 7 \times 5 \times 4 = 140(\text{m}^3),$$

$$v_{PAR\text{-}QDS} = \frac{1}{3}a_{PAR}d_{AT} - \frac{1}{3}a_{QDS}d_{DT} = \frac{1}{6}(2 \times 3 \times 8 - 1.5 \times 1 \times 4) = 7(\text{m}^3),$$

故水箱最多还能盛水的体积

$$v = v_{ABCD\text{-}A'B'C'D'} - v_{PAR\text{-}QDS} = 140 - 7 = 133(\text{m}^3).$$

1.1.3 四面体体积公式与性质

定义 1.1.5 设 $P_1P_2P_3P_4$ 为四面体, 且其顶点的坐标为 $P_i(x_i, y_i, z_i)(i = 1, 2, 3, 4)$, 则称

$$\begin{vmatrix} x_1 & y_1 & z_1 & 1 \\ x_2 & y_2 & z_2 & 1 \\ x_3 & y_3 & z_3 & 1 \\ x_4 & y_4 & z_4 & 1 \end{vmatrix}$$

为 $P_1P_2P_3P_4$ 的行列式, 记为 $\delta_{P_1P_2P_3P_4}$.

定理 1.1.3 (四面体体积的行列式计算公式) 设 $P_1P_2P_3P_4$ 为四面体, 且其顶点的坐标为 $P_i(x_i, y_i, z_i)(i = 1, 2, 3, 4)$, 则 $P_1P_2P_3P_4$ 的体积

$$v_{P_1P_2P_3P_4} = \frac{1}{6}|\delta_{P_1P_2P_3P_4}|. \tag{1.1.6}$$

证明 根据平面 $P_1P_2P_3$ 的三点投影式方程 [6]

$$\pi_{P_1P_2P_3} : x\text{Prj}_{yz}\text{D}_{P_1P_2P_3} + y\text{Prj}_{zx}\text{D}_{P_1P_2P_3} + z\text{Prj}_{xy}\text{D}_{P_1P_2P_3} - \Delta_{P_1P_2P_3} = 0$$

和点到平面的距离公式, 可得

$$a_{P_1P_2P_3}d_{P_4\text{-}\pi_{P_1P_2P_3}}$$

$$= \left| x_4\text{Prj}_{yz}\text{D}_{P_1P_2P_3} + y_4\text{Prj}_{zx}\text{D}_{P_1P_2P_3} + z_4\text{Prj}_{xy}\text{D}_{P_1P_2P_3} - \Delta_{P_1P_2P_3} \right|$$

$$= \frac{1}{2}\left| \begin{vmatrix} x_4 & y_4 & z_4 & 1 \\ x_1 & y_1 & z_1 & 1 \\ x_2 & y_2 & z_2 & 1 \\ x_3 & y_3 & z_3 & 1 \end{vmatrix} \right| = \frac{1}{2}\left| \begin{vmatrix} x_1 & y_1 & z_1 & 1 \\ x_2 & y_2 & z_2 & 1 \\ x_3 & y_3 & z_3 & 1 \\ x_4 & y_4 & z_4 & 1 \end{vmatrix} \right| = \frac{1}{2}|\delta_{P_1P_2P_3P_4}|,$$

故式 (1.1.5) 成立.

推论 1.1.3 设 $P_0\text{-}P_1P_2\cdots P_n$ 为凸 n 棱锥, 且其顶点的坐标为 $P_i(x_i, y_i, z_i)$ $(i = 0, 1, \cdots, n)$, 则 $P_0\text{-}P_1P_2\cdots P_n$ 的体积

$$v_{P_0\text{-}P_1P_2\cdots P_n} = \frac{1}{6}\left(\left|\delta_{P_0P_1P_2P_3}\right| + \left|\delta_{P_0P_1P_3P_4}\right| + \cdots + \left|\delta_{P_0P_1P_{n-1}P_n}\right|\right). \tag{1.1.7}$$

证明 根据推论 1.1.2 的证明和定理 1.1.3, 即得式 (1.1.7).

根据四面体的体积公式, 可以得到四面体体积如下的几个基本性质:

性质 1.1.1 非负性 $v_{P_1P_2P_3P_4} \geqslant 0$, 且 $v_{P_1P_2P_3P_4} = 0$ 的充分必要条件是 P_1, P_2, P_3, P_4 四点共面.

性质 1.1.2 面四面体体积不等式 对平面上任意五点 P_1, P_2, P_3, P_4, P_5, 恒有

$$v_{P_1P_2P_3P_4} \leqslant v_{P_2P_3P_4P_5} + v_{P_3P_4P_5P_1} + v_{P_4P_5P_1P_2} + v_{P_5P_1P_2P_3}. \tag{1.1.8}$$

证明 如图 1.1.5 所示. 设各点的坐标为 $P_i(x_i, y_i, z_i)(i = 1, 2, \cdots, 5)$, 并记 $P_{5+i} = P_i$, 则

$$\delta_{P_1P_2P_3P_4} + \delta_{P_2P_3P_4P_5} + \delta_{P_3P_4P_5P_1} + \delta_{P_4P_5P_1P_2} + \delta_{P_5P_1P_2P_3}$$

$$= \sum_{i=1}^{5} \delta_{P_iP_{i+1}P_{i+2}P_{i+3}} = \sum_{i=1}^{5} \begin{vmatrix} x_i & y_i & z_i & 1 \\ x_{i+1} & y_{i+1} & z_{i+1} & 1 \\ x_{i+2} & y_{i+2} & z_{i+2} & 1 \\ x_{i+3} & y_{i+3} & z_{i+3} & 1 \end{vmatrix}$$

$$= \sum_{i=1}^{5} \left(x_i \begin{vmatrix} y_{i+1} & z_{i+1} & 1 \\ y_{i+2} & z_{i+2} & 1 \\ y_{i+3} & z_{i+3} & 1 \end{vmatrix} + y_i \begin{vmatrix} z_{i+1} & x_{i+1} & 1 \\ z_{i+2} & x_{i+2} & 1 \\ z_{i+3} & x_{i+3} & 1 \end{vmatrix} \right.$$

$$\left. + z_i \begin{vmatrix} x_{i+1} & y_{i+1} & 1 \\ x_{i+2} & y_{i+2} & 1 \\ x_{i+3} & y_{i+3} & 1 \end{vmatrix} - \begin{vmatrix} x_{i+1} & y_{i+1} & z_{i+1} \\ x_{i+2} & y_{i+2} & z_{i+2} \\ x_{i+3} & y_{i+3} & z_{i+3} \end{vmatrix} \right)$$

$$= \sum_{i=1}^{5} \left\{ x_i \left[(y_{i+1}z_{i+2} - y_{i+2}z_{i+1}) + (y_{i+2}z_{i+3} - y_{i+3}z_{i+2}) + (y_{i+3}z_{i+1} - y_{i+1}z_{i+3}) \right] \right.$$

$$+ y_i \left[(z_{i+1}x_{i+2} - z_{i+2}x_{i+1}) + (z_{i+2}x_{i+3} - z_{i+3}x_{i+2}) + (z_{i+3}x_{i+1} - z_{i+1}x_{i+3}) \right]$$

$$+ z_i \left[(x_{i+1}y_{i+2} - x_{i+2}y_{i+1}) + (x_{i+2}y_{i+3} - x_{i+3}y_{i+2}) + (x_{i+3}y_{i+1} - x_{i+1}y_{i+3}) \right]$$

$$- \left[(x_{i+1}y_{i+2}z_{i+3} - x_{i+3}y_{i+2}z_{i+1}) + (x_{i+2}y_{i+3}z_{i+1} - x_{i+1}y_{i+3}z_{i+2}) \right.$$

$$+ (x_{i+3}y_{i+1}z_{i+2} - x_{i+2}y_{i+1}z_{i+3})]\}$$

$$= \sum_{i=1}^{5}\{[(x_iy_{i+1}z_{i+2} - x_iy_{i+2}z_{i+1}) + (x_iy_{i+2}z_{i+3} - x_iy_{i+3}z_{i+2})$$

$$+ (x_iy_{i+3}z_{i+1} - x_iy_{i+1}z_{i+3})] + [(x_{i+2}y_iz_{i+1} - x_{i+1}y_iz_{i+2})$$

$$+ (x_{i+3}y_iz_{i+2} - x_{i+2}y_iz_{i+3}) + (x_{i+1}y_iz_{i+3} - x_{i+3}y_iz_{i+1})]$$

$$+ [(x_{i+1}y_{i+2}z_i - x_{i+2}y_{i+1}z_i) + (x_{i+2}y_{i+3}z_i - x_{i+3}y_{i+2}z_i)$$

$$+ (x_{i+3}y_{i+1}z_i - x_{i+1}y_{i+3}z_i)] - [(x_{i+1}y_{i+2}z_{i+3} - x_{i+3}y_{i+2}z_{i+1})$$

$$+ (x_{i+2}y_{i+3}z_{i+1} - x_{i+1}y_{i+3}z_{i+2}) + (x_{i+3}y_{i+1}z_{i+2} - x_{i+2}y_{i+1}z_{i+3})]\}$$

$$= \sum_{i=1}^{5}\{[(x_iy_{i+1}z_{i+2} - x_iy_{i+2}z_{i+1}) + (x_iy_{i+2}z_{i+3} - x_iy_{i+3}z_{i+2})$$

$$+ (x_iy_{i+3}z_{i+1} - x_iy_{i+1}z_{i+3})] + [(x_iy_{i+3}z_{i+4} - x_iy_{i+4}z_{i+1})$$

$$+ (x_iy_{i+2}z_{i+4} - x_iy_{i+3}z_{i+1}) + (x_iy_{i+4}z_{i+2} - x_iy_{i+2}z_{i+3})]$$

$$+ [(x_iy_{i+1}z_{i+4} - x_iy_{i+4}z_{i+3}) + (x_iy_{i+1}z_{i+3} - x_iy_{i+4}z_{i+2})$$

$$+ (x_iy_{i+3}z_{i+2} - x_iy_{i+2}z_{i+4})] - [(x_iy_{i+1}z_{i+2} - x_iy_{i+4}z_{i+3})$$

$$+ (x_iy_{i+1}z_{i+4} - x_iy_{i+2}z_{i+1}) + (x_iy_{i+3}z_{i+4} - x_iy_{i+4}z_{i+1})]\}$$

$$= 0.$$

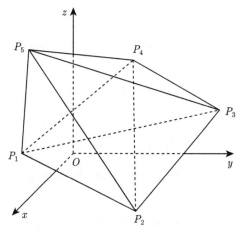

图 1.1.5

从而
$$|\delta_{P_1P_2P_3P_4}| = |\delta_{P_2P_3P_4P_5} + \delta_{P_3P_4P_5P_1} + \delta_{P_4P_5P_1P_2} + \delta_{P_5P_1P_2P_3}|,$$
再由绝对值的性质, 可得

$$|\delta_{P_1P_2P_3P_4}| \leqslant |\delta_{P_2P_3P_4P_5}| + |\delta_{P_3P_4P_5P_1}| + |\delta_{P_4P_5P_1P_2}| + |\delta_{P_5P_1P_2P_3}|,$$
于是由定理 1.1.3 可知, 式 (1.1.8) 成立.

注 1.1.2　性质 1.1.2 的几何意义是, 四面体的体积不大于空间任意一点的所有面四面体的体积的和.

性质 1.1.3　对称性　设 $i_1i_2i_3i_4, j_1j_2j_3j_4$ 是 $1,2,3,4$ 的任何两个排列, 则

$$v_{P_{i_1}P_{i_2}P_{i_3}P_{i_4}} = v_{P_{j_1}P_{j_2}P_{j_3}P_{j_4}}.$$

证明　根据定理 1.1.3 及行列式的性质即得.

注 1.1.3　根据四面体体积的对称性, 性质 1.1.2 也可以表述为: 设 $P_1P_2P_3P_4$ 是四面体, P 是空间任意一点, 则

$$v_{P_1P_2P_3P_4} \leqslant v_{PP_1P_2P_3} + v_{PP_2P_3P_4} + v_{PP_3P_4P_1} + v_{PP_4P_3P_2}. \tag{1.1.9}$$

性质 1.1.4　对平面上任意五点 P_1,P_2,P_3,P_4,P_5, 恒有

$$|v_{P_1P_2P_3P_4} - v_{P_2P_3P_4P_5}| \leqslant v_{P_3P_4P_5P_1} + v_{P_4P_5P_1P_2} + v_{P_5P_1P_2P_3}. \tag{1.1.10}$$

证明　根据性质 1.1.1 和性质 1.1.2, 有

$$v_{P_2P_3P_4P_5} \leqslant v_{P_3P_4P_5P_1} + v_{P_4P_5P_1P_2} + v_{P_5P_1P_2P_3} + v_{P_1P_2P_3P_4}$$
和
$$v_{P_1P_2P_3P_4} \leqslant v_{P_2P_3P_4P_5} + v_{P_3P_4P_5P_1} + v_{P_4P_5P_1P_2} + v_{P_5P_1P_2P_3},$$
即
$$-(v_{P_3P_4P_5P_1} + v_{P_4P_5P_1P_2} + v_{P_5P_1P_2P_3}) \leqslant v_{P_1P_2P_3P_4} - v_{P_2P_3P_4P_5}$$
和
$$v_{P_1P_2P_3P_4} - v_{P_2P_3P_4P_5} \leqslant v_{P_3P_4P_5P_1} + v_{P_4P_5P_1P_2} + v_{P_5P_1P_2P_3}.$$
于是

$$-(v_{P_3P_4P_5P_1} + v_{P_4P_5P_1P_2} + v_{P_5P_1P_2P_3})$$
$$\leqslant v_{P_1P_2P_3P_4} - v_{P_2P_3P_4P_5} \leqslant v_{P_3P_4P_5P_1} + v_{P_4P_5P_1P_2} + v_{P_5P_1P_2P_3},$$
即式 (1.1.10) 成立.

注 1.1.4　根据以上证明可知, 在假设性质 1.1.1 的前提下, 式 (1.1.2) 和 (1.1.4) 是等价的.

1.2 多面体有向体积的基本概念与性质

四面体是最简单的多面体, 四面体的有向体积不仅与四面体的大小, 而且与四面体顶点的先后次序有关. 因此, 必须把顶点相同但顶点次序不同的四面体 $P_1P_2P_3P_4, P_4P_3P_2P_1, P_2P_1P_3P_4, P_4P_3P_1P_2$, 等等区别开来. 本节主要论述四面体有向体积的基本概念与性质. 首先, 介绍四面体的有向体积的概念与公式; 其次, 给出四面体的有向体积的基本性质; 再次, 给出同向 (反向) 四面体的概念与性质; 最后, 给出 n 棱锥有向体积的概念与性质, 以及一般的多面体有向体积的定义.

1.2.1 四面体有向体积的概念与公式

定义 1.2.1 设四面体 $P_1P_2P_3P_4$ 的体积为 $v_{P_1P_2P_3P_4}$, 则 $P_1P_2P_3P_4$ 的有向体积定义为其带符号的体积 $\pm v_{P_1P_2P_3P_4}$, 记为 $\mathrm{Dv}_{P_1P_2P_3P_4}$, 简记为 $\mathrm{D}_{P_1P_2P_3P_4}$. 即

$$\mathrm{Dv}_{P_1P_2P_3P_4} = \pm v_{P_1P_2P_3P_4} \quad (\text{或 } \mathrm{D}_{P_1P_2P_3P_4} = \pm v_{P_1P_2P_3P_4}), \tag{1.2.1}$$

其中当 $P_1P_2P_3P_4$ 的行列式 $\delta_{P_1P_2P_3P_4} > 0$ 时取 "$+$" 号, 当 $\delta_{P_1P_2P_3P_4} < 0$ 时取 "$-$" 号; "Dv" 是 "Directed volume" 的缩写.

特别地, 当 P_1, P_2, P_3, P_4 四点共面时, 我们把平面图形 $P_1P_2P_3P_4$ 看成是四面体的特殊情形, 并规定式 (1.2.1) 中的有向体积为零.

定理 1.2.1 设四面体 $P_1P_2P_3P_4$ 顶点的坐标为 $P_i(x_i, y_i, z_i)(i = 1, 2, 3, 4)$, 则 $P_1P_2P_3P_4$ 的有向体积

$$\mathrm{D}_{P_1P_2P_3P_4} = \frac{1}{6}\delta_{P_1P_2P_3P_4}. \tag{1.2.2}$$

证明 当 $P_1P_2P_3P_4$ 的行列式 $\delta_{P_1P_2P_3P_4} = 0$ 时, 式 (1.2.2) 显然成立; 当 $\delta_{P_1P_2P_3P_4} > 0$ 时, 根据定义 1.2.1, 可得

$$\mathrm{D}_{P_1P_2P_3P_4} = v_{P_1P_2P_3P_4} = \frac{1}{6}\left|\delta_{P_1P_2P_3P_4}\right| = \frac{1}{6}\delta_{P_1P_2P_3P_4},$$

而当 $\delta_{P_1P_2P_3P_4} < 0$ 时, 根据定义 1.2.1, 可得

$$\mathrm{D}_{P_1P_2P_3P_4} = -v_{P_1P_2P_3P_4} = -\frac{1}{6}\left|\delta_{P_1P_2P_3P_4}\right| = -\frac{1}{6}(-\delta_{P_1P_2P_3P_4}) = \frac{1}{6}\delta_{P_1P_2P_3P_4},$$

因此, 式 (1.2.2) 成立.

例 1.2.1 设 $ABC\text{-}A'B'C'$ 是直三棱锥, $R', S', T'; R, S, T$ 依次是上、下底面 $A'B'C'$, ABC 各边 $A'B', B'C', C'A'$; AB, BC, CA 的中点, 求四面体 $A'BST'$, $A'CSR'$, $B'CTR'$, $AB'S'T$, $AC'S'R$, $BC'T'R$ 的有向体积和体积.

证明　如图 1.2.1 所示. 以 CA, CC' 所在直线分别为 x, z 轴建立空间直角坐标系. 设 $ABC\text{-}A'B'C'$ 顶点的坐标为 $A(a, 0, 0), B(b, c, 0), C(0, 0, 0); A'(a, 0, d), B'(b, c, d), C'(0, 0, d)$. 于是上、下底面各边中点的坐标分别为

$$R'\left(\frac{a+b}{2}, \frac{c}{2}, d\right), \quad S'\left(\frac{b}{2}, \frac{c}{2}, d\right), \quad T'\left(\frac{a}{2}, 0, d\right);$$

$$R\left(\frac{a+b}{2}, \frac{c}{2}, 0\right), \quad S\left(\frac{b}{2}, \frac{c}{2}, 0\right), \quad T\left(\frac{a}{2}, 0, 0\right).$$

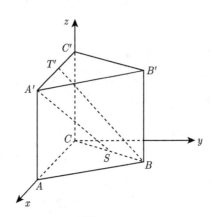

图 1.2.1

则由四面体有向面积公式, 可得

$$6 \times 2^2 \mathrm{D}_{A'BST'} = \begin{vmatrix} a & 0 & d & 1 \\ b & c & 0 & 1 \\ b & c & 0 & 2 \\ a & 0 & 2d & 2 \end{vmatrix} = \begin{vmatrix} a & 0 & d & 1 \\ b & c & 0 & 1 \\ 0 & 0 & 0 & 1 \\ 0 & 0 & d & 1 \end{vmatrix} = -\begin{vmatrix} a & 0 & d \\ b & c & 0 \\ 0 & 0 & d \end{vmatrix} = -acd,$$

所以 $\mathrm{D}_{A'BST'} = -acd/24, \mathrm{v}_{A'BST'} = acd/24$.
　　类似地, 可以求得

$$\mathrm{D}_{A'CSR'} = acd/24, \quad \mathrm{v}_{A'CSR'} = acd/24;$$

$$\mathrm{D}_{B'CTR'} = -acd/24, \quad \mathrm{v}_{B'CTR'} = acd/24;$$

$$\mathrm{D}_{AB'S'T} = acd/24, \quad \mathrm{v}_{AB'S'T} = acd/24;$$

$$\mathrm{D}_{AC'S'R} = -acd/24, \quad \mathrm{v}_{AC'S'R} = acd/24;$$

$$\mathrm{D}_{BC'T'R} = acd/24, \quad \mathrm{v}_{BC'T'R} = acd/24.$$

1.2.2 四面体有向体积的基本性质

根据定义 1.2.1 和定理 1.2.1, 可以证明四面体有向体积如下的运算性质:

定理 1.2.2 **有向性** (反对称性) 设 $P_1P_2P_3P_4$ 是四面体, $i_1i_2i_3i_4$ 是 $1, 2, 3, 4$ 的一个排列, $\tau = \tau_{i_1i_2i_3i_4}$ 表示 $i_1i_2i_3i_4$ 的逆序数, 则

$$\mathrm{D}_{P_{i_1}P_{i_2}P_{i_3}P_{i_4}} = (-1)^{\tau}\mathrm{D}_{P_1P_2P_3P_4}.$$

证明 根据行列式的性质即得.

因此可见, 四面体的有向体积, 既与四面体体积的大小有关, 也与四面体顶点的次序有关.

定理 1.2.3 **与顶点到对面的有向距离之间的关系式** 设 $P_1P_2P_3P_4$ 是四面体, 三角面 $P_{i+1}P_{i+2}P_{i+3}(i = 1, 2, 3, 4)$ 所在的平面为 $\pi_{P_{i+1}P_{i+2}P_{i+3}}$, 则

$$\mathrm{D}_{P_iP_{i+1}P_{i+2}P_{i+3}} = \frac{1}{3}\mathrm{a}_{P_{i+1}P_{i+2}P_{i+3}}\mathrm{D}_{P_i\text{-}\pi_{P_{i+1}P_{i+2}P_{i+3}}} \quad (i = 1, 2, 3, 4). \tag{1.2.3}$$

证明 因为 $\pi_{P_iP_{i+1}P_{i+2}}(i = 1, 2, 3, 4)$ 的投影式方程为

$$x\mathrm{Prj}_{yz}\mathrm{D}_{P_iP_{i+1}P_{i+2}} + y\mathrm{Prj}_{zx}\mathrm{D}_{P_iP_{i+1}P_{i+2}} + z\mathrm{Prj}_{xy}\mathrm{D}_{P_iP_{i+1}P_{i+2}} - \Delta_{P_iP_{i+1}P_{i+2}} = 0,$$

其中

$$\Delta_{P_iP_{i+1}P_{i+2}} = \frac{1}{2}\begin{vmatrix} x_i & y_i & z_i \\ x_{i+1} & x_{i+1} & x_{i+1} \\ x_{i+2} & y_{i+2} & z_{i+2} \end{vmatrix}.$$

于是由点到平面有向距离的公式, 可得

$$\mathrm{a}_{P_{i+1}P_{i+2}P_{i+3}}\mathrm{D}_{P_i\text{-}\pi_{P_{i+1}P_{i+2}P_{i+3}}}$$

$$= x_i\mathrm{Prj}_{yz}\mathrm{D}_{P_{i+1}P_{i+2}P_{i+3}} + y_i\mathrm{Prj}_{zx}\mathrm{D}_{P_{i+1}P_{i+2}P_{i+3}}$$

$$\quad + z_i\mathrm{Prj}_{xy}\mathrm{D}_{P_{i+1}P_{i+2}P_{i+3}} - \Delta_{P_{i+1}P_{i+2}P_{i+3}}$$

$$= \frac{1}{2}\begin{vmatrix} x_i & y_i & z_i & 1 \\ x_{i+1} & y_{i+1} & z_{i+1} & 1 \\ x_{i+2} & y_{i+2} & z_{i+2} & 1 \\ x_{i+3} & y_{i+3} & z_{i+3} & 1 \end{vmatrix}$$

$$= \frac{1}{2} \times 6\mathrm{D}_{P_iP_{i+1}P_{i+2}P_{i+3}} = 3\mathrm{D}_{P_iP_{i+1}P_{i+2}P_{i+3}} \quad (i = 1, 2, 3, 4),$$

因此, 式 (1.2.3) 成立.

定理 1.2.4 **对面四面体有向体积的可加性** 设 $P_1P_2P_3P_4$ 是四面体, P 是空间任意一点, 则

$$\mathrm{D}_{P_1P_2P_3P_4} = \mathrm{D}_{PP_2P_3P_4} - \mathrm{D}_{PP_3P_4P_1} + \mathrm{D}_{PP_4P_1P_2} - \mathrm{D}_{PP_1P_2P_3}. \tag{1.2.4}$$

证明　如图 1.2.2 所示. 设四面体 $P_1P_2P_3P_4$ 的顶点的坐标为 $P_i(x_i, y_i, z_i)$ $(i = 1, 2, 3, 4)$, P 点的坐标为 $P(x, y, z)$, 于是由四面体有向体积公式, 得

$$
\begin{aligned}
&6\mathrm{D}_{PP_iP_{i+1}P_{i+2}} \\
&= \begin{vmatrix} x & y & z & 1 \\ x_i & y_i & z_i & 1 \\ x_{i+1} & y_{i+1} & z_{i+1} & 1 \\ x_{i+2} & y_{i+2} & z_{i+2} & 1 \end{vmatrix} \\
&= x \begin{vmatrix} y_i & z_i & 1 \\ y_{i+1} & z_{i+1} & 1 \\ y_{i+2} & z_{i+2} & 1 \end{vmatrix} + y \begin{vmatrix} z_i & x_i & 1 \\ z_{i+1} & x_{i+1} & 1 \\ z_{i+2} & x_{i+2} & 1 \end{vmatrix} \\
&\quad + z \begin{vmatrix} x_i & y_i & 1 \\ x_{i+1} & y_{i+1} & 1 \\ x_{i+2} & y_{i+2} & 1 \end{vmatrix} - \begin{vmatrix} x_i & y_i & z_i \\ x_{i+1} & y_{i+1} & z_{i+1} \\ x_{i+2} & y_{i+2} & z_{i+2} \end{vmatrix} \\
&= 2x\mathrm{Prj}_{yz}\mathrm{D}_{P_iP_{i+1}P_{i+2}} + 2y\mathrm{Prj}_{zx}\mathrm{D}_{P_iP_{i+1}P_{i+2}} + 2z\mathrm{Prj}_{xy}\mathrm{D}_{P_iP_{i+1}P_{i+2}} - 2\Delta_{P_iP_{i+1}P_{i+2}}.
\end{aligned}
$$

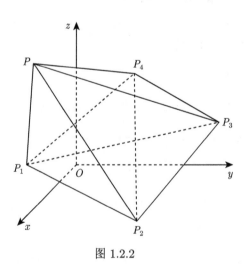

图 1.2.2

由于

$$2\sum_{i=1}^{4}(-1)^i\mathrm{Prj}_{yz}\mathrm{D}_{P_iP_{i+1}P_{i+2}}$$

$$= - \begin{vmatrix} y_1 & z_1 & 1 \\ y_2 & z_2 & 1 \\ y_3 & z_3 & 1 \end{vmatrix} + \begin{vmatrix} y_2 & z_2 & 1 \\ y_3 & z_3 & 1 \\ y_4 & z_4 & 1 \end{vmatrix} - \begin{vmatrix} y_3 & z_3 & 1 \\ y_4 & z_4 & 1 \\ y_1 & z_1 & 1 \end{vmatrix} + \begin{vmatrix} y_4 & z_4 & 1 \\ y_1 & z_1 & 1 \\ y_2 & z_2 & 1 \end{vmatrix}$$

$$= - (y_1 z_2 + y_2 z_3 + y_3 z_1 - y_3 z_2 - y_2 z_1 - y_1 z_3)$$
$$+ (y_2 z_3 + y_3 z_4 + y_4 z_2 - y_4 z_3 - y_3 z_2 - y_2 z_4)$$
$$- (y_3 z_4 + y_4 z_1 + y_1 z_3 - y_1 z_4 - y_4 z_3 - y_3 z_1)$$
$$+ (y_4 z_1 + y_1 z_2 + y_2 z_4 - y_2 z_1 - y_1 z_4 - y_4 z_2)$$
$$= 0,$$

类似地

$$2 \sum_{i=1}^{4} (-1)^i \mathrm{Prj}_{zx} \mathrm{D}_{P_i P_{i+1} P_{i+2}} = 0, \quad 2 \sum_{i=1}^{4} (-1)^i \mathrm{Prj}_{xy} \mathrm{D}_{P_i P_{i+1} P_{i+2}} = 0,$$

而

$$2 \sum_{i=1}^{4} (-1)^{i+1} \Delta_{P_i P_{i+1} P_{i+2}}$$

$$= \begin{vmatrix} x_1 & y_1 & z_1 \\ x_2 & y_2 & z_2 \\ x_3 & y_3 & z_3 \end{vmatrix} - \begin{vmatrix} x_2 & y_2 & z_2 \\ x_3 & y_3 & z_3 \\ x_4 & y_4 & z_4 \end{vmatrix} + \begin{vmatrix} x_3 & y_3 & z_3 \\ x_4 & y_4 & z_4 \\ x_1 & y_1 & z_1 \end{vmatrix} - \begin{vmatrix} x_4 & y_4 & z_4 \\ x_1 & y_1 & z_1 \\ x_2 & y_2 & z_2 \end{vmatrix}$$

$$= \begin{vmatrix} x_1 & y_1 & z_1 & 1 \\ x_2 & y_2 & z_2 & 1 \\ x_3 & y_3 & z_3 & 1 \\ x_4 & y_4 & z_4 & 1 \end{vmatrix} = 6 \mathrm{D}_{P_1 P_2 P_3 P_4},$$

所以

$$6 \sum_{i=1}^{4} (-1)^i \mathrm{D}_{P P_i P_{i+1} P_{i+2}}$$

$$= 2x \sum_{i=1}^{4} (-1)^i \mathrm{Prj}_{yz} \mathrm{D}_{P_i P_{i+1} P_{i+2}} + 2y \sum_{i=1}^{4} (-1)^i \mathrm{Prj}_{zx} \mathrm{D}_{P_i P_{i+1} P_{i+2}}$$

$$+ 2z \sum_{i=1}^{4} (-1)^i \mathrm{Prj}_{xy} \mathrm{D}_{P_i P_{i+1} P_{i+2}} - 2 \sum_{i=1}^{4} (-1)^i \Delta_{P_i P_{i+1} P_{i+2}}$$

$$= 2 \sum_{i=1}^{4} (-1)^{i+1} \Delta_{P_i P_{i+1} P_{i+2}} = 6 \mathrm{D}_{P_1 P_2 P_3 P_4},$$

因此, 式 (1.2.4) 成立.

四面体有向体积对面四面体有向体积的可加性的几何意义是：空间任意一点对四面体的四个面四面体的有向体积的和都等于四面体的有向体积.

总之, 四面体的有向体积就是带符号的体积, 它与四面体的体积可能相差一个符号, 是可正可负的. 四面体的有向体积与四面体的体积有关, 但不具有四面体体积的基本性质. 四面体的有向体积具有两个重要的运算性质：有向性和对面四面体有向体积的可加性, 这是它区别于四面体体积的重要特征. 这样就可以在四面体有关问题的讨论中, 把代数和几何紧密地结合起来, 便于问题的解决.

1.2.3　同向 (反向) 四面体的概念与性质

定义 1.2.2　三维欧氏空间 R^3 被有向平面 $\pi : Ax + By + Cz + D = 0$ 分为两部分, 则称该平面法向量 $\boldsymbol{n} = (A, B, C)$ 所指的部分为 π 的正侧; 另一部分为 π 的负侧.

定义 1.2.3　设 $P_1P_2P_3P_4, Q_1Q_2Q_3Q_4$ 是两个四面体, 若这两个四面体的有向体积同号, 即 $\mathrm{D}_{P_1P_2P_3P_4}\mathrm{D}_{Q_1Q_2Q_3Q_4} > 0$, 则称 $P_1P_2P_3P_4, Q_1Q_2Q_3Q_4$ 为同向四面体; 若这两个四面体的有向体积异号, 即 $\mathrm{D}_{P_1P_2P_3P_4}\mathrm{D}_{Q_1Q_2Q_3Q_4} < 0$, 则称 $P_1P_2P_3P_4, Q_1Q_2Q_3Q_4$ 为反向四面体.

定理 1.2.5　设 $P_1P_2P_3P_4$ 是四面体, $i_1i_2i_3i_4$ 是 $1, 2, 3, 4$ 的一个排列. 若 $i_1i_2i_3i_4$ 为奇排列, 则四面体 $P_{i_1}P_{i_2}P_{i_3}P_{i_4}$ 与 $P_1P_2P_3P_4$ 是反向四面体; 若 $i_1i_2i_3i_4$ 为偶排列, 则四面体 $P_{i_1}P_{i_2}P_{i_3}P_{i_4}$ 与 $P_1P_2P_3P_4$ 是同向四面体.

证明　$\tau = \tau_{i_1i_2i_3i_4}$ 表示 $i_1i_2i_3i_4$ 的逆序数, 则由定理 1.2.2, 可得

$$\mathrm{D}_{P_{i_1}P_{i_2}P_{i_3}P_{i_4}} = (-1)^\tau \mathrm{D}_{P_1P_2P_3P_4} = \begin{cases} -\mathrm{D}_{P_1P_2P_3P_4}, & \tau \text{ 为奇数}, \\ \mathrm{D}_{P_1P_2P_3P_4}, & \tau \text{ 为偶数}. \end{cases}$$

故由定义 1.2.3 可得：若 $i_1i_2i_3i_4$ 为奇排列, 则四面体 $P_{i_1}P_{i_2}P_{i_3}P_{i_4}$ 与 $P_1P_2P_3P_4$ 是反向四面体; 若 $i_1i_2i_3i_4$ 为偶排列, 则四面体 $P_{i_1}P_{i_2}P_{i_3}P_{i_4}$ 与 $P_1P_2P_3P_4$ 是同向四面体.

定理 1.2.6　设 $P_1P_2P_3$ 为三角形, $\pi_{P_1P_2P_3}$ 表示 $P_1P_2P_3$ 所在平面, S, T 是平面 $\pi_{P_1P_2P_3}$ 外两点. 若 $P_1P_2P_3S, P_1P_2P_3T$ 是同向四面体, 则 S, T 位于 $\pi_{P_1P_2P_3}$ 的同侧; 若 $P_1P_2P_3S, P_1P_2P_3T$ 是反向四面体, 则 S, T 位于 $\pi_{P_1P_2P_3}$ 的异侧.

证明　过 S, T 作 $SS' \perp \pi_{P_1P_2P_3}, TT' \perp \pi_{P_1P_2P_3}$ 的垂线, 垂足分别为 S', T', 则当两垂线 $S'S, T'T$ 向量 $\boldsymbol{n}_{S'S}, \boldsymbol{n}_{T'T}$ 与三角面 $\pi_{P_1P_2P_3}$ 的投影向量 $\boldsymbol{n}_{P_1P_2P_3}$ 同向 (反向) 时, S, T 均位于平面 $\pi_{P_1P_2P_3}$ 的正侧 (负侧).

另一方面, 当 $\boldsymbol{n}_{S'S}, \boldsymbol{n}_{T'T}$ 与三角面 $\pi_{P_1P_2P_3}$ 的投影向量 $\boldsymbol{n}_{P_1P_2P_3}$ 同向 (反向) 时, $P_1P_2P_3S, P_1P_2P_3T$ 的有向体积 $\mathrm{D}_{P_1P_2P_3S}, \mathrm{D}_{P_1P_2P_3T}$ 均为正值 (均为负值).

故若 $P_1P_2P_3S, P_1P_2P_3T$ 是同向四面体, 则 S, T 位于 $\pi_{P_1P_2P_3}$ 的同侧; 若 $P_1P_2P_3S, P_1P_2P_3T$ 是反向四面体, 则 S, T 位于 $\pi_{P_1P_2P_3}$ 的异侧.

例 1.2.2 已知不共线三点 $P_1(2,3,1), P_2(-1,0,5), P_3(3,-6,8)$, 判断两点 $Q_1(6,3,1), Q_2(-6,-3,-1)$ 以及 Q_1Q_2 的中点 Q 位于平面 $\pi_{P_1P_2P_3}$ 的哪一侧? 哪些位于同侧? 哪些位于异侧?

解 Q_1Q_2 中点的坐标为 $Q(0,0,0)$. 因为

$$D_{P_1P_2P_3Q_1}$$

$$= \begin{vmatrix} 2 & 3 & 1 & 1 \\ -1 & 0 & 5 & 1 \\ 3 & -6 & 8 & 1 \\ 6 & 3 & 1 & 1 \end{vmatrix} = \begin{vmatrix} 0 & 3 & 11 & 3 \\ -1 & 0 & 5 & 1 \\ 0 & -6 & 23 & 4 \\ 0 & 3 & 31 & 7 \end{vmatrix} = \begin{vmatrix} 3 & 11 & 3 \\ -6 & 23 & 4 \\ 3 & 31 & 7 \end{vmatrix} = \begin{vmatrix} 3 & 11 & 3 \\ 0 & 45 & 10 \\ 0 & 20 & 4 \end{vmatrix}$$

$$= 3(45 \times 4 - 20 \times 10) = -60 < 0,$$

$$D_{P_1P_2P_3Q_2}$$

$$= \begin{vmatrix} 2 & 3 & 1 & 1 \\ -1 & 0 & 5 & 1 \\ 3 & -6 & 8 & 1 \\ -6 & -3 & -1 & 1 \end{vmatrix} = \begin{vmatrix} 0 & 3 & 11 & 3 \\ -1 & 0 & 5 & 1 \\ 0 & -6 & 23 & 4 \\ 0 & -3 & -31 & -5 \end{vmatrix}$$

$$= \begin{vmatrix} 3 & 11 & 3 \\ -6 & 23 & 4 \\ -3 & -31 & -5 \end{vmatrix} = \begin{vmatrix} 3 & 11 & 3 \\ 0 & 45 & 10 \\ 0 & -20 & -2 \end{vmatrix}$$

$$= 3(-90 + 200) = 330 > 0,$$

$$D_{P_1P_2P_3Q}$$

$$= \begin{vmatrix} 2 & 3 & 1 & 1 \\ -1 & 0 & 5 & 1 \\ 3 & -6 & 8 & 1 \\ 0 & 0 & 0 & 1 \end{vmatrix} = \begin{vmatrix} 0 & 3 & 11 & 3 \\ -1 & 0 & 5 & 1 \\ 0 & -6 & 23 & 4 \\ 0 & 0 & 0 & 1 \end{vmatrix} = \begin{vmatrix} 3 & 11 & 3 \\ -6 & 23 & 4 \\ 0 & 0 & 1 \end{vmatrix}$$

$$= 3 \times 23 + 6 \times 11 = 135 > 0,$$

所以, Q_1 位于平面 $\pi_{P_1P_2P_3}$ 的负侧, Q_2 和 Q_1Q_2 的中点 Q 均位于平面 $\pi_{P_1P_2P_3}$ 的正侧, Q_2 与 Q_1Q_2 的中点 Q 位于平面 $\pi_{P_1P_2P_3}$ 的同侧; Q_1 与 Q_2 和 Q_1Q_2 的中点 Q 均位于平面 $\pi_{P_1P_2P_3}$ 的异侧.

1.2.4 n 棱锥有向体积的概念与公式

定义 1.2.4   设 $P_0\text{-}P_1P_2\cdots P_n$ 是 n 棱锥, 则其有向体积定义为与它相关的 $n-2$ 个四面体 $P_0\text{-}P_1P_2P_3, P_0\text{-}P_1P_3P_4, \cdots, P_0\text{-}P_1P_{n-1}P_n$ 的有向体积的和, 记为 $\mathrm{D}_{P_0\text{-}P_1P_2\cdots P_n}$, 即

$$\mathrm{D}_{P_0\text{-}P_1P_2\cdots P_n} = \mathrm{D}_{P_0\text{-}P_1P_2P_3} + \mathrm{D}_{P_0\text{-}P_1P_3P_4} + \cdots + \mathrm{D}_{P_0\text{-}P_1P_{n-1}P_n}.$$

根据四面体有向体积计算公式和性质, 容易得出 n 棱锥有向体积的计算公式和性质. 兹列如下:

定理 1.2.7   设 $P_0\text{-}P_1P_2\cdots P_n$ 是 n 棱锥, 则

$$\mathrm{D}_{P_0\text{-}P_1P_2\cdots P_n} = \frac{1}{6}\left(\delta_{P_0P_1P_2P_3} + \delta_{P_0P_1P_3P_4} + \cdots + \delta_{P_0P_1P_{n-1}P_n}\right).$$

定理 1.2.8   有向性 (反对称性)   设 $P_0\text{-}P_1P_2\cdots P_n$ 是 n 棱锥, 则

$$\mathrm{D}_{P_0\text{-}P_1P_2\cdots P_n} = -\mathrm{D}_{P_0\text{-}P_nP_{n-1}\cdots P_1}.$$

定理 1.2.9   点-面有向距离关系式   设 $P_0\text{-}P_1P_2\cdots P_n$ 是 n 棱锥, 底面 $P_1P_2\cdots P_n$ 所在的平面为 $\pi_{P_1P_2\cdots P_n}$, 则

$$\mathrm{D}_{P_0\text{-}P_1P_2\cdots P_n} = \frac{1}{3}a_{P_1P_2\cdots P_n}\mathrm{D}_{P_0\text{-}\pi_{P_1P_2\cdots P_n}}.$$

定理 1.2.10   对面多面体有向体积的可加性   设 $P_0\text{-}P_1P_2\cdots P_n$ 是 n 棱锥, P 是空间任意一点, 则

$$\mathrm{D}_{P_0\text{-}P_1P_2\cdots P_n} = \mathrm{D}_{PP_1P_2\cdots P_n} - \mathrm{D}_{PP_0P_1P_2} - \mathrm{D}_{PP_0P_2P_3} - \cdots - \mathrm{D}_{PP_0P_nP_1}.$$

证明   根据定义 1.2.4 和四面体对面四面体的可加性、有向性并化简, 得

$$\begin{aligned}
\mathrm{D}_{P_0\text{-}P_1P_2\cdots P_n} &= \mathrm{D}_{P_0\text{-}P_1P_2P_3} + \mathrm{D}_{P_0\text{-}P_1P_3P_4} + \cdots + \mathrm{D}_{P_0\text{-}P_1P_{n-1}P_n} \\
&= \mathrm{D}_{P\text{-}P_1P_2P_3} - \mathrm{D}_{P\text{-}P_2P_3P_0} + \mathrm{D}_{P\text{-}P_3P_0P_1} - \mathrm{D}_{P\text{-}P_0P_1P_2} \\
&\quad + \mathrm{D}_{P\text{-}P_1P_3P_4} - \mathrm{D}_{P\text{-}P_3P_4P_0} + \mathrm{D}_{P\text{-}P_4P_0P_1} - \mathrm{D}_{P\text{-}P_0P_1P_3} \\
&\quad + \cdots \\
&\quad + \mathrm{D}_{P\text{-}P_1P_{n-1}P_n} - \mathrm{D}_{P\text{-}P_{n-1}P_nP_0} + \mathrm{D}_{P\text{-}P_nP_0P_1} - \mathrm{D}_{P\text{-}P_0P_1P_{n-1}} \\
&= \mathrm{D}_{P\text{-}P_1P_2P_3} - \mathrm{D}_{P\text{-}P_0P_2P_3} - \mathrm{D}_{P\text{-}P_0P_3P_1} - \mathrm{D}_{P\text{-}P_0P_1P_2} \\
&\quad + \mathrm{D}_{P\text{-}P_1P_3P_4} - \mathrm{D}_{P\text{-}P_0P_3P_4} - \mathrm{D}_{P\text{-}P_0P_4P_1} - \mathrm{D}_{P\text{-}P_0P_1P_3} \\
&\quad + \cdots
\end{aligned}$$

$$+ \mathrm{D}_{P\text{-}P_1 P_{n-1} P_n} - \mathrm{D}_{P\text{-}P_0 P_{n-1} P_n} - \mathrm{D}_{P\text{-}P_0 P_n P_1} - \mathrm{D}_{P\text{-}P_0 P_1 P_{n-1}}$$

$$= \mathrm{D}_{P P_1 P_2 \cdots P_n} - \mathrm{D}_{P P_0 P_1 P_2} - \mathrm{D}_{P P_0 P_2 P_3} - \cdots - \mathrm{D}_{P P_0 P_n P_1}.$$

定义 1.2.5 设 M 为多面体, P_0 是 M 的一个顶点, $F_1, F_2, \cdots, F_n$ 是 M 上 P_0 所有的对面, 且 P_0 位于各面 $F_1, F_2, \cdots, F_n$ 所在有向平面 $\pi_{F_1}, \pi_{F_2}, \cdots, \pi_{F_n}$ 的同侧, 则 M 关于 P_0 的有向体积定义为 P_0 分别与 $F_1, F_2, \cdots, F_n$ 所张成的棱锥体 $P_0\text{-}F_1, P_0\text{-}F_2, \cdots, P_0\text{-}F_n$ 有向体积的和, 即

$$\mathrm{D}_{M(P_0)} = \mathrm{D}_{P_0\text{-}F_1} + \mathrm{D}_{P_0\text{-}F_2} + \cdots + \mathrm{D}_{P_0\text{-}F_n}.$$

例如, 长方体 $ABCD\text{-}A'B'C'D'$ 关于顶点 A 的有向体积为

$$\mathrm{D}_{ABCD\text{-}A'B'C'D'} = \mathrm{D}_{A\text{-}BB'C'C} + \mathrm{D}_{A\text{-}CC'D'D} + \mathrm{D}_{A\text{-}D'C'B'A'}.$$

1.3 四面体有向体积公式的几个简单应用

本节主要讨论四面体有向体积公式的简单应用. 首先, 给出四面体有向体积公式在几何定理证明中的应用, 主要包括著名的 Mobius 定理等的证明; 其次, 给出四面体体积公式在多面共线证明中的应用, 从而将一道数学奥林匹克题推广到更一般的情形; 最后, 给出四面体有向体积公式在定值问题证明中的应用, 从而将一道平面定值问题推广到空间的情形.

1.3.1 四面体有向体积公式在几何定理证明中的应用

定理 1.3.1(Mobius 定理) 设 $P_1, P_2, P_3, P_4, P_5, P_6$ 为空间六点, 则

$$\mathrm{D}_{P_1 P_2 P_4 P_6} \mathrm{D}_{P_3 P_4 P_5 P_6} + \mathrm{D}_{P_2 P_3 P_4 P_6} \mathrm{D}_{P_1 P_4 P_5 P_6} + \mathrm{D}_{P_3 P_1 P_4 P_6} \mathrm{D}_{P_2 P_4 P_5 P_6} = 0. \quad (1.3.1)$$

证明 如图 1.3.1 所示. 以 P_6 为坐标原点, $P_6 P_4$ 为 x 轴建立空间直角坐标系. 设空间各点的坐标为 $P_1(x_1, y_1, z_1), P_2(x_2, y_2, z_2), P_3(x_3, y_3, z_3), P_4(x_4, 0, 0),$ $P_5(x_5, y_5, z_5), P_6(0, 0, 0),$ 于是

$$6\mathrm{D}_{P_1 P_2 P_4 P_6} = \begin{vmatrix} x_1 & y_1 & z_1 & 1 \\ x_2 & y_2 & z_2 & 1 \\ x_4 & 0 & 0 & 1 \\ 0 & 0 & 0 & 1 \end{vmatrix} = \begin{vmatrix} x_1 & y_1 & z_1 \\ x_2 & y_2 & z_2 \\ x_4 & 0 & 0 \end{vmatrix} = x_4(y_1 z_2 - y_2 z_1),$$

$$6\mathrm{D}_{P_3 P_4 P_5 P_6} = \begin{vmatrix} x_3 & y_3 & z_3 & 1 \\ x_4 & 0 & 0 & 1 \\ x_5 & y_5 & z_5 & 1 \\ 0 & 0 & 0 & 1 \end{vmatrix} = \begin{vmatrix} x_3 & y_3 & z_3 \\ x_4 & 0 & 0 \\ x_5 & y_5 & z_5 \end{vmatrix} = x_4(y_5 z_3 - y_3 z_5);$$

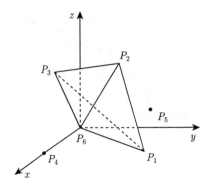

图 1.3.1

类似地, 可以求得

$$6\mathrm{D}_{P_2P_3P_4P_6} = x_4(y_2z_3 - y_3z_2), \quad 6\mathrm{D}_{P_1P_4P_5P_6} = x_4(y_5z_1 - y_1z_5);$$

$$6\mathrm{D}_{P_3P_1P_4P_6} = x_4(y_3z_1 - y_1z_3), \quad 6\mathrm{D}_{P_2P_4P_5P_6} = x_4(y_5z_2 - y_2z_5).$$

所以

$$36\left(\mathrm{D}_{P_1P_2P_4P_6}\mathrm{D}_{P_3P_4P_5P_6} + \mathrm{D}_{P_2P_3P_4P_6}\mathrm{D}_{P_1P_4P_5P_6} + \mathrm{D}_{P_3P_1P_4P_6}\mathrm{D}_{P_2P_4P_5P_6}\right)$$

$$= x_4^2[(y_1z_2 - y_2z_1)(y_5z_3 - y_3z_5) + (y_2z_3 - y_3z_2)(y_5z_1 - y_1z_5)$$

$$+ (y_3z_1 - y_1z_3)(y_5z_2 - y_2z_5)]$$

$$= x_4^2[(y_1y_5z_2z_3 - y_1y_3z_2z_5 - y_2y_5z_1z_3 + y_2y_3z_1z_5)$$

$$+ (y_2y_5z_1z_3 - y_1y_2z_3z_5 - y_3y_5z_1z_2 + y_1y_3z_2z_5)$$

$$+ (y_3y_5z_1z_2 - y_2y_3z_1z_5 - y_1y_5z_2z_3 + y_1y_2z_3z_5)]$$

$$= 0,$$

因此, 式 (1.3.1) 成立.

定理 1.3.2　设 $P_1P_2P_3P_4$ 为四面体, P 是空间任意一点, G_1, G_2, G_3 和 G_4 分别是四面体 $PP_1P_2P_3, PP_2P_3P_4, PP_3P_4P_1$ 和 $PP_4P_1P_2$ 的重心, 则

$$\mathrm{D}_{G_1G_2G_4G_6} = \frac{1}{64}\mathrm{D}_{P_1P_2P_3P_4} \quad \left(\mathrm{v}_{G_1G_2G_4G_6} = \frac{1}{64}\mathrm{v}_{P_1P_2P_3P_4}\right). \tag{1.3.2}$$

证明　设四面体 $P_1P_2P_3P_4$ 顶点的坐标为 $P(x_i, y_i, z_i)(i = 1, 2, 3, 4)$, 空间任意点的坐标为 $P(x, y, z)$, 则四面体 $PP_iP_{i+1}P_{i+2}$ 的重心为

$$G_i\left(\frac{x + x_i + x_{i+1} + x_{i+2}}{4}, \frac{y + y_i + y_{i+1} + y_{i+2}}{4}, \frac{z + z_i + z_{i+1} + z_{i+2}}{4}\right),$$

其中 $i = 1, 2, 3, 4$. 故由四面体有向体积公式和行列式的性质, 可得

$$6 \times 4^4 \mathrm{D}_{G_1 G_2 G_3 G_4}$$

$$= \begin{vmatrix} x + x_1 + x_2 + x_3 & y + y_1 + y_2 + y_3 & z + z_1 + z_2 + z_3 & 4 \\ x + x_2 + x_3 + x_4 & y + y_2 + y_3 + y_4 & z + z_2 + z_3 + z_4 & 4 \\ x + x_3 + x_4 + x_1 & y + y_3 + y_4 + y_1 & z + z_3 + z_4 + z_1 & 4 \\ x + x_4 + x_1 + x_2 & y + y_4 + y_1 + y_2 & z + z_4 + z_1 + z_2 & 4 \end{vmatrix}$$

$$= 4 \begin{vmatrix} x_1 + x_2 + x_3 & y_1 + y_2 + y_3 & z_1 + z_2 + z_3 & 1 \\ x_2 + x_3 + x_4 & y_2 + y_3 + y_4 & z_2 + z_3 + z_4 & 1 \\ x_3 + x_4 + x_1 & y_3 + y_4 + y_1 & z_3 + z_4 + z_1 & 1 \\ x_4 + x_1 + x_2 & y_4 + y_1 + y_2 & z_4 + z_1 + z_2 & 1 \end{vmatrix}$$

$$= 4 \begin{vmatrix} x_1 + x_2 + x_3 & y_1 + y_2 + y_3 & z_1 + z_2 + z_3 & 1 \\ x_4 - x_1 & y_4 - y_1 & z_4 - z_1 & 0 \\ x_4 - x_2 & y_4 - y_2 & z_4 - z_2 & 0 \\ x_4 - x_3 & y_4 - y_3 & z_4 - z_3 & 0 \end{vmatrix}$$

$$= -4 \begin{vmatrix} x_4 - x_1 & y_4 - y_1 & z_4 - z_1 \\ x_4 - x_2 & y_4 - y_2 & z_4 - z_2 \\ x_4 - x_3 & y_4 - y_3 & z_4 - z_3 \end{vmatrix}$$

$$= 4 \begin{vmatrix} x_1 - x_4 & y_1 - y_4 & z_1 - z_4 \\ x_2 - x_4 & y_2 - y_4 & z_2 - z_4 \\ x_3 - x_4 & y_3 - y_4 & z_3 - z_4 \end{vmatrix},$$

$$6\mathrm{D}_{P_1 P_2 P_3 P_4}$$

$$= \begin{vmatrix} x_1 & y_1 & z_1 & 1 \\ x_2 & y_2 & z_2 & 1 \\ x_3 & y_3 & z_3 & 1 \\ x_4 & y_4 & z_4 & 1 \end{vmatrix} = \begin{vmatrix} x_1 - x_4 & y_1 - y_4 & z_1 - z_4 & 0 \\ x_2 - x_4 & y_2 - y_4 & z_2 - z_4 & 0 \\ x_3 - x_4 & y_3 - y_4 & z_3 - z_4 & 0 \\ x_4 & y_4 & z_4 & 1 \end{vmatrix}$$

$$= \begin{vmatrix} x_1 - x_4 & y_1 - y_4 & z_1 - z_4 \\ x_2 - x_4 & y_2 - y_4 & z_2 - z_4 \\ x_3 - x_4 & y_3 - y_4 & z_3 - z_4 \end{vmatrix},$$

因此, 式 (1.3.2) 成立.

推论 1.3.1 (1985 年奥地利–波兰数学奥林匹克题)　设 P 是四面体 P_1P_2 P_3P_4 的一个内点, 则以四面体 $PP_1P_2P_3, PP_2P_3P_4, PP_3P_4P_1$ 和 $PP_4P_1P_2$ 的重心为顶点的四面体的体积恰为四面体 $P_1P_2P_3P_4$ 体积的六十四分之一.

证明　将点 P 限制在四面体 $P_1P_2P_3P_4$ 内, 由定理 1.3.2 即得.

1.3.2　四面体体积公式在多面共线证明中的应用

定理 1.3.3　对每个非零实数 λ, 在四面体 $P_1P_2P_3P_4$ 的三棱 P_1P_2, P_1P_3, P_1P_4 上分别取点 $K_\lambda, L_\lambda, M_\lambda$, 使 $\mathrm{D}_{P_1P_2} = \lambda \mathrm{D}_{P_1K_\lambda}, \mathrm{D}_{P_1P_3} = (\lambda + 1)\mathrm{D}_{P_1L_\lambda}, \mathrm{D}_{P_1P_4} = (\lambda + 2)\mathrm{D}_{P_1M_\lambda}$, 证明: 所有的平面 $\pi_{K_\lambda L_\lambda M_\lambda}$ 共线.

证明　如图 1.3.2 所示. 依题设

$$\lambda = \mathrm{D}_{P_1P_2}/\mathrm{D}_{P_1K_\lambda} = (\mathrm{D}_{P_1K_\lambda} + \mathrm{D}_{K_\lambda P_2})/\mathrm{D}_{P_1K_\lambda} = 1 + \mathrm{D}_{K_\lambda P_2}/\mathrm{D}_{P_1K_\lambda},$$

于是 $\mathrm{D}_{K_\lambda P_2}/\mathrm{D}_{P_1K_\lambda} = \lambda - 1, \mathrm{D}_{P_1K_\lambda}/\mathrm{D}_{K_\lambda P_2} = 1/(\lambda - 1)$.

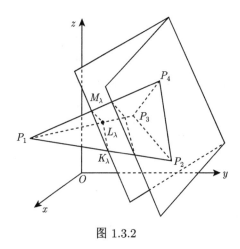

图 1.3.2

类似地, 可得

$$\mathrm{D}_{P_1L_\lambda}/\mathrm{D}_{L_\lambda P_2} = 1/\lambda, \quad \mathrm{D}_{P_1M_\lambda}/\mathrm{D}_{M_\lambda P_2} = 1/(1 + \lambda).$$

设四面体顶点的坐标为 $P_i(x_i, y_i, z_i)$ $(i = 1, 2, 3, 4)$, 于是由定比分点公式, 求得四面体棱上各分点的坐标

$$K_\lambda \left(\frac{x_1 + x_2/(\lambda - 1)}{1 + (\lambda - 1)}, \frac{y_1 + y_2/(\lambda - 1)}{1 + (\lambda - 1)}, \frac{z_1 + z_2/(\lambda - 1)}{1 + (\lambda - 1)} \right),$$

即

$$K_\lambda \left(\frac{(\lambda-1)x_1 + x_2}{\lambda}, \frac{(\lambda-1)y_1 + y_2}{\lambda}, \frac{(\lambda-1)z_1 + z_2}{\lambda} \right).$$

类似地, 可以求得另两个分点的坐标

$$L_\lambda \left(\frac{\lambda x_1 + x_3}{\lambda+1}, \frac{\lambda y_1 + y_3}{\lambda+1}, \frac{\lambda z_1 + z_3}{\lambda+1} \right),$$

$$M_\lambda \left(\frac{(\lambda+1)x_1 + x_4}{\lambda+2}, \frac{(\lambda+1)y_1 + y_4}{\lambda+2}, \frac{(\lambda+1)z_1 + z_4}{\lambda+2} \right).$$

设 $P(x, y, z)$ 是平面 $\pi_{K_\lambda L_\lambda M_\lambda}$ 上任意一点, 则由 $D_{PK_\lambda L_\lambda M_\lambda} = 0$ 并化简, 可得

$$\begin{vmatrix} x & y & z & 1 \\ (\lambda-1)x_1 + x_2 & (\lambda-1)y_1 + y_2 & (\lambda-1)z_1 + z_2 & (\lambda-1)+1 \\ \lambda x_1 + x_3 & \lambda y_1 + y_3 & \lambda z_1 + z_3 & \lambda+1 \\ (\lambda+1)x_1 + x_4 & (\lambda+1)y_1 + y_4 & (\lambda+1)z_1 + z_4 & \lambda+2 \end{vmatrix} = 0,$$

再根据行列式性质, 按第 2 行拆开并化简得

$$(\lambda-1)\begin{vmatrix} x & y & z & 1 \\ x_1 & y_1 & z_1 & 1 \\ \lambda x_1 + x_3 & \lambda y_1 + y_3 & \lambda z_1 + z_3 & \lambda+1 \\ (\lambda+1)x_1 + x_4 & (\lambda+1)y_1 + y_4 & (\lambda+1)z_1 + z_4 & (\lambda+1)+1 \end{vmatrix}$$

$$+ \begin{vmatrix} x & y & z & 1 \\ x_2 & y_2 & z_2 & 1 \\ \lambda x_1 + x_3 & \lambda y_1 + y_3 & \lambda z_1 + z_3 & \lambda+1 \\ (\lambda+1)x_1 + x_4 & (\lambda+1)y_1 + y_4 & (\lambda+1)z_1 + z_4 & (\lambda+1)+1 \end{vmatrix} = 0,$$

前一个行列式第 3、4 行分别减去第 2 行的 λ 倍和 $\lambda+1$ 倍; 第二个行列式第 4 行减第 3 行, 得

$$(\lambda-1)\begin{vmatrix} x & y & z & 1 \\ x_1 & y_1 & z_1 & 1 \\ x_3 & y_3 & z_3 & 1 \\ x_4 & y_4 & z_4 & 1 \end{vmatrix} + \begin{vmatrix} x & y & z & 1 \\ x_2 & y_2 & z_2 & 1 \\ \lambda x_1 + x_3 & \lambda y_1 + y_3 & \lambda z_1 + z_3 & \lambda+1 \\ x_1 + x_4 - x_3 & y_1 + y_4 - y_3 & z_1 + z_4 - z_3 & 1 \end{vmatrix} = 0,$$

第二个行列式按第 3 行拆开并化简, 得

$$(\lambda - 1)\begin{vmatrix} x & y & z & 1 \\ x_1 & y_1 & z_1 & 1 \\ x_3 & y_3 & z_3 & 1 \\ x_4 & y_4 & z_4 & 1 \end{vmatrix} + \lambda \begin{vmatrix} x & y & z & 1 \\ x_2 & y_2 & z_2 & 1 \\ x_1 & y_1 & z_1 & 1 \\ x_4 - x_3 & y_4 - y_3 & z_4 - z_3 & 1 - 1 \end{vmatrix}$$

$$+ \begin{vmatrix} x & y & z & 1 \\ x_2 & y_2 & z_2 & 1 \\ x_3 & y_3 & z_3 & 1 \\ x_1 + x_4 & y_1 + y_4 & z_1 + z_4 & 1 + 1 \end{vmatrix} = 0,$$

第二、三个行列式进一步拆开并化简, 得

$$(\lambda - 1)\begin{vmatrix} x & y & z & 1 \\ x_1 & y_1 & z_1 & 1 \\ x_3 & y_3 & z_3 & 1 \\ x_4 & y_4 & z_4 & 1 \end{vmatrix} + \lambda \begin{vmatrix} x & y & z & 1 \\ x_2 & y_2 & z_2 & 1 \\ x_1 & y_1 & z_1 & 1 \\ x_4 & y_4 & z_4 & 1 \end{vmatrix} - \lambda \begin{vmatrix} x & y & z & 1 \\ x_2 & y_2 & z_2 & 1 \\ x_1 & y_1 & z_1 & 1 \\ x_3 & y_3 & z_3 & 1 \end{vmatrix}$$

$$+ \begin{vmatrix} x & y & z & 1 \\ x_2 & y_2 & z_2 & 1 \\ x_3 & y_3 & z_3 & 1 \\ x_1 & y_1 & z_1 & 1 \end{vmatrix} + \begin{vmatrix} x & y & z & 1 \\ x_2 & y_2 & z_2 & 1 \\ x_3 & y_3 & z_3 & 1 \\ x_4 & y_4 & z_4 & 1 \end{vmatrix} = 0,$$

即

$$(\lambda + 1)\mathrm{D}_{PP_1P_2P_3} - \lambda \mathrm{D}_{PP_1P_2P_4} + (\lambda - 1)\mathrm{D}_{PP_1P_3P_4} + \mathrm{D}_{PP_2P_3P_4} = 0,$$

即

$$(\mathrm{D}_{PP_1P_2P_3} - \mathrm{D}_{PP_1P_3P_4} + \mathrm{D}_{PP_2P_3P_4}) + \lambda(\mathrm{D}_{PP_1P_2P_3} - \mathrm{D}_{PP_1P_2P_4} + \mathrm{D}_{PP_1P_3P_4}) = 0.$$

$$\tag{1.3.3}$$

又由四面体体积公式可知, 若 $P(x, y, z)$ 是 $\pi_{K_\lambda L_\lambda M_\lambda}$ 上任意一点, 则

$$\mathrm{D}_{PP_1P_2P_3} - \mathrm{D}_{PP_1P_3P_4} + \mathrm{D}_{PP_2P_3P_4} = 0, \quad \mathrm{D}_{PP_1P_2P_3} - \mathrm{D}_{PP_1P_2P_4} + \mathrm{D}_{PP_1P_3P_4} = 0$$

是两不同平面的方程且与 λ 无关. 因此, 式 (1.3.3) 是这两个平面的平面束方程. 故对每个非零实数 λ, 所有的平面 $\pi_{K_\lambda L_\lambda M_\lambda}$ 通过以上两平面的交线

$$\begin{cases} \mathrm{D}_{PP_1P_2P_3} - \mathrm{D}_{PP_1P_3P_4} + \mathrm{D}_{PP_2P_3P_4} = 0, \\ \mathrm{D}_{PP_1P_2P_3} - \mathrm{D}_{PP_1P_2P_4} + \mathrm{D}_{PP_1P_3P_4} = 0, \end{cases}$$

从而所有的平面 $\pi_{K_\lambda L_\lambda M_\lambda}$ 共线.

推论 1.3.2(1966 年保加利亚数学奥林匹克题)　对每个自然数 n, 在四面体 $P_1P_2P_3P_4$ 的棱上分别取点 K_n, L_n, M_n, 使 $\mathrm{D}_{P_1P_2} = n\mathrm{D}_{P_1K_n}, \mathrm{D}_{P_1P_3} = (n+1)\mathrm{D}_{P_1L_n}, \mathrm{D}_{P_1P_4} = (n+2)\mathrm{D}_{P_1M_n}$, 证明: 所有的平面 $\pi_{K_nL_nM_n}$ 共线.

　　证明　在定理 1.3.3 中, 取 $\lambda = n$ 即得.

1.3.3　四面体有向体积公式在定值定理证明中的应用

　　定理 1.3.4　设 $P_1P_2P_3P_4$ 是四面体, P 是空间任意一点, 则

$$\mathrm{D}_{PP_1P_2P_3}\boldsymbol{n}_{PP_4} - \mathrm{D}_{PP_2P_3P_4}\boldsymbol{n}_{PP_1} + \mathrm{D}_{PP_3P_4P_1}\boldsymbol{n}_{PP_2} - \mathrm{D}_{PP_4P_1P_2}\boldsymbol{n}_{PP_3} = \boldsymbol{0}. \quad (1.3.4)$$

　　证明　如图 1.3.3 所示. 设四面体顶点的坐标为 $P_1(x_1,y_1,z_1), P_2(x_2,y_2,z_2),$ $P_3(x_3,y_3,z_3), P(x_4,y_4,z_4)$, 空间任意点的坐标为 $P(x,y,z)$. 于是

$$\sum_{i=1}^{4} (-1)^{i+1}\mathrm{D}_{PP_iP_{i+1}P_{i+2}}\boldsymbol{n}_{PP_{i+3}}$$

$$= \sum_{i=1}^{4} (-1)^{i+1} (x_{i+3}-x, y_{i+3}-y, z_{i+3}-z)\,\mathrm{D}_{PP_iP_{i+1}P_{i+2}}$$

$$= \left(\sum_{i=1}^{4} (-1)^{i+1}(x_{i+3}-x)\mathrm{D}_{PP_iP_{i+1}P_{i+2}}, \sum_{i=1}^{4} (-1)^{i+1}(y_{i+3}-y)\mathrm{D}_{PP_iP_{i+1}P_{i+2}}, \right.$$

$$\left. \sum_{i=1}^{4} (-1)^{i+1}(z_{i+3}-z)\mathrm{D}_{PP_iP_{i+1}P_{i+2}} \right).$$

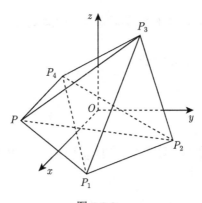

图 1.3.3

因为

$$2\sum_{i=1}^{4} (-1)^{i+1} \left(x_{i+3}\mathrm{Prj}_{yz}\mathrm{D}_{P_iP_{i+1}P_{i+2}} + \Delta_{P_iP_{i+1}P_{i+2}}\right)$$

$$= \sum_{i=1}^{4}(-1)^{i+1}\{[x_{i+3}(y_iz_{i+1}-y_{i+1}z_i)+x_{i+3}(y_{i+1}z_{i+2}-y_{i+2}z_{i+1})$$

$$+x_{i+3}(y_{i+2}z_i-y_iz_{i+2})]+[x_i(y_{i+1}z_{i+2}-y_{i+2}z_{i+1})+x_{i+1}(y_{i+2}z_i-y_iz_{i+2})$$

$$+x_{i+2}(y_iz_{i+1}-y_{i+1}z_i)]\}$$

$$= \sum_{i=1}^{4}(-1)^{i+1}\{[x_{i+3}(y_iz_{i+1}-y_{i+1}z_i)+x_{i+3}(y_{i+1}z_{i+2}-y_{i+2}z_{i+1})$$

$$+x_{i+3}(y_{i+2}z_i-y_iz_{i+2})]+[-x_{i+3}(y_iz_{i+1}-y_{i+1}z_i)+x_{i+3}(y_iz_{i+2}-y_{i+2}z_i)$$

$$-x_{i+3}(y_{i+1}z_{i+2}-y_{i+2}z_{i+1})]\}$$

$$= 0;$$

$$2\sum_{i=1}^{4}(-1)^{i+1}x_{i+3}\mathrm{Prj}_{zx}\mathrm{D}_{P_iP_{i+1}P_{i+2}}$$

$$= \sum_{i=1}^{4}(-1)^{i+1}[x_{i+3}(z_ix_{i+1}-z_{i+1}x_i)+x_{i+3}(z_{i+1}x_{i+2}-z_{i+2}x_{i+1})$$

$$+x_{i+3}(z_{i+2}x_i-z_ix_{i+2})]$$

$$= \sum_{i=1}^{4}(-1)^{i+1}[(x_{i+1}x_{i+3}z_i-x_ix_{i+3}z_{i+1})+(x_{i+2}x_{i+3}z_{i+1}-x_{i+1}x_{i+3}z_{i+2})$$

$$+(x_ix_{i+3}z_{i+2}-x_{i+2}x_{i+3}z_i)]$$

$$= \sum_{i=1}^{4}(-1)^{i+1}[(-x_ix_{i+2}z_{i+3}+x_{i+1}x_iz_{i+2})+(x_ix_{i+1}z_{i+3}+x_{i+2}x_iz_{i+3})$$

$$+(-x_{i+1}x_iz_{i+3}-x_ix_{i+1}z_{i+2})]$$

$$= 0.$$

类似地, 可以证明

$$2\sum_{i=1}^{4}(-1)^{i+1}x_{i+3}\mathrm{Prj}_{xy}\mathrm{D}_{P_iP_{i+1}P_{i+2}}=0;$$

而

$$2\sum_{i=1}^{4}(-1)^{i+1}x_{i+3}\Delta_{P_iP_{i+1}P_{i+2}}$$

$$= \sum_{i=1}^{4}(-1)^{i+1}[x_ix_{i+3}(y_{i+1}z_{i+2}-y_{i+2}z_{i+1})+x_{i+1}x_{i+3}(y_{i+2}z_i-y_iz_{i+2})$$

$$+ x_{i+2}x_{i+3}(y_iz_{i+1} - y_{i+1}z_i)]$$

$$= \sum_{i=1}^{4}(-1)^i[x_{i+1}x_i(y_{i+2}z_{i+3} - y_{i+3}z_{i+2}) + (x_{i+2}x_iy_{i+3}z_{i+1} - x_ix_{i+2}y_{i+3}z_{i+1})$$

$$- x_ix_{i+1}(y_{i+2}z_{i+3} - y_{i+3}z_{i+2})]$$

$$= 0;$$

$$2\sum_{i=1}^{4}(-1)^i\mathrm{Prj}_{yz}\mathrm{D}_{P_iP_{i+1}P_{i+2}}$$

$$= \sum_{i=1}^{4}(-1)^i\left[(y_iz_{i+1} - y_{i+1}z_i) + (y_{i+1}z_{i+2} - y_{i+2}z_{i+1}) + (y_{i+2}z_i - y_iz_{i+2})\right]$$

$$= \sum_{i=1}^{4}(-1)^i\left[(y_iz_{i+1} + y_iz_{i+3}) + (-y_iz_{i+1} - y_iz_{i+3}) + (y_iz_{i+2} - y_iz_{i+2})\right]$$

$$= 0.$$

类似地, 可以证明

$$2\sum_{i=1}^{4}(-1)^i\mathrm{Prj}_{zx}\mathrm{D}_{P_iP_{i+1}P_{i+2}} = 0, \quad 2\sum_{i=1}^{4}(-1)^i\mathrm{Prj}_{xy}\mathrm{D}_{P_iP_{i+1}P_{i+2}} = 0.$$

所以

$$6\sum_{i=1}^{4}(-1)^{i+1}(x_{i+3} - x)\mathrm{D}_{PP_iP_{i+1}P_{i+2}}$$

$$= \sum_{i=1}^{4}(-1)^{i+1}x_{i+3}\begin{vmatrix} x & y & z & 1 \\ x_i & y_i & z_i & 1 \\ x_{i+1} & y_{i+1} & z_{i+1} & 1 \\ x_{i+2} & y_{i+2} & z_{i+2} & 1 \end{vmatrix} + x\sum_{i=1}^{4}(-1)^i\begin{vmatrix} x & y & z & 1 \\ x_i & y_i & z_i & 1 \\ x_{i+1} & y_{i+1} & z_{i+1} & 1 \\ x_{i+2} & y_{i+2} & z_{i+2} & 1 \end{vmatrix}$$

$$= 2\sum_{i=1}^{4}(-1)^{i+1}x_{i+3}(x\mathrm{Prj}_{yz}\mathrm{D}_{P_iP_{i+1}P_{i+2}} + y\mathrm{Prj}_{zx}\mathrm{D}_{P_iP_{i+1}P_{i+2}}$$

$$+ z\mathrm{Prj}_{xy}\mathrm{D}_{P_iP_{i+1}P_{i+2}} - \Delta_{P_iP_{i+1}P_{i+2}}) + 2x\sum_{i=1}^{4}(-1)^i(x\mathrm{Prj}_{yz}\mathrm{D}_{P_iP_{i+1}P_{i+2}}$$

$$+ y\mathrm{Prj}_{zx}\mathrm{D}_{P_iP_{i+1}P_{i+2}} + z\mathrm{Prj}_{xy}\mathrm{D}_{P_iP_{i+1}P_{i+2}} - \Delta_{P_iP_{i+1}P_{i+2}})$$

$$= 2x \sum_{i=1}^{4} (-1)^{i+1} \left(x_{i+3} \mathrm{Prj}_{yz} \mathrm{D}_{P_i P_{i+1} P_{i+2}} + \Delta_{P_i P_{i+1} P_{i+2}} \right)$$

$$+ 2y \sum_{i=1}^{4} (-1)^{i+1} x_{i+3} \mathrm{Prj}_{zx} \mathrm{D}_{P_i P_{i+1} P_{i+2}} + 2z \sum_{i=1}^{4} (-1)^{i+1} x_{i+3} \mathrm{Prj}_{xy} \mathrm{D}_{P_i P_{i+1} P_{i+2}}$$

$$- 2 \sum_{i=1}^{4} (-1)^{i+1} x_{i+3} \Delta_{P_i P_{i+1} P_{i+2}} + 2x^2 \sum_{i=1}^{4} (-1)^{i} \mathrm{Prj}_{yz} \mathrm{D}_{P_i P_{i+1} P_{i+2}}$$

$$+ 2xy \sum_{i=1}^{4} (-1)^{i} \mathrm{Prj}_{zx} \mathrm{D}_{P_i P_{i+1} P_{i+2}} + 2xz \sum_{i=1}^{4} (-1)^{i} \mathrm{Prj}_{xy} \mathrm{D}_{P_i P_{i+1} P_{i+2}}$$

$$= 0.$$

同理, 可以证明

$$\sum_{i=1}^{4} (-1)^{i+1} (y_{i+3} - y) \mathrm{D}_{P P_i P_{i+1} P_{i+2}} = 0, \quad \sum_{i=1}^{4} (-1)^{i+1} (z_{i+3} - z) \mathrm{D}_{P P_i P_{i+1} P_{i+2}} = 0,$$

因此, 式 (1.3.4) 成立.

第 2 章　空间三角形和四面体重心线的有向度量定理与应用

2.1　空间诸点共面和两线共面共点的条件与应用

因为三角形的体积恒等于零, 所以三角形所在平面上任意一点与其所构成的图形 (多面体的特殊情形) 的体积为零. 因此, 利用多面体体积公式可以讨论四个或四个以上的点的共面性. 本节主要研究四面体有向体积公式在四点共面和两线共点证明中的应用. 首先, 介绍空间 $n(n \geqslant 4)$ 个点共面的充要条件; 其次, 阐述四面体有向体积公式在四点 (两线) 共面证明中的应用, 并将一道数学奥林匹克题推广到空间的情形; 最后, 利用四面体有向体积公式得出长方体和 n 棱锥中两线共点的几个充要条件.

2.1.1　空间 $n(n \geqslant 4)$ 点共面的充要条件

定义 2.1.1　若空间 n 个点 $P_1, P_2, \cdots, P_n$ $(n \geqslant 4)$ 同在一平面上, 则称 $P_1, P_2, \cdots, P_n$ $(n \geqslant 4)$ 共面.

特别地, 当 $P_1, P_2, \cdots, P_n$ $(n \geqslant 4)$ 在同一直线上时, 我们将 $P_1, P_2, \cdots, P_n$ $(n \geqslant 4)$ 看成是共面的特殊情形.

定理 2.1.1　空间四点 P_1, P_2, P_3, P_4 共面的充分必要条件是 $\mathrm{D}_{P_1 P_2 P_3 P_4} = 0$.

证明　必要性　若 P_1, P_2, P_3, P_4 共面, 显然 $\mathrm{v}_{P_1 P_2 P_3 P_4} = 0$, 从而

$$\mathrm{D}_{P_1 P_2 P_3 P_4} = 0.$$

充分性　用反证法. 若 $\mathrm{D}_{P_1 P_2 P_3 P_4} = 0$. 假设 P_1, P_2, P_3, P_4 不共面, 于是 $\mathrm{v}_{P_1 P_2 P_3 P_4} \neq 0$, 所以 $\mathrm{D}_{P_1 P_2 P_3 P_4} \neq 0$, 这与已知条件 $\mathrm{D}_{P_1 P_2 P_3 P_4} = 0$ 矛盾.

定理 2.1.2　平面上 n 个点 $P_1, P_2, \cdots, P_n$ $(n \geqslant 4)$ 共面的充分必要条件是 $\mathrm{D}_{P_i P_{i+1} P_{i+2} P_{i+3}} = 0(i = 1, 2, \cdots, n - 3)$ 或对固定的 i, j, k, 均有 $\mathrm{D}_{P_i P_j P_k P_l} = 0$ $(l = 1, 2, \cdots, n; l \neq i, j, k)$.

证明　必要性　若 $P_1, P_2, \cdots, P_n$ $(n \geqslant 4)$ 共面, 显然对任意的 $i = 1, 2, \cdots, n - 3$, 都有 $\mathrm{a}_{P_i P_{i+1} P_{i+2} P_{i+3}} = 0$, 从而 $\mathrm{D}_{P_i P_{i+1} P_{i+2} P_{i+3}} = 0$(或对固定的 i, j, k, 均有 $\mathrm{D}_{P_i P_j P_k P_l} = 0$)$(l = 1, 2, \cdots, n; l \neq i, j, k)$.

充分性 若对任意的 $i = 1, 2, \cdots, n-3$, 均有 $\mathrm{D}_{P_i P_{i+1} P_{i+2} P_{i+3}} = 0$ (或对固定的 i, j, k, 均有 $\mathrm{D}_{P_i P_j P_k P_l} = 0$)($l = 1, 2, \cdots, n$; $l \neq i, j, k$), 则 $P_1, P_2, P_3,$ P_4; P_2, P_3, P_4, P_5; $\cdots$; $P_{n-3}, P_{n-2}, P_{n-1}, P_n$(或对任意的 $l = 1, 2, \cdots, n; l \neq i,$ j, k, P_i, P_j, P_k, P_l) 均四点共面, 从而 $P_1, P_2, \cdots, P_n$ $(n \geqslant 4)$ 共面.

2.1.2 四面体有向体积公式在四点 (两线) 共面证明中的应用

例 2.1.1 证明: 两直线 $l_1: \begin{cases} 2x - y + 2z = 10, \\ x - y - z = 0, \end{cases}$ $l_2: \begin{cases} x + 3z = 10, \\ 4x - 5y - 8z = -10 \end{cases}$

共面.

证明 在 l_1 的方程中, 分别取 $z = 1, 2$, 求得 l_1 上两点 $P_1(7, 6, 1), Q_1(4, 2, 2)$; 在 l_2 的方程中, 分别取 $x = 1, 4$, 求得 l_2 上两点 $P_2(1, -2, 3), Q_2(-2, -6, 4)$. 于是由四面体有向面积公式, 可得

$$6\mathrm{D}_{P_1 P_2 Q_1 Q_2} = \begin{vmatrix} 7 & 6 & 1 & 1 \\ 1 & -2 & 3 & 1 \\ 4 & 2 & 2 & 1 \\ -2 & -6 & 4 & 1 \end{vmatrix} = \begin{vmatrix} 7 & 6 & 1 & 1 \\ 1 & -2 & 3 & 1 \\ 0 & 10 & -10 & -3 \\ 0 & -10 & 10 & 3 \end{vmatrix} = 0,$$

所以, $P_1 Q_1, P_2 Q_2$ 所在直线 l_1, l_2 共面.

例 2.1.2(第 17 届俄罗斯数学奥林匹克题的推广) 在空间四边形 $P_1 P_2 P_3 P_4$ 对角线 $P_1 P_3, P_2 P_4$ 上分别取两点 $M, N; S, T$, 使 $\mathrm{d}_{P_1 M} = \mathrm{d}_{N P_3} = \mathrm{d}_{P_1 P_3}/4$; $\mathrm{d}_{P_2 S} = \mathrm{d}_{T P_4} = \mathrm{d}_{P_2 P_4}/4$, 则 $P_1 P_4, P_2 P_3, MT, SN$ 的中点 Q, R, U, V 四点共面.

证明 如图 2.1.1 所示. 设空间四边形 $P_1 P_2 P_3 P_4$ 顶点的坐标为 $P_i(x_i, y_i, z_i)$ $(i = 1, 2, 3, 4)$, 于是 $Q, R; M, N; S, T$ 的坐标依次为

$$Q\left(\frac{x_1 + x_4}{2}, \frac{y_1 + y_4}{2}, \frac{z_1 + z_4}{2}\right), \quad R\left(\frac{x_2 + x_3}{2}, \frac{y_2 + y_3}{2}, \frac{z_2 + z_3}{2}\right);$$

$$M\left(\frac{3x_1 + x_3}{4}, \frac{3y_1 + y_3}{4}, \frac{3y_1 + y_3}{4}\right), \quad N\left(\frac{x_1 + 3x_3}{4}, \frac{y_1 + 3y_3}{4}, \frac{z_1 + 3z_3}{4}\right);$$

$$S\left(\frac{3x_2 + x_4}{4}, \frac{3y_2 + y_4}{4}, \frac{3z_2 + z_4}{4}\right), \quad T\left(\frac{x_2 + 3x_4}{4}, \frac{y_1 + 3y_4}{4}, \frac{z_1 + 3z_4}{4}\right).$$

因此 U, V 的坐标为

$$U\left(\frac{3x_1 + x_2 + x_3 + 3x_4}{8}, \frac{3y_1 + y_2 + y_3 + 3y_4}{8}, \frac{3z_1 + z_2 + z_3 + 3z_4}{8}\right),$$

$$V\left(\frac{x_1 + 3x_2 + 3x_3 + x_4}{8}, \frac{y_1 + 3y_2 + 3y_3 + y_4}{8}, \frac{z_1 + 3z_2 + 3z_3 + z_4}{8}\right).$$

于是由四面体有向体积公式, 可得

$$6 \times 2^2 \times 8^2 \mathrm{D}_{QRUV}$$

$$= \begin{vmatrix} x_1 + x_4 & y_1 + y_4 & z_1 + z_4 & 2 \\ x_2 + x_3 & y_2 + y_3 & z_2 + z_3 & 2 \\ 3x_1 + x_2 + x_3 + 3x_4 & 3y_1 + y_2 + y_3 + 3y_4 & 3y_1 + y_2 + y_3 + 3y_4 & 8 \\ x_1 + 3x_2 + 3x_3 + x_4 & y_1 + 3y_2 + 3y_3 + y_4 & z_1 + 3z_2 + 3z_3 + z_4 & 8 \end{vmatrix}$$

$$= \begin{vmatrix} x_1 + x_4 & y_1 + y_4 & z_1 + z_4 & 2 \\ x_2 + x_3 & y_2 + y_3 & z_2 + z_3 & 2 \\ 3x_1 + 3x_4 & 3y_1 + 3y_4 & 3y_1 + 3y_4 & 6 \\ 3x_2 + 3x_3 & 3y_2 + 3y_3 & 3z_2 + 3z_3 & 6 \end{vmatrix}$$

$$= 0,$$

所以 $\mathrm{D}_{QRUV} = 0$. 故由空间四点共面的充分性知, Q, R, U, V 四点共面.

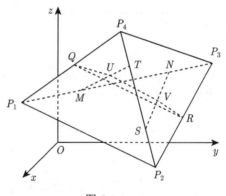

图 2.1.1

注 2.1.1 第 17 届俄罗斯数学奥林匹克题为 [55]: 在四边形 $P_1P_2P_3P_4$ 对角线 P_1P_3, P_2P_4 上分别取两点 $M, N; S, T$, 使 $\mathrm{d}_{P_1M} = \mathrm{d}_{NP_3} = \mathrm{d}_{P_1P_3}/4; \mathrm{d}_{P_2S} = \mathrm{d}_{TP_4} = \mathrm{d}_{P_2P_4}/4$, 则 P_1P_4, P_2P_3, MT, SN 的中点 Q, R, U, V 四点共线.

2.1.3 四面体有向体积公式与两线共点的充要条件

定理 2.1.3 设 $ABCD\text{-}A'B'C'D'$ 是长方体, Q, R, S, T 依次是下底边 AB, BC, CD, DA 的 λ-分点, Q', R', S', T' 依次是上底边 $A'B', B'C', C'D', D'A'$ 的

$1/\lambda$-分点, 则在 QS', RT', SQ', TR' 四条线中, 其中任意两线共点的充分必要条件均为 $\lambda = 1$.

证明　如图 2.1.2 所示. 以 DA, DC, DD' 所在直线分别为 x, y, z 轴建立空间直角坐标系. 设 $ABCD$-$A'B'C'D'$ 顶点的坐标为 $A(a, 0, 0), B(a, b, 0), C(0, b, 0),$ $D(0, 0, 0); A'(a, 0, c), B'(a, b, c), C'(0, b, c), D'(0, 0, c)$. 于是下、上底面 $ABCD,$ $A'B'C'D'$ 各边 $AB, BC, CD, DA; A'B', B'C', C'D', D'A'$ 分点的坐标为

$$Q(a, \lambda b/(1+\lambda), 0), \quad R(a/(1+\lambda), b, 0), \quad S(0, b/(1+\lambda), 0), \quad T(\lambda a/(1+\lambda), 0, 0);$$

$$Q'(a, b/(1+\lambda), c), \quad R'(\lambda a/(1+\lambda), b, c), \quad S'(0, \lambda b/(1+\lambda), c), \quad T'(a/(1+\lambda), 0, c).$$

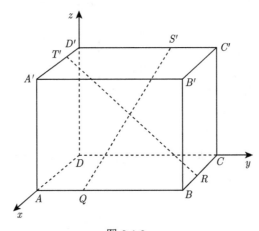

图 2.1.2

于是由四面体有向体积公式, 可得

$$6(1+\lambda)^4 \mathrm{D}_{QRS'T'}$$

$$= \begin{vmatrix} (1+\lambda)a & \lambda b & 0 & 1+\lambda \\ a & (1+\lambda)b & 0 & 1+\lambda \\ 0 & \lambda b & (1+\lambda)c & 1+\lambda \\ a & 0 & (1+\lambda)c & 1+\lambda \end{vmatrix} = abc(1+\lambda)^2 \begin{vmatrix} 1+\lambda & \lambda & 0 & 1 \\ 1 & 1+\lambda & 0 & 1 \\ 0 & \lambda & 1 & 1 \\ 1 & 0 & 1 & 1 \end{vmatrix}$$

$$= abc(1+\lambda)^2 \begin{vmatrix} 1+\lambda & \lambda & 0 & 1 \\ 1 & 1+\lambda & 0 & 1 \\ 0 & \lambda & 1 & 1 \\ 1 & -\lambda & 0 & 0 \end{vmatrix} = abc(1+\lambda)^2 \begin{vmatrix} 1+\lambda & \lambda & 1 \\ 1 & 1+\lambda & 1 \\ 1 & -\lambda & 0 \end{vmatrix}$$

$$= abc(1+\lambda)^3(\lambda - 1),$$

所以 $\mathrm{D}_{QRS'T'} = abc(\lambda-1)/6(\lambda+1)$. 故

QS', RT' 共面 $\Leftrightarrow \mathrm{D}_{QRS'T'} = 0 \Leftrightarrow abc(\lambda-1)/6(\lambda+1) = 0 \Leftrightarrow \lambda = 1$.

类似地, 可以证明 $QS', TR'; RT', SQ'; SQ', TR'$ 两线共点的充分必要条件均为 $\lambda = 1$.

又

$$6(1+\lambda)^4 \mathrm{D}_{QQ'S'S}$$

$$= \begin{vmatrix} (1+\lambda)a & \lambda b & 0 & 1+\lambda \\ (1+\lambda)a & b & (1+\lambda)c & 1+\lambda \\ 0 & \lambda b & (1+\lambda)c & 1+\lambda \\ 0 & b & 0 & 1+\lambda \end{vmatrix} = abc(1+\lambda)^3 \begin{vmatrix} 1 & \lambda & 0 & 1 \\ 1 & 1 & 1 & 1 \\ 0 & \lambda & 1 & 1 \\ 0 & 1 & 0 & 1 \end{vmatrix}$$

$$= abc(1+\lambda)^3 \begin{vmatrix} 1 & \lambda & 0 & 1 \\ 0 & 1-\lambda & 1 & 0 \\ 0 & \lambda & 1 & 1 \\ 0 & 1 & 0 & 1 \end{vmatrix} = abc(1+\lambda)^3 \begin{vmatrix} 1-\lambda & 1 & 0 \\ \lambda & 1 & 1 \\ 1 & 0 & 1 \end{vmatrix}$$

$$= 2abc(1+\lambda)^3(1-\lambda),$$

所以 $\mathrm{D}_{QQ'S'S} = abc(1-\lambda)/3(1+\lambda)$. 故

$QS', Q'S$ 共面 $\Leftrightarrow \mathrm{D}_{QQ'S'S} = 0 \Leftrightarrow abc(1-\lambda)/3(1+\lambda) = 0 \Leftrightarrow \lambda = 1$.

类似地, 可以证明 $RT', R'T$ 两线共点的充分必要条件均为 $\lambda = 1$.

定理 2.1.4 设 $P_0\text{-}P_1P_2\cdots P_{2n}$ 是 $2n$ 棱锥, $R_1, R_2, \cdots, R_{2n}$ 是侧棱 P_0P_1, $P_0P_2, \cdots, P_0P_{2n}$ 的中点, 则 $P_iR_{n+i}, P_{i+j}R_{n+i+j}$ 所在直线相交于一点 $G_{i,i+j}$ 的充分必要条件是

$$\boldsymbol{n}_{P_iP_{i+j}} // \boldsymbol{n}_{P_{n+i}P_{n+i+j}}, \tag{2.1.1}$$

其中 $i = 1, 2, \cdots, 2n; j = 1, 2, \cdots, n-1$ 或 $i = 1, 2, \cdots, n; j = n$.

证明 如图 2.1.3 所示. 以 $2n$ 棱锥的底面 $P_1P_2\cdots P_{2n}$ 为 xOy 坐标面建立空间直角坐标系. 设 $P_0\text{-}P_1P_2\cdots P_{2n}$ 顶点的坐标为 $P_0(x_0, y_0, z_0); P_i(x_i, y_i, 0)(i = 1, 2, \cdots, 2n)$, 于是侧棱 P_0P_i 中点的坐标为

$$R_i\left(\frac{x_0+x_i}{2}, \frac{y_0+y_i}{2}, \frac{z_0}{2}\right) \quad (i = 1, 2, \cdots, 2n).$$

于是由四面体有向体积公式, 得

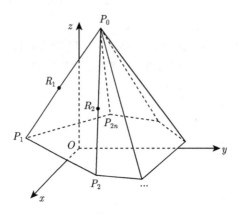

图 2.1.3

$$6 \times 2^2 \mathrm{D}_{P_i P_{i+j} R_{n+i} R_{n+i+j}}$$

$$= \begin{vmatrix} x_i & y_i & 0 & 1 \\ x_{i+j} & y_{i+j} & 0 & 1 \\ x_0 + x_{n+i} & y_0 + y_{n+i} & z_0 & 2 \\ x_0 + x_{n+i+j} & y_0 + y_{n+i+j} & z_0 & 2 \end{vmatrix}$$

$$= \begin{vmatrix} x_i & y_i & 0 & 1 \\ x_{i+j} - x_i & y_{i+j} - y_i & 0 & 0 \\ x_0 + x_{n+i} & y_0 + y_{n+i} & z_0 & 2 \\ x_{n+i+j} - x_{n+i} & y_{n+i+j} - y_{n+i} & 0 & 0 \end{vmatrix}$$

$$= z_0 \begin{vmatrix} x_i & y_i & 1 \\ x_{i+j} - x_i & y_{i+j} - y_i & 0 \\ x_{n+i+j} - x_{n+i} & y_{n+i+j} - y_{n+i} & 0 \end{vmatrix}$$

$$= z_0 \begin{vmatrix} 0 & 0 & 1 \\ x_{i+j} - x_i & y_{i+j} - y_i & 0 \\ x_{n+i+j} - x_{n+i} & y_{n+i+j} - y_{n+i} & 0 \end{vmatrix}$$

$$= z_0 \left[\boldsymbol{k} \boldsymbol{n}_{P_i P_{i+j}} \boldsymbol{n}_{P_{n+i} P_{n+i+j}} \right],$$

其中 $\left[\boldsymbol{k} \boldsymbol{n}_{P_i P_{i+j}} \boldsymbol{n}_{P_{n+i} P_{n+i+j}} \right]$ 表示三向量的混合积. 所以

$$\mathrm{D}_{P_i P_{i+j} R_{n+i} R_{n+i+j}} = \frac{1}{24} z_0 \left[\boldsymbol{k} \boldsymbol{n}_{P_i P_{i+j}} \boldsymbol{n}_{P_{n+i} P_{n+i+j}} \right]. \tag{2.1.2}$$

因为当 $\boldsymbol{n}_{P_i P_{i+j}} \times \boldsymbol{n}_{P_{n+i} P_{n+i+j}} \neq \boldsymbol{0}$ 时, $\boldsymbol{k} / / (\boldsymbol{n}_{P_i P_{i+j}} \times \boldsymbol{n}_{P_{n+i} P_{n+i+j}})$; 反之亦然.

所以

$$\boldsymbol{n}_{P_iP_{i+j}} \times \boldsymbol{n}_{P_{n+i}P_{n+i+j}} \neq \boldsymbol{0} \Leftrightarrow \left[\boldsymbol{kn}_{P_iP_{i+j}}\boldsymbol{n}_{P_{n+i}P_{n+i+j}}\right] \neq 0.$$

于是由 $z_0 \neq 0$ 和式 (2.1.2), 可得

$$P_iR_{n+i}, P_{i+j}R_{n+i+j}\text{所在直线相交于一点}G_{i,i+j}$$

$$\Leftrightarrow \mathrm{D}_{P_iP_{i+j}R_{n+i}R_{n+i+j}} = 0 \Leftrightarrow \left[\boldsymbol{kn}_{P_iP_{i+j}}\boldsymbol{n}_{P_{n+i}P_{n+i+j}}\right] = 0$$

$$\Leftrightarrow \boldsymbol{n}_{P_iP_{i+j}} \times \boldsymbol{n}_{P_{n+i}P_{n+i+j}} = \boldsymbol{0} \Leftrightarrow \text{式 (2.1.1) 成立.}$$

推论 2.1.1 设 P_0-$P_1P_2 \cdots P_{2n}$ 是 $2n$ 棱锥, $P_1P_2 \cdots P_{2n}$ 为平行 $2n$ 边形, $R_1, R_2, \cdots, R_{2n}$ 是侧棱 $P_0P_1, P_0P_2, \cdots, P_0P_{2n}$ 的中点, 则 $P_iR_{n+i}, P_{i+1}R_{n+i+1}$ 所在直线相交于一点 $G_{i,i+1}$, 其中 $i = 1, 2, \cdots, 2n$.

证明 因为 $P_1P_2 \cdots P_{2n}$ 为平行 $2n$ 边形, 所以 $\boldsymbol{n}_{P_iP_{i+1}}//\boldsymbol{n}_{P_{n+i}P_{n+i+1}}(i = 1, 2, \cdots, 2n)$. 故由定理 2.1.4 的充分性, 可得 $P_iR_{n+i}, P_{i+1}R_{n+i+1}$ 所在直线相交于一点 $G_{i,i+1}$, 其中 $i = 1, 2, \cdots, 2n$.

定理 2.1.5 设 P_0-$P_1P_2 \cdots P_{2n+1}$ 是 $2n+1$ 棱锥, $Q_1, Q_2, \cdots, Q_{2n+1}$ 是底边 $P_1P_2, P_2P_3, \cdots, P_{2n+1}P_1$ 的中点, $R_1, R_2, \cdots, R_{2n+1}$ 是侧棱 $P_0P_1, P_0P_2, \cdots, P_0P_{2n+1}$ 的中点, 则 $Q_iR_{n+i+1}, Q_{i+j}R_{n+i+j+1}$ 所在直线相交于一点 $G_{i,i+j}$ 的充分必要条件是

$$(\boldsymbol{n}_{P_iP_{i+j}} + \boldsymbol{n}_{P_{i+1}P_{i+j+1}})//\boldsymbol{n}_{P_{n+i+1}P_{n+i+j+1}}, \tag{2.1.3}$$

其中 $i = 1, 2, \cdots, 2n+1; j = 1, 2, \cdots, n$.

证明 如图 2.1.4 所示. 以 $2n+1$ 棱锥的底面 $P_1P_2 \cdots P_{2n+1}$ 为 xOy 坐标

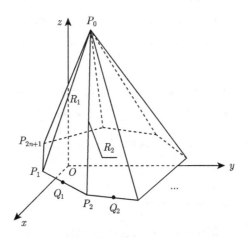

图 2.1.4

面建立空间直角坐标系. 设 P_0-$P_1P_2\cdots P_{2n+1}$ 顶点的坐标为 $P_0(x_0,y_0,z_0)$; $P_i(x_i,y_i,0)(i=1,2,\cdots,2n+1)$, 于是底边 P_iP_{i+1} 中点的坐标为

$$Q_i\left(\frac{x_i+x_{i+1}}{2},\frac{y_i+y_{i+1}}{2},0\right)\quad (i=1,2,\cdots,2n+1),$$

侧棱 P_0P_i 中点的坐标为

$$R_i\left(\frac{x_0+x_i}{2},\frac{y_0+y_i}{2},\frac{z_0}{2}\right)\quad (i=1,2,\cdots,2n+1).$$

于是由四面体有向体积公式, 得

$$6\times 2^4\mathrm{D}_{Q_iQ_{i+j}R_{n+i+1}R_{n+i+j+1}}$$

$$=\begin{vmatrix} x_i+x_{i+1} & y_i+y_{i+1} & 0 & 2 \\ x_{i+j}+x_{i+j+1} & y_{i+j}+y_{i+j+1} & 0 & 2 \\ x_0+x_{n+i+1} & y_0+y_{n+i+1} & z_0 & 2 \\ x_0+x_{n+i+j+1} & y_0+y_{n+i+j+1} & z_0 & 2 \end{vmatrix}$$

$$=\begin{vmatrix} x_i+x_{i+1} & y_i+y_{i+1} & 0 & 2 \\ x_{i+j}+x_{i+j+1} & y_{i+j}+y_{i+j+1} & 0 & 2 \\ x_0+x_{n+i+1} & y_0+y_{n+i+1} & z_0 & 2 \\ x_{n+i+j+1}-x_{n+i+1} & y_{n+i+j+1}-y_{n+i+1} & 0 & 0 \end{vmatrix}$$

$$=z_0\begin{vmatrix} x_i+x_{i+1} & y_i+y_{i+1} & 2 \\ x_{i+j}+x_{i+j+1} & y_{i+j}+y_{i+j+1} & 2 \\ x_{n+i+j+1}-x_{n+i+1} & y_{n+i+j+1}-y_{n+i+1} & 0 \end{vmatrix}$$

$$=z_0\begin{vmatrix} x_i+x_{i+1} & y_i+y_{i+1} & 2 \\ x_{i+j}-x_i+x_{i+j+1}-x_{i+1} & y_{i+j}-y_i+y_{i+j+1}-y_{i+1} & 0 \\ x_{n+i+j+1}-x_{n+i+1} & y_{n+i+j+1}-y_{n+i+1} & 0 \end{vmatrix}$$

$$=2z_0\begin{vmatrix} 0 & 0 & 1 \\ x_{i+j}-x_i+x_{i+j+1}-x_{i+1} & y_{i+j}-y_i+y_{i+j+1}-y_{i+1} & 0 \\ x_{n+i+j+1}-x_{n+i+1} & y_{n+i+j+1}-y_{n+i+1} & 0 \end{vmatrix}$$

$$=2z_0\left[\boldsymbol{k}(\boldsymbol{n}_{P_iP_{i+j}}+\boldsymbol{n}_{P_{i+1}P_{i+j+1}})\boldsymbol{n}_{P_{n+i+1}P_{n+i+j+1}}\right],$$

所以

$$\mathrm{D}_{Q_iQ_{i+j}R_{n+i+1}R_{n+i+j+1}}$$

$$=\frac{1}{48}z_0\left[\boldsymbol{k}(\boldsymbol{n}_{P_iP_{i+j}}+\boldsymbol{n}_{P_{i+1}P_{i+j+1}})\boldsymbol{n}_{P_{n+i+1}P_{n+i+j+1}}\right].\qquad (2.1.4)$$

因为当 $(\boldsymbol{n}_{P_iP_{i+j}} + \boldsymbol{n}_{P_{i+1}P_{i+j+1}}) \times \boldsymbol{n}_{P_{n+i+1}P_{n+i+j+1}} \neq \boldsymbol{0}$ 时, $\boldsymbol{k}//[(\boldsymbol{n}_{P_iP_{i+j}} + \boldsymbol{n}_{P_{i+1}P_{i+j+1}}) \times \boldsymbol{n}_{P_{n+i+1}P_{n+i+j+1}}]$; 反之亦然. 所以

$$(\boldsymbol{n}_{P_iP_{i+j}} + \boldsymbol{n}_{P_{i+1}P_{i+j+1}}) \times \boldsymbol{n}_{P_{n+i+1}P_{n+i+j+1}} \neq \boldsymbol{0}$$

$$\Leftrightarrow [\boldsymbol{k}(\boldsymbol{n}_{P_iP_{i+j}} + \boldsymbol{n}_{P_{i+1}P_{i+j+1}})\boldsymbol{n}_{P_{n+i+1}P_{n+i+j+1}}] \neq 0.$$

于是由 $z_0 \neq 0$ 和式 (2.1.4), 可得

$Q_iR_{n+i+1}, Q_{i+j}R_{n+i+j+1}$ 所在直线相交于一点 $G_{i,i+j}$

$$\Leftrightarrow \mathrm{D}_{Q_iQ_{i+j}R_{n+i+1}R_{n+i+j+1}} = 0$$

$$\Leftrightarrow [\boldsymbol{k}(\boldsymbol{n}_{P_iP_{i+j}} + \boldsymbol{n}_{P_{i+1}P_{i+j+1}})\boldsymbol{n}_{P_{n+i+1}P_{n+i+j+1}}] = 0$$

$$\Leftrightarrow (\boldsymbol{n}_{P_iP_{i+j}} + \boldsymbol{n}_{P_{i+1}P_{i+j+1}}) \times \boldsymbol{n}_{P_{n+i+1}P_{n+i+j+1}} = \boldsymbol{0} \Leftrightarrow \text{式 (2.1.3) 成立}.$$

推论 2.1.2 设 $P_0\text{-}P_1P_2\cdots P_{2n+1}$ 是 $2n+1$ 棱锥, $Q_1, Q_2, \cdots, Q_{2n+1}$ 是底边 $P_1P_2, P_2P_3, \cdots, P_{2n+1}P_1$ 的中点, $R_1, R_2, \cdots, R_{2n+1}$ 是侧棱 $P_0P_1, P_0P_2, \cdots, P_0P_{2n+1}$ 的中点, 则 $Q_iR_{n+i+1}, Q_{i+1}R_{n+i+2}$ 所在直线相交于一点 $G_{i,i+1}$ 的充分必要条件是

$$\boldsymbol{n}_{P_iP_{i+2}}//\boldsymbol{n}_{P_{n+i+1}P_{n+i+2}}, \tag{2.1.5}$$

其中 $i = 1, 2, \cdots, 2n+1$.

证明 当 $j = 1$ 时, $\boldsymbol{n}_{P_iP_{i+j}} + \boldsymbol{n}_{P_{i+1}P_{i+j+1}} = \boldsymbol{n}_{P_iP_{i+2}}$. 故由式 (2.1.4) 即得 $Q_iR_{n+i+1}, Q_{i+1}R_{n+i+2}$ 所在直线相交于一点 $G_{i,i+1} \Leftrightarrow$ 式 (2.1.5) 成立.

2.2 空间三角形重心线的有向度量定理与应用

本节主要利用有向度量法, 研究空间三角形重心线和重心线包络面的有关问题. 首先, 给出空间三角形重心线、重心线包络面的概念; 其次, 给出空间点与其坐标面上投影点的坐标之间的关系定理; 再次, 给出空间三角形重心线的共点定理及其应用; 最后, 给出空间三角形顶点到重心线包络面的有向距离公式, 并利用该有向距离公式, 得出 "空间三角形一边上的两个端点, 到这边上任一重心线包络面的距离相等, 侧向相反" 的结论.

2.2.1 空间三角形重心线的基本概念

定义 2.2.1 设 $S = \{P_1, P_2, \cdots, P_n\}$ 是空间 n 个点的集合, $S_k = \{P_{i_1}, P_{i_2}, \cdots, P_{i_k}\}$ 是 S 中 k 个点的子集, $S'_{n-k} = \{P_{i_{k+1}}, P_{i_{k+2}}, \cdots, P_{i_n}\}$ 是 S 中其余 $n-k$ 个点的子集, 则称这两个子集所构成的集对 (S_k, S'_{n-k}) 为 S 的一个 $(k, n-k)$ 完备集对.

特别地, 我们把 S 看成是 S 的 $(0, n)$ 完备集对, 即把 S 看成是 S 的 $(k, n-k)$ 完备集对的特殊形情形.

显然, 空间 n 点集 S 完备点集对 (S_k, S'_{n-k}) 中两个集合的交集是空集, 即 $S_k \cap S'_{n-k} = \varnothing$; 两个集合的并集是 n 点集 S 本身, 即 $S_k \cup S'_{n-k} = S$.

定义 2.2.2　设 $S = \{P_1, P_2, P_3\}$ 是空间三角形 $P_1 P_2 P_3$ 所有顶点的集合, 则称 S 的 $(1, 2)$ 完备集对 (S_1, S'_2) 为 $P_1 P_2 P_3$ 的 $(1, 2)$ 完备集对, 该集对中两个集合 S_1, S'_2 重心之间的连线称为 $P_1 P_2 P_3$ 的点-边重心线, 简称重心线.

显然, 在三角形 $P_1 P_2 P_3$ 的 $(1, 2)$ 完备集对 (S_1, S'_2) 中, S_1, S'_2 分别为 $P_1 P_2 P_3$ 单个顶点和这个顶点所对边上两个顶点的集合. 因此, 三角形的重心线就是其中线. 因为除上述 $(1, 2)$ 完备集对外, 三角形 $P_1 P_2 P_3$ 没有该意义上其他类型的完备集对, 所以 $P_1 P_2 P_3$ 只有三条重心线.

注意, 对任意的 $n > 3$, 空间多边形 $P_1 P_2 \cdots P_n$ 都没有上述意义上的 $(1, 2)$ 完备集对, 故 $P_1 P_2 \cdots P_n (n > 3)$ 没有该意义上的重心线 (中线). 可见, 三角形的中线与一般多边形的中线有所不同.

定义 2.2.3　设 $P_1 P_2 P_3$ 是空间三角形, $P_1 Q_2, P_2 Q_3, P_3 Q_1$ 为 $P_1 P_2 P_3$ 的重心线, 则称过其中任意一条重心线 $P_i Q_{i+1} (i = 1, 2, 3)$ 的所有平面为 $P_1 P_2 P_3$ 该重心线的包络面.

由重心线 $P_i Q_{i+1}$ 的方程所生成的带有两个不全为零参数 $\mu_i, \nu_i (i = 1, 2, 3)$ 的包络面称为该中线的双参数包络面, 记为 $\pi_{P_i G_{i+1} \text{-} \mu_i \nu_i} (i = 1, 2, 3)$.

2.2.2　空间点及其坐标面上投影点坐标之间的关系定理

定理 2.2.1　设 $\mathrm{Prj}_{xy} G, \mathrm{Prj}_{yz} G, \mathrm{Prj}_{zx} G$ 分别为空间一点 G 在三坐标面 xOy, yOz, zOx 上的投影点, 则 G 的坐标为 $G(a, b, c)$ 的充分必要条件是 G 的投影点的坐标分别为 $\mathrm{Prj}_{xy} G(a, b, 0), \mathrm{Prj}_{yz} G(0, b, c), \mathrm{Prj}_{zx} G(a, 0, c)$.

证明　如图 2.2.1 所示. 过 G 分别作平行于 yOz, zOx, xOy 的三个平面, 与 x 轴、y 轴、z 轴依次相交于点 A, B, C. 于是 $A\mathrm{Prj}_{xy} G \perp x$ 轴于 A, $B\mathrm{Prj}_{xy} G \perp y$ 轴于 B; $B\mathrm{Prj}_{yz} G \perp y$ 轴于 B, $C\mathrm{Prj}_{yz} G \perp z$ 轴于 C; $C\mathrm{Prj}_{zx} G \perp z$ 轴于 C, $A\mathrm{Prj}_{zx} G \perp x$ 轴于 A. 故

$$x_{\mathrm{Prj}_{xy} G} = x_{\mathrm{Prj}_{zx} G} = x_A, \quad y_{\mathrm{Prj}_{xy} G} = y_{\mathrm{Prj}_{yz} G} = y_B, \quad z_{\mathrm{Prj}_{yz} G} = z_{\mathrm{Prj}_{zx} G} = z_C.$$

从而

$$G \text{ 的坐标为 } G(a, b, c) \Leftrightarrow x_A = a, y_B = b, z_C = c$$

$$\Leftrightarrow x_{\mathrm{Prj}_{xy} G} = x_{\mathrm{Prj}_{zx} G} = a, y_{\mathrm{Prj}_{xy} G} = y_{\mathrm{Prj}_{yz} G} = b, z_{\mathrm{Prj}_{yz} G} = z_{\mathrm{Prj}_{zx} G} = c$$

$$\Leftrightarrow \mathrm{Prj}_{xy} G, \mathrm{Prj}_{yz} G, \mathrm{Prj}_{zx} G \text{ 的坐标分别为}$$

$$\mathrm{Prj}_{xy}G(a,b,0), \quad \mathrm{Prj}_{yz}G(0,b,c), \quad \mathrm{Prj}_{zx}G(a,0,c).$$

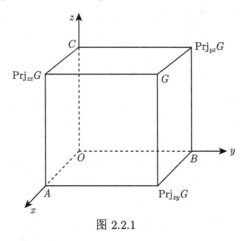

图 2.2.1

例 2.2.1 设 G 是空间三角形 $P_1P_2P_3$ 的重心, 证明: $G=(P_1+P_2+P_3)/3$, 即

$$x_G = \frac{x_{P_1}+x_{P_2}+x_{P_3}}{3}, \quad y_G = \frac{y_{P_1}+y_{P_2}+y_{P_3}}{3}, \quad z_G = \frac{z_{P_1}+z_{P_2}+z_{P_3}}{3}.$$

证明 设三角形 $P_1P_2P_3$ 顶点的坐标为 $P_i(x_i,y_i,z_i)(i=1,2,3)$, 于是 $P_1P_2P_3$ 在 xOy 面上的投影三角形 $R_1R_2R_3$ 的坐标为 $R_i(x_i,y_i,0)(i=1,2,3)$. 于是将 $R_1R_2R_3$ 看成是二维空间中的三角形, 则其顶点的坐标为 $R_i(x_i,y_i)(i=1,2,3)$. 故由二维空间中的三角形重心的坐标公式, 可得 $R_1R_2R_3$ 的重心的坐标为

$$x_{\mathrm{Prj}_{xy}G} = \frac{x_1+x_2+x_3}{3}, \quad y_{\mathrm{Prj}_{xy}G} = \frac{y_1+y_2+y_3}{3}.$$

从而 G 在 xOy 面上的投影点的坐标为

$$\mathrm{Prj}_{xy}G\left(\frac{x_1+x_2+x_3}{3}, \frac{y_1+y_2+y_3}{3}, 0\right).$$

类似地, 可得 G 在 yOz, zOx 面上的投影点的坐标为

$$\mathrm{Prj}_{yz}G\left(0, \frac{y_1+y_2+y_3}{3}, \frac{z_1+z_2+z_3}{3}\right),$$

$$\mathrm{Prj}_{zx}G\left(\frac{x_1+x_2+x_3}{3}, 0, \frac{z_1+z_2+z_3}{3}\right).$$

故由定理 2.2.1 可得, 三角形 $P_1P_2P_3$ 重心的坐标为

$$G\left(\frac{x_1+x_2+x_3}{3}, \frac{y_1+y_2+y_3}{3}, \frac{z_1+z_2+z_3}{3}\right),$$

即 $G=(P_1+P_2+P_3)/3$.

2.2.3 空间三角形重心线的共点定理及其应用

定理 2.2.2 设 $P_1P_2P_3$ 是空间三角形, Q_1, Q_2, Q_3 依次是 $P_1P_2P_3$ 各边 P_1P_2, P_2P_3, P_3P_1 的中点, P 是 $P_1P_2P_3$ 所在平面上任意一点, 则

$$D_{PP_1Q_2} - D_{PP_2Q_3} + D_{PP_3Q_1} = 0, \tag{2.2.1}$$

其中 $D_{PP_iQ_{i+1}}$ 表示中线三角形 $PP_iQ_{i+1}(i=1,2,3)$ 的有向面积.

证明 取 $P_1P_2P_3$ 所在平面为 xOy 面, 则由平面三角形中线三角形有向面积的定值定理, 即知式 (2.2.1) 成立.

定理 2.2.3(空间三角形重心线的共点定理) 设 $P_1P_2P_3$ 是空间三角形, P_1Q_2, P_2Q_3, P_3Q_1 是 $P_1P_2P_3$ 的重心线, 则 P_1Q_2, P_2Q_3, P_3Q_1 相交于一点, 且这点为 $P_1P_2P_3$ 的重心, 即 $G=(P_1+P_2+P_3)/3$.

证明 因为三角形 $P_1P_2P_3$ 两中线 P_1Q_2, P_2Q_3 不平行, 所以 P_1Q_2, P_2Q_3 所在直线相交于一点. 设此交点为 G, 则 $D_{GP_1Q_2}=D_{GP_2Q_3}=0$. 代入式 (2.2.1), 得 $D_{GP_3Q_1}=0$, 从而 G 在直线 P_3Q_1 上. 再由三角形 $P_1P_2P_3$ 的凸性, 易知 P_1Q_2, P_2Q_3, P_3Q_1 三线 (三线段) 相交于一点 G.

再求 G 点的坐标. 设三角形 $P_1P_2P_3$ 顶点的坐标为 $P_i(x_i,y_i,z_i)(i=1,2,3)$, 于是三边 P_iP_{i+1} 中点的坐标为

$$Q_i\left(\frac{x_i+x_{i+1}}{2}, \frac{y_i+y_{i+1}}{2}, \frac{z_i+z_{i+1}}{2}\right) \quad (i=1,2,3).$$

因为 G 是 P_1Q_2, P_2Q_3, P_3Q_1 的交点, 故由 G 关于中线 P_1Q_2, P_2Q_3, P_3Q_1 的对称性, 在三直线的方程

$$\frac{x-x_i}{x_{Q_{i+1}}-x_i} = \frac{y-y_i}{y_{Q_{i+1}}-y_i} = \frac{z-z_i}{z_{Q_{i+1}}-z_i} = t_i \quad (i=1,2,3)$$

中, 令 $t_1=t_2=t_3=t$ 得

$$x_G = x_i + t(x_{Q_{i+1}}-x_i) \quad (i=1,2,3).$$

于是

$$3x_G = \sum_{i=1}^{3} x_i + t\sum_{i=1}^{3}(x_{Q_{i+1}}-x_i) = \sum_{i=1}^{3} x_i + \frac{t}{2}\sum_{i=1}^{3}(x_{i+1}+x_{i+2}-2x_i)$$

$$= \sum_{i=1}^{3} x_i + \frac{t}{2}\times 0 = \sum_{i=1}^{3} x_i,$$

所以 $x_G = \dfrac{1}{3}\sum\limits_{i=1}^{3} x_i.$

类似地, 可以求得

$$y_G = \frac{1}{3}\sum_{i=1}^{3} y_i, \quad z_G = \frac{1}{3}\sum_{i=1}^{3} z_i.$$

所以 $G = (P_1 + P_2 + P_3)/3$, 即 G 是空间三角形 $P_1P_2P_3$ 的重心.

定理 2.2.4(空间三角形重心线的定比分点定理) 设 $P_1P_2P_3$ 是空间三角形, P_1Q_2, P_2Q_3, P_3Q_1 是 $P_1P_2P_3$ 的重心线, G 是 $P_1P_2P_3$ 的重心, 则 G 是重心线 P_1Q_2, P_2Q_3, P_3Q_1 的 2-分点 (各顶点与其对边的加权重心), 即

$$\mathrm{D}_{P_iG}/\mathrm{D}_{GQ_{i+1}} = 2 \quad \text{或} \quad G = (P_i + 2Q_{i+1})/3 \quad (i = 1, 2, 3).$$

证明 不妨设空间三角形 $P_1P_2P_3$ 的重心线 P_1Q_2, P_2Q_3, P_3Q_1 在 x 轴上的投影均不为零, 且 $P_1P_2P_3$ 顶点的坐标如定理 2.2.3 所设, 则

$$\frac{\mathrm{D}_{P_iG}}{\mathrm{D}_{GQ_{i+1}}} = \frac{\mathrm{Prj}_x\mathrm{D}_{P_iG}}{\mathrm{Prj}_x\mathrm{D}_{GQ_{i+1}}} = \frac{x_G - x_i}{x_{Q_{i+1}} - x_G} = \frac{(x_i + x_{i+1} + x_{i+2})/3 - x_i}{(x_{i+1} + x_{i+2})/2 - (x_i + x_{i+1} + x_{i+2})/3}$$

$$= \frac{2(x_{i+1} + x_{i+2} - 2x_i)}{x_{i+1} + x_{i+2} - 2x_i} = 2 \quad (i = 1, 2, 3),$$

所以 $G = (P_i + 2Q_{i+1})/3(i = 1, 2, 3)$, 即重心 G 是重心线 P_1Q_2, P_2Q_3, P_3Q_1 的 2-分点 (加权重心).

2.2.4 空间三角形顶点到重心线包络面的有向距离公式及其应用

引理 2.2.1 设 $P_1P_2P_3$ 是三角形, $P_{i+2}Q_i$ 依次是三角形各边 $P_iP_{i+1}(i = 1, 2, 3)$ 上的重心线, $\mu_i, \nu_i(i = 1, 2, 3)$ 均是不全为零的实数, 则 $P_{i+2}Q_i$ 的平面束方程可以表示成

$$\pi_{P_{i+2}Q_i-\mu_i\nu_i} : a_i x + b_i y + c_i z + d_i = 0 \quad (i = 1, 2, 3), \tag{2.2.2}$$

其中 $a_i = \mu_i(y_{Q_i} - y_{P_{i+2}}), b_i = \mu_i(x_{P_{i+2}} - x_{Q_i}) + \nu_i(z_{Q_i} - z_{P_{i+2}}), c_i = \nu_i(y_{P_{i+2}} - y_{Q_i}), d_i = \mu_i(x_{Q_i}y_{P_{i+2}} - x_{P_{i+2}}y_{Q_i}) + \nu_i(y_{Q_i}z_{P_{i+2}} - y_{P_{i+2}}z_{Q_i}).$

证明 将直线 $P_{i+2}Q_i(i = 1, 2, 3)$ 的两点式方程

$$\frac{x - x_{P_{i+2}}}{x_{Q_i} - x_{P_{i+2}}} = \frac{y - y_{P_{i+2}}}{y_{Q_i} - y_{P_{i+2}}} = \frac{z - z_{P_{i+2}}}{z_{Q_i} - z_{P_{i+2}}} \quad (i = 1, 2, 3)$$

化成直线的一般方程, 可得

$$\begin{cases} (y_{Q_i} - y_{P_{i+2}})x + (x_{P_{i+2}} - x_{Q_i})y + (x_{Q_i}y_{P_{i+2}} - x_{P_{i+2}}y_{Q_i}) = 0, \\ (z_{Q_i} - z_{P_{i+2}})y + (y_{P_{i+2}} - y_{Q_i})z + (y_{Q_i}z_{P_{i+2}} - y_{P_{i+2}}z_{Q_i}) = 0 \end{cases} \quad (i = 1, 2, 3),$$

故 $P_{i+2}G_i(i = 1, 2, 3)$ 的平面束方程可以表示成式 (2.2.2) 的形式.

定理 2.2.5　设 $P_1P_2P_3$ 是三角形, $P_{i+2}Q_i$ 依次是三角形各边 $P_iP_{i+1}(i = 1, 2, 3)$ 上的重心线, $\pi_{P_{i+2}Q_i-\mu_i\nu_i}$ 是 $P_{i+2}Q_i(i = 1, 2, 3)$ 形如 (2.2.2) 的平面束方程所表示的重心线包络面, 则

$$\sqrt{a_i^2 + b_i^2 + c_i^2}\, \mathrm{D}_{P_i-\pi_{P_{i+2}Q_i-\mu_i\nu_i}}$$

$$= \mu_i \mathrm{Prj}_{xy} \mathrm{D}_{P_iP_{i+1}P_{i+2}} + \nu_i \mathrm{Prj}_{yz} \mathrm{D}_{P_iP_{i+1}P_{i+2}} \quad (i = 1, 2, 3), \tag{2.2.3}$$

$$\sqrt{a_i^2 + b_i^2 + c_i^2}\, \mathrm{D}_{P_{i+1}-\pi_{P_{i+2}Q_i-\mu_i\nu_i}}$$

$$= -\left(\mu_i \mathrm{Prj}_{xy} \mathrm{D}_{P_iP_{i+1}P_{i+2}} + \nu_i \mathrm{Prj}_{yz} \mathrm{D}_{P_iP_{i+1}P_{i+2}} \right) \quad (i = 1, 2, 3). \tag{2.2.4}$$

证明　设三角形 $P_1P_2P_3$ 顶点的坐标为 $P_i(x_i, y_i, z_i)(i = 1, 2, 3)$, 则 $P_1P_2P_3$ 各边 P_iP_{i+1} 中点的坐标为

$$Q_i\left(\frac{x_i + x_{i+1}}{2}, \frac{y_i + y_{i+1}}{2}, \frac{z_i + z_{i+1}}{2} \right) \quad (i = 1, 2, 3).$$

于是由 $\pi_{P_{i+2}Q_i-\mu_i\nu_i}$ 的方程 (2.2.2) 和点到平面的有向距离公式, 可得

$$\sqrt{a_i^2 + b_i^2 + c_i^2}\, \mathrm{D}_{P_i-\pi_{P_{i+2}Q_i-\lambda_i\mu_i}}$$

$$= \mu_i \left[x_i \left(\frac{y_i + y_{i+1}}{2} - y_{i+2} \right) + \left(x_{i+2} - \frac{x_i + x_{i+1}}{2} \right) y_i \right.$$

$$\left. + \left(\frac{x_i + x_{i+1}}{2} \cdot y_{i+2} - x_{i+2} \cdot \frac{y_i + y_{i+1}}{2} \right) \right]$$

$$+ \nu_i \left[y_i \left(\frac{z_i + z_{i+1}}{2} - z_{i+2} \right) + \left(y_{i+2} - \frac{y_i + y_{i+1}}{2} \right) z_i \right.$$

$$\left. + \left(\frac{y_i + y_{i+1}}{2} \cdot z_{i+2} - y_{i+2} \cdot \frac{z_i + z_{i+1}}{2} \right) \right]$$

$$= \frac{\mu_i}{2}[(x_iy_{i+1} - x_{i+1}y_i) - 2(x_iy_{i+2} - x_{i+2}y_i) + (x_iy_{i+2} - x_{i+2}y_i)$$

$$+ (x_{i+1}y_{i+2} - x_{i+2}y_{i+1})] + \frac{\nu_i}{2}[(y_iz_{i+1} - y_{i+1}z_i) - 2(y_iz_{i+2} - y_{i+2}z_i)$$

$$+(y_i z_{i+2} - y_{i+2} z_i) + (y_{i+1} z_{i+2} - y_{i+2} z_{i+1})]$$

$$= \frac{\mu_i}{2} \left[(x_i y_{i+1} - x_{i+1} y_i) + (x_{i+1} y_{i+2} - x_{i+2} y_{i+1}) + (x_{i+2} y_i - x_i y_{i+2}) \right]$$

$$+ \frac{\nu_i}{2} \left[(y_i z_{i+1} - y_{i+1} z_i) + (y_{i+1} z_{i+2} - y_{i+2} z_{i+1}) + (y_{i+2} z_i - y_i z_{i+2}) \right]$$

$$= \lambda_i \mathrm{Prj}_{xy} \mathrm{D}_{P_i P_{i+1} P_{i+2}} + \mu_i \mathrm{Prj}_{yz} \mathrm{D}_{P_i P_{i+1} P_{i+2}} \quad (i = 1, 2, 3),$$

所以, 式 (2.2.3) 成立.

类似地, 同理可以证明, 式 (2.2.4) 成立.

推论 2.2.1 设 $P_1 P_2 P_3$ 是三角形, $P_{i+2} Q_i$ 依次是三角形各边 $P_i P_{i+1}(i = 1, 2, 3)$ 上的重心线, $\pi_{P_{i+2} Q_i - \mu_i \nu_i}$ 是 $P_{i+2} Q_i(i = 1, 2, 3)$ 形如式 (2.2.2) 的平面束方程所表示的重心线包络面, 则

$$\mathrm{d}_{P_i - \pi_{P_{i+2} Q_i - \mu_i \nu_i}} = \mathrm{d}_{P_{i+1} - \pi_{P_{i+2} Q_i - \mu_i \nu_i}}$$

$$= \frac{\left| \lambda_i \mathrm{Prj}_{xy} \mathrm{D}_{P_i P_{i+1} P_{i+2}} + \mu_i \mathrm{Prj}_{yz} \mathrm{D}_{P_i P_{i+1} P_{i+2}} \right|}{\sqrt{a_i^2 + b_i^2 + c_i^2}} \quad (i = 1, 2, 3). \tag{2.2.5}$$

证明 根据定理 2.2.4, 式 (2.2.3) 和 (2.2.4) 等号两边分别取绝对值, 即得式 (2.2.5).

定理 2.2.6 设 $P_1 P_2 P_3$ 是三角形, $P_{i+2} Q_i$ 依次是三角形各边 $P_i P_{i+1}(i = 1, 2, 3)$ 上的重心线, $\pi_{P_{i+2} Q_i - \mu_i \nu_i}$ 是 $P_{i+2} Q_i(i = 1, 2, 3)$ 的重心线包络面, 则

$$\mathrm{D}_{P_i - \pi_{P_{i+2} Q_i - \mu_i \nu_i}} + \mathrm{D}_{P_{i+1} - \pi_{P_{i+2} Q_i - \mu_i \nu_i}}$$

$$= 0 \quad (\mathrm{d}_{P_i - \pi_{P_{i+2} Q_i - \mu_i \nu_i}} = \mathrm{d}_{P_{i+1} - \pi_{P_{i+2} Q_i - \mu_i \nu_i}}) \quad (i = 1, 2, 3). \tag{2.2.6}$$

证明 不妨设 $\pi_{P_{i+2} Q_i - \mu_i \nu_i}$ 是 $P_{i+2} Q_i(i = 1, 2, 3)$ 形如 (2.2.2) 的平面束方程所表示的重心线包络面. 根据定理 2.2.4, 式 (2.2.3)+(2.2.4), 得

$$\sqrt{a_i^2 + b_i^2 + c_i^2} \left(\mathrm{D}_{P_i - \pi_{P_{i+2} Q_i - \mu_i \nu_i}} + \mathrm{D}_{P_{i+1} - \pi_{P_{i+2} Q_i - \mu_i \nu_i}} \right) = 0.$$

因为 $\sqrt{a_i^2 + b_i^2 + c_i^2} \neq 0$, 所以式 (2.2.6) 成立.

推论 2.2.2 空间三角形一边上的两个端点, 到这边上任一重心线包络面的距离相等, 侧向相反.

证明 根据定理 2.2.6, 由式 (2.2.6) 的几何意义, 即得.

2.3　四面体点-面重心线的共面共点定理与应用

本节主要应用有向体积和有向体积定值法, 研究四面体点-面重心线共面共点的有关问题. 首先, 给出四面体点-面重心线的基本概念; 其次, 给出四面体点-面重心线的共面定理及其推论; 再次, 利用四面体点-面重心线的共面定理和有向体积定值法, 给出著名的四面体点-面重心线的共点定理的两种新的证明方法, 这两种方法具有广泛的适用性, 是本书证明多线共点的基本方法. 同时, 也利用有向距离得出了四面体点-面重心线的定比分点定理.

2.3.1　四面体点-面重心线的基本概念

定义 2.3.1　设 $S = \{P_1, P_2, P_3, P_4\}$ 是四面体 $P_1P_2P_3P_4$ 所有顶点的集合, 则称 S 的 $(1,3)$ 完备集对 (S_1, S_3') 为 $P_1P_2P_3P_4$ 的 $(1,3)$ 完备集对, 该集对中两集合 S_1, S_3' 的重心之间的连线为 $P_1P_2P_3P_4$ 的点-面重心线, 简称为重心线.

显然, 在 $P_1P_2P_3P_4$ 的 $(1,3)$ 完备集对 (S_1, S_3') 中, S_1, S_3' 分别为 $P_1P_2P_3P_4$ 单个顶点和这个顶点所对面上三个顶点的集合. $P_1P_2P_3P_4$ 的点-面重心线是单个顶点 P_i 与该顶点所对面的 $P_{i+1}P_{i+2}P_{i+3}(i = 1, 2, 3, 4)$ 的重心 $G_{i+1}(i = 1, 2, 3, 4)$ 之间的连线 $P_iG_{i+1}(i = 1, 2, 3, 4)$. 因此, $P_1P_2P_3P_4$ 共有四条点-面重心线, $P_1P_2P_3P_4$ 的点-面重心线也称为相应面上的重心线. 此外, 除上述 $(1,3)$ 完备集对外, $P_1P_2P_3P_4$ 还其他类型的完备集对, 所以 $P_1P_2P_3P_4$ 还有其他类型的重心线. 对于这类重心线, 我们将在下章讨论.

2.3.2　四面体点-面重心线的共面定理及其应用

定理 2.3.1(四面体重心线的共面定理)　设 $P_1P_2P_3P_4$ 是四面体, P_1G_2, P_2G_3, P_3G_4, P_4G_1 依次是四面体各面 $P_2P_3P_4, P_3P_4P_1, P_4P_1P_2, P_1P_2P_3$ 上的重心线, 则 $P_1G_2, P_2G_3, P_3G_4, P_4G_1$ 中的任意两条重心线均共面.

证明　如图 2.3.1 所示. 设四面体顶点的坐标分别为 $P_i(x_i, y_i, z_i)(i = 1, 2, 3, 4)$, 于是各面 $P_iP_{i+1}P_{i+2}(i = 1, 2, 3, 4)$ 重心的坐标为

$$G_i\left(\frac{x_i + x_{i+1} + x_{i+2}}{3}, \frac{y_i + y_{i+1} + y_{i+2}}{3}, \frac{z_i + z_{i+1} + z_{i+2}}{3}\right) \quad (i = 1, 2, 3, 4).$$

于是由四面体有向体积公式, 得

$$6 \times 3^2 \mathrm{D}_{P_1P_2G_2G_3}$$

$$= \begin{vmatrix} x_1 & y_1 & z_1 & 1 \\ x_2 & y_2 & z_2 & 1 \\ x_2 + x_3 + x_4 & y_2 + y_3 + y_4 & z_2 + z_3 + z_4 & 3 \\ x_3 + x_4 + x_1 & y_3 + y_4 + y_1 & z_3 + z_4 + z_1 & 3 \end{vmatrix}$$

$$\frac{r_3-r_2}{r_4-r_1}\begin{vmatrix} x_1 & y_1 & z_1 & 1 \\ x_2 & y_2 & z_2 & 1 \\ x_3+x_4 & y_3+y_4 & z_3+z_4 & 2 \\ x_3+x_4 & y_3+y_4 & z_3+z_4 & 2 \end{vmatrix}=0,$$

所以 $\mathrm{D}_{P_1P_2G_2G_3}=0$. 因此, P_1,G_2,P_2,G_3 四点共面, 即 P_1G_2,P_2G_3 共面.

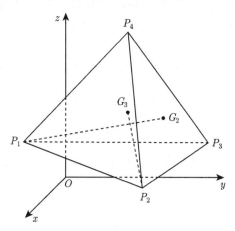

图 2.3.1

类似地, 可以证明 P_1,G_2,P_3,G_4; P_1,G_2,P_4,G_1; P_2,G_3,P_3,G_4; P_2,G_3,P_4,G_1; P_3,G_4,P_4,G_1 均四点共面, 即 P_1G_2,P_3G_4; P_1G_2,P_4G_1; P_2G_3,P_3G_4; P_2G_3,P_4G_1; P_3G_4,P_4G_1 均两线共面.

推论 2.3.1 设 $P_1P_2P_3P_4$ 是四面体, $P_1G_2,P_2G_3,P_3G_4,P_4G_1$ 依次是四面体各面 $P_2P_3P_4,P_3P_4P_1,P_4P_1P_2,P_1P_2P_3$ 上的重心线, P 是空间任意一点, 则

$$\mathrm{D}_{PP_2G_2G_3}-\mathrm{D}_{PG_2G_3P_1}+\mathrm{D}_{PG_3P_1P_2}-\mathrm{D}_{PP_1P_2G_2}=0, \tag{2.3.1}$$

$$\mathrm{D}_{PP_3G_2G_4}-\mathrm{D}_{PG_2G_4P_1}+\mathrm{D}_{PG_4P_1P_3}-\mathrm{D}_{PP_1P_3G_2}=0, \tag{2.3.2}$$

$$\mathrm{D}_{PP_4G_2G_1}-\mathrm{D}_{PG_2G_1P_1}+\mathrm{D}_{PG_1P_1P_4}-\mathrm{D}_{PP_1P_4G_2}=0, \tag{2.3.3}$$

$$\mathrm{D}_{PP_3G_3G_4}-\mathrm{D}_{PG_3G_4P_2}+\mathrm{D}_{PG_4P_2P_3}-\mathrm{D}_{PP_2P_3G_3}=0, \tag{2.3.4}$$

$$\mathrm{D}_{PP_4G_3G_1}-\mathrm{D}_{PG_3G_1P_2}+\mathrm{D}_{PG_1P_2P_4}-\mathrm{D}_{PP_2P_4G_3}=0, \tag{2.3.5}$$

$$\mathrm{D}_{PP_4G_4G_1}-\mathrm{D}_{PG_4G_1P_3}+\mathrm{D}_{PG_1P_3P_4}-\mathrm{D}_{PP_3P_4G_4}=0. \tag{2.3.6}$$

证明 根据定理 2.3.1, 由 $\mathrm{D}_{P_1P_2G_2G_3}=0$ 及四面体对面四面体的可加性, 即得式 (2.3.1).

类似地, 可以证明式 (2.3.2)~(2.3.6) 成立.

2.3.3　四面体点-面重心线的共点定理及其应用

定理 2.3.2(四面体点-面重心线的共点定理)　设 $P_1P_2P_3P_4$ 是四面体, P_1G_2, P_2G_3, P_3G_4, P_4G_1 依次是四面体各面 $P_2P_3P_4$, $P_3P_4P_1$, $P_4P_1P_2$, $P_1P_2P_3$ 上的重心线, 则 P_1G_2, P_2G_3, P_3G_4, P_4G_1 相交于一点, 且该交点是四面体的重心, 即 $G = (P_1 + P_2 + P_3 + P_4)/4$.

证明　如图 2.3.2 所示. 因为 P_1G_2, P_2G_3 共面且不相互平行, 所以 P_1G_2, P_2G_3 所在直线相交于一点. 设此交点为 G, 则

$$D_{GG_2G_4P_1} = D_{GP_1P_3G_2} = 0; \quad D_{GG_3G_4P_2} = D_{GP_2P_3G_3} = 0.$$

将 $P = G$ 以及以上两式分别代入式 (2.3.2) 和 (2.3.4), 得

$$D_{GP_3G_2G_4} + D_{GG_4P_1P_3} = 0; \tag{2.3.7}$$

$$D_{GP_3G_3G_4} + D_{GG_4P_2P_3} = 0. \tag{2.3.8}$$

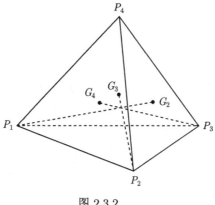

图 2.3.2

下面用两种方法来证明 P_1G_2, P_2G_3, P_3G_4 三线共点.

I. 有向体积证明多线共点的代数法　即综合应用有向体积和有向体积的定值定理, 得出一个或一个以上的与所证结论有关的有向体积关系式, 从而将多线共点的几何证明问题, 转化成线性方程组解的代数问题, 并利用直线的平面束方程和线性方程组解的理论, 证明三条或三条以上直线共点的方法.

显然, 式 (2.3.7) 和 (2.3.8) 都可以看成是直线 P_3G_4 某种特殊形式的平面束方程, 且为两个不同的平面. 因此, 这两个独立的平面束方程联立构成一个关于 G 点坐标的三元一次方程组. 故由线性方程组解的理论易知: 其解是 $3 - 2 = 1$ 维的, 即当 G 在两平面的交线 P_3G_4 上时, 方程组成立. 从而 G 在直线 P_3G_4 上.

II. 有向体积证明多线共点的反证法   即综合应用有向体积和有向体积的定值定理, 得出一个或一个以上的与所证结论有关的有向体积关系式, 并利用上述关系式提出相应的与所证结论相反的假设, 从而利用点与平面之间的关系, 构造平面的异侧点, 位于平面同侧的矛盾, 于是得到反证三条或三条以上直线共点的方法.

根据式 (2.3.7) 和 (2.3.8), 假设

$$D_{GP_3G_2G_4} = -D_{GG_4P_1P_3} \neq 0, \quad D_{GP_3G_3G_4} = -D_{GG_4P_2P_3} \neq 0,$$

即

$$D_{GP_3G_4G_2} = D_{GP_3G_4P_1} \neq 0, \quad D_{GP_3G_4G_3} = D_{GP_3G_4P_2} \neq 0,$$

于是由定理 1.2.6 知, $G_2, P_1; G_3, P_2$ 均位于平面 $\pi_{GP_3G_4}$ 同侧.

另一方面, 当 $D_{GP_3G_4G_2} = D_{GP_3G_4P_1} \neq 0$, $D_{GP_3G_4G_3} = D_{GP_3G_4P_2} \neq 0$ 时, 则由四面体的凸性, 易知 $G_2, P_1; G_3, P_2$ 分别位于平面 $\pi_{GP_3G_4}$ 的异侧, 矛盾.

因此, $D_{GP_3G_2G_4} = D_{GG_4P_1P_3} = 0; D_{GP_3G_3G_4} = D_{GG_4P_2P_3} = 0$. 于是 G 在两平面 $\pi_{P_3G_2G_4}(\pi_{G_4P_1P_3})$, $\pi_{P_3G_3G_4}(\pi_{G_4P_2P_3})$ 的交线 P_3G_4 上.

类似地, 利用式 (2.3.3) 和 (2.3.5) 可以证明, G 在两平面 $\pi_{P_4G_2G_1}(\pi_{G_1P_1P_4})$, $\pi_{P_4G_3G_1}(\pi_{G_1P_2P_4})$ 的交线 P_4G_1 上.

所以, $P_1P_2P_3P_4$ 的四条重心线 $P_1G_2, P_2G_3, P_3G_4, P_4G_1$ 所在直线相交于一点 G.

现求 G 的坐标. 设四面体 $P_1P_2P_3P_4$ 顶点的坐标为 $P_i(x_i, y_i, z_i)(i = 1, 2, 3, 4)$, 于是各面 $P_1P_2P_3, P_2P_3P_4, P_3P_4P_1, P_4P_1P_2$ 重心的坐标为

$$G_i\left(\frac{x_i + x_{i+1} + x_{i+2}}{3}, \frac{y_i + y_{i+1} + y_{i+2}}{3}, \frac{z_i + z_{i+1} + z_{i+2}}{3}\right) \quad (i = 1, 2, 3, 4).$$

因为 G 是 $P_1G_2, P_2G_3, P_3G_4, P_4G_1$ 的交点, 故由 G 关于重心线 $P_1G_2, P_2G_3, P_3G_4, P_4G_1$ 的对称性, 在各直线 P_iG_{i+1} 方程

$$\frac{x - x_i}{x_{G_{i+1}} - x_i} = \frac{y - y_i}{y_{G_{i+1}} - y_i} = \frac{z - z_i}{z_{G_{i+1}} - z_i} = t_i,$$

中令 $t_1 = t_2 = t_3 = t_4 = t$ 并化简, 可得

$$x_G = x_i + t\left(x_{G_{i+1}} - x_i\right) \quad (i = 1, 2, 3, 4).$$

于是

$$4x_G = \sum_{i=1}^{4} x_i + t\sum_{i=1}^{4}\left(x_{G_{i+1}} - x_i\right) = \sum_{i=1}^{4} x_i + t\sum_{i=1}^{4}\left(\frac{x_{i+1} + x_{i+2} + x_{i+3}}{3} - x_i\right)$$

$$= \sum_{i=1}^{4} x_i + \frac{t}{3} \sum_{i=1}^{4} (x_{i+1} + x_{i+2} + x_{i+3} - 3x_i) = \sum_{i=1}^{4} x_i,$$

所以

$$x_G = \frac{x_1 + x_2 + x_3 + x_4}{4}.$$

类似地, 可以求得

$$y_G = \frac{y_1 + y_2 + y_3 + y_4}{4}, \quad z_G = \frac{z_1 + z_2 + z_3 + z_4}{4}.$$

所以 $G = (P_1 + P_2 + P_3 + P_4)/4$, 即 G 是四面体 $P_1P_2P_3P_4$ 的重心. 显然, G 是各重心线的内点, 故 $P_1G_2, P_2G_3, P_3G_4, P_4G_1$ 相交于一点.

注 2.3.1　1994 年中国河北省高中数学竞赛题为 [55]：将一个四面体的每个顶点与它所对底面三角形的重心相连接, 得到四条线段, 证明：这四条线段相交于一点.

定理 2.3.3(四面体点-面重心线的定比分点定理)　设 $P_1P_2P_3P_4$ 是四面体, $P_1G_2, P_2G_3, P_3G_4, P_4G_1$ 依次是四面体各面 $P_2P_3P_4, P_3P_4P_1, P_4P_1P_2, P_1P_2P_3$ 上的重心线, G 是 $P_1P_2P_3P_4$ 的重心, 则 G 是重心线 $P_1G_2, P_2G_3, P_3G_4, P_4G_1$ 的 3-分点 (各顶点与其对面的加权重心), 即

$$\mathrm{D}_{P_iG}/\mathrm{D}_{GG_{i+1}} = 3 \quad \text{或} \quad G = (P_i + 3G_{i+1})/4 \quad (i = 1, 2, 3, 4).$$

证明　不妨设四面体 $P_1P_2P_3P_4$ 的四条重心线 $P_1G_2, P_2G_3, P_3G_4, P_4G_1$ 在 x 轴上的投影均不为零, 且其顶点的坐标如定理 2.3.2 所设, 则

$$\frac{\mathrm{D}_{P_iG}}{\mathrm{D}_{GG_{i+1}}} = \frac{\mathrm{Prj}_x \mathrm{D}_{P_iG}}{\mathrm{Prj}_x \mathrm{D}_{GG_{i+1}}} = \frac{x_G - x_i}{x_{G_{i+1}} - x_G}$$

$$= \frac{(x_i + x_{i+1} + x_{i+2} + x_{i+3})/4 - x_i}{(x_{i+1} + x_{i+2} + x_{i+3})/3 - (x_i + x_{i+1} + x_{i+2} + x_{i+3})/4}$$

$$= \frac{3(x_{i+1} + x_{i+2} + x_{i+3} - 3x_i)}{x_{i+1} + x_{i+2} + x_{i+3} - 3x_i} = 3 \quad (i = 1, 2, 3, 4),$$

$G = (P_i + 3G_{i+1})/4 (i = 1, 2, 3, 4)$, 即重心 G 是重心线 $P_1G_2, P_2G_3, P_3G_4, P_4G_1$ 的 3-分点.

2.4　四面体顶点到点-面重心线包络面有向距离公式与应用

本节主要应用有向度量法, 研究四面体顶点到点-面重心线包络面有向距离的有关问题. 首先, 给出四面体点-面重心线包络面的概念与方程; 其次, 给出四面

体顶点到点-面重心线包络面的有向距离公式; 最后, 利用该有向距离公式, 得出 "四面体的任一面上三个顶点到过该面上重心线任一包络面的三个点到平面的距离中, 一条较长的距离等于另两条较短的距离之和" 等的结论.

2.4.1 四面体点-面重心线包络面的概念与方程

定义 2.4.1 设 $P_1P_2P_3P_4$ 是四面体, $P_1G_2, P_2G_3, P_3G_4, P_4G_1$ 为 $P_1P_2P_3P_4$ 的重心线, 则称过 $P_1P_2P_3P_4$ 任意一条重心线 $P_{i+3}G_i(i = 1, 2, 3, 4)$ 的所有平面为 $P_1P_2P_3P_4$ 该重心线的包络面.

定义 2.4.2 由四面体 $P_1P_2P_3P_4$ 的重心线 $P_{i+3}G_i$ 所在直线方程所生成的带有两个不全为零的参数 $\mu_i, \nu_i(i = 1, 2, 3, 4)$ 的包络面称为该重心线的双参数包络面, 记为 $\pi_{P_{i+3}G_i\text{-}\mu_i\nu_i}(i = 1, 2, 3, 4)$.

引理 2.4.1 设 $P_1P_2P_3P_4$ 是四面体, $P_{i+3}G_i$ 依次是四面体各面 $P_iP_{i+1}P_{i+2}$ $(i = 1, 2, 3, 4)$ 上的重心线, $\mu_i, \nu_i(i = 1, 2, 3, 4)$ 均是不全为零的实数, 则 $P_1P_2P_3P_4$ 重心线 $P_{i+3}G_i$ 的平面束方程可以表示成

$$\pi_{P_{i+3}G_i\text{-}\mu_i\nu_i} : a_ix + b_iy + c_iz + d_i = 0 \quad (i = 1, 2, 3, 4), \tag{2.4.1}$$

其中 $a_i = \mu_i(y_{G_i} - y_{P_{i+3}}), b_i = \mu_i(x_{P_{i+3}} - x_{G_i}) + \nu_i(z_{G_i} - z_{P_{i+3}}), c_i = \nu_i(y_{P_{i+3}} - y_{G_i}),$ $d_i = \mu_i(x_{G_i}y_{P_{i+3}} - x_{P_{i+3}}y_{G_i}) + \nu_i(y_{G_i}z_{P_{i+3}} - y_{P_{i+3}}z_{G_i}).$

证明 将直线 $P_{i+3}G_i(i = 1, 2, 3, 4)$ 的两点式方程

$$\frac{x - x_{P_{i+3}}}{x_{G_i} - x_{P_{i+3}}} = \frac{y - y_{P_{i+3}}}{y_{G_i} - y_{P_{i+3}}} = \frac{z - z_{P_{i+3}}}{z_{G_i} - z_{P_{i+3}}} \quad (i = 1, 2, 3, 4)$$

化成直线的一般方程, 可得

$$\begin{cases} (y_{G_i} - y_{P_{i+3}})x + (x_{P_{i+3}} - x_{G_i})y + (x_{G_i}y_{P_{i+3}} - x_{P_{i+3}}y_{G_i}) = 0, \\ (z_{G_i} - z_{P_{i+3}})y + (y_{P_{i+3}} - y_{G_i})z + (y_{G_i}z_{P_{i+3}} - y_{P_{i+3}}z_{G_i}) = 0 \end{cases} \quad (i = 1, 2, 3, 4),$$

故 $P_1P_2P_3P_4$ 重心线 $P_{i+3}G_i(i = 1, 2, 3, 4)$ 的平面束方程可以表示成式 (2.4.1) 的形式.

2.4.2 四面体顶点到点-面重心线包络面的有向距离公式

定理 2.4.1 设 $P_1P_2P_3P_4$ 是四面体, $P_{i+3}G_i$ 依次是四面体各面 $P_iP_{i+1}P_{i+2}$ $(i = 1, 2, 3, 4)$ 上的重心线, $\pi_{P_{i+3}G_i\text{-}\mu_i\nu_i}$ 是 $P_{i+3}G_i(i = 1, 2, 3, 4)$ 形如式 (2.4.1) 的平面束方程所表示的重心线包络面, 则

$$D_{P_i\text{-}\pi_{P_{i+3}G_i\text{-}\mu_i\nu_i}} = 2(\mu_i\delta_i + \nu_i\gamma_i)/3\sqrt{a_i^2 + b_i^2 + c_i^2} \quad (i = 1, 2, 3, 4), \tag{2.4.2}$$

其中

$$\delta_i = \text{Prj}_{xy}D_{P_{i+3}P_iP_{i+1}} + \text{Prj}_{xy}D_{P_{i+2}P_{i+3}P_i},$$

$$\gamma_i = \mathrm{Prj}_{yz} \mathrm{D}_{P_{i+3}P_iP_{i+1}} + \mathrm{Prj}_{yz} \mathrm{D}_{P_{i+2}P_{i+3}P_i}$$

$$\mathrm{D}_{P_{i+1}\text{-}\pi_{P_{i+3}G_i\text{-}\mu_i\nu_i}} = 2(\mu_i\delta_i' + \nu_i\gamma_i')/3\sqrt{a_i^2 + b_i^2 + c_i^2} \quad (i = 1,2,3,4), \qquad (2.4.3)$$

其中

$$\delta_i' = \mathrm{Prj}_{xy} \mathrm{D}_{P_{i+1}P_{i+2}P_{i+3}} - \mathrm{Prj}_{xy} \mathrm{D}_{P_{i+3}P_iP_{i+1}},$$
$$\gamma_i' = \mathrm{Prj}_{yz} \mathrm{D}_{P_{i+1}P_{i+2}P_{i+3}} - \mathrm{Prj}_{yz} \mathrm{D}_{P_{i+3}P_iP_{i+1}};$$

$$\mathrm{D}_{P_{i+2}\text{-}\pi_{P_{i+3}G_i\text{-}\mu_i\nu_i}} = -2(\lambda_i\delta_i'' + \mu_i\gamma_i'')/3\sqrt{a_i^2 + b_i^2 + c_i^2} \quad (i = 1,2,3,4), \qquad (2.4.4)$$

其中

$$\delta_i'' = \mathrm{Prj}_{xy} \mathrm{D}_{P_{i+2}P_{i+3}P_i} + \mathrm{Prj}_{xy} \mathrm{D}_{P_{i+1}P_{i+2}P_{i+3}},$$
$$\gamma_i'' = \mathrm{Prj}_{yz} \mathrm{D}_{P_{i+2}P_{i+3}P_i} + \mathrm{Prj}_{yz} \mathrm{D}_{P_{i+1}P_{i+2}P_{i+3}}.$$

证明　设四面体 $P_1P_2P_3P_4$ 顶点的坐标为 $P_i(x_i, y_i, z_i)(i = 1, 2, 3, 4)$, 则 $P_1P_2P_3P_4$ 各面 $P_iP_{i+1}P_{i+2}$ 重心的坐标为

$$G_i\left(\frac{x_i + x_{i+1} + x_{i+2}}{3}, \frac{y_i + y_{i+1} + y_{i+2}}{3}, \frac{z_i + z_{i+1} + z_{i+2}}{3}\right) \quad (i = 1, 2, 3, 4).$$

于是由 $\pi_{P_{i+3}G_i\text{-}\mu_i\nu_i}$ 的方程 (2.4.1) 和点到平面的有向距离公式, 可得

$$\sqrt{a_i^2 + b_i^2 + c_i^2} \mathrm{D}_{P_i\text{-}\pi_{P_{i+3}G_i\text{-}\mu_i\nu_i}}$$

$$= \mu_i\left[x_i\left(y_{G_i} - y_{i+3}\right) + \left(x_{i+3} - x_{G_i}\right)y_i + \left(x_{G_i}y_{i+3} - x_{i+3}y_{G_i}\right)\right]$$

$$\quad + \nu_i\left[y_i\left(z_{G_i} - z_{i+3}\right) + \left(y_{i+3} - z_{G_i}\right)z_i + \left(y_{G_i}z_{i+3} - y_{i+3}z_{G_i}\right)\right]$$

$$= \mu_i\left[x_i\left(\frac{y_i + y_{i+1} + y_{i+2}}{3} - y_{i+3}\right) + \left(x_{i+3} - \frac{x_i + x_{i+1} + x_{i+2}}{3}\right)y_i\right.$$

$$\quad \left. + \left(\frac{x_i + x_{i+1} + x_{i+2}}{3} \cdot y_{i+3} - x_{i+3} \cdot \frac{y_i + y_{i+1} + y_{i+2}}{3}\right)\right]$$

$$\quad + \nu_i\left[y_i\left(\frac{z_i + z_{i+1} + z_{i+2}}{3} - z_{i+3}\right) + \left(y_{i+3} - \frac{y_i + y_{i+1} + y_{i+2}}{3}\right)z_i\right.$$

$$\quad \left. + \left(\frac{y_i + y_{i+1} + y_{i+2}}{3} \cdot z_{i+3} - y_{i+3} \cdot \frac{z_i + z_{i+1} + z_{i+2}}{3}\right)\right]$$

$$= \frac{\mu_i}{3}\left[(x_iy_{i+1} - x_{i+1}y_i) + (x_iy_{i+2} - x_{i+2}y_i) - 3(x_iy_{i+3} - x_{i+3}y_i)\right.$$

$$\quad \left. + (x_iy_{i+3} - x_{i+3}y_i) + (x_{i+1}y_{i+3} - x_{i+3}y_{i+1}) + (x_{i+2}y_{i+3} - x_{i+3}y_{i+2})\right]$$

$$+ \frac{\nu_i}{3} \left[(y_i z_{i+1} - y_{i+1} z_i) + (y_i z_{i+2} - y_{i+2} z_i) - 3(y_i z_{i+3} - y_{i+3} z_i) \right.$$

$$\left. + (y_i z_{i+3} - y_{i+3} z_i) + (y_{i+1} z_{i+3} - y_{i+3} z_{i+1}) + (y_{i+2} z_{i+3} - y_{i+3} z_{i+2}) \right]$$

$$= \frac{\mu_i}{3} \left\{ \left[(x_{i+3} y_i - x_i y_{i+3}) + (x_i y_{i+1} - x_{i+1} y_i) + (x_{i+1} y_{i+3} - x_{i+3} y_{i+1}) \right] \right.$$

$$\left. + \left[(x_{i+2} y_{i+3} - x_{i+3} y_{i+2}) + (x_{i+3} y_i - x_i y_{i+3}) + (x_i y_{i+2} - x_{i+2} y_i) \right] \right\}$$

$$+ \frac{\nu_i}{3} \left\{ \left[(y_{i+3} z_i - y_i z_{i+3}) + (y_i z_{i+1} - y_{i+1} z_i) + (y_{i+1} z_{i+3} - y_{i+3} z_{i+1}) \right] \right.$$

$$\left. + \left[(y_{i+2} z_{i+3} - y_{i+3} z_{i+2}) + (y_{i+3} z_i - y_i z_{i+3}) + (y_i z_{i+2} - y_{i+2} z_i) \right] \right\}$$

$$= \frac{2}{3} \mu_i \left(\mathrm{Prj}_{xy} \mathrm{D}_{P_{i+3} P_i P_{i+1}} + \mathrm{Prj}_{xy} \mathrm{D}_{P_{i+2} P_{i+3} P_i} \right)$$

$$+ \frac{2}{3} \nu_i \left(\mathrm{Prj}_{yz} \mathrm{D}_{P_{i+3} P_i P_{i+1}} + \mathrm{Prj}_{yz} \mathrm{D}_{P_{i+2} P_{i+3} P_i} \right)$$

$$= \frac{2}{3} (\mu_i \delta_i + \nu_i \gamma_i),$$

所以, 式 (2.4.2) 成立.

类似地, 可以证明, 式 (2.4.3) 和 (2.4.4) 成立.

推论 2.4.1 设 $P_1 P_2 P_3 P_4$ 是四面体, $P_{i+3} G_i$ 依次是四面体各面 $P_i P_{i+1} P_{i+2}$ $(i = 1, 2, 3, 4)$ 上的重心线, $\pi_{P_{i+3} G_i - \mu_i \nu_i}$ 是 $P_{i+3} G_i (i = 1, 2, 3, 4)$ 形如式 (2.4.1) 的平面束方程所表示的重心线包络面, 则

$$\mathrm{d}_{P_i - \pi_{P_{i+3} G_i - \mu_i \nu_i}} = 2 |\mu_i \delta_i + \nu_i \gamma_i| / 3 \sqrt{a_i^2 + b_i^2 + c_i^2} \quad (i = 1, 2, 3, 4), \qquad (2.4.5)$$

其中

$$\delta_i = \mathrm{Prj}_{xy} \mathrm{D}_{P_{i+3} P_i P_{i+1}} + \mathrm{Prj}_{xy} \mathrm{D}_{P_{i+2} P_{i+3} P_i},$$

$$\gamma_i = \mathrm{Prj}_{yz} \mathrm{D}_{P_{i+3} P_i P_{i+1}} + \mathrm{Prj}_{yz} \mathrm{D}_{P_{i+2} P_{i+3} P_i};$$

$$\mathrm{d}_{P_{i+1} - \pi_{P_{i+3} G_i - \mu_i \nu_i}} = 2 |\mu_i \delta_i' + \nu_i \gamma_i'| / 3 \sqrt{a_i^2 + b_i^2 + c_i^2} \quad (i = 1, 2, 3, 4), \qquad (2.4.6)$$

其中

$$\delta_i' = \mathrm{Prj}_{xy} \mathrm{D}_{P_{i+1} P_{i+2} P_{i+3}} - \mathrm{Prj}_{xy} \mathrm{D}_{P_{i+3} P_i P_{i+1}},$$

$$\gamma_i' = \mathrm{Prj}_{yz} \mathrm{D}_{P_{i+1} P_{i+2} P_{i+3}} - \mathrm{Prj}_{yz} \mathrm{D}_{P_{i+3} P_i P_{i+1}};$$

$$\mathrm{d}_{P_{i+2} - \pi_{P_{i+3} G_i - \mu_i \nu_i}} = 2 |\mu_i \delta_i'' + \nu_i \gamma_i''| / 3 \sqrt{a_i^2 + b_i^2 + c_i^2} \quad (i = 1, 2, 3, 4), \qquad (2.4.7)$$

其中

$$\delta_i'' = \mathrm{Prj}_{xy} \mathrm{D}_{P_{i+2} P_{i+3} P_i} + \mathrm{Prj}_{xy} \mathrm{D}_{P_{i+1} P_{i+2} P_{i+3}},$$

$$\gamma_i'' = \mathrm{Prj}_{yz} \mathrm{D}_{P_{i+2}P_{i+3}P_i} + \mathrm{Prj}_{yz} \mathrm{D}_{P_{i+1}P_{i+2}P_{i+3}}.$$

证明　根据定理 2.4.1, 式 (2.4.2)~(2.4.4) 等号两边分别取绝对值, 即得式 (2.4.5)~(2.4.7).

2.4.3　四面体顶点到点-面重心线包络面有向距离公式的应用

定理 2.4.2　设 $P_1P_2P_3P_4$ 是四面体, $P_{i+3}G_i$ 依次是四面体各面 $P_iP_{i+1}P_{i+2}$ $(i=1,2,3,4)$ 上的重心线, $\pi_{P_{i+3}G_i-\mu_i\nu_i}$ 是 $P_{i+3}G_i(i=1,2,3,4)$ 的重心线包络面, 则

$$\mathrm{D}_{P_i\text{-}\pi_{P_{i+3}G_i-\mu_i\nu_i}} + \mathrm{D}_{P_{i+1}\text{-}\pi_{P_{i+3}G_i-\mu_i\nu_i}} + \mathrm{D}_{P_{i+2}\text{-}\pi_{P_{i+3}G_i-\mu_i\nu_i}} = 0 \quad (i=1,2,3,4). \quad (2.4.8)$$

证明　不妨设 $\pi_{P_{i+3}G_i-\mu_i\nu_i}$ 是 $P_{i+3}G_i(i=1,2,3,4)$ 形如 (2.4.1) 的平面束方程所表示的重心线包络面, 故根据定理 2.4.1, 式 (2.4.2)+(2.4.3)+(2.4.4), 即得式 (2.4.8).

推论 2.4.2　设 $P_1P_2P_3P_4$ 是四面体, $P_{i+3}G_i$ 依次是四面体各面 $P_iP_{i+1}P_{i+2}$ $(i=1,2,3,4)$ 上的重心线, $\pi_{P_{i+3}G_i-\mu_i\nu_i}$ 是 $P_{i+3}G_i(i=1,2,3,4)$ 的重心线包络面, 则在其各面 $P_iP_{i+1}P_{i+2}$ 上的三个顶点到平面 $\pi_{P_{i+3}G_i-\lambda_i\mu_i}$ 的距离

$$\mathrm{d}_{P_i\text{-}\pi_{P_{i+3}G_i-\mu_i\nu_i}}, \quad \mathrm{d}_{P_{i+1}\text{-}\pi_{P_{i+3}G_i-\mu_i\nu_i}}, \quad \mathrm{d}_{P_{i+2}\text{-}\pi_{P_{i+3}G_i-\mu_i\nu_i}} \quad (i=1,2,3,4)$$

中, 其中一条较长的距离均等于其余两条较短的距离的和.

证明　注意到式 (2.4.8) 中, 其中一条较长的有向距离的符号与另外两条较短的有向距离的符号相反即得.

注 2.4.1　定理 2.4.2 和推论 2.4.2 的几何意义是: 四面体 $P_1P_2P_3P_4$ 每个面 $P_iP_{i+1}P_{i+2}(i=1,2,3,4)$ 上的三个顶点 P_i, P_{i+1}, P_{i+2}, 分居重心线 $P_{i+3}G_i$ 的包络面 $\pi_{P_{i+3}G_i-\mu_i\nu_i}$ 的两侧, 其中距离较长的一个顶点独居于 $\pi_{P_{i+3}G_i-\mu_i\nu_i}$ 的一侧, 距离较短的两个顶点双居于 $\pi_{P_{i+3}G_i-\mu_i\nu_i}$ 的另一侧, 且一条较长的距离等于其余两条较短的距离的和.

定理 2.4.3　设 $P_1P_2P_3P_4$ 是四面体, $P_{i+3}G_i$ 依次是四面体各面 $P_iP_{i+1}P_{i+2}$ $(i=1,2,3,4)$ 上的重心线, $\pi_{P_{i+3}G_i-\mu_i\nu_i}$ 是 $P_{i+3}G_i(i=1,2,3,4)$ 的重心线包络面, 则

(1) $\mathrm{D}_{P_i\text{-}\pi_{P_{i+3}G_i-\mu_i\nu_i}} = 0 (i=1,2,3,4)$ 的充分必要条件是

$$\mathrm{D}_{P_{i+1}\text{-}\pi_{P_{i+3}G_i-\mu_i\nu_i}} + \mathrm{D}_{P_{i+2}\text{-}\pi_{P_{i+3}G_i-\mu_i\nu_i}}$$

$$= 0 \quad (\mathrm{d}_{P_{i+1}\text{-}\pi_{P_{i+3}G_i-\mu_i\nu_i}} = \mathrm{d}_{P_{i+2}\text{-}\pi_{P_{i+3}G_i-\mu_i\nu_i}}) \quad (i=1,2,3,4); \quad (2.4.9)$$

(2) $\mathrm{D}_{P_{i+1}\text{-}\pi_{P_{i+3}G_i-\mu_i\nu_i}} = 0 (i=1,2,3,4)$ 的充分必要条件是

$$\mathrm{D}_{P_{i+2}\text{-}\pi_{P_{i+3}G_i-\mu_i\nu_i}} + \mathrm{D}_{P_i\text{-}\pi_{P_{i+3}G_i-\mu_i\nu_i}}$$

$$= 0 \quad (\mathrm{d}_{P_{i+2}-\pi_{P_{i+3}G_i-\mu_i\nu_i}} = \mathrm{d}_{P_i-\pi_{P_{i+3}G_i-\mu_i\nu_i}}) \quad (i = 1, 2, 3, 4);$$

(3) $\mathrm{D}_{P_{i+2}-\pi_{P_{i+3}G_i-\mu_i\nu_i}} = 0 (i = 1, 2, 3, 4)$ 的充分必要条件是

$$\mathrm{D}_{P_i-\pi_{P_{i+3}G_i-\mu_i\nu_i}} + \mathrm{D}_{P_{i+1}-\pi_{P_{i+3}G_i-\mu_i\nu_i}}$$

$$= 0 \quad (\mathrm{d}_{P_i-\pi_{P_{i+3}G_i-\mu_i\nu_i}} = \mathrm{d}_{P_{i+1}-\pi_{P_{i+3}G_i-\mu_i\nu_i}}) \quad (i = 1, 2, 3, 4).$$

证明 (1) 根据定理 2.4.2, 由式 (2.4.8), 可得

$$\mathrm{D}_{P_i-\pi_{P_{i+3}G_i-\mu_i\nu_i}} = 0 (i = 1, 2, 3, 4) \Leftrightarrow 式 (2.4.9) 成立.$$

类似地, 可以证明 (2) 和 (3) 中结论成立.

推论 2.4.3 设 $P_1P_2P_3P_4$ 是四面体, $P_{i+3}G_i$ 依次是四面体各面 $P_iP_{i+1}P_{i+2}$ $(i = 1, 2, 3, 4)$ 上的重心线, $\pi_{P_{i+3}G_i-\mu_i\nu_i}$ 是 $P_{i+3}G_i(i = 1, 2, 3, 4)$ 的重心线包络面, 则

(1) $\pi_{P_{i+3}G_i-\mu_i\nu_i}$ 通过顶点 $P_i(i = 1, 2, 3, 4)$ 的充分必要条件是 $\pi_{P_{i+3}G_i-\mu_i\nu_i}$ 通过棱 $P_{i+1}P_{i+2}(i = 1, 2, 3, 4)$ 的中点;

(2) $\pi_{P_{i+3}G_i-\mu_i\nu_i}$ 通过顶点 $P_{i+1}(i = 1, 2, 3, 4)$ 的充分必要条件是 $\pi_{P_{i+3}G_i-\mu_i\nu_i}$ 通过棱 $P_{i+2}P_i(i = 1, 2, 3, 4)$ 的中点;

(3) $\pi_{P_{i+3}G_i-\mu_i\nu_i}$ 通过顶点 $P_{i+2}(i = 1, 2, 3, 4)$ 的充分必要条件是 $\pi_{P_{i+3}G_i-\mu_i\nu_i}$ 通过棱 $P_iP_{i+1}(i = 1, 2, 3, 4)$ 的中点.

证明 (1) 因为 $\pi_{P_{i+3}G_i-\mu_i\nu_i}$ 通过顶点 $P_i(i = 1, 2, 3, 4)$ 的充分必要条件是 $\mathrm{D}_{P_i-\pi_{P_{i+3}G_i-\mu_i\nu_i}} = 0$ $(i = 1, 2, 3, 4), \pi_{P_{i+3}G_i-\mu_i\nu_i}$ 通过棱 $P_iP_{i+1}(i = 1, 2, 3, 4)$ 的中点的充分必要条件是式 (2.4.9) 成立, 所以 $\pi_{P_{i+3}G_i-\mu_i\nu_i}$ 通过顶点 $P_i(i = 1, 2, 3, 4)$ 的充分必要条件是 $\pi_{P_{i+3}G_i-\mu_i\nu_i}$ 通过棱 $P_{i+1}P_{i+2}(i = 1, 2, 3, 4)$ 的中点.

类似地, 可以证明 (2) 和 (3) 中的结论成立.

注 2.4.2 定理 2.4.3 和推论 2.4.3 的几何意义可以概括为: 四面体 $P_1P_2P_3P_4$ 分别通过顶点 P_i, P_{i+1}, P_{i+2} 的重心包络面 $\pi_{P_{i+3}G_i-\mu_i\nu_i}(i = 1, 2, 3, 4)$, 必定分别通过 P_i, P_{i+1}, P_{i+2} 所对的棱 $P_{i+1}P_{i+2}, P_iP_{i+2}, P_iP_{i+1}(i = 1, 2, 3, 4)$ 的中点.

2.5 四面体顶点到点-面重心线面的有向距离公式与应用

本节主要应用有向度量法, 研究四面体顶点到点-面重心线面有向距离的有关问题. 首先, 给出四面体点-面重心线面的概念; 其次, 给出四面体顶点到点-面重心线面的有向距离 (距离) 公式; 最后, 利用四面体顶点到点-面重心线面的有向距离公式, 得出四面体中相应的有向体积 (体积) 公式, 以及四面体点-面重心线面通过相应的棱的中点和四面体重心线四边形中面积 (有向面积) 相等的一些结论.

2.5.1　四面体点-面重心线面的概念

定义 2.5.1　设 $P_1G_2, P_2G_3, P_3G_4, P_4G_1$ 是四面体 $P_1P_2P_3P_4$ 的重心线, 则称 $P_1P_2P_3P_4$ 的任意两条重心线 P_iG_{i+1}, P_jG_{j+1} 所确定的四边形 $P_iP_jG_{i+1}G_{j+1}$ $(i,j=1,2,3,4;i<j)$ 为 $P_1P_2P_3P_4$ 的重心线四边形; $P_iP_jG_{i+1}G_{j+1}$ 所在的平面 $\pi_{P_iP_jG_{i+1}G_{j+1}}(i,j=1,2,3,4;i<j)$ 为 $P_1P_2P_3P_4$ 的点-面重心线面, 简称重心线面.

同时, 亦称含有一条重心线的三角形 $P_iP_jG_{i+1}, P_jG_{i+1}G_{j+1}, G_{i+1}G_{j+1}P_i,$ $G_{j+1}P_iP_j(i,j=1,2,3,4;i<j)$ 为 $P_1P_2P_3P_4$ 的重心线三角形, $P_iP_jG_{i+1}, P_jG_{i+1}$ $G_{j+1}, G_{i+1}G_{j+1}P_i, G_{j+1}P_iP_j$ 所在的平面 $\pi_{P_iP_jG_{i+1}}, \pi_{P_jG_{i+1}G_{j+1}}, \pi_{G_{i+1}G_{j+1}P_i},$ $\pi_{G_{j+1}P_iP_j}(i,j=1,2,3,4;i<j)$ 为 $P_1P_2P_3P_4$ 的重心线三角面.

显然, $P_1P_2P_3P_4$ 的重心线面 $\pi_{P_iP_jG_{i+1}G_{j+1}}$ 是重心线包络面的特殊情形, 它既是重心线 P_iG_{i+1} 的包络面, 也是重心线 P_jG_{j+1} 的包络面. 由于不在一条直线的三点确定一个平面, 故若重心线包络面 $\pi_{P_iG_{i+1}-\mu_i\nu_i}(\pi_{P_jG_{j+1}-\mu_j\nu_j})$ 通过另一条重心线 $P_jG_{j+1}(P_iG_{i+1})$ 的一个端点时, 它必通过该重心线的另一个端点, 从而重心线包络面 $\pi_{P_iG_{i+1}-\mu_i\nu_i}(\pi_{P_jG_{j+1}-\mu_j\nu_j})$ 与重心线面 $\pi_{P_iP_jG_{i+1}G_{j+1}}$ 重合. 因此, 我们把具有如上性质的重心线包络面, 称为重心线包络面与重心线面的同化性质, 简称同化性质. 必须指出, 本节中的所有结论, 对具有同化性质的重心线包络面亦成立. 但由于篇幅所限, 概不列出.

2.5.2　四面体顶点到点-面重心线面的有向距离公式

定理 2.5.1　设 $P_1P_2P_3P_4$ 是四面体, $P_1G_2, P_2G_3, P_3G_4, P_4G_1$ 依次是四面体各面 $P_2P_3P_4, P_3P_4P_1, P_4P_1P_2, P_1P_2P_3$ 上的重心线, $\pi_{P_iP_{i+1}G_{i+1}G_{i+2}}(i=1,2,3,4)$ 是 $P_1P_2P_3P_4$ 的重心线面, 则

$$a_{P_iP_{i+1}G_{i+1}}D_{P_{i+2}-\pi_{P_iP_{i+1}G_{i+1}G_{i+2}}} = a_{G_{i+2}P_iP_{i+1}}D_{P_{i+2}-\pi_{P_iP_{i+1}G_{i+1}G_{i+2}}}$$

$$= 3a_{P_{i+1}G_{i+1}G_{i+2}}D_{P_{i+2}-\pi_{P_iP_{i+1}G_{i+1}G_{i+2}}} = 3a_{G_{i+1}G_{i+2}P_i}D_{P_{i+2}-\pi_{P_iP_{i+1}G_{i+1}G_{i+2}}}$$

$$= (-1)^{i-1}D_{P_1P_2P_3P_4} \quad (i=1,2,3,4), \tag{2.5.1}$$

$$a_{P_iP_{i+1}G_{i+1}}D_{P_{i+3}-\pi_{P_iP_{i+1}G_{i+1}G_{i+2}}} = a_{G_{i+2}P_iP_{i+1}}D_{P_{i+3}-\pi_{P_iP_{i+1}G_{i+1}G_{i+2}}}$$

$$= 3a_{P_{i+1}G_{i+1}G_{i+2}}D_{P_{i+3}-\pi_{P_iP_{i+1}G_{i+1}G_{i+2}}} = 3a_{G_{i+1}G_{i+2}P_i}D_{P_{i+3}-\pi_{P_iP_{i+1}G_{i+1}G_{i+2}}}$$

$$= (-1)^i D_{P_1P_2P_3P_4} \quad (i=1,2,3,4). \tag{2.5.2}$$

证明　如图 2.5.1 所示. 设四面体 $P_1P_2P_3P_4$ 顶点的坐标为 $P_i(x_i,y_i,z_i)(i=1,2,3,4)$, 则 $P_1P_2P_3P_4$ 各面 $P_iP_{i+1}P_{i+2}$ 重心的坐标为

$$G_i\left(\frac{x_i + x_{i+1} + x_{i+2}}{3}, \frac{y_i + y_{i+1} + y_{i+2}}{3}, \frac{z_i + z_{i+1} + z_{i+2}}{3}\right) \quad (i = 1, 2, 3, 4).$$

因为重心线面 $\pi_{P_i P_{i+1} G_{i+1} G_{i+2}}$ 与重心线三角面 $\pi_{P_i P_{i+1} G_{i+1}}, \pi_{P_{i+1} G_{i+1} G_{i+2}}$, $\pi_{G_{i+1} G_{i+2} P_i}, \pi_{G_{i+2} P_i P_{i+1}}(i = 1, 2, 3, 4)$ 同向重合, 所以对 $P_1 P_2 P_3 P_4$ 的任一顶点, 均有

$$\mathrm{D}_{P_k\text{-}\pi_{P_i P_{i+1} G_{i+1} G_{i+2}}} = \mathrm{D}_{P_k\text{-}\pi_{P_i P_{i+1} G_{i+1}}} = \mathrm{D}_{P_k\text{-}\pi_{P_{i+1} G_{i+1} G_{i+2}}}$$

$$= \mathrm{D}_{P_k\text{-}\pi_{G_{i+1} G_{i+2} P_i}} = \mathrm{D}_{P_k\text{-}\pi_{G_{i+2} P_i P_{i+1}}} \quad (k = i + 2, i + 3; i = 1, 2, 3, 4).$$

又因为 $\pi_{P_i P_{i+1} G_{i+1}}(i = 1, 2, 3, 4)$ 的投影式方程为

$$x\mathrm{Prj}_{yz}\mathrm{D}_{P_i P_{i+1} G_{i+1}} + y\mathrm{Prj}_{zx}\mathrm{D}_{P_i P_{i+1} G_{i+1}} + z\mathrm{Prj}_{xy}\mathrm{D}_{P_i P_{i+1} G_{i+1}} - \Delta_{P_i P_{i+1} G_{i+1}} = 0,$$

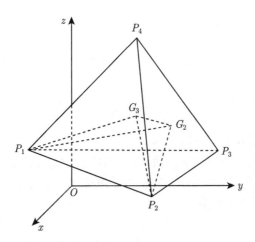

图 2.5.1

其中

$$\Delta_{P_i P_{i+1} G_{i+1}}$$

$$= \frac{1}{2}\begin{vmatrix} x_i & y_i & z_i \\ x_{i+1} & x_{i+1} & x_{i+1} \\ (x_{i+1} + x_{i+2} + x_{i+3})/3 & (y_{i+1} + y_{i+2} + y_{i+3})/3 & (z_{i+1} + z_{i+2} + z_{i+3})/3 \end{vmatrix}.$$

于是由点到平面的有向距离公式, 可得

$$\mathrm{a}_{P_i P_{i+1} G_{i+1}}\mathrm{D}_{P_{i+2}\text{-}\pi_{P_i P_{i+1} G_{i+1} G_{i+2}}} = \mathrm{a}_{P_i P_{i+1} G_{i+1}}\mathrm{D}_{P_{i+2}\text{-}P_i P_{i+1} G_{i+1}}$$

$$= x_{i+2}\mathrm{Prj}_{yz}\mathrm{D}_{P_iP_{i+1}G_{i+1}}+y_{i+2}\mathrm{Prj}_{zx}\mathrm{D}_{P_iP_{i+1}G_{i+1}}+z_{i+2}\mathrm{Prj}_{xy}\mathrm{D}_{P_iP_{i+1}G_{i+1}}-\Delta_{P_iP_{i+1}G_{i+1}}$$

$$=\frac{1}{2}\begin{vmatrix} x_{i+2} & y_{i+2} & z_{i+2} & 1 \\ x_i & y_i & z_i & 1 \\ x_{i+1} & y_{i+1} & z_{i+1} & 1 \\ (x_{i+1}+x_{i+2}+x_{i+3})/3 & (y_{i+1}+y_{i+2}+y_{i+3})/3 & (z_{i+1}+z_{i+2}+z_{i+3})/3 & 1 \end{vmatrix}$$

$$=\frac{1}{6}\begin{vmatrix} x_{i+2} & y_{i+2} & z_{i+2} & 1 \\ x_i & y_i & z_i & 1 \\ x_{i+1} & y_{i+1} & z_{i+1} & 1 \\ x_{i+3} & y_{i+3} & z_{i+3} & 1 \end{vmatrix}=\mathrm{D}_{P_{i+2}P_iP_{i+1}P_{i+3}}=\mathrm{D}_{P_iP_{i+1}P_{i+2}P_{i+3}}$$

$$=(-1)^{i-1}\mathrm{D}_{P_1P_2P_3P_4}\quad(i=1,2,3,4),$$

所以

$$\mathrm{a}_{P_iP_{i+1}G_{i+1}}\mathrm{D}_{P_{i+2}\text{-}\pi_{P_iP_{i+1}G_{i+1}G_{i+2}}}=(-1)^{i-1}\mathrm{D}_{P_1P_2P_3P_4}\quad(i=1,2,3,4).$$

因此, 式 (2.5.1) 第一部分成立.

同理可以证明, 式 (2.5.1) 的后三部分成立.

类似地, 可以证明式 (2.5.2) 成立.

推论 2.5.1　设 $P_1P_2P_3P_4$ 是四面体, $P_1G_2, P_2G_3, P_3G_4, P_4G_1$ 依次是四面体各面 $P_2P_3P_4, P_3P_4P_1, P_4P_1P_2, P_1P_2P_3$ 上的重心线, $\pi_{P_iP_{i+1}G_{i+1}G_{i+2}}(i=1,2,3,4)$ 是 $P_1P_2P_3P_4$ 的重心线面, 则

$$\mathrm{a}_{P_iP_{i+1}G_{i+1}}\mathrm{d}_{P_{i+2}\text{-}\pi_{P_iP_{i+1}G_{i+1}G_{i+2}}}=\mathrm{a}_{G_{i+2}P_iP_{i+1}}\mathrm{d}_{P_{i+2}\text{-}\pi_{P_iP_{i+1}G_{i+1}G_{i+2}}}$$

$$=3\mathrm{a}_{P_{i+1}G_{i+1}G_{i+2}}\mathrm{d}_{P_{i+2}\text{-}\pi_{P_iP_{i+1}G_{i+1}G_{i+2}}}=3\mathrm{a}_{G_{i+1}G_{i+2}P_i}\mathrm{d}_{P_{i+2}\text{-}\pi_{P_iP_{i+1}G_{i+1}G_{i+2}}}$$

$$=\mathrm{a}_{P_iP_{i+1}G_{i+1}}\mathrm{d}_{P_{i+3}\text{-}\pi_{P_iP_{i+1}G_{i+1}G_{i+2}}}=\mathrm{a}_{G_{i+2}P_iP_{i+1}}\mathrm{d}_{P_{i+3}\text{-}\pi_{P_iP_{i+1}G_{i+1}G_{i+2}}}$$

$$=3\mathrm{a}_{P_{i+1}G_{i+1}G_{i+2}}\mathrm{d}_{P_{i+3}\text{-}\pi_{P_iP_{i+1}G_{i+1}G_{i+2}}}=3\mathrm{a}_{G_{i+1}G_{i+2}P_i}\mathrm{d}_{P_{i+3}\text{-}\pi_{P_iP_{i+1}G_{i+1}G_{i+2}}}$$

$$=\mathrm{v}_{P_1P_2P_3P_4}\quad(i=1,2,3,4). \tag{2.5.3}$$

证明　根据定理 2.5.1, 式 (2.5.1) 和 (2.5.2) 等号两边分别取绝对值, 即得式 (2.5.3).

定理 2.5.2　设 $P_1P_2P_3P_4$ 是四面体, $P_1G_2, P_2G_3, P_3G_4, P_4G_1$ 依次是四面体各面 $P_2P_3P_4, P_3P_4P_1, P_4P_1P_2, P_1P_2P_3$ 上的重心线, $\pi_{P_iP_{i+2}G_{i+1}G_{i+3}}(i=1,2)$ 是

$P_1 P_2 P_3 P_4$ 的重心线面, 则

$$a_{P_i P_{i+2} G_{i+1}} D_{P_{i+1} - \pi_{P_i P_{i+2} G_{i+1} G_{i+3}}} = a_{G_{i+3} P_i P_{i+2}} D_{P_{i+1} - \pi_{P_i P_{i+2} G_{i+1} G_{i+3}}}$$

$$= 3a_{P_{i+2} G_{i+1} G_{i+3}} D_{P_{i+1} - \pi_{P_i P_{i+2} G_{i+1} G_{i+3}}} = 3a_{G_{i+1} G_{i+3} P_i} D_{P_{i+1} - \pi_{P_i P_{i+2} G_{i+1} G_{i+3}}}$$

$$= (-1)^i D_{P_1 P_2 P_3 P_4} \quad (i = 1, 2), \tag{2.5.4}$$

$$a_{P_i P_{i+2} G_{i+1}} D_{P_{i+3} - \pi_{P_i P_{i+2} G_{i+1} G_{i+3}}} = a_{G_{i+3} P_i P_{i+2}} D_{P_{i+3} - \pi_{P_i P_{i+2} G_{i+1} G_{i+3}}}$$

$$= 3a_{P_{i+2} G_{i+1} G_{i+3}} D_{P_{i+3} - \pi_{P_i P_{i+2} G_{i+1} G_{i+3}}} = 3a_{G_{i+1} G_{i+3} P_i} D_{P_{i+3} - \pi_{P_i P_{i+2} G_{i+1} G_{i+3}}}$$

$$= (-1)^{i-1} D_{P_1 P_2 P_3 P_4} \quad (i = 1, 2). \tag{2.5.5}$$

证明 仿定理 2.5.1 证明, 即得式 (2.5.4) 和 (2.5.5).

推论 2.5.2 设 $P_1 P_2 P_3 P_4$ 是四面体, $P_1 G_2, P_2 G_3, P_3 G_4, P_4 G_1$ 依次是四面体各面 $P_2 P_3 P_4, P_3 P_4 P_1, P_4 P_1 P_2, P_1 P_2 P_3$ 上的重心线, $\pi_{P_i P_{i+2} G_{i+1} G_{i+3}} (i = 1, 2)$ 是 $P_1 P_2 P_3 P_4$ 的重心线面, 则

$$a_{P_i P_{i+2} G_{i+1}} d_{P_{i+1} - \pi_{P_i P_{i+2} G_{i+1} G_{i+3}}} = a_{G_{i+3} P_i P_{i+2}} d_{P_{i+1} - \pi_{P_i P_{i+2} G_{i+1} G_{i+3}}}$$

$$= 3a_{P_{i+2} G_{i+1} G_{i+3}} d_{P_{i+1} - \pi_{P_i P_{i+2} G_{i+1} G_{i+3}}} = 3a_{G_{i+1} G_{i+3} P_i} d_{P_{i+1} - \pi_{P_i P_{i+2} G_{i+1} G_{i+3}}}$$

$$= a_{P_i P_{i+2} G_{i+1}} d_{P_{i+3} - \pi_{P_i P_{i+2} G_{i+1} G_{i+3}}} = a_{G_{i+3} P_i P_{i+2}} d_{P_{i+3} - \pi_{P_i P_{i+2} G_{i+1} G_{i+3}}}$$

$$= 3a_{P_{i+2} G_{i+1} G_{i+3}} d_{P_{i+3} - \pi_{P_i P_{i+2} G_{i+1} G_{i+3}}} = 3a_{G_{i+1} G_{i+3} P_i} d_{P_{i+3} - \pi_{P_i P_{i+2} G_{i+1} G_{i+3}}}$$

$$= v_{P_1 P_2 P_3 P_4} \quad (i = 1, 2), \tag{2.5.6}$$

证明 根据定理 2.5.2, 式 (2.5.4) 和 (2.5.5) 等号两边分别取绝对值, 即得式 (2.5.6).

2.5.3 四面体顶点到点-面重心线面有向距离公式的应用

定理 2.5.3 设 $P_1 P_2 P_3 P_4$ 是四面体, $P_1 G_2, P_2 G_3, P_3 G_4, P_4 G_1$ 依次是四面体各面 $P_2 P_3 P_4, P_3 P_4 P_1, P_4 P_1 P_2, P_1 P_2 P_3$ 上的重心线, $P_i P_{i+1} G_{i+1} G_{i+2} (i = 1, 2, 3, 4)$ 是 $P_1 P_2 P_3 P_4$ 的重心线四边形, 则

$$D_{P_{i+2} P_i P_{i+1} G_{i+1}} = D_{P_{i+2} G_{i+2} P_i P_{i+1}}$$

$$= (-1)^{i-1} D_{P_1 P_2 P_3 P_4} / 3 \quad (i = 1, 2, 3, 4), \tag{2.5.7}$$

$$D_{P_{i+2} P_{i+1} G_{i+1} G_{i+2}} = D_{P_{i+2} G_{i+1} G_{i+2} P_i}$$

$$= (-1)^{i-1} D_{P_1 P_2 P_3 P_4} / 9 \quad (i = 1, 2, 3, 4); \tag{2.5.8}$$

$$\mathrm{D}_{P_{i+3}P_iP_{i+1}G_{i+1}} = \mathrm{D}_{P_{i+3}G_{i+2}P_iP_{i+1}}$$

$$= (-1)^i \mathrm{D}_{P_1P_2P_3P_4}/3 \quad (i=1,2,3,4), \tag{2.5.9}$$

$$\mathrm{D}_{P_{i+3}P_{i+1}G_{i+1}G_{i+2}} = \mathrm{D}_{P_{i+3}G_{i+1}G_{i+2}P_i}$$

$$= (-1)^i \mathrm{D}_{P_1P_2P_3P_4}/9 \quad (i=1,2,3,4). \tag{2.5.10}$$

证明　根据定理 2.5.1 和定理 1.2.3, 由式 (2.5.1) 前后两部分, 即得式 (2.5.7) 和 (2.5.8).

类似地, 可以证明, 式 (2.5.9) 和 (2.5.10) 成立.

推论 2.5.3　设 $P_1P_2P_3P_4$ 是四面体, $P_1G_2, P_2G_3, P_3G_4, P_4G_1$ 依次是四面体各面 $P_2P_3P_4, P_3P_4P_1, P_4P_1P_2, P_1P_2P_3$ 上的重心线, $P_iP_{i+1}G_{i+1}G_{i+2}(i=1,2,3,4)$ 是 $P_1P_2P_3P_4$ 的重心线四边形, 则

$$\mathrm{v}_{P_{i+2}P_iP_{i+1}G_{i+1}} = \mathrm{v}_{P_{i+2}G_{i+2}P_iP_{i+1}} = \mathrm{v}_{P_{i+3}P_iP_{i+1}G_{i+1}}$$

$$= \mathrm{v}_{P_{i+3}G_{i+2}P_iP_{i+1}} = \mathrm{v}_{P_1P_2P_3P_4}/3 \quad (i=1,2,3,4), \tag{2.5.11}$$

$$\mathrm{v}_{P_{i+2}P_{i+1}G_{i+1}G_{i+2}} = \mathrm{v}_{P_{i+2}G_{i+1}G_{i+2}P_i} = \mathrm{v}_{P_{i+3}P_{i+1}G_{i+1}G_{i+2}}$$

$$= \mathrm{v}_{P_{i+3}G_{i+1}G_{i+2}P_i} = \mathrm{v}_{P_1P_2P_3P_4}/9 \quad (i=1,2,3,4). \tag{2.5.12}$$

证明　根据定理 2.5.3, 式 (2.5.7)~(2.5.10) 等号两边分别取绝对值, 即得式 (2.5.11) 和 (2.5.12).

定理 2.5.4　设 $P_1P_2P_3P_4$ 是四面体, $P_1G_2, P_2G_3, P_3G_4, P_4G_1$ 依次是四面体各面 $P_2P_3P_4, P_3P_4P_1, P_4P_1P_2, P_1P_2P_3$ 上的重心线, $P_iP_{i+2}G_{i+1}G_{i+3}(i=1,2,3,4)$ 是 $P_1P_2P_3P_4$ 的重心线四边形, 则

$$\mathrm{D}_{P_{i+1}P_iP_{i+2}G_{i+1}} = \mathrm{D}_{P_{i+1}G_{i+3}P_iP_{i+2}} = (-1)^i \mathrm{D}_{P_1P_2P_3P_4}/3 \quad (i=1,2), \tag{2.5.13}$$

$$\mathrm{D}_{P_{i+1}P_{i+2}G_{i+1}G_{i+3}} = \mathrm{D}_{P_{i+1}G_{i+1}G_{i+3}P_i} = (-1)^i \mathrm{D}_{P_1P_2P_3P_4}/9 \quad (i=1,2); \tag{2.5.14}$$

$$\mathrm{D}_{P_{i+3}P_iP_{i+2}G_{i+1}} = \mathrm{D}_{P_{i+3}G_{i+3}P_iP_{i+2}} = (-1)^{i-1} \mathrm{D}_{P_1P_2P_3P_4}/3 \quad (i=1,2), \tag{2.5.15}$$

$$\mathrm{D}_{P_{i+3}P_{i+2}G_{i+1}G_{i+3}} = \mathrm{D}_{P_{i+3}G_{i+1}G_{i+3}P_i} = (-1)^{i-1} \mathrm{D}_{P_1P_2P_3P_4}/9 \quad (i=1,2). \tag{2.5.16}$$

证明　根据定理 2.5.2, 仿定理 2.5.3 证明, 即得式 (2.5.13)~(2.5.16).

推论 2.5.4　设 $P_1P_2P_3P_4$ 是四面体, $P_1G_2, P_2G_3, P_3G_4, P_4G_1$ 依次是四面体各面 $P_2P_3P_4, P_3P_4P_1, P_4P_1P_2, P_1P_2P_3$ 上的重心线, $P_iP_{i+2}G_{i+1}G_{i+3}(i=1,2,3,4)$ 是 $P_1P_2P_3P_4$ 的重心线四边形, 则

$$\mathrm{v}_{P_{i+1}P_iP_{i+2}G_{i+1}} = \mathrm{v}_{P_{i+1}G_{i+3}P_iP_{i+2}} = \mathrm{v}_{P_{i+3}P_iP_{i+2}G_{i+1}}$$

$$= \mathrm{v}_{P_{i+3}G_{i+3}P_iP_{i+2}} = \mathrm{v}_{P_1P_2P_3P_4}/3 \quad (i = 1, 2), \tag{2.5.17}$$

$$\mathrm{v}_{P_{i+1}P_{i+2}G_{i+1}G_{i+3}} = \mathrm{v}_{P_{i+1}G_{i+1}G_{i+3}P_i} = \mathrm{v}_{P_{i+3}P_{i+2}G_{i+1}G_{i+3}}$$

$$= \mathrm{v}_{P_{i+3}G_{i+1}G_{i+3}P_i} = \mathrm{v}_{P_1P_2P_3P_4}/9 \quad (i = 1, 2). \tag{2.5.18}$$

证明   根据定理 2.5.4, 式 (2.5.13)∼(2.5.16) 等号两边分别取绝对值, 即得式 (2.5.17) 和 (2.5.18).

定理 2.5.5   设 $P_1P_2P_3P_4$ 是四面体, $P_1G_2, P_2G_3, P_3G_4, P_4G_1$ 依次是四面体各面 $P_2P_3P_4, P_3P_4P_1, P_4P_1P_2, P_1P_2P_3$ 上的重心线, $\pi_{P_iP_{i+1}G_{i+1}G_{i+2}}(i = 1, 2, 3, 4)$ 是 $P_1P_2P_3P_4$ 的重心线面, 则

$$\mathrm{D}_{P_{i+2}\text{-}\pi_{P_iP_{i+1}G_{i+1}G_{i+2}}} + \mathrm{D}_{P_{i+3}\text{-}\pi_{P_iP_{i+1}G_{i+1}G_{i+2}}}$$

$$= 0 \quad (\mathrm{d}_{P_{i+2}\text{-}\pi_{P_iP_{i+1}G_{i+1}G_{i+2}}} = \mathrm{d}_{P_{i+3}\text{-}\pi_{P_iP_{i+1}G_{i+1}G_{i+2}}}) \quad (i = 1, 2, 3, 4) \tag{2.5.19}$$

证明   根据定理 2.5.1, 式 (2.5.1)+(2.5.2), 可得

$$\mathrm{a}_{P_iP_{i+1}G_{i+1}}(\mathrm{D}_{P_{i+2}\text{-}\pi_{P_iP_{i+1}G_{i+1}G_{i+2}}} + \mathrm{D}_{P_{i+3}\text{-}\pi_{P_iP_{i+1}G_{i+1}G_{i+2}}}) = 0 \quad (i = 1, 2, 3, 4),$$

注意到 $\mathrm{a}_{P_iP_{i+1}G_{i+1}} \neq 0$, 得

$$\mathrm{D}_{P_{i+2}\text{-}\pi_{P_iP_{i+1}G_{i+1}G_{i+2}}} + \mathrm{D}_{P_{i+3}\text{-}\pi_{P_iP_{i+1}G_{i+1}G_{i+2}}} = 0 \quad (i = 1, 2, 3, 4).$$

因此, 式 (2.5.19) 成立.

推论 2.5.5   设 $P_1P_2P_3P_4$ 是四面体, $R_{i,i+1}$ 是棱 $P_iP_{i+1}(i = 1, 2, 3, 4)$ 的中点, $P_1G_2, P_2G_3, P_3G_4, P_4G_1$ 依次是四面体各面 $P_2P_3P_4, P_3P_4P_1, P_4P_1P_2, P_1P_2P_3$ 上的重心线, $\pi_{P_iP_{i+1}G_{i+1}G_{i+2}}(i = 1, 2, 3, 4)$ 是 $P_1P_2P_3P_4$ 的重心线面, 则 $\pi_{P_iP_{i+1}G_{i+1}G_{i+2}}$ 通过棱 $P_{i+2}P_{i+3}$ 的中点 $R_{i+2,i+3}(i = 1, 2, 3, 4)$.

证明   根据定理 2.5.5, 由式 (2.5.19) 即得.

定理 2.5.6   设 $P_1P_2P_3P_4$ 是四面体, $P_1G_2, P_2G_3, P_3G_4, P_4G_1$ 依次是四面体各面 $P_2P_3P_4, P_3P_4P_1, P_4P_1P_2, P_1P_2P_3$ 上的重心线, $\pi_{P_iP_{i+2}G_{i+1}G_{i+3}}(i = 1, 2)$ 是 $P_1P_2P_3P_4$ 的重心线面, 则

$$\mathrm{D}_{P_{i+1}\text{-}\pi_{P_iP_{i+2}G_{i+1}G_{i+3}}} + \mathrm{D}_{P_{i+3}\text{-}\pi_{P_iP_{i+2}G_{i+1}G_{i+3}}}$$

$$= 0 \quad (\mathrm{d}_{P_{i+1}\text{-}\pi_{P_iP_{i+2}G_{i+1}G_{i+3}}} = \mathrm{d}_{P_{i+3}\text{-}\pi_{P_iP_{i+2}G_{i+1}G_{i+3}}}) \quad (i = 1, 2). \tag{2.5.20}$$

证明   根据定理 2.5.2, 仿定理 2.5.5 证明, 即得式 (2.5.20).

推论 2.5.6   设 $P_1P_2P_3P_4$ 是四面体, $R_{i,i+2}$ 是棱 $P_iP_{i+2}(i = 1, 2)$ 的中点, $P_1G_2, P_2G_3, P_3G_4, P_4G_1$ 依次是四面体各面 $P_2P_3P_4, P_3P_4P_1, P_4P_1P_2, P_1P_2P_3$ 上

的重心线, $\pi_{P_iP_{i+2}G_{i+1}G_{i+3}}(i=1,2)$ 是 $P_1P_2P_3P_4$ 的重心线面, 则 $\pi_{P_iP_{i+2}G_{i+1}G_{i+3}}$ 通过棱 $P_{i+1}P_{i+3}$ 的中点 $R_{i+1,i+3}(i=1,2)$.

证明　根据定理 2.5.6, 由式 (2.5.20) 即得.

定理 2.5.7　设 $P_1P_2P_3P_4$ 是四面体, $P_1G_2, P_2G_3, P_3G_4, P_4G_1$ 依次是四面体各面 $P_2P_3P_4, P_3P_4P_1, P_4P_1P_2, P_1P_2P_3$ 上的重心线, $P_iP_jG_{i+1}G_{j+1}(i,j=1,2,3,4; i<j)$ 是 $P_1P_2P_3P_4$ 的重心线四边形, 则

$$\mathrm{a}_{P_iP_jG_{i+1}} = \mathrm{a}_{G_{j+1}P_iP_j} = 0.75\mathrm{a}_{P_iP_jG_{i+1}G_{j+1}} \quad (i,j=1,2,3,4; i<j), \qquad (2.5.21)$$

$$\mathrm{a}_{P_jG_{i+1}G_{j+1}} = \mathrm{a}_{G_{i+1}G_{j+1}P_i} = 0.25\mathrm{a}_{P_iP_jG_{i+1}G_{j+1}} \quad (i,j=1,2,3,4; i<j). \quad (2.5.22)$$

从而, $P_iP_jG_{i+1}G_{j+1}$ 为梯形, 且 $P_iP_j//G_{i+1}G_{j+1}(i,j=1,2,3,4; i<j)$.

证明　根据定理 2.5.1 和定理 2.5.2, 在式 (2.5.1) 和 (2.5.4) 中注意到 $\mathrm{D}_{P_{i+2}-\pi_{P_iP_{i+1}G_{i+1}G_{i+2}}} \neq 0 \ (i=1,2,3,4)$ 和 $\mathrm{D}_{P_{i+1}-\pi_{P_iP_{i+2}G_{i+1}G_{i+3}}} \neq 0 (i=1,2)$, 可得

$$\mathrm{a}_{P_iP_jG_{i+1}} = 3\mathrm{a}_{P_jG_{i+1}G_{j+1}} = 3\mathrm{a}_{G_{i+1}G_{j+1}P_i} = \mathrm{a}_{G_{j+1}P_iP_j} \quad (i,j=1,2,3,4; i<j).$$

又因为

$$\mathrm{a}_{P_iP_jG_{i+1}} + \mathrm{a}_{P_jG_{i+1}G_{j+1}} + \mathrm{a}_{G_{i+1}G_{j+1}P_i} + \mathrm{a}_{G_{j+1}P_iP_j}$$

$$= 2\mathrm{a}_{P_iP_jG_{i+1}G_{j+1}} \quad (i,j=1,2,3,4; i<j),$$

所以 $8\mathrm{a}_{P_jG_{i+1}G_{j+1}} = 2\mathrm{a}_{P_iP_jG_{i+1}G_{j+1}}, \mathrm{a}_{P_jG_{i+1}G_{j+1}} = 0.25\mathrm{a}_{P_iP_jG_{i+1}G_{j+1}}(i,j=1,2,3,4; i<j)$. 从而式 (2.5.21) 和 (2.5.22) 成立. 于是 $P_iP_jG_{i+1}G_{j+1}$ 为梯形, 且 $P_iP_j//G_{i+1}G_{j+1}(i,j=1,2,3,4; i<j)$.

注 2.5.1　特别地, 当 $P_1P_2P_3P_4$ 是正四面体时, 因为 $\mathrm{d}_{P_iP_{i+1}} = \mathrm{d}_{P_jP_{j+1}}(i,j=1,2,3,4; i<j)$, 所以 $P_iP_jG_{i+1}G_{j+1}(i,j=1,2,3,4; i<j)$ 均为全等的等腰梯形.

推论 2.5.7　设 $P_1P_2P_3P_4$ 是四面体, $P_1G_2, P_2G_3, P_3G_4, P_4G_1$ 依次是四面体各面 $P_2P_3P_4, P_3P_4P_1, P_4P_1P_2, P_1P_2P_3$ 上的重心线, $P_iP_jG_{i+1}G_{j+1}(i,j=1,2,3,4; i<j)$ 是 $P_1P_2P_3P_4$ 的重心线四边形, 则

$$\mathrm{D}_{P_iP_jG_{i+1}} = \mathrm{D}_{G_{j+1}P_iP_j} = 0.75\mathrm{D}\mathrm{a}_{P_iP_jG_{i+1}G_{j+1}} \quad (i,j=1,2,3,4; i<j), \quad (2.5.23)$$

$$\mathrm{D}_{P_jG_{i+1}G_{j+1}} = \mathrm{D}_{G_{i+1}G_{j+1}P_i} = 0.25\mathrm{D}\mathrm{a}_{P_iP_jG_{i+1}G_{j+1}} \quad (i,j=1,2,3,4; i<j).$$

$$(2.5.24)$$

证明　因为重心线面 $\pi_{P_iP_jG_{i+1}G_{j+1}}$ 与重心线三角面 $\pi_{P_iP_jG_{i+1}}, \pi_{P_jG_{i+1}G_{j+1}}$, $\pi_{G_{i+1}G_{j+1}P_i}, \pi_{G_{j+1}P_iP_j}(i,j=1,2,3,4; i<j)$ 同向重合, 所以重心线四边形 P_iP_j $G_{i+1}G_{j+1}$ 与重心线三角形 $P_iP_jG_{i+1}, P_jG_{i+1}G_{j+1}, G_{i+1}G_{j+1}P_i, G_{j+1}P_iP_j(i,j=1,2,3,4; i<j)$ 同向. 故由式 (2.5.21) 和 (2.5.22), 即得式 (2.5.23) 和 (2.5.24).

第 3 章 空间四边形和四面体中位线的 有向度量定理与应用

3.1 空间四边形、四面体中位线的共面共点定理与应用

本节主要应用有向体积法, 研究空间四边形和四面体中位线的共面共点问题. 首先, 给出空间四边形和四面体中位线的概念; 其次, 给出空间四边形中位线的共面定理, 从而推出四面体中位线的共面定理; 最后, 利用空间四边形中位线的共面定理, 得出空间四边形中位线的共点定理和中位线的定比分点定理, 从而推出著名的四面体中位线的共点定理和中位线的定比分点定理.

3.1.1 空间四边形、四面体中位线的概念

定义 3.1.1 设 $S = \{P_1, P_2, P_3, P_4\}$ 是空间四边形 $P_1P_2P_3P_4$ 所有顶点的集合, 则称 S 的 $(2,2)$ 完备集对 (S_2, S_2') 为 $P_1P_2P_3P_4$ 的 $(2,2)$ 完备集对, 该集对中两集合 S_2, S_2' 重心之间的连线称为 $P_1P_2P_3P_4$ 的边-边重心线, 简称为重心线.

显然, 在空间四边形 $P_1P_2P_3P_4$ 的 $(2,2)$ 完备集对 (S_2, S_2') 中, S_2, S_2' 分别为 $P_1P_2P_3P_4$ 两对边上两个顶点的集合. 因此, $P_1P_2P_3P_4$ 的边-边重心线就是两组对边 $P_1P_2, P_3P_4; P_2P_3, P_4P_1$ 中点 $Q_1, Q_3; Q_2, Q_4$ 之间的连线 $Q_1Q_3; Q_2Q_4$, 故空间四边形 $P_1P_2P_3P_4$ 的重心线也称为 $P_1P_2P_3P_4$ 的中位线. 因为除上述 $(2,2)$ 完备集对外, 空间四边形 $P_1P_2P_3P_4$ 没有该意义上其他类型的完备集对, 所以它只有两条重心线.

注意, 对任意的 $n > 4$, 空间 n 边形 $P_1P_2\cdots P_n$ 所有顶点的集合 S 都没有上述意义上的 $(2,2)$ 完备集对, 故 $P_1P_2\cdots P_n(n > 4)$ 没有上述意义上的重心线 (中位线). 可见, 四边形的中位线与一般多边形的中位线有所不同.

定义 3.1.2 设 $S = \{P_1, P_2, P_3, P_4\}$ 是四面体 $P_1P_2P_3P_4$ 所有顶点的集合, 则称 S 的 $(2,2)$ 完备集对 (S_2, S_2') 为 $P_1P_2P_3P_4$ 的 $(2,2)$ 完备集对, 该集对中两集合 S_2, S_2' 重心之间的连线称为 $P_1P_2P_3P_4$ 的棱-棱重心线, 亦简称重心线.

显然, 在四面体 $P_1P_2P_3P_4$ 的 $(2,2)$ 完备集对 (S_2, S_2') 中, S_2, S_2' 分别为 $P_1P_2P_3P_4$ 两对棱上两个顶点的集合. 因此, 四面体 $P_1P_2P_3P_4$ 的中位线 $Q_{12}Q_{34}$, $Q_{23}Q_{41}, Q_{31}Q_{24}$, 就是四面体 $P_1P_2P_3P_4$ 中三个不同的空间四边形 $P_1P_2P_3P_4$, $P_2P_3P_1P_4, P_3P_1P_2P_4$ 的中位线. 因此, 四面体 $P_1P_2P_3P_4$ 的棱-棱重心线也称为

$P_1P_2P_3P_4$ 的中位线. 因为除 $(2,2)$ 和 $(1,3)$ 完备集对外, 四面体 $P_1P_2P_3P_4$ 没有其他类型的完备集对, 所以 $P_1P_2P_3P_4$ 共有七条重心线.

注意, 对一般的具有 $n(n > 4)$ 个顶点的多面体 M 都没有这种 $(2,2)$ 完备集对, 故一般的多面体 M 没有上述意义上的中位线. 可见, 四面体的中位线与一般多面体 M 的中位线有所不同.

3.1.2　空间四边形和四面体中位线的共面定理

定理 3.1.1(空间四边形中位线的共面定理)　设 $P_1P_2P_3P_4$ 是空间四边形, Q_1, Q_2, Q_3, Q_4 依次是各边 $P_1P_2, P_2P_3, P_3P_4, P_4P_1$ 的中点, 则 $P_1P_2P_3P_4$ 的两条中位线 Q_1Q_3, Q_2Q_4 共面.

证明　如图 3.1.1 所示. 设四边形顶点的坐标为 $P_i(x_i, y_i, z_i)(i = 1, 2, 3, 4)$, 则各边中点的坐标为

$$Q_i\left(\frac{x_i + x_{i+1}}{2}, \frac{y_i + y_{i+1}}{2}, \frac{z_i + z_{i+1}}{2}\right) \quad (i = 1, 2, 3, 4).$$

于是由四面体有向体积公式, 可得

$$6 \times 2^4 \mathrm{D}_{Q_1Q_2Q_3Q_4}$$

$$= \begin{vmatrix} x_1 + x_2 & y_1 + y_2 & z_1 + z_2 & 2 \\ x_2 + x_3 & y_2 + y_3 & z_2 + z_3 & 2 \\ x_3 + x_4 & y_3 + y_4 & z_3 + z_4 & 2 \\ x_4 + x_1 & y_4 + y_1 & z_4 + z_1 & 2 \end{vmatrix} = \begin{vmatrix} x_1 + x_2 & y_1 + y_2 & z_1 + z_2 & 2 \\ x_3 - x_1 & y_3 - y_1 & z_3 - z_1 & 0 \\ x_3 - x_1 & y_3 - y_1 & z_3 - z_1 & 0 \\ x_4 + x_1 & y_4 + y_1 & z_4 + z_1 & 2 \end{vmatrix} = 0,$$

所以 $\mathrm{D}_{Q_1Q_2Q_3Q_4} = 0$, 从而 Q_1Q_3, Q_2Q_4 共面.

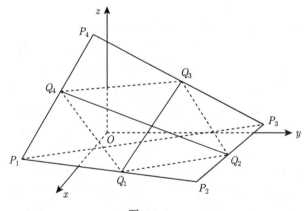

图 3.1.1

定理 3.1.2 (四面体中位线的共面定理) 四面体 $P_1P_2P_3P_4$ 三条中位线 $Q_{12}Q_{34}, Q_{23}Q_{41}, Q_{31}Q_{24}$ 中的任意两条均共面.

证明 根据定义 3.1.2, 对四面体 $P_1P_2P_3P_4$ 任意两对对棱 $P_1P_2, P_3P_4; P_2P_3,$ $P_1P_4; P_3P_1, P_2P_4$ 所构成的空间四边形 $P_1P_2P_3P_4, P_2P_3P_1P_4, P_3P_1P_2P_4$ 分别应用定理 3.1.1 即得.

3.1.3 空面四边形和四面体中位线的共点定理

定理 3.1.3 (空间四边形中位线的共点定理) 设 $P_1P_2P_3P_4$ 是空间四边形, Q_1, Q_2, Q_3, Q_4 是依次是各边 $P_1P_2, P_2P_3, P_3P_4, P_4P_1$ 的中点, 则 $P_1P_2P_3P_4$ 的两条中位线 Q_1Q_3, Q_2Q_4 相交于一点, 且该点为空间四边形 $P_1P_2P_3P_4$ 的重心.

证明 因为 Q_1Q_3, Q_2Q_4 共面, 且不相互平行, 故 Q_1Q_3, Q_2Q_4 所在直线相交于一点 G.

设空间四边形 $P_1P_2P_3P_4$ 顶点的坐标为 $P_i(x_i, y_i, z_i)(i = 1, 2, 3, 4)$, 于是各边 P_iP_{i+1} 中点的坐标为

$$Q_i\left(\frac{x_i + x_{i+1}}{2}, \frac{y_i + y_{i+1}}{2}, \frac{z_i + z_{i+1}}{2}\right) \quad (i = 1, 2, 3, 4).$$

因为 G 是 Q_1Q_3, Q_2Q_4 的交点, 故由 G 关于中位线 Q_1Q_3, Q_2Q_4 的对称性, 在两直线 Q_1Q_3, Q_2Q_4 正反两个方向的四个方程

$$\frac{x - x_{Q_i}}{x_{Q_{i+2}} - x_{Q_i}} = \frac{y - y_{Q_i}}{y_{Q_{i+2}} - y_{Q_i}} = \frac{z - z_{Q_i}}{z_{Q_{i+2}} - z_{Q_i}} = t_i \quad (i = 1, 2, 3, 4)$$

中令 $t_1 = t_2 = t_3 = t_4 = t$, 得

$$x_G = x_{Q_i} + t\left(x_{Q_{i+2}} - x_{Q_i}\right) \quad (i = 1, 2, 3, 4).$$

于是

$$4x_G = \sum_{i=1}^{4} x_{Q_i} + t\sum_{i=1}^{4}\left(x_{Q_{i+2}} - x_{Q_i}\right) = \sum_{i=1}^{4} x_{Q_i} = x_1 + x_2 + x_3 + x_4,$$

故

$$x_G = \frac{x_1 + x_2 + x_3 + x_4}{4}.$$

类似地, 可以求得

$$y_G = \frac{y_1 + y_2 + y_3 + y_4}{4}, \quad z_G = \frac{z_1 + z_2 + z_3 + z_4}{4}.$$

所以 $G = (P_1 + P_2 + P_3 + P_4)/4$, 即 G 为空间四面体 $P_1P_2P_3P_4$ 的重心.

注 3.1.1　在上述证明中, 利用两中位线 Q_1Q_3, Q_2Q_4 正反两个方向的直线方程, 简化了求解的过程.

定理 3.1.4(空间四边形中位线的定比分点定理)　设 $P_1P_2P_3P_4$ 是空间四边形, Q_1Q_3, Q_2Q_4 是 $P_1P_2P_3P_4$ 的两条中位线, G 是 $P_1P_2P_3P_4$ 的重心, 则 G 是中位线 Q_1Q_3, Q_2Q_4 的中点 (即空间四边形两对边的重心), 即

$$\mathrm{D}_{Q_iG}/\mathrm{D}_{GQ_{i+2}} = 1 \quad 或 \quad G = (Q_i + Q_{i+2})/2 \quad (i = 1, 2).$$

证明　不妨设空间四边形 $P_1P_2P_3P_4$ 的两条中位线 Q_1Q_3, Q_2Q_4 在 x 轴上的投影均不为零, 且其顶点的坐标如定理 3.1.3 所设, 则

$$\frac{\mathrm{D}_{Q_iG}}{\mathrm{D}_{GQ_{i+2}}} = \frac{\mathrm{Prj}_x\mathrm{D}_{Q_iG}}{\mathrm{Prj}_x\mathrm{D}_{GQ_{i+2}}} = \frac{x_G - x_{Q_i}}{x_{Q_{i+2}} - x_G}$$
$$= \frac{(x_i + x_{i+1} + x_{i+2} + x_{i+3})/4 - (x_i + x_{i+1})/2}{(x_{i+2} + x_{i+3})/2 - (x_i + x_{i+1} + x_{i+2} + x_{i+3})/4}$$
$$= \frac{x_{i+2} + x_{i+3} - x_i - x_{i+1}}{x_{i+2} + x_{i+3} - x_i - x_{i+1}} = 1 \quad (i = 1, 2),$$

所以 $G = (Q_i + Q_{i+2})/2(i = 1, 2)$, 即重心 G 是中位线 Q_1Q_3, Q_2Q_4 的中点.

定理 3.1.5 (四面体中位线的共点定理)　四面体 $P_1P_2P_3P_4$ 三对对棱 $P_1P_2, P_3P_4; P_2P_3, P_4P_1; P_3P_1, P_2P_4$ 的中点 $Q_{12}, Q_{34}; Q_{23}, Q_{41}; Q_{31}, Q_{24}$ 的连线, 即 $P_1P_2P_3P_4$ 的三条中位线 $Q_{12}Q_{34}, Q_{23}Q_{41}, Q_{31}Q_{24}$ 相交于一点, 且该点是四面体 $P_1P_2P_3P_4$ 的重心.

证明　如图 3.1.2 所示. 对四面体 $P_1P_2P_3P_4$ 中三个不同的空间四边形 $P_1P_2P_3P_4, P_2P_3P_1P_4, P_3P_1P_2P_4$ 分别应用定理 3.1.3, 得这三个空间四边形的中位线 $Q_{12}Q_{34}, Q_{23}Q_{41}; Q_{23}Q_{41}, Q_{31}Q_{24}; Q_{31}Q_{24}, Q_{12}Q_{34}$ 均两线分别相交于一点 G_1, G_2, G_3, 且 G_1, G_2, G_3 分别为空间四边形 $P_1P_2P_3P_4, P_2P_3P_1P_4, P_3P_1P_2P_4$ 的重心.

又显然 $G_1 = G_2 = G_3 = G = (P_1 + P_2 + P_3 + P_4)/4$, 故 $P_1P_2P_3P_4$ 的三条中位线 $Q_{12}Q_{34}, Q_{23}Q_{41}, Q_{31}Q_{24}$ 相交于一点 G, 且 $G = (P_1 + P_2 + P_3 + P_4)/4$, 即 G 是四面体 $P_1P_2P_3P_4$ 的重心.

推论 3.1.1　设 $P_1P_2P_3P_4$ 是四面体, $P_1G_2, P_2G_3, P_3G_4, P_4G_1$ 是 $P_1P_2P_3P_4$ 的四条重心线, $Q_{12}Q_{34}, Q_{23}Q_{41}, Q_{31}Q_{24}$ 是 $P_1P_2P_3P_4$ 三条中位线, 则 $P_1G_2, P_2G_3, P_3G_4, P_4G_1$ 和 $Q_{12}Q_{34}, Q_{23}Q_{41}, Q_{31}Q_{24}$ 七线相交于一点, 且该点是四面体的重心.

证明　根据定理 3.1.5 和定理 2.3.2 即得.

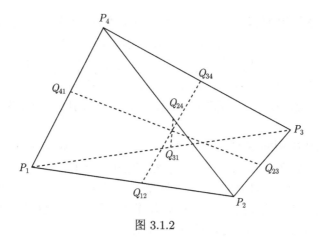

图 3.1.2

定理 3.1.6(四面体中位线的定比分点定理)   设 $P_1P_2P_3P_4$ 是四面体, $Q_{12}Q_{34}$, $Q_{23}Q_{41}, Q_{31}Q_{24}$ 是 $P_1P_2P_3P_4$ 的三条中位线, G 是 $P_1P_2P_3P_4$ 的重心, 则 G 是中位线 $Q_{12}Q_{34}, Q_{23}Q_{41}, Q_{31}Q_{24}$ 的中点 (重心), 即

$$\mathrm{D}_{Q_{12}G}/\mathrm{D}_{GQ_{34}} = \mathrm{D}_{Q_{23}G}/\mathrm{D}_{GQ_{41}} = \mathrm{D}_{Q_{31}G}/\mathrm{D}_{GQ_{24}} = 1$$

或

$$G = (Q_{12} + Q_{34})/2 = (Q_{23} + Q_{41})/2 = (Q_{31} + Q_{24})/2.$$

证明   对四面体 $P_1P_2P_3P_4$ 中三个不同的空间四边形 $P_1P_2P_3P_4, P_2P_3P_1P_4$, $P_3P_1P_2P_4$, 分别应用推论 3.1.2 即得.

3.2 空间四边形和四面体顶点到中位线包络面的有向距离公式与应用

本节主要利用有向度量法, 研究空间四边形和四面体顶点到中位线包络面有向距离的有关问题. 首先, 给出空间四边形、四面体中位线包络面的概念与空间四边形中位线包络面的方程; 其次, 给出空间四边形各个顶点到中位线包络面的有向距离 (距离) 公式; 最后, 利用上述有向距离公式, 推出四面体各个顶点到中位线包络面的有向距离 (距离) 公式.

3.2.1 空间四边形、四面体中位线包络面的概念与方程

定义 3.2.1 设 Q_1Q_3, Q_2Q_4 是空间四边形 $P_1P_2P_3P_4$ 的中位线, 则称过 Q_1Q_3, Q_2Q_4 中一条中位线 $Q_iQ_{i+2}(i = 1, 2)$ 的所有平面为这条中位线的包络面.

定义 3.2.2 由中位线 Q_iQ_{i+2} 的方程所生成的带有一个参数 λ_i 和两个不全为零的参数 $\mu_i, \nu_i (i = 1, 2)$ 的包络面分别称为该中位线的单参数中位线包络面和双参数中位线包络面, 分别记为 $\pi_{Q_iQ_{i+2}\text{-}\lambda_i}$ 和 $\pi_{Q_iQ_{i+2}\text{-}\mu_i\nu_i}(i = 1, 2)$.

定义 3.2.3 设 $P_1P_2P_3P_4$ 是四面体, $Q_{12}Q_{34}, Q_{23}Q_{41}, Q_{31}Q_{24}$ 为 $P_1P_2P_3P_4$ 的中位线, 则称过四面体 $P_1P_2P_3P_4$ 任意一条中位线的所有平面为 $P_1P_2P_3P_4$ 该中位线的包络面.

显然, 四面体的中位线和中位线的包络面, 就是四面体 $P_1P_2P_3P_4$ 中三个空间四边形 $P_1P_2P_3P_4, P_2P_3P_1P_4, P_3P_1P_4P_2$ 相应的中位线和中位线的包络面.

引理 3.2.1 设 $P_1P_2P_3P_4$ 是空间四边形, Q_1, Q_2, Q_3, Q_4 是依次是各边 P_1P_2, P_2P_3, P_3P_4, P_4P_1 的中点, $\mu_i, \nu_i(i = 1, 2)$ 均是不全为零的实数, 则 $P_1P_2P_3P_4$ 中位线 $Q_iQ_{i+2}(i = 1, 2)$ 的平面束方程可以表示成

$$\pi_{Q_iQ_{i+2}\text{-}\mu_i\nu_i} : a_ix + b_iy + c_iz + d_i = 0 \quad (i = 1, 2), \tag{3.2.1}$$

其中 $a_i = \mu_i(y_{Q_{i+2}} - y_{Q_i}), b_i = \mu_i(x_{Q_i} - x_{Q_{i+2}}) + \nu_i(z_{Q_{i+2}} - z_{Q_i}), c_i = \nu_i(y_{Q_i} - y_{Q_{i+2}})$, $d_i = \mu_i(x_{Q_{i+2}}y_{Q_i} - x_{Q_i}y_{Q_{i+2}}) + \nu_i(y_{Q_{i+2}}z_{Q_i} - y_{Q_i}z_{Q_{i+2}})$.

证明 根据直线 $Q_iQ_{i+2}(i = 1, 2)$ 的两点式方程

$$\frac{x - x_{Q_i}}{x_{Q_{i+2}} - x_{Q_i}} = \frac{y - y_{Q_i}}{y_{Q_{i+2}} - y_{Q_i}} = \frac{z - z_{Q_i}}{z_{Q_{i+2}} - z_{Q_i}} \quad (i = 1, 2),$$

仿引理 2.4.1 证明, 即得中位线 $Q_iQ_{i+2}(i = 1, 2)$ 的平面束方程可以表示成式 (3.2.1) 的形式.

3.2.2 空间四边形顶点到中位线包络面的有向距离公式及其应用

定理 3.2.1 设 $P_1P_2P_3P_4$ 是空间四边形, Q_1, Q_2, Q_3, Q_4 是依次是各边 P_1P_2, P_2P_3, P_3P_4, P_4P_1 的中点, $Q_iQ_{i+2}(i = 1, 2)$ 为 $P_1P_2P_3P_4$ 的中位线, $\pi_{Q_iQ_{i+2}\text{-}\mu_i\nu_i}(i = 1, 2)$ 是中位线 $Q_iQ_{i+2}(i = 1, 2)$ 形如式 (3.2.1) 的平面束方程所表示的重心线包络面, 则

$$D_{P_i\text{-}\pi_{Q_1Q_3\text{-}\mu_1\nu_1}} = (-1)^i 0.5(\mu_1\delta_1 + \nu_1\gamma_1)/\sqrt{a_1^2 + b_1^2 + c_1^2} \quad (i = 1, 2), \tag{3.2.2}$$

其中 $\delta_1 = \mathrm{Prj}_{xy}D_{P_4P_1P_2} + \mathrm{Prj}_{xy}D_{P_1P_2P_3}, \gamma_1 = \mathrm{Prj}_{yz}D_{P_4P_1P_2} + \mathrm{Prj}_{yz}D_{P_1P_2P_3}$;

$$D_{P_i\text{-}\pi_{Q_1Q_3\text{-}\mu_1\nu_1}} = (-1)^{i-1} 0.5(\mu_1\delta_1' + \nu_1\gamma_1')/\sqrt{a_1^2 + b_1^2 + c_1^2} \quad (i = 3, 4), \tag{3.2.3}$$

其中 $\delta_1' = \mathrm{Prj}_{xy}D_{P_2P_3P_4} + \mathrm{Prj}_{xy}D_{P_3P_4P_1}, \gamma_1' = \mathrm{Prj}_{yz}D_{P_2P_3P_4} + \mathrm{Prj}_{yz}D_{P_3P_4P_1}$.

$$D_{P_i\text{-}\pi_{Q_2Q_4\text{-}\mu_2\nu_2}} = (-1)^{i-1} 0.5(\mu_2\delta_2 + \nu_2\gamma_2)/\sqrt{a_2^2 + b_2^2 + c_2^2} \quad (i = 2, 3), \tag{3.2.4}$$

其中 $\delta_2 = \mathrm{Prj}_{xy}\mathrm{D}_{P_1P_2P_3} + \mathrm{Prj}_{xy}\mathrm{D}_{P_2P_3P_4}, \gamma_2 = \mathrm{Prj}_{yz}\mathrm{D}_{P_1P_2P_3} + \mathrm{Prj}_{yz}\mathrm{D}_{P_2P_3P_4};$

$$\mathrm{D}_{P_i\text{-}\pi_{Q_2Q_4\text{-}\mu_2\nu_2}} = (-1)^{i-1}0.5(\mu_2\delta_2' + \nu_2\gamma_2')/\sqrt{a_2^2 + b_2^2 + c_2^2} \quad (i = 4,1), \quad (3.2.5)$$

其中 $\delta_2' = \mathrm{Prj}_{xy}\mathrm{D}_{P_3P_4P_1} + \mathrm{Prj}_{xy}\mathrm{D}_{P_4P_1P_2}, \gamma_2' = \mathrm{Prj}_{yz}\mathrm{D}_{P_3P_4P_1} + \mathrm{Prj}_{yz}\mathrm{D}_{P_4P_1P_2}.$

证明 设四边形 $P_1P_2P_3P_4$ 顶点的坐标为 $P_i(x_i, y_i, z_i)(i = 1,2,3,4)$, 则各边中点的坐标为

$$Q_i\left(\frac{x_i + x_{i+1}}{2}, \frac{y_i + y_{i+1}}{2}, \frac{z_i + z_{i+1}}{2}\right) \quad (i = 1,2,3,4).$$

则由 $\pi_{Q_1Q_3\text{-}\mu_1\nu_1}$ 的方程 (3.2.1) 和点到平面的有向距离公式, 可得

$$4\sqrt{a_1^2 + b_1^2 + c_1^2}\mathrm{D}_{P_1\text{-}\pi_{Q_1Q_3\text{-}\lambda_1\mu_1}}$$

$$= \mu_1\left[2x_1\left(y_3 + y_4 - y_1 - y_2\right) + 2\left(x_1 + x_2 - x_3 - x_4\right)y_1\right.$$

$$\left. + \left(x_3 + x_4\right)\left(y_1 + y_2\right) - \left(x_1 + x_2\right)\left(y_3 + y_4\right)\right]$$

$$+ \nu_1\left[2y_1\left(z_3 + z_4 - z_1 - z_2\right) + 2\left(y_1 + y_2 - y_3 - y_4\right)z_1\right.$$

$$\left. + \left(y_3 + y_4\right)\left(z_1 + z_2\right) - \left(y_1 + y_2\right)\left(z_3 + z_4\right)\right]$$

$$= \mu_1\left[2(x_1y_3 - x_3y_1) + 2(x_1y_4 - x_4y_1) + 2(x_2y_1 - x_1y_2)\right.$$

$$\left. + (x_3y_1 - x_1y_3) + (x_4y_1 - x_1y_4) + (x_3y_2 - x_2y_3) + (x_4y_2 - x_2y_4)\right]$$

$$+ \nu_1\left[2(y_1z_3 - y_3z_1) + 2(y_1z_4 - y_4z_1) + 2(y_2z_1 - y_1z_2)\right.$$

$$\left. + (y_3z_1 - y_1z_3) + (y_4z_1 - y_1z_4) + (y_3z_2 - y_2z_3) + (y_4z_2 - y_2z_4)\right]$$

$$= \mu_1\left\{\left[(x_1y_3 - x_3y_1) + (x_3y_2 - x_2y_3) + (x_2y_1 - x_1y_2)\right]\right.$$

$$\left. + \left[(x_2y_1 - x_1y_2) + (x_1y_4 - x_4y_1) + (x_4y_2 - x_2y_4)\right]\right\}$$

$$+ \nu_1\left\{\left[(y_1z_3 - y_3z_1) + (y_3z_2 - y_2z_3) + (y_2z_1 - y_1z_2)\right]\right.$$

$$\left. + \left[(y_2z_1 - y_1z_2) + (y_1z_4 - y_4z_1) + (y_4z_2 - y_2z_4)\right]\right\}$$

$$= 2\mu_1\left(\mathrm{Prj}_{xy}\mathrm{D}_{P_1P_3P_2} + \mathrm{Prj}_{xy}\mathrm{D}_{P_2P_1P_4}\right) + 2\nu_2\left(\mathrm{Prj}_{yz}\mathrm{D}_{P_1P_3P_2} + \mathrm{Prj}_{yz}\mathrm{D}_{P_2P_1P_4}\right)$$

$$= -2\mu_1\left(\mathrm{Prj}_{xy}\mathrm{D}_{P_4P_1P_2} + \mathrm{Prj}_{xy}\mathrm{D}_{P_1P_2P_3}\right) - 2\nu_1\left(\mathrm{Prj}_{yz}\mathrm{D}_{P_4P_1P_2} + \mathrm{Prj}_{yz}\mathrm{D}_{P_1P_2P_3}\right)$$

$$= -2\left(\mu_1\delta_1 + \nu_1\gamma_1\right),$$

所以, 当 $i = 1$ 时, 式 (3.2.2) 成立.

同理, 可以证明, 当 $i = 2$ 时, 式 (3.2.2) 成立.

类似地, 可以证明, 式 (3.2.3)~(3.2.5) 成立.

推论 3.2.1　设 $P_1P_2P_3P_4$ 是空间四边形, Q_1, Q_2, Q_3, Q_4 是依次是各边 P_1P_2, P_2P_3, P_3P_4, P_4P_1 的中点, $Q_iQ_{i+2}(i = 1, 2)$ 为 $P_1P_2P_3P_4$ 的中位线, $\pi_{Q_iQ_{i+2}\text{-}\mu_i\nu_i}$ $(i = 1, 2)$ 是中位线 $Q_iQ_{i+2}(i = 1, 2)$ 形如式 (3.2.1) 的平面束方程所表示的重心线包络面, 则

$$d_{P_1\text{-}\pi_{Q_1Q_3\text{-}\lambda_1\mu_1}} = d_{P_2\text{-}\pi_{Q_1Q_3\text{-}\lambda_1\mu_1}} = 0.5|\lambda_1\delta_1 + \mu_1\gamma_1|/\sqrt{a_1^2 + b_1^2 + c_1^2}, \qquad (3.2.6)$$

其中 $\delta_1 = \mathrm{Prj}_{xy}\mathrm{D}_{P_4P_1P_2} + \mathrm{Prj}_{xy}\mathrm{D}_{P_1P_2P_3}, \gamma_1 = \mathrm{Prj}_{yz}\mathrm{D}_{P_4P_1P_2} + \mathrm{Prj}_{yz}\mathrm{D}_{P_1P_2P_3}$;

$$d_{P_3\text{-}\pi_{Q_1Q_3\text{-}\lambda_1\mu_1}} = d_{P_4\text{-}\pi_{Q_1Q_3\text{-}\lambda_1\mu_1}} = 0.5|\lambda_1\delta_1' + \mu_1\gamma_1'|/\sqrt{a_1^2 + b_1^2 + c_1^2}, \qquad (3.2.7)$$

其中 $\delta_1' = \mathrm{Prj}_{xy}\mathrm{D}_{P_2P_3P_4} + \mathrm{Prj}_{xy}\mathrm{D}_{P_3P_4P_1}, \gamma_1' = \mathrm{Prj}_{yz}\mathrm{D}_{P_2P_3P_4} + \mathrm{Prj}_{yz}\mathrm{D}_{P_3P_4P_1}$.

$$d_{P_2\text{-}\pi_{Q_2Q_4\text{-}\lambda_2\mu_2}} = d_{P_3\text{-}\pi_{Q_2Q_4\text{-}\lambda_2\mu_2}} = 0.5|\lambda_2\delta_2 + \mu_2\gamma_2|/\sqrt{a_2^2 + b_2^2 + c_2^2}, \qquad (3.2.8)$$

其中 $\delta_2 = \mathrm{Prj}_{xy}\mathrm{D}_{P_1P_2P_3} + \mathrm{Prj}_{xy}\mathrm{D}_{P_2P_3P_4}, \gamma_2 = \mathrm{Prj}_{yz}\mathrm{D}_{P_1P_2P_3} + \mathrm{Prj}_{yz}\mathrm{D}_{P_2P_3P_4}$;

$$d_{P_4\text{-}\pi_{Q_2Q_4\text{-}\lambda_2\mu_2}} = d_{P_1\text{-}\pi_{Q_2Q_4\text{-}\lambda_2\mu_2}} = 0.5|\lambda_2\delta_2' + \mu_2\gamma_2'|/\sqrt{a_2^2 + b_2^2 + c_2^2}, \qquad (3.2.9)$$

其中 $\delta_2' = \mathrm{Prj}_{xy}\mathrm{D}_{P_3P_4P_1} + \mathrm{Prj}_{xy}\mathrm{D}_{P_4P_1P_2}, \gamma_2' = \mathrm{Prj}_{yz}\mathrm{D}_{P_3P_4P_1} + \mathrm{Prj}_{yz}\mathrm{D}_{P_4P_1P_2}$.

证明　根据定理 3.2.1, 式 (3.2.2)~(3.2.5) 等号两边分别取绝对值, 即得式 (3.2.6)~(3.2.9).

定理 3.2.2　设 $P_1P_2P_3P_4$ 是空间四边形, $Q_iQ_{i+2}(i = 1, 2)$ 为 $P_1P_2P_3P_4$ 的中位线, $\pi_{Q_iQ_{i+2}\text{-}\mu_i\nu_i}(i = 1, 2)$ 是中位线 $Q_iQ_{i+2}(i = 1, 2)$ 的包络面, 则

$$\mathrm{D}_{P_1\text{-}\pi_{Q_1Q_3\text{-}\mu_1\nu_1}} + \mathrm{D}_{P_2\text{-}\pi_{Q_1Q_3\text{-}\mu_1\nu_1}} = 0 \quad (d_{P_1\text{-}\pi_{Q_1Q_3\text{-}\mu_1\nu_1}} = d_{P_2\text{-}\pi_{Q_1Q_3\text{-}\mu_1\nu_1}}), \quad (3.2.10)$$

$$\mathrm{D}_{P_3\text{-}\pi_{Q_1Q_3\text{-}\mu_1\nu_1}} + \mathrm{D}_{P_4\text{-}\pi_{Q_1Q_3\text{-}\mu_1\nu_1}} = 0 \quad (d_{P_3\text{-}\pi_{Q_1Q_3\text{-}\mu_1\nu_1}} = d_{P_4\text{-}\pi_{Q_1Q_3\text{-}\mu_1\nu_1}}), \quad (3.2.11)$$

$$\mathrm{D}_{P_2\text{-}\pi_{Q_2Q_4\text{-}\mu_2\nu_2}} + \mathrm{D}_{P_3\text{-}\pi_{Q_2Q_4\text{-}\mu_2\nu_2}} = 0 \quad (d_{P_2\text{-}\pi_{Q_2Q_4\text{-}\mu_2\nu_2}} = d_{P_3\text{-}\pi_{Q_2Q_4\text{-}\mu_2\nu_2}}), \quad (3.2.12)$$

$$\mathrm{D}_{P_4\text{-}\pi_{Q_2Q_4\text{-}\mu_2\nu_2}} + \mathrm{D}_{P_1\text{-}\pi_{Q_2Q_4\text{-}\mu_2\nu_2}} = 0 \quad (d_{P_4\text{-}\pi_{Q_2Q_4\text{-}\mu_2\nu_2}} = d_{P_1\text{-}\pi_{Q_2Q_4\text{-}\mu_2\nu_2}}). \quad (3.2.13)$$

证明　不妨设 $\pi_{Q_iQ_{i+2}\text{-}\mu_i\nu_i}(i = 1, 2)$ 是中位线 $Q_iQ_{i+2}(i = 1, 2)$ 形如式 (3.2.1) 的平面束方程所表示的重心线包络面. 在式 (3.2.2) 中, 令 $i = 1, 2$, 并将所得出的两个式子相加, 即得式 (3.2.10).

类似地, 可以证明式 (3.2.11)~(3.2.13) 成立.

推论 3.2.2 设 $P_1P_2P_3P_4$ 是空间四边形, $Q_iQ_{i+2}(i=1,2)$ 为 $P_1P_2P_3P_4$ 的中位线, $\pi_{Q_iQ_{i+2}-\mu_i\nu_i}(i=1,2)$ 是中位线 $Q_iQ_{i+2}(i=1,2)$ 的包络面, 则 $P_1P_2P_3P_4$ 两组对边 $P_1P_2, P_3P_4; P_2P_3, P_4P_1$ 的端点分别分居两中位线面 $\pi_{Q_1Q_3-\mu_1\nu_1}, \pi_{Q_2Q_4-\mu_2\nu_2}$ 的两侧, 且到 $\pi_{Q_1Q_3-\mu_1\nu_1}, \pi_{Q_2Q_4-\mu_2\nu_2}$ 的距离相等.

证明 根据定理 3.2.2, 由式 (3.2.10)~(3.2.13) 的几何意义即得.

3.2.3 四面体中位线包络面的有向距离公式及其应用

定理 3.2.3 设 $P_1P_2P_3P_4$ 是四面体, $Q_{12}, Q_{23}, Q_{34}, Q_{41}, Q_{31}, Q_{24}$ 依次是 $P_1P_2P_3P_4$ 各棱 $P_1P_2, P_2P_3, P_3P_4, P_4P_1, P_1P_3, P_2P_4$ 的中点, $Q_{12}Q_{34}, Q_{23}Q_{41}, Q_{31}Q_{24}$ 为 $P_1P_2P_3P_4$ 的中位线, $\pi_{Q_{12}Q_{34}-\mu_1\nu_1}, \pi_{Q_{23}Q_{41}-\mu_2\nu_2}, \pi_{Q_{31}Q_{24}-\mu_3\nu_3}$ 分别是中位线 $Q_{12}Q_{34}, Q_{23}Q_{41}, Q_{31}Q_{24}$ 的包络面.

(1) 若 $a_1 = \mu_1(y_{Q_{34}} - y_{Q_{12}}), b_1 = \mu_1(x_{Q_{12}} - x_{Q_{34}}) + \nu_1(z_{Q_{34}} - z_{Q_{12}}), c_1 = \nu_1(y_{Q_{12}} - y_{Q_{34}})$, 则

$$\mathrm{D}_{P_i-\pi_{Q_{12}Q_{34}-\mu_1\nu_1}} = (-1)^i 0.5(\mu_1\delta_1 + \nu_1\gamma_1)/\sqrt{a_1^2 + b_1^2 + c_1^2} \quad (i=1,2), \quad (3.2.14)$$

其中 $\delta_1 = \mathrm{Prj}_{xy}\mathrm{D}_{P_4P_1P_2} + \mathrm{Prj}_{xy}\mathrm{D}_{P_1P_2P_3}, \gamma_1 = \mathrm{Prj}_{yz}\mathrm{D}_{P_4P_1P_2} + \mathrm{Prj}_{yz}\mathrm{D}_{P_1P_2P_3}$;

$$\mathrm{D}_{P_i-\pi_{Q_{12}Q_{34}-\mu_1\nu_1}} = (-1)^{i-1} 0.5(\mu_1\delta_1' + \nu_1\gamma_1')/\sqrt{a_1^2 + b_1^2 + c_1^2} \quad (i=3,4), \quad (3.2.15)$$

其中 $\delta_1' = \mathrm{Prj}_{xy}\mathrm{D}_{P_2P_3P_4} + \mathrm{Prj}_{xy}\mathrm{D}_{P_3P_4P_1}, \gamma_1' = \mathrm{Prj}_{yz}\mathrm{D}_{P_2P_3P_4} + \mathrm{Prj}_{yz}\mathrm{D}_{P_3P_4P_1}$.

(2) 若 $a_2 = \mu_2(y_{Q_{41}} - y_{Q_{23}}), b_2 = \mu_2(x_{Q_{23}} - x_{Q_{41}}) + \nu_2(z_{Q_{41}} - z_{Q_{23}}), c_2 = \nu_2(y_{Q_{23}} - y_{Q_{41}})$, 则

$$\mathrm{D}_{P_i-\pi_{Q_{23}Q_{41}-\mu_2\nu_2}} = (-1)^i 0.5(\mu_2\delta_2 + \nu_2\gamma_2)/\sqrt{a_2^2 + b_2^2 + c_2^2} \quad (i=2,3), \quad (3.2.16)$$

其中 $\delta_2 = \mathrm{Prj}_{xy}\mathrm{D}_{P_1P_2P_3} + \mathrm{Prj}_{xy}\mathrm{D}_{P_2P_3P_4}, \gamma_2 = \mathrm{Prj}_{yz}\mathrm{D}_{P_1P_2P_3} + \mathrm{Prj}_{yz}\mathrm{D}_{P_2P_3P_4}$;

$$\mathrm{D}_{P_i-\pi_{Q_{23}Q_{41}-\mu_2\nu_2}} = (-1)^{i-1} 0.5(\mu_2\delta_2' + \nu_2\gamma_2')/\sqrt{a_2^2 + b_2^2 + c_2^2} \quad (i=4,1), \quad (3.2.17)$$

其中 $\delta_2' = \mathrm{Prj}_{xy}\mathrm{D}_{P_3P_4P_1} + \mathrm{Prj}_{xy}\mathrm{D}_{P_4P_1P_2}, \gamma_2' = \mathrm{Prj}_{yz}\mathrm{D}_{P_3P_4P_1} + \mathrm{Prj}_{yz}\mathrm{D}_{P_4P_1P_2}$.

(3) 若 $a_3 = \mu_3(y_{Q_{24}} - y_{Q_{31}}), b_3 = \mu_3(x_{Q_{31}} - x_{Q_{24}}) + \nu_3(z_{Q_{24}} - z_{Q_{31}}), c_3 = \nu_3(y_{Q_{31}} - y_{Q_{24}})$, 则

$$\mathrm{D}_{P_i-\pi_{Q_{31}Q_{24}-\mu_3\nu_3}} = (-1)^{\frac{i(i-1)}{2}-1} 0.5(\mu_3\delta_3 + \nu_3\gamma_3)/\sqrt{a_3^2 + b_3^2 + c_3^2} \quad (i=3,1),$$

$$(3.2.18)$$

其中 $\delta_3 = \mathrm{Prj}_{xy}\mathrm{D}_{P_3P_1P_2} + \mathrm{Prj}_{xy}\mathrm{D}_{P_4P_3P_1}, \gamma_3 = \mathrm{Prj}_{yz}\mathrm{D}_{P_3P_1P_2} + \mathrm{Prj}_{yz}\mathrm{D}_{P_4P_3P_1};$

$$\mathrm{D}_{P_i\text{-}\pi_{Q_{31}Q_{24}\text{-}\mu_3\nu_3}} = (-1)^{\frac{i(i-1)}{2}-1}0.5(\mu_3\delta_3' + \nu_3\gamma_3')/\sqrt{a_3^2 + b_3^2 + c_3^2} \quad (i = 2, 4),$$
$$(3.2.19)$$

其中 $\delta_3' = \mathrm{Prj}_{xy}\mathrm{D}_{P_1P_2P_4} + \mathrm{Prj}_{xy}\mathrm{D}_{P_2P_4P_3}, \gamma_3' = \mathrm{Prj}_{yz}\mathrm{D}_{P_1P_2P_4} + \mathrm{Prj}_{yz}\mathrm{D}_{P_2P_4P_3}.$

证明　在四面体 $P_1P_2P_3P_4$ 中, 分别对四边形 $P_1P_2P_3P_4, P_2P_3P_1P_4$ 和 P_3P_1 P_2P_4 应用定理 3.2.1, 即得式 (3.2.14)~(3.2.19).

推论 3.2.3　设 $P_1P_2P_3P_4$ 是四面体, $Q_{12}, Q_{23}, Q_{34}, Q_{41}, Q_{13}, Q_{24}$ 依次是 $P_1P_2P_3P_4$ 各棱 $P_1P_2, P_2P_3, P_3P_4, P_4P_1, P_1P_3, P_2P_4$ 的中点, $Q_{12}Q_{34}, Q_{23}Q_{41}, Q_{31}$ Q_{24} 为 $P_1P_2P_3P_4$ 的中位线, $\pi_{Q_{12}Q_{34}\text{-}\mu_1\nu_1}, \pi_{Q_{23}Q_{41}\text{-}\mu_2\nu_2}, \pi_{Q_{31}Q_{24}\text{-}\mu_3\nu_3}$ 分别是中位线 $Q_{12}Q_{34}, Q_{23}Q_{41}, Q_{31}Q_{24}$ 的包络面.

(1) 若 $a_1 = \mu_1(y_{Q_{34}} - y_{Q_{12}}), b_1 = \mu_1(x_{Q_{12}} - x_{Q_{34}}) + \nu_1(z_{Q_{34}} - z_{Q_{12}}), c_1 = \nu_1(y_{Q_{12}} - y_{Q_{34}}),$ 则

$$\mathrm{d}_{P_1\text{-}\pi_{Q_{12}Q_{34}\text{-}\mu_1\nu_1}} = \mathrm{d}_{P_2\text{-}\pi_{Q_{12}Q_{34}\text{-}\mu_1\nu_1}} = 0.5|\mu_1\delta_1 + \nu_1\gamma_1|/\sqrt{a_1^2 + b_1^2 + c_1^2}, \quad (3.2.20)$$

其中 $\delta_1 = \mathrm{Prj}_{xy}\mathrm{D}_{P_1P_2P_3} + \mathrm{Prj}_{xy}\mathrm{D}_{P_1P_2P_4}, \gamma_1 = \mathrm{Prj}_{yz}\mathrm{D}_{P_1P_2P_3} + \mathrm{Prj}_{yz}\mathrm{D}_{P_1P_2P_4};$

$$\mathrm{d}_{P_3\text{-}\pi_{Q_{12}Q_{34}\text{-}\mu_1\nu_1}} = \mathrm{d}_{P_4\text{-}\pi_{Q_{12}Q_{34}\text{-}\mu_1\nu_1}} = 0.5|\mu_1\delta_1' + \nu_1\gamma_1'|/\sqrt{a_1^2 + b_1^2 + c_1^2}, \quad (3.2.21)$$

其中 $\delta_1' = \mathrm{Prj}_{xy}\mathrm{D}_{P_3P_4P_1} + \mathrm{Prj}_{xy}\mathrm{D}_{P_3P_4P_2}, \gamma_1' = \mathrm{Prj}_{yz}\mathrm{D}_{P_3P_4P_1} + \mathrm{Prj}_{yz}\mathrm{D}_{P_3P_4P_2}.$

(2) 若 $a_2 = \mu_2(y_{Q_{41}} - y_{Q_{23}}), b_2 = \mu_2(x_{Q_{23}} - x_{Q_{41}}) + \nu_2(z_{Q_{41}} - z_{Q_{23}}), c_2 = \nu_2(y_{Q_{23}} - y_{Q_{41}}),$ 则

$$\mathrm{d}_{P_i\text{-}\pi_{Q_{23}Q_{41}\text{-}\mu_2\nu_2}} = \mathrm{d}_{P_i\text{-}\pi_{Q_{23}Q_{41}\text{-}\mu_2\nu_2}} = 0.5|\mu_2\delta_2 + \nu_2\gamma_2|/\sqrt{a_2^2 + b_2^2 + c_2^2}, \quad (3.2.22)$$

其中 $\delta_2 = \mathrm{Prj}_{xy}\mathrm{D}_{P_2P_3P_4} + \mathrm{Prj}_{xy}\mathrm{D}_{P_2P_3P_1}, \gamma_2 = \mathrm{Prj}_{yz}\mathrm{D}_{P_2P_3P_4} + \mathrm{Prj}_{yz}\mathrm{D}_{P_2P_3P_1};$

$$\mathrm{d}_{P_i\text{-}\pi_{Q_{23}Q_{41}\text{-}\mu_2\nu_2}} = \mathrm{d}_{P_i\text{-}\pi_{Q_{23}Q_{41}\text{-}\mu_2\nu_2}} = 0.5|\mu_2\delta_2' + \nu_2\gamma_2'|/\sqrt{a_2^2 + b_2^2 + c_2^2}, \quad (3.2.23)$$

其中 $\delta_2' = \mathrm{Prj}_{xy}\mathrm{D}_{P_4P_1P_2} + \mathrm{Prj}_{xy}\mathrm{D}_{P_4P_1P_3}, \gamma_2' = \mathrm{Prj}_{yz}\mathrm{D}_{P_4P_1P_2} + \mathrm{Prj}_{yz}\mathrm{D}_{P_4P_1P_3}.$

(3) 若 $a_3 = \mu_3(y_{Q_{24}} - y_{Q_{31}}), b_3 = \mu_3(x_{Q_{31}} - x_{Q_{24}}) + \nu_3(z_{Q_{24}} - z_{Q_{31}}), c_3 = \nu_3(y_{Q_{31}} - y_{Q_{24}}),$ 则

$$\mathrm{d}_{P_i\text{-}\pi_{Q_{31}Q_{24}\text{-}\mu_3\nu_3}} = \mathrm{d}_{P_i\text{-}\pi_{Q_{31}Q_{24}\text{-}\mu_3\nu_3}} = 0.5|\mu_3\delta_3 + \nu_3\gamma_3|/\sqrt{a_3^2 + b_3^2 + c_3^2}, \quad (3.2.24)$$

其中 $\delta_3 = \mathrm{Prj}_{xy}\mathrm{D}_{P_3P_1P_2} + \mathrm{Prj}_{xy}\mathrm{D}_{P_4P_3P_1}, \gamma_3 = \mathrm{Prj}_{yz}\mathrm{D}_{P_3P_1P_2} + \mathrm{Prj}_{yz}\mathrm{D}_{P_4P_3P_1};$

$$\mathrm{d}_{P_i\text{-}\pi_{Q_{31}Q_{24}\text{-}\mu_3\nu_3}} = \mathrm{d}_{P_i\text{-}\pi_{Q_{31}Q_{24}\text{-}\mu_3\nu_3}} = 0.5|\mu_3\delta_3' + \nu_3\gamma_3'|/\sqrt{a_3^2 + b_3^2 + c_3^2}, \quad (3.2.25)$$

其中 $\delta_3' = \mathrm{Prj}_{xy}\mathrm{D}_{P_1P_2P_4} + \mathrm{Prj}_{xy}\mathrm{D}_{P_2P_4P_3}, \gamma_3' = \mathrm{Prj}_{yz}\mathrm{D}_{P_1P_2P_4} + \mathrm{Prj}_{yz}\mathrm{D}_{P_2P_4P_3}$.

证明 根据定理 3.2.3, 式 (3.2.14)~(3.2.19) 等号两边分别取绝对值, 即得式 (3.2.20)~(3.2.25).

定理 3.2.4 设 $P_1P_2P_3P_4$ 是四面体, $Q_{12}, Q_{23}, Q_{34}, Q_{41}, Q_{13}, Q_{24}$ 依次是 $P_1P_2P_3P_4$ 各棱 $P_1P_2, P_2P_3, P_3P_4, P_4P_1, P_1P_3, P_2P_4$ 的中点, $Q_{12}Q_{34}, Q_{23}Q_{41}, Q_{31}Q_{24}$ 为 $P_1P_2P_3P_4$ 的中位线, $\pi_{Q_{12}Q_{34}-\mu_1\nu_1}, \pi_{Q_{23}Q_{41}-\mu_2\nu_2}, \pi_{Q_{31}Q_{24}-\mu_3\nu_3}$ 分别是中位线 $Q_{12}Q_{34}, Q_{23}Q_{41}, Q_{31}Q_{24}$ 的包络面, 则

$$\mathrm{D}_{P_1-\pi_{Q_{12}Q_{34}-\mu_1\nu_1}} + \mathrm{D}_{P_2-\pi_{Q_{12}Q_{34}-\mu_1\nu_1}}$$
$$= 0 \quad (\mathrm{d}_{P_1-\pi_{Q_{12}Q_{34}-\mu_1\nu_1}} = \mathrm{d}_{P_2-\pi_{Q_{12}Q_{34}-\mu_1\nu_1}}), \tag{3.2.26}$$

$$\mathrm{D}_{P_3-\pi_{Q_{12}Q_{34}-\mu_1\nu_1}} + \mathrm{D}_{P_4-\pi_{Q_{12}Q_{34}-\mu_1\nu_1}}$$
$$= 0 \quad (\mathrm{d}_{P_3-\pi_{Q_{12}Q_{34}-\mu_1\nu_1}} = \mathrm{d}_{P_4-\pi_{Q_{12}Q_{34}-\mu_1\nu_1}}); \tag{3.2.27}$$

$$\mathrm{D}_{P_2-\pi_{Q_{23}Q_{41}-\mu_2\nu_2}} + \mathrm{D}_{P_3-\pi_{Q_{23}Q_{41}-\mu_2\nu_2}}$$
$$= 0 \quad (\mathrm{d}_{P_2-\pi_{Q_{23}Q_{41}-\mu_2\nu_2}} = \mathrm{d}_{P_3-\pi_{Q_{23}Q_{41}-\mu_2\nu_2}}), \tag{3.2.28}$$

$$\mathrm{D}_{P_4-\pi_{Q_{23}Q_{41}-\mu_2\nu_2}} + \mathrm{D}_{P_1-\pi_{Q_{23}Q_{41}-\mu_2\nu_2}}$$
$$= 0 \quad (\mathrm{d}_{P_4-\pi_{Q_{23}Q_{41}-\mu_2\nu_2}} = \mathrm{d}_{P_1-\pi_{Q_{23}Q_{41}-\mu_2\nu_2}}); \tag{3.2.29}$$

$$\mathrm{D}_{P_3-\pi_{Q_{31}Q_{24}-\mu_3\nu_3}} + \mathrm{D}_{P_1-\pi_{Q_{31}Q_{24}-\mu_3\nu_3}}$$
$$= 0 \quad (\mathrm{d}_{P_3-\pi_{Q_{31}Q_{24}-\mu_3\nu_3}} = \mathrm{d}_{P_1-\pi_{Q_{31}Q_{24}-\mu_3\nu_3}}), \tag{3.2.30}$$

$$\mathrm{D}_{P_2-\pi_{Q_{23}Q_{41}-\mu_2\nu_2}} + \mathrm{D}_{P_4-\pi_{Q_{23}Q_{41}-\mu_2\nu_2}}$$
$$= 0 \quad (\mathrm{d}_{P_2-\pi_{Q_{23}Q_{41}-\mu_2\nu_2}} = \mathrm{d}_{P_4-\pi_{Q_{23}Q_{41}-\mu_2\nu_2}}). \tag{3.2.31}$$

证明 不妨设 $\pi_{Q_iQ_{i+2}-\mu_i\nu_i}(i = 1, 2)$ 是中位线 $Q_iQ_{i+2}(i = 1, 2)$ 形如式 (3.2.1) 的平面束方程所表示的重心线包络面. 在式 (3.2.14) 中, 令 $i = 1, 2$ 并将所得出的两个式子相加, 即得式 (3.2.26).

类似地, 可以证明式 (3.2.27)~(3.2.31) 成立.

推论 3.2.4 设 $P_1P_2P_3P_4$ 是四面体, $Q_{12}, Q_{23}, Q_{34}, Q_{41}, Q_{13}, Q_{24}$ 依次是 $P_1P_2P_3P_4$ 各棱 $P_1P_2, P_2P_3, P_3P_4, P_4P_1, P_1P_3, P_2P_4$ 的中点, $Q_{12}Q_{34}, Q_{23}Q_{41}, Q_{31}Q_{24}$ 为 $P_1P_2P_3P_4$ 的中位线, $\pi_{Q_{12}Q_{34}-\mu_1\nu_1}, \pi_{Q_{23}Q_{41}-\mu_2\nu_2}, \pi_{Q_{31}Q_{24}-\mu_3\nu_3}$ 分别是中位线 $Q_{12}Q_{34}, Q_{23}Q_{41}, Q_{31}Q_{24}$ 的包络面, 则 $P_1P_2P_3P_4$ 三组对边 $P_1P_2, P_3P_4; P_2P_3, P_4P_1;$ P_3P_1, P_2P_4 的端点分别分居三中位线面 $\pi_{Q_{12}Q_{34}-\mu_1\nu_1}, \pi_{Q_{23}Q_{41}-\mu_2\nu_2}, \pi_{Q_{31}Q_{24}-\mu_3\nu_3}$ 的两侧且到 $\pi_{Q_{12}Q_{34}-\mu_1\nu_1}, \pi_{Q_{23}Q_{41}-\mu_2\nu_2}, \pi_{Q_{31}Q_{24}-\mu_3\nu_3}$ 的距离相等.

证明 根据定理 3.2.4, 由式 (3.2.26)~(3.2.31) 即得.

3.3　空间四边形和四面体中位线包络面的分割定理与应用

本节主要利用有向距离法, 研究空间四边形和四面体中位线包络面分割的有关问题. 首先, 给出空间四边形和四面体中位线包络面的概念; 其次, 给出空间四边形中位线包络面的分割定理, 从而推出空间四边形中位线的共面定理; 再次, 给出四面体中位线包络面的分割定理, 从而推出四面体中位线的共面定理和与分割定理相关的两个定理, 并将一道数学奥林匹克题的结论推广到有向体积的情形; 最后, 给出四面体分割线的共面定理和四面体分割线四面体有向体积 (体积) 公式, 从而推出相应的分割线共面的充分必要条件.

3.3.1　四面体中位线包络面分割线四面体的概念

定义 3.3.1　设 $P_1P_2P_3P_4$ 是四面体, $Q_{12}, Q_{23}, Q_{34}, Q_{41}, Q_{31}, Q_{24}$ 依次是各棱 $P_1P_2, P_2P_3, P_3P_4, P_4P_1, P_3P_1, P_2P_4$ 的中点, $Q_{12}Q_{34}, Q_{23}Q_{41}, Q_{31}Q_{24}$ 是 $P_1P_2P_3P_4$ 的中位线, 中位线包络面 $\pi_{Q_{12}Q_{34}\text{-}\lambda}, \pi_{Q_{23}Q_{41}\text{-}\mu}, \pi_{Q_{31}Q_{24}\text{-}\nu}$ 与各自另两组对棱 P_2P_3, P_4P_1 和 P_3P_1, P_2P_4; P_3P_1, P_4P_2 和 P_1P_2, P_3P_4; P_1P_2, P_4P_3 和 P_2P_3, P_1P_4 所在直线的交点分别为 R_{23}, R_{41} 和 R_{31}, R_{24}; S_{31}, S_{42} 和 S_{12}, S_{34}; T_{12}, T_{43} 和 T_{23}, T_{14}, 则称两对棱分点之间的连线 $R_{23}R_{41}$ 和 $R_{31}R_{24}$; $S_{31}S_{42}$ 和 $S_{12}S_{34}$; $T_{12}T_{43}$ 和 $T_{23}T_{14}$ 分别为中位线包络面 $\pi_{Q_{12}Q_{34}\text{-}\lambda}, \pi_{Q_{23}Q_{41}\text{-}\mu}, \pi_{Q_{31}Q_{24}\text{-}\nu}$ 的分割线, 简称为分割线.

定义 3.3.2　设 $P_1P_2P_3P_4$ 是四面体, $R_{23}R_{41}$ 和 $R_{31}R_{24}$; $S_{31}S_{42}$ 和 $S_{12}S_{34}$; $T_{12}T_{43}$ 和 $T_{23}T_{14}$ 分别为中位线包络面 $\pi_{Q_{12}Q_{34}\text{-}\lambda}, \pi_{Q_{23}Q_{41}\text{-}\mu}, \pi_{Q_{31}Q_{24}\text{-}\nu}$ 的分割线, 则称任意两个不同的中位线包络面的任意两条分割线 (如 $R_{23}R_{41}$ 和 $S_{31}S_{24}$) 所构成的四面体 (如 $R_{23}S_{31}R_{41}S_{24}$) 为 $P_1P_2P_3P_4$ 的中位线包络面分割线四面体, 简称分割线四面体.

特别地, 当两条分割线 (如 $R_{23}R_{41}$ 和 $S_{31}S_{24}$) 共面时, 我们把相应的平面四边形 $R_{23}S_{31}R_{41}S_{24}$ 看成是中位线包络面分割线四面体的特殊情形.

3.3.2　空间四边形中位线包络面的分割定理及其应用

定理 3.3.1　设 $P_1P_2P_3P_4$ 是空间四边形, Q_1, Q_2, Q_3, Q_4 是依次是各边 $P_1P_2, P_2P_3, P_3P_4, P_4P_1$ 的中点, $Q_iQ_{i+2}(i=1,2)$ 为 $P_1P_2P_3P_4$ 的中位线. 若中位线包络面 $\pi_{Q_iQ_{i+2}\text{-}\lambda_i}$ 与边 $P_{i+1}P_{i+2}$ 的交点为 $U_{i+1}=u_iP_{i+1}+(1-u_i)P_{i+2}(i=1,2)$, 则 $\pi_{Q_iQ_{i+2}\text{-}\lambda_i}$ 与其对边 $P_{i+3}P_i$ 的交点为 $U_{i+3}=(1-u_i)P_{i+3}+u_iP_i(i=1,2)$; 反之亦成立.

证明　如图 3.3.1 所示. 设四边形顶点的坐标为 $P_i(x_i, y_i, z_i)(i=1,2,3,4)$, 则各边中点的坐标为

$$Q_i\left(\frac{x_i+x_{i+1}}{2},\frac{y_i+y_{i+1}}{2},\frac{z_i+z_{i+1}}{2}\right)\quad(i=1,2,3,4),$$

$\pi_{Q_iQ_{i+2}\text{-}\lambda_i}(i=1,2)$ 与边 $P_{i+1}P_{i+2}$ 的交点的坐标分别为

$$U_{i+1}(u_ix_{i+1}+(1-u_i)x_{i+2},u_iy_{i+1}+(1-u_i)y_{i+2},u_iz_{i+1}+(1-u_i)z_{i+2})\quad(i=1,2).$$

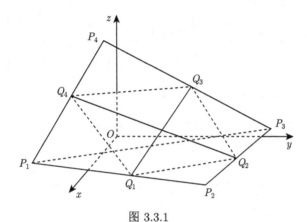

图 3.3.1

现只需证明

$$U_{i+3}((1-u_i)x_{i+3}+u_ix_i,(1-u_i)y_{i+3}+u_iy_i,(1-u_i)z_{i+3}+u_iz_i)\quad(i=1,2)$$

与 $Q_i,Q_{i+2},U_{i+1}(i=1,2)$ 四点共面即可. 由四面体有向体积公式, 可得

$$6\times 2^2 \mathrm{D}_{Q_1U_2Q_3U_4}$$

$$=\begin{vmatrix} x_1+x_2 & y_1+y_2 & z_1+z_2 & 2 \\ u_1x_2+(1-u_1)x_3 & u_1y_2+(1-u_1)y_3 & u_1z_2+(1-u_1)z_3 & 1 \\ x_3+x_4 & y_3+y_4 & z_3+z_4 & 2 \\ (1-u_1)x_4+u_1x_1 & (1-u_1)y_4+u_1y_1 & (1-u_1)z_4+u_1z_1 & 1 \end{vmatrix}$$

$$=\begin{vmatrix} x_1 & y_1 & z_1 & 1 \\ u_1x_2+(1-u_1)x_3 & u_1y_2+(1-u_1)y_3 & u_1z_2+(1-u_1)z_3 & 1 \\ x_3+x_4 & y_3+y_4 & z_3+z_4 & 2 \\ (1-u_1)x_4 & (1-u_1)y_4 & (1-u_1)z_4 & 1-u_1 \end{vmatrix}$$

$$+\begin{vmatrix} x_2 & y_2 & z_2 & 1 \\ (1-u_1)x_3 & (1-u_1)y_3 & (1-u_1)z_3 & 1-u_1 \\ x_3+x_4 & y_3+y_4 & z_3+z_4 & 2 \\ (1-u_1)x_4+u_1x_1 & (1-u_1)y_4+u_1y_1 & (1-u_1)z_4+u_1z_1 & 1 \end{vmatrix}$$

$$= (1 - u_1) \begin{vmatrix} x_1 & y_1 & z_1 & 1 \\ u_1 x_2 & u_1 y_2 & u_1 z_2 & u_1 \\ x_3 & y_3 & z_3 & 1 \\ x_4 & y_4 & z_4 & 1 \end{vmatrix} + (1 - u_1) \begin{vmatrix} x_2 & y_2 & z_2 & 1 \\ x_3 & y_3 & z_3 & 1 \\ x_4 & y_4 & z_4 & 1 \\ u_1 x_1 & u_1 y_1 & u_1 z_1 & u_1 \end{vmatrix}$$

$$= u_1(1 - u_1) \begin{vmatrix} x_1 & y_1 & z_1 & 1 \\ x_2 & y_2 & z_2 & 1 \\ x_3 & y_3 & z_3 & 1 \\ x_4 & y_4 & z_4 & 1 \end{vmatrix} + u_1(1 - u_1) \begin{vmatrix} x_2 & y_2 & z_2 & 1 \\ x_3 & y_3 & z_3 & 1 \\ x_4 & y_4 & z_4 & 1 \\ x_1 & y_1 & z_1 & 1 \end{vmatrix}$$

$$= 6u_1(1 - u_1) \mathrm{D}_{P_1 P_2 P_3 P_4} + 6u_1(1 - u_1) \mathrm{D}_{P_2 P_3 P_4 P_1}$$

$$= 6u_1(1 - u_1) \mathrm{D}_{P_1 P_2 P_3 P_4} - 6u_1(1 - u_1) \mathrm{D}_{P_1 P_2 P_3 P_4}$$

$$= 0,$$

所以 $\mathrm{D}_{Q_1 U_2 Q_3 U_4} = 0$, 从而 $Q_1 Q_3, U_2 U_4$ 共面.

类似地, 可以证明, $Q_2 Q_4, U_3 U_1$ 共面.

推论 3.3.1(空间四边形中位线的共面定理)　设 $P_1 P_2 P_3 P_4$ 是空间四边形, Q_1, Q_2, Q_3, Q_4 是依次是各边 $P_1 P_2, P_2 P_3, P_3 P_4, P_4 P_1$ 的中点, 则 $P_1 P_2 P_3 P_4$ 的两条中位线 $Q_1 Q_3, Q_2 Q_4$ 共面.

证明　在定理 3.3.1 中, 令 $i = 1, u_1 = 1/2$ 或 $i = 2, u_2 = 1/2$, 并注意到 $U_2 = Q_2, U_4 = Q_4$ 或 $U_1 = Q_1, U_3 = Q_3$ 即得.

3.3.3　四面体中位线包络面的分割定理及其应用

定理 3.3.2　设 $P_1 P_2 P_3 P_4$ 是四面体, $Q_{12}, Q_{23}, Q_{34}, Q_{41}, Q_{31}, Q_{24}$ 依次是 $P_1 P_2 P_3 P_4$ 各棱 $P_1 P_2, P_2 P_3, P_3 P_4, P_4 P_1, P_3 P_1, P_2 P_4$ 的中点.

(1) 若中位线 $Q_{12} Q_{34}$ 的包络面 $\pi_{Q_{12} Q_{34} \text{-}\lambda}$ 与两棱 $P_2 P_3, P_3 P_1$ 所在直线的交点分别为 $R_{23} = r_{23} P_2 + (1 - r_{23}) P_3, R_{31} = r_{31} P_3 + (1 - r_{31}) P_1$, 则 $\pi_{Q_{12} Q_{34} \text{-}\lambda}$ 与这两条棱的对棱 $P_4 P_1, P_4 P_2$ 所在直线的交点分别为 $R_{41} = (1 - r_{23}) P_4 + r_{23} P_1, R_{24} = (1 - r_{31}) P_2 + r_{31} P_4$; 反之亦成立.

(2) 若中位线 $Q_{23} Q_{41}$ 的包络面 $\pi_{Q_{23} Q_{41} \text{-}\mu}$ 与两棱 $P_3 P_1, P_1 P_2$ 所在直线的交点分别为 $S_{31} = s_{31} P_3 + (1 - s_{31}) P_1, S_{12} = s_{12} P_1 + (1 - s_{12}) P_2$, 则 $\pi_{Q_{23} Q_{41} \text{-}\mu}$ 与这两条棱的对棱 $P_4 P_2, P_3 P_4$ 所在直线的交点分别为 $S_{42} = (1 - s_{31}) P_4 + s_{31} P_2, S_{34} = (1 - s_{12}) P_3 + s_{12} P_4$; 反之亦成立.

(3) 若中位线 $Q_{31} Q_{24}$ 的包络面 $\pi_{Q_{31} Q_{24} \text{-}\nu}$ 与两棱 $P_1 P_2, P_2 P_3$ 所在直线的交点分别为 $T_{12} = t_{12} P_1 + (1 - t_{12}) P_2, T_{23} = t_{23} P_2 + (1 - t_{23}) P_3$, 则 $\pi_{Q_{31} Q_{24} \text{-}\nu}$ 与这

两条棱的对棱 P_4P_3, P_1P_4 所在直线的交点分别为 $T_{43} = (1-t_{12})P_4 + t_{12}P_3, T_{14} = (1-t_{23})P_1 + t_{23}P_4$; 反之亦成立.

证明 对四面体 $P_1P_2P_3P_4$ 的三组对棱 $P_1P_2, P_3P_4; P_2P_3, P_1P_4; P_3P_1, P_2P_4$ 所构成的三个空间四边形 $P_1P_2P_3P_4, P_2P_3P_1P_4, P_3P_1P_2P_4$ 分别应用定理 3.3.1, 即得.

推论 3.3.2 设 $P_1P_2P_3P_4$ 是四面体, $Q_{12}, Q_{23}, Q_{34}, Q_{41}, Q_{31}, Q_{24}$ 依次是 $P_1P_2P_3P_4$ 各棱 $P_1P_2, P_2P_3, P_3P_4, P_4P_1, P_3P_1, P_2P_4$ 的中点, 则 $P_1P_2P_3P_4$ 三条中位线 $Q_{12}Q_{34}, Q_{23}Q_{41}, Q_{31}Q_{24}$ 中的任意两条均共面.

证明 对四面体 $P_1P_2P_3P_4$ 的三组对棱 $P_1P_2, P_3P_4; P_2P_3, P_1P_4; P_3P_1, P_2P_4$ 所构成的三个空间四边形 $P_1P_2P_3P_4, P_2P_3P_1P_4, P_3P_1P_2P_4$ 分别应用推论 3.3.1 即得.

定理 3.3.3 设 $P_1P_2P_3P_4$ 是四面体, $Q_{12}, Q_{23}, Q_{34}, Q_{41}, Q_{31}, Q_{24}$ 依次是 $P_1P_2P_3P_4$ 各棱 $P_1P_2, P_2P_3, P_3P_4, P_4P_1, P_3P_1, P_2P_4$ 的中点, 中位线 $Q_{12}Q_{34}, Q_{23}Q_{41}, Q_{31}Q_{24}$ 包络面 $\pi_{Q_{12}Q_{34}\text{-}\lambda}$, $\pi_{Q_{23}Q_{41}\text{-}\mu}, \pi_{Q_{31}Q_{24}\text{-}\nu}$ 与各自另外两组对棱 P_2P_3, P_4P_1 和 P_3P_1, P_2P_4; P_3P_1, P_4P_2 和 P_1P_2, P_3P_4; P_1P_2, P_4P_3 和 P_2P_3, P_1P_4 所在直线的交点分别为 R_{23}, R_{41} 和 R_{31}, R_{24}; S_{31}, S_{42} 和 S_{12}, S_{34}; T_{12}, T_{43} 和 T_{23}, T_{14}, 且 $R_{23} = r_{23}P_2 + (1-r_{23})P_3, R_{31} = r_{31}P_3 + (1-r_{31})P_1; S_{31} = s_{31}P_3 + (1-s_{31})P_1, S_{12} = s_{12}P_1 + (1-s_{12})P_2, T_{12} = t_{12}P_1 + (1-t_{12})P_2, T_{23} = t_{23}P_2 + (1-t_{23})P_3$, 则

$$D_{P_3P_1Q_{12}R_{41}} = D_{P_4P_2Q_{12}R_{23}} = 0.5(1-r_{23})D_{P_1P_2P_3P_4}, \tag{3.3.1}$$

$$D_{P_1P_3Q_{34}R_{23}} = D_{P_2P_4Q_{34}R_{41}} = 0.5r_{23}D_{P_1P_2P_3P_4}; \tag{3.3.2}$$

$$D_{P_1P_3Q_{34}R_{24}} = D_{P_2P_4Q_{34}R_{31}} = 0.5(1-r_{31})D_{P_1P_2P_3P_4}, \tag{3.3.3}$$

$$D_{P_3P_1Q_{12}R_{24}} = D_{P_4P_2Q_{12}R_{31}} = 0.5r_{31}D_{P_1P_2P_3P_4}; \tag{3.3.4}$$

$$D_{P_1P_2Q_{23}S_{42}} = D_{P_4P_3Q_{23}S_{31}} = 0.5(1-s_{31})D_{P_1P_2P_3P_4}, \tag{3.3.5}$$

$$D_{P_2P_1Q_{41}S_{31}} = D_{P_3P_4Q_{41}S_{42}} = 0.5s_{31}D_{P_1P_2P_3P_4}; \tag{3.3.6}$$

$$D_{P_2P_1Q_{41}S_{34}} = D_{P_3P_4Q_{41}S_{12}} = 0.5(1-s_{12})D_{P_1P_2P_3P_4}, \tag{3.3.7}$$

$$D_{P_1P_2Q_{23}S_{34}} = D_{P_4P_3Q_{23}S_{12}} = 0.5s_{12}D_{P_1P_2P_3P_4}; \tag{3.3.8}$$

$$D_{P_2P_3Q_{31}T_{43}} = D_{P_4P_1Q_{31}T_{12}} = 0.5(1-t_{12})D_{P_1P_2P_3P_4}, \tag{3.3.9}$$

$$D_{P_3P_2Q_{24}T_{12}} = D_{P_1P_4Q_{24}T_{43}} = 0.5t_{12}D_{P_1P_2P_3P_4}; \tag{3.3.10}$$

$$D_{P_3P_2Q_{24}T_{14}} = D_{P_1P_4Q_{24}T_{23}} = 0.5(1-t_{23})D_{P_1P_2P_3P_4}, \tag{3.3.11}$$

$$\mathrm{D}_{P_2P_3Q_{31}T_{14}} = \mathrm{D}_{P_4P_1Q_{31}T_{23}} = 0.5t_{23}\mathrm{D}_{P_1P_2P_3P_4}. \tag{3.3.12}$$

证明　设四边形顶点的坐标为 $P_i(x_i, y_i, z_i)(i = 1, 2, 3, 4)$, 则各边中点的坐标为

$$Q_i\left(\frac{x_i + x_{i+1}}{2}, \frac{y_i + y_{i+1}}{2}, \frac{z_i + z_{i+1}}{2}\right) \quad (i = 1, 2, 3, 4),$$

于是中位线 $Q_{12}Q_{34}$ 的包络面 $\pi_{Q_{12}Q_{34}\text{-}\lambda}$ 与另外两组对棱 P_2P_3, P_4P_1 和 P_3P_1, P_2P_4 的交点分别为

$$R_{23}\left(r_{23}x_2 + (1 - r_{23})x_3, r_{23}y_2 + (1 - r_{23})y_3, r_{23}z_2 + (1 - r_{23})z_3\right),$$
$$R_{41}\left((1 - r_{23})x_4 + r_{23}x_1, (1 - r_{23})y_4 + r_{23}y_1, (1 - r_{23})z_4 + r_{23}z_1\right);$$
$$R_{31}\left(r_{31}x_3 + (1 - r_{31})x_1, r_{31}y_3 + (1 - r_{31})y_1, r_{31}z_3 + (1 - r_{31})z_1\right),$$
$$R_{24}\left((1 - r_{31})x_2 + r_{31}x_4, (1 - r_{31})y_2 + r_{31}y_4, (1 - r_{31})z_2 + r_{31}z_4\right).$$

于是由四面体的有向体积公式, 得

$$12\mathrm{D}_{P_3P_1Q_{12}R_{41}}$$

$$= \begin{vmatrix} x_3 & y_3 & z_3 & 1 \\ x_1 & y_1 & z_1 & 1 \\ x_1 + x_2 & y_1 + y_2 & z_1 + z_2 & 2 \\ (1 - r_{23})x_4 + r_{23}x_1 & (1 - r_{23})y_4 + r_{23}y_1 & (1 - r_{23})z_4 + r_{23}z_1 & 1 \end{vmatrix}$$

$$= \begin{vmatrix} x_3 & y_3 & z_3 & 1 \\ x_1 & y_1 & z_1 & 1 \\ x_2 & y_2 & z_2 & 1 \\ (1 - r_{23})x_4 & (1 - r_{23})y_4 & (1 - r_{23})z_4 & 1 - r_{23} \end{vmatrix} = (1 - r_{23})\begin{vmatrix} x_3 & y_3 & z_3 & 1 \\ x_1 & y_1 & z_1 & 1 \\ x_2 & y_2 & z_2 & 1 \\ x_4 & y_4 & z_4 & 1 \end{vmatrix}$$

$$= 6(1 - r_{23})\mathrm{D}_{P_3P_1P_2P_4} = 6(1 - r_{23})\mathrm{D}_{P_1P_2P_3P_4},$$

所以 $2\mathrm{D}_{P_3P_1Q_{12}R_{41}} = (1 - r_{23})\mathrm{D}_{P_1P_2P_3P_4}$.

同理, 可以证明 $2\mathrm{D}_{P_4P_2Q_{12}R_{23}} = (1 - r_{23})\mathrm{D}_{P_1P_2P_3P_4}$. 因此, 式 (3.3.1) 成立.

类似地, 可以证明式 (3.3.2)~(3.3.12) 成立.

推论 3.3.3　设 $P_1P_2P_3P_4$ 是四面体, $Q_{12}, Q_{23}, Q_{34}, Q_{41}, Q_{31}, Q_{24}$ 依次是 P_1P_2 P_3P_4 各棱 $P_1P_2, P_2P_3, P_3P_4, P_4P_1, P_3P_1, P_2P_4$ 的中点, 中位线 $Q_{12}Q_{34}, Q_{23}Q_{41}$, $Q_{31}Q_{24}$ 包络面 $\pi_{Q_{12}Q_{34}\text{-}\lambda}, \pi_{Q_{23}Q_{41}\text{-}\mu}, \pi_{Q_{31}Q_{24}\text{-}\nu}$ 与各自另外两组对棱 P_2P_3, P_4P_1 和 P_3P_1, P_2P_4; P_3P_1, P_4P_2 和 P_1P_2, P_3P_4; P_1P_2, P_4P_3 和 P_2P_3, P_1P_4 所在直线的交点分别为 R_{23}, R_{41} 和 R_{31}, R_{24}; S_{31}, S_{42} 和 S_{12}, S_{34}; T_{12}, T_{43} 和 T_{23}, T_{14}, 且

$R_{23} = r_{23}P_2 + (1-r_{23})P_3, R_{31} = r_{31}P_3 + (1-r_{31})P_1; S_{31} = s_{31}P_3 + (1-s_{31})P_1, S_{12} = s_{12}P_1 + (1-s_{12})P_2, T_{12} = t_{12}P_1 + (1-t_{12})P_2, T_{23} = t_{23}P_2 + (1-t_{23})P_3,$ 则

$$v_{P_3P_1Q_{12}R_{41}} = v_{P_4P_2Q_{12}R_{23}} = 0.5\left|1 - r_{23}\right| v_{P_1P_2P_3P_4}, \tag{3.3.13}$$

$$v_{P_1P_3Q_{34}R_{23}} = v_{P_2P_4Q_{34}R_{41}} = 0.5\left|r_{23}\right| v_{P_1P_2P_3P_4}; \tag{3.3.14}$$

$$v_{P_1P_3Q_{34}R_{24}} = v_{P_2P_4Q_{34}R_{31}} = 0.5\left|1 - r_{31}\right| v_{P_1P_2P_3P_4}, \tag{3.3.15}$$

$$v_{P_3P_1Q_{12}R_{24}} = v_{P_4P_2Q_{12}R_{31}} = 0.5\left|r_{31}\right| v_{P_1P_2P_3P_4}; \tag{3.3.16}$$

$$v_{P_1P_2Q_{23}S_{42}} = v_{P_4P_3Q_{23}S_{31}} = 0.5\left|1 - s_{31}\right| v_{P_1P_2P_3P_4}, \tag{3.3.17}$$

$$v_{P_2P_1Q_{41}S_{31}} = v_{P_3P_4Q_{41}S_{42}} = 0.5\left|s_{31}\right| v_{P_1P_2P_3P_4}; \tag{3.3.18}$$

$$v_{P_2P_1Q_{41}S_{34}} = v_{P_3P_4Q_{41}S_{12}} = 0.5\left|1 - s_{12}\right| v_{P_1P_2P_3P_4}, \tag{3.3.19}$$

$$v_{P_1P_2Q_{23}S_{34}} = v_{P_4P_3Q_{23}S_{12}} = 0.5\left|s_{12}\right| v_{P_1P_2P_3P_4}; \tag{3.3.20}$$

$$v_{P_2P_3Q_{31}T_{43}} = v_{P_4P_1Q_{31}T_{12}} = 0.5\left|1 - t_{12}\right| v_{P_1P_2P_3P_4}, \tag{3.3.21}$$

$$v_{P_3P_2Q_{24}T_{12}} = v_{P_1P_4Q_{24}S \backslash T_{43}} = 0.5\left|t_{12}\right| v_{P_1P_2P_3P_4}; \tag{3.3.22}$$

$$v_{P_3P_2Q_{24}T_{14}} = v_{P_1P_4Q_{24}T_{23}} = 0.5\left|1 - t_{23}\right| v_{P_1P_2P_3P_4}, \tag{3.3.23}$$

$$v_{P_2P_3Q_{31}T_{14}} = v_{P_4P_1Q_{31}T_{23}} = 0.5\left|t_{23}\right| v_{P_1P_2P_3P_4}. \tag{3.3.24}$$

证明 根据定理 3.3.3, 式 (3.3.1)~(3.3.12) 等号两边分别取绝对值, 即得式 (3.3.13)~(3.3.24).

定理 3.3.4 设 $P_1P_2P_3P_4$ 是四面体, $Q_{12}, Q_{23}, Q_{34}, Q_{41}, Q_{31}, Q_{24}$ 依次是 $P_1P_2P_3P_4$ 各棱 $P_1P_2, P_2P_3, P_3P_4, P_4P_1, P_3P_1, P_2P_4$ 的中点, 中位线 $Q_{12}Q_{34}$, $Q_{23}Q_{41}, Q_{31}Q_{24}$ 包络面 $\pi_{Q_{12}Q_{34}-\lambda}, \pi_{Q_{23}Q_{41}-\mu}, \pi_{Q_{31}Q_{24}-\nu}$ 与各自另外两组对棱 P_2P_3, P_4P_1 和 P_3P_1, P_2P_4; P_3P_1, P_4P_2 和 P_1P_2, P_3P_4; P_1P_2, P_4P_3 和 P_2P_3, P_1P_4 所在直线的交点分别为 R_{23}, R_{41} 和 R_{31}, R_{24}; S_{31}, S_{42} 和 S_{12}, S_{34}; T_{12}, T_{43} 和 T_{23}, T_{14}, 则

$$D_{P_3-P_1Q_{12}R_{41}} + D_{P_3-R_{41}Q_{12}R_{23}Q_{34}} + D_{P_4-Q_{12}P_2R_{23}} + D_{P_4-R_{41}Q_{12}R_{23}Q_{34}} = 0, \tag{3.3.25}$$

$$D_{P_1-P_3Q_{34}R_{23}} + D_{P_1-R_{41}Q_{12}R_{23}Q_{34}} + D_{P_2-Q_{34}P_4R_{41}} + D_{P_2-R_{41}Q_{12}R_{23}Q_{34}} = 0; \tag{3.3.26}$$

$$D_{P_1-P_3Q_{34}R_{24}} + D_{P_1-R_{24}Q_{12}R_{31}Q_{34}} + D_{P_2-Q_{34}P_4R_{31}} + D_{P_2-R_{24}Q_{12}R_{31}Q_{34}} = 0, \tag{3.3.27}$$

$$D_{P_3-P_1Q_{12}R_{31}} + D_{P_3-R_{24}Q_{12}R_{31}Q_{34}} + D_{P_4-Q_{12}P_2R_{31}} + D_{P_4-R_{24}Q_{12}R_{31}Q_{34}} = 0; \tag{3.3.28}$$

$$D_{P_1\text{-}P_2Q_{23}S_{42}} + D_{P_1\text{-}S_{42}Q_{23}S_{31}Q_{41}} + D_{P_4\text{-}Q_{23}P_3S_{31}} + D_{P_4\text{-}S_{42}Q_{23}S_{31}Q_{41}} = 0, \quad (3.3.29)$$

$$D_{P_2\text{-}P_1Q_{41}S_{31}} + D_{P_2\text{-}S_{42}Q_{23}S_{31}Q_{41}} + D_{P_3\text{-}Q_{41}P_4S_{42}} + D_{P_3\text{-}S_{42}Q_{23}S_{31}Q_{41}} = 0; \quad (3.3.30)$$

$$D_{P_2\text{-}P_1Q_{41}S_{34}} + D_{P_2\text{-}S_{34}Q_{23}S_{12}Q_{41}} + D_{P_3\text{-}Q_{41}P_4S_{12}} + D_{P_3\text{-}S_{34}Q_{23}S_{12}Q_{41}} = 0, \quad (3.3.31)$$

$$D_{P_1\text{-}P_2Q_{23}S_{34}} + D_{P_1\text{-}S_{34}Q_{23}S_{12}Q_{41}} + D_{P_4\text{-}P_3Q_{23}S_{12}} + D_{P_4\text{-}S_{34}Q_{23}S_{12}Q_{41}} = 0; \quad (3.3.32)$$

$$D_{P_2\text{-}P_3Q_{31}T_{43}} + D_{P_1\text{-}T_{43}Q_{31}T_{12}Q_{24}} + D_{P_4\text{-}Q_{31}P_1T_{12}} + D_{P_4\text{-}T_{43}Q_{31}T_{12}Q_{24}} = 0, \quad (3.3.33)$$

$$D_{P_3\text{-}P_2Q_{24}T_{12}} + D_{P_3\text{-}T_{43}Q_{31}T_{12}Q_{24}} + D_{P_1\text{-}P_4Q_{24}T_{43}} + D_{P_1\text{-}T_{43}Q_{31}T_{12}Q_{24}} = 0; \quad (3.3.34)$$

$$D_{P_3\text{-}P_2Q_{24}T_{14}} + D_{P_3\text{-}T_{43}Q_{31}T_{12}Q_{24}} + D_{P_1\text{-}Q_{24}P_4T_{23}} + D_{P_1\text{-}T_{43}Q_{31}T_{12}Q_{24}} = 0, \quad (3.3.35)$$

$$D_{P_2\text{-}P_3Q_{31}T_{14}} + D_{P_2\text{-}T_{43}Q_{31}T_{12}Q_{24}} + D_{P_4\text{-}Q_{31}P_1T_{23}} + D_{P_4\text{-}T_{43}Q_{31}T_{12}Q_{24}} = 0, \quad (3.3.36)$$

其中 $D_{P_3\text{-}P_1Q_{12}R_{41}}$, $D_{P_3\text{-}R_{41}Q_{12}R_{23}Q_{34}}$ 分别表示四面体 $P_3\text{-}P_1Q_{12}R_{41}$ 和四棱锥 $P_3\text{-}R_{41}Q_{12}R_{23}Q_{34}$ 的有向体积, 等等.

证明　根据定理 3.3.3, 由式 (3.3.1), 可得 $D_{P_3\text{-}P_1Q_{12}R_{41}} = D_{P_4\text{-}P_2Q_{12}R_{23}}$, 于是

$$D_{P_3\text{-}P_1Q_{12}R_{41}} + D_{P_4\text{-}Q_{12}P_2R_{23}} = 0, \quad (3.3.37)$$

又因为中位线 $Q_{12}Q_{34}$ 的包络面 $\pi_{Q_{12}Q_{34}\text{-}\lambda}$ 通过 P_3P_4 的中点, 故

$$D_{P_3\text{-}R_{41}Q_{12}R_{23}Q_{34}} + D_{P_4\text{-}R_{41}Q_{12}R_{23}Q_{34}} = 0. \quad (3.3.38)$$

因此, 式 (3.3.37)+(3.3.38), 即得式 (3.3.25).

类似地, 可以证明式 (3.3.26)~(3.3.36) 成立.

推论 3.3.4(1988 年第 29 届国际数学奥林匹克候选题)　设 $P_1P_2P_3P_4$ 是四面体, $Q_{12}, Q_{23}, Q_{34}, Q_{41}, Q_{31}, Q_{24}$ 依次是 $P_1P_2P_3P_4$ 各棱 $P_1P_2, P_2P_3, P_3P_4, P_4P_1$, P_3P_1, P_2P_4 的中点, 则每条中位线 $Q_{12}Q_{34}, Q_{23}Q_{41}, Q_{31}Q_{24}$ 的包络面 $\pi_{Q_{12}Q_{34}\text{-}\lambda}$, $\pi_{Q_{23}Q_{41}\text{-}\mu}, \pi_{Q_{31}Q_{24}\text{-}\nu}$ 均把四面体 $P_1P_2P_3P_4$ 分成两个体积相等的部分.

证明　根据定理 3.3.4, 式 (3.3.25) 移项后等号两边取绝对值, 可得

$$|D_{P_3\text{-}P_1Q_{12}R_{41}} + D_{P_3\text{-}R_{41}Q_{12}R_{23}Q_{34}}| = |D_{P_4\text{-}Q_{12}P_2R_{23}} + D_{P_4\text{-}R_{41}Q_{12}R_{23}Q_{34}}|.$$

依题设, 中位线 $Q_{12}Q_{34}$ 的包络面 $\pi_{Q_{12}Q_{34}\text{-}\lambda}$ 把四面体 $P_1P_2P_3P_4$ 分成两部分, 故 $0 \leqslant r_{23} \leqslant 1$. 此时, 两对有向体积 $D_{P_3\text{-}P_1Q_{12}R_{41}}$ 与 $D_{P_3\text{-}R_{41}Q_{12}R_{23}Q_{34}}$; $D_{P_4\text{-}Q_{12}P_2R_{23}}$ 与 $D_{P_4\text{-}R_{41}Q_{12}R_{23}Q_{34}}$ 均同向, 故

$$v_{P_3\text{-}P_1Q_{12}R_{41}} + v_{P_3\text{-}R_{41}Q_{12}R_{23}Q_{34}} = v_{P_4\text{-}Q_{12}P_2R_{23}} + v_{P_4\text{-}R_{41}Q_{12}R_{23}Q_{34}},$$

即中位线 $Q_{12}Q_{34}$ 的包络面 $\pi_{Q_{12}Q_{34}\text{-}\lambda}$ 把四面体 $P_1P_2P_3P_4$ 分成两个体积相等的部分.

类似地, 可以证明, 中位线 $Q_{23}Q_{41}, Q_{31}Q_{24}$ 的包络面 $\pi_{Q_{23}Q_{41}\text{-}\mu}, \pi_{Q_{31}Q_{24}\text{-}\nu}$ 均把四面体 $P_1P_2P_3P_4$ 分成两个体积相等的部分.

3.3.4 四面体中位线包络面分割线四面体有向体积公式及其应用

定理 3.3.5 设 $P_1P_2P_3P_4$ 是四面体, $Q_{12}, Q_{34}; Q_{23}, Q_{41}; Q_{31}, Q_{24}$ 依次是各组对棱 $P_1P_2, P_3P_4; P_2P_3, P_4P_1; P_3P_1, P_2P_4$ 的中点, 中位线 $Q_{12}Q_{34}, Q_{23}Q_{41}, Q_{31}Q_{24}$ 的包络面 $\pi_{Q_{12}Q_{34}\text{-}\lambda}, \pi_{Q_{23}Q_{41}\text{-}\mu}, \pi_{Q_{31}Q_{24}\text{-}\nu}$ 分别与各自另外两组对棱 P_2P_3, P_4P_1 和 $P_3P_1, P_2P_4; P_3P_1, P_4P_2$ 和 $P_1P_2, P_3P_4; P_1P_2, P_4P_3$ 和 P_2P_3, P_1P_4 所在直线的交点为 R_{23}, R_{41} 和 $R_{31}, R_{24}; S_{31}, S_{42}$ 和 $S_{12}, S_{34}; T_{12}, T_{43}$ 和 T_{23}, T_{14}, 则 $R_{23}R_{41}, S_{12}S_{34}; S_{31}S_{42}, T_{23}T_{14}; T_{12}T_{43}, R_{31}R_{24}$ 均两线共面.

证明 设 $P_1P_2P_3P_4$ 顶点的坐标为 $P_i(x_i, y_i, z_i)(i = 1, 2, 3, 4)$, 于是由题设和定理 3.3.2 可得分割点 $R_{23}, R_{41}; S_{12}, S_{34}$ 的坐标为

$$R_{23}\left(r_{23}x_2 + (1-r_{23})x_3, r_{23}y_2 + (1-r_{23})y_3, r_{23}z_2 + (1-r_{23})z_3\right),$$

$$R_{41} = ((1-r_{23})x_4 + r_{23}x_1, (1-r_{23})y_4 + r_{23}y_1, (1-r_{23})z_4 + r_{23}z_1);$$

$$S_{12} = (s_{12}x_1 + (1-s_{12})x_2, s_{12}y_1 + (1-s_{12})y_2, s_{12}z_1 + (1-s_{12})z_2),$$

$$S_{34} = ((1-s_{12})x_3 + s_{12}x_4, (1-s_{12})y_3 + s_{12}y_4, (1-s_{12})z_3 + s_{12}z_4).$$

故由四面体有向体积公式, 可得

$$6D_{R_{23}S_{12}R_{41}S_{34}}$$

$$= \begin{vmatrix} r_{23}x_2 + (1-r_{23})x_3 & r_{23}y_2 + (1-r_{23})y_3 & r_{23}z_2 + (1-r_{23})z_3 & 1 \\ s_{12}x_1 + (1-s_{12})x_2 & s_{12}y_1 + (1-s_{12})y_2 & s_{12}z_1 + (1-s_{12})z_2 & 1 \\ (1-r_{23})x_4 + r_{23}x_1 & (1-r_{23})y_4 + r_{23}y_1 & (1-r_{23})z_4 + r_{23}z_1 & 1 \\ (1-s_{12})x_3 + s_{12}x_4 & (1-s_{12})y_3 + s_{12}y_4 & (1-s_{12})z_3 + s_{12}z_4 & 1 \end{vmatrix}$$

$$= (1-r_{23})\begin{vmatrix} x_3 & y_3 & z_3 & 1 \\ s_{12}x_1 + (1-s_{12})x_2 & s_{12}y_1 + (1-s_{12})y_2 & s_{12}z_1 + (1-s_{12})z_2 & 1 \\ (1-r_{23})x_4 + r_{23}x_1 & (1-r_{23})y_4 + r_{23}y_1 & (1-r_{23})z_4 + r_{23}z_1 & 1 \\ s_{12}x_4 & s_{12}y_4 & s_{12}z_4 & s_{12} \end{vmatrix}$$

$$+ r_{23}\begin{vmatrix} x_2 & y_2 & z_2 & 1 \\ s_{12}x_1 & s_{12}y_1 & s_{12}z_1 & s_{12} \\ (1-r_{23})x_4 + r_{23}x_1 & (1-r_{23})y_4 + r_{23}y_1 & (1-r_{23})z_4 + r_{23}z_1 & 1 \\ (1-s_{12})x_3 + s_{12}x_4 & (1-s_{12})y_3 + s_{12}y_4 & (1-s_{12})z_3 + s_{12}z_4 & 1 \end{vmatrix}$$

$$= r_{23}s_{12}(1-r_{23})(1-s_{12}) \begin{vmatrix} x_3 & y_3 & z_3 & 1 \\ x_2 & y_2 & z_2 & 1 \\ x_1 & y_1 & z_1 & 1 \\ x_4 & y_4 & z_4 & 1 \end{vmatrix}$$

$$+ r_{23}s_{12}(1-s_{12})(1-r_{23}) \begin{vmatrix} x_2 & y_2 & z_2 & 1 \\ x_1 & y_1 & z_1 & 1 \\ x_4 & y_4 & z_4 & 1 \\ x_3 & y_3 & z_3 & 1 \end{vmatrix}$$

$$= 6r_{23}s_{12}(1-r_{23})(1-s_{12}) \mathrm{D}_{P_3 P_2 P_1 P_4} + 6r_{23}s_{12}(1-s_{12})(1-r_{23}) \mathrm{D}_{P_2 P_1 P_4 P_3}$$

$$= -6r_{23}s_{12}(1-r_{23})(1-s_{12}) \mathrm{D}_{P_1 P_2 P_3 P_4} + 6r_{23}s_{12}(1-s_{12})(1-r_{23}) \mathrm{D}_{P_1 P_2 P_3 P_4}$$

$$= 0,$$

所以 $\mathrm{D}_{R_{23}S_{12}R_{41}S_{34}} = 0$. 因此, $R_{23}R_{41}, S_{12}S_{34}$ 共面.

类似地, 可以证明 $S_{31}S_{42}, T_{23}T_{14}; T_{12}T_{43}, R_{31}R_{24}$ 均两线共面.

定理 3.3.6　设 $P_1P_2P_3P_4$ 是四面体, $Q_{12}, Q_{34}; Q_{23}, Q_{41}; Q_{31}, Q_{24}$ 依次是各组对棱 P_1P_2, P_3P_4; P_2P_3, P_1P_4; P_3P_1, P_2P_4 的中点, 中位线 $Q_{12}Q_{34}, Q_{23}Q_{41}$, $Q_{31}Q_{24}$ 的包络面 $\pi_{Q_{12}Q_{34}\text{-}\lambda}, \pi_{Q_{23}Q_{41}\text{-}\mu}, \pi_{Q_{31}Q_{24}\text{-}\nu}$ 分别与各自另外两组对棱 P_2P_3, P_4P_1 和 P_3P_1, P_2P_4; P_3P_1, P_4P_2 和 P_1P_2, P_3P_4; P_1P_2, P_4P_3 和 P_2P_3, P_1P_4 所在直线的交点为 R_{23}, R_{41} 和 R_{31}, R_{24}; S_{31}, S_{42} 和 S_{12}, S_{34}; T_{12}, T_{43} 和 T_{23}, T_{14}. 若 $R_{23} = r_{23}P_2 + (1-r_{23})P_3, R_{31} = r_{31}P_3 + (1-r_{31})P_1; S_{31} = s_{31}P_3 + (1-s_{31})P_1, S_{12} = s_{12}P_1 + (1-s_{12})P_2; T_{12} = t_{12}P_1 + (1-t_{12})P_2, T_{23} = t_{23}P_2 + (1-t_{23})P_3$, 则

$$\mathrm{D}_{R_{23}S_{31}R_{41}S_{42}} = s_{31}(1-s_{31})(2r_{23}-1)\mathrm{D}_{P_1 P_2 P_3 P_4}, \tag{3.3.39}$$

$$\mathrm{D}_{R_{31}S_{31}R_{24}S_{42}} = (s_{31}-r_{31})(r_{31}+s_{31}-1)\mathrm{D}_{P_1 P_2 P_3 P_4}, \tag{3.3.40}$$

$$\mathrm{D}_{R_{31}S_{12}R_{24}S_{34}} = r_{31}(1-r_{31})(2s_{12}-1)\mathrm{D}_{P_1 P_2 P_3 P_4}; \tag{3.3.41}$$

$$\mathrm{D}_{S_{31}T_{12}S_{42}T_{43}} = t_{12}(1-t_{12})(2s_{31}-1)\mathrm{D}_{P_1 P_2 P_3 P_4}, \tag{3.3.42}$$

$$\mathrm{D}_{S_{12}T_{12}S_{34}T_{43}} = (t_{12}-s_{12})(s_{12}+t_{12}-1)\mathrm{D}_{P_1 P_2 P_3 P_4}, \tag{3.3.43}$$

$$\mathrm{D}_{S_{12}T_{23}S_{34}T_{42}} = s_{12}(1-s_{12})(2t_{23}-1)\mathrm{D}_{P_1 P_2 P_3 P_4}; \tag{3.3.44}$$

$$\mathrm{D}_{T_{12}R_{23}T_{43}R_{41}} = r_{23}(1-r_{23})(2t_{12}-1)\mathrm{D}_{P_1 P_2 P_3 P_4}, \tag{3.3.45}$$

$$\mathrm{D}_{T_{23}R_{23}T_{14}R_{41}} = (r_{23}-t_{23})(t_{23}+r_{23}-1)\mathrm{D}_{P_1 P_2 P_3 P_4}, \tag{3.3.46}$$

$$D_{S_{12}T_{23}S_{34}T_{42}} = t_{23}(1 - t_{23})(2s_{12} - 1)D_{P_1P_2P_3P_4}. \qquad (3.3.47)$$

证明 设 $P_1P_2P_3P_4$ 顶点的坐标为 $P_i(x_i, y_i, z_i)(i = 1, 2, 3, 4)$, 于是由定理 3.3.2 和题设可得四个分割点 R_{23}, R_{41} 和 S_{31}, S_{42} 的坐标分别为

$$R_{23}\left(r_{23}x_2 + (1 - r_{23})x_3, r_{23}y_2 + (1 - r_{23})y_3, r_{23}z_2 + (1 - r_{23})z_3\right),$$

$$R_{41} = \left((1 - r_{23})x_4 + r_{23}x_1, (1 - r_{23})y_4 + r_{23}y_1, (1 - r_{23})z_4 + r_{23}z_1\right);$$

$$S_{31} = \left(s_{31}x_3 + (1 - s_{31})x_1, s_{31}y_3 + (1 - s_{31})y_1, s_{31}z_3 + (1 - s_{31})z_1\right),$$

$$S_{42} = \left((1 - s_{31})x_4 + s_{31}x_2, (1 - s_{31})y_4 + s_{31}y_2, (1 - s_{31})z_4 + s_{31}z_2\right).$$

故由四面体有向体积公式, 可得

$$6D_{R_{23}S_{31}R_{41}S_{42}}$$

$$= \begin{vmatrix} r_{23}x_2 + (1 - r_{23})x_3 & r_{23}y_2 + (1 - r_{23})y_3 & r_{23}z_2 + (1 - r_{23})z_3 & 1 \\ s_{31}x_3 + (1 - s_{31})x_1 & s_{31}y_3 + (1 - s_{31})y_1 & s_{31}z_3 + (1 - s_{31})z_1 & 1 \\ (1 - r_{23})x_4 + r_{23}x_1 & (1 - r_{23})y_4 + r_{23}y_1 & (1 - r_{23})z_4 + r_{23}z_1 & 1 \\ (1 - s_{31})x_4 + s_{31}x_2 & (1 - s_{31})y_4 + s_{31}y_2 & (1 - s_{31})z_4 + s_{31}z_2 & 1 \end{vmatrix}$$

$$= (1 - r_{23}) \begin{vmatrix} x_3 & y_3 & z_3 & 1 \\ s_{31}x_3 + (1 - s_{31})x_1 & s_{31}y_3 + (1 - s_{31})y_1 & s_{31}z_3 + (1 - s_{31})z_1 & 1 \\ (1 - r_{23})x_4 + r_{23}x_1 & (1 - r_{23})y_4 + r_{23}y_1 & (1 - r_{23})z_4 + r_{23}z_1 & 1 \\ (1 - s_{31})x_4 + s_{31}x_2 & (1 - s_{31})y_4 + s_{31}y_2 & (1 - s_{31})z_4 + s_{31}z_2 & 1 \end{vmatrix}$$

$$+ r_{23} \begin{vmatrix} x_2 & y_2 & z_2 & 1 \\ s_{31}x_3 + (1 - s_{31})x_1 & s_{31}y_3 + (1 - s_{31})y_1 & s_{31}z_3 + (1 - s_{31})z_1 & 1 \\ (1 - r_{23})x_4 + r_{23}x_1 & (1 - r_{23})y_4 + r_{23}y_1 & (1 - r_{23})z_4 + r_{23}z_1 & 1 \\ (1 - s_{31})x_4 + s_{31}x_2 & (1 - s_{31})y_4 + s_{31}y_2 & (1 - s_{31})z_4 + s_{31}z_2 & 1 \end{vmatrix}$$

$$= (1 - r_{23})^2 s_{31}(1 - s_{31}) \begin{vmatrix} x_3 & y_3 & z_3 & 1 \\ x_1 & y_1 & z_1 & 1 \\ x_4 & y_4 & z_4 & 1 \\ x_2 & y_2 & z_2 & 1 \end{vmatrix} + r_{23}^2 s_{31}(1 - s_{31}) \begin{vmatrix} x_2 & y_2 & z_2 & 1 \\ x_3 & y_3 & z_3 & 1 \\ x_1 & y_1 & z_1 & 1 \\ x_4 & y_4 & z_4 & 1 \end{vmatrix}$$

$$= 6(1 - r_{23})^2 s_{31}(1 - s_{31})D_{P_3P_1P_4P_2} + 6r_{23}^2 s_{31}(1 - s_{31})D_{P_2P_3P_1P_4}$$

$$= 6s_{31}(1 - s_{31})\left[r_{23}^2 - (1 - r_{23})^2\right]D_{P_1P_2P_3P_4}$$

$$= 6s_{31}(1 - s_{31})(2r_{23} - 1)D_{P_1P_2P_3P_4}.$$

因此, 式 (3.3.39) 成立.

类似地, 可以证明, 式 (3.3.40)~(3.3.47) 成立.

推论 3.3.5　设 $P_1P_2P_3P_4$ 是四面体, $Q_{12}, Q_{34}; Q_{23}, Q_{41}; Q_{31}, Q_{24}$ 依次是各组对棱 $P_1P_2, P_3P_4; P_2P_3, P_1P_4; P_3P_1, P_2P_4$ 的中点, 中位线 $Q_{12}Q_{34}, Q_{23}Q_{41}, Q_{31}Q_{24}$ 的包络面 $\pi_{Q_{12}Q_{34}\text{-}\lambda}, \pi_{Q_{23}Q_{41}\text{-}\mu}, \pi_{Q_{31}Q_{24}\text{-}\nu}$ 分别与各自另外两组对棱 P_2P_3, P_4P_1 和 $P_3P_1, P_2P_4; P_3P_1, P_4P_2$ 和 $P_1P_2, P_3P_4; P_1P_2, P_4P_3$ 和 P_2P_3, P_1P_4 所在直线的交点为 R_{23}, R_{41} 和 $R_{31}, R_{24}; S_{31}, S_{42}$ 和 $S_{12}, S_{34}; T_{12}, T_{43}$ 和 T_{23}, T_{14}. 若 $R_{23} = r_{23}P_2 + (1 - r_{23})P_3, R_{31} = r_{31}P_3 + (1 - r_{31})P_1; S_{31} = s_{31}P_3 + (1 - s_{31})P_1, S_{12} = s_{12}P_1 + (1 - s_{12})P_2; T_{12} = t_{12}P_1 + (1 - t_{12})P_2, T_{23} = t_{23}P_2 + (1 - t_{23})P_3,$ 则

(1) $\mathrm{D}_{R_{23}S_{31}R_{41}S_{42}} = 0$ 的充分必要条件是 $s_{31}(1 - s_{31})(2r_{23} - 1) = 0$, 即两分割线 $R_{23}R_{41}, S_{31}S_{42}$ 共面的充分必要条件是 $s_{31} = 0$(即 $S_{31} = P_1$) 或 $s_{31} = 1$(即 $S_{31} = P_3$) 或 $r_{23} = 1/2$ (即 $R_{23} = Q_{23}, R_{41} = Q_{41}$);

(2) $\mathrm{D}_{R_{31}S_{31}R_{24}S_{42}} = 0$ 的充分必要条件是 $(s_{31} - r_{31})(s_{31} + r_{31} - 1) = 0$, 即两分割线 $R_{31}R_{24}, S_{31}S_{42}$ 共面的充分必要条件是 $s_{31} = r_{31}$(即 $S_{31} = R_{31}$) 或 $s_{31} + r_{31} = 1$(即 R_{31} 与 S_{31} 关于 Q_{31} 对称);

(3) $\mathrm{D}_{R_{31}S_{12}R_{24}S_{34}} = 0$ 的充分必要条件 $r_{31}(1 - r_{31})(2s_{12} - 1) = 0$, 即两分割线 $R_{31}R_{24}, S_{12}S_{34}$ 共面的充分必要条件是 $r_{31} = 0$(即 $R_{31} = P_1$) 或 $r_{31} = 1$(即 $R_{31} = P_3$) 或 $s_{12} = 1/2$ (即 $S_{12} = Q_{12}, S_{34} = Q_{34}$);

(4) $\mathrm{D}_{S_{31}T_{12}S_{42}T_{43}} = 0$ 的充分必要条件是 $t_{12}(1 - t_{12})(2s_{31} - 1) = 0$, 即两分割线 $S_{31}S_{42}, T_{12}T_{43}$ 共面的充分必要条件是 $t_{12} = 0$(即 $T_{12} = P_2$) 或 $t_{12} = 1$(即 $T_{12} = P_1$) 或 $s_{31} = 1/2$ (即 $S_{31} = Q_{31}, S_{24} = Q_{24}$);

(5) $\mathrm{D}_{S_{12}T_{12}S_{34}T_{43}} = 0$ 的充分必要条件是 $(t_{12} - s_{12})(s_{12} + t_{12} - 1) = 0$, 即两分割线 $S_{12}S_{34}, T_{12}T_{43}$ 共面的充分必要条件是 $t_{12} = s_{12}$(即 $T_{12} = S_{12}$) 或 $s_{12} + t_{12} = 1$(即 S_{12} 与 T_{12} 关于 Q_{12} 对称);

(6) $\mathrm{D}_{S_{12}T_{23}S_{34}T_{42}} = 0$ 的充分必要条件是 $s_{12}(1 - s_{12})(2t_{23} - 1) = 0$, 即两分割线 $S_{12}S_{34}, T_{23}T_{42}$ 共面的充分必要条件是 $s_{12} = 0$(即 $S_{12} = P_2$) 或 $s_{12} = 1$(即 $S_{12} = P_1$) 或 $t_{23} = 1/2$ (即 $T_{23} = Q_{23}, T_{14} = Q_{41}$);

(7) $\mathrm{D}_{T_{12}R_{23}T_{43}R_{41}} = 0$ 的充分必要条件是 $r_{23}(1 - r_{23})(2t_{12} - 1) = 0$, 即两分割线 $T_{12}T_{43}, R_{23}R_{41}$ 共面的充分必要条件是 $r_{23} = 0$(即 $R_{23} = P_3$) 或 $r_{23} = 1$(即 $R_{23} = P_2$) 或 $t_{12} = 1/2$ (即 $T_{12} = Q_{12}, T_{43} = Q_{34}$);

(8) $\mathrm{D}_{T_{23}R_{23}T_{14}R_{41}} = 0$ 的充分必要条件是 $(r_{23} - t_{23})(r_{23} + t_{23} - 1) = 0$, 即两分割线 $T_{23}T_{14}, R_{23}R_{41}$ 共面的充分必要条件是 $r_{23} = t_{23}$(即 $R_{23} = T_{23}$) 或 $r_{23} + t_{23} = 1$(即 R_{23} 与 T_{23} 关于 Q_{23} 对称);

(9) $\mathrm{D}_{S_{12}T_{23}S_{34}T_{42}} = 0$ 的充分必要条件 $t_{23}(1 - t_{23})(2s_{12} - 1) = 0$, 即两分割线 $S_{12}S_{34}, T_{23}T_{42}$ 共面的充分必要条件是 $t_{23} = 0$(即 $T_{23} = P_3$) 或 $t_{23} = 1$(即

$T_{23} = P_2$) 或 $s_{12} = 1/2$ (即 $S_{12} = Q_{12}, S_{34} = Q_{34}$).

证明　(1) 根据定理 3.3.6, 由式 (3.3.39). 可得

$$\mathrm{D}_{R_{23}S_{31}R_{41}S_{42}} = 0 \Leftrightarrow s_{31}(1 - s_{31})(2r_{23} - 1) = 0,$$

即两分割线 $R_{23}R_{41}, S_{31}S_{42}$ 共面的充分必要条件是 $s_{31} = 0$(即 $S_{31} = P_1$) 或 $s_{31} = 1$(即 $S_{31} = P_3$) 或 $r_{23} = 1/2$ (即 $R_{23} = Q_{23}, R_{41} = Q_{41}$).

类似地, 可以证明 (2)~(9) 中结论成立.

3.4　空间四边形和四面体顶点到中位线面的有向距离公式与应用

本节主要应用有向度量法, 研究空间四边形顶点到中位线面有向距离的有关问题. 首先, 给出空间四边形和四面体中位线面的基本概念; 其次, 给出空间四边形顶点到中位线面的有向距离和距离公式, 从而得出空间四边形中相应的有向体积 (体积) 公式, 以及空间四边形各边两端点到中位线面距离相等、符号相反等的结论, 同时, 也得出了空间四边形中位线三角形面积 (有向面积) 相等且等于中位线四边形面积 (有向面积) 一半的结论; 最后, 利用空间四边形中位线面和中位线三角形的上述结果, 推出四面体中位线面和中位线三角形相应的结论.

3.4.1　空间四边形、四面体中位线面的基本概念

定义 3.4.1　设 Q_1Q_3, Q_2Q_4 是空间四边形 $P_1P_2P_3P_4$ 的中位线, 则称这两条中位线所确定的四边形 $Q_1Q_2Q_3Q_4$ 为 $P_1P_2P_3P_4$ 的中位线四边形, $Q_1Q_2Q_3Q_4$ 所在的有向平面为 $P_1P_2P_3P_4$ 的有向中位线面, 简称中位线面, 记为 $\pi_{Q_1Q_2Q_3Q_4}$.

同时, 亦称含有一条中位线的三角形 $Q_1Q_2Q_3, Q_2Q_3Q_4, Q_3Q_4Q_1, Q_4Q_1Q_2$ 为 $P_1P_2P_3P_4$ 的中位线三角形, $Q_1Q_2Q_3, Q_2Q_3Q_4, Q_3Q_4Q_1, Q_4Q_1Q_2$ 所在的平面 $\pi_{Q_1Q_2Q_3}, \pi_{Q_2Q_3Q_4}, \pi_{Q_3Q_4Q_1}, \pi_{Q_4Q_1Q_2}$ 为 $P_1P_2P_3P_4$ 的中位线三角面.

显然, $P_1P_2P_3P_4$ 的中位线面 $\pi_{Q_1Q_2Q_3Q_4}$ 是中位线包络面的特殊情形, 它既是中位线 Q_1Q_3 的包络面, 也是中位线 Q_2Q_4 的包络面. 因此, 本节中的所有结论, 对具有同化性质的包络面亦成立.

定义 3.4.2　设 $P_1P_2P_3P_4$ 是四面体, $Q_{12}Q_{34}, Q_{23}Q_{41}, Q_{31}Q_{24}$ 为 $P_1P_2P_3P_4$ 的中位线, 则称 $P_1P_2P_3P_4$ 任意两条中位线所确定的四边形 $Q_{12}Q_{23}Q_{34}Q_{41}$, $Q_{23}Q_{31}Q_{41}Q_{24}, Q_{31}Q_{12}Q_{24}Q_{34}$ 为 $P_1P_2P_3P_4$ 的中位线四边形; $Q_{12}Q_{23}Q_{34}Q_{41}$, $Q_{23}Q_{31}Q_{41}Q_{24}$, $Q_{31}Q_{12}Q_{24}Q_{34}$ 所在的平面 $\pi_{Q_{12}Q_{23}Q_{34}Q_{41}}$, $\pi_{Q_{23}Q_{31}Q_{41}Q_{24}}$, $\pi_{Q_{31}Q_{12}Q_{24}Q_{34}}$ 为 $P_1P_2P_3P_4$ 中位线面.

同时, 亦称 $Q_{12}Q_{23}Q_{34}, Q_{23}Q_{34}Q_{41}, Q_{34}Q_{41}Q_{12}, Q_{41}Q_{12}Q_{23}$ 为 $P_1P_2P_3P_4$ 的中位线三角形, $Q_{12}Q_{23}Q_{34}, Q_{23}Q_{34}Q_{41}, Q_{34}Q_{41}Q_{12}, Q_{41}Q_{12}Q_{23}$ 所在的平面 $\pi_{Q_{12}Q_{23}Q_{34}}, \pi_{Q_{23}Q_{34}Q_{41}}, \pi_{Q_{34}Q_{41}Q_{12}}, \pi_{Q_{41}Q_{12}Q_{23}}$ 为 $P_1P_2P_3P_4$ 的中位线三角面, 等等.

显然, 四面体 $P_1P_2P_3P_4$ 的中位线面 $\pi_{Q_{12}Q_{23}Q_{34}Q_{41}}, \pi_{Q_{24}Q_{23}Q_{31}Q_{41}}, \pi_{Q_{31}Q_{12}Q_{24}Q_{34}}$, 就是四面体 $P_1P_2P_3P_4$ 中三个不同的空间四边形 $P_1P_2P_3P_4, P_2P_3P_1P_4, P_3P_1P_2P_4$ 的中位线面; 中位线三角面 $\pi_{Q_{12}Q_{23}Q_{34}}, \pi_{Q_{23}Q_{34}Q_{41}}, \pi_{Q_{34}Q_{41}Q_{12}}, \pi_{Q_{41}Q_{12}Q_{23}}$ 就是四面体 $P_1P_2P_3P_4$ 中空间四边形 $P_1P_2P_3P_4$ 的中位线三角面, 等等.

3.4.2　空间四边形顶点到中位线面的有向距离公式及其应用

定理 3.4.1　设 $P_1P_2P_3P_4$ 是空间四边形, Q_1, Q_2, Q_3, Q_4 是依次是各边 P_1P_2, P_2P_3, P_3P_4, P_4P_1 的中点, $\pi_{Q_1Q_2Q_3Q_4}$ 是空间四边形 $P_1P_2P_3P_4$ 的中位线面, 则

$$8a_{Q_1Q_2Q_3}\mathrm{D}_{P_i\text{-}\pi_{Q_1Q_2Q_3Q_4}} = 8a_{Q_2Q_3Q_4}\mathrm{D}_{P_i\text{-}\pi_{Q_1Q_2Q_3Q_4}}$$
$$= 8a_{Q_3Q_4Q_1}\mathrm{D}_{P_i\text{-}\pi_{Q_1Q_2Q_3Q_4}} = 8a_{Q_4Q_1Q_2}\mathrm{D}_{P_i\text{-}\pi_{Q_1Q_2Q_3Q_4}}$$
$$= (-1)^{i-1}3\mathrm{D}_{P_1P_2P_3P_4} \quad (i=1,2,3,4), \tag{3.4.1}$$

其中 $\mathrm{D}_{P_1P_2P_3P_4}$ 表示空间四边形 $P_1P_2P_3P_4$ 及其对角线所构成的四面体的有向体积.

证明　设空间四边形 $P_1P_2P_3P_4$ 顶点的坐标为 $P_i(x_i, y_i, z_i)(i=1,2,3,4)$, 则 $P_1P_2P_3P_4$ 各边中点的坐标为

$$Q_i\left(\frac{x_i+x_{i+1}}{2}, \frac{y_i+y_{i+1}}{2}, \frac{z_i+z_{i+1}}{2}\right) \quad (i=1,2,3,4).$$

因为中位线面 $\pi_{Q_1Q_2Q_3Q_4}$ 与中位线三角面 $\pi_{Q_iQ_{i+1}Q_{i+2}}(i=1,2,3,4)$ 同向重合, 所以 $\mathrm{D}_{P_i\text{-}\pi_{Q_1Q_2Q_3Q_4}} = \mathrm{D}_{P_i\text{-}\pi_{Q_iQ_{i+1}Q_{i+2}}}(i=1,2,3,4)$.

又因为 $\pi_{Q_iQ_{i+1}Q_{i+2}}(i=1,2,3,4)$ 的方程为

$$x\mathrm{Prj}_{yz}\mathrm{D}_{Q_iQ_{i+1}Q_{i+2}} + y\mathrm{Prj}_{zx}\mathrm{D}_{Q_iQ_{i+1}Q_{i+2}} + z\mathrm{Prj}_{xy}\mathrm{D}_{Q_iQ_{i+1}Q_{i+2}} - \Delta_{Q_iQ_{i+1}Q_{i+2}} = 0,$$

其中

$$\Delta_{Q_iQ_{i+1}Q_{i+2}} = \frac{1}{2}\begin{vmatrix} (x_i+x_{i+1})/2 & (y_i+y_{i+1})/2 & (z_i+z_{i+1})/2 \\ (x_{i+1}+x_{i+2})/2 & (y_{i+1}+y_{i+2})/2 & (z_{i+1}+z_{i+2})/2 \\ (x_{i+2}+x_{i+3})/2 & (y_{i+2}+y_{i+3})/2 & (z_{i+2}+z_{i+3})/2 \end{vmatrix}.$$

于是由点到平面的有向距离公式, 可得

$$a_{Q_iQ_{i+1}Q_{i+2}}\mathrm{D}_{P_i\text{-}\pi_{Q_1Q_2Q_3Q_4}} = a_{Q_iQ_{i+1}Q_{i+2}}\mathrm{D}_{P_i\text{-}\pi_{Q_iQ_{i+1}Q_{i+2}}}$$
$$= x_i\mathrm{Prj}_{yz}\mathrm{D}_{Q_iQ_{i+1}Q_{i+2}} + y_i\mathrm{Prj}_{zx}\mathrm{D}_{Q_iQ_{i+1}Q_{i+2}} + z_i\mathrm{Prj}_{xy}\mathrm{D}_{Q_iQ_{i+1}Q_{i+2}} - \Delta_{Q_iQ_{i+1}Q_{i+2}}$$

$$= \frac{1}{2} \begin{vmatrix} x_i & y_i & z_i & 1 \\ (x_i + x_{i+1})/2 & (y_i + y_{i+1})/2 & (z_i + z_{i+1})/2 & 1 \\ (x_{i+1} + x_{i+2})/2 & (y_{i+1} + y_{i+2})/2 & (z_{i+1} + z_{i+2})/2 & 1 \\ (x_{i+2} + x_{i+3})/2 & (y_{i+2} + y_{i+3})/2 & (z_{i+2} + z_{i+3})/2 & 1 \end{vmatrix}$$

$$= \frac{1}{16} \begin{vmatrix} x_i & y_i & z_i & 1 \\ x_i + x_{i+1} & y_i + y_{i+1} & z_i + z_{i+1} & 2 \\ x_{i+1} + x_{i+2} & y_{i+1} + y_{i+2} & z_{i+1} + z_{i+2} & 2 \\ x_{i+2} + x_{i+3} & y_{i+2} + y_{i+3} & z_{i+2} + z_{i+3} & 2 \end{vmatrix} = \frac{1}{16} \begin{vmatrix} x_i & y_i & z_i & 1 \\ x_{i+1} & y_{i+1} & z_{i+1} & 1 \\ x_{i+2} & y_{i+2} & z_{i+2} & 1 \\ x_{i+3} & y_{i+3} & z_{i+3} & 1 \end{vmatrix}$$

$$= \frac{6}{16} \mathrm{D}_{P_i P_{i+1} P_{i+2} P_{i+3}} = (-1)^{i-1} \frac{3}{8} \mathrm{D}_{P_1 P_2 P_3 P_4} \quad (i = 1, 2, 3, 4),$$

所以式 (3.4.1) 成立.

推论 3.4.1 设 $P_1 P_2 P_3 P_4$ 是空间四边形, Q_1, Q_2, Q_3, Q_4 是依次是各边 $P_1 P_2$, $P_2 P_3, P_3 P_4, P_4 P_1$ 的中点, $\pi_{Q_1 Q_2 Q_3 Q_4}$ 是空间四边形 $P_1 P_2 P_3 P_4$ 的中位线面, 则

$$8 \mathrm{a}_{Q_1 Q_2 Q_3} \mathrm{d}_{P_i - \pi_{Q_1 Q_2 Q_3 Q_4}} = 8 \mathrm{a}_{Q_2 Q_3 Q_4} \mathrm{d}_{P_i - \pi_{Q_1 Q_2 Q_3 Q_4}}$$

$$= 8 \mathrm{a}_{Q_3 Q_4 Q_1} \mathrm{d}_{P_i - \pi_{Q_1 Q_2 Q_3 Q_4}} = 8 \mathrm{a}_{Q_4 Q_1 Q_2} \mathrm{d}_{P_i - \pi_{Q_1 Q_2 Q_3 Q_4}}$$

$$= 3 \mathrm{v}_{P_1 P_2 P_3 P_4} \quad (i = 1, 2, 3, 4), \tag{3.4.2}$$

其中 $\mathrm{v}_{P_1 P_2 P_3 P_4}$ 表示空间四边形 $P_1 P_2 P_3 P_4$ 及其对角线所构成的四面体的体积.

证明 根据定理 3.4.1, 式 (3.4.1) 等号两边取绝对值, 即得式 (3.4.2).

定理 3.4.2 设 $P_1 P_2 P_3 P_4$ 是空间四边形, Q_1, Q_2, Q_3, Q_4 是依次是各边 $P_1 P_2$, $P_2 P_3, P_3 P_4, P_4 P_1$ 的中点, $Q_1 Q_2 Q_3 Q_4$ 是空间四边形 $P_1 P_2 P_3 P_4$ 的中位线四边形, 则

$$\mathrm{D}_{P_i Q_1 Q_2 Q_3} = \mathrm{D}_{P_i Q_2 Q_3 Q_4} = \mathrm{D}_{P_i Q_3 Q_4 Q_1} = \mathrm{D}_{P_i Q_4 Q_1 Q_2}$$

$$= (-1)^{i-1} \mathrm{D}_{P_1 P_2 P_3 P_4} / 8 \quad (i = 1, 2, 3, 4), \tag{3.4.3}$$

其中 $\mathrm{D}_{P_1 P_2 P_3 P_4}$ 表示空间四边形 $P_1 P_2 P_3 P_4$ 及其对角线所构成的四面体的有向体积.

证明 根据定理 3.4.1 和定理 1.2.3, 由式 (3.4.1), 即得式 (3.4.3).

推论 3.4.2 设 $P_1 P_2 P_3 P_4$ 是空间四边形, Q_1, Q_2, Q_3, Q_4 是依次是各边 $P_1 P_2$, $P_2 P_3, P_3 P_4, P_4 P_1$ 的中点, $Q_1 Q_2 Q_3 Q_4$ 是空间四边形 $P_1 P_2 P_3 P_4$ 的中位线四边形, 则

$$\mathrm{v}_{P_i Q_1 Q_2 Q_3} = \mathrm{v}_{P_i Q_2 Q_3 Q_4} = \mathrm{v}_{P_i Q_3 Q_4 Q_1} = \mathrm{v}_{P_i Q_4 Q_1 Q_2}$$

$$= \mathrm{v}_{P_1P_2P_3P_4}/8 \quad (i = 1, 2, 3, 4), \tag{3.4.4}$$

其中 $\mathrm{v}_{P_1P_2P_3P_4}$ 表示空间四边形 $P_1P_2P_3P_4$ 及其对角线所构成的四面体的体积.

　　证明　根据定理 3.4.2, 式 (3.4.3) 等号两边取绝对值, 即得式 (3.4.4).

　　定理 3.4.3　设 $P_1P_2P_3P_4$ 是空间四边形, Q_1, Q_2, Q_3, Q_4 是依次是各边 P_1P_2, P_2P_3, P_3P_4, P_4P_1 的中点, $\pi_{Q_1Q_2Q_3Q_4}$ 是空间四边形 $P_1P_2P_3P_4$ 的中位线面, 则

$$\mathrm{D}_{P_i\text{-}\pi_{Q_1Q_2Q_3Q_4}} + \mathrm{D}_{P_{i+1}\text{-}\pi_{Q_1Q_2Q_3Q_4}}$$

$$= 0 \quad (\mathrm{d}_{P_i\text{-}\pi_{Q_1Q_2Q_3Q_4}} = \mathrm{d}_{P_{i+1}\text{-}\pi_{Q_1Q_2Q_3Q_4}}) \quad (i = 1, 2, 3, 4). \tag{3.4.5}$$

　　证明　根据定理 3.4.1, 在式 (3.4.1) 中, 以 $i+1$ 代 i, 即得

$$8a_{Q_1Q_2Q_3}\mathrm{D}_{P_{i+1}\text{-}\pi_{Q_1Q_2Q_3Q_4}} = (-1)^i 3\mathrm{D}_{P_1P_2P_3P_4}, \tag{3.4.6}$$

式 (3.4.1)+(3.4.6), 得

$$8a_{Q_1Q_2Q_3}\left(\mathrm{D}_{P_i\text{-}\pi_{Q_1Q_2Q_3Q_4}} + \mathrm{D}_{P_{i+1}\text{-}\pi_{Q_1Q_2Q_3Q_4}}\right) = 0.$$

因为 $8a_{Q_1Q_2Q_3} \neq 0$, 所以式 (3.4.5) 成立.

　　推论 3.4.3　设 $P_1P_2P_3P_4$ 是空间四边形, Q_1, Q_2, Q_3, Q_4 是依次是各边 P_1P_2, P_2P_3, P_3P_4, P_4P_1 的中点, $\pi_{Q_1Q_2Q_3Q_4}$ 是空间四边形 $P_1P_2P_3P_4$ 的中位线面, 则顶点 P_1, P_3 与 P_2, P_4 分居于中位线 $\pi_{Q_1Q_2Q_3Q_4}$ 的两侧, 且到 $\pi_{Q_1Q_2Q_3Q_4}$ 的距离相等.

　　证明　根据定理 3.4.3, 由式 (3.4.5) 的几何意义即得.

　　定理 3.4.4　设 $P_1P_2P_3P_4$ 是空间四边形, Q_1, Q_2, Q_3, Q_4 是依次是各边 P_1P_2, P_2P_3, P_3P_4, P_4P_1 的中点, $\pi_{Q_1Q_2Q_3Q_4}$ 是空间四边形 $P_1P_2P_3P_4$ 的中位线面, 则

$$\mathrm{D}_{P_1P_3\text{-}\pi_{Q_1Q_2Q_3Q_4}} + \mathrm{D}_{P_2P_4\text{-}\pi_{Q_1Q_2Q_3Q_4}}$$

$$= 0 \quad (\mathrm{d}_{P_1P_3\text{-}\pi_{Q_1Q_2Q_3Q_4}} = \mathrm{d}_{P_2P_4\text{-}\pi_{Q_1Q_2Q_3Q_4}}). \tag{3.4.7}$$

　　证明　根据定理 3.4.3, 由式 (3.4.5) 即得.

　　推论 3.4.4　设 $P_1P_2P_3P_4$ 是空间四边形, Q_1, Q_2, Q_3, Q_4 是依次是各边 P_1P_2, P_2P_3, P_3P_4, P_4P_1 的中点, $\pi_{Q_1Q_2Q_3Q_4}$ 是空间四边形 $P_1P_2P_3P_4$ 的中位线面, 则 $P_1P_3//\pi_{Q_1Q_2Q_3Q_4}, P_2P_4//\pi_{Q_1Q_2Q_3Q_4}$, 且两线 P_1P_3, P_2P_4 到 $\pi_{Q_1Q_2Q_3Q_4}$ 的距离相等符号相反.

　　证明　根据定理 3.4.4, 由式 (3.4.7) 的几何意义即得.

　　注 3.4.1　由 $P_1P_3//\pi_{Q_1Q_2Q_3Q_4}, P_2P_4//\pi_{Q_1Q_2Q_3Q_4}$, 并不能推出 $P_1P_3//P_2P_4$. 因为 $P_1P_3//P_2P_4$ 要求两者共面且方向相同或相反, 而这里 P_1P_3, P_2P_4 是异面直线.

定理 3.4.5 设 $P_1P_2P_3P_4$ 是空间四边形, Q_1, Q_2, Q_3, Q_4 是依次是各边 P_1P_2, P_2P_3, P_3P_4, P_4P_1 的中点, $Q_1Q_2Q_3Q_4$ 是 $P_1P_2P_3P_4$ 的中位线四边形, 则 $Q_1Q_2Q_3Q_4$ 为平行四边形, 且

$$a_{Q_1Q_2Q_3} = a_{Q_2Q_3Q_4} = a_{Q_3Q_4Q_1} = a_{Q_4Q_1Q_2} = 0.5a_{Q_1Q_2Q_3Q_4}. \tag{3.4.8}$$

证明 根据定理 3.4.1, 在式 (3.4.1) 中注意到 $D_{P_i\text{-}\pi_{Q_1Q_2Q_3Q_4}} \neq 0$, 可得

$$a_{Q_1Q_2Q_3} = a_{Q_2Q_3Q_4} = a_{Q_3Q_4Q_1} = a_{Q_4Q_1Q_2},$$

又因为

$$a_{Q_1Q_2Q_3} + a_{Q_2Q_3Q_4} + a_{Q_3Q_4Q_1} + a_{Q_4Q_1Q_2} = 2a_{Q_1Q_2Q_3Q_4},$$

即 $4a_{Q_1Q_2Q_3} = 2a_{Q_1Q_2Q_3Q_4}, a_{Q_1Q_2Q_3} = 0.5a_{Q_1Q_2Q_3Q_4}$. 因此, 式 (3.4.8) 成立. 从而中位线四边形 $Q_1Q_2Q_3Q_4$ 为平行四边形.

推论 3.4.5 设 $P_1P_2P_3P_4$ 是空间四边形, Q_1, Q_2, Q_3, Q_4 是依次是各边 P_1P_2, P_2P_3, P_3P_4, P_4P_1 的中点, 则

$$D_{Q_1Q_2Q_3} = D_{Q_2Q_3Q_4} = D_{Q_3Q_4Q_1} = D_{Q_4Q_1Q_2} = 0.5Da_{Q_1Q_2Q_3Q_4}. \tag{3.4.9}$$

证明 因为中位线面 $\pi_{Q_1Q_2Q_3Q_4}$ 与中位线三角面 $\pi_{Q_iQ_{i+1}Q_{i+2}}(i = 1, 2, 3, 4)$ 同向重合, 所以中位线四边形 $Q_1Q_2Q_3Q_4$ 与中线三角形 $Q_iQ_{i+1}Q_{i+2}(i = 1, 2, 3, 4)$ 同向. 故由式 (3.4.8), 即得式 (3.4.9).

3.4.3 四面体顶点到中位线面的有向距离公式及其应用

定理 3.4.6 设 $P_1P_2P_3P_4$ 是四面体, $Q_{12}, Q_{23}, Q_{34}, Q_{41}, Q_{31}, Q_{24}$ 依次是 P_1P_2 P_3P_4 各棱 $P_1P_2, P_2P_3, P_3P_4, P_4P_1, P_3P_1, P_2P_4$ 的中点, $\pi_{Q_{12}Q_{23}Q_{34}Q_{41}}, \pi_{Q_{23}Q_{31}Q_{41}Q_{24}}$, $\pi_{Q_{31}Q_{12}Q_{24}Q_{34}}$ 是 $P_1P_2P_3P_4$ 的中位线面, 则

$$8a_{Q_{12}Q_{23}Q_{34}}D_{P_i\text{-}\pi_{Q_{12}Q_{23}Q_{34}Q_{41}}} = 8a_{Q_{23}Q_{34}Q_{41}}D_{P_i\text{-}\pi_{Q_{12}Q_{23}Q_{34}Q_{41}}}$$

$$= 8a_{Q_{34}Q_{41}Q_{12}}D_{P_i\text{-}\pi_{Q_{12}Q_{23}Q_{34}Q_{41}}} = 8a_{Q_{41}Q_{12}Q_{23}}D_{P_i\text{-}\pi_{Q_{12}Q_{23}Q_{34}Q_{41}}}$$

$$= \begin{cases} 3D_{P_1P_2P_3P_4}, & i = 1, 3, \\ -3D_{P_1P_2P_3P_4}, & i = 2, 4, \end{cases} \tag{3.4.10}$$

$$8a_{Q_{23}Q_{31}Q_{41}}D_{P_i\text{-}\pi_{Q_{23}Q_{31}Q_{41}Q_{24}}} = 8a_{Q_{31}Q_{41}Q_{24}}D_{P_i\text{-}\pi_{Q_{23}Q_{31}Q_{41}Q_{24}}}$$

$$= 8a_{Q_{41}Q_{24}Q_{23}}D_{P_i\text{-}\pi_{Q_{23}Q_{31}Q_{41}Q_{24}}} = 8a_{Q_{24}Q_{23}Q_{31}}D_{P_i\text{-}\pi_{Q_{23}Q_{31}Q_{41}Q_{24}}}$$

$$= \begin{cases} 3D_{P_1P_2P_3P_4}, & i = 1, 2, \\ -3D_{P_1P_2P_3P_4}, & i = 3, 4, \end{cases} \tag{3.4.11}$$

$$8a_{Q_{31}Q_{12}Q_{24}}D_{P_i\text{-}\pi_{Q_{31}Q_{12}Q_{24}Q_{34}}} = 8a_{Q_{12}Q_{24}Q_{34}}D_{P_i\text{-}\pi_{Q_{31}Q_{12}Q_{24}Q_{34}}}$$

$$= 8a_{Q_{24}Q_{34}Q_{31}} D_{P_i - \pi_{Q_{31}Q_{12}Q_{24}Q_{34}}} = 8a_{Q_{34}Q_{31}Q_{12}} D_{P_i - \pi_{Q_{31}Q_{12}Q_{24}Q_{34}}}$$

$$= \begin{cases} 3D_{P_1 P_2 P_3 P_4}, & i = 2, 3, \\ -3D_{P_1 P_2 P_3 P_4}, & i = 4, 1. \end{cases} \tag{3.4.12}$$

证明　根据定义 3.4.2, 对四面体 $P_1 P_2 P_3 P_4$ 任意两对对棱 $P_1 P_2, P_3 P_4$; $P_2 P_3$, $P_1 P_4$; $P_3 P_1, P_2 P_4$ 所构成的空间四边形 $P_1 P_2 P_3 P_4, P_2 P_3 P_1 P_4, P_3 P_1 P_2 P_4$ 分别应用定理 3.4.1, 并注意到 $P_2 P_3 P_1 P_4, P_3 P_1 P_2 P_4$ 与 $P_1 P_2 P_3 P_4$ 顶点之间的对应关系, 以及 $D_{P_2 P_3 P_1 P_4} = D_{P_1 P_2 P_3 P_4}, D_{P_3 P_1 P_2 P_4} = D_{P_1 P_2 P_3 P_4}$, 即得式 (3.4.10)∼(3.4.12).

推论 3.4.6　设 $P_1 P_2 P_3 P_4$ 是四面体, $Q_{12}, Q_{23}, Q_{34}, Q_{41}, Q_{31}, Q_{24}$ 依次是 $P_1 P_2 P_3 P_4$ 各棱 $P_1 P_2, P_2 P_3, P_3 P_4, P_4 P_1, P_3 P_1, P_2 P_4$ 的中点, $\pi_{Q_{12}Q_{23}Q_{34}Q_{41}}$, $\pi_{Q_{23}Q_{31}Q_{41}Q_{24}}, \pi_{Q_{31}Q_{12}Q_{24}Q_{34}}$ 是 $P_1 P_2 P_3 P_4$ 的中位面, 则

$$8a_{Q_{12}Q_{23}Q_{34}} d_{P_i - \pi_{Q_{12}Q_{23}Q_{34}Q_{41}}} = 8a_{Q_{23}Q_{34}Q_{41}} d_{P_i - \pi_{Q_{12}Q_{23}Q_{34}Q_{41}}}$$

$$= 8a_{Q_{34}Q_{41}Q_{12}} d_{P_i - \pi_{Q_{12}Q_{23}Q_{34}Q_{41}}} = 8a_{Q_{41}Q_{12}Q_{23}} d_{P_i - \pi_{Q_{12}Q_{23}Q_{34}Q_{41}}}$$

$$= 8a_{Q_{23}Q_{31}Q_{41}} d_{P_i - \pi_{Q_{23}Q_{31}Q_{41}Q_{24}}} = 8a_{Q_{31}Q_{41}Q_{24}} d_{P_i - \pi_{Q_{23}Q_{31}Q_{41}Q_{24}}}$$

$$= 8a_{Q_{41}Q_{24}Q_{23}} d_{P_i - \pi_{Q_{23}Q_{31}Q_{41}Q_{24}}} = 8a_{Q_{24}Q_{23}Q_{31}} d_{P_i - \pi_{Q_{23}Q_{31}Q_{41}Q_{24}}}$$

$$= 8a_{Q_{31}Q_{12}Q_{24}} d_{P_i - \pi_{Q_{31}Q_{12}Q_{24}Q_{34}}} = 8a_{Q_{12}Q_{24}Q_{34}} d_{P_i - \pi_{Q_{31}Q_{12}Q_{24}Q_{34}}}$$

$$= 8a_{Q_{24}Q_{34}Q_{31}} d_{P_i - \pi_{Q_{31}Q_{12}Q_{24}Q_{34}}} = 8a_{Q_{34}Q_{31}Q_{12}} d_{P_i - \pi_{Q_{31}Q_{12}Q_{24}Q_{34}}}$$

$$= 3v_{P_1 P_2 P_3 P_4} \quad (i = 1, 2, 3, 4). \tag{3.4.13}$$

证明　根据定理 3.4.6, 式 (3.4.10)∼(3.4.12) 等号两边分别取绝对值, 即得式 (3.4.13).

定理 3.4.7　设 $P_1 P_2 P_3 P_4$ 是四面体, $Q_{12}, Q_{23}, Q_{34}, Q_{41}, Q_{31}, Q_{24}$ 依次是 $P_1 P_2 P_3 P_4$ 各棱 $P_1 P_2, P_2 P_3, P_3 P_4, P_4 P_1, P_3 P_1, P_2 P_4$ 的中点, $Q_{12}Q_{23}Q_{34}Q_{41}, Q_{23}Q_{31} Q_{41}Q_{24}, Q_{31}Q_{12}Q_{24}Q_{34}$ 是 $P_1 P_2 P_3 P_4$ 的中位线四边形, 则

$$D_{P_i Q_{12}Q_{23}Q_{34}} = D_{P_i Q_{23}Q_{34}Q_{41}} = D_{P_i Q_{34}Q_{41}Q_{12}} = D_{P_i Q_{41}Q_{12}Q_{23}}$$

$$= \begin{cases} D_{P_1 P_2 P_3 P_4}/8, & i = 1, 3, \\ -D_{P_1 P_2 P_3 P_4}/8, & i = 2, 4; \end{cases} \tag{3.4.14}$$

$$D_{P_i Q_{23}Q_{31}Q_{41}} = D_{P_i Q_{31}Q_{41}Q_{24}} = D_{P_i Q_{41}Q_{24}Q_{23}} = D_{P_i Q_{24}Q_{23}Q_{31}}$$

$$= \begin{cases} D_{P_1 P_2 P_3 P_4}/8, & i = 1, 2, \\ -D_{P_1 P_2 P_3 P_4}/8, & i = 3, 4; \end{cases} \tag{3.4.15}$$

$$D_{P_iQ_{31}Q_{12}Q_{24}} = D_{P_iQ_{12}Q_{24}Q_{34}} = D_{P_iQ_{24}Q_{34}Q_{31}} = D_{P_iQ_{34}Q_{31}Q_{12}}$$

$$= \begin{cases} D_{P_1P_2P_3P_4}/8, & i = 2, 3, \\ -D_{P_1P_2P_3P_4}/8, & i = 4, 1. \end{cases} \tag{3.4.16}$$

证明 根据定理 3.4.6 和定理 1.2.6, 由式 (3.4.10)~(3.4.12), 即得式 (3.4.14)~(3.4.16).

推论 3.4.7 设 $P_1P_2P_3P_4$ 是四面体, $Q_{12}, Q_{23}, Q_{34}, Q_{41}, Q_{31}, Q_{24}$ 依次是 $P_1 P_2P_3P_4$ 各棱 $P_1P_2, P_2P_3, P_3P_4, P_4P_1, P_3P_1, P_2P_4$ 的中点, $Q_{12}Q_{23}Q_{34}Q_{41}, Q_{24}Q_{23} Q_{31}Q_{41}, Q_{31}Q_{12}Q_{24}Q_{34}$ 是 $P_1P_2P_3P_4$ 的中位线四边形, 则

$$v_{P_iQ_{12}Q_{23}Q_{34}} = v_{P_iQ_{23}Q_{34}Q_{41}} = v_{P_iQ_{34}Q_{41}Q_{12}} = v_{P_iQ_{41}Q_{12}Q_{23}}$$

$$= v_{P_iQ_{23}Q_{31}Q_{41}} = v_{P_iQ_{31}Q_{41}Q_{24}} = v_{P_iQ_{41}Q_{24}Q_{23}} = v_{P_iQ_{24}Q_{23}Q_{31}}$$

$$= v_{P_iQ_{31}Q_{12}Q_{24}} = v_{P_iQ_{12}Q_{24}Q_{34}} = v_{P_iQ_{24}Q_{34}Q_{31}} = v_{P_iQ_{34}Q_{31}Q_{12}}$$

$$= v_{P_1P_2P_3P_4}/8 \quad (i = 1, 2, 3, 4). \tag{3.4.17}$$

证明 根据定理 3.4.7, 式 (3.4.14)~(3.4.16) 等号两边取绝对值, 即得 (3.4.17).

定理 3.4.8 设 $P_1P_2P_3P_4$ 是四面体, $Q_{12}, Q_{23}, Q_{34}, Q_{41}, Q_{31}, Q_{24}$ 依次是 $P_1P_2P_3P_4$ 各棱 $P_1P_2,\ P_2P_3,\ P_3P_4,\ P_4P_1,\ P_3P_1,\ P_2P_4$ 的中点, $\pi_{Q_{12}Q_{23}Q_{34}Q_{41}}$, $\pi_{Q_{23}Q_{31}Q_{41}Q_{24}}, \pi_{Q_{31}Q_{12}Q_{24}Q_{34}}$ 是 $P_1P_2P_3P_4$ 的中位线面, 则

$$D_{P_i\text{-}\pi_{Q_{12}Q_{23}Q_{34}Q_{41}}} + D_{P_{i+1}\text{-}\pi_{Q_{12}Q_{23}Q_{34}Q_{41}}}$$

$$= 0 \quad (d_{P_i\text{-}\pi_{Q_{12}Q_{23}Q_{34}Q_{41}}} = d_{P_{i+1}\text{-}\pi_{Q_{12}Q_{23}Q_{34}Q_{41}}}) \quad (i = 1, 2, 3, 4); \tag{3.4.18}$$

$$D_{P_i\text{-}\pi_{Q_{23}Q_{31}Q_{41}Q_{24}}} + D_{P_j\text{-}\pi_{Q_{23}Q_{31}Q_{41}Q_{24}}}$$

$$= 0 \quad (d_{P_i\text{-}\pi_{Q_{23}Q_{31}Q_{41}Q_{24}}} = d_{P_j\text{-}\pi_{Q_{23}Q_{31}Q_{41}Q_{24}}}) \quad (i = 1, 2; j = 3, 4); \tag{3.4.19}$$

$$D_{P_i\text{-}\pi_{Q_{31}Q_{12}Q_{24}Q_{34}}} + D_{P_j\text{-}\pi_{Q_{31}Q_{12}Q_{24}Q_{34}}}$$

$$= 0 \quad (d_{P_i\text{-}\pi_{Q_{31}Q_{12}Q_{24}Q_{34}}} = d_{P_j\text{-}\pi_{Q_{31}Q_{12}Q_{24}Q_{34}}}) \quad (i = 2, 3; j = 4, 1). \tag{3.4.20}$$

证明 根据定理 3.4.6, 对四面体 $P_1P_2P_3P_4$ 任意两对对棱 $P_1P_2, P_3P_4; P_2P_3$, $P_1P_4; P_3P_1, P_2P_4$ 所构成的空间四边形 $P_1P_2P_3P_4, P_2P_3P_1P_4, P_3P_1P_2P_4$ 分别应用定理 3.4.3, 即得式 (3.4.18)~(3.4.20).

推论 3.4.8 四面体 $P_1P_2P_3P_4$ 的顶点 P_1, P_3 与 P_2, P_4; P_2, P_4 与 P_3, P_1; P_3, P_2 与 P_1, P_4 分别居于 $\pi_{Q_{12}Q_{23}Q_{34}Q_{41}}, \pi_{Q_{23}Q_{31}Q_{41}Q_{24}}, \pi_{Q_{31}Q_{12}Q_{24}Q_{34}}$ 的两侧, 且到相应平面的距离相等.

证明　根据定理 3.4.8, 由式 (3.4.18)~(3.4.20) 即得.

定理 3.4.9　设 $P_1P_2P_3P_4$ 是四面体, $Q_{12}, Q_{23}, Q_{34}, Q_{41}, Q_{31}, Q_{24}$ 依次是 $P_1P_2P_3P_4$ 各棱 P_1P_2, P_2P_3, P_3P_4, P_4P_1, P_3P_1, P_2P_4 的中点, $\pi_{Q_{12}Q_{23}Q_{34}Q_{41}}$, $\pi_{Q_{23}Q_{31}Q_{41}Q_{24}}, \pi_{Q_{31}Q_{12}Q_{24}Q_{34}}$ 是 $P_1P_2P_3P_4$ 的中位线面, 则

$$\mathrm{D}_{P_1P_3\text{-}\pi_{Q_{12}Q_{23}Q_{34}Q_{41}}} + \mathrm{D}_{P_2P_4\text{-}\pi_{Q_{12}Q_{23}Q_{34}Q_{41}}}$$

$$= 0 \quad (\mathrm{d}_{P_1P_3\text{-}\pi_{Q_{12}Q_{23}Q_{34}Q_{41}}} = \mathrm{d}_{P_2P_4\text{-}\pi_{Q_{12}Q_{23}Q_{34}Q_{41}}}), \tag{3.4.21}$$

$$\mathrm{D}_{P_1P_2\text{-}\pi_{Q_{23}Q_{31}Q_{41}Q_{24}}} + \mathrm{D}_{P_3P_4\text{-}\pi_{Q_{23}Q_{31}Q_{41}Q_{24}}}$$

$$= 0 \quad (\mathrm{d}_{P_1P_2\text{-}\pi_{Q_{23}Q_{31}Q_{41}Q_{24}}} = \mathrm{d}_{P_3P_4\text{-}\pi_{Q_{23}Q_{31}Q_{41}Q_{24}}}), \tag{3.4.22}$$

$$\mathrm{D}_{P_2P_3\text{-}\pi_{Q_{31}Q_{12}Q_{24}Q_{34}}} + \mathrm{D}_{P_4P_1\text{-}\pi_{Q_{31}Q_{12}Q_{24}Q_{34}}}$$

$$= 0 \quad (\mathrm{d}_{P_2P_3\text{-}\pi_{Q_{31}Q_{12}Q_{24}Q_{34}}} = \mathrm{d}_{P_4P_1\text{-}\pi_{Q_{31}Q_{12}Q_{24}Q_{34}}}). \tag{3.4.23}$$

证明　根据定理 3.4.8, 对四面体 $P_1P_2P_3P_4$ 任意两对对棱 $P_1P_2, P_3P_4; P_2P_3,$ $P_1P_4; P_3P_1, P_2P_4$ 所构成的空间四边形 $P_1P_2P_3P_4, P_2P_3P_1P_4, P_3P_1P_2P_4$ 分别应用定理 3.4.4, 即得式 (3.4.21)~(3.4.23).

推论 3.4.9　设 $P_1P_2P_3P_4$ 是四面体, $Q_{12}, Q_{23}, Q_{34}, Q_{41}, Q_{31}, Q_{24}$ 依次是 $P_1P_2P_3P_4$ 各棱 P_1P_2, P_2P_3, P_3P_4, P_4P_1, P_3P_1, P_2P_4 的中点, $\pi_{Q_{12}Q_{23}Q_{34}Q_{41}}$, $\pi_{Q_{23}Q_{31}Q_{41}Q_{24}}, \pi_{Q_{31}Q_{12}Q_{24}Q_{34}}$ 是 $P_1P_2P_3P_4$ 的中位线面, 则

(1) $P_1P_3 // \pi_{Q_{12}Q_{23}Q_{34}Q_{41}}$, $P_2P_4 // \pi_{Q_{12}Q_{23}Q_{34}Q_{41}}$, 且两线 P_1P_3, P_2P_4 到 $\pi_{Q_{12}Q_{23}Q_{34}Q_{41}}$ 的距离相等符号相反;

(2) $P_1P_2 // \pi_{Q_{23}Q_{31}Q_{41}Q_{24}}$, $P_3P_4 // \pi_{Q_{23}Q_{31}Q_{41}Q_{24}}$, 且两线 P_1P_2, P_3P_4 到 $\pi_{Q_{23}Q_{31}Q_{41}Q_{24}}$ 的距离相等符号相反;

(3) $P_2P_3 // \pi_{Q_{31}Q_{12}Q_{24}Q_{34}}$, $P_4P_1 // \pi_{Q_{31}Q_{12}Q_{24}Q_{34}}$, 且两线 P_2P_3, P_4P_1 到 $\pi_{Q_{31}Q_{12}Q_{24}Q_{34}}$ 的距离相等符号相反.

证明　根据定理 3.4.9, 由式 (3.4.21)~(3.4.23) 的几何意义, 即得.

定理 3.4.10　设 $P_1P_2P_3P_4$ 是四面体, $Q_{12}, Q_{23}, Q_{34}, Q_{41}, Q_{31}, Q_{24}$ 依次是 $P_1P_2P_3P_4$ 各棱 P_1P_2, P_2P_3, P_3P_4, P_4P_1, P_3P_1, P_2P_4 的中点, $Q_{12}Q_{23}Q_{34}Q_{41}$, $Q_{23}Q_{31}Q_{41}Q_{24}, Q_{31}Q_{12}Q_{24}Q_{34}$ 为 $P_1P_2P_3P_4$ 的中位线四边形, 则

$$\mathrm{a}_{Q_{12}Q_{23}Q_{34}} = \mathrm{a}_{Q_{23}Q_{34}Q_{41}} = \mathrm{a}_{Q_{34}Q_{41}Q_{12}} = \mathrm{a}_{Q_{41}Q_{12}Q_{23}} = 0.5\mathrm{a}_{Q_{12}Q_{23}Q_{34}Q_{41}}, \tag{3.4.24}$$

$$\mathrm{a}_{Q_{23}Q_{31}Q_{41}} = \mathrm{a}_{Q_{31}Q_{41}Q_{24}} = \mathrm{a}_{Q_{41}Q_{24}Q_{23}} = \mathrm{a}_{Q_{24}Q_{23}Q_{31}} = 0.5\mathrm{a}_{Q_{23}Q_{31}Q_{41}Q_{24}}, \tag{3.4.25}$$

$$\mathrm{a}_{Q_{31}Q_{12}Q_{24}} = \mathrm{a}_{Q_{12}Q_{24}Q_{34}} = \mathrm{a}_{Q_{24}Q_{34}Q_{31}} = \mathrm{a}_{Q_{34}Q_{31}Q_{12}} = 0.5\mathrm{a}_{Q_{31}Q_{12}Q_{24}Q_{34}}. \tag{3.4.26}$$

从而, $Q_{12}Q_{23}Q_{34}Q_{41}, Q_{23}Q_{31}Q_{41}Q_{24}, Q_{31}Q_{12}Q_{24}Q_{34}$ 均为平行四边形.

证明 根据定理 3.4.6, 对四面体中的三个中位线四边形 $Q_{12}Q_{23}Q_{34}Q_{41}$, $Q_{23}Q_{31}Q_{41}Q_{24}, Q_{12}Q_{31}Q_{34}Q_{24}$ 分别应用定理 3.4.5, 即得.

注 3.4.2 特别地, 当 $P_1P_2P_3P_4$ 为正四面体时, 三个中位线四边形 $Q_{12}Q_{23}$ $Q_{34}Q_{41}, Q_{23}Q_{31}Q_{41}Q_{24}, Q_{31}Q_{12}Q_{24}Q_{34}$ 均为正方形.

推论 3.4.10 设 $P_1P_2P_3P_4$ 是四面体, $Q_{12}, Q_{23}, Q_{34}, Q_{41}, Q_{13}, Q_{24}$ 依次是 $P_1P_2P_3P_4$ 各棱 $P_1P_2, P_2P_3, P_3P_4, P_4P_1, P_1P_3, P_2P_4$ 的中点, $Q_{12}Q_{23}Q_{34}Q_{41}$, $Q_{23}Q_{31}Q_{41}Q_{24}, Q_{31}Q_{12}Q_{24}Q_{34}$ 为 $P_1P_2P_3P_4$ 的中位线四边形, 则

$$\mathrm{D}_{Q_{12}Q_{23}Q_{34}} = \mathrm{D}_{Q_{23}Q_{34}Q_{41}} = \mathrm{D}_{Q_{34}Q_{41}Q_{12}} = \mathrm{D}_{Q_{41}Q_{12}Q_{23}} = 0.5\mathrm{Da}_{Q_{12}Q_{23}Q_{34}Q_{41}},$$
$$(3.4.27)$$

$$\mathrm{D}_{Q_{23}Q_{31}Q_{41}} = \mathrm{D}_{Q_{31}Q_{41}Q_{24}} = \mathrm{D}_{Q_{41}Q_{24}Q_{23}} = \mathrm{D}_{Q_{24}Q_{23}Q_{31}} = 0.5\mathrm{Da}_{Q_{23}Q_{31}Q_{41}Q_{24}},$$
$$(3.4.28)$$

$$\mathrm{D}_{Q_{31}Q_{12}Q_{24}} = \mathrm{D}_{Q_{12}Q_{24}Q_{34}} = \mathrm{D}_{Q_{24}Q_{34}Q_{31}} = \mathrm{D}_{Q_{34}Q_{31}Q_{12}} = 0.5\mathrm{Da}_{Q_{31}Q_{12}Q_{24}Q_{34}}.$$
$$(3.4.29)$$

证明 根据定理 2.4.10, 由式 (3.4.24)~(3.4.26), 即得 (3.4.27)~(3.4.29).

3.5 四面体顶点到中位线重心线面的有向距离公式与应用

本节主要应用有向度量法, 研究空间四边形顶点到中位线重心线面有向距离的有关问题. 首先, 给出四面体中位线重心线面的概念; 其次, 给出四面体顶点到中位线重心线面的有向距离 (距离) 公式; 最后, 利用上述有向距离公式得出四面体中相应的有向体积 (体积) 公式和六点共面的结论, 以及四面体各棱两端点到中位线重心线面距离相等、符号相反和四面体中位线重心线四边形中面积 (有向面积) 相等的一些结论.

3.5.1 四面体中位线重心线面的概念

定义 3.5.1 设 $Q_{12}Q_{34}, Q_{23}Q_{41}, Q_{31}Q_{42}; P_1G_2, P_2G_3, P_3G_4, P_4G_1$ 分别是四面体 $P_1P_2P_3P_4$ 的中位线和点-面重心线, 则称其中一条中位线和一条点-面重心线所确定的四边形 $Q_{12}P_iQ_{34}G_{i+1}; Q_{23}P_iQ_{41}G_{i+1}; Q_{31}P_iQ_{24}G_{i+1}(i=1,2,3,4)$ 为 $P_1P_2P_3P_4$ 的中位线点-面重心线四边形, $Q_{12}P_iQ_{23}G_{i+1}; Q_{23}P_iQ_{41}G_{i+1}; Q_{31}P_iQ_{24}$ G_{i+1} 所在的有向平面为 $P_1P_2P_3P_4$ 的有向中位线点-面重心线面, 简称中位线重心线面, 依次记为 $\pi_{Q_{12}P_iQ_{34}G_{i+1}}, \pi_{Q_{23}P_iQ_{41}G_{i+1}}, \pi_{Q_{31}P_iQ_{24}G_{i+1}}(i=1,2,3,4)$.

同时, 亦称含有一条中位线或一条点-面重心线的三角形 $Q_{12}P_iQ_{34}, Q_{34}G_{i+1}$ $Q_{12}; P_iQ_{34}G_{i+1}$, $G_{i+1}Q_{12}P_i(i=1,2,3,4)$ 等分别为 $P_1P_2P_3P_4$ 的中位线三角形

和点-面重心线三角形, $Q_{12}P_iQ_{34}, Q_{34}G_{i+1}Q_{12}; P_iQ_{34}G_{i+1}, G_{i+1}Q_{12}P_i$ 等所在的平面 $\pi_{Q_{12}P_iQ_{34}}, \pi_{Q_{34}G_{i+1}Q_{12}}; \pi_{P_iQ_{34}G_{i+1}}, \pi_{G_{i+1}Q_{12}P_i}(i=1,2,3,4)$ 分别为 $P_1P_2P_3P_4$ 的中位线三角面和点-面重心线三角面.

显然, $P_1P_2P_3P_4$ 的中位线重心线面 $\pi_{Q_{12}P_iQ_{34}G_{i+1}}, \pi_{Q_{23}P_iQ_{41}G_{i+1}}, \pi_{Q_{31}P_iQ_{24}G_{i+1}}$ $(i=1,2,3,4)$ 均是中位线包络面和重心线包络面的特殊情形, 它们既是其中中位线的包络面, 也是其中重心线的包络面. 因此, 本节中的所有结论, 对具有同化性质的包络面亦成立.

3.5.2 四面体顶点到中位线重心线面的有向距离公式

定理 3.5.1 设 $P_1P_2P_3P_4$ 是四面体, Q_{12}, Q_{34} 依次是两对棱 P_1P_2, P_3P_4 的中点, $P_1G_2, P_2G_3, P_3G_4, P_4G_1$ 依次是各面 $P_2P_3P_4, P_3P_4P_1, P_1P_2P_3, P_4P_1P_2$ 的重心线, $\pi_{Q_{12}P_iQ_{34}G_{i+1}}(i=1,2,3,4)$ 是 $P_1P_2P_3P_4$ 的中位线重心线面, 则

(1) $\pi_{Q_{12}P_1Q_{34}G_2}$ 通过顶点 P_2, $\pi_{Q_{12}P_2Q_{34}G_3}$ 通过顶点 P_1, 且

$$4a_{Q_{12}P_iQ_{34}}D_{P_1\text{-}\pi_{Q_{12}P_iQ_{34}G_{i+1}}} = (-1)^{i-1}3D_{P_1P_2P_3P_4} \quad (i=3,4), \tag{3.5.1}$$

$$4a_{Q_{12}P_iQ_{34}}D_{P_2\text{-}\pi_{Q_{12}P_iQ_{34}G_{i+1}}} = (-1)^i 3D_{P_1P_2P_3P_4} \quad (i=3,4); \tag{3.5.2}$$

$$2a_{P_iQ_{34}G_{i+1}}D_{P_1\text{-}\pi_{Q_{12}P_iQ_{34}G_{i+1}}} = (-1)^{i-1}D_{P_1P_2P_3P_4} \quad (i=3,4), \tag{3.5.3}$$

$$2a_{P_iQ_{34}G_{i+1}}D_{P_2\text{-}\pi_{Q_{12}P_iQ_{34}G_{i+1}}} = (-1)^i D_{P_1P_2P_3P_4} \quad (i=3,4); \tag{3.5.4}$$

$$4a_{Q_{34}G_{i+1}Q_{12}}D_{P_1\text{-}\pi_{Q_{12}P_iQ_{34}G_{i+1}}} = (-1)^{i-1}D_{P_1P_2P_3P_4} \quad (i=3,4), \tag{3.5.5}$$

$$4a_{Q_{34}G_{i+1}Q_{12}}D_{P_2\text{-}\pi_{Q_{12}P_iQ_{34}G_{i+1}}} = (-1)^i D_{P_1P_2P_3P_4} \quad (i=3,4); \tag{3.5.6}$$

$$2a_{G_{i+1}Q_{12}P_i}D_{P_1\text{-}\pi_{Q_{12}P_iQ_{34}G_{i+1}}} = (-1)^{i-1}D_{P_1P_2P_3P_4} \quad (i=3,4), \tag{3.5.7}$$

$$2a_{G_{i+1}Q_{12}P_i}D_{P_2\text{-}\pi_{Q_{12}P_iQ_{34}G_{i+1}}} = (-1)^i D_{P_1P_2P_3P_4} \quad (i=3,4). \tag{3.5.8}$$

(2) $\pi_{Q_{12}P_3Q_{34}G_4}$ 通过顶点 P_4, $\pi_{Q_{12}P_4Q_{34}G_1}$ 通过顶点 P_3, 且

$$4a_{Q_{12}P_iQ_{34}}D_{P_3\text{-}\pi_{Q_{12}P_iQ_{34}G_{i+1}}} = (-1)^i 3D_{P_1P_2P_3P_4} \quad (i=1,2), \tag{3.5.9}$$

$$4a_{Q_{12}P_iQ_{34}}D_{P_4\text{-}\pi_{Q_{12}P_iQ_{34}G_{i+1}}} = (-1)^{i-1}3D_{P_1P_2P_3P_4} \quad (i=1,2); \tag{3.5.10}$$

$$2a_{P_iQ_{34}G_{i+1}}D_{P_3\text{-}\pi_{Q_{12}P_iQ_{34}G_{i+1}}} = (-1)^i D_{P_1P_2P_3P_4} \quad (i=1,2), \tag{3.5.11}$$

$$2a_{P_iQ_{34}G_{i+1}}D_{P_4\text{-}\pi_{Q_{12}P_iQ_{34}G_{i+1}}} = (-1)^{i-1}D_{P_1P_2P_3P_4} \quad (i=1,2); \tag{3.5.12}$$

$$4a_{Q_{34}G_{i+1}Q_{12}}D_{P_3\text{-}\pi_{Q_{12}P_iQ_{34}G_{i+1}}} = (-1)^i D_{P_1P_2P_3P_4} \quad (i=1,2), \tag{3.5.13}$$

$$4a_{Q_{34}G_{i+1}Q_{12}}D_{P_4-\pi_{Q_{12}P_iQ_{34}G_{i+1}}} = (-1)^{i-1}D_{P_1P_2P_3P_4} \quad (i=1,2); \tag{3.5.14}$$

$$2a_{G_{i+1}Q_{12}P_i}D_{P_3-\pi_{Q_{12}P_iQ_{34}G_{i+1}}} = (-1)^i D_{P_1P_2P_3P_4} \quad (i=1,2), \tag{3.5.15}$$

$$2a_{G_{i+1}Q_{12}P_i}D_{P_4-\pi_{Q_{12}P_iQ_{34}G_{i+1}}} = (-1)^{i-1}D_{P_1P_2P_3P_4} \quad (i=1,2). \tag{3.5.16}$$

证明 设四面体 $P_1P_2P_3P_4$ 顶点的坐标为 $P_i(x_i,y_i,z_i)(i=1,2,3,4)$, 则 $P_1P_2P_3P_4$ 两对棱 P_1P_2, P_3P_4 中点的坐标为

$$Q_{i,i+1}\left(\frac{x_i+x_{i+1}}{2}, \frac{y_i+y_{i+1}}{2}, \frac{z_i+z_{i+1}}{2}\right) \quad (i=1,3);$$

各面 $P_1P_2P_3, P_2P_3P_4, P_3P_4P_1, P_4P_1P_2$ 重心的坐标为

$$G_i\left(\frac{x_i+x_{i+1}+x_{i+2}}{3}, \frac{y_i+y_{i+1}+y_{i+2}}{3}, \frac{z_i+z_{i+1}+z_{i+2}}{3}\right) \quad (i=1,2,3,4).$$

因为中位线重心线面 $\pi_{Q_{12}P_iQ_{34}G_{i+1}}$ 与中位线三角面 $\pi_{Q_{12}P_iQ_{34}}, \pi_{Q_{34}G_{i+1}Q_{12}}$ $(i=1,2,3,4)$ 和重心线三角面 $\pi_{P_iQ_{34}G_{i+1}}, \pi_{G_{i+1}Q_{12}P_i}(i=1,2,3,4)$ 同向重合, 所以 $P_1P_2P_3P_4$ 每个顶点到以上五个平面的距离都相等.

又因为 $\pi_{Q_{12}P_iQ_{34}}(i=1,2,3,4)$ 的方程为

$$x\mathrm{Prj}_{yz}D_{Q_{12}P_iQ_{34}} + y\mathrm{Prj}_{zx}D_{Q_{12}P_iQ_{34}} + z\mathrm{Prj}_{xy}D_{Q_{12}P_iQ_{34}} - \Delta_{Q_{12}P_iQ_{34}} = 0,$$

其中

$$\Delta_{Q_{12}P_iQ_{34}} = \frac{1}{2}\begin{vmatrix} (x_1+x_2)/2 & (y_1+y_2)/2 & (z_1+z_2)/2 \\ x_i & y_i & z_i \\ (x_3+x_4)/2 & (y_3+y_4)/2 & (z_3+z_4)/2 \end{vmatrix}.$$

于是由点到平面的有向距离公式, 可得

$$a_{Q_{12}P_iQ_{34}}D_{P_1-\pi_{Q_{12}P_iQ_{34}G_{i+1}}} = a_{Q_{12}P_iQ_{34}}D_{P_1-\pi_{Q_{12}P_iQ_{34}}}$$

$$= x_1\mathrm{Prj}_{yz}D_{Q_{12}P_iQ_{34}} + y_1\mathrm{Prj}_{zx}D_{Q_{12}P_iQ_{34}} + z_1\mathrm{Prj}_{xy}D_{Q_{12}P_iQ_{34}} - \Delta_{Q_{12}P_iQ_{34}}$$

$$= \frac{1}{2}\begin{vmatrix} x_1 & y_1 & z_1 & 1 \\ (x_1+x_2)/2 & (y_1+y_2)/2 & (z_1+z_2)/2 & 1 \\ x_i & y_i & z_i & 1 \\ (x_3+x_4)/2 & (y_3+y_4)/2 & (z_3+z_4)/2 & 1 \end{vmatrix}$$

$$= \frac{1}{8}\begin{vmatrix} x_1 & y_1 & z_1 & 1 \\ x_2 & y_2 & z_2 & 1 \\ x_i & y_i & z_i & 1 \\ x_3+x_4 & y_3+y_4 & z_3+z_4 & 2 \end{vmatrix}$$

$$= \frac{3}{4} \left(D_{P_1 P_2 P_i P_3} + D_{P_1 P_2 P_i P_4} \right)$$

$$= \begin{cases} 0, & i = 1, 2, \\ (-1)^{i-1} \dfrac{3}{4} D_{P_1 P_2 P_3 P_4}, & i = 3, 4, \end{cases}$$

所以, $\pi_{Q_{12} P_1 Q_{34} G_2}$ 通过顶点 P_2, $\pi_{Q_{12} P_2 Q_{34} G_3}$ 通过顶点 P_1, 且式 (3.5.1) 成立.

类似地, 可以证明式 (3.5.2)~(3.5.16) 成立.

推论 3.5.1 设 $P_1 P_2 P_3 P_4$ 是四面体, Q_{12}, Q_{34} 依次是两对棱 $P_1 P_2, P_3 P_4$ 的中点, $P_1 G_2, P_2 G_3, P_3 G_4, P_4 G_1$ 依次是各面 $P_2 P_3 P_4, P_3 P_4 P_1, P_4 P_1 P_2, P_1 P_2 P_3$ 的重心线, $\pi_{Q_{12} P_i Q_{34} G_{i+1}} (i = 1, 2, 3, 4)$ 是 $P_1 P_2 P_3 P_4$ 的中位线重心线面, 则

(1) $Q_{12}, Q_{34}, P_1, P_2, G_2, G_3$ 六点共面, 且

$$a_{Q_{12} P_i Q_{34}} d_{P_1 - \pi_{Q_{12} P_i Q_{34} G_{i+1}}} = a_{Q_{12} P_i Q_{34}} d_{P_2 - \pi_{Q_{12} P_i Q_{34} G_{i+1}}}$$

$$= 3 v_{P_1 P_2 P_3 P_4} / 4 \quad (i = 3, 4); \tag{3.5.17}$$

$$a_{P_i Q_{34} G_{i+1}} d_{P_1 - \pi_{Q_{12} P_i Q_{34} G_{i+1}}} = a_{P_i Q_{34} G_{i+1}} d_{P_2 - \pi_{Q_{12} P_i Q_{34} G_{i+1}}}$$

$$= a_{G_{i+1} Q_{12} P_i} d_{P_1 - \pi_{Q_{12} P_i Q_{34} G_{i+1}}} = a_{G_{i+1} Q_{12} P_i} d_{P_2 - \pi_{Q_{12} P_i Q_{34} G_{i+1}}}$$

$$= v_{P_1 P_2 P_3 P_4} / 2 \quad (i = 3, 4); \tag{3.5.18}$$

$$a_{Q_{34} G_{i+1} Q_{12}} d_{P_1 - \pi_{Q_{12} P_i Q_{34} G_{i+1}}} = a_{Q_{34} G_{i+1} Q_{12}} d_{P_2 - \pi_{Q_{12} P_i Q_{34} G_{i+1}}}$$

$$= v_{P_1 P_2 P_3 P_4} / 4 \quad (i = 3, 4). \tag{3.5.19}$$

(2) $Q_{12}, Q_{34}, P_3, P_4, G_4, G_1$ 六点共面, 且

$$a_{Q_{12} P_i Q_{34}} d_{P_3 - \pi_{Q_{12} P_i Q_{34} G_{i+1}}} = a_{Q_{12} P_i Q_{34}} d_{P_4 - \pi_{Q_{12} P_i Q_{34} G_{i+1}}}$$

$$= 3 v_{P_1 P_2 P_3 P_4} / 4 \quad (i = 1, 2), \tag{3.5.20}$$

$$a_{P_i Q_{34} G_{i+1}} d_{P_3 - \pi_{Q_{12} P_i Q_{34} G_{i+1}}} = a_{P_i Q_{34} G_{i+1}} d_{P_4 - \pi_{Q_{12} P_i Q_{34} G_{i+1}}}$$

$$= a_{G_{i+1} Q_{12} P_i} d_{P_3 - \pi_{Q_{12} P_i Q_{34} G_{i+1}}} = a_{G_{i+1} Q_{12} P_i} d_{P_4 - \pi_{Q_{12} P_i Q_{34} G_{i+1}}}$$

$$= v_{P_1 P_2 P_3 P_4} / 2 \quad (i = 1, 2), \tag{3.5.21}$$

$$a_{Q_{34} G_{i+1} Q_{12}} d_{P_3 - \pi_{Q_{12} P_i Q_{34} G_{i+1}}} = a_{Q_{34} G_{i+1} Q_{12}} d_{P_4 - \pi_{Q_{12} P_i Q_{34} G_{i+1}}}$$

$$= v_{P_1 P_2 P_3 P_4} / 4 \quad (i = 1, 2). \tag{3.5.22}$$

证明 (1) 因为 $\pi_{Q_{12}P_1Q_{34}G_2}$ 通过顶点 P_2，$\pi_{Q_{12}P_2Q_{34}G_3}$ 通过顶点 P_1，所以 $Q_{12}, Q_{34}, P_1, P_2, G_2$ 和 $Q_{12}, Q_{34}, P_1, P_2, G_3$ 均五点共面. 因此，$Q_{12}, Q_{34}, P_1, P_2,$ G_2, G_3 六点共面. 又式 (3.5.1) 和 (3.5.2) 等号两边取绝对值并化简，即得式 (3.5.17)；

同理，可以证明，式 (3.5.18) 和 (3.5.19) 成立.

类似地，可以证明，$Q_{12}, Q_{34}, P_3, P_4, G_4, G_1$ 六点共面，且式 (3.5.20)~(3.5.22) 成立.

定理 3.5.2 设 $P_1P_2P_3P_4$ 是四面体，Q_{23}, Q_{41} 依次是两对棱 P_2P_3, P_4P_1 的中点，$P_1G_2, P_2G_3, P_3G_4, P_4G_1$ 依次是各面 $P_2P_3P_4, P_3P_4P_1, P_4P_1P_2, P_1P_2P_3$ 的重心线，$\pi_{Q_{23}P_iQ_{41}G_{i+1}}(i=1,2,3,4)$ 是 $P_1P_2P_3P_4$ 的中位线重心线面，则

(1) $\pi_{Q_{23}P_2Q_{41}G_3}$ 通过顶点 P_3，$\pi_{Q_{23}P_3Q_{41}G_4}$ 通过顶点 P_2，且

$$4a_{Q_{23}P_iQ_{41}}D_{P_2-\pi_{Q_{23}P_iQ_{41}G_{i+1}}} = (-1)^i3D_{P_1P_2P_3P_4} \quad (i=4,1), \tag{3.5.23}$$

$$4a_{Q_{23}P_iQ_{41}}D_{P_3-\pi_{Q_{23}P_iQ_{41}G_{i+1}}} = (-1)^{i-1}3D_{P_1P_2P_3P_4} \quad (i=4,1); \tag{3.5.24}$$

$$2a_{P_iQ_{41}G_{i+1}}D_{P_2-\pi_{Q_{23}P_iQ_{41}G_{i+1}}} = (-1)^iD_{P_1P_2P_3P_4} \quad (i=4,1), \tag{3.5.25}$$

$$2a_{P_iQ_{41}G_{i+1}}D_{P_3-\pi_{Q_{23}P_iQ_{41}G_{i+1}}} = (-1)^iD_{P_1P_2P_3P_4} \quad (i=4,1); \tag{3.5.26}$$

$$4a_{Q_{41}G_{i+1}Q_{23}}D_{P_2-\pi_{Q_{23}P_iQ_{41}G_{i+1}}} = (-1)^{i-1}D_{P_1P_2P_3P_4} \quad (i=4,1), \tag{3.5.27}$$

$$4a_{Q_{41}G_{i+1}Q_{23}}D_{P_3-\pi_{Q_{23}P_iQ_{41}G_{i+1}}} = (-1)^iD_{P_1P_2P_3P_4} \quad (i=4,1); \tag{3.5.28}$$

$$2a_{G_{i+1}Q_{23}P_i}D_{P_2-\pi_{Q_{23}P_iQ_{41}G_{i+1}}} = (-1)^{i-1}D_{P_1P_2P_3P_4} \quad (i=4,1), \tag{3.5.29}$$

$$2a_{G_{i+1}Q_{23}P_i}D_{P_3-\pi_{Q_{23}P_iQ_{41}G_{i+1}}} = (-1)^iD_{P_1P_2P_3P_4} \quad (i=4,1). \tag{3.5.30}$$

(2) $\pi_{Q_{23}P_1Q_{41}G_2}$ 通过顶点 P_4，$\pi_{Q_{23}P_4Q_{41}G_2}$ 通过顶点 P_1，且

$$4a_{Q_{23}P_iQ_{41}}D_{P_1-\pi_{Q_{23}P_iQ_{41}G_{i+1}}} = (-1)^{i-1}3D_{P_1P_2P_3P_4} \quad (i=2,3), \tag{3.5.31}$$

$$4a_{Q_{23}P_iQ_{41}}D_{P_4-\pi_{Q_{23}P_iQ_{41}G_{i+1}}} = (-1)^i3D_{P_1P_2P_3P_4} \quad (i=2,3); \tag{3.5.32}$$

$$2a_{P_iQ_{41}G_{i+1}}D_{P_1-\pi_{Q_{23}P_iQ_{41}G_{i+1}}} = (-1)^{i-1}D_{P_1P_2P_3P_4} \quad (i=2,3), \tag{3.5.33}$$

$$2a_{P_iQ_{41}G_{i+1}}D_{P_4-\pi_{Q_{23}P_iQ_{41}G_{i+1}}} = (-1)^iD_{P_1P_2P_3P_4} \quad (i=2,3); \tag{3.5.34}$$

$$4a_{Q_{41}G_{i+1}Q_{23}}D_{P_1-\pi_{Q_{23}P_iQ_{41}G_{i+1}}} = (-1)^{i-1}D_{P_1P_2P_3P_4} \quad (i=2,3), \tag{3.5.35}$$

$$4a_{Q_{41}G_{i+1}Q_{23}}D_{P_4-\pi_{Q_{23}P_iQ_{41}G_{i+1}}} = (-1)^iD_{P_1P_2P_3P_4} \quad (i=2,3); \tag{3.5.36}$$

$$2a_{G_{i+1}Q_{23}P_i}D_{P_1\text{-}\pi_{Q_{23}P_iQ_{41}G_{i+1}}} = (-1)^{i-1}D_{P_1P_2P_3P_4} \quad (i=2,3),\tag{3.5.37}$$

$$2a_{G_{i+1}Q_{23}P_i}D_{P_4\text{-}\pi_{Q_{23}P_iQ_{41}G_{i+1}}} = (-1)^{i}D_{P_1P_2P_3P_4} \quad (i=2,3).\tag{3.5.38}$$

证明　仿定理 3.5.1 证明, 即得 $\pi_{Q_{23}P_2Q_{41}G_3}$ 通过顶点 P_3, $\pi_{Q_{23}P_3Q_{41}G_4}$ 通过顶点 P_2, 且式 (3.5.23)~(3.5.30) 成立; $\pi_{Q_{23}P_1Q_{41}G_2}$ 通过顶点 P_4, $\pi_{Q_{23}P_4Q_{41}G_2}$ 通过顶点 P_1, 且式 (3.5.31)~(3.5.38) 成立.

推论 3.5.2　设 $P_1P_2P_3P_4$ 是四面体, Q_{23},Q_{41} 依次是两对棱 P_2P_3,P_4P_1 的中点, $P_1G_2,P_2G_3,P_3G_4,P_4G_1$ 依次是各面 $P_2P_3P_4,P_3P_4P_1,P_4P_1P_2,P_1P_2P_3$ 的重心线, $\pi_{Q_{23}P_iQ_{41}G_{i+1}}(i=1,2,3,4)$ 是 $P_1P_2P_3P_4$ 的中位线重心线面, 则

(1) $Q_{23},Q_{41},P_2,P_3,G_3,G_4$ 六点共面, 且

$$a_{Q_{23}P_iQ_{41}}d_{P_2\text{-}\pi_{Q_{23}P_iQ_{41}G_{i+1}}} = a_{Q_{23}P_iQ_{41}}d_{P_3\text{-}\pi_{Q_{23}P_iQ_{41}G_{i+1}}}$$
$$= 3v_{P_1P_2P_3P_4}/4 \quad (i=4,1),\tag{3.5.39}$$

$$a_{P_iQ_{41}G_{i+1}}d_{P_2\text{-}\pi_{Q_{23}P_iQ_{41}G_{i+1}}} = a_{P_iQ_{41}G_{i+1}}d_{P_3\text{-}\pi_{Q_{23}P_iQ_{41}G_{i+1}}}$$
$$= a_{G_{i+1}Q_{23}P_i}d_{P_2\text{-}\pi_{Q_{23}P_iQ_{41}G_{i+1}}} = a_{G_{i+1}Q_{23}P_i}d_{P_3\text{-}\pi_{Q_{23}P_iQ_{41}G_{i+1}}}$$
$$= v_{P_1P_2P_3P_4}/2 \quad (i=4,1),\tag{3.5.40}$$

$$a_{Q_{41}G_{i+1}Q_{23}}d_{P_2\text{-}\pi_{Q_{23}P_iQ_{41}G_{i+1}}} = a_{Q_{41}G_{i+1}Q_{23}}d_{P_3\text{-}\pi_{Q_{23}P_iQ_{41}G_{i+1}}}$$
$$= v_{P_1P_2P_3P_4}/4 \quad (i=4,1).\tag{3.5.41}$$

(2) $Q_{23},Q_{41},P_1,P_4,G_2,G_1$ 六点共面, 且

$$a_{Q_{23}P_iQ_{41}}d_{P_1\text{-}\pi_{Q_{23}P_iQ_{41}G_{i+1}}} = a_{Q_{23}P_iQ_{41}}d_{P_4\text{-}\pi_{Q_{23}P_iQ_{41}G_{i+1}}}$$
$$= 3v_{P_1P_2P_3P_4}/4 \quad (i=2,3),\tag{3.5.42}$$

$$a_{P_iQ_{41}G_{i+1}}d_{P_1\text{-}\pi_{Q_{23}P_iQ_{41}G_{i+1}}} = a_{P_iQ_{41}G_{i+1}}d_{P_4\text{-}\pi_{Q_{23}P_iQ_{41}G_{i+1}}}$$
$$= a_{G_{i+1}Q_{23}P_i}d_{P_1\text{-}\pi_{Q_{23}P_iQ_{41}G_{i+1}}} = a_{G_{i+1}Q_{23}P_i}d_{P_4\text{-}\pi_{Q_{23}P_iQ_{41}G_{i+1}}}$$
$$= v_{P_1P_2P_3P_4}/2 \quad (i=2,3);\tag{3.5.43}$$

$$a_{Q_{41}G_{i+1}Q_{23}}d_{P_1\text{-}\pi_{Q_{23}P_iQ_{41}G_{i+1}}} = a_{Q_{41}G_{i+1}Q_{23}}d_{P_4\text{-}\pi_{Q_{23}P_iQ_{41}G_{i+1}}}$$
$$= v_{P_1P_2P_3P_4}/4 \quad (i=2,3).\tag{3.5.44}$$

证明　根据定理 3.5.2, 仿推论 3.5.1 证明, 即得 $Q_{23},Q_{41},P_2,P_3,G_3,G_4$ 六点

共面, 且 (3.5.39)~(3.5.41) 成立; $Q_{23}, Q_{41}, P_1, P_4, G_2, G_1$ 六点共面, 且式 (3.5.42)~(3.5.44) 成立.

定理 3.5.3 设 $P_1P_2P_3P_4$ 是四面体, Q_{31}, Q_{24} 依次是两对棱 P_3P_1, P_2P_4 的中点, $P_1G_2, P_2G_3, P_3G_4, P_4G_1$ 依次是各面 $P_2P_3P_4, P_3P_4P_1, P_4P_1P_2, P_1P_2P_3$ 的重心线, $\pi_{Q_{31}P_iQ_{24}G_{i+1}}(i=1,2,3,4)$ 是 $P_1P_2P_3P_4$ 的中位线重心线面, 则

(1) $\pi_{Q_{31}P_1Q_{24}G_2}$ 通过顶点 P_3, $\pi_{Q_{31}P_3Q_{24}G_4}$ 通过顶点 P_1, 且

$$4a_{Q_{31}P_iQ_{24}}D_{P_1\text{-}\pi_{Q_{31}P_iQ_{24}G_{i+1}}} = (-1)^{\frac{i(i+1)}{2}}3D_{P_1P_2P_3P_4} \quad (i=2,4), \tag{3.5.45}$$

$$4a_{Q_{23}P_iQ_{41}}D_{P_3\text{-}\pi_{Q_{23}P_iQ_{41}G_{i+1}}} = (-1)^{\frac{i(i+1)}{2}-1}3D_{P_1P_2P_3P_4} \quad (i=2,4); \tag{3.5.46}$$

$$2a_{P_iQ_{24}G_{i+1}}D_{P_1\text{-}\pi_{Q_{31}P_iQ_{24}G_{i+1}}} = (-1)^{\frac{i(i+1)}{2}}D_{P_1P_2P_3P_4} \quad (i=2,4), \tag{3.5.47}$$

$$2a_{P_iQ_{24}G_{i+1}}D_{P_3\text{-}\pi_{Q_{31}P_iQ_{24}G_{i+1}}} = (-1)^{\frac{i(i+1)}{2}-1}D_{P_1P_2P_3P_4} \quad (i=2,4); \tag{3.5.48}$$

$$4a_{Q_{24}G_{i+1}Q_{31}}D_{P_1\text{-}\pi_{Q_{31}P_iQ_{24}G_{i+1}}} = (-1)^{\frac{i(i+1)}{2}}D_{P_1P_2P_3P_4} \quad (i=2,4), \tag{3.5.49}$$

$$4a_{Q_{24}G_{i+1}Q_{31}}D_{P_3\text{-}\pi_{Q_{31}P_iQ_{24}G_{i+1}}} = (-1)^{\frac{i(i+1)}{2}-1}D_{P_1P_2P_3P_4} \quad (i=2,4); \tag{3.5.50}$$

$$2a_{G_{i+1}Q_{31}P_i}D_{P_1\text{-}\pi_{Q_{31}P_iQ_{24}G_{i+1}}} = (-1)^{\frac{i(i+1)}{2}}D_{P_1P_2P_3P_4} \quad (i=2,4), \tag{3.5.51}$$

$$2a_{G_{i+1}Q_{31}P_i}D_{P_3\text{-}\pi_{Q_{31}P_iQ_{24}G_{i+1}}} = (-1)^{\frac{i(i+1)}{2}-1}D_{P_1P_2P_3P_4} \quad (i=2,4). \tag{3.5.52}$$

(2) $\pi_{Q_{31}P_2Q_{24}G_3}$ 通过顶点 P_4, $\pi_{Q_{31}P_4Q_{24}G_1}$ 通过顶点 P_2, 且

$$4a_{Q_{31}P_iQ_{24}}D_{P_2\text{-}\pi_{Q_{31}P_iQ_{24}G_{i+1}}} = (-1)^{\frac{i(i+1)}{2}-1}3D_{P_1P_2P_3P_4} \quad (i=3,1), \tag{3.5.53}$$

$$4a_{Q_{23}P_iQ_{41}}D_{P_4\text{-}\pi_{Q_{23}P_iQ_{41}G_{i+1}}} = (-1)^{\frac{i(i+1)}{2}}3D_{P_1P_2P_3P_4} \quad (i=3,1); \tag{3.5.54}$$

$$2a_{P_iQ_{24}G_{i+1}}D_{P_2\text{-}\pi_{Q_{31}P_iQ_{24}G_{i+1}}} = (-1)^{\frac{i(i+1)}{2}-1}D_{P_1P_2P_3P_4} \quad (i=3,1), \tag{3.5.55}$$

$$2a_{P_iQ_{24}G_{i+1}}D_{P_4\text{-}\pi_{Q_{31}P_iQ_{24}G_{i+1}}} = (-1)^{\frac{i(i+1)}{2}}D_{P_1P_2P_3P_4} \quad (i=3,1); \tag{3.5.56}$$

$$4a_{Q_{24}G_{i+1}Q_{31}}D_{P_2\text{-}\pi_{Q_{31}P_iQ_{24}G_{i+1}}} = (-1)^{\frac{i(i+1)}{2}-1}D_{P_1P_2P_3P_4} \quad (i=3,1), \tag{3.5.57}$$

$$4a_{Q_{24}G_{i+1}Q_{31}}D_{P_4\text{-}\pi_{Q_{31}P_iQ_{24}G_{i+1}}} = (-1)^{\frac{i(i+1)}{2}}D_{P_1P_2P_3P_4} \quad (i=3,1); \tag{3.5.58}$$

$$2a_{G_{i+1}Q_{31}P_i}D_{P_2\text{-}\pi_{Q_{31}P_iQ_{24}G_{i+1}}} = (-1)^{\frac{i(i+1)}{2}-1}D_{P_1P_2P_3P_4} \quad (i=3,1), \tag{3.5.59}$$

$$2a_{G_{i+1}Q_{31}P_i}D_{P_4\text{-}\pi_{Q_{31}P_iQ_{24}G_{i+1}}} = (-1)^{\frac{i(i+1)}{2}}D_{P_1P_2P_3P_4} \quad (i=3,1). \tag{3.5.60}$$

证明 仿定理 3.5.1 证明, 即得 $\pi_{Q_{31}P_1Q_{24}G_2}$ 通过顶点 P_3, $\pi_{Q_{31}P_3Q_{24}G_4}$ 通过顶点 P_1, 且式 (3.5.45)~(3.5.52) 成立; $\pi_{Q_{31}P_2Q_{24}G_3}$ 通过顶点 P_4, $\pi_{Q_{31}P_4Q_{24}G_1}$ 通过顶点 P_2, 且式 (3.5.53)~(3.5.60) 成立.

推论 3.5.3　设 $P_1P_2P_3P_4$ 是四面体, Q_{31}, Q_{24} 依次是两对棱 P_3P_1, P_2P_4 的中点, $P_1G_2, P_2G_3, P_3G_4, P_4G_1$ 依次是各面 $P_2P_3P_4, P_3P_4P_1, P_4P_1P_2, P_1P_2P_3$ 的重心线, $\pi_{Q_{31}P_iQ_{24}G_{i+1}}(i=1,2,3,4)$ 是 $P_1P_2P_3P_4$ 的中位线重心线面, 则

(1) $Q_{31}, Q_{24}, P_1, P_3, G_2, G_4$ 六点共面, 且

$$a_{Q_{31}P_iQ_{24}}d_{P_1 - \pi_{Q_{31}P_iQ_{24}G_{i+1}}} = a_{Q_{23}P_iQ_{41}}d_{P_3 - \pi_{Q_{23}P_iQ_{41}G_{i+1}}}$$

$$= 3v_{P_1P_2P_3P_4}/4 \quad (i=2,4), \tag{3.5.61}$$

$$a_{P_iQ_{24}G_{i+1}}d_{P_1 - \pi_{Q_{31}P_iQ_{24}G_{i+1}}} = a_{P_iQ_{24}G_{i+1}}d_{P_3 - \pi_{Q_{31}P_iQ_{24}G_{i+1}}}$$

$$= a_{G_{i+1}Q_{31}P_i}d_{P_1 - \pi_{Q_{31}P_iQ_{24}G_{i+1}}} = a_{G_{i+1}Q_{31}P_i}d_{P_3 - \pi_{Q_{31}P_iQ_{24}G_{i+1}}}$$

$$= v_{P_1P_2P_3P_4}/2 \quad (i=2,4), \tag{3.5.62}$$

$$a_{Q_{24}G_{i+1}Q_{31}}d_{P_1 - \pi_{Q_{31}P_iQ_{24}G_{i+1}}} = a_{Q_{24}G_{i+1}Q_{31}}d_{P_3 - \pi_{Q_{31}P_iQ_{24}G_{i+1}}}$$

$$= v_{P_1P_2P_3P_4}/4 \quad (i=2,4); \tag{3.5.63}$$

(2) $Q_{31}, Q_{24}, P_2, P_4, G_3, G_1$ 六点共面, 且

$$a_{Q_{31}P_iQ_{24}}d_{P_2 - \pi_{Q_{31}P_iQ_{24}G_{i+1}}} = a_{Q_{23}P_iQ_{41}}d_{P_4 - \pi_{Q_{23}P_iQ_{41}G_{i+1}}}$$

$$= 3v_{P_1P_2P_3P_4}/4 \quad (i=3,1), \tag{3.5.64}$$

$$a_{P_iQ_{24}G_{i+1}}d_{P_2 - \pi_{Q_{31}P_iQ_{24}G_{i+1}}} = a_{P_iQ_{24}G_{i+1}}d_{P_4 - \pi_{Q_{31}P_iQ_{24}G_{i+1}}}$$

$$= a_{G_{i+1}Q_{31}P_i}d_{P_2 - \pi_{Q_{31}P_iQ_{24}G_{i+1}}} = a_{G_{i+1}Q_{31}P_i}d_{P_4 - \pi_{Q_{31}P_iQ_{24}G_{i+1}}}$$

$$= v_{P_1P_2P_3P_4}/2 \quad (i=3,1), \tag{3.5.65}$$

$$a_{Q_{24}G_{i+1}Q_{31}}d_{P_2 - \pi_{Q_{31}P_iQ_{24}G_{i+1}}} = a_{Q_{24}G_{i+1}Q_{31}}d_{P_4 - \pi_{Q_{31}P_iQ_{24}G_{i+1}}}$$

$$= v_{P_1P_2P_3P_4}/4 \quad (i=3,1). \tag{3.5.66}$$

证明　根据定理 3.5.3, 仿推论 3.5.1 证明, 即得 $Q_{31}, Q_{24}, P_1, P_3, G_2, G_4$ 六点共面, 且式 (3.5.61)~(3.5.63) 成立; $Q_{31}, Q_{24}, P_2, P_4, G_3, G_1$ 六点共面, 且 (3.5.64)~(3.5.66).

3.5.3　四面体顶点到中位线重心线面有向距离公式的应用

根据定理 1.2.3, 可以得出定理 3.5.1~定理 3.5.3 中有向距离公式相应的有向体积 (体积) 公式. 兹列如下.

定理 3.5.4　设 $P_1P_2P_3P_4$ 是四面体, Q_{12}, Q_{34} 依次是两对棱 P_1P_2, P_3P_4 的

中点, $P_1G_2, P_2G_3, P_3G_4, P_4G_1$ 依次是各面 $P_2P_3P_4, P_3P_4P_1, P_4P_1P_2, P_1P_2P_3$ 的重心线, $\pi_{Q_{12}P_iQ_{34}G_{i+1}}(i = 1, 2, 3, 4)$ 是 $P_1P_2P_3P_4$ 的中位线重心线面, 则

(1) $\mathrm{D}_{P_2Q_{12}P_1Q_{34}} = \mathrm{D}_{P_2P_1Q_{34}G_2} = \mathrm{D}_{P_2Q_{34}G_2Q_{12}} = \mathrm{D}_{P_2G_2Q_{12}P_1} = \mathrm{D}_{P_1P_2Q_{34}G_3} = \mathrm{D}_{P_1Q_{34}G_3Q_{12}} = \mathrm{D}_{P_1G_3Q_{12}P_2} = 0$, 且

$$\mathrm{D}_{P_1Q_{12}P_iQ_{34}} = -\mathrm{D}_{P_2Q_{12}P_iQ_{34}} = (-1)^{i-1}\mathrm{D}_{P_1P_2P_3P_4}/4 \quad (i = 3, 4),$$

$$\mathrm{D}_{P_1P_iQ_{34}G_{i+1}} = -\mathrm{D}_{P_2P_iQ_{34}G_{i+1}} = (-1)^{i-1}\mathrm{D}_{P_1P_2P_3P_4}/6 \quad (i = 3, 4),$$

$$\mathrm{D}_{P_1Q_{34}G_{i+1}Q_{12}} = -\mathrm{D}_{P_2Q_{34}G_{i+1}Q_{12}} = (-1)^{i-1}\mathrm{D}_{P_1P_2P_3P_4}/12 \quad (i = 3, 4),$$

$$\mathrm{D}_{P_1G_{i+1}Q_{12}P_i} = -\mathrm{D}_{P_2G_{i+1}Q_{12}P_i} = (-1)^{i-1}\mathrm{D}_{P_1P_2P_3P_4}/6 \quad (i = 3, 4).$$

(2) $\mathrm{D}_{P_4Q_{12}P_3Q_{34}} = \mathrm{D}_{P_4P_3Q_{34}G_4} = \mathrm{D}_{P_4Q_{34}G_4Q_{12}} = \mathrm{D}_{P_4G_4Q_{12}P_3} = \mathrm{D}_{P_3P_4Q_{34}G_1} = \mathrm{D}_{P_3Q_{34}G_1Q_{12}} = \mathrm{D}_{P_3G_1Q_{12}P_4} = 0$, 且

$$\mathrm{D}_{P_3Q_{12}P_iQ_{34}} = -\mathrm{D}_{P_4Q_{12}P_iQ_{34}} = (-1)^i\mathrm{D}_{P_1P_2P_3P_4}/4 \quad (i = 1, 2),$$

$$\mathrm{D}_{P_3P_iQ_{34}G_{i+1}} = -\mathrm{D}_{P_4P_iQ_{34}G_{i+1}} = (-1)^i\mathrm{D}_{P_1P_2P_3P_4}/6 \quad (i = 1, 2),$$

$$\mathrm{D}_{P_3Q_{34}G_{i+1}Q_{12}} = -\mathrm{D}_{P_4Q_{34}G_{i+1}Q_{12}} = (-1)^i\mathrm{D}_{P_1P_2P_3P_4}/12 \quad (i = 1, 2),$$

$$\mathrm{D}_{P_3G_{i+1}Q_{12}P_i} = -\mathrm{D}_{P_4G_{i+1}Q_{12}P_i} = (-1)^i\mathrm{D}_{P_1P_2P_3P_4}/6 \quad (i = 1, 2).$$

推论 3.5.4 设 $P_1P_2P_3P_4$ 是四面体, Q_{12}, Q_{34} 依次是两对棱 P_1P_2, P_3P_4 的中点, $P_1G_2, P_2G_3, P_3G_4, P_4G_1$ 依次是各面 $P_2P_3P_4, P_3P_4P_1, P_4P_1P_2, P_1P_2P_3$ 的重心线, $\pi_{Q_{12}P_iQ_{34}G_{i+1}}(i = 1, 2, 3, 4)$ 是 $P_1P_2P_3P_4$ 的中位线重心线面, 则

(1) $Q_{12}, Q_{34}, P_1, P_2, G_2, G_3$ 六点共面, 且

$$\mathrm{v}_{P_1Q_{12}P_iQ_{34}} = \mathrm{v}_{P_2Q_{12}P_iQ_{34}} = \mathrm{v}_{P_1P_2P_3P_4}/4 \quad (i = 3, 4);$$

$$\mathrm{v}_{P_1P_iQ_{34}G_{i+1}} = \mathrm{v}_{P_2P_iQ_{34}G_{i+1}} = \mathrm{v}_{P_1G_{i+1}Q_{12}P_i}$$
$$= \mathrm{v}_{P_2G_{i+1}Q_{12}P_i} = \mathrm{v}_{P_1P_2P_3P_4}/6 \quad (i = 3, 4);$$

$$\mathrm{v}_{P_1Q_{34}G_{i+1}Q_{12}} = \mathrm{v}_{P_2Q_{34}G_{i+1}Q_{12}} = \mathrm{v}_{P_1P_2P_3P_4}/12 \quad (i = 3, 4).$$

(2) $Q_{12}, Q_{34}, P_3, P_4, G_4, G_1$ 六点共面, 且

$$\mathrm{v}_{P_3Q_{12}P_iQ_{34}} = \mathrm{v}_{P_4Q_{12}P_iQ_{34}} = \mathrm{v}_{P_1P_2P_3P_4}/4 \quad (i = 1, 2),$$

$$\mathrm{v}_{P_3P_iQ_{34}G_{i+1}} = \mathrm{v}_{P_4P_iQ_{34}G_{i+1}} = \mathrm{v}_{P_3G_{i+1}Q_{12}P_i}$$
$$= \mathrm{v}_{P_4G_{i+1}Q_{12}P_i} = \mathrm{v}_{P_1P_2P_3P_4}/6 \quad (i = 1, 2),$$

$$v_{P_3Q_{34}G_{i+1}Q_{12}} = v_{P_4Q_{34}G_{i+1}Q_{12}} = v_{P_1P_2P_3P_4}/12 \quad (i = 1, 2).$$

定理 3.5.5　设 $P_1P_2P_3P_4$ 是四面体, Q_{23}, Q_{41} 依次是两对棱 P_2P_3, P_4P_1 的中点, $P_1G_2, P_2G_3, P_3G_4, P_4G_1$ 依次是各面 $P_2P_3P_4, P_3P_4P_1, P_4P_1P_2, P_1P_2P_3$ 的重心线, $\pi_{Q_{23}P_iQ_{41}G_{i+1}}(i = 1, 2, 3, 4)$ 是 $P_1P_2P_3P_4$ 的中位线重心线面, 则

(1) $D_{P_3Q_{23}P_2Q_{41}} = D_{P_3P_2Q_{41}G_3} = D_{P_3Q_{41}G_3Q_{23}} = D_{P_3G_3Q_{23}P_2} = D_{P_2P_3Q_{41}G_4} = D_{P_2Q_{41}G_4Q_{23}} = D_{P_2G_4Q_{23}P_3} = 0$, 且

$$D_{P_2Q_{23}P_iQ_{41}} = -D_{P_3Q_{23}P_iQ_{41}} = (-1)^iD_{P_1P_2P_3P_4}/4 \quad (i = 4, 1),$$

$$D_{P_2P_iQ_{41}G_{i+1}} = -D_{P_3P_iQ_{41}G_{i+1}} = (-1)^iD_{P_1P_2P_3P_4}/6 \quad (i = 4, 1),$$

$$D_{P_2Q_{41}G_{i+1}Q_{23}} = -D_{P_3Q_{41}G_{i+1}Q_{23}} = (-1)^{i-1}D_{P_1P_2P_3P_4}/12 \quad (i = 4, 1),$$

$$D_{P_2G_{i+1}Q_{23}P_i} = -D_{P_3G_{i+1}Q_{23}P_i} = (-1)^{i-1}D_{P_1P_2P_3P_4}/6 \quad (i = 4, 1).$$

(2) $D_{P_4Q_{23}P_1Q_{41}} = D_{P_4P_1Q_{41}G_2} = D_{P_4Q_{41}G_2Q_{23}} = D_{P_4G_2Q_{23}P_1} = D_{P_1P_4Q_{41}G_2} = D_{P_1Q_{41}G_2Q_{23}} = D_{P_1G_2Q_{23}P_4} = 0$, 且

$$D_{P_1Q_{23}P_iQ_{41}} = -D_{P_4Q_{23}P_iQ_{41}} = (-1)^{i-1}D_{P_1P_2P_3P_4}/4 \quad (i = 2, 3),$$

$$D_{P_1P_iQ_{41}G_{i+1}} = -D_{P_4P_iQ_{41}G_{i+1}} = (-1)^{i-1}D_{P_1P_2P_3P_4}/6 \quad (i = 2, 3),$$

$$D_{P_1Q_{41}G_{i+1}Q_{23}} = -D_{P_4Q_{41}G_{i+1}Q_{23}} = (-1)^{i-1}D_{P_1P_2P_3P_4}/12 \quad (i = 2, 3),$$

$$D_{P_1G_{i+1}Q_{23}P_i} = -D_{P_4G_{i+1}Q_{23}P_i} = (-1)^{i-1}D_{P_1P_2P_3P_4}/6 \quad (i = 2, 3).$$

推论 3.5.5　设 $P_1P_2P_3P_4$ 是四面体, Q_{23}, Q_{41} 依次是两对棱 P_2P_3, P_4P_1 的中点, $P_1G_2, P_2G_3, P_3G_4, P_4G_1$ 依次是各面 $P_2P_3P_4, P_3P_4P_1, P_4P_1P_2, P_1P_2P_3$ 的重心线, $\pi_{Q_{23}P_iQ_{41}G_{i+1}}(i = 1, 2, 3, 4)$ 是 $P_1P_2P_3P_4$ 的中位线重心线面, 则

(1) $Q_{23}, Q_{41}, P_2, P_3, G_3, G_4$ 六点共面, 且

$$v_{P_2Q_{23}P_iQ_{41}} = v_{P_3Q_{23}P_iQ_{41}} = v_{P_1P_2P_3P_4}/4 \quad (i = 4, 1),$$

$$v_{P_2P_iQ_{41}G_{i+1}} = v_{P_3P_iQ_{41}G_{i+1}} = v_{P_2G_{i+1}Q_{23}P_i}$$
$$= v_{P_3G_{i+1}Q_{23}P_i} = v_{P_1P_2P_3P_4}/6 \quad (i = 4, 1),$$

$$v_{P_2Q_{41}G_{i+1}Q_{23}} = v_{P_3Q_{41}G_{i+1}Q_{23}} = v_{P_1P_2P_3P_4}/12 \quad (i = 4, 1).$$

(2) $Q_{23}, Q_{41}, P_1, P_4, G_2, G_1$ 六点共面, 且

$$v_{P_1Q_{23}P_iQ_{41}} = v_{P_4Q_{23}P_iQ_{41}} = v_{P_1P_2P_3P_4}/4 \quad (i = 2, 3),$$

$$v_{P_1P_iQ_{41}G_{i+1}} = v_{P_4P_iQ_{41}G_{i+1}} = v_{P_1G_{i+1}Q_{23}P_i}$$

$$= \mathrm{v}_{P_4 G_{i+1} Q_{23} P_i} = \mathrm{v}_{P_1 P_2 P_3 P_4}/6 \quad (i = 2, 3),$$

$$\mathrm{v}_{P_1 Q_{41} G_{i+1} Q_{23}} = \mathrm{v}_{P_4 Q_{41} G_{i+1} Q_{23}} = \mathrm{v}_{P_1 P_2 P_3 P_4}/12 \quad (i = 2, 3).$$

定理 3.5.6 设 $P_1 P_2 P_3 P_4$ 是四面体, Q_{31}, Q_{24} 依次是两对棱 $P_3 P_1, P_2 P_4$ 的中点, $P_1 G_2, P_2 G_3, P_3 G_4, P_4 G_1$ 依次是各面 $P_2 P_3 P_4, P_3 P_4 P_1, P_4 P_1 P_2, P_1 P_2 P_3$ 的重心线, $\pi_{Q_{31} P_i Q_{24} G_{i+1}}(i = 1, 2, 3, 4)$ 是 $P_1 P_2 P_3 P_4$ 的中位线重心线面, 则

(1) $\mathrm{D}_{P_3 Q_{31} P_1 Q_{24}} = \mathrm{D}_{P_3 P_1 Q_{24} G_2} = \mathrm{D}_{P_3 Q_{24} G_2 Q_{31}} = \mathrm{D}_{P_3 G_2 Q_{31} P_1} = \mathrm{D}_{P_1 P_3 Q_{24} G_4} = \mathrm{D}_{P_1 Q_{24} G_4 Q_{31}} = \mathrm{D}_{P_1 G_4 Q_{31} P_3} = 0$, 且

$$\mathrm{D}_{P_1 Q_{31} P_i Q_{24}} = -\mathrm{D}_{P_3 Q_{23} P_i Q_{41}} = (-1)^{\frac{i(i+1)}{2}} \mathrm{D}_{P_1 P_2 P_3 P_4}/4 \quad (i = 2, 4),$$

$$\mathrm{D}_{P_1 P_i Q_{24} G_{i+1}} = -\mathrm{D}_{P_3 P_i Q_{24} G_{i+1}} = (-1)^{\frac{i(i+1)}{2}} \mathrm{D}_{P_1 P_2 P_3 P_4}/6 \quad (i = 2, 4),$$

$$\mathrm{D}_{P_1 Q_{24} G_{i+1} Q_{31}} = -\mathrm{D}_{P_3 Q_{24} G_{i+1} Q_{31}} = (-1)^{\frac{i(i+1)}{2}} \mathrm{D}_{P_1 P_2 P_3 P_4}/12 \quad (i = 2, 4),$$

$$\mathrm{D}_{P_1 G_{i+1} Q_{31} P_i} = -\mathrm{D}_{P_3 G_{i+1} Q_{31} P_i} = (-1)^{\frac{i(i+1)}{2}} \mathrm{D}_{P_1 P_2 P_3 P_4}/6 \quad (i = 2, 4).$$

(2) $\mathrm{D}_{P_4 Q_{31} P_2 Q_{24}} = \mathrm{D}_{P_4 P_2 Q_{24} G_3} = \mathrm{D}_{P_4 Q_{24} G_3 Q_{31}} = \mathrm{D}_{P_4 G_3 Q_{31} P_2} = \mathrm{D}_{P_2 P_4 Q_{24} G_1} = \mathrm{D}_{P_2 Q_{24} G_1 Q_{31}} = \mathrm{D}_{P_2 G_1 Q_{31} P_4} = 0$, 且

$$\mathrm{D}_{P_2 Q_{31} P_i Q_{24}} = -\mathrm{D}_{P_4 Q_{23} P_i Q_{41}} = (-1)^{\frac{i(i+1)}{2}-1} \mathrm{D}_{P_1 P_2 P_3 P_4}/4 \quad (i = 3, 1),$$

$$\mathrm{D}_{P_2 P_i Q_{24} G_{i+1}} = -\mathrm{D}_{P_4 P_i Q_{24} G_{i+1}} = (-1)^{\frac{i(i+1)}{2}-1} \mathrm{D}_{P_1 P_2 P_3 P_4}/6 \quad (i = 3, 1),$$

$$\mathrm{D}_{P_2 Q_{24} G_{i+1} Q_{31}} = -\mathrm{D}_{P_4 Q_{24} G_{i+1} Q_{31}} = (-1)^{\frac{i(i+1)}{2}-1} \mathrm{D}_{P_1 P_2 P_3 P_4}/12 \quad (i = 3, 1),$$

$$\mathrm{D}_{P_2 G_{i+1} Q_{31} P_i} = -\mathrm{D}_{P_4 G_{i+1} Q_{31} P_i} = (-1)^{\frac{i(i+1)}{2}-1} \mathrm{D}_{P_1 P_2 P_3 P_4}/6 \quad (i = 3, 1).$$

推论 3.5.6 设 $P_1 P_2 P_3 P_4$ 是四面体, Q_{31}, Q_{24} 依次是两对棱 $P_3 P_1, P_2 P_4$ 的中点, $P_1 G_2, P_2 G_3, P_3 G_4, P_4 G_1$ 依次是各面 $P_2 P_3 P_4, P_3 P_4 P_1, P_4 P_1 P_2, P_1 P_2 P_3$ 的重心线, $\pi_{Q_{31} P_i Q_{24} G_{i+1}}(i = 1, 2, 3, 4)$ 是 $P_1 P_2 P_3 P_4$ 的中位线重心线面, 则

(1) $Q_{31}, Q_{24}, P_1, P_3, G_2, G_4$ 六点共面, 且

$$\mathrm{v}_{P_1 Q_{31} P_i Q_{24}} = \mathrm{v}_{P_3 Q_{23} P_i Q_{41}} = \mathrm{v}_{P_1 P_2 P_3 P_4}/4 \quad (i = 2, 4),$$

$$\mathrm{v}_{P_1 P_i Q_{24} G_{i+1}} = \mathrm{v}_{P_3 P_i Q_{24} G_{i+1}} = \mathrm{v}_{P_1 G_{i+1} Q_{31} P_i}$$

$$= \mathrm{v}_{P_3 G_{i+1} Q_{31} P_i} = \mathrm{v}_{P_1 P_2 P_3 P_4}/6 \quad (i = 2, 4),$$

$$\mathrm{v}_{P_1 Q_{24} G_{i+1} Q_{31}} = \mathrm{v}_{P_3 Q_{24} G_{i+1} Q_{31}} = \mathrm{v}_{P_1 P_2 P_3 P_4}/12 \quad (i = 2, 4);$$

(2) $Q_{31}, Q_{24}, P_2, P_4, G_3, G_1$ 六点共面, 且

$$\mathrm{v}_{P_2 Q_{31} P_i Q_{24}} = \mathrm{v}_{P_4 Q_{23} P_i Q_{41}} = \mathrm{v}_{P_1 P_2 P_3 P_4}/4 \quad (i = 3, 1),$$

$$v_{P_2P_iQ_{24}G_{i+1}} = v_{P_4P_iQ_{24}G_{i+1}} = v_{P_2G_{i+1}Q_{31}P_i}$$

$$= v_{P_4G_{i+1}Q_{31}P_i} = v_{P_1P_2P_3P_4}/6 \quad (i=3,1),$$

$$v_{P_2Q_{24}G_{i+1}Q_{31}} = v_{P_4Q_{24}G_{i+1}Q_{31}} = v_{P_1P_2P_3P_4}/12 \quad (i=3,1).$$

定理 3.5.7　设 $P_1P_2P_3P_4$ 是四面体, $Q_{12}, Q_{23}, Q_{34}, Q_{41}, Q_{31}, Q_{24}$ 依次是各棱 $P_1P_2, P_2P_3, P_3P_4, P_4P_1, P_3P_1, P_2P_4$ 的中点, $P_1G_2, P_2G_3, P_3G_4, P_4G_1$ 依次是各面 $P_2P_3P_4, P_3P_4P_1, P_4P_1P_2, P_1P_2P_3$ 的重心线, $\pi_{Q_{12}P_iQ_{34}G_{i+1}}, \pi_{Q_{23}P_iQ_{41}G_{i+1}},$ $\pi_{Q_{31}P_iQ_{24}G_{i+1}}(i=1,2,3,4)$ 是 $P_1P_2P_3P_4$ 的中位线重心线面, 则

$$D_{P_1\text{-}\pi_{Q_{12}P_iQ_{34}G_{i+1}}} + D_{P_2\text{-}\pi_{Q_{12}P_iQ_{34}G_{i+1}}}$$
$$= 0 \quad (d_{P_1\text{-}\pi_{Q_{12}P_iQ_{34}G_{i+1}}} = d_{P_2\text{-}\pi_{Q_{12}P_iQ_{34}G_{i+1}}}) \quad (i=3,4); \tag{3.5.67}$$

$$D_{P_3\text{-}\pi_{Q_{12}P_iQ_{34}G_{i+1}}} + D_{P_4\text{-}\pi_{Q_{12}P_iQ_{34}G_{i+1}}}$$
$$= 0 \quad (d_{P_3\text{-}\pi_{Q_{12}P_iQ_{34}G_{i+1}}} = d_{P_4\text{-}\pi_{Q_{12}P_iQ_{34}G_{i+1}}}) \quad (i=1,2); \tag{3.5.68}$$

$$D_{P_2\text{-}\pi_{Q_{23}P_iQ_{41}G_{i+1}}} + D_{P_3\text{-}\pi_{Q_{23}P_iQ_{41}G_{i+1}}}$$
$$= 0 \quad (d_{P_2\text{-}\pi_{Q_{23}P_iQ_{41}G_{i+1}}} = d_{P_3\text{-}\pi_{Q_{23}P_iQ_{41}G_{i+1}}}) \quad (i=2,3); \tag{3.5.69}$$

$$D_{P_4\text{-}\pi_{Q_{23}P_iQ_{41}G_{i+1}}} + D_{P_1\text{-}\pi_{Q_{23}P_iQ_{41}G_{i+1}}}$$
$$= 0 \quad (d_{P_4\text{-}\pi_{Q_{23}P_iQ_{41}G_{i+1}}} = d_{P_1\text{-}\pi_{Q_{23}P_iQ_{41}G_{i+1}}}) \quad (i=4,1); \tag{3.5.70}$$

$$D_{P_3\text{-}\pi_{Q_{23}P_iQ_{41}G_{i+1}}} + D_{P_1\text{-}\pi_{Q_{31}P_iQ_{24}G_{i+1}}}$$
$$= 0 \quad (d_{P_3\text{-}\pi_{Q_{23}P_iQ_{41}G_{i+1}}} = d_{P_1\text{-}\pi_{Q_{31}P_iQ_{24}G_{i+1}}}) \quad (i=3,1); \tag{3.5.71}$$

$$D_{P_2\text{-}\pi_{Q_{23}P_iQ_{41}G_{i+1}}} + D_{P_4\text{-}\pi_{Q_{31}P_iQ_{24}G_{i+1}}}$$
$$= 0 \quad (d_{P_2\text{-}\pi_{Q_{23}P_iQ_{41}G_{i+1}}} = d_{P_4\text{-}\pi_{Q_{31}P_iQ_{24}G_{i+1}}}) \quad (i=2,4). \tag{3.5.72}$$

证明　根据定理 3.5.1, 式 (3.5.1)+(3.5.2), 即得

$$4a_{Q_{12}P_iQ_{34}}(D_{P_1\text{-}\pi_{Q_{12}P_iQ_{34}G_{i+1}}} + D_{P_2\text{-}\pi_{Q_{12}P_iQ_{34}G_{i+1}}}) = 0 \quad (i=3,4).$$

因为 $4a_{Q_{12}P_iQ_{34}} \neq 0$, 所以式 (3.5.67) 成立.

类似地, 可以证明, 式 (3.5.68)~(3.5.72) 成立.

推论 3.5.7　设 $P_1P_2P_3P_4$ 是四面体, $Q_{12}, Q_{23}, Q_{34}, Q_{41}, Q_{31}, Q_{24}$ 依次是各棱 $P_1P_2, P_2P_3, P_3P_4, P_4P_1, P_3P_1, P_2P_4$ 的中点, $P_1G_2, P_2G_3, P_3G_4, P_4G_1$ 依次是

各面 $P_2P_3P_4$, $P_3P_4P_1$, $P_4P_1P_2$, $P_1P_2P_3$ 的重心线, $\pi_{Q_{12}P_iQ_{34}G_{i+1}}$, $\pi_{Q_{23}P_iQ_{41}G_{i+1}}$, $\pi_{Q_{31}P_iQ_{24}G_{i+1}}(i=1,2,3,4)$ 是 $P_1P_2P_3P_4$ 的中位线重心线面, 则

(1) 两对顶点 P_1 和 P_2; P_3 和 P_4 均分别位于中位线重心线面 $\pi_{Q_{12}P_iQ_{34}G_{i+1}}$ 的两侧, 且到 $\pi_{Q_{12}P_iQ_{34}G_{i+1}}(i=1,2,3,4)$ 距离相等;

(2) 两对顶点 P_2 和 P_3; P_4 和 P_1 均分别位于中位线重心线面 $\pi_{Q_{23}P_iQ_{41}G_{i+1}}$ 的两侧, 且到 $\pi_{Q_{23}P_iQ_{41}G_{i+1}}(i=1,2,3,4)$ 距离相等;

(3) 两对顶点 P_3 和 P_1; P_4 和 P_2 均分居于中位线重心线面 $\pi_{Q_{31}P_iQ_{24}G_{i+1}}$ 的两侧, 且到 $\pi_{Q_{31}P_iQ_{24}G_{i+1}}(i=1,2,3,4)$ 距离相等.

证明 根据定理 3.5.7, 由式 (3.5.67)~(3.5.72) 的几何意义即得.

注 3.5.1 式 (3.5.67)~(3.5.72) 亦是相应的重心包络面所满足的结论. 例如, 因为 $D_{P_3\text{-}\pi_{Q_{12}P_4Q_{34}G_1}}=D_{P_4\text{-}\pi_{Q_{12}P_3Q_{34}G_4}}=0$, 所以式 (3.5.67) 亦可以表示成

$$D_{P_4\text{-}\pi_{Q_{12}P_3Q_{34}G_4}}+D_{P_1\text{-}\pi_{Q_{12}P_3Q_{34}G_4}}+D_{P_2\text{-}\pi_{Q_{12}P_3Q_{34}G_4}}=0$$

和

$$D_{P_1\text{-}\pi_{Q_{12}P_4Q_{34}G_1}}+D_{P_2\text{-}\pi_{Q_{12}P_4Q_{34}G_1}}+D_{P_3\text{-}\pi_{Q_{12}P_4Q_{34}G_1}}=0.$$

可见, 式 (3.5.67) 亦是重心线包络面 $\pi_{P_3G_4\text{-}\mu_3\nu_3}$ 和 $\pi_{P_4G_1\text{-}\mu_4\nu_4}$ 所满足的结论.

定理 3.5.8 设 $P_1P_2P_3P_4$ 是四面体, $Q_{12},Q_{23},Q_{34},Q_{41},Q_{31},Q_{24}$ 依次是各棱 $P_1P_2,P_2P_3,P_3P_4,P_4P_1,P_3P_1,P_2P_4$ 的中点, $P_1G_2,P_2G_3,P_3G_4,P_4G_1$ 依次是各面 $P_2P_3P_4,P_3P_4P_1,P_4P_1P_2,P_1P_2P_3$ 的重心线, $Q_{12}P_iQ_{34}G_{i+1},Q_{23}P_iQ_{41}G_{i+1},Q_{31}P_iQ_{24}G_{i+1}(i=1,2,3,4)$ 是 $P_1P_2P_3P_4$ 的中位线重心线四边形, 则

$$a_{Q_{12}P_iQ_{34}}=3a_{Q_{34}G_{i+1}Q_{12}}=0.75a_{Q_{12}P_iQ_{34}G_{i+1}}\quad(i=1,2,3,4),\tag{3.5.73}$$

$$a_{P_iQ_{34}G_{i+1}}=a_{G_{i+1}Q_{12}P_i}=0.5a_{Q_{12}P_iQ_{34}G_{i+1}}\quad(i=1,2,3,4);\tag{3.5.74}$$

$$a_{Q_{23}P_iQ_{41}}=3a_{Q_{41}G_{i+1}Q_{23}}=0.75a_{Q_{23}P_iQ_{41}G_{i+1}}\quad(i=1,2,3,4),\tag{3.5.75}$$

$$a_{P_iQ_{41}G_{i+1}}=a_{G_{i+1}Q_{23}P_i}=0.5a_{Q_{23}P_iQ_{41}G_{i+1}}\quad(i=1,2,3,4);\tag{3.5.76}$$

$$a_{Q_{31}P_iQ_{24}}=3a_{Q_{24}G_{i+1}Q_{31}}=0.75a_{Q_{31}P_iQ_{24}G_{i+1}}\quad(i=1,2,3,4),\tag{3.5.77}$$

$$a_{P_iQ_{24}G_{i+1}}=a_{G_{i+1}Q_{31}P_i}=0.5a_{Q_{31}P_iQ_{24}G_{i+1}}\quad(i=1,2,3,4).\tag{3.5.78}$$

从而, $d_{Q_{34}\text{-}P_iG_{i+1}}=d_{Q_{12}\text{-}P_iG_{i+1}}$; $d_{Q_{41}\text{-}P_iG_{i+1}}=d_{Q_{23}\text{-}P_iG_{i+1}}$; $d_{Q_{24}\text{-}P_iG_{i+1}}=d_{Q_{31}\text{-}P_iG_{i+1}}$ $(i=1,2,3,4)$.

证明 根据定理 3.5.1, 由式 (3.5.1), (3.5.3), (3.5.5) 和 (3.5.7), 并注意到 $D_{P_1\text{-}\pi_{Q_{12}P_iQ_{34}G_{i+1}}}\neq 0$, 可得

$$3a_{Q_{12}P_iQ_{34}}=2a_{P_iQ_{34}G_{i+1}}=a_{Q_{34}G_{i+1}Q_{12}}=2a_{G_{i+1}Q_{12}P_i}\quad(i=3,4);$$

而由式 (3.5.9), (3.5.11), (3.5.13) 和 (3.5.15), 并注意到 $\mathrm{D}_{P_3\text{-}\pi_{Q_{12}P_iQ_{34}G_{i+1}}} \neq 0$, 可得

$$3\mathrm{a}_{Q_{12}P_iQ_{34}} = 2\mathrm{a}_{P_iQ_{34}G_{i+1}} = \mathrm{a}_{Q_{34}G_{i+1}Q_{12}} = 2\mathrm{a}_{G_{i+1}Q_{12}P_i} \quad (i = 1, 2).$$

又因为

$$\mathrm{a}_{Q_{12}P_iQ_{34}} + \mathrm{a}_{P_iQ_{34}G_{i+1}} + \mathrm{a}_{Q_{34}G_{i+1}Q_{12}} + \mathrm{a}_{G_{i+1}Q_{12}P_i} = 2\mathrm{a}_{Q_{12}P_iQ_{34}G_{i+1}} \quad (i = 1, 2, 3, 4),$$

所以 $8\mathrm{a}_{Q_{34}G_{i+1}Q_{12}} = 2\mathrm{a}_{Q_{12}P_iQ_{34}G_{i+1}}, \mathrm{a}_{Q_{34}G_{i+1}Q_{12}} = 0.25\mathrm{a}_{Q_{12}P_iQ_{34}G_{i+1}}(i = 1, 2, 3, 4).$ 因此, 式 (3.5.73) 和 (3.5.74) 成立.

类似地, 可以证明, 式 (3.5.75)~(3.5.78) 成立.

从而, $\mathrm{d}_{Q_{34}\text{-}P_iG_{i+1}} = \mathrm{d}_{Q_{12}\text{-}P_iG_{i+1}}; \mathrm{d}_{Q_{41}\text{-}P_iG_{i+1}} = \mathrm{d}_{Q_{23}\text{-}P_iG_{i+1}}; \mathrm{d}_{Q_{24}\text{-}P_iG_{i+1}} = \mathrm{d}_{Q_{31}\text{-}P_iG_{i+1}}(i = 1, 2, 3, 4).$

推论 3.5.8　设 $P_1P_2P_3P_4$ 是四面体, $Q_{12}, Q_{23}, Q_{34}, Q_{41}, Q_{31}, Q_{24}$ 依次是各棱 $P_1P_2, P_2P_3, P_3P_4, P_4P_1, P_3P_1, P_2P_4$ 的中点, $P_1G_2, P_2G_3, P_3G_4, P_4G_1$ 依次是各面 $P_2P_3P_4, P_3P_4P_1, P_4P_1P_2, P_1P_2P_3$ 的重心线, $Q_{12}P_iQ_{34}G_{i+1}, Q_{23}P_iQ_{41}G_{i+1}, Q_{31}P_i Q_{24}G_{i+1}(i = 1, 2, 3, 4)$ 是 $P_1P_2P_3P_4$ 的中位线重心线四边形, 则

$$\mathrm{D}_{Q_{12}P_iQ_{34}} = 3\mathrm{D}_{Q_{34}G_{i+1}Q_{12}} = 0.75\mathrm{D}\mathrm{a}_{Q_{12}P_iQ_{34}G_{i+1}} \quad (i = 1, 2, 3, 4), \tag{3.5.79}$$

$$\mathrm{D}_{P_iQ_{34}G_{i+1}} = \mathrm{D}_{G_{i+1}Q_{12}P_i} = 0.5\mathrm{D}\mathrm{a}_{Q_{12}P_iQ_{34}G_{i+1}} \quad (i = 1, 2, 3, 4); \tag{3.5.80}$$

$$\mathrm{D}_{Q_{23}P_iQ_{41}} = 3\mathrm{D}_{Q_{41}G_{i+1}Q_{23}} = 0.75\mathrm{D}\mathrm{a}_{Q_{23}P_iQ_{41}G_{i+1}} \quad (i = 1, 2, 3, 4), \tag{3.5.81}$$

$$\mathrm{D}_{P_iQ_{41}G_{i+1}} = \mathrm{D}_{G_{i+1}Q_{23}P_i} = 0.5\mathrm{D}\mathrm{a}_{Q_{23}P_iQ_{41}G_{i+1}} \quad (i = 1, 2, 3, 4); \tag{3.5.82}$$

$$\mathrm{D}_{Q_{31}P_iQ_{24}} = 3\mathrm{D}_{Q_{24}G_{i+1}Q_{31}} = 0.75\mathrm{D}\mathrm{a}_{Q_{31}P_iQ_{24}G_{i+1}} \quad (i = 1, 2, 3, 4), \tag{3.5.83}$$

$$\mathrm{D}_{P_iQ_{24}G_{i+1}} = \mathrm{D}_{G_{i+1}Q_{31}P_i} = 0.5\mathrm{D}\mathrm{a}_{Q_{31}P_iQ_{24}G_{i+1}} \quad (i = 1, 2, 3, 4). \tag{3.5.84}$$

证明　因为中位线重心线面 $\pi_{Q_{12}P_iQ_{34}G_{i+1}}$ 与中位线重心线三角面 $\pi_{Q_{12}P_iQ_{34}}$, $\pi_{P_iQ_{34}G_{i+1}}, \pi_{Q_{34}G_{i+1}Q_{12}}, \pi_{G_{i+1}Q_{12}P_i}(i = 1, 2, 3, 4)$ 同向重合, 所以中位线重心线四边形 $Q_{12}P_iQ_{34}G_{i+1}$ 与中位线 (重心线) 三角形 $Q_{12}P_iQ_{34}, P_iQ_{34}G_{i+1}, Q_{34}G_{i+1}Q_{12}$, $G_{i+1}Q_{12}P_i(i = 1, 2, 3, 4)$ 同向. 故由式 (3.5.73) 和 (3.5.74), 即得式 (3.5.79) 和 (3.5.80).

类似地, 可以证明, 式 (3.5.81)~(3.5.84) 成立.

第 4 章　三角形六面体重心线的
有向度量定理与应用

4.1　三角形六面体重心线的共面共点定理与应用

本节主要应用有向体积和有向体积定值法, 研究三角形六面体重心线共面的有关问题. 首先, 给出三角形六面体重心线的概念; 其次, 给出三角形六面体重心线的共面定理; 最后, 利用该共面定理, 得出三角形六面体重心线的共点定理和重心线的定比分点定理.

4.1.1　三角形六面体重心线的概念

定义 4.1.1　由上、下各三个三角形面 $Q_1P_iP_{i+1}, Q_2P_iP_{i+1}(i=1,2,3)$ 所围成的多面体称为三角形六面体, 记为 $Q_1\text{-}P_1P_2P_3\text{-}Q_2$, 这里, $Q_1\text{-}P_1P_2P_3\text{-}Q_2$ 不必为凸多面体。

定义 4.1.2　设 $S=\{P_1,P_2,P_3,Q_1,Q_2\}$ 是三角形六面体 $Q_1\text{-}P_1P_2P_3\text{-}Q_2$ 所有顶点的集合, (S_2,S_3') 是 S 的一个完备 $(2,3)$ 集对, 且 S_2,S_3' 分别为 $Q_1\text{-}P_1P_2P_3\text{-}Q_2$ 单条棱上的两个顶点和单个面上三个顶点的集合, 则称 (S_2,S_3') 为 $Q_1\text{-}P_1P_2P_3\text{-}Q_2$ 的完备集对, 该集对中两集合 S_2,S_3' 重心之间的连线为 $Q_1\text{-}P_1P_2P_3\text{-}Q_2$ 的一条棱-面重心线, 简称为重心线.

显然, $Q_1\text{-}P_1P_2P_3\text{-}Q_2$ 的重心线是上、下侧棱 $Q_1P_i, Q_2P_i(i=1,2,3)$ 的中点 R_i, R_i' 与该棱所对下、上侧面 $Q_2P_{i+1}P_{i+2}, Q_1P_{i+1}P_{i+2}(i=1,2,3)$ 的重心 $G_{i+1}', G_{i+1}(i=1,2,3)$ 之间的连线, 即 $R_iG_{i+1}', R_i'G_{i+1}(i=1,2,3)$. 此外, 因为除上述 $(2,3)$ 完备集对外, $Q_1\text{-}P_1P_2P_3\text{-}Q_2$ 没有该意义上的其他类型的完备集对, 所以 $Q_1\text{-}P_1P_2P_3\text{-}Q_2$ 只有六条重心线.

4.1.2　三角形六面体重心线的共面定理及其应用

定理 4.1.1(三角形六面体重心线的共面定理)　设 $Q_1\text{-}P_1P_2P_3\text{-}Q_2$ 是三角形六面体, R_i, R_i' 是上、下侧棱 $Q_1P_i, Q_2P_i(i=1,2,3)$ 的中点, G_i, G_i' 分别是上、下侧面 $Q_1P_iP_{i+1}; Q_2P_iP_{i+1}(i=1,2,3)$ 的重心, 则 $Q_1\text{-}P_1P_2P_3\text{-}Q_2$ 六条重心线 $R_iG_{i+1}', R_i'G_{i+1}(i=1,2,3)$ 中的任意两条均共面.

证明　如图 4.1.1 所示. 设 $Q_1\text{-}P_1P_2P_3\text{-}Q_2$ 顶点的坐标分别为 $Q_i(a_i,b_i,c_i)(i=1,2)$, $P_i(x_i,y_i,z_i)(i=1,2,3)$. 于是上、下侧棱 $Q_1P_i, Q_2P_i(i=1,2,3)$ 中点的坐

标分别为

$$R_i\left(\frac{a_1+x_i}{2},\frac{b_1+y_i}{2},\frac{c_1+z_i}{2}\right)\quad(i=1,2,3),$$

$$R_i'\left(\frac{a_2+x_i}{2},\frac{b_2+y_i}{2},\frac{c_2+z_i}{2}\right)\quad(i=1,2,3);$$

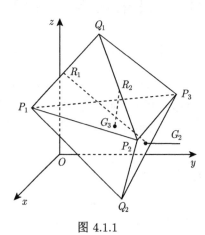

图 4.1.1

上、下侧面重心的坐标分别为

$$G_i\left(\frac{a_1+x_i+x_{i+1}}{3},\frac{b_1+y_i+y_{i+1}}{3},\frac{c_1+z_i+z_{i+1}}{3}\right)\quad(i=1,2,3),$$

$$G_i'\left(\frac{a_2+x_i+x_{i+1}}{3},\frac{b_2+y_i+y_{i+1}}{3},\frac{c_2+z_i+z_{i+1}}{3}\right)\quad(i=1,2,3).$$

于是由四面体有向体积公式, 得

$$6\times 2^2\times 3^2 \mathrm{D}_{R_iR_{i+1}G_{i+1}'G_{i+2}'}$$

$$=\begin{vmatrix} a_1+x_i & b_1+y_i & c_1+z_i & 2 \\ a_1+x_{i+1} & b_1+y_{i+1} & c_1+z_{i+1} & 2 \\ a_2+x_{i+1}+x_{i+2} & b_2+y_{i+1}+y_{i+2} & c_2+z_{i+1}+z_{i+2} & 3 \\ a_2+x_{i+2}+x_i & b_2+y_{i+2}+y_i & c_2+z_{i+2}+z_i & 3 \end{vmatrix}$$

$$=\begin{vmatrix} a_1+x_i & b_1+y_i & c_1+z_i & 2 \\ x_{i+1}-x_i & y_{i+1}-y_i & z_{i+1}-z_i & 0 \\ x_{i+1}-x_i & y_{i+1}-y_i & z_{i+1}-z_i & 0 \\ a_2+x_{i+2}+x_i & b_2+y_{i+2}+y_i & c_2+z_{i+2}+z_i & 3 \end{vmatrix}$$

$$= 0,$$

所以 $\mathrm{D}_{R_iR_{i+1}G'_{i+1}G'_{i+2}} = 0 (i = 1, 2, 3)$. 因此, $R_iG'_{i+1}, R_{i+1}G'_{i+2}(i = 1, 2, 3)$ 均两线共面.

同理可以证明, $R'_iG_{i+1}, R'_{i+1}G_{i+2}(i = 1, 2, 3)$ 均两线共面.

又

$$6 \times 2^2 \times 3^2 \mathrm{D}_{R_iR'_iG'_{i+1}G_{i+1}}$$

$$= \begin{vmatrix} a_1 + x_i & b_1 + y_i & c_1 + z_i & 2 \\ a_2 + x_i & b_2 + y_i & c_2 + z_i & 2 \\ a_2 + x_{i+1} + x_{i+2} & b_2 + y_{i+1} + y_{i+2} & c_2 + z_{i+1} + z_{i+2} & 3 \\ a_1 + x_{i+1} + x_{i+2} & b_1 + y_{i+1} + y_{i+2} & c_1 + z_{i+1} + z_{i+2} & 3 \end{vmatrix}$$

$$= \begin{vmatrix} a_1 + x_i & b_1 + y_i & c_1 + z_i & 2 \\ a_2 - a_1 & b_2 - b_1 & c_2 - c_1 & 0 \\ a_2 - a_1 & b_2 - b_1 & c_2 - c_1 & 0 \\ a_1 + x_{i+1} + x_{i+2} & b_1 + y_{i+1} + y_{i+2} & c_1 + z_{i+1} + z_{i+2} & 3 \end{vmatrix}$$

$$= 0,$$

所以 $\mathrm{D}_{R_iR'_iG'_{i+1}G_{i+1}} = 0 (i = 1, 2, 3)$. 因此, $R_iG'_{i+1}, R'_iG_{i+1}(i = 1, 2, 3)$ 均两线共面.

同理可以证明, $R_iG'_{i+1}, R'_{i+1}G_{i+2}(i = 1, 2, 3); R_{i+1}G'_i, R'_iG_{i+1}(i = 1, 2, 3)$ 均两线共面.

推论 4.1.1 设 $Q_1\text{-}P_1P_2P_3\text{-}Q_2$ 是三角形六面体, R_i, R'_i 是上、下侧棱 Q_1P_i, $Q_2P_i(i = 1, 2, 3)$ 的中点, G_i, G'_i 分别是上、下侧面 $Q_1P_iP_{i+1}, Q_2P_iP_{i+1}(i = 1, 2, 3)$ 的重心, P 是空间任意一点, 则

$$\mathrm{D}_{PR_{i+1}G'_{i+1}G'_{i+2}} - \mathrm{D}_{PG'_{i+1}G'_{i+2}R_i} + \mathrm{D}_{PG'_{i+2}R_iR_{i+1}} - \mathrm{D}_{PR_iR_{i+1}G'_{i+1}} = 0 \quad (i = 1, 2, 3),$$
$$\tag{4.1.1}$$

$$\mathrm{D}_{PR'_{i+1}G_{i+1}G_{i+2}} - \mathrm{D}_{PG_{i+1}G_{i+2}R'_i} + \mathrm{D}_{PG_{i+2}R'_iR'_{i+1}} - \mathrm{D}_{PR'_iR'_{i+1}G_{i+1}} = 0 \quad (i = 1, 2, 3),$$
$$\tag{4.1.2}$$

$$\mathrm{D}_{PR'_iG'_{i+1}G_{i+1}} - \mathrm{D}_{PG'_{i+1}G_{i+1}R_i} + \mathrm{D}_{PG_{i+1}R_iR'_i} - \mathrm{D}_{PR_iR'_iG'_{i+1}} = 0 \quad (i = 1, 2, 3),$$
$$\tag{4.1.3}$$

$$\mathrm{D}_{PR'_{i+1}G'_{i+1}G_{i+2}} - \mathrm{D}_{PG'_{i+1}G_{i+2}R_i} + \mathrm{D}_{PG_{i+2}R_iR'_i} - \mathrm{D}_{PR_iR'_{i+1}G'_{i+1}} = 0 \quad (i = 1, 2, 3),$$
$$\tag{4.1.4}$$

$$\mathrm{D}_{PR'_iG'_iG_{i+1}} - \mathrm{D}_{PG'_iG_{i+1}R_{i+1}} + \mathrm{D}_{PG_{i+1}R_{i+1}R'_i} - \mathrm{D}_{PR_{i+1}R'_iG'_i} = 0 \quad (i = 1, 2, 3).$$
$$\tag{4.1.5}$$

证明　根据定理 4.1.1, 由 $D_{R_iR_{i+1}G'_{i+1}G'_{i+2}} = 0(i = 1, 2, 3)$ 及四面体对面四面体的可加性, 即得式 (4.1.1).

类似地, 可以证明式 (4.1.2)∼(4.1.5) 成立.

4.1.3　三角形六面体重心线的共点定理及其应用

定理 4.1.2 (三角形六面体重心线的共点定理)　设 $Q_1\text{-}P_1P_2P_3\text{-}Q_2$ 是三角形六面体, R_i, R'_i 是上、下侧棱 $Q_1P_i, Q_2P_i(i = 1, 2, 3)$ 的中点, G_i, G'_i 分别是上、下侧面 $Q_1P_iP_{i+1}, Q_2P_iP_{i+1}(i = 1, 2, 3)$ 的重心, 则其六条重心线 $R_iG'_{i+1}, R'_iG_{i+1}(i = 1, 2, 3)$ 相交于一点, 且该点为 $Q_1\text{-}P_1P_2P_3\text{-}Q_2$ 的重心.

证明　因为 $R_1G'_2, R_2G'_3$ 共面且不相互平行, 所以 $R_1G'_2, R_2G'_3$ 所在直线相交于一点. 设此交点为 G, 则

$$D_{GG'_3G'_1R_2} = D_{GR_2R_3G'_3} = 0, \quad D_{GR_1G'_1G'_2} = D_{GG'_2R_3R_1} = 0.$$

在式 (4.1.1) 中, 分别令 $i = 2, 3$ 并将以上两式代入, 得

$$D_{GR_3G'_3G'_1} + D_{GG'_1R_2R_3} = 0, \quad D_{GG'_1G'_2R_3} + D_{GR_3R_1G'_1} = 0.$$

显然, 以上两式都可以看成是直线 $R_3G'_1$ 的某种特殊形式的平面束方程, 且为两个不同的平面. 因此, 两个独立的平面束方程联立构成一个关于 G 点坐标的三元一次方程组. 故由线性方程组解的理论易知: 其解是 $3 - 2 = 1$ 维的, 于是当 G 在两平面的交线 $R_3G'_1$ 上时, 方程组成立. 因此, G 在直线 $R_3G'_1$ 上.

类似地, 可以证明 G 在直线 $R'_iG_{i+1}(i = 1, 2, 3)$ 上.

故 $R_iG'_{i+1}, R'_iG_{i+1}(i = 1, 2, 3)$ 所在直线相交于 G 点.

现求 G 点的坐标. 设 $Q_1\text{-}P_1P_2P_3\text{-}Q_2$ 顶点的坐标分别为 $Q_i(a_i, b_i, c_i)(i = 1, 2), P_i(x_i, y_i, z_i)(i = 1, 2, 3)$. 于是上、下侧棱 $Q_1P_i, Q_2P_i(i = 1, 2, 3)$ 中点的坐标分别为

$$R_i\left(\frac{a_1 + x_i}{2}, \frac{b_1 + y_i}{2}, \frac{c_1 + z_i}{2}\right) \quad (i = 1, 2, 3),$$

$$R'_i\left(\frac{a_2 + x_i}{2}, \frac{b_2 + y_i}{2}, \frac{c_2 + z_i}{2}\right) \quad (i = 1, 2, 3);$$

上、下侧面重心的坐标分别为

$$G_i\left(\frac{a_1 + x_i + x_{i+1}}{3}, \frac{b_1 + y_i + y_{i+1}}{3}, \frac{c_1 + z_i + z_{i+1}}{3}\right) \quad (i = 1, 2, 3),$$

$$G'_i\left(\frac{a_2 + x_i + x_{i+1}}{3}, \frac{b_2 + y_i + y_{i+1}}{3}, \frac{c_2 + z_i + z_{i+1}}{3}\right) \quad (i = 1, 2, 3).$$

因为 G 是 $R_iG'_{i+1}, R'_iG_{i+1}(i=1,2,3)$ 所在直线的交点, 故由 G 关于 $R_iG'_{i+1}$, $R'_iG_{i+1}(i=1,2,3)$ 的对称性, 在两直线 $R_1G'_2, R_2G'_3$ 的方程

$$\frac{x-x_{R_i}}{x_{G'_{i+1}}-x_{R_i}} = \frac{y-y_{R_i}}{y_{G'_{i+1}}-y_{R_i}} = \frac{z-z_{R_i}}{z_{G'_{i+1}}-z_{R_i}} = t_i \quad (i=1,2)$$

中令 $t_1=t_2$, 可得

$$\frac{x_G-x_{R_1}}{x_{G'_2}-x_{R_1}} = \frac{x_G-x_{R_2}}{x_{G'_3}-x_{R_2}}.$$

于是

$$\begin{aligned}
x_G &= \frac{x_{R_1}(x_{G'_3}-x_{R_2})-x_{R_2}(x_{G'_2}-x_{R_1})}{(x_{G'_3}-x_{R_2})-(x_{G'_2}-x_{R_1})} = \frac{x_{R_1}x_{G'_3}-x_{R_2}x_{G'_2}}{(x_{G'_3}-x_{G'_2})-(x_{R_2}-x_{R_1})} \\
&= \frac{(a_1+x_1)(a_2+x_3+x_1)-(a_1+x_2)(a_2+x_2+x_3)}{2(x_1-x_2)-3(x_2-x_1)} \\
&= \frac{(x_1+x_2+x_3+a_1+a_2)(x_1-x_2)}{5(x_1-x_2)} \\
&= \frac{x_1+x_2+x_3+a_1+a_2}{5}.
\end{aligned}$$

类似地, 可以求得

$$y_G = \frac{y_1+y_2+y_3+b_1+b_2}{5}, \quad z_G = \frac{z_1+z_2+z_3+c_1+c_2}{5}.$$

所以, $G=(P_1+P_2+P_3+Q_1+Q_2)/5$, 故 G 是 $Q_1\text{-}P_1P_2P_3P_4\text{-}Q_2$ 的重心. 又显然, G 是各重心线的内点, 故六条重心线 $R_iG'_{i+1}, R'_iG_{i+1}(i=1,2,3)$ 相交于一点.

定理 4.1.3(三角形六面体重心线的定比分点定理) 设 $Q_1\text{-}P_1P_2P_3\text{-}Q_2$ 是三角形六面体, R_i, R'_i 是上、下侧棱 $Q_1P_i, Q_2P_i(i=1,2,3)$ 的中点, G_i, G'_i 分别是上、下侧面 $Q_1P_iP_{i+1}, Q_2P_iP_{i+1}(i=1,2,3)$ 的重心, G 是 $Q_1\text{-}P_1P_2P_3\text{-}Q_2$ 的重心, 则 G 是重心线 $R_iG'_{i+1}, R'_iG_{i+1}(i=1,2,3)$ 的 3/2-分点 (加权重心), 即

$$\mathrm{D}_{R_iG}/\mathrm{D}_{GG'_{i+1}} = \mathrm{D}_{R'_iG}/\mathrm{D}_{GG_{i+1}} = 3/2 \quad (i=1,2,3)$$

或

$$G=(2R_i+3G'_{i+1})/5=(2R'_i+3G_{i+1})/5 \quad (i=1,2,3).$$

证明 不妨设三角形六面体 $Q_1\text{-}P_1P_2P_3\text{-}Q_2$ 的三条重心线 $R_iG'_{i+1}(i=1,2,3)$ 在 x 轴上的投影均不为零, 且其顶点的坐标如定理 4.1.2 所设, 则

$$\frac{\mathrm{D}_{R_iG}}{\mathrm{D}_{GG'_{i+1}}} = \frac{\mathrm{Prj}_x\mathrm{D}_{R_iG}}{\mathrm{Prj}_x\mathrm{D}_{GG'_{i+1}}} = \frac{x_G-x_{R_i}}{x_{G'_{i+1}}-x_G}$$

$$= \frac{(x_i + x_{i+1} + x_{i+2} + a_1 + a_2)/5 - (a_1 + x_i)/2}{(a_2 + x_{i+1} + x_{i+2})/3 - (x_i + x_{i+1} + x_{i+2} + a_1 + a_2)/5}$$

$$= \frac{6(x_{i+1} + x_{i+2} + a_2) - 9(a_1 + x_i)}{4(x_{i+1} + x_{i+2} + a_2) - 3(a_1 + x_i)} = \frac{3}{2} \quad (i = 1, 2, 3).$$

类似地, 可以求得

$$\mathrm{D}_{R_i'G}/\mathrm{D}_{GG_{i+1}} = 3/2 \quad (i = 1.2.3).$$

所以 $G = (2R_i + 3G_{i+1}')/5 = (2R_i' + 3G_{i+1})/5 (i = 1, 2, 3)$. 即 G 是重心线 $R_iG_{i+1}', R_i'G_{i+1}(i = 1, 2, 3)$ 的 3/2-分点 (加权重心).

4.2　三角形六面体顶点到重心线包络面的有向距离与应用

本节主要利用有向距离法, 研究三角形六面体顶点到重心线包络面有向距离的有关问题. 首先, 给出三角形六面体重心线包络面的概念与方程; 其次, 给出三角形六面体顶点到重心线包络面有向距离的两个关系定理, 即三角形六面体上、下侧棱的两个端点到该侧棱中点的重心线包络面的有向距离之和为零, 以及上、下侧面的三个顶点到该面重心线包络面的有向距离之和为零等的结论; 最后, 利用这两个关系定理, 得出三角形六面体各面上的重心线包络面通过该面上顶点的充分必要条件及其推论.

4.2.1　三角形六面体重心线包络面的概念与方程

定义 4.2.1　设 $Q_1\text{-}P_1P_2P_3\text{-}Q_2$ 是三角形六面体, R_i, R_i' 分别是上、下侧棱 $Q_1P_i, Q_2P_i(i = 1, 2, 3)$ 的中点, G_{i+1}, G_{i+1}' 分别是上、下侧面 $Q_1P_{i+1}P_{i+2}$, $Q_2P_{i+1}P_{i+2}(i = 1, 2, 3)$ 的重心, 则称过 $Q_1\text{-}P_1P_2P_3\text{-}Q_2$ 任意一条重心线 R_iG_{i+1}', $R_i'G_{i+1}(i = 1, 2, 3)$ 的所有平面为 $Q_1\text{-}P_1P_2P_3\text{-}Q_2$ 该重心线的包络面.

定义 4.2.2　由三角形六面体 $Q_1\text{-}P_1P_2P_3\text{-}Q_2$ 的重心线 $R_iG_{i+1}'(R_i'G_{i+1})$ 所在直线的方程所生成的带有两个不全为零的参数 $\mu_i, \nu_i; \mu_i', \nu_i'(i = 1, 2, 3)$ 的包络面称为该重心线双参数包络面, 记为 $\pi_{R_iG_{i+1}'\text{-}\mu_i\nu_i}, \pi_{R_i'G_{i+1}\text{-}\mu_i'\nu_i'}(i = 1, 2, 3)$.

引理 4.2.1　设 $Q_1\text{-}P_1P_2P_3\text{-}Q_2$ 是三角形六面体, $R_iG_{i+1}', R_i'G_{i+1}(i = 1, 2, 3)$ 是 $Q_1\text{-}P_1P_2P_3\text{-}Q_2$ 的重心线, $\lambda_i, \mu_i; \lambda_i', \mu_i'(i = 1, 2, 3)$ 均是不全为零的实数, 则 $Q_1\text{-}P_1P_2P_3\text{-}Q_2$ 重心线 $R_iG_{i+1}', R_i'G_{i+1}(i = 1, 2, 3)$ 的双参数平面束方程可分别表示成

$$\pi_{R_iG_{i+1}'\text{-}\mu_i\nu_i} : a_ix + b_iy + c_iz + d_i = 0 \quad (i = 1, 2, 3), \tag{4.2.1}$$

其中 $a_i = \mu_i(y_{Q_{i+1}'} - y_{R_i}), b_i = \mu_i(x_{R_i} - x_{Q_{i+1}'}) + \nu_i(z_{Q_{i+1}'} - z_{R_i}), c_i = \nu_i(y_{R_i} - y_{Q_{i+1}'})$, $d_i = \mu_i(x_{Q_{i+1}'}y_{R_i} - x_{R_i}y_{Q_{i+1}'}) + \nu_i(y_{Q_{i+1}'}z_{R_i} - y_{R_i}z_{Q_{i+1}'})$;

$$\pi_{R_i'G_{i+1}\text{-}\mu_i'\nu_i'} : a_i'x + b_i'y + c_i'z + d_i' = 0 \quad (i = 1, 2, 3), \tag{4.2.2}$$

其中 $a_i' = \mu_i'(y_{Q_{i+1}} - y_{R_i'})$, $b_i' = \mu_i'(x_{R_i'} - x_{Q_{i+1}}) + \nu_i'(z_{Q_{i+1}} - z_{R_i'})$, $c_i' = \nu_i'(y_{R_i'} - y_{Q_{i+1}})$, $d_i' = \mu_i'(x_{Q_{i+1}} y_{R_i'} - x_{R_i'} y_{Q_{i+1}}) + \nu_i'(y_{Q_{i+1}} z_{R_i'} - y_{R_i'} z_{Q_{i+1}})$.

证明 根据直线 $R_i G_{i+1}'$ 的两点式方程

$$\frac{x - x_{R_i}}{x_{Q_{i+1}'} - x_{R_i}} = \frac{y - y_{R_i}}{y_{Q_{i+1}'} - y_{R_i}} = \frac{z - z_{R_i}}{z_{Q_{i+1}'} - z_{R_i}} \quad (i = 1, 2, 3),$$

仿引理 2.4.1 证明, 即得重心线 $R_i G_{i+1}'(i = 1, 2, 3)$ 的平面束方程可以表示成式 (4.2.1) 的形式.

类似地, 可以证明重心线 $R_i' G_{i+1}(i = 1, 2, 3)$ 的平面束方程可以表示成式 (4.2.2) 的形式.

4.2.2 三角形六面体顶点到重心线包络面有向距离的关系定理

定理 4.2.1 设 $Q_1\text{-}P_1 P_2 P_3\text{-}Q_2$ 是三角形六面体, R_i 是上侧棱 $Q_1 P_i(i = 1, 2, 3)$ 的中点, G_i' 是下侧面 $Q_2 P_i P_{i+1}(i = 1, 2, 3)$ 的重心, $\pi_{R_i G_{i+1}'\text{-}\mu_i \nu_i}$ 是 $R_i G_{i+1}'$ $(i = 1, 2, 3)$ 的重心线包络面, 则

$$\mathrm{D}_{Q_1\text{-}\pi_{R_i G_{i+1}'\text{-}\mu_i \nu_i}} + \mathrm{D}_{P_i\text{-}\pi_{R_i G_{i+1}'\text{-}\mu_i \nu_i}}$$

$$= 0 \quad (\mathrm{d}_{Q_1\text{-}\pi_{R_i G_{i+1}'\text{-}\mu_i \nu_i}} = \mathrm{d}_{P_i\text{-}\pi_{R_i G_{i+1}'\text{-}\mu_i \nu_i}}) \quad (i = 1, 2, 3), \tag{4.2.3}$$

$$\mathrm{D}_{Q_2\text{-}\pi_{R_i G_{i+1}'\text{-}\mu_i \nu_i}} + \mathrm{D}_{P_{i+1}\text{-}\pi_{R_i G_{i+1}'\text{-}\mu_i \nu_i}} + \mathrm{D}_{P_{i+2}\text{-}\pi_{R_i G_{i+1}'\text{-}\mu_i \nu_i}} = 0 \quad (i = 1, 2, 3).$$

$$\tag{4.2.4}$$

证明 不妨设 $\pi_{R_i G_{i+1}'\text{-}\mu_i \nu_i}$ 是 $R_i G_{i+1}'(i = 1, 2, 3)$ 形如式 (4.2.1) 的平面束方程所表示的重心线包络面. 设 $Q_1\text{-}P_1 P_2 P_3\text{-}Q_2$ 顶点的坐标分别为 $Q_i(a_i, b_i, c_i)(i = 1, 2)$, $P_i(x_i, y_i, z_i)(i = 1, 2, 3)$, 于是上侧棱 $Q_1 P_i$ 中点的坐标为

$$R_i \left(\frac{a_1 + x_i}{2}, \frac{b_1 + y_i}{2}, \frac{c_1 + z_i}{2} \right) \quad (i = 1, 2, 3);$$

下侧面 $Q_2 P_i P_{i+1}$ 重心的坐标为

$$G_i' \left(\frac{a_2 + x_i + x_{i+1}}{3}, \frac{b_2 + y_i + y_{i+1}}{3}, \frac{c_2 + z_i + z_{i+1}}{3} \right) \quad (i = 1, 2, 3).$$

故由 $\pi_{R_1 G_2'\text{-}\mu_1 \nu_1}$ 的方程 (4.2.1), 可得

$$\sqrt{a_1^2 + b_1^2 + c_1^2} \mathrm{D}_{P_i\text{-}\pi_{R_1 G_2'\text{-}\mu_1 \nu_1}}$$

$$= \mu_1 \left[x_i(y_{G_2'} - y_{R_1}) + (x_{R_1} - x_{G_2'})y_i + (x_{G_2'}y_{R_1} - x_{R_1}y_{G_2'}) \right]$$

$$+ \nu_1 \left[y_i(z_{G_2'} - z_{R_1}) + (y_{R_1} - y_{G_2'})z + (y_{G_2'}z_{R_1} - y_{R_1}z_{G_2'}) \right]$$

$$= \mu_1 \left[x_i \left(\frac{b_2 + y_2 + y_3}{3} - \frac{b_1 + y_1}{2} \right) + \left(\frac{a_1 + x_1}{2} - \frac{a_2 + x_2 + x_3}{3} \right) y_i \right.$$

$$\left. + \left(\frac{a_2 + x_2 + x_3}{3} \cdot \frac{b_1 + y_1}{2} - \frac{a_1 + x_1}{2} \cdot \frac{b_2 + y_2 + y_3}{3} \right) \right]$$

$$+ \nu_1 \left[y_i \left(\frac{c_2 + z_2 + z_3}{3} - \frac{c_1 + z_1}{2} \right) + \left(\frac{b_1 + y_1}{2} - \frac{b_2 + y_2 + y_3}{3} \right) z_i \right.$$

$$\left. + \left(\frac{b_2 + y_2 + y_3}{3} \cdot \frac{c_1 + z_1}{2} - \frac{b_1 + y_1}{2} \cdot \frac{c_2 + z_2 + z_3}{3} \right) \right] \quad (i = 1, 2, 3).$$

类似地, 可以求得

$$\sqrt{a_1^2 + b_1^2 + c_1^2} D_{Q_i - \pi_{R_1 G_2' - \mu_1 \nu_1}}$$

$$= \mu_1 \left[a_i \left(\frac{b_2 + y_2 + y_3}{3} - \frac{b_1 + y_1}{2} \right) + \left(\frac{a_1 + x_1}{2} - \frac{a_2 + x_2 + x_3}{3} \right) b_i \right.$$

$$\left. + \left(\frac{a_2 + x_2 + x_3}{3} \cdot \frac{b_1 + y_1}{2} - \frac{a_1 + x_1}{2} \cdot \frac{b_2 + y_2 + y_3}{3} \right) \right]$$

$$+ \nu_1 \left[b_i \left(\frac{c_2 + z_2 + z_3}{3} - \frac{c_1 + z_1}{2} \right) + \left(\frac{b_1 + y_1}{2} - \frac{b_2 + y_2 + y_3}{3} \right) c_i \right.$$

$$\left. + \left(\frac{b_2 + y_2 + y_3}{3} \cdot \frac{c_1 + z_1}{2} - \frac{b_1 + y_1}{2} \cdot \frac{c_2 + z_2 + z_3}{3} \right) \right] \quad (i = 1, 2),$$

所以

$$\sqrt{a_1^2 + b_1^2 + c_1^2} \left(D_{Q_1 - \pi_{R_1 G_2' - \mu_1 \nu_1}} + D_{P_1 - \pi_{R_1 G_2' - \mu_1 \nu_1}} \right)$$

$$= \mu_1 \left[(a_1 + x_1) \left(\frac{b_2 + y_2 + y_3}{3} - \frac{b_1 + y_1}{2} \right) + \left(\frac{a_1 + x_1}{2} - \frac{a_2 + x_2 + x_3}{3} \right) (b_1 + y_1) \right.$$

$$\left. + 2 \left(\frac{a_2 + x_2 + x_3}{3} \cdot \frac{b_1 + y_1}{2} - \frac{a_1 + x_1}{2} \cdot \frac{b_2 + y_2 + y_3}{3} \right) \right]$$

$$+ \nu_1 \left[(b_1 + y_1) \left(\frac{c_2 + z_2 + z_3}{3} - \frac{c_1 + z_1}{2} \right) + \left(\frac{b_1 + y_1}{2} - \frac{b_2 + y_2 + y_3}{3} \right) (c_1 + z_1) \right.$$

$$\left. + 2 \left(\frac{b_2 + y_2 + y_3}{3} \cdot \frac{c_1 + z_1}{2} - \frac{b_1 + y_1}{2} \cdot \frac{c_2 + z_2 + z_3}{3} \right) \right]$$

$$= 0.$$

同理, 可以证明

$$\sqrt{a_1^2 + b_1^2 + c_1^2} \left(\mathrm{D}_{Q_2\text{-}\pi_{R_1 G_2'\text{-}\mu_1 \nu_1}} + \mathrm{D}_{P_2\text{-}\pi_{R_1 G_2'\text{-}\mu_1 \nu_1}} + \mathrm{D}_{P_3\text{-}\pi_{R_1 G_2'\text{-}\mu_1 \nu_1}} \right) = 0.$$

因为 $\sqrt{a_1^2 + b_1^2 + c_1^2} \neq 0$, 所以当 $i = 1$ 时, 式 (4.2.3) 和 (4.2.4) 成立.

类似地, 当 $i = 2, 3$ 时, 式 (4.2.3) 和 (4.2.4) 成立.

推论 4.2.1 设 $Q_1\text{-}P_1 P_2 P_3\text{-}Q_2$ 是三角形六面体, R_i 是上侧棱 $Q_1 P_i (i = 1, 2, 3)$ 的中点, G_i' 是下侧面 $Q_2 P_i P_{i+1} (i = 1, 2, 3)$ 的重心, $\pi_{R_i G_{i+1}'\text{-}\mu_i \nu_i}$ 是 $R_i G_{i+1}'$ $(i = 1, 2, 3)$ 的重心线包络面, 则

(1) 侧棱 $Q_1 P_i$ 两端点 Q_1, P_i 到重心线包络面 $\pi_{R_i G_{i+1}'\text{-}\mu_i \nu_i} (i = 1, 2, 3)$ 的距离相等, 侧向相反;

(2) 在下侧面 $Q_2 P_{i+1} P_{i+2}$ 的三个顶点到重心线包络面 $\pi_{R_i G_{i+1}'\text{-}\mu_i \nu_i}$ 的距离

$$\mathrm{d}_{Q_2\text{-}\pi_{R_i G_{i+1}'\text{-}\mu_i \nu_i}}, \quad \mathrm{d}_{P_{i+1}\text{-}\pi_{R_i G_{i+1}'\text{-}\mu_i \nu_i}}, \quad \mathrm{d}_{P_{i+2}\text{-}\pi_{R_i G_{i+1}'\text{-}\mu_i \nu_i}} \quad (i = 1, 2, 3)$$

中, 其中一条较长的距离都等于另两条较短的距离之和.

证明 (1) 根据定理 4.2.1, 由式 (4.2.3) 的几何意义即得.

(2) 注意到式 (4.2.4) 中, 其中一条较长的有向距离的符号与另外两条较短的有向距离的符号相反即得.

定理 4.2.2 设 $Q_1\text{-}P_1 P_2 P_3\text{-}Q_2$ 是三角形六面体, R_i' 是下侧棱 $Q_2 P_i (i = 1, 2, 3)$ 的中点, G_i 是上侧面 $Q_1 P_i P_{i+1} (i = 1, 2, 3)$ 的重心, $\pi_{R_i' G_{i+1}\text{-}\mu_i' \nu_i'}$ 是 $R_i' G_{i+1}$ $(i = 1, 2, 3)$ 的重心线包络面, 则

$$\mathrm{D}_{Q_2\text{-}\pi_{R_i' G_{i+1}\text{-}\mu_i' \nu_i'}} + \mathrm{D}_{P_i\text{-}\pi_{R_i' G_{i+1}\text{-}\mu_i' \nu_i'}}$$

$$= 0 \quad (\mathrm{d}_{Q_2\text{-}\pi_{R_i' G_{i+1}\text{-}\mu_i' \nu_i'}} = \mathrm{d}_{P_i\text{-}\pi_{R_i' G_{i+1}\text{-}\mu_i' \nu_i'}}) \quad (i = 1, 2, 3), \tag{4.2.5}$$

$$\mathrm{D}_{Q_1\text{-}\pi_{R_i' G_{i+1}\text{-}\mu_i' \nu_i'}} + \mathrm{D}_{P_{i+1}\text{-}\pi_{R_i' G_{i+1}\text{-}\mu_i' \nu_i'}} + \mathrm{D}_{P_{i+2}\text{-}\pi_{R_i' G_{i+1}\text{-}\mu_i' \nu_i'}} = 0 \quad (i = 1, 2, 3).$$

$$\tag{4.2.6}$$

证明 仿定理 4.2.1, 可以证明式 (4.2.5) 和 (4.2.6) 成立.

推论 4.2.2 设 $Q_1\text{-}P_1 P_2 P_3\text{-}Q_2$ 是三角形六面体, R_i' 是下侧棱 $Q_2 P_i (i = 1, 2, 3)$ 的中点, G_i 是上侧面 $Q_1 P_i P_{i+1} (i = 1, 2, 3)$ 的重心, $\pi_{R_i' G_{i+1}\text{-}\mu_i' \nu_i'}$ 是 $R_i' G_{i+1}$ $(i = 1, 2, 3)$ 的重心线包络面, 则

(1) 侧棱 $Q_2 P_i$ 两端点 Q_2, P_i 到重心线包络面 $\pi_{R_i' G_{i+1}\text{-}\mu_i' \nu_i'} (i = 1, 2, 3)$ 的距离相等, 侧向相反.

(2) 在上侧面 $Q_1 P_{i+1} P_{i+2}$ 的三个顶点到重心线包络面 $\pi_{R_i' G_{i+1}\text{-}\mu_i' \nu_i'}$ 的距离

$$\mathrm{d}_{Q_1\text{-}\pi_{R_i' G_{i+1}\text{-}\mu_i' \nu_i'}}, \quad \mathrm{d}_{P_{i+1}\text{-}\pi_{R_i' G_{i+1}\text{-}\mu_i' \nu_i'}}, \quad \mathrm{d}_{P_{i+2}\text{-}\pi_{R_i' G_{i+1}\text{-}\mu_i' \nu_i'}} = 0 \quad (i = 1, 2, 3)$$

中, 其中一条较长的距离都等于另两条较短的距离之和.

证明　仿推论 4.2.1, 可以证明推论 4.2.2 结论成立.

4.2.3　三角形六面体顶点在重心线包络面上的充分必要条件及其应用

定理 4.2.3　设 Q_1-$P_1P_2P_3$-Q_2 是三角形六面体, R_i 是上侧棱 $Q_1P_i(i = 1, 2, 3)$ 的中点, G'_i 是下侧面 $Q_2P_iP_{i+1}(i = 1, 2, 3)$ 的重心, $\pi_{R_iG'_{i+1}\text{-}\mu_i\nu_i}$ 是 $R_iG'_{i+1}$ $(i = 1, 2, 3)$ 的重心线包络面, 则

(1) $\mathrm{D}_{Q_2\text{-}\pi_{R_iG'_{i+1}\text{-}\mu_i\nu_i}} = 0(i = 1, 2, 3)$ 的充分必要条件是

$$\mathrm{D}_{P_{i+1}\text{-}\pi_{R_iG'_{i+1}\text{-}\mu_i\nu_i}} + \mathrm{D}_{P_{i+2}\text{-}\pi_{R_iG'_{i+1}\text{-}\mu_i\nu_i}}$$
$$= 0(\mathrm{d}_{P_{i+1}\text{-}\pi_{R_iG'_{i+1}\text{-}\mu_i\nu_i}} = \mathrm{d}_{P_{i+2}\text{-}\pi_{R_iG'_{i+1}\text{-}\mu_i\nu_i}}) \quad (i = 1, 2, 3); \tag{4.2.7}$$

(2) $\mathrm{D}_{P_{i+1}\text{-}\pi_{R_iG'_{i+1}\text{-}\mu_i\nu_i}} = 0(i = 1, 2, 3)$ 的充分必要条件是

$$\mathrm{D}_{Q_2\text{-}\pi_{R_iG'_{i+1}\text{-}\mu_i\nu_i}} + \mathrm{D}_{P_{i+2}\text{-}\pi_{R_iG'_{i+1}\text{-}\mu_i\nu_i}}$$
$$= 0(\mathrm{d}_{Q_2\text{-}\pi_{R_iG'_{i+1}\text{-}\mu_i\nu_i}} = \mathrm{d}_{P_{i+2}\text{-}\pi_{R_iG'_{i+1}\text{-}\mu_i\nu_i}}) \quad (i = 1, 2, 3);$$

(3) $\mathrm{D}_{P_{i+2}\text{-}\pi_{R_iG'_{i+1}\text{-}\mu_i\nu_i}} = 0(i = 1, 2, 3)$ 的充分必要条件是

$$\mathrm{D}_{Q_2\text{-}\pi_{R_iG'_{i+1}\text{-}\mu_i\nu_i}} + \mathrm{D}_{P_{i+1}\text{-}\pi_{R_iG'_{i+1}\text{-}\mu_i\nu_i}}$$
$$= 0(\mathrm{d}_{Q_2\text{-}\pi_{R_iG'_{i+1}\text{-}\mu_i\nu_i}} = \mathrm{d}_{P_{i+1}\text{-}\pi_{R_iG'_{i+1}\text{-}\mu_i\nu_i}}) \quad (i = 1, 2, 3).$$

证明　(1) 根据定理 4.2.1, 由式 (4.2.4) 可得: $\mathrm{D}_{Q_2\text{-}\pi_{R_iG'_{i+1}\text{-}\mu_i\nu_i}} = 0(i = 1, 2, 3) \Leftrightarrow$ 式 (4.2.7) 成立.

类似地, 可以证明 (2) 和 (3) 中结论成立.

推论 4.2.3　设 Q_1-$P_1P_2P_3$-Q_2 是三角形六面体, R_i 是上侧棱 $Q_1P_i(i = 1, 2, 3)$ 的中点, G'_i 是下侧面 $Q_2P_iP_{i+1}(i = 1, 2, 3)$ 的重心, $\pi_{R_iG'_{i+1}\text{-}\mu_i\nu_i}$ 是 $R_iG'_{i+1}$ $(i = 1, 2, 3)$ 的重心线包络面, 则

(1) $\pi_{R_iG'_{i+1}\text{-}\mu_i\nu_i}(i = 1, 2, 3)$ 通过顶点 Q_2 的充分必要条件是 $\pi_{R_iG'_{i+1}\text{-}\mu_i\nu_i}$ 通过棱 $P_{i+1}P_{i+2}(i = 1, 2, 3)$ 的中点;

(2) $\pi_{R_iG'_{i+1}\text{-}\mu_i\nu_i}$ 通过顶点 $P_{i+1}(i = 1, 2, 3)$ 的充分必要条件是 $\pi_{R_iG'_{i+1}\text{-}\mu_i\nu_i}$ 通过棱 $Q_2P_{i+2}(i = 1, 2, 3)$ 的中点;

(3) $\pi_{R_iG'_{i+1}\text{-}\mu_i\nu_i}$ 通过顶点 $P_{i+2}(i = 1, 2, 3)$ 的充分必要条件是 $\pi_{R_iG'_{i+1}\text{-}\mu_i\nu_i}$ 通过棱 $Q_2P_{i+1}(i = 1, 2, 3)$ 的中点.

证明 (1) 因为 $\pi_{R_i G'_{i+1}\text{-}\mu_i\nu_i}(i=1,2,3)$ 通过顶点 Q_2 的充分必要条件是 $D_{Q_2\text{-}\pi_{R_i G'_{i+1}\text{-}\mu_i\nu_i}}=0(i=1,2,3)$, $\pi_{R_i G'_{i+1}\text{-}\mu_i\nu_i}$ 通过棱 $P_{i+1}P_{i+2}(i=1,2,3)$ 的中点的充分必要条件是式 (4.2.7) 成立, 所以 $\pi_{R_i G'_{i+1}\text{-}\mu_i\nu_i}(i=1,2,3)$ 通过顶点 Q_2 的充分必要条件是 $\pi_{R_i G'_{i+1}\text{-}\mu_i\nu_i}$ 通过棱 $P_{i+1}P_{i+2}(i=1,2,3)$ 的中点.

类似地, 可以证明 (2) 和 (3) 中的结论成立.

定理 4.2.4 设 $Q_1\text{-}P_1P_2P_3\text{-}Q_2$ 是三角形六面体, R'_i 是下侧棱 Q_2P_i $(i=1,2,3)$ 的中点, G_i 是上侧面 $Q_1P_iP_{i+1}(i=1,2,3)$ 的重心, $\pi_{R'_i G_{i+1}\text{-}\mu'_i\nu'_i}$ 是 $R'_i G_{i+1}(i=1,2,3)$ 的重心线包络面, 则

(1) $D_{Q_1\text{-}\pi_{R'_i G_{i+1}\text{-}\mu'_i\nu'_i}}=0(i=1,2,3)$ 的充分必要条件是

$$D_{P_{i+1}\text{-}\pi_{R'_i G_{i+1}\text{-}\mu'_i\nu'_i}}+D_{P_{i+2}\text{-}\pi_{R'_i G_{i+1}\text{-}\mu'_i\nu'_i}}$$
$$=0 \quad (d_{P_{i+1}\text{-}\pi_{R'_i G_{i+1}\text{-}\mu'_i\nu'_i}}=d_{P_{i+2}\text{-}\pi_{R'_i G_{i+1}\text{-}\mu'_i\nu'_i}}) \quad (i=1,2,3);$$

(2) $D_{P_{i+1}\text{-}\pi_{R'_i G_{i+1}\text{-}\mu'_i\nu'_i}}=0(i=1,2,3)$ 的充分必要条件是

$$D_{Q_1\text{-}\pi_{R'_i G_{i+1}\text{-}\mu'_i\nu'_i}}+D_{P_{i+2}\text{-}\pi_{R'_i G_{i+1}\text{-}\mu'_i\nu'_i}}$$
$$=0 \quad (d_{Q_1\text{-}\pi_{R'_i G_{i+1}\text{-}\mu'_i\nu'_i}}=d_{P_{i+2}\text{-}\pi_{R'_i G_{i+1}\text{-}\mu'_i\nu'_i}}) \quad (i=1,2,3)$$

(3) $D_{P_{i+2}\text{-}\pi_{R'_i G_{i+1}\text{-}\mu'_i\nu'_i}}=0(i=1,2,3)$ 的充分必要条件是

$$D_{Q_1\text{-}\pi_{R'_i G_{i+1}\text{-}\mu'_i\nu'_i}}+D_{P_{i+1}\text{-}\pi_{R'_i G_{i+1}\text{-}\mu'_i\nu'_i}}$$
$$=0 \quad (d_{Q_1\text{-}\pi_{R'_i G_{i+1}\text{-}\mu'_i\nu'_i}}=d_{P_{i+1}\text{-}\pi_{R'_i G_{i+1}\text{-}\mu'_i\nu'_i}}) \quad (i=1,2,3)$$

证明 仿定理 4.2.3 证明, 即得.

推论 4.2.4 设 $Q_1\text{-}P_1P_2P_3\text{-}Q_2$ 是三角形六面体, R'_i 是下侧棱 $Q_2P_i(i=1,2,3)$ 的中点, G_i 是上侧面 $Q_1P_iP_{i+1}(i=1,2,3)$ 的重心, $\pi_{R'_i G_{i+1}\text{-}\mu'_i\nu'_i}$ 是 $R'_i G_{i+1}(i=1,2,3)$ 的重心线包络面, 则

(1) $\pi_{R'_i G_{i+1}\text{-}\mu'_i\nu'_i}(i=1,2,3)$ 通过顶点 Q_1 的充分必要条件是 $\pi_{R'_i G_{i+1}\text{-}\mu'_i\nu'_i}$ 通过棱 $P_{i+1}P_{i+2}(i=1,2,3)$ 的中点;

(2) $\pi_{R'_i G_{i+1}\text{-}\mu'_i\nu'_i}$ 通过顶点 $P_{i+1}(i=1,2,3)$ 的充分必要条件是 $\pi_{R'_i G_{i+1}\text{-}\mu'_i\nu'_i}$ 通过棱 $Q_1P_{i+2}(i=1,2,3)$ 的中点;

(3) $\pi_{R'_i G_{i+1}\text{-}\mu'_i\nu'_i}$ 通过顶点 $P_{i+2}(i=1,2,3)$ 的充分必要条件是 $\pi_{R'_i G_{i+1}\text{-}\mu'_i\nu'_i}$ 通过棱 $Q_1P_{i+1}(i=1,2,3)$ 的中点.

4.3　三角形六面体顶点到单侧重心线面的有向距离与应用

本节主要应用有向度量法, 研究三角形六面体顶点到单侧重心线面有向距离的有关问题. 首先, 给出三角形六面体单侧重心线面的概念; 其次, 给出三角形六面体顶点到单侧重心线面的有向距离 (距离) 公式; 最后, 应用三角形六面体顶点到单侧重心线面的有向距离公式, 得出相应的有向体积 (体积) 公式, 以及三角形六面体腰棱与重心线面平行和单侧重心线面四边形中面积 (有向面积) 相等的一些结论.

4.3.1　三角形六面体单侧重心线面的概念

定义 4.3.1　设 $Q_1\text{-}P_1P_2P_3\text{-}Q_2$ 是三角形六面体, R_i, R_i' 分别是上、下侧棱 $Q_1P_i, Q_2\ P_i(i=1,\ 2,3)$ 的中点, $G_i,\ G_i'$ 上、下侧面 $Q_1P_iP_{i+1}, Q_2P_iP_{i+1}(i=1,2,3)$ 的重心, 则称 $Q_1\text{-}P_1P_2P_3\text{-}Q_2$ 上、下同侧的任意两条重心线 R_iG_{i+1}', $R_{i+1}G_{i+2}'; R_i'G_{i+1}, R_{i+1}'G_{i+2}$ 所确定的四边形 $R_iR_{i+1}G_{i+1}'G_{i+2}'; R_i'R_{i+1}'G_{i+1}G_{i+2}$ $(i=1,2,3)$ 为 $Q_1\text{-}P_1P_2P_3\text{-}Q_2$ 的单侧重心线四边形, 简称重心线四边形; R_iR_{i+1} $G_{i+1}'G_{i+2}', R_i'R_{i+1}'G_{i+1}G_{i+2}$ 所在的平面 $\pi_{R_iR_{i+1}G_{i+1}'G_{i+2}'}, \pi_{R_i'R_{i+1}'G_{i+1}G_{i+2}}(i=1,2,3)$ 为 $Q_1\text{-}P_1P_2P_3\text{-}Q_2$ 的单侧重心线面, 简称重心线面.

显然, $Q_1\text{-}P_1P_2P_3\text{-}Q_2$ 的重心线面 $\pi_{R_iR_{i+1}G_{i+1}'G_{i+2}'}, \pi_{R_i'R_{i+1}'G_{i+1}G_{i+2}}(i=1,2,3)$ 是重心线包络面的特殊情形, 重心线面既是过其中一条重心线的包络面, 也是其中另一条重心线的包络面. 因此, 本节中的所有结论, 对具有同化性质的包络面亦成立.

4.3.2　三角形六面体顶点到单侧重心线面的有向距离公式

定理 4.3.1　设 $Q_1\text{-}P_1P_2P_3\text{-}Q_2$ 是三角形六面体, R_i 是上侧棱 $Q_1P_i(i=1,2,3)$ 的中点, G_i' 是下侧面 $Q_2P_iP_{i+1}(i=1,2,3)$ 的重心, $\pi_{R_iR_{i+1}G_{i+1}'G_{i+2}'}(i=1,2,3)$ 是 $Q_1\text{-}P_1P_2P_3\text{-}Q_2$ 的重心线面. 记 $F_1(P)=4\mathrm{a}_{R_iR_{i+1}G_{i+1}'}\mathrm{D}_{P\text{-}\pi_{R_iR_{i+1}G_{i+1}'G_{i+2}'}}=4\mathrm{a}_{G_{i+2}'R_iR_{i+1}}\mathrm{D}_{P\text{-}\pi_{R_iR_{i+1}G_{i+1}'G_{i+2}'}}=6\mathrm{a}_{R_{i+1}G_{i+1}'G_{i+2}'}\mathrm{D}_{P\text{-}\pi_{R_iR_{i+1}G_{i+1}'G_{i+2}'}}=6\mathrm{a}_{G_{i+1}'G_{i+2}'R_i}\cdot$
$\mathrm{D}_{P\text{-}\pi_{R_iR_{i+1}G_{i+1}'G_{i+2}'}}(i=1,2,3)$, 则

$$F_1(P_1)=\begin{cases} -\mathrm{D}_{Q_1Q_2P_1P_2}-\mathrm{D}_{Q_1P_1P_2P_3}, & i=1, \\ \mathrm{D}_{Q_1Q_2P_1P_2}-\mathrm{D}_{Q_1Q_2P_1P_3}+\mathrm{D}_{Q_1P_1P_2P_3}-\mathrm{D}_{Q_2P_1P_2P_3}, & i=2, \\ \mathrm{D}_{Q_1Q_2P_1P_3}-\mathrm{D}_{Q_1P_1P_2P_3}, & i=3; \end{cases} \quad (4.3.1)$$

$$F_1(P_2)=\begin{cases} -\mathrm{D}_{Q_1Q_2P_1P_2}-\mathrm{D}_{Q_1P_1P_2P_3}, & i=1, \\ -\mathrm{D}_{Q_1Q_2P_2P_3}-\mathrm{D}_{Q_1P_1P_2P_3}, & i=2, \\ \mathrm{D}_{Q_1Q_2P_1P_2}+\mathrm{D}_{Q_1Q_2P_2P_3}+\mathrm{D}_{Q_1P_1P_2P_3}+\mathrm{D}_{Q_2P_1P_2P_3}, & i=3; \end{cases} \quad (4.3.2)$$

$$F_1(P_3) = \begin{cases} D_{Q_1Q_2P_2P_3} - D_{Q_1Q_2P_1P_3} + D_{Q_1P_1P_2P_3} - D_{Q_2P_1P_2P_3}, & i=1, \\ -D_{Q_1Q_2P_2P_3} - D_{Q_1P_1P_2P_3}, & i=2, \\ D_{Q_1Q_2P_1P_3} - D_{Q_1P_1P_2P_3}, & i=3; \end{cases} \quad (4.3.3)$$

$$F_1(Q_1) = D_{Q_1Q_2P_iP_{i+1}} + D_{Q_1P_iP_{i+1}P_{i+2}} \quad (i=1,2,3); \tag{4.3.4}$$

$$F_1(Q_2) = D_{Q_1Q_2P_iP_{i+1}} + D_{Q_1Q_2P_iP_{i+2}} - D_{Q_1Q_2P_{i+1}P_{i+2}}$$

$$+ D_{Q_2P_iP_{i+1}P_{i+2}} \quad (i=1,2,3). \tag{4.3.5}$$

证明　如图 4.3.1 所示. 设 Q_1-$P_1P_2P_3$-Q_2 顶点的坐标分别为 $Q_i(a_i,b_i,c_i)(i=1,2)$; $P_i(x_i,y_i,z_i)(i=1,2,3)$. 于是上侧棱 Q_1P_i 中点的坐标为

$$R_i\left(\frac{a_1+x_i}{2}, \frac{b_1+y_i}{2}, \frac{c_1+z_i}{2}\right) \quad (i=1,2,3);$$

下侧面 $Q_2P_iP_{i+1}$ 重心的坐标为

$$G_i'\left(\frac{a_2+x_i+x_{i+1}}{3}, \frac{b_2+y_i+y_{i+1}}{3}, \frac{c_2+z_i+z_{i+1}}{3}\right) \quad (i=1,2,3).$$

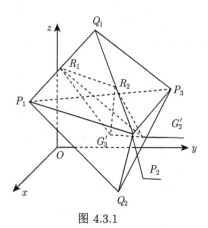

图 4.3.1

因为重心线面 $\pi_{R_iR_{i+1}G_{i+1}'G_{i+2}'}$ 与平面 $\pi_{R_iR_{i+1}G_{i+1}'}, \pi_{R_iR_{i+1}G_{i+1}'G_{i+2}'}, \pi_{G_{i+2}'R_i},$ $\pi_{G_{i+2}'R_iR_{i+1}}(i=1,2,3)$ 同向重合, 所以 Q_1-$P_1P_2P_3$-Q_2 的任一点顶点到以上五个平面的有向距离相等.

又因为 $\pi_{R_iR_{i+1}G_{i+1}'}(i=1,2,3)$ 的方程为

$$x\mathrm{Prj}_{yz}D_{R_iR_{i+1}G_{i+1}'} + y\mathrm{Prj}_{zx}D_{R_iR_{i+1}G_{i+1}'} + z\mathrm{Prj}_{xy}D_{R_iR_{i+1}G_{i+1}'} - \Delta_{R_iR_{i+1}G_{i+1}'} = 0,$$

其中

$$\Delta_{R_i R'_{i+1} G'_{i+1}}$$

$$=\frac{1}{2}\begin{vmatrix} (a_1+x_i)/2 & (b_1+y_i)/2 & (c_1+z_i)/2 \\ (a_1+x_{i+1})/2 & (b_1+y_{i+1})/2 & (c_1+z_{i+1})/2 \\ (a_2+x_{i+1}+x_{i+2})/3 & (b_2+y_{i+1}+y_{i+2})/3 & (c_2+z_{i+1}+z_{i+2})/3 \end{vmatrix}.$$

于是由点到平面的有向距离公式, 可得

$$\mathrm{a}_{R_i R_{i+1} G'_{i+1}} \mathrm{D}_{P_1\text{-}\pi_{R_i R_{i+1} G'_{i+1} G'_{i+2}}} = \mathrm{a}_{R_i R_{i+1} G'_{i+1}} \mathrm{D}_{P_1\text{-}\pi_{R_i R_{i+1} G'_{i+1}}}$$

$$= x_1 \mathrm{Prj}_{yz} \mathrm{D}_{R_i R'_i G'_{i+1}} + y_1 \mathrm{Prj}_{zx} \mathrm{D}_{R_i R'_i G'_{i+1}} + z_1 \mathrm{Prj}_{xy} \mathrm{D}_{R_i R'_i G'_{i+1}} - \Delta_{R_i R'_i G'_{i+1}}$$

$$= \frac{1}{2}\begin{vmatrix} x_1 & y_1 & z_1 & 1 \\ (a_1+x_i)/2 & (b_1+y_i)/2 & (c_1+z_i)/2 & 1 \\ (a_1+x_{i+1})/2 & (b_1+y_{i+1})/2 & (c_1+z_{i+1})/2 & 1 \\ (a_2+x_{i+1}+x_{i+2})/3 & (b_2+y_{i+1}+y_{i+2})/3 & (c_2+z_{i+1}+z_{i+2})/3 & 1 \end{vmatrix}$$

$$= \frac{1}{24}\begin{vmatrix} x_1 & y_1 & z_1 & 1 \\ a_1+x_i & b_1+y_i & c_1+z_i & 2 \\ a_1+x_{i+1} & b_1+y_{i+1} & c_1+z_{i+1} & 2 \\ a_2+x_{i+1}+x_{i+2} & b_2+y_{i+1}+y_{i+2} & c_2+z_{i+1}+z_{i+2} & 3 \end{vmatrix}$$

$$= \frac{1}{24}\begin{vmatrix} x_1 & y_1 & z_1 & 1 \\ x_i & y_i & z_i & 1 \\ a_1 & b_1 & c_1 & 1 \\ a_2+x_{i+1}+x_{i+2} & b_2+y_{i+1}+y_{i+2} & c_2+z_{i+1}+z_{i+2} & 3 \end{vmatrix}$$

$$+ \frac{1}{24}\begin{vmatrix} x_1 & y_1 & z_1 & 1 \\ a_1+x_i & b_1+y_i & c_1+z_i & 2 \\ x_{i+1} & y_{i+1} & z_{i+1} & 1 \\ a_2+x_{i+2} & b_2+y_{i+2} & c_2+z_{i+2} & 2 \end{vmatrix}$$

$$= \frac{1}{4}(\mathrm{D}_{P_1 P_i Q_1 Q_2} + \mathrm{D}_{P_1 P_i Q_1 P_{i+1}} + \mathrm{D}_{P_1 P_i Q_1 P_{i+2}} + \mathrm{D}_{P_1 Q_1 P_{i+1} Q_2}$$

$$+ \mathrm{D}_{P_1 Q_1 P_{i+1} P_{i+2}} + \mathrm{D}_{P_1 P_i P_{i+1} Q_2} + \mathrm{D}_{P_1 P_i P_{i+1} P_{i+2}})$$

$$= \frac{1}{4} \times \begin{cases} -\mathrm{D}_{Q_1 Q_2 P_1 P_2} - \mathrm{D}_{Q_1 P_1 P_2 P_3}, & i=1, \\ \mathrm{D}_{Q_1 Q_2 P_1 P_2} - \mathrm{D}_{Q_1 Q_2 P_1 P_3} + \mathrm{D}_{Q_1 P_1 P_2 P_3} - \mathrm{D}_{Q_2 P_1 P_2 P_3}, & i=2, \\ \mathrm{D}_{Q_1 Q_2 P_1 P_3} - \mathrm{D}_{Q_1 P_1 P_2 P_3}, & i=3, \end{cases}$$

因此, 式 (4.3.1) 第一部分成立.

同理可以证明, 式 (4.3.1) 后三部分成立.

类似地, 可以证明式 (4.3.2)~(4.3.5) 成立.

推论 4.3.1 设 Q_1-$P_1P_2P_3$-Q_2 是三角形六面体, R_i 是上侧棱 $Q_1P_i(i=1,2,3)$ 的中点, G_i' 是下侧面 $Q_2P_iP_{i+1}(i=1,2,3)$ 的重心, $\pi_{R_iR_{i+1}G_{i+1}'G_{i+2}'}(i=1,2,3)$ 是 Q_1-$P_1P_2P_3$-Q_2 的重心线面. 记 $f_1(P)=4\mathrm{a}_{R_iR_{i+1}G_{i+1}'}\mathrm{d}_{P\text{-}\pi_{R_iR_{i+1}G_{i+1}'G_{i+2}'}}=4\mathrm{a}_{G_{i+2}'R_iR_{i+1}}\mathrm{d}_{P\text{-}\pi_{R_iR_{i+1}G_{i+1}'G_{i+2}'}}=6\mathrm{a}_{R_{i+1}G_{i+1}'G_{i+2}'}\mathrm{d}_{P\text{-}\pi_{R_iR_{i+1}G_{i+1}'G_{i+2}'}}=6\mathrm{a}_{G_{i+1}'G_{i+2}'R_i}\mathrm{d}_{P\text{-}\pi_{R_iR_{i+1}G_{i+1}'G_{i+2}'}}(i=1,2,3)$, 则

$$f_1\left(P_1\right)=\begin{cases}\left|\mathrm{D}_{Q_1Q_2P_1P_2}+\mathrm{D}_{Q_1P_1P_2P_3}\right|, & i=1,\\\left|\mathrm{D}_{Q_1Q_2P_1P_2}-\mathrm{D}_{Q_1Q_2P_1P_3}+\mathrm{D}_{Q_1P_1P_2P_3}-\mathrm{D}_{Q_2P_1P_2P_3}\right|, & i=2,\\\left|\mathrm{D}_{Q_1Q_2P_1P_3}-\mathrm{D}_{Q_1P_1P_2P_3}\right|, & i=3;\end{cases} \quad (4.3.6)$$

$$f_1\left(P_2\right)=\begin{cases}\left|\mathrm{D}_{Q_1Q_2P_1P_2}+\mathrm{D}_{Q_1P_1P_2P_3}\right|, & i=1,\\\left|\mathrm{D}_{Q_1Q_2P_2P_3}+\mathrm{D}_{Q_1P_1P_2P_3}\right|, & i=2,\\\left|\mathrm{D}_{Q_1Q_2P_1P_2}+\mathrm{D}_{Q_1Q_2P_2P_3}+\mathrm{D}_{Q_1P_1P_2P_3}+\mathrm{D}_{Q_2P_1P_2P_3}\right|, & i=3;\end{cases} \quad (4.3.7)$$

$$f_1\left(P_3\right)=\begin{cases}\left|\mathrm{D}_{Q_1Q_2P_2P_3}-\mathrm{D}_{Q_1Q_2P_1P_3}+\mathrm{D}_{Q_1P_1P_2P_3}-\mathrm{D}_{Q_2P_1P_2P_3}\right|, & i=1,\\\left|\mathrm{D}_{Q_1Q_2P_2P_3}+\mathrm{D}_{Q_1P_1P_2P_3}\right|, & i=2,\\\left|\mathrm{D}_{Q_1Q_2P_1P_3}-\mathrm{D}_{Q_1P_1P_2P_3}\right|, & i=3;\end{cases} \quad (4.3.8)$$

$$f_1\left(Q_1\right)=\left|\mathrm{D}_{Q_1Q_2P_iP_{i+1}}+\mathrm{D}_{Q_1P_iP_{i+1}P_{i+2}}\right|\quad(i=1,2,3);$$
$$(4.3.9)$$

$$f_1\left(Q_2\right)=\mid\mathrm{D}_{Q_1Q_2P_iP_{i+2}}+\mathrm{D}_{Q_1Q_2P_iP_{i+2}}-\mathrm{D}_{Q_1Q_2P_{i+1}P_{i+2}}$$
$$+\mathrm{D}_{Q_2P_iP_{i+1}P_{i+2}}\mid(i=1,2,3). \quad (4.3.10)$$

证明 根据定理 4.3.1, 式 (4.3.1)~(4.3.5) 等号两边分别取绝对值, 即得 (4.5.6)~(4.5.10).

定理 4.3.2 设 Q_1-$P_1P_2P_3$-Q_2 是三角形六面体, R_i' 是下侧棱 $Q_2P_i(i=1,2,3)$ 的中点, G_i 是上侧面 $Q_1P_iP_{i+1}(i=1,2,3)$ 的重心, $\pi_{R_i'R_{i+1}'G_{i+1}G_{i+2}}(i=1,2,3)$ 是 Q_1-$P_1P_2P_3$-Q_2 的重心线面. 记 $F_2(P)=4\mathrm{a}_{R_i'R_{i+1}'G_{i+1}}\mathrm{D}_{P\text{-}\pi_{R_i'R_{i+1}'G_{i+1}G_{i+2}}}=4\mathrm{a}_{G_{i+2}R_i'R_{i+1}'}\mathrm{D}_{P\text{-}\pi_{R_i'R_{i+1}'G_{i+1}G_{i+2}}}=6\mathrm{a}_{R_{i+1}'G_{i+1}G_{i+2}}\mathrm{D}_{P\text{-}\pi_{R_i'R_{i+1}'G_{i+1}G_{i+2}}}=6\mathrm{a}_{G_{i+1}G_{i+2}R_i'}\cdot$

$\mathrm{D}_{P\text{-}\pi_{R'_i R'_{i+1} G_{i+1} G_{i+2}}}(i=1,2,3)$, 则

$$F_2(P_1)=\begin{cases}\mathrm{D}_{Q_1Q_2P_1P_2}-\mathrm{D}_{Q_2P_1P_2P_3}, & i=1,\\ \mathrm{D}_{Q_1Q_2P_1P_3}-\mathrm{D}_{Q_1Q_2P_1P_2}-\mathrm{D}_{Q_1P_1P_2P_3}+\mathrm{D}_{Q_2P_1P_2P_3}, & i=2,\\ -\mathrm{D}_{Q_1Q_2P_1P_3}-\mathrm{D}_{Q_2P_1P_2P_3}, & i=3;\end{cases} \quad(4.3.11)$$

$$F_2(P_2)=\begin{cases}\mathrm{D}_{Q_1Q_2P_1P_2}-\mathrm{D}_{Q_2P_1P_2P_3}, & i=1,\\ \mathrm{D}_{Q_1Q_2P_2P_3}-\mathrm{D}_{Q_2P_1P_2P_3}, & i=2,\\ \mathrm{D}_{Q_2P_1P_2P_3}-\mathrm{D}_{Q_1Q_2P_2P_3}-\mathrm{D}_{Q_1Q_2P_1P_2}-\mathrm{D}_{Q_1P_1P_2P_3}, & i=3;\end{cases} \quad(4.3.12)$$

$$F_2(P_3)=\begin{cases}\mathrm{D}_{Q_1Q_2P_1P_3}-\mathrm{D}_{Q_1Q_2P_2P_3}+\mathrm{D}_{Q_2P_1P_2P_3}-\mathrm{D}_{Q_1P_1P_2P_3}, & i=1,\\ \mathrm{D}_{Q_1Q_2P_2P_3}-\mathrm{D}_{Q_2P_1P_2P_3}, & i=2,\\ -\mathrm{D}_{Q_2P_1P_2P_3}-\mathrm{D}_{Q_1Q_2P_1P_3}, & i=3;\end{cases} \quad(4.3.13)$$

$$F_2(Q_1)=\mathrm{D}_{Q_1Q_2P_{i+1}P_{i+2}}-\mathrm{D}_{Q_1Q_2P_iP_{i+1}}-\mathrm{D}_{Q_1Q_2P_iP_{i+2}}$$
$$+\mathrm{D}_{Q_1P_iP_{i+1}P_{i+2}} \quad(i=1,2,3); \quad(4.3.14)$$

$$F_2(Q_2)=\mathrm{D}_{Q_2P_iP_{i+1}P_{i+2}}-\mathrm{D}_{Q_1Q_2P_iP_{i+1}} \quad(i=1,2,3). \quad(4.3.15)$$

证明 仿定理 4.3.1 证明, 即得式 (4.3.11)~(4.3.15).

推论 4.3.2 设 $Q_1\text{-}P_1P_2P_3\text{-}Q_2$ 是三角形六面体, R'_i 是下侧棱 $Q_2P_i(i=1,2,3)$ 的中点, G_i 是上侧面 $Q_1P_iP_{i+1}(i=1,2,3)$ 的重心, $\pi_{R'_iR'_{i+1}G_{i+1}G_{i+2}}(i=1,2,3)$ 是 $Q_1\text{-}P_1P_2P_3\text{-}Q_2$ 的重心线面. $f_2(P)=4a_{R'_iR'_{i+1}G_{i+1}}\mathrm{d}_{P\text{-}\pi_{R'_iR'_{i+1}G_{i+1}G_{i+2}}}=4a_{G_{i+2}R'_iR'_{i+1}}\mathrm{d}_{P\text{-}\pi_{R'_iR'_{i+1}G_{i+1}G_{i+2}}}=6a_{R'_{i+1}G_{i+1}G_{i+2}}\mathrm{d}_{P\text{-}\pi_{R'_iR'_{i+1}G_{i+1}G_{i+2}}}=6a_{G_{i+1}G_{i+2}R'_i}\mathrm{d}_{P\text{-}\pi_{R'_iR'_{i+1}G_{i+1}G_{i+2}}}(i=1,2,3)$, 则

$$f_2(P_1)=\begin{cases}|\mathrm{D}_{Q_1Q_2P_1P_2}-\mathrm{D}_{Q_2P_1P_2P_3}|, & i=1,\\ |\mathrm{D}_{Q_1Q_2P_1P_3}-\mathrm{D}_{Q_1Q_2P_1P_2}-\mathrm{D}_{Q_1P_1P_2P_3}+\mathrm{D}_{Q_2P_1P_2P_3}|, & i=2,\\ |\mathrm{D}_{Q_1Q_2P_1P_3}+\mathrm{D}_{Q_2P_1P_2P_3}|, & i=3;\end{cases} \quad(4.3.16)$$

$$f_2(P_2)=\begin{cases}|\mathrm{D}_{Q_1Q_2P_1P_2}-\mathrm{D}_{Q_2P_1P_2P_3}|, & i=1,\\ |\mathrm{D}_{Q_1Q_2P_2P_3}-\mathrm{D}_{Q_2P_1P_2P_3}|, & i=2,\\ |\mathrm{D}_{Q_2P_1P_2P_3}-!\mathrm{D}_{Q_1Q_2P_2P_3}-\mathrm{D}_{Q_1Q_2P_1P_2}-\mathrm{D}_{Q_1P_1P_2P_3}|, & i=3;\end{cases} \quad(4.3.17)$$

$$f_2(P_3) = \begin{cases} \left| \mathrm{D}_{Q_1Q_2P_1P_3} - \mathrm{D}_{Q_1Q_2P_2P_3} + \mathrm{D}_{Q_2P_1P_2P_3} - \mathrm{D}_{Q_1P_1P_2P_3} \right|, & i = 1, \\ \left| \mathrm{D}_{Q_1Q_2P_2P_3} - \mathrm{D}_{Q_2P_1P_2P_3} \right|, & i = 2, \quad (4.3.18) \\ \left| \mathrm{D}_{Q_2P_1P_2P_3} + \mathrm{D}_{Q_1Q_2P_1P_3} \right|, & i = 3; \end{cases}$$

$$f_2(Q_1) = \left| \mathrm{D}_{Q_1Q_2P_{i+1}P_{i+2}} - \mathrm{D}_{Q_1Q_2P_iP_{i+1}} - \mathrm{D}_{Q_1Q_2P_iP_{i+2}} \right.$$
$$\left. + \mathrm{D}_{Q_1P_iP_{i+1}P_{i+2}} \right| \quad (i = 1, 2, 3); \tag{4.3.19}$$

$$f_2(Q_2) = \left| \mathrm{D}_{Q_2P_iP_{i+1}P_{i+2}} - \mathrm{D}_{Q_1Q_2P_iP_{i+1}} \right| \quad (i = 1, 2, 3). \tag{4.3.20}$$

证明 根据定理 4.3.2, 式 (4.3.11)~(4.3.15) 等号两边取绝对值, 即得 (4.3.16)~(4.3.20).

4.3.3 三角形六面体顶点到单侧重心线面有向距离公式的应用

根据定理 1.2.3, 可以得出定理 4.3.1 和定理 4.3.2 中有向距离公式相应的有向体积 (体积) 公式. 兹列如下.

定理 4.3.3 设 Q_1-$P_1P_2P_3$-Q_2 是三角形六面体, R_i 是上侧棱 Q_1P_i $(i = 1, 2, 3)$ 的中点, G_i' 是下侧面 $Q_2P_iP_{i+1}(i = 1, 2, 3)$ 的重心, $R_iR_{i+1}G_{i+1}'G_{i+2}'$ $(i = 1, 2, 3)$ 是 Q_1-$P_1P_2P_3$-Q_2 的重心线四边形. 记 $G_1(P) = 12\mathrm{D}_{PR_iR_{i+1}G_{i+1}'} = 12\mathrm{D}_{PG_{i+2}'R_iR_{i+1}} = 18\mathrm{D}_{PR_{i+1}G_{i+1}'G_{i+2}'} = 18\mathrm{D}_{PG_{i+1}'G_{i+2}'R_i}(i = 1, 2, 3)$, 则

$$G_1(P_1) = \begin{cases} -\mathrm{D}_{Q_1Q_2P_1P_2} - \mathrm{D}_{Q_1P_1P_2P_3}, & i = 1, \\ \mathrm{D}_{Q_1Q_2P_1P_2} - \mathrm{D}_{Q_1Q_2P_1P_3} + \mathrm{D}_{Q_1P_1P_2P_3} - \mathrm{D}_{Q_2P_1P_2P_3}, & i = 2, \\ \mathrm{D}_{Q_1Q_2P_1P_3} - \mathrm{D}_{Q_1P_1P_2P_3}, & i = 3; \end{cases}$$

$$G_1(P_2) = \begin{cases} -\mathrm{D}_{Q_1Q_2P_1P_2} - \mathrm{D}_{Q_1P_1P_2P_3}, & i = 1, \\ -\mathrm{D}_{Q_1Q_2P_2P_3} - \mathrm{D}_{Q_1P_1P_2P_3}, & i = 2, \\ \mathrm{D}_{Q_1Q_2P_1P_2} + \mathrm{D}_{Q_1Q_2P_2P_3} + \mathrm{D}_{Q_1P_1P_2P_3} + \mathrm{D}_{Q_2P_1P_2P_3}, & i = 3; \end{cases}$$

$$G_1(P_3) = \begin{cases} \mathrm{D}_{Q_1Q_2P_2P_3} - \mathrm{D}_{Q_1Q_2P_1P_3} + \mathrm{D}_{Q_1P_1P_2P_3} - \mathrm{D}_{Q_2P_1P_2P_3}, & i = 1, \\ -\mathrm{D}_{Q_1Q_2P_2P_3} - \mathrm{D}_{Q_1P_1P_2P_3}, & i = 2, \\ \mathrm{D}_{Q_1Q_2P_1P_3} - \mathrm{D}_{Q_1P_1P_2P_3}, & i = 3; \end{cases}$$

$$G_1(Q_1) = \mathrm{D}_{Q_1Q_2P_iP_{i+1}} + \mathrm{D}_{Q_1P_iP_{i+1}P_{i+2}} \quad (i = 1, 2, 3);$$

$$G_1(Q_2) = \mathrm{D}_{Q_1Q_2P_iP_{i+1}} + \mathrm{D}_{Q_1Q_2P_iP_{i+2}} - \mathrm{D}_{Q_1Q_2P_{i+1}P_{i+2}} + \mathrm{D}_{Q_2P_iP_{i+1}P_{i+2}} \quad (i = 1, 2, 3).$$

推论 4.3.3 设 Q_1-$P_1P_2P_3$-Q_2 是三角形六面体, R_i 是上侧棱 Q_1P_i $(i = 1, 2, 3)$ 的中点, G_i' 是下侧面 $Q_2P_iP_{i+1}(i = 1, 2, 3)$ 的重心, $R_iR_{i+1}G_{i+1}'G_{i+2}'$

$(i = 1, 2, 3)$ 是 $Q_1\text{-}P_1P_2P_3\text{-}Q_2$ 的重心线四边形. 记 $g_1(P) = 12\mathrm{D}_{PR_iR_{i+1}G'_{i+1}} = 12\mathrm{D}_{PG'_{i+2}R_iR_{i+1}} = 18\mathrm{D}_{PR_{i+1}G'_{i+1}G'_{i+2}} = 18\mathrm{D}_{PG'_{i+1}G'_{i+2}R_i}(i = 1, 2, 3)$, 则

$$g_1(P_1) = \begin{cases} |\mathrm{D}_{Q_1Q_2P_1P_2} + \mathrm{D}_{Q_1P_1P_2P_3}|, & i = 1, \\ |\mathrm{D}_{Q_1Q_2P_1P_2} - \mathrm{D}_{Q_1Q_2P_1P_3} + \mathrm{D}_{Q_1P_1P_2P_3} - \mathrm{D}_{Q_2P_1P_2P_3}|, & i = 2, \\ |\mathrm{D}_{Q_1Q_2P_1P_3} - \mathrm{D}_{Q_1P_1P_2P_3}|, & i = 3; \end{cases}$$

$$g_1(P_2) = \begin{cases} |\mathrm{D}_{Q_1Q_2P_1P_2} + \mathrm{D}_{Q_1P_1P_2P_3}|, & i = 1, \\ |\mathrm{D}_{Q_1Q_2P_2P_3} + \mathrm{D}_{Q_1P_1P_2P_3}|, & i = 2, \\ |\mathrm{D}_{Q_1Q_2P_1P_2} + \mathrm{D}_{Q_1Q_2P_2P_3} + \mathrm{D}_{Q_1P_1P_2P_3} + \mathrm{D}_{Q_2P_1P_2P_3}|, & i = 3; \end{cases}$$

$$g_1(P_3) = \begin{cases} |\mathrm{D}_{Q_1Q_2P_2P_3} - \mathrm{D}_{Q_1Q_2P_1P_3} + \mathrm{D}_{Q_1P_1P_2P_3} - \mathrm{D}_{Q_2P_1P_2P_3}|, & i = 1, \\ |\mathrm{D}_{Q_1Q_2P_2P_3} + \mathrm{D}_{Q_1P_1P_2P_3}|, & i = 2, \\ |\mathrm{D}_{Q_1Q_2P_1P_3} - \mathrm{D}_{Q_1P_1P_2P_3}|, & i = 3; \end{cases}$$

$$g_1(Q_1) = \left|\mathrm{D}_{Q_1Q_2P_iP_{i+1}} + \mathrm{D}_{Q_1P_iP_{i+1}P_{i+2}}\right| \quad (i = 1, 2, 3);$$

$$g_1(Q_2) = \left|\mathrm{D}_{Q_1Q_2P_iP_{i+1}} + \mathrm{D}_{Q_1Q_2P_iP_{i+2}} - \mathrm{D}_{Q_1Q_2P_{i+1}P_{i+2}} + \mathrm{D}_{Q_2P_iP_{i+1}P_{i+2}}\right| \quad (i = 1, 2, 3).$$

定理 4.3.4 设 $Q_1\text{-}P_1P_2P_3\text{-}Q_2$ 是三角形六面体, R'_i 是下侧棱 Q_2P_i $(i = 1, 2, 3)$ 的中点, G_i 是上侧面 $Q_1P_iP_{i+1}(i = 1, 2, 3)$ 的重心, $R'_iR'_{i+1}G_{i+1}G_{i+2}$ $(i = 1, 2, 3)$ 是 $Q_1\text{-}P_1P_2P_3\text{-}Q_2$ 的重心线四边形. 记 $G_2(P) = 12\mathrm{D}_{PR'_iR'_{i+1}G_{i+1}} = 12\mathrm{D}_{PG_{i+2}R'_iR'_{i+1}} = 18\mathrm{D}_{PR'_{i+1}G_{i+1}G_{i+2}} = 18\mathrm{D}_{PG_{i+1}G_{i+2}R'_i}$, 则

$$G_2(P_1) = \begin{cases} \mathrm{D}_{Q_1Q_2P_1P_2} - \mathrm{D}_{Q_2P_1P_2P_3}, & i = 1, \\ \mathrm{D}_{Q_1Q_2P_1P_3} - \mathrm{D}_{Q_1Q_2P_1P_2} - \mathrm{D}_{Q_1P_1P_2P_3} + \mathrm{D}_{Q_2P_1P_2P_3}, & i = 2, \\ -\mathrm{D}_{Q_1Q_2P_1P_3} - \mathrm{D}_{Q_2P_1P_2P_3}, & i = 3; \end{cases}$$

$$G_2(P_2) = \begin{cases} \mathrm{D}_{Q_1Q_2P_1P_2} - \mathrm{D}_{Q_2P_1P_2P_3}, & i = 1, \\ \mathrm{D}_{Q_1Q_2P_2P_3} - \mathrm{D}_{Q_2P_1P_2P_3}, & i = 2, \\ \mathrm{D}_{Q_2P_1P_2P_3} - \mathrm{D}_{Q_1Q_2P_2P_3} - \mathrm{D}_{Q_1Q_2P_1P_2} - \mathrm{D}_{Q_1P_1P_2P_3}, & i = 3; \end{cases}$$

$$G_2(P_3) = \begin{cases} \mathrm{D}_{Q_1Q_2P_1P_3} - \mathrm{D}_{Q_1Q_2P_2P_3} + \mathrm{D}_{Q_2P_1P_2P_3} - \mathrm{D}_{Q_1P_1P_2P_3}, & i = 1, \\ \mathrm{D}_{Q_1Q_2P_2P_3} - \mathrm{D}_{Q_2P_1P_2P_3}, & i = 2, \\ -\mathrm{D}_{Q_2P_1P_2P_3} - \mathrm{D}_{Q_1Q_2P_1P_3}, & i = 3; \end{cases}$$

$$G_2(Q_1) = \mathrm{D}_{Q_1Q_2P_{i+1}P_{i+2}} - \mathrm{D}_{Q_1Q_2P_iP_{i+1}} - \mathrm{D}_{Q_1Q_2P_iP_{i+2}} + \mathrm{D}_{Q_1P_iP_{i+1}P_{i+2}} \quad (i = 1, 2, 3);$$

$$G_2(Q_2) = \mathrm{D}_{Q_2P_iP_{i+1}P_{i+2}} - \mathrm{D}_{Q_1Q_2P_iP_{i+1}} \quad (i = 1, 2, 3).$$

推论 4.3.4 设 $Q_1\text{-}P_1P_2P_3\text{-}Q_2$ 是三角形六面体, R'_i 是下侧棱 $Q_2P_i(i = 1, 2,$

3) 的中点, G_i 是上侧面 $Q_1P_iP_{i+1}(i=1,2,3)$ 的重心, $R_i'R_{i+1}'G_{i+1}G_{i+2}(i=1,2,3)$ 是 Q_1-$P_1P_2P_3$-Q_2 的重心线四边形. 记 $g_2(P)=12\mathrm{v}_{PR_i'R_{i+1}'G_{i+1}}=12\mathrm{v}_{PG_{i+2}R_i'R_{i+1}'}=18\mathrm{v}_{PR_{i+1}'G_{i+1}G_{i+2}}=18\mathrm{v}_{PG_{i+1}G_{i+2}R_i'}(i=1,2,3)$, 则

$$g_2(P_1)=\begin{cases} |\mathrm{D}_{Q_1Q_2P_1P_2}-\mathrm{D}_{Q_2P_1P_2P_3}|, & i=1,\\ |\mathrm{D}_{Q_1Q_2P_1P_3}-\mathrm{D}_{Q_1Q_2P_1P_2}-\mathrm{D}_{Q_1P_1P_2P_3}+\mathrm{D}_{Q_2P_1P_2P_3}|, & i=2,\\ |\mathrm{D}_{Q_1Q_2P_1P_3}+\mathrm{D}_{Q_2P_1P_2P_3}|, & i=3; \end{cases}$$

$$g_2(P_2)=\begin{cases} |\mathrm{D}_{Q_1Q_2P_1P_2}-\mathrm{D}_{Q_2P_1P_2P_3}|, & i=1,\\ |\mathrm{D}_{Q_1Q_2P_2P_3}-\mathrm{D}_{Q_2P_1P_2P_3}|, & i=2,\\ |\mathrm{D}_{Q_2P_1P_2P_3}-\mathrm{D}_{Q_1Q_2P_2P_3}-\mathrm{D}_{Q_1Q_2P_1P_2}-\mathrm{D}_{Q_1P_1P_2P_3}|, & i=3; \end{cases}$$

$$g_2(P_3)=\begin{cases} |\mathrm{D}_{Q_1Q_2P_1P_3}-\mathrm{D}_{Q_1Q_2P_2P_3}+\mathrm{D}_{Q_2P_1P_2P_3}-\mathrm{D}_{Q_1P_1P_2P_3}|, & i=1,\\ |\mathrm{D}_{Q_1Q_2P_2P_3}-\mathrm{D}_{Q_2P_1P_2P_3}|, & i=2,\\ |\mathrm{D}_{Q_2P_1P_2P_3}+\mathrm{D}_{Q_1Q_2P_1P_3}|, & i=3; \end{cases}$$

$$g_2(Q_1)=\left|\mathrm{D}_{Q_1Q_2P_{i+1}P_{i+2}}-\mathrm{D}_{Q_1Q_2P_iP_{i+1}}-\mathrm{D}_{Q_1Q_2P_iP_{i+2}}+\mathrm{D}_{Q_1P_iP_{i+1}P_{i+2}}\right| \quad (i=1,2,3);$$

$$g_2(Q_2)=\left|\mathrm{D}_{Q_2P_iP_{i+1}P_{i+2}}-\mathrm{D}_{Q_1Q_2P_iP_{i+1}}\right| \quad (i=1,2,3).$$

定理 4.3.5 设 Q_1-$P_1P_2P_3$-Q_2 是三角形六面体, R_1,R_2,R_3 分别是上侧棱 Q_1P_1,Q_1P_2,Q_1P_3 的中点, G_1',G_2',G_3' 分别是下侧面 $Q_2P_1P_2,Q_2P_2P_3,Q_2P_3P_1$ 的重心, $\pi_{R_1R_2G_2'G_3'},\pi_{R_2R_3G_3'G_1'},\pi_{R_3R_1G_1'G_2'}$ 是 Q_1-$P_1P_2P_3$-Q_2 的重心线面, 则

$$\mathrm{D}_{P_1\text{-}\pi_{R_1R_2G_2'G_3'}}+\mathrm{D}_{Q_1\text{-}\pi_{R_1R_2G_2'G_3'}}=0 \quad (\mathrm{d}_{P_1\text{-}\pi_{R_1R_2G_2'G_3'}}=\mathrm{d}_{Q_1\text{-}\pi_{R_1R_2G_2'G_3'}}), \quad (4.3.21)$$

$$\mathrm{D}_{P_2\text{-}\pi_{R_1R_2G_2'G_3'}}+\mathrm{D}_{Q_1\text{-}\pi_{R_1R_2G_2'G_3'}}=0 \quad (\mathrm{d}_{P_2\text{-}\pi_{R_1R_2G_2'G_3'}}=\mathrm{d}_{Q_1\text{-}\pi_{R_1R_2G_2'G_3'}}), \quad (4.3.22)$$

$$\mathrm{D}_{P_1\text{-}\pi_{R_1R_2G_2'G_3'}}-\mathrm{D}_{P_2\text{-}\pi_{R_1R_2G_2'G_3'}}=0 \quad (\mathrm{d}_{P_1\text{-}\pi_{R_1R_2G_2'G_3'}}=\mathrm{d}_{P_2\text{-}\pi_{R_1R_2G_2'G_3'}}); \quad (4.3.23)$$

$$\mathrm{D}_{P_2\text{-}\pi_{R_2R_3G_3'G_1'}}+\mathrm{D}_{Q_1\text{-}\pi_{R_2R_3G_3'G_1'}}=0 \quad (\mathrm{d}_{P_2\text{-}\pi_{R_2R_3G_3'G_1'}}=\mathrm{d}_{Q_1\text{-}\pi_{R_2R_3G_3'G_1'}}), \quad (4.3.24)$$

$$\mathrm{D}_{P_3\text{-}\pi_{R_2R_3G_3'G_1'}}+\mathrm{D}_{Q_1\text{-}\pi_{R_2R_3G_3'G_1'}}=0 \quad (\mathrm{d}_{P_3\text{-}\pi_{R_2R_3G_3'G_1'}}=\mathrm{d}_{Q_1\text{-}\pi_{R_2R_3G_3'G_1'}}), \quad (4.3.25)$$

$$\mathrm{D}_{P_2\text{-}\pi_{R_2R_3G_3'G_1'}}-\mathrm{D}_{P_3\text{-}\pi_{R_2R_3G_3'G_1'}}=0 \quad (\mathrm{d}_{P_2\text{-}\pi_{R_2R_3G_3'G_1'}}=\mathrm{d}_{P_3\text{-}\pi_{R_2R_3G_3'G_1'}}); \quad (4.3.26)$$

$$\mathrm{D}_{P_3\text{-}\pi_{R_3R_1G_1'G_2'}}+\mathrm{D}_{Q_1\text{-}\pi_{R_3R_1G_1'G_2'}}=0 \quad (\mathrm{d}_{P_3\text{-}\pi_{R_3R_1G_1'G_2'}}=\mathrm{d}_{Q_1\text{-}\pi_{R_3R_1G_1'G_2'}}), \quad (4.3.27)$$

$$\mathrm{D}_{P_1\text{-}\pi_{R_3R_1G_1'G_2'}}+\mathrm{D}_{Q_1\text{-}\pi_{R_3R_1G_1'G_2'}}=0 \quad (\mathrm{d}_{P_1\text{-}\pi_{R_3R_1G_1'G_2'}}=\mathrm{d}_{Q_1\text{-}\pi_{R_3R_1G_1'G_2'}}), \quad (4.3.28)$$

$$\mathrm{D}_{P_3\text{-}\pi_{R_3R_1G_1'G_2'}}-\mathrm{D}_{P_1\text{-}\pi_{R_3R_1G_1'G_2'}}=0 \quad (\mathrm{d}_{P_3\text{-}\pi_{R_3R_1G_1'G_2'}}=\mathrm{d}_{P_1\text{-}\pi_{R_3R_1G_1'G_2'}}). \quad (4.3.29)$$

证明　根据定理 4.3.1, 当 $i=1$ 时, 式 (4.3.1)+(4.3.4) 和式 (4.3.2)+(4.3.4), 得

$$4a_{R_1R_2G_2'}\left(D_{P_k\text{-}\pi_{R_1R_2G_2'G_3'}}+D_{Q_1\text{-}\pi_{R_1R_2G_2'G_3'}}\right)=0\quad(k=1,2).$$

因为 $4a_{R_1R_2G_2'}\neq 0$, 所以

$$D_{P_k\text{-}\pi_{R_1R_2G_2'G_3'}}+D_{Q_1\text{-}\pi_{R_1R_2G_2'G_3'}}=0\quad(d_{P_k\text{-}\pi_{R_1R_2G_2'G_3'}}=d_{Q_1\text{-}\pi_{R_1R_2G_2'G_3'}})\quad(k=1,2).$$

因此, 式 (4.3.21) 和 (4.3.22) 成立.

同理, 当 $i=1$ 时, 式 (4.3.1)–(4.3.2), 可得

$$4a_{R_1R_2G_2'}\left(D_{P_1\text{-}\pi_{R_1R_2G_2'G_3'}}-D_{P_2\text{-}\pi_{R_1R_2G_2'G_3'}}\right)=0.$$

因为 $4a_{R_1R_2G_2'}\neq 0$, 所以

$$D_{P_1\text{-}\pi_{R_1R_2G_2'G_3'}}-D_{P_2\text{-}\pi_{R_1R_2G_2'G_3'}}=0\quad\left(d_{P_1\text{-}\pi_{R_1R_2G_2'G_3'}}=d_{P_2\text{-}\pi_{R_1R_2G_2'G_3'}}\right).$$

从而, 式 (4.3.23) 成立.

类似地, 可以证明式 (4.3.24)~(4.3.29) 成立.

推论 4.3.5　设 $Q_1\text{-}P_1P_2P_3\text{-}Q_2$ 是三角形六面体, R_1,R_2,R_3 分别是上侧棱 Q_1P_1,Q_1P_2,Q_1P_3 的中点, G_1',G_2',G_3' 分别是下侧面 $Q_2P_1P_2,Q_2P_2P_3,Q_2P_3P_1$ 的重心, $\pi_{R_1R_2G_2'G_3'},\pi_{R_2R_3G_3'G_1'},\pi_{R_3R_1G_1'G_2'}$ 是 $Q_1\text{-}P_1P_2P_3\text{-}Q_2$ 的重心线面, 则腰棱 P_1P_2,P_2P_3,P_3P_1 分别平行于 $\pi_{R_1R_2G_2'G_3'},\pi_{R_2R_3G_3'G_1'},\pi_{R_3R_1G_1'G_2'}$.

证明　根据定理 4.3.5, 分别由式 (4.3.23), (4.3.26) 和 (4.3.29) 即得.

推论 4.3.6　设 $Q_1\text{-}P_1P_2P_3\text{-}Q_2$ 是三角形六面体, R_1,R_2,R_3 分别是上侧棱 Q_1P_1,Q_1P_2,Q_1P_3 的中点, G_1',G_2',G_3' 分别是下侧面 $Q_2P_1P_2,Q_2P_2P_3,Q_2P_3P_1$ 的重心, $\pi_{R_1G_2'\text{-}\mu_1\nu_1},\pi_{R_2G_3'\text{-}\mu_2\nu_2},\pi_{R_3G_1'\text{-}\mu_3\nu_3}$ 是 $Q_1\text{-}P_1P_2P_3\text{-}Q_2$ 的重心线包络面.

(1) 若 $\pi_{R_1G_2'\text{-}\mu_1\nu_1}$ 通过上侧棱 Q_1P_2 的中点, 则腰棱 P_1P_2 平行于 $\pi_{R_1G_2'\text{-}\mu_1\nu_1}$; 若 $\pi_{R_2G_3'\text{-}\mu_2\nu_2}$ 通过上侧棱 Q_1P_3 的中点, 则腰棱 P_1P_2 平行于 $\pi_{R_2G_3'\text{-}\mu_2\nu_2}$.

(2) 若 $\pi_{R_2G_3'\text{-}\mu_2\nu_2}$ 通过上侧棱 Q_1P_3 的中点, 则腰棱 P_2P_3 平行于 $\pi_{R_2G_3'\text{-}\mu_2\nu_2}$; 若 $\pi_{R_3G_1'\text{-}\mu_3\nu_3}$ 通过上侧棱 Q_1P_1 的中点, 则腰棱 P_2P_3 平行于 $\pi_{R_3G_1'\text{-}\mu_3\nu_3}$.

(3) 若 $\pi_{R_3G_1'\text{-}\mu_3\nu_3}$ 通过上侧棱 Q_1P_1 的中点, 则腰棱 P_3P_1 平行于 $\pi_{R_3G_1'\text{-}\mu_3\nu_3}$; 若 $\pi_{R_1G_2'\text{-}\mu_1\nu_1}$ 通过上侧棱 Q_1P_2 的中点, 则腰棱 P_3P_1 平行于 $\pi_{R_1G_2'\text{-}\mu_1\nu_1}$.

证明　(1) 因为重心包络面 $\pi_{R_1G_2'\text{-}\mu_1\nu_1}$ 通过上侧棱 Q_1P_2 的中点, 故 $\pi_{R_1G_2'\text{-}\mu_1\nu_1}$ 与重心线面 $\pi_{R_1R_2G_2'G_3'}$ 重合, 故由推论 4.3.5 知腰棱 P_1P_2 平行于 $\pi_{R_1G_2'\text{-}\mu_1\nu_1}$;

同理可以证明, 若 $\pi_{R_3G_1'\text{-}\mu_3\nu_3}$ 通过上侧棱 Q_1P_1 的中点, 则腰棱 P_1P_2 平行于 $\pi_{R_3G_1'\text{-}\mu_3\nu_3}$.

类似地, 可以证明 (2) 和 (3) 中结论成立.

定理 4.3.6 设 Q_1-$P_1P_2P_3$-Q_2 是三角形六面体, R_1, R_2, R_3 分别是上侧棱 Q_1P_1, Q_1P_2, Q_1P_3 的中点, G_1', G_2', G_3' 分别是下侧面 $Q_2P_1P_2, Q_2P_2P_3, Q_2P_3P_1$ 的重心, $\pi_{R_1R_2G_2'G_3'}, \pi_{R_2R_3G_3'G_1'}, \pi_{R_3R_1G_1'G_2'}$ 是 Q_1-$P_1P_2P_3$-Q_2 的重心线面, 则

$$\mathrm{D}_{P_2\text{-}\pi_{R_1R_2G_2'G_3'}} + \mathrm{D}_{P_3\text{-}\pi_{R_1R_2G_2'G_3'}} + \mathrm{D}_{Q_2\text{-}\pi_{R_1R_2G_2'G_3'}} = 0, \tag{4.3.30}$$

$$\mathrm{D}_{P_3\text{-}\pi_{R_1R_2G_2'G_3'}} + \mathrm{D}_{P_1\text{-}\pi_{R_1R_2G_2'G_3'}} + \mathrm{D}_{Q_2\text{-}\pi_{R_1R_2G_2'G_3'}} = 0; \tag{4.3.31}$$

$$\mathrm{D}_{P_3\text{-}\pi_{R_2R_3G_3'G_1'}} + \mathrm{D}_{P_1\text{-}\pi_{R_2R_3G_3'G_1'}} + \mathrm{D}_{Q_2\text{-}\pi_{R_2R_3G_3'G_1'}} = 0, \tag{4.3.32}$$

$$\mathrm{D}_{P_1\text{-}\pi_{R_2R_3G_3'G_1'}} + \mathrm{D}_{P_2\text{-}\pi_{R_2R_3G_3'G_1'}} + \mathrm{D}_{Q_2\text{-}\pi_{R_2R_3G_3'G_1'}} = 0; \tag{4.3.33}$$

$$\mathrm{D}_{P_1\text{-}\pi_{R_3R_1G_1'G_2'}} + \mathrm{D}_{P_2\text{-}\pi_{R_3R_1G_1'G_2'}} + \mathrm{D}_{Q_2\text{-}\pi_{R_3R_1G_1'G_2'}} = 0, \tag{4.3.34}$$

$$\mathrm{D}_{P_2\text{-}\pi_{R_3R_1G_1'G_2'}} + \mathrm{D}_{P_3\text{-}\pi_{R_3R_1G_1'G_2'}} + \mathrm{D}_{Q_2\text{-}\pi_{R_3R_1G_1'G_2'}} = 0. \tag{4.3.35}$$

证明 根据定理 4.3.1, 当 $i = 1$ 时, 式 (4.3.2)+(4.3.3)+(4.3.4), 得

$$4\mathrm{a}_{R_1R_2G_2'}\left(\mathrm{D}_{P_2\text{-}\pi_{R_1R_2G_2'G_3'}} + \mathrm{D}_{P_3\text{-}\pi_{R_1R_2G_2'G_3'}} + \mathrm{D}_{Q_2\text{-}\pi_{R_1R_2G_2'G_3'}}\right) = 0.$$

因为 $4\mathrm{a}_{R_1R_2G_2'} \neq 0$, 所以式 (4.3.30) 成立.

类似地, 可以证明式 (4.3.51)~(5.4.35) 成立.

推论 4.3.7 设 Q_1-$P_1P_2P_3$-Q_2 是三角形六面体, R_1, R_2, R_3 分别是上侧棱 Q_1P_1, Q_1P_2, Q_1P_3 的中点, G_1', G_2', G_3' 分别是下侧面 $Q_2P_1P_2, Q_2P_2P_3, Q_2P_3P_1$ 的重心, $\pi_{R_1R_2G_2'G_3'}, \pi_{R_2R_3G_3'G_1'}, \pi_{R_3R_1G_1'G_2'}$ 是 Q_1-$P_1P_2P_3$-Q_2 的重心线面, 则

(1) 下侧面 $Q_2P_iP_{i+1}$ 的三个顶点到 $\pi_{R_1R_2G_2'G_3'}$ 的距离

$$\mathrm{d}_{P_i\text{-}\pi_{R_1R_2G_2'G_3'}}, \quad \mathrm{d}_{P_{i+1}\text{-}\pi_{R_1R_2G_2'G_3'}}, \quad \mathrm{d}_{Q_2\text{-}\pi_{R_1R_2G_2'G_3'}} \quad (i = 2, 3)$$

中, 其中一条较长的距离等于另两条较短的距离的和;

(2) 下侧面 $Q_2P_iP_{i+1}$ 的三个顶点到 $\pi_{R_2R_3G_3'G_1'}$ 的距离

$$\mathrm{d}_{P_i\text{-}\pi_{R_2R_3G_3'G_1'}}, \quad \mathrm{d}_{P_{i+1}\text{-}\pi_{R_2R_3G_3'G_1'}}, \quad \mathrm{d}_{Q_2\text{-}\pi_{R_2R_3G_3'G_1'}} \quad (i = 3, 1)$$

中, 其中一条较长的距离等于另两条较短的距离的和;

(3) 下侧面 $Q_2P_iP_{i+1}(i = 1, 2)$ 的三个顶点到 $\pi_{R_3R_1G_1'G_2'}$ 的距离

$$\mathrm{d}_{P_i\text{-}\pi_{R_3R_1G_1'G_2'}}, \quad \mathrm{d}_{P_{i+1}\text{-}\pi_{R_3R_1G_1'G_2'}}, \quad \mathrm{d}_{Q_2\text{-}\pi_{R_3R_1G_1'G_2'}} \quad (i = 1, 2)$$

中, 其中一条较长的距离等于另两条较短的距离的和.

证明　(1) 根据定理 4.3.6, 注意到式 (4.3.30) 和 (4.3.31) 中, 其中一条较长的有向距离的符号与另两条较短的有向距离的符号相反即得.

类似地, 可以证明 (2) 和 (3) 中的结论成立.

推论 4.3.8　设 $Q_1\text{-}P_1P_2P_3\text{-}Q_2$ 是三角形六面体, R_1, R_2, R_3 分别是上侧棱 Q_1P_1, Q_1P_2, Q_1P_3 的中点, G_1', G_2', G_3' 分别是下侧面 $Q_2P_1P_2, Q_2P_2P_3, Q_2P_3P_1$ 的重心, $\pi_{R_1R_2G_2'G_3'}, \pi_{R_2R_3G_3'G_1'}, \pi_{R_3R_1G_1'G_2'}$ 是 $Q_1\text{-}P_1P_2P_3\text{-}Q_2$ 的重心线面, 则

(1) $\pi_{R_1R_2G_2'G_3'}$ 既不通过下侧棱 Q_2P_3 的中点, 也不通过腰棱 P_2P_3, P_3P_1 的中点;

(2) $\pi_{R_2R_3G_3'G_1'}$ 既不通过下侧棱 Q_2P_1 的中点, 也不通过腰棱 P_3P_1, P_1P_2 的中点;

(3) $\pi_{R_3R_1G_1'G_2'}$ 既不通过下侧棱 Q_2P_2 的中点, 也不通过腰棱 P_1P_2, P_2P_3 的中点.

证明　(1) 因为腰棱 P_1P_2 平行于 $\pi_{R_1R_2G_2'G_3'}$ 且不在该平面之上, 所以

$$\mathrm{D}_{P_1\text{-}\pi_{R_1R_2G_2'G_3'}} = \mathrm{D}_{P_2\text{-}\pi_{R_1R_2G_2'G_3'}} \neq 0.$$

故由式 (4.3.30) 或 (4.3.31), 可得

$$\mathrm{D}_{P_3\text{-}\pi_{R_1R_2G_2'G_3'}} + \mathrm{D}_{Q_2\text{-}\pi_{R_1R_2G_2'G_3'}} \neq 0 \quad (\mathrm{d}_{P_3\text{-}\pi_{R_1R_2G_2'G_3'}} \neq \mathrm{d}_{Q_2\text{-}\pi_{R_1R_2G_2'G_3'}}),$$

从而 $\pi_{R_1R_2G_2'G_3'}$ 不通过下侧棱 Q_2P_3 的中点.

同理, 可以证明也不通过腰棱 P_2P_3, P_3P_1 的中点.

类似地, 可以证明 (2) 和 (3) 中结论成立.

定理 4.3.7　设 $Q_1\text{-}P_1P_2P_3\text{-}Q_2$ 是三角形六面体, R_1, R_2, R_3 分别是上侧棱 Q_1P_1, Q_1P_2, Q_1P_3 的中点, G_1', G_2', G_3' 分别是下侧面 $Q_2P_1P_2, Q_2P_2P_3, Q_2P_3P_1$ 的重心, $R_1R_2G_2'G_3', R_2R_3G_3'G_1', R_3R_1G_1'G_2'$ 是 $Q_1\text{-}P_1P_2P_3\text{-}Q_2$ 的重心线四边形, 则

$$\mathrm{a}_{R_1R_2G_2'} = \mathrm{a}_{G_3'R_1R_2} = 0.6\mathrm{a}_{R_1R_2G_2'G_3'}, \tag{4.3.36}$$

$$\mathrm{a}_{R_2G_2'G_3'} = \mathrm{a}_{G_2'G_3'R_1} = 0.4\mathrm{a}_{R_1R_2G_2'G_3'}; \tag{4.3.37}$$

$$\mathrm{a}_{R_2R_3G_3'} = \mathrm{a}_{G_1'R_2R_3} = 0.6\mathrm{a}_{R_2R_3G_3'G_1'}, \tag{4.3.38}$$

$$\mathrm{a}_{R_3G_3'G_1'} = \mathrm{a}_{G_3'G_1'R_2} = 0.4\mathrm{a}_{R_2R_3G_3'G_1'}; \tag{4.3.39}$$

$$\mathrm{a}_{R_3R_1G_1'} = \mathrm{a}_{G_2'R_3R_1} = 0.6\mathrm{a}_{R_3R_1G_1'G_2'}, \tag{4.3.40}$$

$$\mathrm{a}_{R_1G_1'G_2'} = \mathrm{a}_{G_1'G_2'R_3} = 0.4\mathrm{a}_{R_3R_1G_1'G_2'}. \tag{4.3.41}$$

从而, $R_1R_2G_2'G_3', R_2R_3G_3'G_1', R_3R_1G_1'G_2'$ 均为梯形, 且 $R_1R_2//G_2'G_3', R_2R_3//G_3'G_1', R_3R_1//G_1'G_2'$.

证明　根据定理 4.3.1, 在式 (4.3.1) 中注意到 $D_{P_1 \text{-} \pi_{R_1 R_2 G_2' G_3'}} \neq 0$, 可得

$$a_{R_1 R_2 G_2'} = a_{G_3' R_1 R_2} = 1.5 a_{R_2 G_2' G_3'} = 1.5 a_{G_2' G_3' R_1}.$$

又因为

$$a_{R_1 R_2 G_2'} + a_{G_3' R_1 R_2} + a_{R_2 G_2' G_3'} + a_{G_2' G_3' R_1} = 2 a_{R_1 R_2 G_2' G_3'},$$

所以 $5 a_{G_2' G_3' R_1} = 2 a_{R_1 R_2 G_2' G_3'}, a_{G_2' G_3' R_1} = 0.4 a_{R_1 R_2 G_2' G_3'}$. 因此, 式 (4.3.36) 和 (4.3.37) 成立.

类似地, 可以证明式 (4.3.38)~(4.3.41) 成立.

从而, $R_1 R_2 G_2' G_3', R_2 R_3 G_3' G_1', R_3 R_1 G_1' G_2'$ 均为梯形, 且 $R_1 R_2 / / G_2' G_3', R_2 R_3 / / G_3' G_1', R_3 R_1 / / G_1' G_2'$.

推论 4.3.9　设 $Q_1 \text{-} P_1 P_2 P_3 \text{-} Q_2$ 是三角形六面体, R_1, R_2, R_3 分别是上侧棱 $Q_1 P_1, Q_1 P_2, Q_1 P_3$ 的中点, G_1', G_2', G_3' 分别是下侧面 $Q_2 P_1 P_2, Q_2 P_2 P_3, Q_2 P_3 P_1$ 的重心, $R_1 R_2 G_2' G_3', R_2 R_3 G_3' G_1', R_3 R_1 G_1' G_2'$ 是 $Q_1 \text{-} P_1 P_2 P_3 \text{-} Q_2$ 的重心线四边形, 则

$$D_{R_1 R_2 G_2'} = D_{G_3' R_1 R_2} = 0.6 D a_{R_1 R_2 G_2' G_3'}, \tag{4.3.42}$$

$$D_{R_2 G_2' G_3'} = D_{G_2' G_3' R_1} = 0.4 D a_{R_1 R_2 G_2' G_3'}; \tag{4.3.43}$$

$$D_{R_2 R_3 G_3'} = D_{G_1' R_2 R_3} = 0.6 D a_{R_2 R_3 G_3' G_1'}, \tag{4.3.44}$$

$$D_{R_3 G_3' G_1'} = D_{G_3' G_1' R_2} = 0.4 D a_{R_2 R_3 G_3' G_1'}; \tag{4.3.45}$$

$$D_{R_3 R_1 G_1'} = D_{G_2' R_3 R_1} = 0.6 D a_{R_3 R_1 G_1' G_2'}, \tag{4.3.46}$$

$$D_{R_1 G_1' G_2'} = D_{G_1' G_2' R_3} = 0.4 D a_{R_3 R_1 G_1' G_2'}. \tag{4.3.47}$$

证明　因为重心面 $\pi_{R_1 R_2 G_2' G_3'}$ 与平面 $\pi_{R_1 R_2 G_2'}, \pi_{R_2 G_2' G_3'}, \pi_{G_2' G_3' R_1}, \pi_{G_3' R_1 R_2}$ 同向重合, 所以重心四边形 $R_1 R_2 G_2' G_3'$ 与三角形 $R_1 R_2 G_2', R_2 G_2' G_3', G_2' G_3' R_1, G_3' R_1 R_2$ 都是同向的, 故由式 (4.3.36) 和 (4.3.37), 即得式 (4.3.42) 和 (4.3.43).

类似地, 可以证明式 (4.3.44)~(4.3.47) 成立.

定理 4.3.8　设 $Q_1 \text{-} P_1 P_2 P_3 \text{-} Q_2$ 是三角形六面体, R_1', R_2', R_3' 分别是下侧棱 $Q_2 P_1, Q_2 P_2, Q_2 P_3$ 的中点, G_1, G_2, G_3 分别是上侧面 $Q_1 P_1 P_2, Q_1 P_2 P_3, Q_1 P_3 P_1$ 的重心, $\pi_{R_1' R_2' G_2 G_3}, \pi_{R_2' R_3' G_3 G_1}, \pi_{R_3' R_1' G_1 G_2}$ 是 $Q_1 \text{-} P_1 P_2 P_3 \text{-} Q_2$ 的重心线面, 则

$$D_{P_1 \text{-} \pi_{R_1' R_2' G_2 G_3}} + D_{Q_2 \text{-} \pi_{R_1' R_2' G_2 G_3}} = 0 \quad (d_{P_1 \text{-} \pi_{R_1' R_2' G_2 G_3}} = d_{Q_2 \text{-} \pi_{R_1' R_2' G_2 G_3}}), \tag{4.3.48}$$

$$D_{P_2 \text{-} \pi_{R_1' R_2' G_2 G_3}} + D_{Q_2 \text{-} \pi_{R_1' R_2' G_2 G_3}} = 0 \quad (d_{P_2 \text{-} \pi_{R_1' R_2' G_2 G_3}} = d_{Q_2 \text{-} \pi_{R_1' R_2' G_2 G_3}}), \tag{4.3.49}$$

$$D_{P_1 \text{-} \pi_{R_1' R_2' G_2 G_3}} - D_{P_2 \text{-} \pi_{R_1' R_2' G_2 G_3}} = 0 \quad (d_{P_1 \text{-} \pi_{R_1' R_2' G_2 G_3}} = d_{P_2 \text{-} \pi_{R_1' R_2' G_2 G_3}}); \tag{4.3.50}$$

$$D_{P_2 \text{-} \pi_{R_2' R_3' G_3 G_1}} + D_{Q_2 \text{-} \pi_{R_2' R_3' G_3 G_1}} = 0 \quad (d_{P_2 \text{-} \pi_{R_2' R_3' G_3 G_1}} = d_{Q_2 \text{-} \pi_{R_2' R_3' G_3 G_1}}), \tag{4.3.51}$$

$$D_{P_3 \text{-} \pi_{R_2' R_3' G_3 G_1}} + D_{Q_2 \text{-} \pi_{R_2' R_3' G_3 G_1}} = 0 \quad (d_{P_3 \text{-} \pi_{R_2' R_3' G_3 G_1}} = d_{Q_2 \text{-} \pi_{R_2' R_3' G_3 G_1}}), \tag{4.3.52}$$

$$D_{P_2\text{-}\pi_{R_2'R_3'G_3G_1}} - D_{P_3\text{-}\pi_{R_2'R_3'G_3G_1}} = 0 \quad (d_{P_2\text{-}\pi_{R_2'R_3'G_3G_1}} = d_{P_3\text{-}\pi_{R_2'R_3'G_3G_1}}); \quad (4.3.53)$$

$$D_{P_3\text{-}\pi_{R_3'R_1'G_1G_2}} + D_{Q_2\text{-}\pi_{R_3'R_1'G_1G_2}} = 0 \quad (d_{P_3\text{-}\pi_{R_3'R_1'G_1G_2}} = d_{Q_2\text{-}\pi_{R_3'R_1'G_1G_2}}), \quad (4.3.54)$$

$$D_{P_1\text{-}\pi_{R_3'R_1'G_1G_2}} + D_{Q_2\text{-}\pi_{R_3'R_1'G_1G_2}} = 0 \quad (d_{P_1\text{-}\pi_{R_3'R_1'G_1G_2}} = d_{Q_2\text{-}\pi_{R_3'R_1'G_1G_2}}), \quad (4.3.55)$$

$$D_{P_3\text{-}\pi_{R_3'R_1'G_1G_2}} - D_{P_1\text{-}\pi_{R_3'R_1'G_1G_2}} = 0 \quad (d_{P_3\text{-}\pi_{R_3'R_1'G_1G_2}} = d_{P_1\text{-}\pi_{R_3'R_1'G_1G_2}}). \quad (4.3.56)$$

证明　根据定理 4.3.2, 仿定理 4.3.5 证明, 即得式 (4.3.48)~(4.3.56).

推论 4.3.10　设 Q_1-$P_1P_2P_3$-Q_2 是三角形六面体, R_1', R_2', R_3' 分别是下侧棱 Q_2P_1, Q_2P_2, Q_2P_3 的中点, G_1, G_2, G_3 分别是上侧面 $Q_1P_1P_2, Q_1P_2P_3, Q_1P_3P_1$ 的重心, $\pi_{R_1'R_2'G_2G_3}, \pi_{R_2'R_3'G_3G_1}, \pi_{R_3'R_1'G_1G_2}$ 是 Q_1-$P_1P_2P_3$-Q_2 的重心线面, 则腰棱 P_1P_2, P_2P_3, P_3P_1 分别平行于 $\pi_{R_1'R_2'G_2G_3}, \pi_{R_2'R_3'G_3G_1}, \pi_{R_3'R_1'G_1G_2}$.

证明　根据定理 4.3.8, 分别由式 (4.3.50), (4.3.53) 和 (4.3.56) 即得.

推论 4.3.11　设 Q_1-$P_1P_2P_3$-Q_2 是三角形六面体, R_1', R_2', R_3' 分别是下侧棱 Q_2P_1, Q_2P_2, Q_2P_3 的中点, G_1, G_2, G_3 分别是上侧面 $Q_1P_1P_2, Q_1P_2P_3, Q_1P_3P_1$ 的重心, $\pi_{R_1'R_2'G_2G_3}, \pi_{R_2'R_3'G_3G_1}, \pi_{R_3'R_1'G_1G_2}$ 是 Q_1-$P_1P_2P_3$-Q_2 的重心线面, $\pi_{R_1'G_2\text{-}\mu_1'\nu_1'}, \pi_{R_2'G_3\text{-}\mu_2'\nu_2'}, \pi_{R_3'G_1\text{-}\mu_3'\nu_3'}$ 是 Q_1-$P_1P_2P_3$-Q_2 的重心线包络面.

(1) 若 $\pi_{R_1'G_2\text{-}\mu_1'\nu_1'}$ 通过下侧棱 Q_2P_2 的中点, 则腰棱 P_1P_2 平行于 $\pi_{R_1'G_2\text{-}\mu_1'\nu_1'}$; 若 $\pi_{R_2'G_3\text{-}\mu_2'\nu_2'}$ 通过下侧棱 Q_2P_3 的中点, 则腰棱 P_1P_2 平行于 $\pi_{R_2'G_3\text{-}\mu_2'\nu_2'}$.

(2) 若 $\pi_{R_2'G_3\text{-}\mu_2'\nu_2'}$ 通过下侧棱 Q_2P_3 的中点, 则腰棱 P_2P_3 平行于 $\pi_{R_2'G_3\text{-}\mu_2'\nu_2'}$; 若 $\pi_{R_3'G_1\text{-}\mu_3'\nu_3'}$ 通过下侧棱 Q_2P_1 的中点, 则腰棱 P_2P_3 平行于 $\pi_{R_3'G_1\text{-}\mu_3'\nu_3'}$.

(3) 若 $\pi_{R_3'G_1\text{-}\mu_3'\nu_3'}$ 通过上侧棱 Q_2P_1 的中点, 则腰棱 P_3P_1 平行于 $\pi_{R_3'G_1\text{-}\mu_3'\nu_3'}$; 若 $\pi_{R_1'G_2\text{-}\mu_1'\nu_1'}$ 通过下侧棱 Q_2P_2 的中点, 则腰棱 P_3P_1 平行于 $\pi_{R_1'G_2\text{-}\mu_1'\nu_1'}$.

证明　根据定理 4.3.8, 仿推论 4.3.6 证明即得.

定理 4.3.9　设 Q_1-$P_1P_2P_3$-Q_2 是三角形六面体, R_1', R_2', R_3' 分别是下侧棱 Q_2P_1, Q_2P_2, Q_2P_3 的中点, G_1, G_2, G_3 分别是上侧面 $Q_1P_1P_2, Q_1P_2P_3, Q_1P_3P_1$ 的重心, $\pi_{R_1'R_2'G_2G_3}, \pi_{R_2'R_3'G_3G_1}, \pi_{R_3'R_1'G_1G_2}$ 是 Q_1-$P_1P_2P_3$-Q_2 的重心线面, 则

$$D_{P_2\text{-}\pi_{R_1'R_2'G_2G_3}} + D_{P_3\text{-}\pi_{R_1'R_2'G_2G_3}} + D_{Q_1\text{-}\pi_{R_1'R_2'G_2G_3}} = 0, \quad (4.3.57)$$

$$D_{P_3\text{-}\pi_{R_1'R_2'G_2G_3}} + D_{P_1\text{-}\pi_{R_1'R_2'G_2G_3}} + D_{Q_1\text{-}\pi_{R_1'R_2'G_2G_3}} = 0; \quad (4.3.58)$$

$$D_{P_3\text{-}\pi_{R_2'R_3'G_3G_1}} + D_{P_1\text{-}\pi_{R_2'R_3'G_3G_1}} + D_{Q_1\text{-}\pi_{R_2'R_3'G_3G_1}} = 0, \quad (4.3.59)$$

$$D_{P_1\text{-}\pi_{R_2'R_3'G_3G_1}} + D_{P_2\text{-}\pi_{R_2'R_3'G_3G_1}} + D_{Q_1\text{-}\pi_{R_2'R_3'G_3G_1}} = 0; \quad (4.3.60)$$

$$D_{P_1\text{-}\pi_{R_3'R_1'G_1G_2}} + D_{P_2\text{-}\pi_{R_3'R_1'G_1G_2}} + D_{Q_1\text{-}\pi_{R_3'R_1'G_1G_2}} = 0, \quad (4.3.61)$$

$$D_{P_2\text{-}\pi_{R_3'R_1'G_1G_2}} + D_{P_3\text{-}\pi_{R_3'R_1'G_1G_2}} + D_{Q_1\text{-}\pi_{R_3'R_1'G_1G_2}} = 0. \quad (4.3.62)$$

证明　根据定理 4.3.2, 仿定理 4.3.6 证明, 即得式 (4.3.57)~(4.3.62) 成立.

推论 4.3.12 设 $Q_1\text{-}P_1P_2P_3\text{-}Q_2$ 是三角形六面体, R_1', R_2', R_3' 分别是下侧棱 Q_2P_1, Q_2P_2, Q_2P_3 的中点, G_1, G_2, G_3 分别是上侧面 $Q_1P_1P_2, Q_1P_2P_3, Q_1P_3P_1$ 的重心, $\pi_{R_1'R_2'G_2G_3}, \pi_{R_2'R_3'G_3G_1}, \pi_{R_3'R_1'G_1G_2}$ 是 $Q_1\text{-}P_1P_2P_3\text{-}Q_2$ 的重心线面, 则

(1) 上侧面 $Q_1P_iP_{i+1}(i=2,3)$ 的三个顶点到 $\pi_{R_1'R_2'G_2G_3}$ 的距离

$$\mathrm{d}_{P_i\text{-}\pi_{R_1'R_2'G_2G_3}}, \quad \mathrm{d}_{P_{i+1}\text{-}\pi_{R_1'R_2'G_2G_3}}, \quad \mathrm{d}_{Q_1\text{-}\pi_{R_1'R_2'G_2G_3}} \quad (i=2,3)$$

中, 其中一条较长的距离等于另两条较短的距离的和;

(2) 上侧面 $Q_1P_iP_{i+1}(i=3,1)$ 的三个顶点到 $\pi_{R_2'R_3'G_3G_1}$ 的距离

$$\mathrm{d}_{P_i\text{-}\pi_{R_2'R_3'G_3G_1}}, \quad \mathrm{d}_{P_{i+1}\text{-}\pi_{R_2'R_3'G_3G_1}}, \quad \mathrm{d}_{Q_1\text{-}\pi_{R_2'R_3'G_3G_1}} \quad (i=3,1)$$

中, 其中一条较长的距离等于另两条较短的距离的和;

(3) 上侧面 $Q_1P_iP_{i+1}(i=1,2)$ 的三个顶点到 $\pi_{R_3'R_1'G_1G_2}$ 的距离

$$\mathrm{d}_{P_i\text{-}\pi_{R_3'R_1'G_1G_2}}, \quad \mathrm{d}_{P_{i+1}\text{-}\pi_{R_3'R_1'G_1G_2}}, \quad \mathrm{d}_{Q_2\text{-}\pi_{R_3'R_1'G_1G_2}} \quad (i=1,2)$$

中, 其中一条较长的距离等于另两条较短的距离的和.

证明 根据定理 4.3.9, 仿推论 4.3.7 证明即得.

推论 4.3.13 设 $Q_1\text{-}P_1P_2P_3\text{-}Q_2$ 是三角形六面体, R_1', R_2', R_3' 分别是下侧棱 Q_2P_1, Q_2P_2, Q_2P_3 的中点, G_1, G_2, G_3 分别是上侧面 $Q_1P_1P_2, Q_1P_2P_3, Q_1P_3P_1$ 的重心, $\pi_{R_1'R_2'G_2G_3}, \pi_{R_2'R_3'G_3G_1}, \pi_{R_3'R_1'G_1G_2}$ 是 $Q_1\text{-}P_1P_2P_3\text{-}Q_2$ 的重心线面, 则

(1) $\pi_{R_1'R_2'G_2G_3}$ 既不通过上侧棱 Q_1P_3 的中点, 也不通过腰棱 P_2P_3, P_3P_1 的中点;

(2) $\pi_{R_2'R_3'G_3G_1}$ 既不通过上侧棱 Q_2P_1 的中点, 也不通过腰棱 P_3P_1, P_1P_2 的中点;

(3) $\pi_{R_3'R_1'G_1G_2}$ 既不通过上侧棱 Q_1P_2 的中点, 也不通过腰棱 P_1P_2, P_2P_3 的中点.

证明 根据定理 4.3.9, 仿推论 4.3.8 证明即得.

定理 4.3.10 设 $Q_1\text{-}P_1P_2P_3\text{-}Q_2$ 是三角形六面体, R_1', R_2', R_3' 分别是下侧棱 Q_2P_1, Q_2P_2, Q_2P_3 的中点, G_1, G_2, G_3 分别是上侧面 $Q_1P_1P_2, Q_1P_2P_3, Q_1P_3P_1$ 的重心, $R_1'R_2'G_2G_3, R_2'R_3'G_3G_1, R_3'R_1'G_1G_2$ 是 $Q_1\text{-}P_1P_2P_3\text{-}Q_2$ 重心线四边形, 则

$$\mathrm{a}_{R_1'R_2'G_2} = \mathrm{a}_{G_3R_1'R_2'} = 0.6\mathrm{a}_{R_1'R_2'G_2G_3}, \tag{4.3.63}$$

$$\mathrm{a}_{R_2'G_2G_3} = \mathrm{a}_{G_2G_3R_1'} = 0.4\mathrm{a}_{R_1'R_2'G_2G_3}; \tag{4.3.64}$$

$$\mathrm{a}_{R_2R_3G_3'} = \mathrm{a}_{G_1'R_2R_3} = 0.6\mathrm{a}_{R_2R_3G_3'G_1'}, \tag{4.3.65}$$

$$\mathrm{a}_{R_3G_3'G_1'} = \mathrm{a}_{G_3'G_1'R_2} = 0.4\mathrm{a}_{R_2R_3G_3'G_1'}; \tag{4.3.66}$$

$$a_{R_3R_1G_1'} = a_{G_2'R_3R_1} = 0.6a_{R_3R_1G_1'G_2'}, \tag{4.3.67}$$

$$a_{R_1G_1'G_2'} = a_{G_1'G_2'R_3} = 0.4a_{R_3R_1G_1'G_2'}. \tag{4.3.68}$$

从而,$R_1'R_2'G_2G_3, R_2'R_3'G_3G_1, R_3'R_1'G_1G_2$ 均为梯形, 且 $R_1'R_2'//G_2G_3, R_2'R_3'//G_3G_1,$
$R_3'R_1'//G_1G_2$.

证明　根据定理 4.3.2, 仿定理 4.3.7 证明, 即得式 (4.3.63)～(4.3.68). 从
而, $R_1'R_2'G_2G_3, R_2'R_3'G_3G_1, R_3'R_1'G_1G_2$ 均为梯形, 且 $R_1'R_2'//G_2G_3, R_2'R_3'//G_3G_1,$
$R_3'R_1'//G_1G_2$.

推论 4.3.14　设 $Q_1\text{-}P_1P_2P_3\text{-}Q_2$ 是三角形六面体, R_1', R_2', R_3' 分别是下侧棱
Q_2P_1, Q_2P_2, Q_2P_3 的中点, G_1, G_2, G_3 分别是上侧面 $Q_1P_1P_2, Q_1P_2P_3, Q_1P_3P_1$ 的
重心, $R_1'R_2'G_2G_3, R_2'R_3'G_3G_1, R_3'R_1'G_1G_2$ 是 $Q_1\text{-}P_1P_2P_3\text{-}Q_2$ 的重心线四边形, 则

$$D_{R_1'R_2'G_2} = D_{G_3R_1'R_2'} = 0.6D_{R_1'R_2'G_2G_3}, \tag{4.3.69}$$

$$D_{R_2'G_2G_3} = D_{G_2G_3R_1'} = 0.4D_{R_1'R_2'G_2G_3}; \tag{4.3.70}$$

$$D_{R_2R_3G_3'} = D_{G_1'R_2R_3} = 0.6D_{R_2R_3G_3'G_1'}, \tag{4.3.71}$$

$$D_{R_3G_3'G_1'} = D_{G_3'G_1'R_2} = 0.4D_{R_2R_3G_3'G_1'}; \tag{4.3.72}$$

$$D_{R_3R_1G_1'} = D_{G_2'R_3R_1} = 0.6D_{R_3R_1G_1'G_2'}, \tag{4.3.73}$$

$$D_{R_1G_1'G_2'} = D_{G_1'G_2'R_3} = 0.4D_{R_3R_1G_1'G_2'}. \tag{4.3.74}$$

证明　根据定理 4.3.10, 仿推论 4.3.9 证明, 即得式 (4.3.69)～(4.3.74).

4.4　三角形六面体顶点到双侧重心线面的有向距离与应用

本节主要应用有向度量法, 研究三角形六面体顶点到单双侧重心线面有向距
离的有关问题. 首先, 给出三角形六面体双侧重心线面的概念; 其次, 给出三角形
六面体顶点到双侧重心线面的有向有向距离 (距离) 公式; 最后, 应用三角形六面
体顶点到双侧重心线面的有向距离公式, 得出一些有向体积 (体积)、有向距离 (距
离) 和面积 (有向面积) 相等的一些结论.

4.4.1　三角形六面体双侧重心线面的概念

定义 4.4.1　设 $Q_1\text{-}P_1P_2P_3\text{-}Q_2$ 是三角形六面体, R_i, R_i' 分别是上、下侧棱
$Q_1P_i, Q_2P_i(i=1,2,3)$ 的中点, $G_i, G_i'(i=1,2,3)$ 分别是上、下侧面 $Q_1P_iP_{i+1},$
$Q_2P_iP_{i+1}(i=1,2,3)$ 的重心, 则称 $Q_1\text{-}P_1P_2P_3\text{-}Q_2$ 上、下侧面各一条重心线 $R_iG_{i+1}',$
$R_i'G_{i+1}; R_iG_{i+1}', R_{i+1}'G_{i+2}; R_{i+1}G_{i+2}', R_i'G_{i+1}$ 所构成的四边形 $R_iR_i'G_{i+1}'G_{i+1},$
$R_iR_{i+1}'G_{i+1}'G_{i+2}, R_{i+1}R_i'G_{i+2}'G_{i+1}(i=1,2,3)$ 为 $Q_1\text{-}P_1P_2P_3\text{-}Q_2$ 的双侧重心线
四边形, 简称重心线面; $R_iR_i'G_{i+1}'G_{i+1}, R_iR_{i+1}'G_{i+1}'G_{i+2}, R_{i+1}R_i'G_{i+2}'G_{i+1}$ 所在的

平面 $\pi_{R_iR_i'G_{i+1}'G_{i+1}}$, $\pi_{R_iR_{i+1}'G_{i+1}'G_{i+2}}$, $\pi_{R_{i+1}R_i'G_{i+2}'G_{i+1}}(i=1,2,3)$ 为 Q_1-$P_1P_2P_3$-Q_2 的双侧重心线面, 简称重心线面.

显然, Q_1-$P_1P_2P_3$-Q_2 的重心线面 $\pi_{R_iR_i'G_{i+1}'G_{i+1}}$, $\pi_{R_iR_{i+1}'G_{i+1}'G_{i+2}}$, $\pi_{R_{i+1}R_i'G_{i+1}'G_{i+1}}$ $(i=1,2,3)$ 都是重心线包络面的特殊情形. 各重心线面既是过其中一条重心线的包络面, 也是其中另一条重心线的包络面. 因此, 本节中的所有结论, 对具有同化性质的包络面亦成立.

4.4.2 三角形六面体顶点到双侧重心线面的有向距离公式

定理 4.4.1 设 Q_1-$P_1P_2P_3$-Q_2 是三角形六面体, R_i, R_i' 分别是上、下侧棱 $Q_1P_i, Q_2P_i(i=1,2,3)$ 的中点, G_i, G_i' 分别是上、下侧面 $Q_1P_iP_{i+1}, Q_2P_iP_{i+1}$ $(i=1,2,3)$ 的重心, $\pi_{R_iR_i'G_{i+1}'G_{i+1}}$ $(i=1,2,3)$ 是 Q_1-$P_1P_2P_3$-Q_2 的重心线面. 记 $F_3(P) = 4\mathrm{a}_{R_iR_i'G_{i+1}'}\mathrm{D}_{P\text{-}\pi_{R_iR_i'G_{i+1}'G_{i+1}}} = 4\mathrm{a}_{G_{i+1}R_iR_i'}\mathrm{D}_{P\text{-}\pi_{R_iR_i'G_{i+1}'G_{i+1}}} = 6\mathrm{a}_{R_i'G_{i+1}'G_{i+1}}\mathrm{D}_{P\text{-}\pi_{R_iR_i'G_{i+1}'G_{i+1}}} = 6\mathrm{a}_{G_{i+1}'G_{i+1}R_i}\mathrm{D}_{P\text{-}\pi_{R_iR_i'G_{i+1}'G_{i+1}}}$ $(i=1,2,3)$, 则

$$F_3(P_1) = \begin{cases} \mathrm{D}_{Q_1Q_2P_1P_2} + \mathrm{D}_{Q_1Q_2P_1P_3}, & i=1, \\ \mathrm{D}_{Q_1Q_2P_1P_3} - \mathrm{D}_{Q_1Q_2P_1P_2} + \mathrm{D}_{Q_2P_1P_2P_3} - \mathrm{D}_{Q_1P_1P_2P_3}, & i=2, \\ \mathrm{D}_{Q_1Q_2P_1P_2} - \mathrm{D}_{Q_1Q_2P_1P_3} + \mathrm{D}_{Q_1P_1P_2P_3} - \mathrm{D}_{Q_2P_1P_2P_3}, & i=3; \end{cases} \quad (4.4.1)$$

$$F_3(P_2) = \begin{cases} \mathrm{D}_{Q_1Q_2P_1P_2} + \mathrm{D}_{Q_1Q_2P_2P_3} + \mathrm{D}_{Q_1P_1P_2P_3} - \mathrm{D}_{Q_2P_1P_2P_3}, & i=1, \\ \mathrm{D}_{Q_1Q_2P_2P_3} - \mathrm{D}_{Q_1Q_2P_1P_2}, & i=2, \\ \mathrm{D}_{Q_2P_1P_2P_3} - \mathrm{D}_{Q_1Q_2P_1P_2} - \mathrm{D}_{Q_1Q_2P_2P_3} - \mathrm{D}_{Q_1P_1P_2P_3}, & i=3; \end{cases} \quad (4.4.2)$$

$$F_3(P_3) = \begin{cases} \mathrm{D}_{Q_1Q_2P_1P_3} - \mathrm{D}_{Q_1Q_2P_2P_3} + \mathrm{D}_{Q_2P_1P_2P_3} - \mathrm{D}_{Q_1P_1P_2P_3}, & i=1, \\ \mathrm{D}_{Q_1Q_2P_2P_3} - \mathrm{D}_{Q_1Q_2P_1P_3} + \mathrm{D}_{Q_1P_1P_2P_3} - \mathrm{D}_{Q_2P_1P_2P_3}, & i=2, \\ -\mathrm{D}_{Q_1Q_2P_1P_3} - \mathrm{D}_{Q_1Q_2P_2P_3}, & i=3; \end{cases} \quad (4.4.3)$$

$$F_3(Q_1) = F_3(Q_2) = \mathrm{D}_{Q_1Q_2P_{i+2}P_i} - \mathrm{D}_{Q_1Q_2P_iP_{i+1}} \quad (i=1,2,3). \quad (4.4.4)$$

证明 如图 4.4.1 所示. 设 Q_1-$P_1P_2P_3$-Q_2 顶点的坐标分别为 $Q_i(a_i, b_i, c_i)(i=1,2)$; $P_i(x_i, y_i, z_i)(i=1,2,3)$. 于是上、下侧棱 Q_1P_i, Q_2P_i 中点的坐标分别为

$$R_i\left(\frac{a_1+x_i}{2}, \frac{b_1+y_i}{2}, \frac{c_1+z_i}{2}\right) \quad (i=1,2,3),$$

$$R_i'\left(\frac{a_2+x_i}{2}, \frac{b_2+y_i}{2}, \frac{c_2+z_i}{2}\right) \quad (i=1,2,3);$$

上、下侧面 $Q_1P_iP_{i+1}, Q_2P_iP_{i+1}(i=1,2,3)$ 重心的坐标分别为

$$G_i\left(\frac{a_1+x_i+x_{i+1}}{3}, \frac{b_1+y_i+y_{i+1}}{3}, \frac{c_1+z_i+z_{i+1}}{3}\right) \quad (i=1,2,3),$$

$$G_i'\left(\frac{a_2+x_i+x_{i+1}}{3},\frac{b_2+y_i+y_{i+1}}{3},\frac{c_2+z_i+z_{i+1}}{3}\right)\quad(i=1,2,3).$$

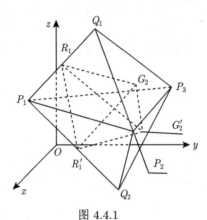

图 4.4.1

因为重心面 $\pi_{R_iR_i'G_{i+1}'G_{i+1}}$ 与平面$\pi_{R_iR_i'G_{i+1}'},\pi_{R_i'G_{i+1}'G_{i+1}},\pi_{G_{i+1}'G_{i+1}R_i},\pi_{G_{i+1}R_iR_i'}$ $(i=1,2,3)$ 同向重合，所以 Q_1-$P_1P_2P_3$-Q_2 的任一点顶点到以上五个平面的有向距离相等.

又因为 $\pi_{R_iR_i'G_{i+1}'}(i=1,2,3)$ 的方程为

$$x\mathrm{Prj}_{yz}\mathrm{D}_{R_iR_i'G_{i+1}'}+y\mathrm{Prj}_{zx}\mathrm{D}_{R_iR_i'G_{i+1}'}+z\mathrm{Prj}_{xy}\mathrm{D}_{R_iR_i'G_{i+1}'}-\Delta_{R_iR_i'G_{i+1}'}=0,$$

其中

$$\Delta_{R_iR_i'G_{i+1}'}$$
$$=\frac{1}{2}\begin{vmatrix}(a_1+x_i)/2 & (b_1+y_i)/2 & (c_1+z_i)/2\\(a_2+x_i)/2 & (b_2+y_i)/2 & (c_2+z_i)/2\\(a_2+x_{i+1}+x_{i+2})/3 & (b_2+y_{i+1}+y_{i+2})/3 & (c_2+z_{i+1}+z_{i+2})/3\end{vmatrix}.$$

于是由点到平面的有向距离公式, 可得

$$\mathrm{a}_{R_iR_i'G_{i+1}'}\mathrm{D}_{P_1\text{-}\pi_{R_iR_i'G_{i+1}'G_{i+1}'}}=\mathrm{a}_{R_iR_i'G_{i+1}'}\mathrm{D}_{P_1\text{-}\pi_{R_iR_i'G_{i+1}'}}$$

$$=x_1\mathrm{Prj}_{yz}\mathrm{D}_{R_iR_i'G_{i+1}'}+y_1\mathrm{Prj}_{zx}\mathrm{D}_{R_iR_i'G_{i+1}'}+z_1\mathrm{Prj}_{xy}\mathrm{D}_{R_iR_i'G_{i+1}'}-\Delta_{R_iR_i'G_{i+1}'}$$

$$=\frac{1}{2}\begin{vmatrix}x_1 & y_1 & z_1 & 1\\(a_1+x_i)/2 & (b_1+y_i)/2 & (c_1+z_i)/2 & 1\\(a_2+x_i)/2 & (b_2+y_i)/2 & (c_2+z_i)/2 & 1\\(a_2+x_{i+1}+x_{i+2})/3 & (b_2+y_{i+1}+y_{i+2})/3 & (c_2+z_{i+1}+z_{i+2})/3 & 1\end{vmatrix}$$

$$= \frac{1}{24} \begin{vmatrix} x_1 & y_1 & z_1 & 1 \\ a_1 + x_i & b_1 + y_i & c_1 + z_i & 2 \\ a_2 + x_i & b_2 + y_i & c_2 + z_i & 2 \\ a_2 + x_{i+1} + x_{i+2} & b_2 + y_{i+1} + y_{i+2} & c_2 + z_{i+1} + z_{i+2} & 3 \end{vmatrix}$$

$$= \frac{1}{24} \begin{vmatrix} x_1 & y_1 & z_1 & 1 \\ a_1 + x_i & b_1 + y_i & c_1 + z_i & 2 \\ a_2 & b_2 & c_2 & 1 \\ a_2 + x_{i+1} + x_{i+2} & b_2 + y_{i+1} + y_{i+2} & c_2 + z_{i+1} + z_{i+2} & 3 \end{vmatrix}$$

$$+ \frac{1}{24} \begin{vmatrix} x_1 & y_1 & z_1 & 1 \\ a_1 + x_i & b_1 + y_i & c_1 + z_i & 2 \\ x_i & y_i & z_i & 1 \\ a_2 + x_{i+1} + x_{i+2} & b_2 + y_{i+1} + y_{i+2} & c_2 + z_{i+1} + z_{i+2} & 3 \end{vmatrix}$$

$$= \frac{1}{24} \begin{vmatrix} x_1 & y_1 & z_1 & 1 \\ a_1 + x_i & b_1 + y_i & c_1 + z_i & 2 \\ a_2 & b_2 & c_2 & 1 \\ x_{i+1} + x_{i+2} & y_{i+1} + y_{i+2} & z_{i+1} + z_{i+2} & 2 \end{vmatrix}$$

$$+ \frac{1}{24} \begin{vmatrix} x_1 & y_1 & z_1 & 1 \\ a_1 & b_1 & c_1 & 1 \\ x_i & y_i & z_i & 1 \\ a_2 + x_{i+1} + x_{i+2} & b_2 + y_{i+1} + y_{i+2} & c_2 + z_{i+1} + z_{i+2} & 3 \end{vmatrix}$$

$$= \frac{1}{4} \big(D_{P_1 Q_1 Q_2 P_{i+1}} + D_{P_1 Q_1 Q_2 P_{i+2}} + D_{P_1 P_i Q_2 P_{i+1}} + D_{P_1 P_i Q_2 P_{i+2}} + D_{P_1 Q_1 P_i Q_2}$$

$$+ D_{P_1 Q_1 P_i P_{i+1}} + D_{P_1 Q_1 P_i P_{i+2}} \big)$$

$$= \frac{1}{4} \times \begin{cases} D_{Q_1 Q_2 P_1 P_2} + D_{Q_1 Q_2 P_1 P_3}, & i = 1, \\ D_{Q_1 Q_2 P_1 P_3} - D_{Q_1 Q_2 P_1 P_2} + D_{Q_2 P_1 P_2 P_3} - D_{Q_1 P_1 P_2 P_3}, & i = 2, \\ D_{Q_1 Q_2 P_1 P_2} - D_{Q_1 Q_2 P_1 P_3} + D_{Q_1 P_1 P_2 P_3} - D_{Q_2 P_1 P_2 P_3}, & i = 3. \end{cases}$$

因此, 式 (4.4.1) 第一部分成立.

同理可以证明, 式 (4.4.1) 后三部分成立.

类似地, 可以证明式 (4.4.2)∼(4.4.4) 成立.

推论 4.4.1　设 $Q_1\text{-}P_1 P_2 P_3\text{-}Q_2$ 是三角形六面体, R_i, R_i' 分别是上、下侧棱 $Q_1 P_i, Q_2 P_i (i = 1, 2, 3)$ 的中点, G_i, G_i' 分别是上、下侧面 $Q_1 P_i P_{i+1}, Q_2 P_i P_{i+1}$

$(i = 1, 2, 3)$ 的重心，$\pi_{R_i R_i' G_{i+1}' G_{i+1}}(i = 1, 2, 3)$ 是 $Q_1\text{-}P_1 P_2 P_3\text{-}Q_2$ 的重心线面. 记 $f_3(P) = 4a_{R_i R_i' G_{i+1}'} \mathrm{d}_{P\text{-}\pi_{R_i R_i' G_{i+1}' G_{i+1}}} = 4a_{G_{i+1} R_i R_i'} \mathrm{d}_{P\text{-}\pi_{R_i R_i' G_{i+1}' G_{i+1}}} = 6a_{R_i' G_{i+1}' G_{i+1}} \mathrm{d}_{P\text{-}\pi_{R_i R_i' G_{i+1}' G_{i+1}}} = 6a_{G_{i+1}' G_{i+1} R_i} \mathrm{d}_{P\text{-}\pi_{R_i R_i' G_{i+1}' G_{i+1}}} (i = 1, 2, 3)$，则

$$f_3(P_1) = \begin{cases} |\mathrm{D}_{Q_1 Q_2 P_1 P_2} + \mathrm{D}_{Q_1 Q_2 P_1 P_3}|, & i = 1, \\ |\mathrm{D}_{Q_1 Q_2 P_1 P_3} - \mathrm{D}_{Q_1 Q_2 P_1 P_2} + \mathrm{D}_{Q_2 P_1 P_2 P_3} - \mathrm{D}_{Q_1 P_1 P_2 P_3}|, & i = 2, 3; \end{cases} \quad (4.4.5)$$

$$f_3(P_2) = \begin{cases} |\mathrm{D}_{Q_1 Q_2 P_2 P_3} - \mathrm{D}_{Q_1 Q_2 P_1 P_2}|, & i = 2, \\ |\mathrm{D}_{Q_2 P_1 P_2 P_3} - \mathrm{D}_{Q_1 Q_2 P_1 P_2} - \mathrm{D}_{Q_1 Q_2 P_2 P_3} - \mathrm{D}_{Q_1 P_1 P_2 P_3}|, & i = 1, 3; \end{cases} \quad (4.4.6)$$

$$f_3(P_3) = \begin{cases} |\mathrm{D}_{Q_1 Q_2 P_1 P_3} - \mathrm{D}_{Q_1 Q_2 P_2 P_3} + \mathrm{D}_{Q_2 P_1 P_2 P_3} - \mathrm{D}_{Q_1 P_1 P_2 P_3}|, & i = 1, 2, \\ |\mathrm{D}_{Q_1 Q_2 P_1 P_3} + \mathrm{D}_{Q_1 Q_2 P_2 P_3}|, & i = 3; \end{cases} \quad (4.4.7)$$

$$f_3(Q_1) = f_3(Q_2) = |\mathrm{D}_{Q_1 Q_2 P_{i+2} P_i} - \mathrm{D}_{Q_1 Q_2 P_i P_{i+1}}| \quad (i = 1, 2, 3). \quad (4.4.8)$$

证明　根据定理 4.4.1, 式 (4.4.1)~(4.4.4) 等号两边取绝对值, 即得式 (4.4.5)~(4.4.8).

定理 4.4.2　设 $Q_1\text{-}P_1 P_2 P_3\text{-}Q_2$ 是三角形六面体, R_i, R_i' 分别是上、下侧棱 $Q_1 P_i, Q_2 P_i(i = 1, 2, 3)$ 的中点, G_i, G_i' 分别是上、下侧面 $Q_1 P_i P_{i+1}, Q_2 P_i P_{i+1}$ $(i = 1, 2, 3)$ 的重心, $\pi_{R_i R_{i+1}' G_{i+1}' G_{i+2}}(i = 1, 2, 3)$ 是 $Q_1\text{-}P_1 P_2 P_3\text{-}Q_2$ 的重心线面, $F_4(P) = 4a_{R_i R_{i+1}' G_{i+1}'} \mathrm{D}_{P\text{-}\pi_{R_i R_{i+1}' G_{i+1}' G_{i+2}}} = 4a_{G_{i+2} R_i R_{i+1}'} \mathrm{D}_{P\text{-}\pi_{R_i R_{i+1}' G_{i+1}' G_{i+2}}} = 6a_{R_{i+1}' G_{i+1}' G_{i+2}} \mathrm{D}_{P\text{-}\pi_{R_i R_{i+1}' G_{i+1}' G_{i+2}}} = 6a_{G_{i+1}' G_{i+2} R_i} \mathrm{D}_{P\text{-}\pi_{R_i R_{i+1}' G_{i+1}' G_{i+2}}} (i = 1, 2, 3)$，则

$$F_4(P_1) = \mathrm{D}_{Q_1 Q_2 P_1 P_{i+2}} - \mathrm{D}_{Q_1 P_1 P_{i+1} P_{i+2}} + \mathrm{D}_{Q_2 P_1 P_i P_{i+2}} \quad (i = 1, 2, 3); \quad (4.4.9)$$

$$F_4(P_2) = \mathrm{D}_{Q_1 Q_2 P_2 P_{i+2}} - \mathrm{D}_{Q_1 P_2 P_{i+1} P_{i+2}} + \mathrm{D}_{Q_2 P_2 P_i P_{i+2}} \quad (i = 1, 2, 3); \quad (4.4.10)$$

$$F_4(P_3) = \mathrm{D}_{Q_1 Q_2 P_3 P_{i+2}} - \mathrm{D}_{Q_1 P_3 P_{i+1} P_{i+2}} + \mathrm{D}_{Q_2 P_3 P_i P_{i+2}} \quad (i = 1, 2, 3); \quad (4.4.11)$$

$$F_4(Q_1) = \mathrm{D}_{Q_1 P_i P_{i+1} P_{i+2}} - \mathrm{D}_{Q_1 Q_2 P_i P_{i+2}} \quad (i = 1, 2, 3); \quad (4.4.12)$$

$$F_4(Q_2) = \mathrm{D}_{Q_2 P_i P_{i+1} P_{i+2}} - \mathrm{D}_{Q_1 Q_2 P_{i+1} P_{i+2}} \quad (i = 1, 2, 3). \quad (4.4.13)$$

证明　仿定理 4.4.1 证明, 即得式 (4.4.9)~(4.4.13).

推论 4.4.2　设 $Q_1\text{-}P_1 P_2 P_3\text{-}Q_2$ 是三角形六面体, R_i, R_i' 分别是上、下侧棱 $Q_1 P_i, Q_2 P_i(i = 1, 2, 3)$ 的中点, G_i, G_i' 分别是上、下侧面 $Q_1 P_i P_{i+1}, Q_2 P_i P_{i+1}$ $(i = 1, 2, 3)$ 的重心, $\pi_{R_i R_{i+1}' G_{i+1}' G_{i+2}}$ 是 $Q_1\text{-}P_1 P_2 P_3\text{-}Q_2$ 的重心线面. 记

$$f_4(P) = 4a_{R_i R_{i+1}' G_{i+1}'} \mathrm{d}_{P\text{-}\pi_{R_i R_{i+1}' G_{i+1}' G_{i+2}}} = 4a_{G_{i+2} R_i R_{i+1}'} \mathrm{d}_{P\text{-}\pi_{R_i R_{i+1}' G_{i+1}' G_{i+2}}}$$

$$=6a_{R'_{i+1}G'_{i+1}G_{i+2}}\mathrm{d}_{P\text{-}\pi_{R_iR'_{i+1}G'_{i+1}G_{i+2}}} = 6a_{G'_{i+1}G_{i+2}R_i}\mathrm{d}_{P\text{-}\pi_{R_iR'_{i+1}G'_{i+1}G_{i+2}}} \quad (i=1,2,3),$$

则

$$f_4(P_1) = \left| \mathrm{D}_{Q_1Q_2P_1P_{i+2}} - \mathrm{D}_{Q_1P_1P_{i+1}P_{i+2}} + \mathrm{D}_{Q_2P_1P_iP_{i+2}} \right| \quad (i=1,2,3); \quad (4.4.14)$$

$$f_4(P_2) = \left| \mathrm{D}_{Q_1Q_2P_2P_{i+2}} - \mathrm{D}_{Q_1P_2P_{i+1}P_{i+2}} + \mathrm{D}_{Q_2P_2P_iP_{i+2}} \right| \quad (i=1,2,3); \quad (4.4.15)$$

$$f_4(P_3) = \left| \mathrm{D}_{Q_1Q_2P_3P_{i+2}} - \mathrm{D}_{Q_1P_3P_{i+1}P_{i+2}} + \mathrm{D}_{Q_2P_3P_iP_{i+2}} \right| \quad (i=1,2,3); \quad (4.4.16)$$

$$f_4(Q_1) = \left| \mathrm{D}_{Q_1P_iP_{i+1}P_{i+2}} - \mathrm{D}_{Q_1Q_2P_iP_{i+2}} \right| \quad (i=1,2,3); \quad (4.4.17)$$

$$f_4(Q_2) = \left| \mathrm{D}_{Q_2P_iP_{i+1}P_{i+2}} - \mathrm{D}_{Q_1Q_2P_{i+1}P_{i+2}} \right| \quad (i=1,2,3). \quad (4.4.18)$$

证明　根据定理 4.4.2, 式 (4.4.9)~(4.4.13) 等号两边取绝对值, 即得式 (4.4.14)~(4.4.18).

定理 4.4.3　设 $Q_1\text{-}P_1P_2P_3\text{-}Q_2$ 是三角形六面体, R_i, R'_i 分别是上、下侧棱 $Q_1P_i, Q_2P_i(i=1,2,3)$ 的中点, G_i, G'_i 分别是上、下侧面 $Q_1P_iP_{i+1}, Q_2P_iP_{i+1}$ $(i=1,2,3)$ 的重心, $\pi_{R_{i+1}R'_iG'_{i+2}G_{i+1}}(i=1,2,3)$ 是 $Q_1\text{-}P_1P_2P_3\text{-}Q_2$ 的重心线面. 记 $F_5(P) = 4a_{R_{i+1}R'_iG'_{i+2}}\mathrm{D}_{P\text{-}\pi_{R_{i+1}R'_iG'_{i+2}G_{i+1}}} = 4a_{G_{i+1}R_{i+1}R'_i}\mathrm{D}_{P\text{-}\pi_{R_{i+1}R'_iG'_{i+2}G_{i+1}}} = 6a_{R'_iG'_{i+2}G_{i+1}}\mathrm{D}_{P\text{-}\pi_{R_{i+1}R'_iG'_{i+2}G_{i+1}}} = 6a_{G'_{i+2}G_{i+1}R_{i+1}}\mathrm{D}_{P\text{-}\pi_{R_{i+1}R'_iG'_{i+2}G_{i+1}}}(i=1,2,3)$, 则

$$F_5(P_1) = \mathrm{D}_{P_1P_{i+2}Q_1Q_2} - \mathrm{D}_{Q_1P_1P_iP_{i+2}} + \mathrm{D}_{Q_2P_1P_{i+1}P_{i+2}} \quad (i=1,2,3); \quad (4.4.19)$$

$$F_5(P_2) = \mathrm{D}_{P_2P_{i+2}Q_1Q_2} - \mathrm{D}_{Q_1P_2P_iP_{i+2}} + \mathrm{D}_{Q_2P_2P_{i+1}P_{i+2}} \quad (i=1,2,3); \quad (4.4.20)$$

$$F_5(P_3) = \mathrm{D}_{P_3P_{i+2}Q_1Q_2} - \mathrm{D}_{Q_1P_3P_iP_{i+2}} + \mathrm{D}_{Q_2P_3P_{i+1}P_{i+2}} \quad (i=1,2,3); \quad (4.4.21)$$

$$F_5(Q_1) = -\mathrm{D}_{Q_1Q_2P_{i+1}P_{i+2}} - \mathrm{D}_{Q_1P_iP_{i+1}P_{i+2}} \quad (i=1,2,3); \quad (4.4.22)$$

$$F_5(Q_2) = -\mathrm{D}_{Q_1Q_2P_iP_{i+2}} - \mathrm{D}_{Q_2P_iP_{i+1}P_{i+2}} \quad (i=1,2,3). \quad (4.4.23)$$

证明　仿定理 4.4.1 证明, 即得式 (4.4.19)~(4.4.23).

推论 4.4.3　设 $Q_1\text{-}P_1P_2P_3\text{-}Q_2$ 是三角形六面体, R_i, R'_i 分别是上、下侧棱 $Q_1P_i, Q_2P_i(i=1,2,3)$ 的中点, G_i, G'_i 分别是上、下侧面 $Q_1P_iP_{i+1}, Q_2P_iP_{i+1}$ $(i=1,2,3)$ 的重心, $\pi_{R_{i+1}R'_iG'_{i+2}G_{i+1}}(i=1,2,3)$ 是 $Q_1\text{-}P_1P_2P_3\text{-}Q_2$ 的重心线面. 记 $f_5(P) = 4a_{R_{i+1}R'_iG'_{i+2}}\mathrm{d}_{P\text{-}\pi_{R_{i+1}R'_iG'_{i+2}G_{i+1}}} = 4a_{G_{i+1}R_{i+1}R'_i}\mathrm{d}_{P\text{-}\pi_{R_{i+1}R'_iG'_{i+2}G_{i+1}}} = 6a_{R'_iG'_{i+2}G_{i+1}}\mathrm{d}_{P\text{-}\pi_{R_{i+1}R'_iG'_{i+2}G_{i+1}}} = 6a_{G'_{i+2}G_{i+1}R_{i+1}}\mathrm{d}_{P\text{-}\pi_{R_{i+1}R'_iG'_{i+2}G_{i+1}}}(i=1,2,3)$, 则

$$f_5(P_1) = \left| \mathrm{D}_{P_1P_{i+2}Q_1Q_2} - \mathrm{D}_{Q_1P_1P_iP_{i+2}} + \mathrm{D}_{Q_2P_1P_{i+1}P_{i+2}} \right| \quad (i=1,2,3); \quad (4.4.24)$$

$$f_5(P_2) = \left| D_{P_2P_{i+2}Q_1Q_2} - D_{Q_1P_2P_iP_{i+2}} + D_{Q_2P_2P_{i+1}P_{i+2}} \right| \quad (i=1,2,3); \quad (4.4.25)$$

$$f_5(P_3) = \left| D_{P_3P_{i+2}Q_1Q_2} - D_{Q_1P_3P_iP_{i+2}} + D_{Q_2P_3P_{i+1}P_{i+2}} \right| \quad (i=1,2,3); \quad (4.4.26)$$

$$f_5(Q_1) = \left| D_{Q_1Q_2P_{i+1}P_{i+2}} + D_{Q_1P_iP_{i+1}P_{i+2}} \right| \quad (i=1,2,3); \quad (4.4.27)$$

$$f_5(Q_2) = \left| D_{Q_1Q_2P_iP_{i+2}} + D \right|_{Q_2P_iP_{i+1}P_{i+2}} \quad (i=1,2,3). \quad (4.4.28)$$

证明　根据定理 4.4.3, 式 (4.4.19)~(4.4.23) 等号两边取绝对值, 即得式 (4.4.24)~(4.4.28).

4.4.3　三角形六面体顶点到双侧重心线面有向距离公式的应用

根据定理 1.2.3, 可以得出定理 4.4.1~定理 4.4.3 中有向距离公式对应的有向体积 (体积) 公式. 兹列如下.

定理 4.4.4　设 Q_1-$P_1P_2P_3$-Q_2 是三角形六面体, R_i, R_i' 分别是上、下侧棱 $Q_1P_i, Q_2P_i(i=1,2,3)$ 的中点, G_i, G_i' 分别是上、下侧面 $Q_1P_iP_{i+1}, Q_2P_iP_{i+1}$ $(i=1,2,3)$ 的重心, $R_iR_i'G_{i+1}'G_{i+1}(i=1,2,3)$ 是 Q_1-$P_1P_2P_3$-Q_2 的重心线四边形. 记 $G_3(P) = 12D_{PR_iR_i'G_{i+1}'} = 12D_{PG_{i+1}R_iR_i'} = 18D_{PR_i'G_{i+1}'G_{i+1}} = 18D_{PR_i'G_{i+1}'G_{i+1}}$ $(i=1,2,3)$, 则

$$G_3(P_1) = \begin{cases} D_{Q_1Q_2P_1P_2} + D_{Q_1Q_2P_1P_3}, & i=1, \\ D_{Q_1Q_2P_1P_3} - D_{Q_1Q_2P_1P_2} + D_{Q_2P_1P_2P_3} - D_{Q_1P_1P_2P_3}, & i=2, \\ D_{Q_1Q_2P_1P_2} - D_{Q_1Q_2P_1P_3} + D_{Q_1P_1P_2P_3} - D_{Q_2P_1P_2P_3}, & i=3; \end{cases}$$

$$G_3(P_2) = \begin{cases} D_{Q_1Q_2P_1P_2} + D_{Q_1Q_2P_2P_3} + D_{Q_1P_1P_2P_3} - D_{Q_2P_1P_2P_3}, & i=1, \\ D_{Q_1Q_2P_2P_3} - D_{Q_1Q_2P_1P_2}, & i=2, \\ D_{Q_2P_1P_2P_3} - D_{Q_1Q_2P_1P_2} - D_{Q_1Q_2P_2P_3} - D_{Q_1P_1P_2P_3}, & i=3; \end{cases}$$

$$G_3(P_3) = \begin{cases} D_{Q_1Q_2P_1P_3} - D_{Q_1Q_2P_2P_3} + D_{Q_2P_1P_2P_3} - D_{Q_1P_1P_2P_3}, & i=1, \\ D_{Q_1Q_2P_2P_3} - D_{Q_1Q_2P_1P_3} + D_{Q_1P_1P_2P_3} - D_{Q_2P_1P_2P_3}, & i=2, \\ -D_{Q_1Q_2P_1P_3} - D_{Q_1Q_2P_2P_3}, & i=3; \end{cases}$$

$$G_3(Q_1) = G_3(Q_2) = D_{Q_1Q_2P_{i+2}P_i} - D_{Q_1Q_2P_iP_{i+1}} \quad (i=1,2,3).$$

推论 4.4.4　设 Q_1-$P_1P_2P_3$-Q_2 是三角形六面体, R_i, R_i' 分别是上、下侧棱 $Q_1P_i, Q_2P_i(i=1,2,3)$ 的中点, G_i, G_i' 分别是上、下侧面 $Q_1P_iP_{i+1}, Q_2P_iP_{i+1}$ $(i=1,2,3)$ 的重心, $R_iR_i'G_{i+1}'G_{i+1}(i=1,2,3)$ 是 Q_1-$P_1P_2P_3$-Q_2 的重心线四边形. 记 $g_3(P) = 12v_{PR_iR_i'G_{i+1}'} = 12v_{PG_{i+1}R_iR_i'} = 18v_{PR_i'G_{i+1}'G_{i+1}} = 18v_{PR_i'G_{i+1}'G_{i+1}}$

$(i = 1, 2, 3)$, 则

$$g_3(P_1) = \begin{cases} \left| D_{Q_1 Q_2 P_1 P_2} + D_{Q_1 Q_2 P_1 P_3} \right|, & i = 1, \\ \left| D_{Q_1 Q_2 P_1 P_3} - D_{Q_1 Q_2 P_1 P_2} + D_{Q_2 P_1 P_2 P_3} - D_{Q_1 P_1 P_2 P_3} \right|, & i = 2, 3; \end{cases}$$

$$g_3(P_2) = \begin{cases} \left| D_{Q_1 Q_2 P_2 P_3} - D_{Q_1 Q_2 P_1 P_2} \right|, & i = 2, \\ \left| D_{Q_2 P_1 P_2 P_3} - D_{Q_1 Q_2 P_1 P_2} - D_{Q_1 Q_2 P_2 P_3} - D_{Q_1 P_1 P_2 P_3} \right|, & i = 1, 3; \end{cases}$$

$$g_3(P_3) = \begin{cases} \left| D_{Q_1 Q_2 P_1 P_3} - D_{Q_1 Q_2 P_2 P_3} + D_{Q_2 P_1 P_2 P_3} - D_{Q_1 P_1 P_2 P_3} \right|, & i = 1, 2, \\ \left| D_{Q_1 Q_2 P_1 P_3} + D_{Q_1 Q_2 P_2 P_3} \right|, & i = 3; \end{cases}$$

$$g_3(Q_1) = g_3(Q_2) = \left| D_{Q_1 Q_2 P_{i+2} P_i} - D_{Q_1 Q_2 P_i P_{i+1}} \right| \quad (i = 1, 2, 3).$$

定理 4.4.5 设 Q_1-$P_1 P_2 P_3$-Q_2 是三角形六面体, R_i, R_i' 分别是上、下侧棱 $Q_1 P_i, Q_2 P_i (i = 1, 2, 3)$ 的中点, G_i, G_i' 分别是上、下侧面 $Q_1 P_i P_{i+1}, Q_2 P_i P_{i+1}$ $(i = 1, 2, 3)$ 的重心, $R_i R_{i+1}' G_{i+1}' G_{i+2} (i = 1, 2, 3)$ 是 Q_1-$P_1 P_2 P_3$-Q_2 的重心线四边形. 记 $G_4(P) = 12 D_{P R_i R_{i+1}' G_{i+1}'} = 12 D_{P G_{i+2} R_i R_{i+1}'} = 18 D_{P R_{i+1}' G_{i+1}' G_{i+2}} = 18 D_{P G_{i+1}' G_{i+2} R_i} (i = 1, 2, 3)$, 则

$$G_4(P_1) = D_{Q_1 Q_2 P_1 P_{i+2}} - D_{Q_1 P_1 P_{i+1} P_{i+2}} + D_{Q_2 P_1 P_i P_{i+2}} \quad (i = 1, 2, 3);$$

$$G_4(P_2) = D_{Q_1 Q_2 P_2 P_{i+2}} - D_{Q_1 P_2 P_{i+1} P_{i+2}} + D_{Q_2 P_2 P_i P_{i+2}} \quad (i = 1, 2, 3);$$

$$G_4(P_3) = D_{Q_1 Q_2 P_3 P_{i+2}} - D_{Q_1 P_3 P_{i+1} P_{i+2}} + D_{Q_2 P_3 P_i P_{i+2}} \quad (i = 1, 2, 3).$$

$$G_4(Q_1) = D_{Q_1 P_i P_{i+1} P_{i+2}} - D_{Q_1 Q_2 P_i P_{i+2}} \quad (i = 1, 2, 3);$$

$$G_4(Q_2) = D_{Q_2 P_i P_{i+1} P_{i+2}} - D_{Q_1 Q_2 P_{i+1} P_{i+2}} \quad (i = 1, 2, 3).$$

推论 4.4.5 设 Q_1-$P_1 P_2 P_3$-Q_2 是三角形六面体, R_i, R_i' 分别是上、下侧棱 $Q_1 P_i, Q_2 P_i (i = 1, 2, 3)$ 的中点, G_{i+1}, G_{i+1}' 分别是上、下侧面 $Q_1 P_i P_{i+1}$, $Q_2 P_i P_{i+1} (i = 1, 2, 3)$ 的重心, $R_i R_{i+1}' G_{i+1}' G_{i+2} (i = 1, 2, 3)$ 是 Q_1-$P_1 P_2 P_3$-Q_2 的重心线四边形. 记 $g_4(P) = 12 v_{P R_i R_{i+1}' G_{i+1}'} = 12 v_{P G_{i+2} R_i R_{i+1}'} = 18 v_{P R_{i+1}' G_{i+1}' G_{i+2}}$ $= 18 v_{P G_{i+1}' G_{i+2} R_i} (i = 1, 2, 3, 4)$, 则

$$g_4(P_1) = \left| D_{Q_1 Q_2 P_1 P_{i+2}} - D_{Q_1 P_1 P_{i+1} P_{i+2}} + D_{Q_2 P_1 P_i P_{i+2}} \right| \quad (i = 1, 2, 3);$$

$$g_4(P_2) = \left| D_{Q_1 Q_2 P_2 P_{i+2}} - D_{Q_1 P_2 P_{i+1} P_{i+2}} + D_{Q_2 P_2 P_i P_{i+2}} \right| \quad (i = 1, 2, 3);$$

$$g_4(P_3) = \left| D_{Q_1 Q_2 P_3 P_{i+2}} - D_{Q_1 P_3 P_{i+1} P_{i+2}} + D_{Q_2 P_3 P_i P_{i+2}} \right| \quad (i = 1, 2, 3);$$

$$g_4(Q_1) = \left| D_{Q_1 P_i P_{i+1} P_{i+2}} - D_{Q_1 Q_2 P_i P_{i+2}} \right| \quad (i = 1, 2, 3);$$

$$g_4(Q_2) = \left| \mathrm{D}_{Q_2 P_i P_{i+1} P_{i+2}} - \mathrm{D}_{Q_1 Q_2 P_{i+1} P_{i+2}} \right| \quad (i = 1, 2, 3).$$

定理 4.4.6　设 $Q_1\text{-}P_1 P_2 P_3\text{-}Q_2$ 是三角形六面体, R_i, R_i' 分别是上、下侧棱 $Q_1 P_i, Q_2 P_i (i = 1, 2, 3)$ 的中点, G_i, G_i' 分别是上、下侧面 $Q_1 P_i P_{i+1}, Q_2 P_i P_{i+1}$ $(i = 1, 2, 3)$ 的重心, $R_{i+1} R_i' G_{i+2}' G_{i+1} (i = 1, 2, 3)$ 是 $Q_1\text{-}P_1 P_2 P_3\text{-}Q_2$ 的重心线四边形. 记 $G_5(P) = 12\mathrm{D}_{P R_{i+1} R_i' G_{i+2}'} = 12\mathrm{D}_{P G_{i+1} R_{i+1} R_i'} = 18\mathrm{D}_{P R_i' G_{i+2}' G_{i+1}} = 18\mathrm{D}_{P G_{i+2}' G_{i+1} R_{i+1}} (i = 1, 2, 3)$, 则

$$G_5(P_1) = \mathrm{D}_{P_1 P_{i+2} Q_1 Q_2} - \mathrm{D}_{Q_1 P_1 P_i P_{i+2}} + \mathrm{D}_{Q_2 P_1 P_{i+1} P_{i+2}} \quad (i = 1, 2, 3);$$

$$G_5(P_2) = \mathrm{D}_{P_2 P_{i+2} Q_1 Q_2} - \mathrm{D}_{Q_1 P_2 P_i P_{i+2}} + \mathrm{D}_{Q_2 P_2 P_{i+1} P_{i+2}} \quad (i = 1, 2, 3);$$

$$G_5(P_3) = \mathrm{D}_{P_3 P_{i+2} Q_1 Q_2} - \mathrm{D}_{Q_1 P_3 P_i P_{i+2}} + \mathrm{D}_{Q_2 P_3 P_{i+1} P_{i+2}} \quad (i = 1, 2, 3);$$

$$G_5(Q_1) = -\mathrm{D}_{Q_1 Q_2 P_{i+1} P_{i+2}} - \mathrm{D}_{Q_1 P_i P_{i+1} P_{i+2}} \quad (i = 1, 2, 3);$$

$$G_5(Q_2) = -\mathrm{D}_{Q_1 Q_2 P_i P_{i+2}} - \mathrm{D}_{Q_2 P_i P_{i+1} P_{i+2}} \quad (i = 1, 2, 3).$$

推论 4.4.6　设 $Q_1\text{-}P_1 P_2 P_3\text{-}Q_2$ 是三角形六面体, R_i, R_i' 分别是上、下侧棱 $Q_1 P_i, Q_2 P_i (i = 1, 2, 3)$ 的中点, G_i, G_i' 分别是上、下侧面 $Q_1 P_i P_{i+1}, Q_2 P_i P_{i+1}$ $(i = 1, 2, 3)$ 的重心, $R_{i+1} R_i' G_{i+2}' G_{i+1} (i = 1, 2, 3)$ 是 $Q_1\text{-}P_1 P_2 P_3\text{-}Q_2$ 的重心线四边形. 记 $g_5(P) = 12\mathrm{v}_{P_1 R_{i+1} R_i' G_{i+2}'} = 12\mathrm{v}_{P_1 G_{i+1} R_{i+1} R_i'} = 18\mathrm{v}_{P_1 R_i' G_{i+2}' G_{i+1}} = 18\mathrm{v}_{P_1 G_{i+2}' G_{i+1} R_{i+1}} (i = 1, 2, 3)$, 则

$$g_5(P_1) = \left| \mathrm{D}_{P_1 P_{i+2} Q_1 Q_2} - \mathrm{D}_{Q_1 P_1 P_i P_{i+2}} + \mathrm{D}_{Q_2 P_1 P_{i+1} P_{i+2}} \right| \quad (i = 1, 2, 3);$$

$$g_5(P_2) = \left| \mathrm{D}_{P_2 P_{i+2} Q_1 Q_2} - \mathrm{D}_{Q_1 P_2 P_i P_{i+2}} + \mathrm{D}_{Q_2 P_2 P_{i+1} P_{i+2}} \right| \quad (i = 1, 2, 3);$$

$$g_5(P_3) = \left| \mathrm{D}_{P_3 P_{i+2} Q_1 Q_2} - \mathrm{D}_{Q_1 P_3 P_i P_{i+2}} + \mathrm{D}_{Q_2 P_3 P_{i+1} P_{i+2}} \right| \quad (i = 1, 2, 3);$$

$$g_5(Q_1) = \left| \mathrm{D}_{Q_1 Q_2 P_{i+1} P_{i+2}} + \mathrm{D}_{Q_1 P_i P_{i+1} P_{i+2}} \right| \quad (i = 1, 2, 3);$$

$$g_5(Q_2) = \left| \mathrm{D}_{Q_1 Q_2 P_i P_{i+2}} + \mathrm{D}_{Q_2 P_i P_{i+1} P_{i+2}} \right| \quad (i = 1, 2, 3).$$

定理 4.4.7　设 $Q_1\text{-}P_1 P_2 P_3\text{-}Q_2$ 是三角形六面体, R_i, R_i' 分别是上、下侧棱 $Q_1 P_i, Q_2 P_i (i = 1, 2, 3)$ 的中点, G_i, G_i' 分别是上、下侧面 $Q_1 P_i P_{i+1}, Q_2 P_i P_{i+1}$ $(i = 1, 2, 3)$ 的重心, $\pi_{R_i R_i' G_{i+1}' G_{i+1}} (i = 1, 2, 3)$ 是 $Q_1\text{-}P_1 P_2 P_3\text{-}Q_2$ 的重心线面, 则

$$\mathrm{D}_{P_1\text{-}\pi_{R_1 R_1' G_2' G_2}} + \mathrm{D}_{Q_1\text{-}\pi_{R_1 R_1' G_2' G_2}} = 0 \quad (\mathrm{d}_{P_1\text{-}\pi_{R_1 R_1' G_2' G_2}} = \mathrm{d}_{Q_1\text{-}\pi_{R_1 R_1' G_2' G_2}}), \quad (4.4.29)$$

$$\mathrm{D}_{P_1\text{-}\pi_{R_1 R_1' G_2' G_2}} + \mathrm{D}_{Q_2\text{-}\pi_{R_1 R_1' G_2' G_2}} = 0 \quad (\mathrm{d}_{P_1\text{-}\pi_{R_1 R_1' G_2' G_2}} = \mathrm{d}_{Q_2\text{-}\pi_{R_1 R_1' G_2' G_2}}), \quad (4.4.30)$$

$$\mathrm{D}_{Q_1\text{-}\pi_{R_1 R_1' G_2' G_2}} - \mathrm{D}_{Q_2\text{-}\pi_{R_1 R_1' G_2' G_2}} = 0 \quad (\mathrm{d}_{Q_1\text{-}\pi_{R_1 R_1' G_2' G_2}} = \mathrm{d}_{Q_2\text{-}\pi_{R_1 R_1' G_2' G_2}}); \quad (4.4.31)$$

$$D_{P_2\text{-}\pi_{R_2R_2'G_3'G_3}} + D_{Q_1\text{-}\pi_{R_2R_2'G_3'G_3}} = 0 \quad (d_{P_2\text{-}\pi_{R_2R_2'G_3'G_3}} = d_{Q_1\text{-}\pi_{R_2R_2'G_3'G_3}}), \quad (4.4.32)$$

$$D_{P_2\text{-}\pi_{R_2R_2'G_3'G_3}} + D_{Q_2\text{-}\pi_{R_2R_2'G_3'G_3}} = 0 \quad (d_{P_2\text{-}\pi_{R_2R_2'G_3'G_3}} = d_{Q_2\text{-}\pi_{R_2R_2'G_3'G_3}}), \quad (4.4.33)$$

$$D_{Q_1\text{-}\pi_{R_2R_2'G_3'G_3}} - D_{Q_2\text{-}\pi_{R_2R_2'G_3'G_3}} = 0 \quad (d_{Q_1\text{-}\pi_{R_2R_2'G_3'G_3}} = d_{Q_2\text{-}\pi_{R_2R_2'G_3'G_3}}); \quad (4.4.34)$$

$$D_{P_3\text{-}\pi_{R_3R_3'G_1'G_1}} + D_{Q_1\text{-}\pi_{R_3R_3'G_1'G_1}} = 0 \quad (d_{P_3\text{-}\pi_{R_3R_3'G_1'G_1}} = d_{Q_1\text{-}\pi_{R_3R_3'G_1'G_1}}), \quad (4.4.35)$$

$$D_{P_3\text{-}\pi_{R_3R_3'G_1'G_1}} + D_{Q_2\text{-}\pi_{R_3R_3'G_1'G_1}} = 0 \quad (d_{P_3\text{-}\pi_{R_3R_3'G_1'G_1}} = d_{Q_2\text{-}\pi_{R_3R_3'G_1'G_1}}), \quad (4.4.36)$$

$$D_{Q_1\text{-}\pi_{R_3R_3'G_1'G_1}} - D_{Q_2\text{-}\pi_{R_3R_3'G_1'G_1}} = 0 \quad (d_{Q_1\text{-}\pi_{R_3R_3'G_1'G_1}} = d_{Q_2\text{-}\pi_{R_3R_3'G_1'G_1}}). \quad (4.4.37)$$

证明 据定理 4.4.1, 当 $i = 1$ 时, 式 (4.4.1)+(4.4.4), 得

$$4a_{R_1R_1'G_2'} \left(D_{P_1\text{-}\pi_{R_1R_1'G_2'G_2'}} + D_{Q_k\text{-}\pi_{R_1R_1'G_2'G_2'}} \right) = 0 \quad (k = 1, 2).$$

因为 $4a_{R_1R_1'G_2'} \neq 0$, 所以

$$D_{P_1\text{-}\pi_{R_1R_1'G_2'G_2'}} + D_{Q_k\text{-}\pi_{R_1R_1'G_2'G_2'}} = 0 \quad (d_{P_1\text{-}\pi_{R_1R_1'G_2'G_2'}} = d_{Q_k\text{-}\pi_{R_1R_1'G_2'G_2'}}) \quad (k = 1, 2).$$

因此, 式 (4.4.29) 和 (4.4.30) 成立.

同理, 当 $i = 1$ 时, 由式 (4.4.4), 可得

$$4a_{R_1R_1'G_2'} \left(D_{Q_1\text{-}\pi_{R_1R_1'G_2'G_2'}} - D_{Q_2\text{-}\pi_{R_1R_1'G_2'G_2'}} \right) = 0.$$

因为 $4a_{R_1R_1'G_2'} \neq 0$, 所以

$$D_{Q_1\text{-}\pi_{R_1R_1'G_2'G_2'}} - D_{Q_2\text{-}\pi_{R_1R_1'G_2'G_2'}} = 0 \quad \left(d_{Q_1\text{-}\pi_{R_1R_1'G_2'G_2'}} = d_{Q_2\text{-}\pi_{R_1R_1'G_2'G_2'}} \right).$$

从而, 式 (4.3.31) 成立.

类似地, 可以证明式 (4.3.32)~(4.3.37) 成立.

推论 4.4.7 设 $Q_1\text{-}P_1P_2P_3\text{-}Q_2$ 是三角形六面体, R_i, R_i' 分别是上、下侧棱 $Q_1P_i, Q_2P_i(i = 1, 2, 3)$ 的中点, G_i, G_i' 分别是上、下侧面 $Q_1P_iP_{i+1}, Q_2P_iP_{i+1}$ $(i = 1, 2, 3)$ 的重心, $\pi_{R_iR_i'G_{i+1}'G_{i+1}}(i = 1, 2, 3)$ 是 $Q_1\text{-}P_1P_2P_3\text{-}Q_2$ 的重心线面, 则上、下两顶点的连线 Q_1Q_2 分别平行于 $\pi_{R_iR_i'G_{i+1}'G_{i+1}}(i = 1, 2, 3)$.

证明 根据定理 4.4.7, 分别由式 (4.4.31), (4.4.34) 和 (4.4.37) 即得.

推论 4.4.8 设 $Q_1\text{-}P_1P_2P_3\text{-}Q_2$ 是三角形六面体, R_i, R_i' 分别是上、下侧棱 $Q_1P_i, Q_2P_i(i = 1, 2, 3)$ 的中点, G_i, G_i' 分别是上、下侧面 $Q_1P_iP_{i+1}, Q_2P_iP_{i+1}$ $(i = 1, 2, 3)$ 的重心, $\pi_{R_iG_{i+1}'\text{-}\mu_i\nu_i}, \pi_{R_i'G_{i+1}\text{-}\mu_i'\nu_i'}(i = 1, 2, 3)$ 是 $Q_1\text{-}P_1P_2P_3\text{-}Q_2$ 的重心线包络面.

(1) 若 $\pi_{R_i G'_{i+1}\text{-}\mu_i \nu_i}$ 通过下侧棱 $Q_2 P_i$ 的中点, 则上、下两顶点的连线 $Q_1 Q_2$ 平行于 $\pi_{R_i G'_{i+1}\text{-}\mu_i \nu_i}(i = 1, 2, 3)$;

(2) 若 $\pi_{R'_i G_{i+1}\text{-}\mu'_i \nu'_i}$ 通过上侧棱 $Q_1 P_i$ 的中点, 则上、下两顶点的连线 $Q_1 Q_2$ 平行于 $\pi_{R'_i G_{i+1}\text{-}\mu'_i \nu'_i}(i = 1, 2, 3)$.

证明　(1) 因为 $\pi_{R_i G'_{i+1}\text{-}\mu_i \nu_i}$ 通过下侧棱 $Q_2 P_i$ 的中点, 故 $\pi_{R_i G'_{i+1}\text{-}\mu_i \nu_i}$ 重心线面 $\pi_{R_i R'_i G'_{i+1} G_{i+1}}$ 重合, 故由推论 4.4.7 知上、下两顶点的连线 $Q_1 Q_2$ 平行于 $\pi_{R_i G'_{i+1}\text{-}\mu_i \nu_i}(i = 1, 2, 3)$.

类似地, 可以证明 (2) 中结论成立.

定理 4.4.8　设 $Q_1\text{-}P_1 P_2 P_3\text{-}Q_2$ 是三角形六面体, R_i, R'_i 分别是上、下侧棱 $Q_1 P_i, Q_2 P_i(i = 1, 2, 3)$ 的中点, G_i, G'_i 分别是上、下侧面 $Q_1 P_i P_{i+1}, Q_2 P_i P_{i+1}$ $(i = 1, 2, 3)$ 的重心, $\pi_{R_i R'_i G'_{i+1} G_{i+1}}(i = 1, 2, 3)$ 是 $Q_1\text{-}P_1 P_2 P_3\text{-}Q_2$ 的重心线面, 则

$$\mathrm{D}_{P_1\text{-}\pi_{R_1 R'_1 G'_2 G_2}} - \mathrm{D}_{P_2\text{-}\pi_{R_1 R'_1 G'_2 G_2}} - \mathrm{D}_{P_3\text{-}\pi_{R_1 R'_1 G'_2 G_2}} = 0, \tag{4.4.38}$$

$$\mathrm{D}_{P_2\text{-}\pi_{R_2 R'_2 G'_3 G_3}} - \mathrm{D}_{P_3\text{-}\pi_{R_2 R'_2 G'_3 G_3}} - \mathrm{D}_{P_1\text{-}\pi_{R_2 R'_2 G'_3 G_3}} = 0, \tag{4.4.39}$$

$$\mathrm{D}_{P_3\text{-}\pi_{R_3 R'_3 G'_1 G_1}} - \mathrm{D}_{P_1\text{-}\pi_{R_3 R'_3 G'_1 G_1}} - \mathrm{D}_{P_2\text{-}\pi_{R_3 R'_3 G'_1 G_1}} = 0. \tag{4.4.40}$$

证明　根据定理 4.4.1, 当 $i = 1$ 时, 式 (4.4.1)–(4.4.2)–(4.4.3), 得

$$4\mathrm{a}_{R_1 R'_1 G'_2}\left(\mathrm{D}_{P_1\text{-}\pi_{R_1 R'_1 G'_2 G_2}} - \mathrm{D}_{P_2\text{-}\pi_{R_1 R'_1 G'_2 G_2}} - \mathrm{D}_{P_3\text{-}\pi_{R_1 R'_1 G'_2 G_2}}\right) = 0,$$

注意到 $4\mathrm{a}_{R_1 R'_1 G'_2} \neq 0$, 即得式 (4.4.38).

类似地, 可以证明, 式 (4.4.39) 和 (4.4.40) 成立.

推论 4.4.9　设 $Q_1\text{-}P_1 P_2 P_3\text{-}Q_2$ 是三角形六面体, R_i, R'_i 分别是上、下侧棱 $Q_1 P_i, Q_2 P_i(i = 1, 2, 3)$ 的中点, G_i, G'_i 分别是上、下侧面 $Q_1 P_i P_{i+1}, Q_2 P_i P_{i+1}$ $(i = 1, 2, 3)$ 的重心, $\pi_{R_i R'_i G'_{i+1} G_{i+1}}(i = 1, 2, 3)$ 是 $Q_1\text{-}P_1 P_2 P_3\text{-}Q_2$ 的重心线面, 则

(1) 在 $Q_1\text{-}P_1 P_2 P_3\text{-}Q_2$ 腰上三个顶点 P_1, P_2, P_3 到重心面 $\pi_{R_1 R'_1 G'_2 G_2}$ 的距离

$$\mathrm{d}_{P_1\text{-}\pi_{R_1 R'_1 G'_2 G_2}}, \quad \mathrm{d}_{P_2\text{-}\pi_{R_1 R'_1 G'_2 G_2}}, \quad \mathrm{d}_{P_3\text{-}\pi_{R_1 R'_1 G'_2 G_2}}$$

中, 其中一条较长的距离等于另两条较短的距离的和;

(2) 在 $Q_1\text{-}P_1 P_2 P_3\text{-}Q_2$ 腰上三个顶点 P_1, P_2, P_3 到重心面 $\pi_{R_2 R'_2 G'_3 G_3}$ 的距离

$$\mathrm{d}_{P_1\text{-}\pi_{R_2 R'_2 G'_3 G_3}}, \quad \mathrm{d}_{P_2\text{-}\pi_{R_2 R'_2 G'_3 G_3}}, \quad \mathrm{d}_{P_3\text{-}\pi_{R_2 R'_2 G'_3 G_3}}$$

中, 其中一条较长的距离等于另两条较短的距离的和;

(3) 在 Q_1-$P_1P_2P_3$-Q_2 腰上三个顶点 P_1, P_2, P_3 到重心面 $\pi_{R_3R_3'G_1'G_1}$ 的距离

$$\mathrm{d}_{P_1\text{-}\pi_{R_3R_3'G_1'G_1}}, \quad \mathrm{d}_{P_2\text{-}\pi_{R_3R_3'G_1'G_1}}, \quad \mathrm{d}_{P_3\text{-}\pi_{R_3R_3'G_1'G_1}}$$

中, 其中一条较长的距离等于另两条较短的距离的和.

证明 (1) 根据定理 4.4.8, 在式 (4.4.38) 中, 注意到其中一条较长的有向距离的符号与另外两条较短的有向距离的符号相同, 或与另外两条较短的有向距离中的一条符号相同、一条符号相反即得.

类似地, 可以证明 (2) 和 (3) 中结论成立.

定理 4.4.9 设 Q_1-$P_1P_2P_3$-Q_2 是三角形六面体, R_i, R_i' 分别是上、下侧棱 $Q_1P_i, Q_2P_i (i = 1, 2, 3)$ 的中点, G_i, G_i' 分别是上、下侧面 $Q_1P_iP_{i+1}, Q_2P_iP_{i+1} (i = 1, 2, 3)$ 的重心, $\pi_{R_iR_i'G_{i+1}'G_{i+1}} (i = 1, 2, 3)$ 是 Q_1-$P_1P_2P_3$-Q_2 的重心线面, 则

(1) $\mathrm{D}_{P_2\text{-}\pi_{R_1R_1'G_2'G_2}} = 0$ 的充分必要条件是

$$\mathrm{D}_{P_1\text{-}\pi_{R_1R_1'G_2'G_2}} - \mathrm{D}_{P_3\text{-}\pi_{R_1R_1'G_2'G_2}} = 0 \quad (\mathrm{d}_{P_1\text{-}\pi_{R_1R_1'G_2'G_2}} = \mathrm{d}_{P_3\text{-}\pi_{R_1R_1'G_2'G_2}}); \quad (4.4.41)$$

(2) $\mathrm{D}_{P_3\text{-}\pi_{R_1R_1'G_2'G_2}} = 0$ 的充分必要条件是

$$\mathrm{D}_{P_1\text{-}\pi_{R_1R_1'G_2'G_2}} - \mathrm{D}_{P_2\text{-}\pi_{R_1R_1'G_2'G_2}} = 0 \quad (\mathrm{d}_{P_1\text{-}\pi_{R_1R_1'G_2'G_2}} = \mathrm{d}_{P_2\text{-}\pi_{R_1R_1'G_2'G_2}});$$

(3) $\mathrm{D}_{P_3\text{-}\pi_{R_2R_2'G_3'G_3}} = 0$ 的充分必要条件是

$$\mathrm{D}_{P_2\text{-}\pi_{R_2R_2'G_3'G_3}} - \mathrm{D}_{P_1\text{-}\pi_{R_2R_2'G_3'G_3}} = 0 \quad (\mathrm{d}_{P_2\text{-}\pi_{R_2R_2'G_3'G_3}} = \mathrm{d}_{P_1\text{-}\pi_{R_2R_2'G_3'G_3}});$$

(4) $\mathrm{D}_{P_1\text{-}\pi_{R_2R_2'G_3'G_3}} = 0$ 的充分必要条件是

$$\mathrm{D}_{P_2\text{-}\pi_{R_2R_2'G_3'G_3}} - \mathrm{D}_{P_3\text{-}\pi_{R_2R_2'G_3'G_3}} = 0 \quad (\mathrm{d}_{P_2\text{-}\pi_{R_2R_2'G_3'G_3}} = \mathrm{d}_{P_3\text{-}\pi_{R_2R_2'G_3'G_3}});$$

(5) $\mathrm{D}_{P_1\text{-}\pi_{R_3R_3'G_1'G_1}} = 0$ 的充分必要条件是

$$\mathrm{D}_{P_3\text{-}\pi_{R_3R_3'G_1'G_1}} - \mathrm{D}_{P_2\text{-}\pi_{R_3R_3'G_1'G_1}} = 0 \quad (\mathrm{d}_{P_3\text{-}\pi_{R_3R_3'G_1'G_1}} = \mathrm{d}_{P_2\text{-}\pi_{R_3R_3'G_1'G_1}});$$

(6) $\mathrm{D}_{P_1\text{-}\pi_{R_3R_3'G_1'G_1}} = 0$ 的充分必要条件是

$$\mathrm{D}_{P_3\text{-}\pi_{R_3R_3'G_1'G_1}} - \mathrm{D}_{P_1\text{-}\pi_{R_3R_3'G_1'G_1}} = 0 \quad (\mathrm{d}_{P_3\text{-}\pi_{R_3R_3'G_1'G_1}} = \mathrm{d}_{P_1\text{-}\pi_{R_3R_3'G_1'G_1}}).$$

证明 (1) 根据定理 4.4.8, 由式 (4.4.38), 可得 $\mathrm{D}_{P_2\text{-}\pi_{R_1R_1'G_2'G_2}} = 0$ 的充分必要条件是式 (4.4.41) 成立.

类似地, 可以证明 (2)~(6) 中结论成立.

推论 4.4.10 设 Q_1-$P_1P_2P_3$-Q_2 是三角形六面体, R_i, R_i' 分别是上、下侧棱 $Q_1P_i, Q_2P_i(i=1,2,3)$ 的中点, G_i, G_i' 分别是上、下侧面 $Q_1P_iP_{i+1}, Q_2P_iP_{i+1}$ $(i=1,2,3)$ 的重心, $\pi_{R_iR_i'G_{i+1}'G_{i+1}}(i=1,2,3)$ 是 Q_1-$P_1P_2P_3$-Q_2 的重心线面, 则

(1) $\pi_{R_1R_1'G_2'G_2}$ 通过腰上顶点 $P_2(P_3)$ 的充分必要条件是腰棱 $P_1P_3(P_1P_2)$ 与 $\pi_{R_1R_1'G_2'G_2}$ 平行;

(2) $\pi_{R_2R_2'G_3'G_3}$ 通过腰上顶点 $P_3(P_1)$ 的充分必要条件是腰棱 $P_1P_2(P_2P_3)$ 与 $\pi_{R_2R_2'G_3'G_3}$ 平行;

(3) $\pi_{R_3R_3'G_1'G_1}$ 通过腰上顶点 $P_1(P_2)$ 的充分必要条件是腰棱 $P_2P_3(P_1P_3)$ 与 $\pi_{R_3R_3'G_1'G_1}$ 平行.

证明 (1) 根据定理 4.4.9, 由 $D_{P_2\text{-}\pi_{R_1R_1'G_2'G_2}}=0$ 及式 (4.4.41) 的几何意义, 即得 $\pi_{R_1R_1'G_2'G_2}$ 通过腰上顶点 P_2 的充分必要条件是腰棱 P_1P_3 与 $\pi_{R_1R_1'G_2'G_2}$ 平行.

同理, 可以证明 $\pi_{R_1R_1'G_2'G_2}$ 通过腰上顶点 P_3 的充分必要条件是腰棱 P_1P_2 与 $\pi_{R_1R_1'G_2'G_2}$ 平行.

类似地, 可以证明 (2) 和 (3) 中结论成立.

定理 4.4.10 设 Q_1-$P_1P_2P_3$-Q_2 是三角形六面体, R_i, R_i' 分别是上、下侧棱 $Q_1P_i, Q_2P_i(i=1,2,3)$ 的中点, G_i, G_i' 分别是上、下侧面 $Q_1P_iP_{i+1}, Q_2P_iP_{i+1}$ $(i=1,2,3)$ 的重心, $\pi_{R_iR_i'G_{i+1}'G_{i+1}}(i=1,2,3)$ 是 Q_1-$P_1P_2P_3$-Q_2 的重心线面, 则

(1) $D_{P_1\text{-}\pi_{R_1R_1'G_2'G_2}}=0$ 的充分必要条件是

$$D_{P_2\text{-}\pi_{R_1R_1'G_2'G_2}}+D_{P_3\text{-}\pi_{R_1R_1'G_2'G_2}}=0 \quad (d_{P_2\text{-}\pi_{R_1R_1'G_2'G_2}}=d_{P_3\text{-}\pi_{R_1R_1'G_2'G_2}}); \quad (4.4.42)$$

(2) $D_{P_2\text{-}\pi_{R_2R_2'G_3'G_3}}=0$ 的充分必要条件是

$$D_{P_3\text{-}\pi_{R_2R_2'G_3'G_3}}+D_{P_1\text{-}\pi_{R_2R_2'G_3'G_3}}=0 \quad (d_{P_3\text{-}\pi_{R_2R_2'G_3'G_3}}=d_{P_1\text{-}\pi_{R_2R_2'G_3'G_3}});$$

(3) $D_{P_3\text{-}\pi_{R_3R_3'G_1'G_1}}=0$ 的充分必要条件是

$$D_{P_1\text{-}\pi_{R_3R_3'G_1'G_1}}+D_{P_2\text{-}\pi_{R_3R_3'G_1'G_1}}=0 \quad (d_{P_1\text{-}\pi_{R_3R_3'G_1'G_1}}=d_{P_2\text{-}\pi_{R_3R_3'G_1'G_1}}).$$

证明 (1) 根据定理 4.4.8, 由式 (4.4.38), 可得: $D_{P_1\text{-}\pi_{R_1R_1'G_2'G_2}}=0$ 的充分必要条件是式 (4.4.42) 成立.

类似地, 可以证明 (2) 和 (3) 中结论成立.

推论 4.4.11 设 Q_1-$P_1P_2P_3$-Q_2 是三角形六面体, R_i, R_i' 分别是上、下侧棱 $Q_1P_i, Q_2P_i(i=1,2,3)$ 的中点, G_i, G_i' 分别是上、下侧面 $Q_1P_iP_{i+1}, Q_2P_iP_{i+1}$ $(i=1,2,3)$ 的重心, $\pi_{R_iR_i'G_{i+1}'G_{i+1}}(i=1,2,3)$ 是 Q_1-$P_1P_2P_3$-Q_2 的重心线面, 则

(1) $\pi_{R_1R_1'G_2'G_2}$ 通过腰上顶点 P_1 的充分必要条件是 $\pi_{R_1R_1'G_2'G_2}$ 通过 P_2P_3 的中点;

(2) $\pi_{R_2R_2'G_3'G_3}$ 通过腰上顶点 P_2 的充分必要条件是 $\pi_{R_2R_2'G_3'G_3}$ 通过 P_3P_1 的中点;

(3) $\pi_{R_3R_3'G_1'G_1}$ 通过腰上顶点 P_3 的充分必要条件是 $\pi_{R_3R_3'G_1'G_1}$ 通过 P_1P_2 的中点.

证明 (1) 根据定理 4.4.10(1), 由 $D_{P_1\text{-}\pi_{R_1R_1'G_2'G_2}} = 0$ 及式 (4.4.42) 的几何意义, 即得.

类似地, 可以证明 (2) 和 (3) 中结论成立.

定理 4.4.11 设 $Q_1\text{-}P_1P_2P_3\text{-}Q_2$ 是三角形六面体, R_i, R_i' 分别是上、下侧棱 $Q_1P_i, Q_2P_i(i=1,2,3)$ 的中点, G_i, G_i' 分别是上、下侧面 $Q_1P_iP_{i+1}, Q_2P_iP_{i+1}$ $(i=1,2,3)$ 的重心, $R_iR_i'G_{i+1}'G_{i+1}(i=1,2,3)$ 是 $Q_1\text{-}P_1P_2P_3\text{-}Q_2$ 的重心线四边形, 则

$$a_{R_iR_i'G_{i+1}'} = a_{G_{i+1}R_iR_i'} = 0.6a_{R_iR_i'G_{i+1}'G_{i+1}} \quad (i=1,2,3), \tag{4.4.43}$$

$$a_{R_i'G_{i+1}'G_{i+1}} = a_{R_i'G_{i+1}'G_{i+1}} = 0.4a_{R_iR_i'G_{i+1}'G_{i+1}} \quad (i=1,2,3). \tag{4.4.44}$$

从而, $R_iR_i'G_{i+1}'G_{i+1}$ 是梯形, 且 $R_iR_i'//G_{i+1}'G_{i+1}(i=1,2,3)$.

证明 根据定理 4.4.1, 在式 (4.4.1) 中注意到 $D_{P_1\text{-}\pi_{R_iR_i'G_{i+1}'G_{i+1}}} \neq 0$, 可得

$$a_{R_iR_i'G_{i+1}'} = a_{G_{i+1}R_iR_i'} = 1.5a_{R_i'G_{i+1}'G_{i+1}} = 1.5a_{R_i'G_{i+1}'G_{i+1}} \quad (i=1,2,3).$$

又因为

$$a_{R_iR_i'G_{i+1}'} + a_{G_{i+1}R_iR_i'} + a_{R_i'G_{i+1}'G_{i+1}} + a_{R_i'G_{i+1}'G_{i+1}} = 2a_{R_iR_i'G_{i+1}'G_{i+1}} \quad (i=1,2,3),$$

所以 $5a_{R_i'G_{i+1}'G_{i+1}} = 2a_{R_iR_i'G_{i+1}'G_{i+1}}, a_{R_i'G_{i+1}'G_{i+1}} = 0.4a_{R_iR_i'G_{i+1}'G_{i+1}}$. 因此, 式 (4.4.43) 和 (4.4.44) 成立.

从而, $R_iR_i'G_{i+1}'G_{i+1}$ 是梯形, 且 $R_iR_i'//G_{i+1}'G_{i+1}(i=1,2,3)$.

推论 4.4.12 设 $Q_1\text{-}P_1P_2P_3\text{-}Q_2$ 是三角形六面体, R_i, R_i' 分别是上、下侧棱 $Q_1P_i, Q_2P_i(i=1,2,3)$ 的中点, G_i, G_i' 分别是上、下侧面 $Q_1P_iP_{i+1}, Q_2P_iP_{i+1}(i=1,2,3)$ 的重心, $R_iR_i'G_{i+1}'G_{i+1}(i=1,2,3)$ 是 $Q_1\text{-}P_1P_2P_3\text{-}Q_2$ 的重心线四边形, 则

$$D_{R_iR_i'G_{i+1}'} = D_{G_{i+1}R_iR_i'} = 0.6Da_{R_iR_i'G_{i+1}'G_{i+1}} \quad (i=1,2,3), \tag{4.4.45}$$

$$D_{R_i'G_{i+1}'G_{i+1}} = D_{R_i'G_{i+1}'G_{i+1}} = 0.4Da_{R_iR_i'G_{i+1}'G_{i+1}} \quad (i=1,2,3). \tag{4.4.46}$$

证明 因为重心面 $\pi_{R_iR_i'G_{i+1}'G_{i+1}}$ 与平面 $\pi_{R_iR_i'G_{i+1}'}, \pi_{R_i'G_{i+1}'G_{i+1}}, \pi_{G_{i+1}'G_{i+1}R_i}$, $\pi_{G_{i+1}R_iR_i'}(i=1,2,3)$ 同向重合, 所以因为重心四边形 $R_iR_i'G_{i+1}'G_{i+1}$ 与三角形 $R_iR_i'G_{i+1}', R_i'G_{i+1}'G_{i+1}, G_{i+1}'G_{i+1}R_i, G_{i+1}R_iR_i'(i=1,2,3)$ 都是同向的, 故由式 (4.4.43) 和 (4.4.44), 即得式 (4.4.45) 和 (4.4.46).

定理 4.4.12 设 $Q_1\text{-}P_1P_2P_3\text{-}Q_2$ 是三角形六面体, R_i, R_i' 分别是上、下侧棱 $Q_1P_i, Q_2P_i(i=1,2,3)$ 的中点, G_i, G_i' 分别是上、下侧面 $Q_1P_iP_{i+1}, Q_2P_iP_{i+1}$ $(i=1,2,3)$ 的重心, $\pi_{R_iR_{i+1}'G_{i+1}'G_{i+2}}(i=1,2,3)$ 是 $Q_1\text{-}P_1P_2P_3\text{-}Q_2$ 的重心线面, 则

$$D_{P_i\text{-}\pi_{R_iR_{i+1}'G_{i+1}'G_{i+2}}} + D_{Q_1\text{-}\pi_{R_iR_{i+1}'G_{i+1}'G_{i+2}}}$$

$$=0 \quad (d_{P_i\text{-}\pi_{R_iR_{i+1}'G_{i+1}'G_{i+2}}} = d_{Q_1\text{-}\pi_{R_iR_{i+1}'G_{i+1}'G_{i+2}}})(i=1,2,3), \tag{4.4.47}$$

$$D_{P_{i+1}\text{-}\pi_{R_iR_{i+1}'G_{i+1}'G_{i+2}}} + D_{Q_2\text{-}\pi_{R_iR_{i+1}'G_{i+1}'G_{i+2}}}$$

$$=0 \quad (d_{P_{i+1}\text{-}\pi_{R_iR_{i+1}'G_{i+1}'G_{i+2}}} = d_{Q_2\text{-}\pi_{R_iR_{i+1}'G_{i+1}'G_{i+2}}})(i=1,2,3), \tag{4.4.48}$$

且 $\pi_{R_iR_{i+1}'G_{i+1}'G_{i+2}}$ 通过顶点 P_{i+2} $(i=1,2,3)$.

证明 根据定理 4.4.2, 当 $i=1$ 时, 式 (4.4.9)+(4.4.12), 可得

$$4a_{R_1R_2'G_2'}\left(D_{P_1\text{-}\pi_{R_1R_2'G_2'G_3}} + D_{Q_1\text{-}\pi_{R_1R_2'G_2'G_3}}\right) = 0.$$

注意到 $4a_{R_1R_2'G_2'} \neq 0$, 故式 (4.4.47) 成立.

同理, 当 $i=1$ 时, 式 (4.4.10)+(4.4.13), 可以证明式 (4.4.48) 成立.

类似地, 可以证明, 当 $i=2,3$ 时, 式 (4.4.47) 和 (4.4.48) 成立.

又在式 (4.4.9)~(4.4.11) 中, 依次令 $i=2,3,1$, 可得

$$4a_{R_2R_3'G_3'}D_{P_1\text{-}\pi_{R_2R_3'G_3'G_1}} = 0, \quad 4a_{R_3R_1'G_1'}D_{P_2\text{-}\pi_{R_3R_1'G_1'G_2}} = 0, \quad 4a_{R_1R_2'G_2'}D_{P_3\text{-}\pi_{R_1R_2'G_2'G_3}} = 0.$$

因为 $4a_{R_2R_3'G_3'} \neq 0, 4a_{R_3R_1'G_1'} \neq 0, 4a_{R_1R_2'G_2'} \neq 0$, 所以

$$D_{P_1\text{-}\pi_{R_2R_3'G_3'G_1}} = 0, \quad D_{P_2\text{-}\pi_{R_3R_1'G_1'G_2}} = 0, \quad D_{P_3\text{-}\pi_{R_1R_2'G_2'G_3}} = 0,$$

即 $\pi_{R_iR_{i+1}'G_{i+1}'G_{i+2}}$ 通过顶点 $P_{i+2}(i=1,2,3)$.

定理 4.4.13 设 $Q_1\text{-}P_1P_2P_3\text{-}Q_2$ 是三角形六面体, R_i, R_i' 分别是上、下侧棱 $Q_1P_i, Q_2P_i(i=1,2,3)$ 的中点, G_i, G_i' 分别是上、下侧面 $Q_1P_iP_{i+1}, Q_2P_iP_{i+1}(i=1,2,3)$ 的重心, $R_iR_{i+1}'G_{i+1}'G_{i+2}(i=1,2,3)$ 是 $Q_1\text{-}P_1P_2P_3\text{-}Q_2$ 的重心线四边形, 则

$$a_{R_iR_{i+1}'G_{i+1}'} = a_{G_{i+2}R_iR_{i+1}'} = 0.6a_{R_iR_{i+1}'G_{i+1}'G_{i+2}} \quad (i=1,2,3), \tag{4.4.49}$$

$$a_{R_{i+1}'G_{i+1}'G_{i+2}} = a_{G_{i+1}'G_{i+2}R_i} = 0.4a_{R_iR_{i+1}'G_{i+1}'G_{i+2}} \quad (i=1,2,3). \tag{4.4.50}$$

从而, $R_iR_{i+1}'G_{i+1}'G_{i+2}$ 是梯形, 且 $R_iR_{i+1}'//G_{i+1}'G_{i+2}(i=1,2,3)$.

证明 根据定理 4.4.2, 仿定理 4.4.11 证明, 即得式 (4.4.49) 和 (4.4.50).

从而, $R_iR'_{i+1}G'_{i+1}G_{i+2}$ 是梯形, 且 $R_iR'_{i+1}//G'_{i+1}G_{i+2}(i=1,2,3)$.

推论 4.4.13 设 $Q_1\text{-}P_1P_2P_3\text{-}Q_2$ 是三角形六面体, R_i, R'_i 分别是上、下侧棱 $Q_1P_i, Q_2P_i(i=1,2,3)$ 的中点, G_i, G'_i 分别是上、下侧面 $Q_1P_iP_{i+1}, Q_2P_iP_{i+1}(i=1,2,3)$ 的重心, $R_iR'_{i+1}G'_{i+1}G_{i+2}(i=1,2,3)$ 是 $Q_1\text{-}P_1P_2P_3\text{-}Q_2$ 的重心线四边形, 则

$$D_{R_iR'_{i+1}G'_{i+1}} = D_{G_{i+2}R_iR'_{i+1}} = 0.6Da_{R_iR'_{i+1}G'_{i+1}G_{i+2}} \quad (i=1,2,3), \qquad (4.4.51)$$

$$D_{R'_{i+1}G'_{i+1}G_{i+2}} = D_{G'_{i+1}G_{i+2}R_i} = 0.4Da_{R_iR'_{i+1}G'_{i+1}G_{i+2}} \quad (i=1,2,3). \qquad (4.4.52)$$

证明 根据定理 4.4.13, 仿推论 4.4.12 证明, 即得式 (4.4.51) 和 (4.4.52).

定理 4.4.14 设 $Q_1\text{-}P_1P_2P_3\text{-}Q_2$ 是三角形六面体, R_i, R'_i 分别是上、下侧棱 $Q_1P_i, Q_2P_i(i=1,2,3)$ 的中点, G_i, G'_i 分别是上、下侧面 $Q_1P_iP_{i+1}, Q_2P_iP_{i+1}$ $(i=1,2,3)$ 的重心, $\pi_{R_{i+1}R'_iG'_{i+2}G_{i+1}}(i=1,2,3)$ 是 $Q_1\text{-}P_1P_2P_3\text{-}Q_2$ 的重心线面, 则

$$D_{P_{i+1}\text{-}\pi_{R_{i+1}R'_iG'_{i+2}G_{i+1}}} + D_{Q_1\text{-}\pi_{R_{i+1}R'_iG'_{i+2}G_{i+1}}}$$
$$=0 \quad (d_{P_{i+1}\text{-}\pi_{R_{i+1}R'_iG'_{i+2}G_{i+1}}} = d_{Q_1\text{-}\pi_{R_{i+1}R'_iG'_{i+2}G_{i+1}}}) \quad (i=1,2,3), \qquad (4.4.53)$$

$$D_{P_i\text{-}\pi_{R_{i+1}R'_iG'_{i+2}G_{i+1}}} + D_{Q_2\text{-}\pi_{R_{i+1}R'_iG'_{i+2}G_{i+1}}}$$
$$=0 \quad (d_{P_i\text{-}\pi_{R_{i+1}R'_iG'_{i+2}G_{i+1}}} = d_{Q_2\text{-}\pi_{R_{i+1}R'_iG'_{i+2}G_{i+1}}}) \quad (i=1,2,3), \qquad (4.4.54)$$

且 $\pi_{R_iR'_{i+1}G'_{i+1}G_{i+2}}$ 通过顶点 P_{i+2} $(i=1,2,3)$.

证明 根据定理 4.4.6, 仿定理 4.4.12 证明, 即得式 (4.4.53) 和 (4.4.54), 且 $\pi_{R_{i+1}R'_iG'_{i+2}G_{i+1}}$ 通过顶点 P_{i+2} $(i=1,2,3)$.

定理 4.4.15 设 $Q_1\text{-}P_1P_2P_3\text{-}Q_2$ 是三角形六面体, R_i, R'_i 分别是上、下侧棱 $Q_1P_i, Q_2P_i(i=1,2,3)$ 的中点, G_i, G'_i 是上、下侧面 $Q_1P_iP_{i+1}, Q_2P_iP_{i+1}$ $(i=1,2,3)$ 的重心, $R_{i+1}R'_iG'_{i+2}G_{i+1}(i=1,2,3)$ 是 $Q_1\text{-}P_1P_2P_3\text{-}Q_2$ 的重心线四边形, 则

$$a_{R_{i+1}R'_iG'_{i+2}} = a_{G_{i+1}R_{i+1}R'_i} = 0.6a_{R_{i+1}R'_iG'_{i+2}G_{i+1}}(i=1,2,3), \qquad (4.4.55)$$

$$a_{R'_iG'_{i+2}G_{i+1}} = a_{G'_{i+2}G_{i+1}R_{i+1}} = 0.4a_{R_{i+1}R'_iG'_{i+2}G_{i+1}}(i=1,2,3). \qquad (4.4.56)$$

从而, $R_{i+1}R'_iG'_{i+2}G_{i+1}$ 是梯形, 且 $R_{i+1}R'_i//G'_{i+2}G_{i+1}(i=1,2,3)$.

证明 根据定理 4.4.3, 仿定理 4.4.11 证明, 即得式 (4.4.55) 和 (4.4.56). 从而, $R_{i+1}R'_iG'_{i+2}G_{i+1}$ 是梯形, 且 $R_{i+1}R'_i//G'_{i+2}G_{i+1}(i=1,2,3)$.

推论 4.4.14 设 $Q_1\text{-}P_1P_2P_3\text{-}Q_2$ 是三角形六面体, R_i, R'_i 分别是上、下侧棱 $Q_1P_i, Q_2P_i(i=1,2,3)$ 的中点, G_i, G'_i 分别是上、下侧面 $Q_1P_iP_{i+1}, Q_2P_iP_{i+1}$

$(i = 1, 2, 3)$ 的重心, $R_{i+1}R_i'G_{i+2}'G_{i+1}(i = 1, 2, 3)$ 是 $Q_1\text{-}P_1P_2P_3\text{-}Q_2$ 的重心线四边形, 则

$$\mathrm{D}_{R_{i+1}R_i'G_{i+2}'} = \mathrm{D}_{G_{i+1}R_{i+1}R_i'} = 0.6\mathrm{Da}_{R_{i+1}R_i'G_{i+2}'G_{i+1}} \quad (i = 1, 2, 3), \tag{4.4.57}$$

$$\mathrm{D}_{R_i'G_{i+2}'G_{i+1}} = \mathrm{D}_{G_{i+2}'G_{i+1}R_{i+1}} = 0.4\mathrm{Da}_{R_{i+1}R_i'G_{i+2}'G_{i+1}} \quad (i = 1, 2, 3). \tag{4.4.58}$$

证明　根据定理 4.4.12, 仿推论 4.4.12 证明, 即得式 (4.4.57) 和 (4.4.58).

第 5 章 三角形八面体重心线的有向度量定理与应用

5.1 三角形八面体重心线的共面共点定理与应用

本节主要应用有向体积和有向体积定值法, 研究三角形八面体重心线共面的有关问题. 首先, 给出三角形八面体重心线的概念; 其次, 给出三角形八面体重心线的共面定理; 最后, 利用该共面定理, 得出三角形八面体重心线的共点定理和重心线的定比分点定理.

5.1.1 三角形八面体重心线的概念

定义 5.1.1 由上、下各四个三角形侧面 $Q_1P_iP_{i+1}, Q_2P_iP_{i+1}(i=1,2,3,4)$ 所围成的多面体称为三角形八面体, 记为 $Q_1\text{-}P_1P_2P_3P_4\text{-}Q_2$. 这里, $Q_1\text{-}P_1P_2P_3P_4\text{-}Q_2$ 不必为凸多面体.

特别地, 当各三角形侧面 $Q_1P_iP_{i+1}, Q_2P_iP_{i+1}(i=1,2,3,4)$ 均为全等的等边三角形时, $Q_1\text{-}P_1P_2P_3P_4\text{-}Q_2$ 为正八面体.

定义 5.1.2 设 $S=\{P_1, P_2, P_3, P_4; Q_1, Q_2\}$ 是三角形八面体 $Q_1\text{-}P_1P_2P_3P_4\text{-}Q_2$ 所有顶点的集合, (S_3, S_3') 是 S 的一个 $(3,3)$ 完备集对, 且 S_3, S_3' 都是 $Q_1\text{-}P_1P_2P_3P_4\text{-}Q_2$ 单个面上三个顶点的集合, 则称 (S_3, S_3') 为 $Q_1\text{-}P_1P_2P_3P_4\text{-}Q_2$ 的一个完备集对, 该集对中两个集合 S_3, S_3' 重心之间的连线称为 $Q_1\text{-}P_1P_2P_3P_4\text{-}Q_2$ 一条面-面重心线, 简称重心线.

显然, $Q_1\text{-}P_1P_2P_3P_4\text{-}Q_2$ 的重心线是两相对上、下侧面 $Q_1P_iP_{i+1}, Q_2P_{i+2}P_{i+3}$ $(i=1,2,3,4)$ 的重心 G_i, G_{i+2}' 之间的连线 $G_iG_{i+2}'(i=1,2,3,4)$. 因为除上述 $(3,3)$ 完备集对外, $Q_1\text{-}P_1P_2P_3P_4\text{-}Q_2$ 没有该意义上其他类型的完备集对, 所以 $Q_1\text{-}P_1P_2P_3P_4\text{-}Q_2$ 只有四条重心线.

5.1.2 三角形八面体重心线的共面定理及其应用

定理 5.1.1(三角形八面体重心线的共面定理) 设 $Q_1\text{-}P_1P_2P_3P_4\text{-}Q_2$ 是三角形八面体, G_i, G_i' 分别是上、下侧面 $Q_1P_iP_{i+1}, Q_2P_iP_{i+1}(i=1,2,3,4)$ 的重心, 则 $Q_1\text{-}P_1P_2P_3P_4\text{-}Q_2$ 四条重心线 $G_1G_3', G_2G_4', G_3G_1', G_4G_2'$ 中的任意两条均共面.

证明 如图 5.1.1 所示. 设 $Q_1\text{-}P_1P_2P_3P_4\text{-}Q_2$ 顶点的坐标分别为 $Q_i(a_i, b_i, c_i)$ $(i=1,2)$; $P_i(x_i, y_i, z_i)(i=1,2,3,4)$, 于是上、下侧面 $Q_1P_iP_{i+1}, Q_2P_iP_{i+1}$ 重心的

坐标分别为

$$G_i\left(\frac{a_1+x_i+x_{i+1}}{3},\frac{b_1+y_i+y_{i+1}}{3},\frac{c_1+z_i+z_{i+1}}{3}\right)\quad(i=1,2,3,4),$$

$$G'_i\left(\frac{a_2+x_i+x_{i+1}}{3},\frac{b_2+y_i+y_{i+1}}{3},\frac{c_2+z_i+z_{i+1}}{3}\right)\quad(i=1,2,3,4).$$

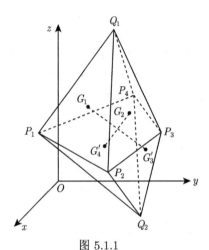

图 5.1.1

于是由四面体有向体积公式, 得

$$6\times3^4\mathrm{D}_{G_1G_2G'_3G'_4}$$

$$=\begin{vmatrix} a_1+x_1+x_2 & b_1+y_1+y_2 & c_1+z_1+z_2 & 3 \\ a_1+x_2+x_3 & b_1+y_2+y_3 & c_1+z_2+z_3 & 3 \\ a_2+x_3+x_4 & b_2+y_3+y_4 & c_2+z_3+z_4 & 3 \\ a_2+x_4+x_1 & b_2+y_4+y_1 & c_2+z_4+z_1 & 3 \end{vmatrix}$$

$$=\begin{vmatrix} a_1+x_1+x_2 & b_1+y_1+y_2 & c_1+z_1+z_2 & 3 \\ x_3-x_1 & y_3-y_1 & z_3-z_1 & 0 \\ x_3-x_1 & y_3-y_1 & z_3-z_1 & 0 \\ a_2+x_4+x_1 & b_2+y_4+y_1 & c_2+z_4+z_1 & 3 \end{vmatrix}$$

$$=0,$$

所以 $\mathrm{D}_{G_1G_2G'_3G'_4}=0$. 因此, G_1,G_2,G'_3,G'_4 四点共面, 即 $G_1G'_3,G_2G'_4$ 共面.

类似地, 可以证明 $G_2, G_3, G_4', G_1'; G_3, G_4, G_1', G_2'; G_4, G_1, G_2', G_3'$ 均四点共面, 即 $G_2G_4', G_3G_1'; G_3G_1', G_4G_2'; G_4G_2', G_1G_3'$ 均共面.

又

$$6 \times 3^4 \mathrm{D}_{G_1G_3G_3'G_1'}$$

$$= \begin{vmatrix} a_1 + x_1 + x_2 & b_1 + y_1 + y_2 & c_1 + z_1 + z_2 & 3 \\ a_1 + x_3 + x_4 & b_1 + y_3 + y_4 & c_1 + z_3 + z_4 & 3 \\ a_2 + x_3 + x_4 & b_2 + y_3 + y_4 & c_2 + z_3 + z_4 & 3 \\ a_2 + x_1 + x_2 & b_2 + y_1 + y_2 & a_2 + z_1 + z_2 & 3 \end{vmatrix}$$

$$= \begin{vmatrix} a_1 + x_1 + x_2 & b_1 + y_1 + y_2 & c_1 + z_1 + z_2 & 3 \\ a_1 + x_3 + x_4 & b_1 + y_3 + y_4 & c_1 + z_3 + z_4 & 3 \\ a_2 - a_1 & b_2 - b_1 & c_2 - c_1 & 0 \\ a_2 - a_1 & b_2 - b_1 & c_2 - c_1 & 0 \end{vmatrix}$$

$$= 0,$$

所以 $\mathrm{D}_{G_1G_3G_3'G_1'} = 0$. 因此, G_1, G_3, G_3', G_1' 四点共面, 即 G_1G_3', G_3G_1' 共面.

类似地, 可以证明 G_2, G_4, G_4', G_2' 四点共面, 即 G_2G_4', G_4G_2' 共面.

推论 5.1.1 设 $Q_1\text{-}P_1P_2P_3P_4\text{-}Q_2$ 是三角形八面体, G_i, G_i' 分别是上、下侧面 $Q_1P_iP_{i+1}, Q_2P_iP_{i+1}(i = 1, 2, 3, 4)$ 的重心, P 是空间任意一点, 则

$$\mathrm{D}_{PG_2G_3'G_4'} - \mathrm{D}_{PG_3'G_4'G_1} + \mathrm{D}_{PG_4'G_1G_2} - \mathrm{D}_{PG_1G_2G_3'} = 0, \tag{5.1.1}$$

$$\mathrm{D}_{PG_3G_4'G_1'} - \mathrm{D}_{PG_4'G_1'G_2} + \mathrm{D}_{PG_1'G_2G_3} - \mathrm{D}_{PG_2G_3G_4'} = 0, \tag{5.1.2}$$

$$\mathrm{D}_{PG_4G_1'G_2'} - \mathrm{D}_{PG_1'G_2'G_3} + \mathrm{D}_{PG_2'G_3G_4} - \mathrm{D}_{PG_3G_4G_1'} = 0, \tag{5.1.3}$$

$$\mathrm{D}_{PG_1G_2'G_3'} - \mathrm{D}_{PG_2'G_3'G_4} + \mathrm{D}_{PG_3'G_4G_1} - \mathrm{D}_{PG_4G_1G_2'} = 0, \tag{5.1.4}$$

$$\mathrm{D}_{PG_3G_3'G_1'} - \mathrm{D}_{PG_3'G_1'G_1} + \mathrm{D}_{PG_1'G_1G_3} - \mathrm{D}_{PG_1G_3G_3'} = 0, \tag{5.1.5}$$

$$\mathrm{D}_{PG_4G_4'G_2'} - \mathrm{D}_{PG_4'G_2'G_2} + \mathrm{D}_{PG_2'G_2G_4} - \mathrm{D}_{PG_2G_4G_4'} = 0. \tag{5.1.6}$$

证明 根据定理 5.1.1, 由 $\mathrm{D}_{G_1G_2G_3'G_4'} = 0$ 及四面体对面四面体的可加性, 即得式 (5.1.1).

类似地, 可以证明式 (5.1.2)~(5.1.6) 成立.

5.1.3　三角形八面体重心线的共点定理及其应用

定理 5.1.2 (三角形八面体重心线的共点定理)　设 $Q_1\text{-}P_1P_2P_3P_4\text{-}Q_2$ 是三角形八面体, G_i, G_i' 分别是上、下侧面 $Q_1P_iP_{i+1}, Q_2P_iP_{i+1}(i = 1,2,3,4)$ 的重心, 则 $Q_1\text{-}P_1P_2P_3P_4\text{-}Q_2$ 的四条重心线 $G_1G_3', G_2G_4', G_3G_1', G_4G_2'$ 相交于一点, 这点即 $Q_1\text{-}P_1P_2P_3P_4\text{-}Q_2$ 的重心.

证明　如图 5.1.2 所示. 因为 G_1G_3', G_2G_4' 共面且不相互平行, 所以 $G_1G_3',$ G_2G_4' 所在直线相交于一点. 设此交点为 G, 则

$$\mathrm{D}_{GG_4'G_1'G_2} = \mathrm{D}_{GG_2G_3G_4'} = 0, \mathrm{D}_{GG_3'G_1'G_1} = \mathrm{D}_{GG_1G_3G_3'} = 0.$$

代入式 (5.1.2) 和 (5.1.5), 得

$$\mathrm{D}_{GG_3G_4'G_1'} + \mathrm{D}_{GG_1'G_2G_3} = 0, \quad \mathrm{D}_{GG_3G_3'G_1'} + \mathrm{D}_{GG_1'G_1G_3} = 0.$$

现假设 $\mathrm{D}_{GG_3G_4'G_1'} = -\mathrm{D}_{GG_1'G_2G_3} \neq 0$, $\quad \mathrm{D}_{GG_3G_3'G_1'} = -\mathrm{D}_{GG_1'G_1G_3} \neq 0$, 即

$$\mathrm{D}_{GG_3G_1'G_4'} = \mathrm{D}_{GG_3G_1'G_2} \neq 0, \quad \mathrm{D}_{GG_3G_1'G_3'} = \mathrm{D}_{GG_3G_1'G_1} \neq 0.$$

于是由定理 1.2.6 知, $G_2, G_4'; G_1, G_3$ 位于平面 $\pi_{GG_3G_1'}$ 同侧.

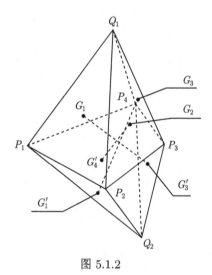

图 5.1.2

但另一方面, 若 $\mathrm{D}_{GG_3G_4'G_1'} = -\mathrm{D}_{GG_1'G_2G_3} \neq 0, \mathrm{D}_{GG_3G_3'G_1'} = -\mathrm{D}_{GG_1'G_1G_3} \neq 0$, 则 $G_2, G_4'; G_1, G_3$ 分别位于平面 $\pi_{GG_3G_1'}$ 异侧, 矛盾.

因此, $\mathrm{D}_{GG_3G_1'G_4'} = \mathrm{D}_{GG_3G_1'G_2} = 0, \mathrm{D}_{GG_3G_1'G_3'} = \mathrm{D}_{GG_3G_1'G_1} = 0.$ 于是 G 在两平面 $\pi_{G_3G_1'G_4'}(\pi_{G_3G_1'G_2}), \pi_{G_3G_1'G_3'}(\pi_{G_3G_1'G_1})$ 的交线 G_3G_1' 上.

类似地, 可以证明, G 在 G_4G_2' 所在直线上.

故 $Q_1\text{-}P_1P_2P_3P_4\text{-}Q_2$ 的四条重心线 $G_1G_3', G_2G_4', G_3G_1', G_4G_2'$ 所在直线相交于一点 G.

现求 G 的坐标. 设三角形八面体 $Q_1\text{-}P_1P_2P_3P_4\text{-}Q_2$ 顶点的坐标为 $Q_i(a_i, b_i, c_i)$ $(i = 1, 2)$; $P_i(x_i, y_i, z_i)(i = 1, 2, 3, 4)$, 于是其上、下侧面 $Q_1P_iP_{i+1}, Q_2P_iP_{i+1}$ 重心的横坐标分别为

$$x_{G_i} = \frac{a_1 + x_i + x_{i+1}}{3}, \quad x_{G_i'} = \frac{a_2 + x_i + x_{i+1}}{3} \quad (i = 1, 2, 3, 4).$$

因为 G 是 $G_1G_3', G_2G_4', G_3G_1', G_4G_2'$ 所在直线的交点, 故由 G 关于 G_1G_3', $G_2G_4', G_3G_1', G_4G_2'$ 的对称性, 在两直线 G_1G_3', G_2G_4' 的方程

$$\frac{x - x_{G_i}}{x_{G_{i+2}'} - x_{G_i}} = \frac{y - y_{G_i}}{y_{G_{i+2}'} - y_{G_i}} = \frac{z - z_{G_i}}{z_{G_{i+2}'} - z_{G_i}} = t_i \quad (i = 1, 2)$$

中令 $t_1 = t_2$, 可得

$$\frac{x_G - x_{G_1}}{x_{G_3'} - x_{G_1}} = \frac{x_G - x_{G_2}}{x_{G_4'} - x_{G_2}}.$$

于是

$$\begin{aligned}
x_G &= \frac{x_{G_1}(x_{G_4'} - x_{G_2}) - x_{G_2}(x_{G_3'} - x_{G_1})}{(x_{G_4'} - x_{G_2}) - (x_{G_3'} - x_{G_1})} = \frac{x_{G_1}x_{G_4'} - x_{G_2}x_{G_3'}}{(x_{G_4'} - x_{G_3'}) - (x_{G_2} - x_{G_1})} \\
&= \frac{1}{3}\frac{(a_1 + x_1 + x_2)(a_2 + x_4 + x_1) - (a_1 + x_2 + x_3)(a_2 + x_3 + x_4)}{(x_1 - x_3) - (x_3 - x_1)} \\
&= \frac{(x_1 + x_2 + x_3 + x_4 + a_1 + a_2)(x_1 - x_3)}{6(x_1 - x_3)} \\
&= \frac{x_1 + x_2 + x_3 + x_4 + a_1 + a_2}{6}.
\end{aligned}$$

类似地, 可以求得

$$y_G = \frac{y_1 + y_2 + y_3 + y_4 + a_1 + a_2}{6}, \quad z_G = \frac{z_1 + z_2 + z_3 + z_4 + a_1 + a_2}{6}.$$

所以, $G = (P_1 + P_2 + P_3 + P_4 + Q_1 + Q_2)/6$, 即 G 是这点即 $Q_1\text{-}P_1P_2P_3P_4\text{-}Q_2$ 的重心. 又显然, G 是各重心线 $G_1G_3', G_2G_4', G_3G_1', G_4G_2'$ 的内点, 故这四条重心线相交于一点.

定理 5.1.3(三角形八面体重心线的定比分点定理) 设 $Q_1\text{-}P_1P_2P_3P_4\text{-}Q_2$ 是三角形八面体, G_i, G_i' 分别是上、下侧面 $Q_1P_iP_{i+1}, Q_2P_iP_{i+1}(i = 1, 2, 3, 4)$ 的重

心, G 是 $Q_1\text{-}P_1P_2P_3P_4\text{-}Q_2$ 的重心, 则 G 是重心线 $G_1G_3', G_2G_4', G_3G_1', G_4G_2'$ 的中点 (重心), 即

$$\mathrm{D}_{G_iG}/\mathrm{D}_{GG_{i+2}'} = 1 \quad \text{或} \quad G = (G_i + G_{i+2}')/2 \quad (i = 1,2,3,4).$$

证明　不妨设三角形八面体 $Q_1\text{-}P_1P_2P_3P_4\text{-}Q_2$ 的四条重心线 $G_1G_3', G_2G_4',$ G_3G_1', G_4G_2' 在 x 轴上的投影均不为零, 且其顶点的坐标如定理 5.1.2 所设, 则

$$\frac{\mathrm{D}_{G_iG}}{\mathrm{D}_{GG_{i+2}'}} = \frac{\mathrm{Prj}_x\mathrm{D}_{G_iG}}{\mathrm{Prj}_x\mathrm{D}_{GG_{i+2}'}} = \frac{x_G - x_{G_i}}{x_{G_{i+2}'} - x_G}$$

$$= \frac{(x_1 + x_2 + x_3 + x_4 + a_1 + a_2)/6 - (a_1 + x_i + x_{i+1})/3}{(a_2 + x_{i+2} + x_{i+3})/3 - (x_1 + x_2 + x_3 + x_4 + a_1 + a_2)/6}$$

$$= \frac{(x_{i+2} + x_{i+3} + a_2) - (a_1 + x_i + x_{i+1})}{(a_2 + x_{i+2} + x_{i+3}) - (x_i + x_{i+1} + a_1)} = 1 \quad (i = 1,2,3,4),$$

所以 $G = (G_i + G_{i+2}')/2 (i = 1,2,3,4)$. 即 G 是重心线 $G_1G_3', G_2G_4', G_3G_1', G_4G_2'$ 的中点 (重心).

5.2　三角形八面体顶点到重心线包络面的有向距离与应用

本节主要利用有向距离法, 研究三角形八面体顶点到重心线包络面有向距离的有关问题. 首先, 给出三角形八面体重心线包络面的概念与方程; 其次, 给出三角形八面体顶点到重心线包络面有向距离的关系定理, 并据此得出 "三角形八面体一面上三个顶点到该面上的重心线包络面的距离中, 其中一条较长的距离, 等于另两条较短的距离之和" 的结论; 最后, 利用该关系定理, 得出三角形八面体各面上的重心线包络面通过该面上顶点的充分必要条件及其推论.

5.2.1　三角形八面体重心线包络面的概念与方程

定义 5.2.1　设 $Q_1\text{-}P_1P_2P_3P_4\text{-}Q_2$ 是三角形八面体, G_i, G_i' 分别是上、下侧面 $Q_1P_iP_{i+1}, Q_2P_iP_{i+1}(i = 1,2,3,4)$ 的重心, 则称过 $Q_1\text{-}P_1P_2P_3P_4\text{-}Q_2$ 任意一条重心线 $G_iG_{i+2}'(i = 1,2,3,4)$ 的所有平面为 $Q_1\text{-}P_1P_2P_3P_4\text{-}Q_2$ 该重心线的包络面.

定义 5.2.2　由三角形八面体 $Q_1\text{-}P_1P_2P_3P_4\text{-}Q_2$ 重心线 G_iG_{i+2}' 的直线方程所生成的带有两个不全为零的参数 $\mu_i, \nu_i(i = 1,2,3,4)$ 的包络面称为该重心线的双参数包络面, 记为 $\pi_{G_iG_{i+2}'\text{-}\mu_i\nu_i}(i = 1,2,3,4)$.

引理 5.2.1　设 $Q_1\text{-}P_1P_2P_3P_4\text{-}Q_2$ 是三角形八面体, G_i, G_i' 分别是上、下侧面 $Q_1P_iP_{i+1}, Q_2P_iP_{i+1}(i = 1,2,3,4)$ 的重心, $\mu_i, \nu_i(i = 1,2,3,4)$ 均是不全为零的实

数, 则 Q_1-$P_1P_2P_3P_4$-Q_2 重心线 $G_iG'_{i+2}(i=1,2,3,4)$ 的平面束方程可以表示成

$$\pi_{G_iG'_{i+2}\text{-}\lambda_i\mu_i}: a_ix + b_iy + c_iz + d_i = 0 \quad (i=1,2,3,4), \tag{5.2.1}$$

其中 $a_i = \mu_i(y_{Q'_{i+2}} - y_{Q_i}), b_i = \mu_i(x_{Q_i} - x_{Q'_{i+2}}) + \nu_i(z_{Q'_{i+2}} - z_{Q_i}), c_i = \nu_i(y_{Q_i} - y_{Q'_{i+2}}),$ $d_i = \mu_i(x_{Q'_{i+2}}y_{Q_i} - x_{Q_i}y_{Q'_{i+2}}) + \nu_i(y_{Q'_{i+2}}z_{Q_i} - y_{Q_i}z_{Q'_{i+2}}).$

证明 根据直线 $G_iG'_{i+2}(i=1,2,3,4)$ 的两点式方程

$$\frac{x - x_{Q_i}}{x_{Q'_{i+2}} - x_{Q_i}} = \frac{y - y_{Q_i}}{y_{Q'_{i+2}} - y_{Q_i}} = \frac{z - z_{Q_i}}{z_{Q'_{i+2}} - z_{Q_i}} \quad (i=1,2,3,4),$$

仿引理 2.4.1 证明, 即得重心线 $G_iG'_{i+2}(i=1,2,3,4)$ 的平面束方程可以表示成式 (5.2.1) 的形式.

5.2.2 三角形八面体顶点到重心线包络面有向距离的关系定理及其应用

定理 5.2.1 设 Q_1-$P_1P_2P_3P_4$-Q_2 是三角形八面体, G_i, G'_i 分别是上、下侧面 $Q_1P_iP_{i+1}, Q_2P_iP_{i+1}(i=1,2,3,4)$ 的重心, $\pi_{G_iG'_{i+2}\text{-}\mu_i\nu_i}$ 是 $G_iG'_{i+2}(i=1,2,3,4)$ 的重心线包络面, 则

$$D_{Q_1\text{-}\pi_{G_1G'_3\text{-}\mu_1\nu_1}} + D_{P_1\text{-}\pi_{G_1G'_3\text{-}\mu_1\nu_1}} + D_{P_2\text{-}\pi_{G_1G'_3\text{-}\mu_1\nu_1}} = 0, \tag{5.2.2}$$

$$D_{Q_2\text{-}\pi_{G_1G'_3\text{-}\mu_1\nu_1}} + D_{P_3\text{-}\pi_{G_1G'_3\text{-}\mu_1\nu_1}} + D_{P_4\text{-}\pi_{G_1G'_3\text{-}\mu_1\nu_1}} = 0; \tag{5.2.3}$$

$$D_{Q_1\text{-}\pi_{G_2G'_4\text{-}\mu_2\nu_2}} + D_{P_2\text{-}\pi_{G_2G'_4\text{-}\mu_2\nu_2}} + D_{P_3\text{-}\pi_{G_2G'_4\text{-}\mu_2\nu_2}} = 0, \tag{5.2.4}$$

$$D_{Q_2\text{-}\pi_{G_2G'_4\text{-}\mu_2\nu_2}} + D_{P_4\text{-}\pi_{G_2G'_4\text{-}\mu_2\nu_2}} + D_{P_1\text{-}\pi_{G_2G'_4\text{-}\mu_2\nu_2}} = 0; \tag{5.2.5}$$

$$D_{Q_1\text{-}\pi_{G_3G'_1\text{-}\mu_3\nu_3}} + D_{P_3\text{-}\pi_{G_3G'_1\text{-}\mu_3\nu_3}} + D_{P_4\text{-}\pi_{G_3G'_1\text{-}\mu_3\nu_3}} = 0, \tag{5.2.6}$$

$$D_{Q_2\text{-}\pi_{G_3G'_1\text{-}\mu_3\nu_3}} + D_{P_1\text{-}\pi_{G_3G'_1\text{-}\mu_3\nu_3}} + D_{P_2\text{-}\pi_{G_3G'_1\text{-}\mu_3\nu_3}} = 0; \tag{5.2.7}$$

$$D_{Q_1\text{-}\pi_{G_4G'_2\text{-}\mu_4\nu_4}} + D_{P_4\text{-}\pi_{G_4G'_2\text{-}\mu_4\nu_4}} + D_{P_1\text{-}\pi_{G_4G'_2\text{-}\mu_4\nu_4}} = 0, \tag{5.2.8}$$

$$D_{Q_2\text{-}\pi_{G_4G'_2\text{-}\mu_4\nu_4}} + D_{P_2\text{-}\pi_{G_4G'_2\text{-}\mu_4\nu_4}} + D_{P_3\text{-}\pi_{G_4G'_2\text{-}\mu_4\nu_4}} = 0. \tag{5.2.9}$$

证明 不妨设 $\pi_{G_iG'_{i+2}\text{-}\mu_i\nu_i}$ 是 $G_iG'_{i+2}(i=1,2,3,4)$ 形如式 (5.2.1) 的平面束方程所表示的重心线包络面. 设 Q_1-$P_1P_2P_3P_4$-Q_2 顶点的坐标分别为 $Q_i(a_i, b_i, c_i)$ $(i=1,2)$; $P_i(x_i, y_i, z_i)(i=1,2,3,4)$, 于是上、下侧面 $Q_1P_iP_{i+1}, Q_2P_iP_{i+1}$ 重心的坐标分别为

$$G_i\left(\frac{a_1 + x_i + x_{i+1}}{3}, \frac{b_1 + y_i + y_{i+1}}{3}, \frac{c_1 + z_i + z_{i+1}}{3}\right) \quad (i=1,2,3,4),$$

$$G_i' \left(\frac{a_2 + x_i + x_{i+1}}{3}, \frac{b_2 + y_i + y_{i+1}}{3}, \frac{c_2 + z_i + z_{i+1}}{3} \right) \quad (i = 1, 2, 3, 4).$$

故由 $\pi_{G_1 G_3' \text{-} \mu_1 \nu_1}$ 的方程 (5.2.1), 可得

$$\sqrt{a_1^2 + b_1^2 + c_1^2} \mathrm{D}_{P_i \text{-} \pi_{G_1 G_3' \text{-} \mu_1 \nu_1}}$$

$$= \mu_1 \left[x_i (y_{G_3'} - y_{G_1}) + (x_{G_1} - x_{G_3'}) y_i + (x_{G_3'} y_{G_1} - x_{G_1} y_{G_3'}) \right]$$

$$+ \nu_1 \left[y_i (z_{G_3'} - z_{G_1}) + (y_{G_1} - y_{G_3'}) z + (y_{G_3'} z_{G_1} - y_{G_1} z_{G_3'}) \right]$$

$$= \mu_1 \left[x_i \left(\frac{b_2 + y_3 + y_4}{3} - \frac{b_1 + y_1 + y_2}{3} \right) + \left(\frac{a_1 + x_1 + x_2}{3} - \frac{a_2 + x_3 + x_4}{3} \right) y_i \right.$$

$$\left. + \left(\frac{a_2 + x_3 + x_4}{3} \cdot \frac{b_1 + y_1 + y_2}{3} - \frac{a_1 + x_1 + x_2}{3} \cdot \frac{b_2 + y_3 + y_4}{3} \right) \right]$$

$$+ \nu_1 \left[y_i \left(\frac{c_2 + z_3 + z_4}{3} - \frac{c_1 + z_1 + z_2}{3} \right) + \left(\frac{b_1 + y_1 + y_2}{3} - \frac{b_2 + y_3 + y_4}{3} \right) z_i \right.$$

$$\left. + \left(\frac{b_2 + y_3 + y_4}{3} \cdot \frac{c_1 + z_1 + z_2}{3} - \frac{b_1 + y_1 + y_2}{3} \cdot \frac{c_2 + z_3 + z_4}{3} \right) \right] \quad (i = 1, 2, 3, 4);$$

类似地, 可以求得

$$\sqrt{a_1^2 + b_1^2 + c_1^2} \mathrm{D}_{Q_i \text{-} \pi_{G_1 G_3' \text{-} \mu_1 \nu_1}}$$

$$= \mu_1 \left[a_i \left(\frac{b_2 + y_3 + y_4}{3} - \frac{b_1 + y_1 + y_2}{3} \right) + \left(\frac{a_1 + x_1 + x_2}{3} - \frac{a_2 + x_3 + x_4}{3} \right) b_i \right.$$

$$\left. + \left(\frac{a_2 + x_3 + x_4}{3} \cdot \frac{b_1 + y_1 + y_2}{3} - \frac{a_1 + x_1 + x_2}{3} \cdot \frac{b_2 + y_3 + y_4}{3} \right) \right]$$

$$+ \nu_1 \left[b_i \left(\frac{c_2 + z_3 + z_4}{3} - \frac{c_1 + z_1 + z_2}{3} \right) + \left(\frac{b_1 + y_1 + y_2}{3} - \frac{b_2 + y_3 + y_4}{3} \right) c_i \right.$$

$$\left. + \left(\frac{b_2 + y_3 + y_4}{3} \cdot \frac{c_1 + z_1 + z_2}{3} - \frac{b_1 + y_1 + y_2}{3} \cdot \frac{c_2 + z_3 + z_4}{3} \right) \right] \quad (i = 1, 2).$$

所以

$$\sqrt{a_1^2 + b_1^2 + c_1^2} \left(\mathrm{D}_{Q_1 \text{-} \pi_{G_1 G_3' \text{-} \mu_1 \nu_1}} + \mathrm{D}_{P_1 \text{-} \pi_{G_1 G_3' \text{-} \mu_1 \nu_1}} + \mathrm{D}_{P_2 \text{-} \pi_{G_1 G_3' \text{-} \mu_1 \nu_1}} \right)$$

$$= \mu_1 \left[(a_1 + x_1 + x_2) \left(\frac{b_2 + y_3 + y_4}{3} - \frac{b_1 + y_1 + y_2}{3} \right) \right.$$

$$+ \left(\frac{a_1 + x_1 + x_2}{3} - \frac{a_2 + x_3 + x_4}{3} \right) (b_1 + y_1 + y_2)$$

$$\left. + 3 \left(\frac{a_2 + x_3 + x_4}{3} \cdot \frac{b_1 + y_1 + y_2}{3} - \frac{a_1 + x_1 + x_2}{3} \cdot \frac{b_2 + y_3 + y_4}{3} \right) \right]$$

$$+ \nu_1 \left[(b_1 + y_1 + y_2) \left(\frac{c_2 + z_3 + z_4}{3} - \frac{c_1 + z_1 + z_2}{3} \right) \right.$$

$$+ \left(\frac{b_1 + y_1 + y_2}{3} - \frac{b_2 + y_3 + y_4}{3} \right) (c_1 + z_1 + z_2)$$

$$\left. + 3 \left(\frac{b_2 + y_3 + y_4}{3} \cdot \frac{c_1 + z_1 + z_2}{3} - \frac{b_1 + y_1 + y_2}{3} \cdot \frac{c_2 + z_2 + z_4}{3} \right) \right]$$

$$= \frac{\mu_1}{3} \left[(a_1 + x_1 + x_2)(b_2 + y_3 + y_4) - (a_2 + x_3 + x_4)(b_1 + y_1 + y_2) \right.$$

$$\left. + (a_2 + x_3 + x_4)(b_1 + y_1 + y_2) - (a_1 + x_1 + x_2)(b_2 + y_3 + y_4) \right]$$

$$+ \frac{\nu_1}{3} \left[(b_1 + y_1 + y_2)(c_2 + z_3 + z_4) - (b_2 + y_3 + y_4)(c_1 + z_1 + z_2) \right.$$

$$\left. + (b_2 + y_3 + y_4)(c_1 + z_1 + z_2) - (b_1 + y_1 + y_2)(c_2 + z_2 + z_3) \right]$$

$$= 0.$$

同理, 可以证明

$$\sqrt{a_1^2 + b_1^2 + c_1^2} \left(\mathrm{D}_{Q_2 \text{-} \pi_{G_1 G_3' \text{-} \mu_1 \nu_1}} + \mathrm{D}_{P_3 \text{-} \pi_{G_1 G_3' \text{-} \mu_1 \nu_1}} + \mathrm{D}_{P_4 \text{-} \pi_{G_1 G_3' \text{-} \mu_1 \nu_1}} \right) = 0.$$

因为 $\sqrt{a_1^2 + b_1^2 + c_1^2} \neq 0$, 所以式 (5.2.2) 和 (5.2.3) 成立.

类似地, 可以证明式 (5.2.4)~(5.2.9) 成立.

推论 5.2.1 设 $Q_1\text{-}P_1 P_2 P_3 P_4\text{-}Q_2$ 是三角形八面体, G_i, G_i' 分别是上、下侧面 $Q_1 P_i P_{i+1}, Q_2 P_i P_{i+1} (i = 1, 2, 3, 4)$ 的重心, $\pi_{G_i G_{i+2}' \text{-} \mu_i \nu_i}$ 是 $G_i G_{i+2}' (i = 1, 2, 3, 4)$ 的重心线包络面, 则在以下 $Q_1\text{-}P_1 P_2 P_3 P_4\text{-}Q_2$ 的各面上的三个顶点到该面的重心线包络面的距离

$$\mathrm{d}_{Q_1 \text{-} \pi_{G_1 G_3' \text{-} \mu_1 \nu_1}}, \quad \mathrm{d}_{P_1 \text{-} \pi_{G_1 G_3' \text{-} \mu_1 \nu_1}}, \quad \mathrm{d}_{P_2 \text{-} \pi_{G_1 G_3' \text{-} \mu_1 \nu_1}};$$

$$\mathrm{d}_{Q_2 \text{-} \pi_{G_1 G_3' \text{-} \mu_1 \nu_1}}, \quad \mathrm{d}_{P_3 \text{-} \pi_{G_1 G_3' \text{-} \mu_1 \nu_1}}, \quad \mathrm{d}_{P_4 \text{-} \pi_{G_1 G_3' \text{-} \mu_1 \nu_1}};$$

$$\mathrm{d}_{Q_1 \text{-} \pi_{G_2 G_4' \text{-} \mu_2 \nu_2}}, \quad \mathrm{d}_{P_2 \text{-} \pi_{G_2 G_4' \text{-} \mu_2 \nu_2}}, \quad \mathrm{d}_{P_3 \text{-} \pi_{G_2 G_4' \text{-} \mu_2 \nu_2}};$$

$$\mathrm{d}_{Q_2\text{-}\pi_{G_2G_4'\text{-}\mu_2\nu_2}}, \quad \mathrm{d}_{P_4\text{-}\pi_{G_2G_4'\text{-}\mu_2\nu_2}}, \quad \mathrm{d}_{P_1\text{-}\pi_{G_2G_4'\text{-}\mu_2\nu_2}};$$

$$\mathrm{d}_{Q_1\text{-}\pi_{G_3G_1'\text{-}\mu_3\nu_3}}, \quad \mathrm{d}_{P_3\text{-}\pi_{G_3G_1'\text{-}\mu_3\nu_3}}, \quad \mathrm{d}_{P_4\text{-}\pi_{G_3G_1'\text{-}\mu_3\nu_3}};$$

$$\mathrm{d}_{Q_2\text{-}\pi_{G_3G_1'\text{-}\mu_3\nu_3}}, \quad \mathrm{d}_{P_1\text{-}\pi_{G_3G_1'\text{-}\mu_3\nu_3}}, \quad \mathrm{d}_{P_2\text{-}\pi_{G_3G_1'\text{-}\mu_3\nu_3}};$$

$$\mathrm{d}_{Q_1\text{-}\pi_{G_4G_2'\text{-}\mu_4\nu_4}}, \quad \mathrm{d}_{P_4\text{-}\pi_{G_4G_2'\text{-}\mu_4\nu_4}}, \quad \mathrm{d}_{P_1\text{-}\pi_{G_4G_2'\text{-}\mu_4\nu_4}};$$

$$\mathrm{d}_{Q_2\text{-}\pi_{G_4G_2'\text{-}\mu_4\nu_4}}, \quad \mathrm{d}_{P_2\text{-}\pi_{G_4G_2'\text{-}\mu_4\nu_4}}, \quad \mathrm{d}_{P_3\text{-}\pi_{G_4G_2'\text{-}\mu_4\nu_4}}$$

中, 每组中一条较长的距离都等于另两条较短的距离的和.

证明　根据定理 5.2.1, 由式 (5.2.2)~(5.2.9) 即得.

5.2.3　三角形八面体顶点在重心线包络面上的充分必要条件及其应用

定理 5.2.2　设 $Q_1\text{-}P_1P_2P_3P_4\text{-}Q_2$ 是三角形八面体, G_i, G_i' 分别是上、下侧面 $Q_1P_iP_{i+1}, Q_2P_iP_{i+1}(i=1,2,3,4)$ 的重心, $\pi_{G_iG_{i+2}'\text{-}\mu_i\nu_i}$ 是 $G_iG_{i+2}'(i=1,2,3,4)$ 的重心线包络面, 则

(1) $\mathrm{D}_{Q_1\text{-}\pi_{G_1G_3'\text{-}\mu_1\nu_1}}=0$ 的充分必要条件是

$$\mathrm{D}_{P_1\text{-}\pi_{G_1G_3'\text{-}\mu_1\nu_1}}+\mathrm{D}_{P_2\text{-}\pi_{G_1G_3'\text{-}\mu_1\nu_1}}=0 \quad (\mathrm{d}_{P_1\text{-}\pi_{G_1G_3'\text{-}\mu_1\nu_1}}=\mathrm{d}_{P_2\text{-}\pi_{G_1G_3'\text{-}\mu_1\nu_1}}); \quad (5.2.10)$$

$\mathrm{D}_{P_1\text{-}\pi_{G_1G_3'\text{-}\mu_1\nu_1}}=0$ 的充分必要条件是

$$\mathrm{D}_{Q_1\text{-}\pi_{G_1G_3'\text{-}\mu_1\nu_1}}+\mathrm{D}_{P_2\text{-}\pi_{G_1G_3'\text{-}\mu_1\nu_1}}=0 \quad (\mathrm{d}_{Q_1\text{-}\pi_{G_1G_3'\text{-}\mu_1\nu_1}}=\mathrm{d}_{P_2\text{-}\pi_{G_1G_3'\text{-}\mu_1\nu_1}}); \quad (5.2.11)$$

$\mathrm{D}_{P_2\text{-}\pi_{G_1G_3'\text{-}\mu_1\nu_1}}=0$ 的充分必要条件是

$$\mathrm{D}_{Q_1\text{-}\pi_{G_1G_3'\text{-}\mu_1\nu_1}}+\mathrm{D}_{P_1\text{-}\pi_{G_1G_3'\text{-}\mu_1\nu_1}}=0 \quad (\mathrm{d}_{Q_1\text{-}\pi_{G_1G_3'\text{-}\mu_1\nu_1}}=\mathrm{d}_{P_1\text{-}\pi_{G_1G_3'\text{-}\mu_1\nu_1}}). \quad (5.2.12)$$

(2) $\mathrm{D}_{Q_2\text{-}\pi_{G_1G_3'\text{-}\mu_1\nu_1}}=0$ 的充分必要条件是

$$\mathrm{D}_{P_3\text{-}\pi_{G_1G_3'\text{-}\mu_1\nu_1}}+\mathrm{D}_{P_4\text{-}\pi_{G_1G_3'\text{-}\mu_1\nu_1}}=0 \quad (\mathrm{d}_{P_3\text{-}\pi_{G_1G_3'\text{-}\mu_1\nu_1}}=\mathrm{d}_{P_4\text{-}\pi_{G_1G_3'\text{-}\mu_1\nu_1}});$$

$\mathrm{D}_{P_3\text{-}\pi_{G_1G_3'\text{-}\mu_1\nu_1}}=0$ 的充分必要条件是

$$\mathrm{D}_{Q_2\text{-}\pi_{G_1G_3'\text{-}\mu_1\nu_1}}+\mathrm{D}_{P_4\text{-}\pi_{G_1G_3'\text{-}\mu_1\nu_1}}=0 \quad (\mathrm{d}_{Q_2\text{-}\pi_{G_1G_3'\text{-}\mu_1\nu_1}}=\mathrm{d}_{P_4\text{-}\pi_{G_1G_3'\text{-}\mu_1\nu_1}});$$

$\mathrm{D}_{P_4\text{-}\pi_{G_1G_3'\text{-}\mu_1\nu_1}}=0$ 的充分必要条件是

$$\mathrm{D}_{Q_2\text{-}\pi_{G_1G_3'\text{-}\mu_1\nu_1}}+\mathrm{D}_{P_3\text{-}\pi_{G_1G_3'\text{-}\mu_1\nu_1}}=0 \quad (\mathrm{d}_{Q_2\text{-}\pi_{G_1G_3'\text{-}\mu_1\nu_1}}=\mathrm{d}_{P_3\text{-}\pi_{G_1G_3'\text{-}\mu_1\nu_1}}).$$

(3) $D_{Q_1\text{-}\pi_{G_2G_4'\text{-}\mu_2\nu_2}} = 0$ 的充分必要条件是

$$D_{P_2\text{-}\pi_{G_2G_4'\text{-}\mu_2\nu_2}} + D_{P_3\text{-}\pi_{G_2G_4'\text{-}\mu_2\nu_2}} = 0 \quad (d_{P_2\text{-}\pi_{G_2G_4'\text{-}\mu_2\nu_2}} = d_{P_3\text{-}\pi_{G_2G_4'\text{-}\mu_2\nu_2}});$$

$D_{P_2\text{-}\pi_{G_2G_4'\text{-}\mu_2\nu_2}} = 0$ 的充分必要条件是

$$D_{Q_1\text{-}\pi_{G_2G_4'\text{-}\mu_2\nu_2}} + D_{P_3\text{-}\pi_{G_2G_4'\text{-}\mu_2\nu_2}} = 0 \quad (d_{Q_1\text{-}\pi_{G_2G_4'\text{-}\mu_2\nu_2}} = d_{P_3\text{-}\pi_{G_2G_4'\text{-}\mu_2\nu_2}});$$

$D_{P_3\text{-}\pi_{G_2G_4'\text{-}\mu_2\nu_2}} = 0$ 的充分必要条件是

$$D_{Q_1\text{-}\pi_{G_2G_4'\text{-}\mu_2\nu_2}} + D_{P_3\text{-}\pi_{G_2G_4'\text{-}\mu_2\nu_2}} = 0 \quad (d_{Q_1\text{-}\pi_{G_2G_4'\text{-}\mu_2\nu_2}} = d_{P_3\text{-}\pi_{G_2G_4'\text{-}\mu_2\nu_2}}).$$

(4) $D_{Q_2\text{-}\pi_{G_2G_4'\text{-}\mu_2\nu_2}} = 0$ 的充分必要条件是

$$D_{P_4\text{-}\pi_{G_2G_4'\text{-}\mu_2\nu_2}} + D_{P_1\text{-}\pi_{G_2G_4'\text{-}\mu_2\nu_2}} = 0 \quad (d_{P_4\text{-}\pi_{G_2G_4'\text{-}\mu_2\nu_2}} = d_{P_1\text{-}\pi_{G_2G_4'\text{-}\mu_2\nu_2}});$$

$D_{P_4\text{-}\pi_{G_2G_4'\text{-}\mu_2\nu_2}} = 0$ 的充分必要条件是

$$D_{Q_2\text{-}\pi_{G_2G_4'\text{-}\mu_2\nu_2}} + D_{P_1\text{-}\pi_{G_2G_4'\text{-}\mu_2\nu_2}} = 0 \quad (d_{Q_2\text{-}\pi_{G_2G_4'\text{-}\mu_2\nu_2}} = d_{P_1\text{-}\pi_{G_2G_4'\text{-}\mu_2\nu_2}});$$

$D_{P_1\text{-}\pi_{G_2G_4'\text{-}\mu_2\nu_2}} = 0$ 的充分必要条件是

$$D_{Q_2\text{-}\pi_{G_2G_4'\text{-}\mu_2\nu_2}} + D_{P_4\text{-}\pi_{G_2G_4'\text{-}\mu_2\nu_2}} = 0 \quad (d_{Q_2\text{-}\pi_{G_2G_4'\text{-}\mu_2\nu_2}} = d_{P_4\text{-}\pi_{G_2G_4'\text{-}\mu_2\nu_2}}).$$

(5) $D_{Q_1\text{-}\pi_{G_3G_1'\text{-}\mu_3\nu_3}} = 0$ 的充分必要条件是

$$D_{P_3\text{-}\pi_{G_3G_1'\text{-}\mu_3\nu_3}} + D_{P_4\text{-}\pi_{G_3G_1'\text{-}\mu_3\nu_3}} = 0 \quad (d_{P_3\text{-}\pi_{G_3G_1'\text{-}\mu_3\nu_3}} = d_{P_4\text{-}\pi_{G_3G_1'\text{-}\mu_3\nu_3}});$$

$D_{P_3\text{-}\pi_{G_3G_1'\text{-}\mu_3\nu_3}} = 0$ 的充分必要条件是

$$D_{Q_1\text{-}\pi_{G_3G_1'\text{-}\mu_3\nu_3}} + D_{P_4\text{-}\pi_{G_3G_1'\text{-}\mu_3\nu_3}} = 0 \quad (d_{Q_1\text{-}\pi_{G_3G_1'\text{-}\mu_3\nu_3}} = d_{P_4\text{-}\pi_{G_3G_1'\text{-}\mu_3\nu_3}});$$

$D_{P_4\text{-}\pi_{G_3G_1'\text{-}\mu_3\nu_3}} = 0$ 的充分必要条件是

$$D_{Q_1\text{-}\pi_{G_3G_1'\text{-}\mu_3\nu_3}} + D_{P_4\text{-}\pi_{G_3G_1'\text{-}\mu_3\nu_3}} = 0 \quad (d_{Q_1\text{-}\pi_{G_3G_1'\text{-}\mu_3\nu_3}} = d_{P_4\text{-}\pi_{G_3G_1'\text{-}\mu_3\nu_3}}).$$

(6) $D_{Q_2\text{-}\pi_{G_3G_1'\text{-}\mu_3\nu_3}} = 0$ 的充分必要条件是

$$D_{P_1\text{-}\pi_{G_3G_1'\text{-}\mu_3\nu_3}} + D_{P_2\text{-}\pi_{G_3G_1'\text{-}\mu_3\nu_3}} = 0 \quad (d_{P_1\text{-}\pi_{G_3G_1'\text{-}\mu_3\nu_3}} = d_{P_2\text{-}\pi_{G_3G_1'\text{-}\mu_3\nu_3}});$$

$\mathrm{D}_{P_1\text{-}\pi_{G_3G_1'\text{-}\mu_3\nu_3}} = 0$ 的充分必要条件是

$$\mathrm{D}_{Q_2\text{-}\pi_{G_3G_1'\text{-}\mu_3\nu_3}} + \mathrm{D}_{P_2\text{-}\pi_{G_3G_1'\text{-}\mu_3\nu_3}} = 0 \quad (\mathrm{d}_{Q_2\text{-}\pi_{G_1G_3'\text{-}\mu_1\nu_1}} = \mathrm{d}_{P_2\text{-}\pi_{G_3G_1'\text{-}\mu_3\nu_3}});$$

$\mathrm{D}_{P_2\text{-}\pi_{G_3G_1'\text{-}\mu_3\nu_3}} = 0$ 的充分必要条件是

$$\mathrm{D}_{Q_2\text{-}\pi_{G_3G_1'\text{-}\mu_3\nu_3}} + \mathrm{D}_{P_1\text{-}\pi_{G_3G_1'\text{-}\mu_3\nu_3}} = 0 \quad (\mathrm{d}_{Q_2\text{-}\pi_{G_3G_1'\text{-}\mu_3\nu_3}} = \mathrm{d}_{P_1\text{-}\pi_{G_3G_1'\text{-}\mu_3\nu_3}}).$$

(7) $\mathrm{D}_{Q_1\text{-}\pi_{G_4G_2'\text{-}\mu_4\nu_4}} = 0$ 的充分必要条件是

$$\mathrm{D}_{P_4\text{-}\pi_{G_4G_2'\text{-}\mu_4\nu_4}} + \mathrm{D}_{P_1\text{-}\pi_{G_4G_2'\text{-}\mu_4\nu_4}} = 0 \quad (\mathrm{d}_{P_4\text{-}\pi_{G_4G_2'\text{-}\mu_4\nu_4}} = \mathrm{d}_{P_1\text{-}\pi_{G_4G_2'\text{-}\mu_4\nu_4}});$$

$\mathrm{D}_{P_4\text{-}\pi_{G_4G_2'\text{-}\mu_4\nu_4}} = 0$ 的充分必要条件是

$$\mathrm{D}_{Q_1\text{-}\pi_{G_4G_2'\text{-}\mu_4\nu_4}} + \mathrm{D}_{P_1\text{-}\pi_{G_4G_2'\text{-}\mu_4\nu_4}} = 0 \quad (\mathrm{d}_{Q_1\text{-}\pi_{G_4G_2'\text{-}\mu_4\nu_4}} = \mathrm{d}_{P_1\text{-}\pi_{G_4G_2'\text{-}\mu_4\nu_4}});$$

$\mathrm{D}_{P_1\text{-}\pi_{G_4G_2'\text{-}\mu_4\nu_4}} = 0$ 的充分必要条件是

$$\mathrm{D}_{Q_1\text{-}\pi_{G_4G_2'\text{-}\mu_4\nu_4}} + \mathrm{D}_{P_4\text{-}\pi_{G_4G_2'\text{-}\mu_4\nu_4}} = 0 \quad (\mathrm{d}_{Q_1\text{-}\pi_{G_4G_2'\text{-}\mu_4\nu_4}} = \mathrm{d}_{P_4\text{-}\pi_{G_4G_2'\text{-}\mu_4\nu_4}}).$$

(8) $\mathrm{D}_{Q_2\text{-}\pi_{G_4G_2'\text{-}\mu_4\nu_4}} = 0$ 的充分必要条件是

$$\mathrm{D}_{P_2\text{-}\pi_{G_4G_2'\text{-}\mu_4\nu_4}} + \mathrm{D}_{P_3\text{-}\pi_{G_4G_2'\text{-}\mu_4\nu_4}} = 0 \quad (\mathrm{d}_{P_2\text{-}\pi_{G_4G_2'\text{-}\mu_4\nu_4}} = \mathrm{d}_{P_3\text{-}\pi_{G_4G_2'\text{-}\mu_4\nu_4}});$$

$\mathrm{D}_{P_2\text{-}\pi_{G_4G_2'\text{-}\mu_4\nu_4}} = 0$ 的充分必要条件是

$$\mathrm{D}_{Q_2\text{-}\pi_{G_4G_2'\text{-}\mu_4\nu_4}} + \mathrm{D}_{P_3\text{-}\pi_{G_4G_2'\text{-}\mu_4\nu_4}} = 0 \quad (\mathrm{d}_{Q_2\text{-}\pi_{G_4G_2'\text{-}\mu_4\nu_4}} = \mathrm{d}_{P_3\text{-}\pi_{G_4G_2'\text{-}\mu_4\nu_4}});$$

$\mathrm{D}_{P_3\text{-}\pi_{G_4G_2'\text{-}\mu_4\nu_4}} = 0$ 的充分必要条件是

$$\mathrm{D}_{Q_2\text{-}\pi_{G_4G_2'\text{-}\mu_4\nu_4}} + \mathrm{D}_{P_2\text{-}\pi_{G_4G_2'\text{-}\mu_4\nu_4}} = 0 \quad (\mathrm{d}_{Q_2\text{-}\pi_{G_4G_2'\text{-}\mu_4\nu_4}} = \mathrm{d}_{P_2\text{-}\pi_{G_4G_2'\text{-}\mu_4\nu_4}}).$$

证明　(1) 根据定理 5.2.1, 由式 (5.2.2) 可得: $\mathrm{D}_{Q_1\text{-}\pi_{G_1G_3'\text{-}\mu_1\nu_1}} = 0$ 的充分必要条件是式 (5.2.10) 成立; $\mathrm{D}_{P_1\text{-}\pi_{G_1G_3'\text{-}\mu_1\nu_1}} = 0$ 的充分必要条件是式 (5.2.11) 成立; $\mathrm{D}_{P_2\text{-}\pi_{G_1G_3'\text{-}\mu_1\nu_1}} = 0$ 的充分必要条件是式 (5.2.12) 成立.

类似地, 可以证明 (2)～(8) 中结论成立.

推论 5.2.2 设 Q_1-$P_1P_2P_3P_4$-Q_2 是三角形八面体, G_i, G_i' 分别是上、下侧面 $Q_1P_iP_{i+1}, Q_2P_iP_{i+1}(i=1,2,3,4)$ 的重心, $\pi_{G_iG_{i+2}'-\mu_i\nu_i}$ 是 $G_iG_{i+2}'(i=1,2,3,4)$ 的重心线包络面, 则

(1) 顶点 Q_1 在重心线包络面 $\pi_{G_1G_3'-\mu_1\nu_1}$ 之上的充分必要条件是 $\pi_{G_1G_3'-\mu_1\nu_1}$ 通过腰棱 P_1P_2 的中点; 顶点 P_1 在重心线包络面 $\pi_{G_1G_3'-\mu_1\nu_1}$ 之上的充分必要条件 是 $\pi_{G_1G_3'-\mu_1\nu_1}$ 通过下侧棱 Q_1P_2 的中点; 顶点 P_2 在重心线包络面 $\pi_{G_1G_3'-\mu_1\nu_1}$ 之上的充分必要条件是 $\pi_{G_1G_3'-\mu_1\nu_1}$ 通过上侧棱 Q_1P_1 的中点.

(2) 顶点 Q_2 在重心线包络面 $\pi_{G_1G_3'-\mu_1\nu_1}$ 之上的充分必要条件是 $\pi_{G_1G_3'-\mu_1\nu_1}$ 通过腰棱 P_3P_4 的中点; 顶点 P_3 在重心线包络面 $\pi_{G_1G_3'-\mu_1\nu_1}$ 之上的充分必要条件 是 $\pi_{G_1G_3'-\mu_1\nu_1}$ 通过下侧棱 Q_2P_4 的中点; 顶点 P_4 在重心线包络面 $\pi_{G_1G_3'-\mu_1\nu_1}$ 之上的充分必要条件是 $\pi_{G_1G_3'-\mu_1\nu_1}$ 通过下侧棱 Q_2P_3 的中点.

(3) 顶点 Q_1 在重心线包络面 $\pi_{G_2G_4'-\mu_2\nu_2}$ 之上的充分必要条件是 $\pi_{G_2G_4'-\mu_2\nu_2}$ 通过腰棱 P_2P_3 的中点; 顶点 P_2 在重心线包络面 $\pi_{G_2G_4'-\mu_2\nu_2}$ 之上的充分必要条件 是 $\pi_{G_2G_4'-\mu_2\nu_2}$ 通过上侧棱 Q_1P_3 的中点; 顶点 P_3 在重心线包络面 $\pi_{G_2G_4'-\mu_2\nu_2}$ 之上的充分必要条件是 $\pi_{G_2G_4'-\mu_2\nu_2}$ 通过上侧棱 Q_1P_2 的中点.

(4) 顶点 Q_2 在重心线包络面 $\pi_{G_2G_4'-\mu_2\nu_2}$ 之上的充分必要条件是 $\pi_{G_2G_4'-\mu_2\nu_2}$ 通过腰棱 P_4P_1 的中点; 顶点 P_4 在重心线包络面 $\pi_{G_2G_4'-\mu_2\nu_2}$ 之上的充分必要条件 是 $\pi_{G_2G_4'-\mu_2\nu_2}$ 通过下侧棱 Q_2P_1 的中点; 顶点 P_1 在重心线包络面 $\pi_{G_2G_4'-\mu_2\nu_2}$ 之上的充分必要条件是 $\pi_{G_2G_4'-\mu_2\nu_2}$ 通过下侧棱 Q_2P_4 的中点.

(5) 顶点 Q_1 在重心线包络面 $\pi_{G_3G_1'-\mu_3\nu_3}$ 之上的充分必要条件是 $\pi_{G_3G_1'-\mu_3\nu_3}$ 通过妖腰棱 P_3P_4 的中点; 顶点 P_3 在重心线包络面 $\pi_{G_3G_1'-\mu_3\nu_3}$ 之上的充分必要条件是 $\pi_{G_3G_1'-\mu_3\nu_3}$ 通过上侧棱 Q_1P_4 的中点; 顶点 P_4 在重心线包络面 $\pi_{G_3G_1'-\mu_3\nu_3}$ 之上的充分必要条件是 $\pi_{G_3G_1'-\mu_3\nu_3}$ 通过上侧棱 Q_1P_3 的中点.

(6) 顶点 Q_2 在重心线包络面 $\pi_{G_3G_1'-\mu_3\nu_3}$ 之上的充分必要条件是 $\pi_{G_3G_1'-\mu_3\nu_3}$ 通过腰棱 P_1P_2 的中点; 顶点 P_1 在重心线包络面 $\pi_{G_3G_1'-\mu_3\nu_3}$ 之上的充分必要条件 是 $\pi_{G_3G_1'-\mu_3\nu_3}$ 通过下侧棱 Q_2P_2 的中点; 顶点 P_2 在重心线包络面 $\pi_{G_3G_1'-\mu_3\nu_3}$ 之上的充分必要条件是 $\pi_{G_3G_1'-\mu_3\nu_3}$ 通过下侧棱 Q_2P_1 的中点.

(7) 顶点 Q_1 在重心线包络面 $\pi_{G_4G_2'-\mu_4\nu_4}$ 之上的充分必要条件是 $\pi_{G_4G_2'-\mu_4\nu_4}$ 通过腰棱 P_4P_1 的中点; 顶点 P_4 在重心线包络面 $\pi_{G_4G_2'-\mu_4\nu_4}$ 之上的充分必要条件 是 $\pi_{G_4G_2'-\mu_4\nu_4}$ 通过上侧棱 Q_1P_1 的中点; 顶点 P_1 在重心线包络面 $\pi_{G_4G_2'-\mu_4\nu_4}$ 之上的充分必要条件是 $\pi_{G_4G_2'-\mu_4\nu_4}$ 通过上侧棱 Q_1P_4 的中点.

(8) 顶点 Q_2 在重心线包络面 $\pi_{G_4G_2'-\mu_4\nu_4}$ 之上的充分必要条件是 $\pi_{G_4G_2'-\mu_4\nu_4}$ 通过腰棱 P_2P_3 的中点; 顶点 P_2 在重心线包络面 $\pi_{G_4G_2'-\mu_4\nu_4}$ 之上的充分必要条件 是 $\pi_{G_4G_2'-\mu_4\nu_4}$ 通过下侧棱 Q_2P_3 的中点; 顶点 P_3 在重心线包络面 $\pi_{G_4G_2'-\mu_4\nu_4}$ 之上的充分必要条件是 $\pi_{G_4G_2'-\mu_4\nu_4}$ 通过下侧棱 Q_2P_2 的中点.

证明　(1) 因为顶点 Q_1 在重心线包络面 $\pi_{G_1G_3'\text{-}\mu_1\nu_1}$ 之上的充分必要条件是 $\mathrm{D}_{Q_1\text{-}\pi_{G_1G_3'\text{-}\mu_1\nu_1}} = 0$, $\pi_{G_1G_3'\text{-}\mu_1\nu_1}$ 通过腰棱 P_1P_2 的中点的充分必要条件是式 (5.2.10) 成立. 故由定理 5.2.2(1) 可知: 顶点 Q_1 在重心线包络面 $\pi_{G_1G_3'\text{-}\mu_1\nu_1}$ 之上的充分必要条件是 $\pi_{G_1G_3'\text{-}\mu_1\nu_1}$ 通过腰棱 P_1P_2 的中点.

同理可证, 顶点 P_1 在重心线包络面 $\pi_{G_1G_3'\text{-}\mu_1\nu_1}$ 之上的充分必要条件是 $\pi_{G_1G_3'\text{-}\mu_1\nu_1}$ 通过下侧棱 Q_1P_2 的中点; 顶点 P_2 在重心线包络面 $\pi_{G_1G_3'\text{-}\mu_1\nu_1}$ 之上的充分必要条件是 $\pi_{G_1G_3'\text{-}\mu_1\nu_1}$ 通过上侧棱 Q_1P_1 的中点.

类似地, 可以证明 (2)~(8) 中结论成立.

定理 5.2.3　设 $Q_1\text{-}P_1P_2P_3P_4\text{-}Q_2$ 是三角形八面体, G_i, G_i' 分别是上、下侧面 $Q_1P_iP_{i+1}, Q_2P_iP_{i+1}(i=1,2,3,4)$ 的重心, $\pi_{G_iG_{i+2}'\text{-}\mu_i\nu_i}$ 是 $G_iG_{i+2}'(i=1,2,3,4)$ 的重心线包络面, 则 $\pi_{G_iG_{i+2}'\text{-}\mu_i\nu_i}(i=1,2,3,4)$ 通过 Q_1Q_2 的中点的充分必要条件是

$$\mathrm{D}_{P_1\text{-}\pi_{G_iG_{i+2}'\text{-}\mu_i\nu_i}} + \mathrm{D}_{P_2\text{-}\pi_{G_iG_{i+2}'\text{-}\mu_i\nu_i}} + \mathrm{D}_{P_3\text{-}\pi_{G_iG_{i+2}'\text{-}\mu_i\nu_i}} + \mathrm{D}_{P_4\text{-}\pi_{G_iG_{i+2}'\text{-}\mu_i\nu_i}} = 0, \quad (5.2.13)$$

其中 $i=1,2,3,4$.

证明　根据定理 5.2.1, 式 (5.2.2)+(5.2.3), 可得

$$\sum_{k=1}^{2} \mathrm{D}_{Q_k\text{-}\pi_{G_1G_3'\text{-}\mu_1\nu_1}} + \sum_{k=1}^{4} \mathrm{D}_{P_k\text{-}\pi_{G_1G_3'\text{-}\mu_1\nu_1}} = 0,$$

于是

$$\pi_{G_1G_3'\text{-}\mu_1\nu_1} \text{ 通过 } Q_1Q_2 \text{ 的中点} \Leftrightarrow \mathrm{D}_{Q_1\text{-}\pi_{G_1G_3'\text{-}\mu_1\nu_1}} + \mathrm{D}_{Q_2\text{-}\pi_{G_1G_3'\text{-}\mu_1\nu_1}} = 0$$

$$\Leftrightarrow \sum_{k=1}^{4} \mathrm{D}_{P_k\text{-}\pi_{G_1G_3'\text{-}\mu_1\nu_1}} = 0.$$

因此, 当 $i=1$ 时, 式 (5.2.13) 成立.

同理可以证明, 当 $i=2,3,4$ 时, 式 (5.2.13) 成立.

推论 5.2.3　设 $Q_1\text{-}P_1P_2P_3P_4\text{-}Q_2$ 是三角形八面体, G_i, G_i' 分别是上、下侧面 $Q_1P_iP_{i+1}, Q_2P_iP_{i+1}(i=1,2,3,4)$ 的重心, $\pi_{G_iG_{i+2}'\text{-}\mu_i\nu_i}$ 是 $G_iG_{i+2}'(i=1,2,3,4)$ 的重心线包络面. 若 $\pi_{G_iG_{i+2}'\text{-}\mu_i\nu_i}(i=1,2,3,4)$ 通过 Q_1Q_2 的中点, 则

(1)$\pi_{G_iG_{i+2}'\text{-}\mu_i\nu_i}$ 通过 $P_iP_{i+1}(i=1,2,3,4)$ 的中点的充分必要条件是 $\pi_{G_iG_{i+2}'\text{-}\mu_i\nu_i}$ 通过 $P_{i+2}P_{i+3}(i=1,2,3,4)$ 的中点.

(2)$\pi_{G_iG_{i+2}'\text{-}\mu_i\nu_i}$ 通过 $P_iP_{i+2}(i=1,2)$ 的中点的充分必要条件是 $\pi_{G_iG_{i+2}'\text{-}\mu_i\nu_i}$ 通过 $P_{i+1}P_{i+3}(i=1,2)$ 的中点.

证明 根据定理 5.2.3, 由式 (5.2.13), 可得如下两式互为充分必要条件:

$$\mathrm{D}_{P_i\text{-}\pi_{G_iG'_{i+2}\text{-}\mu_i\nu_i}} + \mathrm{D}_{P_{i+1}\text{-}\pi_{G_iG'_{i+2}\text{-}\mu_i\nu_i}}$$

$$=0 \quad (\mathrm{d}_{P_i\text{-}\pi_{G_iG'_{i+2}\text{-}\mu_i\nu_i}} = \mathrm{d}_{P_{i+1}\text{-}\pi_{G_iG'_{i+2}\text{-}\mu_i\nu_i}}) \quad (i=1,2,3,4),$$

$$\mathrm{D}_{P_{i+2}\text{-}\pi_{G_iG'_{i+2}\text{-}\mu_i\nu_i}} + \mathrm{D}_{P_{i+3}\text{-}\pi_{G_iG'_{i+2}\text{-}\mu_i\nu_i}}$$

$$=0 \quad (\mathrm{d}_{P_{i+2}\text{-}\pi_{G_iG'_{i+2}\text{-}\mu_i\nu_i}} = \mathrm{d}_{P_{i+3}\text{-}\pi_{G_iG'_{i+2}\text{-}\mu_i\nu_i}}) \quad (i=1,2,3,4).$$

于是由以上两式的几何意义, 即得 (1) 的结论.

类似地, 可以证明 (2) 中结论成立.

定理 5.2.4 设 $Q_1\text{-}P_1P_2P_3P_4\text{-}Q_2$ 是三角形八面体, G_i, G'_i 分别是上、下侧面 $Q_1P_iP_{i+1}, Q_2P_iP_{i+1}(i=1,2,3,4)$ 的重心, $\pi_{G_iG'_{i+2}\text{-}\mu_i\nu_i}$ 是 $G_iG'_{i+2}(i=1,2,3,4)$ 的重心线包络面, 则 Q_1Q_2 平行于 $\pi_{G_iG'_{i+2}\text{-}\mu_i\nu_i}(i=1,2,3,4)$ 的充分必要条件是

$$\mathrm{D}_{P_i\text{-}\pi_{G_iG'_{i+2}\text{-}\mu_i\nu_i}} + \mathrm{D}_{P_{i+1}\text{-}\pi_{G_iG'_{i+2}\text{-}\mu_i\nu_i}}$$

$$=\mathrm{D}_{P_{i+2}\text{-}\pi_{G_iG'_{i+2}\text{-}\mu_i\nu_i}} + \mathrm{D}_{P_{i+3}\text{-}\pi_{G_iG'_{i+2}\text{-}\mu_i\nu_i}} \quad (i=1,2,3,4). \tag{5.2.14}$$

证明 因为 Q_1Q_2 平行于 $\pi_{G_1G'_3\text{-}\mu_1\nu_1}$, 所以 $\mathrm{D}_{Q_1\text{-}\pi_{G_1G'_3\text{-}\mu_1\nu_1}} = \mathrm{D}_{Q_2\text{-}\pi_{G_1G'_3\text{-}\mu_1\nu_1}}$. 根据定理 5.2.1, 式 (5.2.2)–(5.2.3), 可得

$$\mathrm{D}_{P_1\text{-}\pi_{G_1G'_3\text{-}\mu_1\nu_1}} + \mathrm{D}_{P_2\text{-}\pi_{G_1G'_3\text{-}\mu_1\nu_1}} - \mathrm{D}_{P_3\text{-}\pi_{G_1G'_3\text{-}\mu_1\nu_1}} - \mathrm{D}_{P_4\text{-}\pi_{G_1G'_3\text{-}\mu_1\nu_1}} = 0.$$

因此, 当 $i=1$ 时, 式 (5.2.14) 成立.

同理可以证明, 当 $i=2,3,4$ 时, 式 (5.2.14) 成立.

推论 5.2.4 设 $Q_1\text{-}P_1P_2P_3P_4\text{-}Q_2$ 是三角形八面体, G_i, G'_i 分别是上、下侧面 $Q_1P_iP_{i+1}, Q_2P_iP_{i+1}(i=1,2,3,4)$ 的重心, $\pi_{G_iG'_{i+2}\text{-}\mu_i\nu_i}$ 是 $G_iG'_{i+2}(i=1,2,3,4)$ 的重心线包络面. 若 Q_1Q_2 平行于 $\pi_{G_iG'_{i+2}\text{-}\mu_i\nu_i}(i=1,2,3,4)$, 则

(1) P_iP_{i+2} 平行于 $\pi_{G_iG'_{i+2}\text{-}\mu_i\nu_i}(i=1,2,3,4)$ 的充分必要条件是 $P_{i+1}P_{i+3}$ 平行于 $\pi_{G_iG'_{i+2}\text{-}\mu_i\nu_i}(i=1,2,3,4)$;

(2) $P_{i+1}P_{i+2}$ 平行于 $\pi_{G_iG'_{i+2}\text{-}\mu_i\nu_i}(i=1,2,3,4)$ 的充分必要条件是 $P_{i+3}P_i$ 平行于 $\pi_{G_iG'_{i+2}\text{-}\mu_i\nu_i}(i=1,2,3,4)$;

(3) $\pi_{G_iG'_{i+2}\text{-}\mu_i\nu_i}$ 通过 $P_iP_{i+1}(i=1,2,3,4)$ 中点的充分必要条件是 $\pi_{G_iG'_{i+2}\text{-}\mu_i\nu_i}$ 通过 $P_{i+2}P_{i+3}(i=1,2,3,4)$ 的中点.

证明 (1) 根据定理 5.2.4, 由式 (5.2.14), 可得如下两式互为充分必要条件:

$$\mathrm{D}_{P_i\text{-}\pi_{G_iG'_{i+2}\text{-}\mu_i\nu_i}} - \mathrm{D}_{P_{i+2}\text{-}\pi_{G_iG'_{i+2}\text{-}\mu_i\nu_i}}$$

$$=0 \quad (\mathrm{d}_{P_i\text{-}\pi_{G_iG'_{i+2}\text{-}\mu_i\nu_i}} = \mathrm{d}_{P_{i+2}\text{-}\pi_{G_iG'_{i+2}\text{-}\mu_i\nu_i}}) \quad (i=1,2,3,4)$$

$$\mathrm{D}_{P_{i+3}\text{-}\pi_{G_iG'_{i+2}\text{-}\mu_i\nu_i}} - \mathrm{D}_{P_i\text{-}\pi_{G_iG'_{i+2}\text{-}\mu_i\nu_i}}$$

$$=0 \quad (\mathrm{d}_{P_{i+3}\text{-}\pi_{G_iG'_{i+2}\text{-}\mu_i\nu_i}} = \mathrm{d}_{P_i\text{-}\pi_{G_iG'_{i+2}\text{-}\mu_i\nu_i}}) \quad (i=1,2,3,4).$$

故由以上两式的几何意义, 即得 P_iP_{i+2} 平行于 $\pi_{G_iG'_{i+2}\text{-}\mu_i\nu_i}(i=1,2,3,4)$ 的充分必要条件是 $P_{i+1}P_{i+3}$ 平行于 $\pi_{G_iG'_{i+2}\text{-}\mu_i\nu_i}(i=1,2,3,4)$.

类似地, 可以证明 (2) 和 (3) 中结论成立.

定理 5.2.5 设 $Q_1\text{-}P_1P_2P_3P_4\text{-}Q_2$ 是三角形八面体, G_i, G'_i 分别是上、下侧面 $Q_1P_iP_{i+1}, Q_2P_iP_{i+1}(i=1,2,3,4)$ 的重心, $\pi_{G_iG'_{i+2}\text{-}\mu_i\nu_i}$ 是 $G_iG'_{i+2}(i=1,2,3,4)$ 的重心线包络面, 则

(1) $\pi_{G_iG'_{i+2}\text{-}\mu_i\nu_i}(i=1,2,3,4)$ 通过 P_1P_2 中点的充分必要条件是

$$\mathrm{D}_{Q_1\text{-}\pi_{G_iG'_{i+2}\text{-}\mu_i\nu_i}} + \mathrm{D}_{Q_2\text{-}\pi_{G_iG'_{i+2}\text{-}\mu_i\nu_i}} + \mathrm{D}_{P_3\text{-}\pi_{G_iG'_{i+2}\text{-}\mu_i\nu_i}} + \mathrm{D}_{P_4\text{-}\pi_{G_iG'_{i+2}\text{-}\mu_i\nu_i}}$$
$$= 0 \quad (i=1,2,3,4); \tag{5.2.15}$$

(2) $\pi_{G_iG'_{i+2}\text{-}\mu_i\nu_i}(i=1,2,3,4)$ 通过 P_2P_3 中点的充分必要条件是

$$\mathrm{D}_{Q_1\text{-}\pi_{G_iG'_{i+2}\text{-}\mu_i\nu_i}} + \mathrm{D}_{Q_2\text{-}\pi_{G_iG'_{i+2}\text{-}\mu_i\nu_i}} + \mathrm{D}_{P_4\text{-}\pi_{G_iG'_{i+2}\text{-}\mu_i\nu_i}} + \mathrm{D}_{P_1\text{-}\pi_{G_iG'_{i+2}\text{-}\mu_i\nu_i}}$$
$$= 0 \quad (i=1,2,3,4);$$

(3) $\pi_{G_iG'_{i+2}\text{-}\mu_i\nu_i}(i=1,2,3,4)$ 通过 P_3P_4 中点的充分必要条件是

$$\mathrm{D}_{Q_1\text{-}\pi_{G_iG'_{i+2}\text{-}\mu_i\nu_i}} + \mathrm{D}_{Q_2\text{-}\pi_{G_iG'_{i+2}\text{-}\mu_i\nu_i}} + \mathrm{D}_{P_1\text{-}\pi_{G_iG'_{i+2}\text{-}\mu_i\nu_i}} + \mathrm{D}_{P_2\text{-}\pi_{G_iG'_{i+2}\text{-}\mu_i\nu_i}}$$
$$= 0 \quad (i=1,2,3,4);$$

(4) $\pi_{G_iG'_{i+2}\text{-}\mu_i\nu_i}(i=1,2,3,4)$ 通过 P_4P_1 中点的充分必要条件是

$$\mathrm{D}_{Q_1\text{-}\pi_{G_iG'_{i+2}\text{-}\mu_i\nu_i}} + \mathrm{D}_{Q_2\text{-}\pi_{G_iG'_{i+2}\text{-}\mu_i\nu_i}} + \mathrm{D}_{P_2\text{-}\pi_{G_iG'_{i+2}\text{-}\mu_i\nu_i}} + \mathrm{D}_{P_3\text{-}\pi_{G_iG'_{i+2}\text{-}\mu_i\nu_i}}$$
$$= 0 \quad (i=1,2,3,4);$$

(5) $\pi_{G_iG'_{i+2}\text{-}\mu_i\nu_i}(i=1,2,3,4)$ 通过 P_1P_3 中点的充分必要条件是

$$\mathrm{D}_{Q_1\text{-}\pi_{G_iG'_{i+2}\text{-}\mu_i\nu_i}} + \mathrm{D}_{Q_2\text{-}\pi_{G_iG'_{i+2}\text{-}\mu_i\nu_i}} + \mathrm{D}_{P_2\text{-}\pi_{G_iG'_{i+2}\text{-}\mu_i\nu_i}} + \mathrm{D}_{P_4\text{-}\pi_{G_iG'_{i+2}\text{-}\mu_i\nu_i}}$$
$$= 0 \quad (i=1,2,3,4);$$

(6) $\pi_{G_iG'_{i+2}-\mu_i\nu_i}(i=1,2,3,4)$ 通过 P_2P_4 中点的充分必要条件是

$$\mathrm{D}_{Q_1-\pi_{G_iG'_{i+2}-\mu_i\nu_i}} + \mathrm{D}_{Q_2-\pi_{G_iG'_{i+2}-\mu_i\nu_i}} + \mathrm{D}_{P_1-\pi_{G_iG'_{i+2}-\mu_i\nu_i}} + \mathrm{D}_{P_3-\pi_{G_iG'_{i+2}-\mu_i\nu_i}}$$

$$=0 \quad (i=1,2,3,4).$$

证明 (1) 仿定理 5.2.3 证明, 即得 $\pi_{G_iG'_{i+2}-\mu_i\nu_i}(i=1,2,3,4)$ 通过 P_1P_2 的中点的充分必要条件是式 (5.2.15) 成立.

类似地, 可以证明 (2)~(6) 中结论成立.

推论 5.2.5 设 Q_1-$P_1P_2P_3P_4$-Q_2 是三角形八面体, G_i,G'_i 分别是上、下侧面 $Q_1P_iP_{i+1}, Q_2P_iP_{i+1}(i=1,2,3,4)$ 的重心, $\pi_{G_iG'_{i+2}-\mu_i\nu_i}$ 是 $G_iG'_{i+2}(i=1,2,3,4)$ 的重心线包络面.

(1) 若 $\pi_{G_iG'_{i+2}-\mu_i\nu_i}(i=1,2,3,4)$ 通过 P_1P_2 的中点, 则 $\pi_{G_iG'_{i+2}-\mu_i\nu_i}(i=1,2,3,4)$ 通过 Q_1Q_2 中点的充分必要条件是 $\pi_{G_iG'_{i+2}-\mu_i\nu_i}(i=1,2,3,4)$ 通过 P_3P_4 的中点; $\pi_{G_iG'_{i+2}-\mu_i\nu_i}(i=1,2,3,4)$ 通过 Q_2P_3 中点的充分必要条件是 $\pi_{G_iG'_{i+2}-\mu_i\nu_i}(i=1,2,3,4)$ 通过 Q_1P_4 的中点; $\pi_{G_iG'_{i+2}-\mu_i\nu_i}(i=1,2,3,4)$ 通过 Q_1P_3 中点的充分必要条件是 $\pi_{G_iG'_{i+2}-\mu_i\nu_i}(i=1,2,3,4)$ 通过 Q_2P_4 的中点.

(2) 若 $\pi_{G_iG'_{i+2}-\mu_i\nu_i}(i=1,2,3,4)$ 通过 P_2P_3 的中点, 则 $\pi_{G_iG'_{i+2}-\mu_i\nu_i}(i=1,2,3,4)$ 通过 Q_1Q_2 中点的充分必要条件是 $\pi_{G_iG'_{i+2}-\mu_i\nu_i}(i=1,2,3,4)$ 通过 P_4P_1 的中点; $\pi_{G_iG'_{i+2}-\mu_i\nu_i}(i=1,2,3,4)$ 通过 Q_2P_4 中点的充分必要条件是 $\pi_{G_iG'_{i+2}-\mu_i\nu_i}(i=1,2,3,4)$ 通过 Q_1P_1 的中点; $\pi_{G_iG'_{i+2}-\mu_i\nu_i}(i=1,2,3,4)$ 通过 Q_1P_4 中点的充分必要条件是 $\pi_{G_iG'_{i+2}-\mu_i\nu_i}(i=1,2,3,4)$ 通过 Q_2P_1 的中点.

(3) 若 $\pi_{G_iG'_{i+2}-\mu_i\nu_i}(i=1,2,3,4)$ 通过 P_3P_4 的中点, 则 $\pi_{G_iG'_{i+2}-\mu_i\nu_i}(i=1,2,3,4)$ 通过 Q_1Q_2 中点的充分必要条件是 $\pi_{G_iG'_{i+2}-\mu_i\nu_i}(i=1,2,3,4)$ 通过 P_1P_2 的中点; $\pi_{G_iG'_{i+2}-\mu_i\nu_i}(i=1,2,3,4)$ 通过 Q_2P_1 中点的充分必要条件是 $\pi_{G_iG'_{i+2}-\mu_i\nu_i}(i=1,2,3,4)$ 通过 Q_1P_2 的中点; $\pi_{G_iG'_{i+2}-\mu_i\nu_i}(i=1,2,3,4)$ 通过 Q_1P_1 中点的充分必要条件是 $\pi_{G_iG'_{i+2}-\mu_i\nu_i}(i=1,2,3,4)$ 通过 Q_2P_2 的中点.

(4) 若 $\pi_{G_iG'_{i+2}-\mu_i\nu_i}(i=1,2,3,4)$ 通过 P_4P_1 的中点, 则 $\pi_{G_iG'_{i+2}-\mu_i\nu_i}(i=1,2,3,4)$ 通过 Q_1Q_2 中点的充分必要条件是 $\pi_{G_iG'_{i+2}-\mu_i\nu_i}(i=1,2,3,4)$ 通过 P_2P_3 的中点; $\pi_{G_iG'_{i+2}-\mu_i\nu_i}(i=1,2,3,4)$ 通过 Q_2P_2 中点的充分必要条件是 $\pi_{G_iG'_{i+2}-\mu_i\nu_i}(i=1,2,3,4)$ 通过 Q_1P_3 的中点; $\pi_{G_iG'_{i+2}-\mu_i\nu_i}(i=1,2,3,4)$ 通过 Q_1P_2 中点的充分必要条件是 $\pi_{G_iG'_{i+2}-\mu_i\nu_i}(i=1,2,3,4)$ 通过 Q_2P_3 的中点.

(5) 若 $\pi_{G_iG'_{i+2}-\mu_i\nu_i}(i=1,2,3,4)$ 通过 P_1P_3 的中点, 则 $\pi_{G_iG'_{i+2}-\mu_i\nu_i}(i=1,2,3,4)$ 通过 Q_1Q_2 中点的充分必要条件是 $\pi_{G_iG'_{i+2}-\mu_i\nu_i}(i=1,2,3,4)$ 通过 P_2P_4 的中点; $\pi_{G_iG'_{i+2}-\mu_i\nu_i}(i=1,2,3,4)$ 通过 Q_2P_2 中点的充分必要条件是 $\pi_{G_iG'_{i+2}-\mu_i\nu_i}(i=1,2,3,4)$ 通过 Q_1P_4 的中点; $\pi_{G_iG'_{i+2}-\mu_i\nu_i}(i=1,2,3,4)$ 通过 Q_1P_2 中点的充分必要条件是 $\pi_{G_iG'_{i+2}-\mu_i\nu_i}(i=1,2,3,4)$ 通过 Q_2P_4 的中点.

(6) 若 $\pi_{G_iG'_{i+2}\text{-}\mu_i\nu_i}(i=1,2,3,4)$ 通过 P_2P_4 的中点, 则 $\pi_{G_iG'_{i+2}\text{-}\mu_i\nu_i}(i=1,2,3,4)$ 通过 Q_1Q_2 中点的充分必要条件是 $\pi_{G_iG'_{i+2}\text{-}\mu_i\nu_i}(i=1,2,3,4)$ 通过 P_1P_3 的中点; $\pi_{G_iG'_{i+2}\text{-}\mu_i\nu_i}(i=1,2,3,4)$ 通过 Q_2P_1 中点的充分必要条件是 $\pi_{G_iG'_{i+2}\text{-}\mu_i\nu_i}(i=1,2,3,4)$ 通过 Q_1P_3 的中点; $\pi_{G_iG'_{i+2}\text{-}\mu_i\nu_i}(i=1,2,3,4)$ 通过 Q_1P_1 中点的充分必要条件是 $\pi_{G_iG'_{i+2}\text{-}\mu_i\nu_i}(i=1,2,3,4)$ 通过 Q_2P_3 的中点.

证明 根据定理 5.2.5, 仿推论 5.2.3 证明, 即得 (1)~(6) 中结论.

定理 5.2.6 设 $Q_1\text{-}P_1P_2P_3P_4\text{-}Q_2$ 是三角形八面体, G_i, G'_i 分别是上、下侧面 $Q_1P_iP_{i+1}, Q_2P_iP_{i+1}(i=1,2,3,4)$ 的重心, $\pi_{G_iG'_{i+2}\text{-}\mu_i\nu_i}$ 是 $G_iG'_{i+2}(i=1,2,3,4)$ 的重心线包络面, 则

(1) P_2P_3 平行于 $\pi_{G_1G'_3\text{-}\mu_1\nu_1}$ 的充分必要条件是

$$\mathrm{D}_{Q_1\text{-}\pi_{G_1G'_3\text{-}\mu_1\nu_1}} + \mathrm{D}_{P_1\text{-}\pi_{G_1G'_3\text{-}\mu_1\nu_1}} = \mathrm{D}_{Q_2\text{-}\pi_{G_1G'_3\text{-}\mu_1\nu_1}} + \mathrm{D}_{P_4\text{-}\pi_{G_1G'_3\text{-}\mu_1\nu_1}}; \qquad (5.2.16)$$

(2) P_4P_1 平行于 $\pi_{G_1G'_3\text{-}\mu_1\nu_1}$ 的充分必要条件是

$$\mathrm{D}_{Q_1\text{-}\pi_{G_1G'_3\text{-}\mu_1\nu_1}} + \mathrm{D}_{P_2\text{-}\pi_{G_1G'_3\text{-}\mu_1\nu_1}} = \mathrm{D}_{Q_2\text{-}\pi_{G_1G'_3\text{-}\mu_1\nu_1}} + \mathrm{D}_{P_1\text{-}\pi_{G_1G'_3\text{-}\mu_1\nu_1}};$$

(3) P_3P_4 平行于 $\pi_{G_2G'_4\text{-}\mu_2\nu_2}$ 的充分必要条件是

$$\mathrm{D}_{Q_1\text{-}\pi_{G_2G'_4\text{-}\mu_2\nu_2}} + \mathrm{D}_{P_2\text{-}\pi_{G_2G'_4\text{-}\mu_2\nu_2}} = \mathrm{D}_{Q_2\text{-}\pi_{G_2G'_4\text{-}\mu_2\nu_2}} + \mathrm{D}_{P_1\text{-}\pi_{G_2G'_4\text{-}\mu_2\nu_2}};$$

(4) P_1P_2 平行于 $\pi_{G_2G'_4\text{-}\mu_2\nu_2}$ 的充分必要条件是

$$\mathrm{D}_{Q_1\text{-}\pi_{G_2G'_4\text{-}\mu_2\nu_2}} + \mathrm{D}_{P_3\text{-}\pi_{G_2G'_4\text{-}\mu_2\nu_2}} = \mathrm{D}_{Q_2\text{-}\pi_{G_2G'_4\text{-}\mu_2\nu_2}} + \mathrm{D}_{P_4\text{-}\pi_{G_2G'_4\text{-}\mu_2\nu_2}};$$

(5) P_4P_1 平行于 $\pi_{G_3G'_1\text{-}\mu_3\nu_3}$ 的充分必要条件是

$$\mathrm{D}_{Q_1\text{-}\pi_{G_3G'_1\text{-}\mu_3\nu_3}} + \mathrm{D}_{P_2\text{-}\pi_{G_3G'_1\text{-}\mu_3\nu_3}} = \mathrm{D}_{Q_2\text{-}\pi_{G_3G'_1\text{-}\mu_3\nu_3}} + \mathrm{D}_{P_3\text{-}\pi_{G_3G'_1\text{-}\mu_3\nu_3}};$$

(6) P_2P_3 平行于 $\pi_{G_3G'_1\text{-}\mu_3\nu_3}$ 的充分必要条件是

$$\mathrm{D}_{Q_1\text{-}\pi_{G_3G'_1\text{-}\mu_3\nu_3}} + \mathrm{D}_{P_4\text{-}\pi_{G_3G'_1\text{-}\mu_3\nu_3}} = \mathrm{D}_{Q_2\text{-}\pi_{G_3G'_1\text{-}\mu_3\nu_3}} + \mathrm{D}_{P_1\text{-}\pi_{G_3G'_1\text{-}\mu_3\nu_3}};$$

(7) P_1P_2 平行于 $\pi_{G_4G'_2\text{-}\mu_4\nu_4}$ 的充分必要条件是

$$\mathrm{D}_{Q_1\text{-}\pi_{G_4G'_2\text{-}\mu_4\nu_4}} + \mathrm{D}_{P_4\text{-}\pi_{G_4G'_2\text{-}\mu_4\nu_4}} = \mathrm{D}_{Q_2\text{-}\pi_{G_4G'_2\text{-}\mu_4\nu_4}} + \mathrm{D}_{P_3\text{-}\pi_{G_4G'_2\text{-}\mu_4\nu_4}};$$

(8) P_3P_4 平行于 $\pi_{G_4G'_2\text{-}\mu_4\nu_4}$ 的充分必要条件是

$$\mathrm{D}_{Q_1\text{-}\pi_{G_3G'_1\text{-}\mu_3\nu_3}} + \mathrm{D}_{P_1\text{-}\pi_{G_3G'_1\text{-}\mu_3\nu_3}} = \mathrm{D}_{Q_2\text{-}\pi_{G_3G'_1\text{-}\mu_3\nu_3}} + \mathrm{D}_{P_2\text{-}\pi_{G_3G'_1\text{-}\mu_3\nu_3}}.$$

证明 (1) 根据定理 5.2.1, 由式 (5.2.2) 和 (5.2.3), 仿定理 5.2.4 证明, 即得 P_2P_3 平行于 $\pi_{G_1G_3'-\mu_1\nu_1}$ 的充分必要条件是式 (5.2.16) 成立.

类似地, 可以证明, (2)～(8) 中结论成立.

推论 5.2.6 设 $Q_1\text{-}P_1P_2P_3P_4\text{-}Q_2$ 是三角形八面体, G_i, G_i' 分别是上、下侧面 $Q_1P_iP_{i+1}, Q_2P_iP_{i+1}(i=1,2,3,4)$ 的重心, $\pi_{G_iG_{i+2}'-\mu_i\nu_i}$ 是 $G_iG_{i+2}'(i=1,2,3,4)$ 的重心线包络面, 则

(1) 若 P_2P_3 平行于 $\pi_{G_1G_3'-\mu_1\nu_1}$, 则 Q_1Q_2 平行于的 $\pi_{G_1G_3'-\mu_1\nu_1}$ 充分必要条件是 P_4P_1 平行于的 $\pi_{G_1G_3'-\mu_1\nu_1}$; Q_1P_4 平行于的 $\pi_{G_1G_3'-\mu_1\nu_1}$ 充分必要条件是 Q_2P_1 平行于的 $\pi_{G_1G_3'-\mu_1\nu_1}$.

(2) 若 P_4P_1 平行于 $\pi_{G_1G_3'-\mu_1\nu_1}$, 则 Q_1Q_2 平行于的 $\pi_{G_1G_3'-\mu_1\nu_1}$ 充分必要条件是 P_1P_2 平行于的 $\pi_{G_1G_3'-\mu_1\nu_1}$; Q_1P_1 平行于的 $\pi_{G_1G_3'-\mu_1\nu_1}$ 充分必要条件是 Q_2P_2 平行于的 $\pi_{G_1G_3'-\mu_1\nu_1}$.

(3) 若 P_3P_4 平行于 $\pi_{G_2G_4'-\mu_2\nu_2}$, 则 Q_1Q_2 平行于的 $\pi_{G_2G_4'-\mu_2\nu_2}$ 充分必要条件是 P_1P_2 平行于的 $\pi_{G_2G_4'-\mu_2\nu_2}$; Q_1P_1 平行于的 $\pi_{G_2G_4'-\mu_2\nu_2}$ 充分必要条件是 Q_2P_2 平行于的 $\pi_{G_2G_4'-\mu_2\nu_2}$.

(4) 若 P_1P_2 平行于 $\pi_{G_2G_4'-\mu_2\nu_2}$, 则 Q_1Q_2 平行于的 $\pi_{G_2G_4'-\mu_2\nu_2}$ 充分必要条件是 P_3P_4 平行于的 $\pi_{G_2G_4'-\mu_2\nu_2}$; Q_1P_4 平行于的 $\pi_{G_2G_4'-\mu_2\nu_2}$ 充分必要条件是 Q_2P_3 平行于的 $\pi_{G_2G_4'-\mu_2\nu_2}$.

(5) 若 P_4P_1 平行于 $\pi_{G_3G_1'-\mu_3\nu_3}$, 则 Q_1Q_2 平行于的 $\pi_{G_3G_1'-\mu_3\nu_3}$ 充分必要条件是 P_2P_3 平行于的 $\pi_{G_3G_1'-\mu_3\nu_3}$; Q_1P_3 平行于的 $\pi_{G_3G_1'-\mu_3\nu_3}$ 充分必要条件是 Q_2P_2 平行于的 $\pi_{G_3G_1'-\mu_3\nu_3}$.

(6) 若 P_2P_3 平行于 $\pi_{G_3G_1'-\mu_3\nu_3}$, 则 Q_1Q_2 平行于的 $\pi_{G_3G_1'-\mu_3\nu_3}$ 充分必要条件是 P_4P_1 平行于的 $\pi_{G_3G_1'-\mu_3\nu_3}$; Q_1P_1 平行于的 $\pi_{G_3G_1'-\mu_3\nu_3}$ 充分必要条件是 Q_2P_4 平行于的 $\pi_{G_3G_1'-\mu_3\nu_3}$.

(7) 若 P_1P_2 平行于 $\pi_{G_4G_2'-\mu_4\nu_4}$, 则 Q_1Q_2 平行于的 $\pi_{G_4G_2'-\mu_4\nu_4}$ 充分必要条件是 P_3P_4 平行于的 $\pi_{G_4G_2'-\mu_4\nu_4}$; Q_1P_3 平行于的 $\pi_{G_4G_2'-\mu_4\nu_4}$ 充分必要条件是 Q_2P_4 平行于的 $\pi_{G_4G_2'-\mu_4\nu_4}$.

(8) 若 P_3P_4 平行于 $\pi_{G_4G_2'-\mu_4\nu_4}$, 则 Q_1Q_2 平行于的 $\pi_{G_4G_2'-\mu_4\nu_4}$ 充分必要条件是 P_1P_2 平行于的 $\pi_{G_4G_2'-\mu_4\nu_4}$; Q_1P_2 平行于的 $\pi_{G_4G_2'-\mu_4\nu_4}$ 充分必要条件是 Q_2P_1 平行于的 $\pi_{G_4G_2'-\mu_4\nu_4}$.

证明 根据定理 5.2.6, 仿推论 5.2.3 证明, 即得 (1)～(8) 中结论.

5.3　三角形八面体顶点到对面重心线面的有向距离与应用

本节主要应用有向度量法, 研究三角形八面体顶点到对面重心线面有向距离的有关问题. 首先, 给出三角形八面体对面重心线面的概念; 其次, 给出三角形八面体顶点到对面重心线面有向距离 (距离) 公式; 最后, 应用三角形八面体顶点到对面重心线面的有向距离 (距离) 公式, 得出相应的有向体积 (体积) 公式, 以及三角形八面体一面上三个顶点到对面重心线面有向距离 (距离) 之间的关系、对面重心线通过三角形八面体一面上一点和该面上一条棱中点的充分必要条件, 以及对面重心线四边形中面积 (有向面积) 相等的一些结论.

5.3.1　三角形八面体对面重心线面的概念

定义 5.3.1　设 $Q_1\text{-}P_1P_2P_3P_4\text{-}Q_2$ 是三角形八面体, G_i, G_i' 分别是上、下侧面 $Q_1P_iP_{i+1}, Q_2P_iP_{i+1}(i=1,2,3,4)$ 的重心, 则称 $Q_1\text{-}P_1P_2P_3P_4\text{-}Q_2$ 的任意两对面重心线 $G_iG_{i+2}', G_{i+2}G_i'$ 所确定的四边形 $G_iG_{i+2}G_{i+2}'G_i'(i=1,2)$ 为 $Q_1\text{-}P_1P_2P_3P_4\text{-}Q_2$ 的对面重心线四边形, 简称重心线四边形; $G_iG_{i+2}G_{i+2}'G_i'$ 所在的平面 $\pi_{G_iG_{i+2}G_{i+2}'G_i'}(i=1,2)$ 为 $Q_1\text{-}P_1P_2P_3P_4\text{-}Q_2$ 的对面重心线面, 简称重心线面.

显然, $Q_1\text{-}P_1P_2P_3P_4\text{-}Q_2$ 的重心线面 $\pi_{G_iG_{i+2}G_{i+2}'G_i'}(i=1,2)$ 是重心线包络面的特殊情形, 它既是过重心线 G_iG_{i+2}' 的包络面, 也是过重心线 $G_{i+2}G_i'$ 的包络面. 因此, 本节中的所有结论, 对具有同化性质的包络面亦成立.

5.3.2　三角形八面体顶点到对面重心线面的有向距离公式

定理 5.3.1　设 $Q_1\text{-}P_1P_2P_3P_4\text{-}Q_2$ 是三角形八面体, G_i, G_i' 分别是上、下侧面 $Q_1P_iP_{i+1}, Q_2P_iP_{i+1}(i=1,3)$ 的重心, $\pi_{G_1G_3G_3'G_1'}$ 是 $Q_1\text{-}P_1P_2P_3P_4\text{-}Q_2$ 的重心线面. 记 $F_1(P)=9\mathrm{a}_{G_1G_3G_3'}\mathrm{D}_{P\text{-}\pi_{G_1G_3G_3'G_1'}}=9\mathrm{a}_{G_3G_3'G_1'}\mathrm{D}_{P\text{-}\pi_{G_1G_3G_3'G_1'}}=9\mathrm{a}_{G_3'G_1'G_1}\cdot\mathrm{D}_{P\text{-}\pi_{G_1G_3G_3'G_1'}}=9\mathrm{a}_{G_1'G_1G_3}\mathrm{D}_{P\text{-}\pi_{G_1G_3G_3'G_1'}}$, 则

$$F_1(P_1)=\sum_{i=1}^{2}\left(\mathrm{D}_{Q_1P_{i+3}P_iP_{i+1}}-\mathrm{D}_{Q_2P_{i+3}P_iP_{i+1}}-\mathrm{D}_{Q_1Q_2P_iP_{i+2}}\right)+\mathrm{D}_{Q_1Q_2P_1P_2},$$

$$(5.3.1)$$

$$F_1(P_2)=\sum_{i=1}^{2}\left(\mathrm{D}_{Q_2P_{i+3}P_iP_{i+1}}-\mathrm{D}_{Q_1P_{i+3}P_iP_{i+1}}-\mathrm{D}_{Q_1Q_2P_2P_{i+2}}\right)-\mathrm{D}_{Q_1Q_2P_1P_2},$$

$$(5.3.2)$$

$$F_1(P_3) = \sum_{i=1}^{2} \left(D_{Q_2 P_{i+1} P_{i+2} P_{i+3}} - D_{Q_1 P_{i+1} P_{i+2} P_{i+3}} - D_{Q_1 Q_2 P_{i+1} P_{i+2}} \right) - D_{Q_1 Q_2 P_1 P_3},$$

$$(5.3.3)$$

$$F_1(P_4) = \sum_{i=1}^{2} \left(D_{Q_1 P_{i+1} P_{i+2} P_{i+3}} - D_{Q_2 P_{i+1} P_{i+2} P_{i+3}} + D_{Q_1 Q_2 P_4 P_i} \right) + D_{Q_1 Q_2 P_3 P_4};$$

$$(5.3.4)$$

$$F_1(Q_1) = F_1(Q_2) = D_{Q_1 Q_2 P_1 P_3} + D_{Q_1 Q_2 P_1 P_4} + D_{Q_1 Q_2 P_2 P_3} + D_{Q_1 Q_2 P_2 P_4}. \quad (5.3.5)$$

证明 如图 5.3.1 所示. 设 Q_1-$P_1 P_2 P_3 P_4$-Q_2 顶点的坐标分别为 $Q_i(a_i, b_i, c_i)$ $(i = 1, 2)$; $P_i(x_i, y_i, z_i)(i = 1, 2, 3, 4)$, 于是上、下侧面 $Q_1 P_i P_{i+1}, Q_2 P_i P_{i+1}$ 重心的坐标分别为

$$G_i \left(\frac{a_1 + x_i + x_{i+1}}{3}, \frac{b_1 + y_i + y_{i+1}}{3}, \frac{c_1 + z_i + z_{i+1}}{3} \right) \quad (i = 1, 3),$$

$$G_i' \left(\frac{a_2 + x_i + x_{i+1}}{3}, \frac{b_2 + y_i + y_{i+1}}{3}, \frac{c_2 + z_i + z_{i+1}}{3} \right) \quad (i = 1, 3).$$

因为重心线面 $\pi_{G_1 G_3 G_3' G_1'}$ 与重心线三角面 $\pi_{G_1 G_3 G_3'}, \pi_{G_3 G_3' G_1'}, \pi_{G_3' G_1' G_1},$ $\pi_{G_1' G_1 G_3}$ 同向重合, 所以 Q_1-$P_1 P_2 P_3 P_4$-Q_2 的任一点顶点到以上五个平面的有向距离相等.

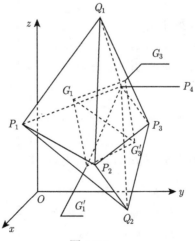

图 5.3.1

又因为 $\pi_{G_1G_3G'_3}$ 的方程为

$$x\mathrm{Prj}_{yz}\mathrm{D}_{G_1G_3G'_3} + y\mathrm{Prj}_{zx}\mathrm{D}_{G_1G_3G'_3} + z\mathrm{Prj}_{xy}\mathrm{D}_{G_1G_3G'_3} - \Delta_{G_1G_3G'_3} = 0,$$

其中

$$\Delta_{G_1G_3G'_3} = \frac{1}{2}\begin{vmatrix} (a_1+x_1+x_2)/3 & (b_1+y_1+y_2)/3 & (c_1+z_1+z_2)/3 \\ (a_1+x_3+x_4)/3 & (b_1+y_3+y_4)/3 & (c_1+z_3+z_4)/3 \\ (a_2+x_3+x_4)/3 & (b_2+y_3+y_4)/3 & (c_2+z_3+z_4)/3 \end{vmatrix}.$$

于是由点到平面的有向距离公式, 可得

$$\mathrm{a}_{G_1G_3G'_3}\mathrm{D}_{P_1 - \pi_{G_1G_3G'_3G'_1}} = \mathrm{a}_{G_1G_3G'_3}\mathrm{D}_{P_1 - \pi_{G_1G_3G'_3}}$$

$$= x_1\mathrm{Prj}_{yz}\mathrm{D}_{G_1G'_3G'_3} + y_1\mathrm{Prj}_{zx}\mathrm{D}_{G_1G'_3G'_3} + z_1\mathrm{Prj}_{xy}\mathrm{D}_{G_1G'_3G'_3} - \Delta_{G_1G'_3G'_3}$$

$$= \frac{1}{2}\begin{vmatrix} x_1 & y_1 & z_1 & 1 \\ (a_1+x_1+x_2)/3 & (b_1+y_1+y_2)/3 & (c_1+z_1+z_2)/3 & 1 \\ (a_1+x_3+x_4)/3 & (b_1+y_3+y_4)/3 & (c_1+z_3+z_4)/3 & 1 \\ (a_2+x_3+x_4)/3 & (b_2+y_3+y_4)/3 & (c_2+z_3+z_4)/3 & 1 \end{vmatrix}$$

$$= \frac{1}{54}\begin{vmatrix} x_1 & y_1 & z_1 & 1 \\ a_1+x_1+x_2 & b_1+y_1+y_2 & c_1+z_1+z_2 & 3 \\ a_1+x_3+x_4 & b_1+y_3+y_4 & c_1+z_3+z_4 & 3 \\ a_2+x_3+x_4 & b_2+y_3+y_4 & c_2+z_3+z_4 & 3 \end{vmatrix}$$

$$= \frac{1}{54}\begin{vmatrix} x_1 & y_1 & z_1 & 1 \\ a_1+x_2 & b_1+y_2 & c_1+z_2 & 2 \\ a_1+x_3+x_4 & b_1+y_3+y_4 & c_1+z_3+z_4 & 3 \\ a_2+x_3+x_4 & b_2+y_3+y_4 & c_2+z_3+z_4 & 3 \end{vmatrix}$$

$$= \frac{1}{54}\begin{vmatrix} x_1 & y_1 & z_1 & 1 \\ a_1+x_2 & b_1+y_2 & c_1+z_2 & 2 \\ a_1 & b_1 & c_1 & 1 \\ a_2+x_3+x_4 & b_2+y_3+y_4 & c_2+z_3+z_4 & 3 \end{vmatrix}$$

$$+ \frac{1}{54}\begin{vmatrix} x_1 & y_1 & z_1 & 1 \\ a_1+x_2 & b_1+y_2 & c_1+z_2 & 2 \\ x_3+x_4 & y_3+y_4 & z_3+z_4 & 2 \\ a_2+x_3+x_4 & b_2+y_3+y_4 & c_2+z_3+z_4 & 3 \end{vmatrix}$$

$$=\frac{1}{54}\begin{vmatrix} x_1 & y_1 & z_1 & 1 \\ x_2 & y_2 & z_2 & 1 \\ a_1 & b_1 & c_1 & 1 \\ a_2+x_3+x_4 & b_2+y_3+y_4 & c_2+z_3+z_4 & 3 \end{vmatrix}$$

$$+\frac{1}{54}\begin{vmatrix} x_1 & y_1 & z_1 & 1 \\ a_1+x_2 & b_1+y_2 & c_1+z_2 & 2 \\ x_3+x_4 & y_3+y_4 & z_3+z_4 & 2 \\ a_2 & b_2 & c_2 & 1 \end{vmatrix}$$

$$=\frac{1}{9}\left(\mathrm{D}_{P_1P_2Q_1Q_2}+\mathrm{D}_{P_1P_2Q_1P_3}+\mathrm{D}_{P_1P_2Q_1P_4}+\mathrm{D}_{P_1Q_1P_3Q_2}+\mathrm{D}_{P_1Q_1P_4Q_2}+\mathrm{D}_{P_1P_2P_3Q_2}\right.$$

$$\left.+\mathrm{D}_{P_1P_2P_4Q_2}\right)$$

$$=\frac{1}{9}\left[\sum_{i=1}^{2}\left(\mathrm{D}_{Q_1P_{i+3}P_iP_{i+1}}-\mathrm{D}_{Q_2P_{i+3}P_iP_{i+1}}-\mathrm{D}_{Q_1Q_2P_1P_{i+2}}\right)+\mathrm{D}_{Q_1Q_2P_1P_2}\right],$$

因此, 式 (5.3.1) 的第一部分成立.

同理, 可以证明式 (5.3.1) 的后三部分成立.

类似地, 可以证明式 (5.3.2)~(5.3.5) 成立.

推论 5.3.1 设 Q_1-$P_1P_2P_3P_4$-Q_2 是三角形八面体, G_i, G_i' 分别是上、下侧面 $Q_1P_iP_{i+1}, Q_2P_iP_{i+1}(i=1,3)$ 的重心, $\pi_{G_1G_3G_3'G_1'}$ 是 Q_1-$P_1P_2P_3P_4$-Q_2 的重心线面. 记 $f_1(P)=9\mathrm{a}_{G_1G_3G_3'}\mathrm{d}_{P\text{-}\pi_{G_1G_3G_3'G_1'}}=9\mathrm{a}_{G_3G_3'G_1'}\mathrm{d}_{P\text{-}\pi_{G_1G_3G_3'G_1'}}=9\mathrm{a}_{G_3'G_1'G_1}\mathrm{d}_{P\text{-}\pi_{G_1G_3G_3'G_1'}}$ $=9\mathrm{a}_{G_1'G_1G_3}\mathrm{d}_{P\text{-}\pi_{G_1G_3G_3'G_1'}}$, 则

$$f_1(P_1)=\left|\sum_{i=1}^{2}\left(\mathrm{D}_{Q_1P_{i+3}P_iP_{i+1}}-\mathrm{D}_{Q_2P_{i+3}P_iP_{i+1}}-\mathrm{D}_{Q_1Q_2P_1P_{i+2}}\right)+\mathrm{D}_{Q_1Q_2P_1P_2}\right|,$$
(5.3.6)

$$f_1(P_2)=\left|\sum_{i=1}^{2}\left(\mathrm{D}_{Q_2P_{i+3}P_iP_{i+1}}-\mathrm{D}_{Q_1P_{i+3}P_iP_{i+1}}-\mathrm{D}_{Q_1Q_2P_2P_{i+2}}\right)-\mathrm{D}_{Q_1Q_2P_1P_2}\right|,$$
(5.3.7)

$$f_1(P_3)=\left|\sum_{i=1}^{2}\left(\mathrm{D}_{Q_2P_{i+1}P_{i+2}P_{i+3}}-\mathrm{D}_{Q_1P_{i+1}P_{i+2}P_{i+3}}-\mathrm{D}_{Q_1Q_2P_{i+1}P_{i+2}}\right)-\mathrm{D}_{Q_1Q_2P_1P_3}\right|,$$
(5.3.8)

$$f_1(P_4) = \left| \sum_{i=1}^{2} \left(D_{Q_1 P_{i+1} P_{i+2} P_{i+3}} - D_{Q_2 P_{i+1} P_{i+2} P_{i+3}} + D_{Q_1 Q_2 P_4 P_i} \right) + D_{Q_1 Q_2 P_3 P_4} \right|;$$

$$(5.3.9)$$

$$f_1(Q_1) = f_1(Q_2) = \left| D_{Q_1 Q_2 P_1 P_3} + D_{Q_1 Q_2 P_1 P_4} + D_{Q_1 Q_2 P_2 P_3} + D_{Q_1 Q_2 P_2 P_4} \right|.$$

$$(5.3.10)$$

证明　根据定理 5.3.1, 式 (5.3.1)~(5.3.5) 等号两边取绝对值, 即得式 (5.3.6)~(5.3.10).

定理 5.3.2　设 $Q_1\text{-}P_1 P_2 P_3 P_4\text{-}Q_2$ 是三角形八面体, G_i, G_i' 分别是上、下侧面 $Q_1 P_i P_{i+1}, Q_2 P_i P_{i+1}(i=2,4)$ 的重心, $\pi_{G_2 G_4 G_4' G_2'}$ 是 $Q_1\text{-}P_1 P_2 P_3 P_4\text{-}Q_2$ 的重心线面. 记 $F_2(P) = 9\mathrm{a}_{G_2 G_4 G_4'} D_{P\text{-}\pi_{G_2 G_4 G_4' G_2'}} = 9\mathrm{a}_{G_4 G_4' G_2'} D_{P\text{-}\pi_{G_2 G_4 G_4' G_2'}} = 9\mathrm{a}_{G_4' G_2' G_2} D_{P\text{-}\pi_{G_2 G_4 G_4' G_2'}} = 9\mathrm{a}_{G_2' G_2 G_4} D_{P\text{-}\pi_{G_2 G_4 G_4' G_2'}}$, 则

$$F_2(P_1) = \sum_{i=1}^{2} \left(D_{Q_1 P_{i+3} P_i P_{i+1}} - D_{Q_2 P_{i+3} P_i P_{i+1}} + D_{Q_1 Q_2 P_i P_{i+1}} \right) - D_{Q_1 Q_2 P_1 P_4},$$

$$(5.3.11)$$

$$F_2(P_2) = \sum_{i=1}^{2} \left(D_{Q_1 P_i P_{i+1} P_{i+2}} - D_{Q_2 P_i P_{i+1} P_{i+2}} + D_{Q_1 Q_2 P_i P_{i+1}} \right) - D_{Q_1 Q_2 P_2 P_4},$$

$$(5.3.12)$$

$$F_2(P_3) = \sum_{i=1}^{2} \left(D_{Q_2 P_i P_{i+1} P_{i+2}} - D_{Q_1 P_i P_{i+1} P_{i+2}} - D_{Q_1 Q_2 P_{i+1} P_{i+2}} \right) + D_{Q_1 Q_2 P_1 P_3},$$

$$(5.3.13)$$

$$F_2(P_4) = \sum_{i=1}^{2} \left(D_{Q_2 P_{i+2} P_{i+3} P_i} - D_{Q_1 P_{i+2} P_{i+3} P_i} + D_{Q_1 Q_2 P_4 P_{i+1}} \right) + D_{Q_1 Q_2 P_1 P_4};$$

$$(5.3.14)$$

$$F_2(Q_1) = F_2(Q_2) = D_{Q_1 Q_2 P_2 P_4} + D_{Q_1 Q_2 P_3 P_4} - D_{Q_1 Q_2 P_1 P_2} - D_{Q_1 Q_2 P_1 P_3}. \quad (5.3.15)$$

证明　仿定理 5.3.1 证明, 即得式 (5.3.11)~(5.3.15).

推论 5.3.2　设 $Q_1\text{-}P_1 P_2 P_3 P_4\text{-}Q_2$ 是三角形八面体, G_i, G_i' 分别是上、下侧面 $Q_1 P_i P_{i+1}, Q_2 P_i P_{i+1}(i=2,4)$ 的重心, $\pi_{G_2 G_4 G_4' G_2'}$ 是 $Q_1\text{-}P_1 P_2 P_3 P_4\text{-}Q_2$ 的重心线面. 记 $f_2(P) = 9\mathrm{a}_{G_2 G_4 G_4'} \mathrm{d}_{P\text{-}\pi_{G_2 G_4 G_4' G_2'}} = 9\mathrm{a}_{G_4 G_4' G_2'} \mathrm{d}_{P\text{-}\pi_{G_2 G_4 G_4' G_2'}} = 9\mathrm{a}_{G_4' G_2' G_2}$

$$\mathrm{d}_{P\text{-}\pi_{G_2G_4G'_4G'_2}} = 9a_{G'_2G_2G_4}\mathrm{d}_{P\text{-}\pi_{G_2G_4G'_4G'_2}}, \quad \text{则}$$

$$f_2(P_1) = \left| \mathrm{D}_{Q_1Q_2P_1P_4} - \sum_{i=1}^{2} \left(\mathrm{D}_{Q_1P_{i+3}P_iP_{i+1}} - \mathrm{D}_{Q_2P_{i+3}P_iP_{i+1}} + \mathrm{D}_{Q_1Q_2P_iP_{i+1}} \right) \right|,$$
$$(5.3.16)$$

$$f_2(P_2) = \left| \mathrm{D}_{Q_1Q_2P_2P_4} - \sum_{i=1}^{2} \left(\mathrm{D}_{Q_1P_iP_{i+1}P_{i+2}} - \mathrm{D}_{Q_2P_iP_{i+1}P_{i+2}} + \mathrm{D}_{Q_1Q_2P_iP_{i+1}} \right) \right|,$$
$$(5.3.17)$$

$$f_2(P_3) = \left| \mathrm{D}_{Q_1Q_2P_1P_3} + \sum_{i=1}^{2} \left(\mathrm{D}_{Q_2P_iP_{i+1}P_{i+2}} - \mathrm{D}_{Q_1P_iP_{i+1}P_{i+2}} - \mathrm{D}_{Q_1Q_2P_{i+1}P_{i+2}} \right) \right|,$$
$$(5.3.18)$$

$$f_2(P_4) = \left| \mathrm{D}_{Q_1Q_2P_1P_4} + \sum_{i=1}^{2} \left(\mathrm{D}_{Q_2P_{i+2}P_{i+3}P_i} - \mathrm{D}_{Q_1P_{i+2}P_{i+3}P_i} + \mathrm{D}_{Q_1Q_2P_4P_{i+1}} \right) \right|;$$
$$(5.3.19)$$

$$f_2(Q_1) = f_2(Q_2) = \left| \mathrm{D}_{Q_1Q_2P_2P_4} + \mathrm{D}_{Q_1Q_2P_3P_4} - \mathrm{D}_{Q_1Q_2P_1P_2} - \mathrm{D}_{Q_1Q_2P_1P_3} \right|.$$
$$(5.3.20)$$

证明 根据定理 5.3.2, 仿推论 5.3.1 证明, 即得式 (5.3.16)～(5.3.20).

5.3.3 三角形八面体顶点到对面重心线面有向距离公式的应用

根据定理 1.2.3, 可以得出定理 5.3.1 和定理 5.3.2 中有向距离公式相应的有向体积 (体积) 公式. 兹列如下.

定理 5.3.3 设 $Q_1\text{-}P_1P_2P_3P_4\text{-}Q_2$ 是三角形八面体, G_i, G'_i 分别是上、下侧面 $Q_1P_iP_{i+1}, Q_2P_iP_{i+1}(i = 1, 3)$ 的重心, $G_1G_3G'_3G'_1$ 是 $Q_1\text{-}P_1P_2P_3P_4\text{-}Q_2$ 的重心线四边形. 记 $G_1(P) = 27\mathrm{D}_{PG_1G_3G'_3} = 27\mathrm{D}_{PG_3G'_3G'_1} = 27\mathrm{D}_{PG'_3G'_1G_1} = 27\mathrm{D}_{PG'_1G_1G_3}$, 则

$$G_1(P_1) = \sum_{i=1}^{2} \left(\mathrm{D}_{Q_1P_{i+3}P_iP_{i+1}} - \mathrm{D}_{Q_2P_{i+3}P_iP_{i+1}} - \mathrm{D}_{Q_1Q_2P_1P_{i+2}} \right) + \mathrm{D}_{Q_1Q_2P_1P_2},$$

$$G_1(P_2) = \sum_{i=1}^{2} \left(\mathrm{D}_{Q_2P_{i+3}P_iP_{i+1}} - \mathrm{D}_{Q_1P_{i+3}P_iP_{i+1}} - \mathrm{D}_{Q_1Q_2P_2P_{i+2}} \right) - \mathrm{D}_{Q_1Q_2P_1P_2},$$

$$G_1(P_3) = \sum_{i=1}^{2} \left(\mathrm{D}_{Q_2P_{i+1}P_{i+2}P_{i+3}} - \mathrm{D}_{Q_1P_{i+1}P_{i+2}P_{i+3}} - \mathrm{D}_{Q_1Q_2P_{i+1}P_{i+2}} \right) - \mathrm{D}_{Q_1Q_2P_1P_3},$$

$$G_1(P_3) = \sum_{i=1}^{2} \left(D_{Q_1P_{i+1}P_{i+2}P_{i+3}} - D_{Q_2P_{i+1}P_{i+2}P_{i+3}} + D_{Q_1Q_2P_4P_i} \right) + D_{Q_1Q_2P_3P_4};$$

$$G_1(Q_1) = G_1(Q_2) = D_{Q_1Q_2P_1P_3} + D_{Q_1Q_2P_1P_4} + D_{Q_1Q_2P_2P_3} + D_{Q_1Q_2P_2P_4}.$$

推论 5.3.3　设 $Q_1\text{-}P_1P_2P_3P_4\text{-}Q_2$ 是三角形八面体, G_i, G_i' 分别是上、下侧面 $Q_1P_iP_{i+1}, Q_2P_iP_{i+1}(i=1,3)$ 的重心, $G_1G_3G_3'G_1'$ 是 $Q_1\text{-}P_1P_2P_3P_4\text{-}Q_2$ 的重心线四边形. 记 $g_1(P) = 27v_{PG_1G_3G_3'} = 27v_{PG_3G_3'G_1'} = 27v_{PG_3'G_1'G_1} = 27v_{PG_1'G_1G_3}$, 则

$$g_1(P_1) = \left| \sum_{i=1}^{2} \left(D_{Q_1P_{i+3}P_iP_{i+1}} - D_{Q_2P_{i+3}P_iP_{i+1}} - D_{Q_1Q_2P_1P_{i+2}} \right) + D_{Q_1Q_2P_1P_2} \right|,$$

$$g_1(P_2) = \left| \sum_{i=1}^{2} \left(D_{Q_2P_{i+3}P_iP_{i+1}} - D_{Q_1P_{i+3}P_iP_{i+1}} - D_{Q_1Q_2P_2P_{i+2}} \right) - D_{Q_1Q_2P_1P_2} \right|,$$

$$g_1(P_3) = \left| \sum_{i=1}^{2} \left(D_{Q_2P_{i+1}P_{i+2}P_{i+3}} - D_{Q_1P_{i+1}P_{i+2}P_{i+3}} - D_{Q_1Q_2P_{i+1}P_{i+2}} \right) - D_{Q_1Q_2P_1P_3} \right|,$$

$$g_1(P_4) = \left| \sum_{i=1}^{2} \left(D_{Q_1P_{i+1}P_{i+2}P_{i+3}} - D_{Q_2P_{i+1}P_{i+2}P_{i+3}} + D_{Q_1Q_2P_4P_i} \right) + D_{Q_1Q_2P_3P_4} \right|;$$

$$g_1(Q_1) = g_1(Q_2) = \left| D_{Q_1Q_2P_1P_3} + D_{Q_1Q_2P_1P_4} + D_{Q_1Q_2P_2P_3} + D_{Q_1Q_2P_2P_4} \right|.$$

定理 5.3.4　设 $Q_1\text{-}P_1P_2P_3P_4\text{-}Q_2$ 是三角形八面体, G_i, G_i' 分别是上、下侧面 $Q_1P_iP_{i+1}, Q_2P_iP_{i+1}(i=2,4)$ 的重心, $G_2G_4G_4'G_2'$ 是 $Q_1\text{-}P_1P_2P_3P_4\text{-}Q_2$ 的重心线四边形. 记 $G_2(P) = 27D_{PG_2G_4G_4'} = 27D_{PG_4G_4'G_2'} = 27D_{PG_4'G_2'G_2} = 27D_{PG_2'G_2G_4}$, 则

$$G_2(P_1) = \sum_{i=1}^{2} \left(D_{Q_1P_{i+3}P_iP_{i+1}} - D_{Q_2P_{i+3}P_iP_{i+1}} + D_{Q_1Q_2P_iP_{i+1}} \right) - D_{Q_1Q_2P_1P_4},$$

$$G_2(P_2) = \sum_{i=1}^{2} \left(D_{Q_1P_iP_{i+1}P_{i+2}} - D_{Q_2P_iP_{i+1}P_{i+2}} + D_{Q_1Q_2P_iP_{i+1}} \right) - D_{Q_1Q_2P_2P_4},$$

$$G_2(P_3) = \sum_{i=1}^{2} \left(D_{Q_2P_iP_{i+1}P_{i+2}} - D_{Q_1P_iP_{i+1}P_{i+2}} - D_{Q_1Q_2P_{i+1}P_{i+2}} \right) + D_{Q_1Q_2P_1P_3},$$

$$G_2(P_4) = D_{Q_1Q_2P_1P_4} + \sum_{i=1}^{2} \left(D_{Q_2P_{i+2}P_{i+3}P_i} - D_{Q_1P_{i+2}P_{i+3}P_i} + D_{Q_1Q_2P_4P_{i+1}} \right);$$

$$G_2(Q_1) = G_2(Q_2) = D_{Q_1Q_2P_2P_4} + D_{Q_1Q_2P_3P_4} - D_{Q_1Q_2P_1P_2} - D_{Q_1Q_2P_1P_3}.$$

推论 5.3.4 设 $Q_1\text{-}P_1P_2P_3P_4\text{-}Q_2$ 是三角形八面体, G_i, G_i' 分别是上、下侧面 $Q_1P_iP_{i+1}, Q_2P_iP_{i+1}(i=2,4)$ 的重心, $G_2G_4G_4'G_2'$ 是 $Q_1\text{-}P_1P_2P_3P_4\text{-}Q_2$ 的重心线四边形. 记 $g_2(P)=27\mathrm{v}_{PG_2G_4G_4'}=27\mathrm{v}_{PG_4G_4'G_2'}=27\mathrm{v}_{PG_4'G_2'G_2}=27\mathrm{v}_{PG_2'G_2G_4}$, 则

$$g_2(P_1)=\left|\sum_{i=1}^{2}\left(\mathrm{D}_{Q_1P_{i+3}P_iP_{i+1}}-\mathrm{D}_{Q_2P_{i+3}P_iP_{i+1}}+\mathrm{D}_{Q_1Q_2P_iP_{i+1}}\right)-\mathrm{D}_{Q_1Q_2P_1P_4}\right|,$$

$$g_2(P_2)=\left|\sum_{i=1}^{2}\left(\mathrm{D}_{Q_1P_iP_{i+1}P_{i+2}}-\mathrm{D}_{Q_2P_iP_{i+1}P_{i+2}}+\mathrm{D}_{Q_1Q_2P_iP_{i+1}}\right)-\mathrm{D}_{Q_1Q_2P_2P_4}\right|,$$

$$g_2(P_3)=\left|\sum_{i=1}^{2}\left(\mathrm{D}_{Q_2P_iP_{i+1}P_{i+2}}-\mathrm{D}_{Q_1P_iP_{i+1}P_{i+2}}-\mathrm{D}_{Q_1Q_2P_iP_{i+1}}\right)+\mathrm{D}_{Q_1Q_2P_1P_3}\right|,$$

$$g_2(P_4)=\left|\sum_{i=1}^{2}\left(\mathrm{D}_{Q_2P_{i+2}P_{i+3}P_i}-\mathrm{D}_{Q_1P_{i+2}P_{i+3}P_i}+\mathrm{D}_{Q_1Q_2P_4P_{i+1}}\right)+\mathrm{D}_{Q_1Q_2P_1P_4}\right|;$$

$$g_2(Q_1)=g_2(Q_2)=\left|\mathrm{D}_{Q_1Q_2P_2P_4}+\mathrm{D}_{Q_1Q_2P_3P_4}-\mathrm{D}_{Q_1Q_2P_1P_2}-\mathrm{D}_{Q_1Q_2P_1P_3}\right|.$$

定理 5.3.5 设 $Q_1\text{-}P_1P_2P_3P_4\text{-}Q_2$ 是三角形八面体, G_i, G_i' 分别是上、下侧面 $Q_1P_iP_{i+1}, Q_2P_iP_{i+1}(i=1,3)$ 的重心, $\pi_{G_1G_3G_3'G_1'}$ 是 $Q_1\text{-}P_1P_2P_3P_4\text{-}Q_2$ 的重心线面, 则

$$\mathrm{D}_{Q_j\text{-}\pi_{G_1G_3G_3'G_1'}}+\mathrm{D}_{P_1\text{-}\pi_{G_1G_3G_3'G_1'}}+\mathrm{D}_{P_2\text{-}\pi_{G_1G_3G_3'G_1'}}=0\quad(j=1,2),\qquad(5.3.21)$$

$$\mathrm{D}_{Q_j\text{-}\pi_{G_1G_3G_3'G_1'}}+\mathrm{D}_{P_3\text{-}\pi_{G_1G_3G_3'G_1'}}+\mathrm{D}_{P_4\text{-}\pi_{G_1G_3G_3'G_1'}}=0\quad(j=1,2).\qquad(5.3.22)$$

证明 根据定理 5.3.1, 式 (5.3.2)+(5.3.3)+(5.3.5), 可得

$$9\mathrm{a}_{G_1G_3G_3'}\left(\mathrm{D}_{Q_j\text{-}\pi_{G_1G_3G_3'G_1'}}+\mathrm{D}_{P_1\text{-}\pi_{G_1G_3G_3'G_1'}}+\mathrm{D}_{P_2\text{-}\pi_{G_1G_3G_3'G_1'}}\right)=0.$$

由于 $9\mathrm{a}_{G_1G_3G_3'}\neq 0$, 所以式 (5.3.21) 成立.

类似地, 可以证明式 (5.3.22) 成立.

推论 5.3.5 设 $Q_1\text{-}P_1P_2P_3P_4\text{-}Q_2$ 是三角形八面体, G_i, G_i' 分别是上、下侧面 $Q_1P_iP_{i+1}, Q_2P_iP_{i+1}(i=1,3)$ 的重心, 则

(1) 侧面 $Q_jP_1P_2$ 上三个顶点到平面 $\pi_{G_1G_3G_3'G_1'}$ 的距离

$$\mathrm{d}_{Q_j\text{-}\pi_{G_1G_3G_3'G_1'}},\quad \mathrm{d}_{P_1\text{-}\pi_{G_1G_3G_3'G_1'}},\quad \mathrm{d}_{P_2\text{-}\pi_{G_1G_3G_3'G_1'}}\quad(j=1,2)$$

中, 其中一条较长的距离等于另两条较短的距离的和;

(2) 侧面 $Q_jP_3P_4$ 上三个顶点到平面 $\pi_{G_1G_3G_3'G_1'}$ 的距离

$$d_{Q_j\text{-}\pi_{G_1G_3G_3'G_1'}},\quad d_{P_3\text{-}\pi_{G_1G_3G_3'G_1'}},\quad d_{P_4\text{-}\pi_{G_1G_3G_3'G_1'}}\quad (j=1,2)$$

中, 其中一条较长的距离等于另两条较短的距离的和.

证明　(1) 根据定理 5.3.5, 在式 (5.3.21) 中, 注意到其中一条较长的有向距离的符号与另两条较短的距离的符号相反即得.

类似地, 可以证明 (2) 中结论成立.

定理 5.3.6　设 $Q_1\text{-}P_1P_2P_3P_4\text{-}Q_2$ 是三角形八面体, G_i,G_i' 分别是上、下侧面 $Q_1P_iP_{i+1},Q_2P_iP_{i+1}(i=1,3)$ 的重心, $\pi_{G_1G_3G_3'G_1'}$ 是 $Q_1\text{-}P_1P_2P_3P_4\text{-}Q_2$ 的重心线面, 则

(1) $\mathrm{D}_{Q_j\text{-}\pi_{G_1G_3G_3'G_1'}}=0(j=1,2)$ 的充分必要条件均是

$$\mathrm{D}_{P_1\text{-}\pi_{G_1G_3G_3'G_1'}}+\mathrm{D}_{P_2\text{-}\pi_{G_1G_3G_3'G_1'}}=0\quad (d_{P_1\text{-}\pi_{G_1G_3G_3'G_1'}}=d_{P_2\text{-}\pi_{G_1G_3G_3'G_1'}}),\quad (5.3.23)$$

或

$$\mathrm{D}_{P_3\text{-}\pi_{G_1G_3G_3'G_1'}}+\mathrm{D}_{P_4\text{-}\pi_{G_1G_3G_3'G_1'}}=0\quad (d_{P_3\text{-}\pi_{G_1G_3G_3'G_1'}}=d_{P_4\text{-}\pi_{G_1G_3G_3'G_1'}});\quad (5.3.24)$$

(2) $\mathrm{D}_{P_1\text{-}\pi_{G_1G_3G_3'G_1'}}=0$ 的充分必要条件是

$$\mathrm{D}_{Q_1\text{-}\pi_{G_1G_3G_3'G_1'}}+\mathrm{D}_{P_2\text{-}\pi_{G_1G_3G_3'G_1'}}=0\quad (d_{Q_1\text{-}\pi_{G_1G_3G_3'G_1'}}=d_{P_2\text{-}\pi_{G_1G_3G_3'G_1'}}),$$

或

$$\mathrm{D}_{Q_2\text{-}\pi_{G_1G_3G_3'G_1'}}+\mathrm{D}_{P_2\text{-}\pi_{G_1G_3G_3'G_1'}}=0\quad (d_{Q_2\text{-}\pi_{G_1G_3G_3'G_1'}}=d_{P_2\text{-}\pi_{G_1G_3G_3'G_1'}});$$

(3) $\mathrm{D}_{P_2\text{-}\pi_{G_1G_3G_3'G_1'}}=0$ 的充分必要条件是

$$\mathrm{D}_{Q_1\text{-}\pi_{G_1G_3G_3'G_1'}}+\mathrm{D}_{P_1\text{-}\pi_{G_1G_3G_3'G_1'}}=0\quad (d_{Q_1\text{-}\pi_{G_1G_3G_3'G_1'}}=d_{P_1\text{-}\pi_{G_1G_3G_3'G_1'}}),$$

或

$$\mathrm{D}_{Q_2\text{-}\pi_{G_1G_3G_3'G_1'}}+\mathrm{D}_{P_1\text{-}\pi_{G_1G_3G_3'G_1'}}=0\quad (d_{Q_2\text{-}\pi_{G_1G_3G_3'G_1'}}=d_{P_1\text{-}\pi_{G_1G_3G_3'G_1'}});$$

(4) $\mathrm{D}_{P_3\text{-}\pi_{G_1G_3G_3'G_1'}}=0$ 的充分必要条件是

$$\mathrm{D}_{Q_1\text{-}\pi_{G_1G_3G_3'G_1'}}+\mathrm{D}_{P_4\text{-}\pi_{G_1G_3G_3'G_1'}}=0\quad (d_{Q_1\text{-}\pi_{G_1G_3G_3'G_1'}}=d_{P_4\text{-}\pi_{G_1G_3G_3'G_1'}}),$$

或

$$\mathrm{D}_{Q_2\text{-}\pi_{G_1G_3G_3'G_1'}} + \mathrm{D}_{P_4\text{-}\pi_{G_1G_3G_3'G_1'}} = 0 \quad (\mathrm{d}_{Q_2\text{-}\pi_{G_1G_3G_3'G_1'}} = \mathrm{d}_{P_4\text{-}\pi_{G_1G_3G_3'G_1'}});$$

(5) $\mathrm{D}_{P_4\text{-}\pi_{G_1G_3G_3'G_1'}} = 0$ 的充分必要条件是

$$\mathrm{D}_{Q_1\text{-}\pi_{G_1G_3G_3'G_1'}} + \mathrm{D}_{P_3\text{-}\pi_{G_1G_3G_3'G_1'}} = 0 \quad (\mathrm{d}_{Q_1\text{-}\pi_{G_1G_3G_3'G_1'}} = \mathrm{d}_{P_3\text{-}\pi_{G_1G_3G_3'G_1'}}),$$

或

$$\mathrm{D}_{Q_2\text{-}\pi_{G_1G_3G_3'G_1'}} + \mathrm{D}_{P_3\text{-}\pi_{G_1G_3G_3'G_1'}} = 0 \quad (\mathrm{d}_{Q_2\text{-}\pi_{G_1G_3G_3'G_1'}} = \mathrm{d}_{P_3\text{-}\pi_{G_1G_3G_3'G_1'}}).$$

证明 (1) 根据定理 5.3.5, 由式 (5.3.21) 和 (5.3.22), 可得
$\mathrm{D}_{Q_i\text{-}\pi_{G_1G_3G_3'G_1'}} = 0(i=1,2)$ 的充分必要条件均是式 (5.3.23) 或 (5.3.24) 成立.
类似地, 可以证明 (2)~(5) 中结论成立.

推论 5.3.6 设 $Q_1\text{-}P_1P_2P_3P_4\text{-}Q_2$ 是三角形八面体, S_i 是腰棱 $P_iP_{i+1}(i=1,2,3,4)$ 的中点, T_i, T_i' 分别是上、下侧棱 $Q_1P_i, Q_2P_i(i=1,3)$ 的中点, G_i, G_i' 分别是上、下侧面 $Q_1P_iP_{i+1}, Q_2P_iP_{i+1}(i=1,3)$ 的重心, $\pi_{G_1G_3G_3'G_1'}$ 是 $Q_1\text{-}P_1P_2P_3P_4\text{-}Q_2$ 的重心线面, 则

(1) 以下四个条件等价: ① 平面 $\pi_{G_1G_3G_3'G_1'}$ 通过上顶点 Q_1, 即两对对面重心 $G_1, G_3'; G_3, G_1'$ 与上顶点 Q_1 五点共面; ② 平面 $\pi_{G_1G_3G_3'G_1'}$ 通过下顶点 Q_2, 即两对对面重心 $G_1, G_3'; G_3, G_1'$ 与下顶点 Q_2 五点共面; ③ 平面 $\pi_{G_1G_3G_3'G_1'}$ 通过腰棱 P_1P_2 的中点 R_1, 即两对对面重心 $G_1, G_3'; G_3, G_1'$ 与腰棱 P_1P_2 的中点 R_1 五点共面; ④ 平面 $\pi_{G_1G_3G_3'G_1'}$ 通过腰棱 P_3P_4 的中点 R_3, 即两对对面重心 $G_1, G_3'; G_3, G_1'$ 与腰棱 P_3P_4 的中点 R_3 五点共面.

(2) 以下三个条件等价: ① 平面 $\pi_{G_1G_3G_3'G_1'}$ 通过顶点 P_1, 即两对对面重心 $G_1, G_3'; G_3, G_1'$ 与顶点 P_1 五点共面; ② 平面 $\pi_{G_1G_3G_3'G_1'}$ 通过上侧棱 Q_1P_2 的中点 T_2, 即两对对面重心 $G_1, G_3'; G_3, G_1'$ 与下侧棱 Q_1P_2 的中点 T_2 五点共面; ③ 平面 $\pi_{G_1G_3G_3'G_1'}$ 通过下侧棱 Q_2P_2 的中点 T_2', 即两对对面重心 $G_1, G_3'; G_3, G_1'$ 与下侧棱 Q_2P_2 的中点 T_2' 与五点共面.

(3) 以下三个条件等价: ① 平面 $\pi_{G_1G_3G_3'G_1'}$ 通过顶点 P_2, 即两对对面重心 $G_1, G_3'; G_3, G_1'$ 与顶点 P_2 五点共面; ② 平面 $\pi_{G_1G_3G_3'G_1'}$ 通过上侧棱 Q_1P_1 的中点 T_1, 即两对对面重心 $G_1, G_3'; G_3, G_1'$ 与上侧棱 Q_1P_1 的中点 T_1 五点共面; ③ 平面 $\pi_{G_1G_3G_3'G_1'}$ 通过下侧棱 Q_2P_1 的中点 T_1', 即两对对面重心 $G_1, G_3'; G_3, G_1'$ 与下侧棱 Q_2P_1 的中点 T_1' 与五点共面.

(4) 以下三个条件等价: ① 平面 $\pi_{G_1G_3G_3'G_1'}$ 通过顶点 P_3, 即两对对面重心 $G_1, G_3'; G_3, G_1'$ 与顶点 P_3 五点共面; ② 平面 $\pi_{G_1G_3G_3'G_1'}$ 通过上侧棱 Q_1P_4 的中点

T_4, 即两对对面重心 $G_1, G_3'; G_3, G_1'$ 与上侧棱 Q_1P_4 的中点 T_4 五点共面; ③ 平面 $\pi_{G_1G_3G_3'G_1'}$ 通过下侧棱 Q_2P_4 的中点 T_4', 即两对对面重心 $G_1, G_3'; G_3, G_1'$ 与下侧棱 Q_2P_4 的中点 T_4' 与五点共面.

(5) 以下三个条件等价: ① 平面 $\pi_{G_1G_3G_3'G_1'}$ 通过顶点 P_4, 即两对对面重心 $G_1, G_3'; G_3, G_1'$ 与顶点 P_4 五点共面; ② 平面 $\pi_{G_1G_3G_3'G_1'}$ 通过上侧棱 Q_1P_3 的中点 T_3, 即两对对面重心 $G_1, G_3'; G_3, G_1'$ 与上侧棱 Q_1P_3 的中点 T_3 五点共面; ③ 平面 $\pi_{G_1G_3G_3'G_1'}$ 通过下侧棱 Q_2P_3 的中点 T_3', 即两对对面重心 $G_1, G_3'; G_3, G_1'$ 与下侧棱 Q_2P_3 的中点 T_3' 与五点共面.

证明　(1) 根据定理 5.3.6, 由式 (5.3.23) 和 (5.3.24) 即得上顶点的 Q_1(下顶点 Q_2) 在平面 $\pi_{G_1G_3G_3'G_1'}$ 上的充分必要条件均是 $\pi_{G_1G_3G_3'G_1'}$ 通过腰棱 P_1P_2 的中点 R_1 或 $\pi_{G_1G_3G_3'G_1'}$ 通过腰棱 P_3P_4 的中点 R_3, 即上顶点的 Q_1(下顶点 Q_2) 与两对对面重心 $G_1, G_3'; G_3, G_1'$ 五点共面的充分必要条件是腰棱 P_1P_2 的中点 R_1 与两对对面重心 $G_1, G_3'; G_3, G_1'$ 五点共面或腰棱 P_3P_4 的中点 R_3 与两对对面重心 $G_1, G_3'; G_3, G_1'$ 五点共面. 因此, (1) 中四个条件等价.

类似地, 可以证明 (2)~(5) 中结论成立.

定理 5.3.7　设 $Q_1\text{-}P_1P_2P_3P_4\text{-}Q_2$ 是三角形八面体, G_i, G_i' 分别是上、下侧面的 $Q_1P_iP_{i+1}, Q_2P_iP_{i+1}(i = 2, 4)$ 的重心, $\pi_{G_2G_4G_4'G_2'}$ 是 $Q_1\text{-}P_1P_2P_3P_4\text{-}Q_2$ 的重心线面, 则

$$\mathrm{D}_{Q_j\text{-}\pi_{G_2G_4G_4'G_2'}} + \mathrm{D}_{P_2\text{-}\pi_{G_2G_4G_4'G_2'}} + \mathrm{D}_{P_3\text{-}\pi_{G_2G_4G_4'G_2'}} = 0 \quad (j = 1, 2), \qquad (5.3.25)$$

$$\mathrm{D}_{Q_j\text{-}\pi_{G_2G_4G_4'G_2'}} + \mathrm{D}_{P_4\text{-}\pi_{G_2G_4G_4'G_2'}} + \mathrm{D}_{P_1\text{-}\pi_{G_2G_4G_4'G_2'}} = 0 \quad (j = 1, 2). \qquad (5.3.26)$$

证明　根据定理 5.3.2, 仿定理 5.3.5 证明, 即得式 (5.3.25) 和 (5.3.26).

推论 5.3.7　设 $Q_1\text{-}P_1P_2P_3P_4\text{-}Q_2$ 是三角形八面体, G_i, G_i' 分别是上、下侧面 $Q_1P_iP_{i+1}, Q_2P_iP_{i+1}(i = 2, 4)$ 的重心, $\pi_{G_2G_4G_4'G_2'}$ 是 $Q_1\text{-}P_1P_2P_3P_4\text{-}Q_2$ 的重心线面, 则

(1) 侧面 $Q_jP_2P_3$ 上三个顶点到平面 $\pi_{G_2G_4G_4'G_2'}$ 的距离

$$\mathrm{d}_{Q_j\text{-}\pi_{G_2G_4G_4'G_2'}}, \quad \mathrm{d}_{P_2\text{-}\pi_{G_2G_4G_4'G_2'}}, \quad \mathrm{d}_{P_3\text{-}\pi_{G_2G_4G_4'G_2'}} \quad (j = 1, 2)$$

中, 其中一条较长的距离等于另两条较短的距离的和;

(2) 侧面 $Q_jP_3P_4$ 上三个顶点到平面 $\pi_{G_2G_4G_4'G_2'}$ 的距离

$$\mathrm{d}_{Q_j\text{-}\pi_{G_2G_4G_4'G_2'}}, \quad \mathrm{d}_{P_4\text{-}\pi_{G_2G_4G_4'G_2'}}, \quad \mathrm{d}_{P_3\text{-}\pi_{G_2G_4G_4'G_2'}} \quad (j = 1, 2)$$

中, 其中一条较长的距离等于另两条较短的距离的和.

证明 根据定理 5.3.7, 仿推论 5.3.5 证明即得.

定理 5.3.8 设 $Q_1\text{-}P_1P_2P_3P_4\text{-}Q_2$ 是三角形八面体, G_i, G_i' 分别是上、下侧面 $Q_1P_iP_{i+1}$, $Q_2P_iP_{i+1}(i=2,4)$ 的重心, $\pi_{G_2G_4G_4'G_2'}$ 是 $Q_1\text{-}P_1P_2P_3P_4\text{-}Q_2$ 的重心线面, 则

(1) $\mathrm{D}_{Q_j\text{-}\pi_{G_2G_4G_4'G_2'}} = 0 (j = 1, 2)$ 的充分必要条件均是

$$\mathrm{D}_{P_2\text{-}\pi_{G_2G_4G_4'G_2'}} + \mathrm{D}_{P_3\text{-}\pi_{G_2G_4G_4'G_2'}} = 0 \quad (\mathrm{d}_{P_2\text{-}\pi_{G_2G_4G_4'G_2'}} = \mathrm{d}_{P_3\text{-}\pi_{G_2G_4G_4'G_2'}}), \quad (5.3.27)$$

或

$$\mathrm{D}_{P_4\text{-}\pi_{G_2G_4G_4'G_2'}} + \mathrm{D}_{P_1\text{-}\pi_{G_2G_4G_4'G_2'}} = 0 \quad (\mathrm{d}_{P_4\text{-}\pi_{G_2G_4G_4'G_2'}} = \mathrm{d}_{P_1\text{-}\pi_{G_2G_4G_4'G_2'}}); \quad (5.3.28)$$

(2) $\mathrm{D}_{P_2\text{-}\pi_{G_2G_4G_4'G_2'}} = 0$ 的充分必要条件是

$$\mathrm{D}_{Q_1\text{-}\pi_{G_2G_4G_4'G_2'}} + \mathrm{D}_{P_3\text{-}\pi_{G_2G_4G_4'G_2'}} = 0 \quad (\mathrm{d}_{Q_1\text{-}\pi_{G_2G_4G_4'G_2'}} = \mathrm{d}_{P_3\text{-}\pi_{G_2G_4G_4'G_2'}}),$$

或

$$\mathrm{D}_{Q_2\text{-}\pi_{G_2G_4G_4'G_2'}} + \mathrm{D}_{P_3\text{-}\pi_{G_2G_4G_4'G_2'}} = 0 \quad (\mathrm{d}_{Q_2\text{-}\pi_{G_2G_4G_4'G_2'}} = \mathrm{d}_{P_3\text{-}\pi_{G_2G_4G_4'G_2'}});$$

(3) $\mathrm{D}_{P_3\text{-}\pi_{G_2G_4G_4'G_2'}} = 0$ 的充分必要条件是

$$\mathrm{D}_{Q_1\text{-}\pi_{G_2G_4G_4'G_2'}} + \mathrm{D}_{P_2\text{-}\pi_{G_2G_4G_4'G_2'}} = 0 \quad (\mathrm{d}_{Q_1\text{-}\pi_{G_2G_4G_4'G_2'}} = \mathrm{d}_{P_2\text{-}\pi_{G_2G_4G_4'G_2'}}),$$

或

$$\mathrm{D}_{Q_2\text{-}\pi_{G_2G_4G_4'G_2'}} + \mathrm{D}_{P_2\text{-}\pi_{G_2G_4G_4'G_2'}} = 0 \quad (\mathrm{d}_{Q_2\text{-}\pi_{G_2G_4G_4'G_2'}} = \mathrm{d}_{P_2\text{-}\pi_{G_2G_4G_4'G_2'}});$$

(4) $\mathrm{D}_{P_4\text{-}\pi_{G_2G_4G_4'G_2'}} = 0$ 的充分必要条件是

$$\mathrm{D}_{Q_1\text{-}\pi_{G_2G_4G_4'G_2'}} + \mathrm{D}_{P_1\text{-}\pi_{G_2G_4G_4'G_2'}} = 0 \quad (\mathrm{d}_{Q_1\text{-}\pi_{G_2G_4G_4'G_2'}} = \mathrm{d}_{P_1\text{-}\pi_{G_2G_4G_4'G_2'}}),$$

或

$$\mathrm{D}_{Q_2\text{-}\pi_{G_2G_4G_4'G_2'}} + \mathrm{D}_{P_1\text{-}\pi_{G_2G_4G_4'G_2'}} = 0 \quad (\mathrm{d}_{Q_2\text{-}\pi_{G_2G_4G_4'G_2'}} = \mathrm{d}_{P_1\text{-}\pi_{G_2G_4G_4'G_2'}});$$

(5) $\mathrm{D}_{P_1\text{-}\pi_{G_2G_4G_4'G_2'}} = 0$ 的充分必要条件是

$$\mathrm{D}_{Q_1\text{-}\pi_{G_2G_4G_4'G_2'}} + \mathrm{D}_{P_4\text{-}\pi_{G_2G_4G_4'G_2'}} = 0 \quad (\mathrm{d}_{Q_1\text{-}\pi_{G_2G_4G_4'G_2'}} = \mathrm{d}_{P_4\text{-}\pi_{G_2G_4G_4'G_2'}}),$$

或

$$\mathrm{D}_{Q_2\text{-}\pi_{G_2G_4G_4'G_2'}} + \mathrm{D}_{P_4\text{-}\pi_{G_2G_4G_4'G_2'}} = 0 \quad (\mathrm{d}_{Q_2\text{-}\pi_{G_2G_4G_4'G_2'}} = \mathrm{d}_{P_4\text{-}\pi_{G_2G_4G_4'G_2'}}).$$

证明　(1) 根据定理 5.3.7, 由式 (5.3.25) 和 (5.3.26), 可得

$\mathrm{D}_{Q_j\text{-}\pi_{G_2G_4G_4'G_2'}} = 0 (j = 1, 2)$ 的充分必要条件均是式 (5.3.25) 或 (5.3.26) 成立.

类似地, 可以证明 (2)~(5) 中结论成立.

推论 5.3.8　设 $Q_1\text{-}P_1P_2P_3P_4\text{-}Q_2$ 是三角形八面体, S_i 是腰棱 $P_iP_{i+1}(i = 1, 2, 3, 4)$ 的中点, T_i, T_i' 分别是上、下侧棱 $Q_1P_i, Q_2P_i(i = 2, 4)$ 的中点, G_i, G_i' 分别是上、下侧面 $Q_1P_iP_{i+1}, Q_2P_iP_{i+1}(i = 2, 4)$ 的重心, $\pi_{G_2G_4G_4'G_2'}$ 是 $Q_1\text{-}P_1P_2P_3 \cdot P_4\text{-}Q_2$ 的重心线面, 则

(1) 以下四个条件等价: ① 平面 $\pi_{G_2G_4G_4'G_2'}$ 通过上顶点 Q_1, 即两对对面重心 G_2, G_4'; G_4, G_2' 与上顶点 Q_1 五点共面; ② 平面 $\pi_{G_2G_4G_4'G_2'}$ 通过下顶点 Q_2, 即两对对面重心 G_2, G_4'; G_4, G_2' 与下顶点 Q_2 五点共面; ③ 平面 $\pi_{G_2G_4G_4'G_2'}$ 通过腰棱 P_2P_3 的中点 R_2, 即两对对面重心 G_2, G_4'; G_4, G_2' 与腰棱 P_2P_3 的中点 R_2 五点共面; ④ 平面 $\pi_{G_2G_4G_4'G_2'}$ 通过腰棱 P_4P_1 的中点 R_4, 即两对对面重心 G_2, G_4'; G_4, G_2' 与腰棱 P_4P_1 的中点 R_4 五点共面.

(2) 以下三个条件等价: ① 平面 $\pi_{G_2G_4G_4'G_2'}$ 通过顶点 P_2, 即两对对面重心 G_2, G_4'; G_4, G_2' 与顶点 P_2 五点共面; ② 平面 $\pi_{G_2G_4G_4'G_2'}$ 通过上侧棱 Q_1P_3 的中点 T_3, 即两对对面重心 G_2, G_4'; G_4, G_2' 与上侧棱 Q_1P_3 的中点 T_3 五点共面; ③ 平面 $\pi_{G_2G_4G_4'G_2'}$ 通过下侧棱 Q_2P_3 的中点 T_3', 即两对对面重心 G_2, G_4'; G_4, G_2' 与下侧棱 Q_2P_3 的中点 T_3' 与五点共面.

(3) 以下三个条件等价: ① 平面 $\pi_{G_2G_4G_4'G_2'}$ 通过顶点 P_3, 即两对对面重心 G_2, G_4'; G_4, G_2' 与顶点 P_3 五点共面; ② 平面 P_3 通过上侧棱 Q_1P_2 的中点 T_2, 即两对对面重心 G_2, G_4'; G_4, G_2' 与上侧棱 Q_1P_2 的中点 T_2 五点共面; ③ 平面 $\pi_{G_2G_4G_4'G_2'}$ 通过下侧棱 Q_2P_2 的中点 T_2', 即两对对面重心 G_2, G_4'; G_4, G_2' 与下侧棱 Q_2P_2 的中点 T_2' 与五点共面.

(4) 以下三个条件等价: ① 平面 $\pi_{G_2G_4G_4'G_2'}$ 通过顶点 P_4, 即两对对面重心 G_2, G_4'; G_4, G_2' 与顶点 P_4 五点共面; ② 平面 $\pi_{G_2G_4G_4'G_2'}$ 通过上侧棱 Q_1P_1 的中点 T_1, 即两对对面重心 G_2, G_4'; G_4, G_2' 与上侧棱 Q_1P_1 的中点 T_1 五点共面; ③ 平面 $\pi_{G_2G_4G_4'G_2'}$ 通过下侧棱 Q_2P_1 的中点 T_1', 即两对对面重心 G_2, G_4'; G_4, G_2' 与下侧棱 Q_2P_1 的中点 T_1' 与五点共面.

(5) 以下三个条件等价: ① 平面 $\pi_{G_2G_4G_4'G_2'}$ 通过顶点 P_1, 即两对对面重心 G_2, G_4'; G_4, G_2' 与顶点 P_1 五点共面; ② 平面 $\pi_{G_2G_4G_4'G_2'}$ 通过上侧棱 Q_1P_4 的中点 T_4, 即两对对面重心 G_2, G_4'; G_4, G_2' 与上侧棱 Q_1P_4 的中点 T_4 五点共面; ③ 平面

$\pi_{G_2G_4G_4'G_2'}$ 通过下侧棱 Q_2P_4 的中点 T_4', 即两对对面重心 $G_2, G_4'; G_4, G_2'$ 与下侧棱 Q_2P_4 的中点 T_4' 与五点共面.

证明 根据定理 5.3.8, 仿推论 5.3.6 证明即得.

定理 5.3.9 设 $Q_1\text{-}P_1P_2P_3P_4\text{-}Q_2$ 是三角形八面体, G_i, G_i' 分别是上、下侧面 $Q_1P_iP_{i+1}, Q_2P_iP_{i+1}$ ($i = 1, 2, 3, 4$) 的重心, $\pi_{G_1G_3G_3'G_1'}$, $\pi_{G_2G_4G_4'G_2'}$ 是 $Q_1\text{-}P_1P_2\text{-}P_3P_4\text{-}Q_2$ 的重心线面, 则

$$\mathrm{D}_{Q_1\text{-}\pi_{G_1G_3G_3'G_1'}} - \mathrm{D}_{Q_2\text{-}\pi_{G_1G_3G_3'G_1'}} = 0 \quad (\mathrm{d}_{Q_1\text{-}\pi_{G_1G_3G_3'G_1'}} = \mathrm{d}_{Q_2\text{-}\pi_{G_1G_3G_3'G_1'}}), \quad (5.3.29)$$

$$\mathrm{D}_{Q_1\text{-}\pi_{G_2G_4G_4'G_2'}} - \mathrm{D}_{Q_2\text{-}\pi_{G_2G_4G_4'G_2'}} = 0 \quad (\mathrm{d}_{Q_1\text{-}\pi_{G_2G_4G_4'G_2'}} = \mathrm{d}_{Q_2\text{-}\pi_{G_2G_4G_4'G_2'}}). \quad (5.3.30)$$

证明 根据定理 5.3.1, 由式 (5.3.5) 可得

$$9\mathrm{a}_{G_1G_2G_3'}\left(\mathrm{D}_{Q_1\text{-}\pi_{G_1G_2G_3'G_4'}} - \mathrm{D}_{Q_2\text{-}\pi_{G_1G_2G_3'G_4'}}\right) = 0.$$

因为 $9\mathrm{a}_{G_1G_2G_3'} \neq 0$, 所以 $\mathrm{D}_{Q_1\text{-}\pi_{G_1G_2G_3'G_4'}} - \mathrm{D}_{Q_2\text{-}\pi_{G_1G_2G_3'G_4'}} = 0$, 从而式 (5.3.29) 成立.

类似地, 根据定理 5.3.2, 由式 (5.3.15), 可以证明式 (5.3.30) 成立.

推论 5.3.9 设 $Q_1\text{-}P_1P_2P_3P_4\text{-}Q_2$ 是三角形八面体, G_i, G_i' 分别是上、下侧面 $Q_1P_iP_{i+1}, Q_2P_iP_{i+1}$ ($i = 1, 2, 3, 4$) 的重心, $\pi_{G_1G_3G_3'G_1'}$, $\pi_{G_2G_4G_4'G_2'}$ 是 $Q_1\text{-}P_1P_2P_3P_4\text{-}Q_2$ 的重心线面, 则上、下两个顶点的连线 Q_1Q_2 平行于平面 $\pi_{G_1G_3G_3'G_1'}$, $\pi_{G_2G_4G_4'G_2'}$ 或在平面 $\pi_{G_1G_3G_3'G_1'}$, $\pi_{G_2G_4G_4'G_2'}$ 上.

证明 根据定理 5.3.9, 在式 (5.2.29) 和 (5.3.30) 中, 注意到上、下两个顶点到 $\pi_{G_1G_3G_3'G_1'}$, $\pi_{G_2G_4G_4'G_2'}$ 的距离相等、侧向相同即得.

定理 5.3.10 设 $Q_1\text{-}P_1P_2P_3P_4\text{-}Q_2$ 是三角形八面体, G_i, G_i' 分别是上、下侧面 $Q_1P_iP_{i+1}, Q_2P_iP_{i+1}$ ($i = 1, 2, 3, 4$) 的重心, $G_1G_3G_3'G_1', G_2G_4G_4'G_2'$ 是 $Q_1\text{-}P_1P_2P_3P_4\text{-}Q_2$ 的重心线四边形, 则

$$\mathrm{a}_{G_1G_3G_3'} = \mathrm{a}_{G_3G_3'G_1'} = \mathrm{a}_{G_3'G_1'G_1} = \mathrm{a}_{G_1'G_1G_3} = 0.5\mathrm{a}_{G_1G_3G_3'G_1'}, \quad (5.3.31)$$

$$\mathrm{a}_{G_2G_4G_4'} = \mathrm{a}_{G_4G_4'G_2'} = \mathrm{a}_{G_4'G_2'G_2} = \mathrm{a}_{G_2'G_2G_4} = 0.5\mathrm{a}_{G_2G_4G_4'G_2'}. \quad (5.3.32)$$

从而, $G_1G_3G_3'G_1', G_2G_4G_4'G_2'$ 均为平行四边形.

证明 根据定理 5.3.1, 在式 (5.3.1) 中注意到 $\mathrm{D}_{P_1\text{-}\pi_{G_1G_3G_3'G_1'}} \neq 0$, 可得

$$\mathrm{a}_{G_1G_3G_3'} = \mathrm{a}_{G_3G_3'G_1'} = \mathrm{a}_{G_3'G_1'G_1} = \mathrm{a}_{G_1'G_1G_3}.$$

又因为

$$\mathrm{a}_{G_1G_3G_3'} + \mathrm{a}_{G_3G_3'G_1'} + \mathrm{a}_{G_3'G_1'G_1} + \mathrm{a}_{G_1'G_1G_3} = 2\mathrm{a}_{G_1G_3G_3'G_1'},$$

所以 $4\mathrm{a}_{G_1G_3G_3'} = 2\mathrm{a}_{G_1G_3G_3'G_1'}, \mathrm{a}_{G_1G_3G_3'} = 0.5\mathrm{a}_{G_1G_3G_3'G_1'}$，因此式 (5.3.31) 成立. 从而重心线四边形 $G_1G_3G_3'G_1'$ 为平行四边形.

类似地，根据定理 5.3.2，可以证明式 (5.3.32) 成立. 从而重心线四边形 G_2G_4 $G_4'G_2'$ 为平行四边形.

注 5.3.1　特别地，当 Q_1-$P_1P_2P_3P_4$-Q_2 为正八面体时，可以证明 $G_1G_3G_3'G_1'$, $G_2G_4G_4'G_2'$ 均为正方形.

推论 5.3.10　设 Q_1-$P_1P_2P_3P_4$-Q_2 是三角形八面体, G_i, G_i' 分别是上、下侧面 $Q_1P_iP_{i+1}, Q_2P_iP_{i+1}(i = 1,2,3,4)$ 的重心, $\pi_{G_1G_3G_3'G_1'}, \pi_{G_2G_4G_4'G_2'}$ 是 Q_1-$P_1P_2P_3P_4$-Q_2 的重心线面, 则

$$\mathrm{D}_{G_1G_3G_3'} = \mathrm{D}_{G_3G_3'G_1'} = \mathrm{D}_{G_3'G_1'G_1} = \mathrm{D}_{G_1'G_1G_3} = 0.5\mathrm{D}\mathrm{a}_{G_1G_3G_3'G_1'}, \tag{5.3.33}$$

$$\mathrm{D}_{G_2G_4G_4'} = \mathrm{D}_{G_4G_4'G_2'} = \mathrm{D}_{G_4'G_2'G_2} = \mathrm{D}_{G_2'G_2G_4} = 0.5\mathrm{D}\mathrm{a}_{G_2G_4G_4'G_2'}. \tag{5.3.34}$$

证明　因为重心线面 $\pi_{G_1G_3G_3'G_1'}$ 与重心线三角面 $\pi_{G_1G_3G_3'}, \pi_{G_3G_3'G_1'}, \pi_{G_3'G_1'G_1}$, $\pi_{G_1'G_1G_3}$ 同向重合, 所以重心线四边形 $G_1G_3G_3'G_1'$ 与重心线三角形 $G_1G_3G_3'$, $G_3G_3'G_1', G_3'G_1'G_1, G_1'G_1G_3$ 都是同向的. 故由式 (5.3.31), 即得式 (5.3.33).

类似地, 可以证明式 (5.3.34) 成立.

5.4　三角形八面体顶点到邻面重心线面的有向距离与应用

本节主要应用有向度量法，研究三角形八面体顶点到邻面重心线面有向距离的有关问题. 首先, 给出三角形八面体邻面重心线面的概念; 其次, 给出三角形八面体顶点到邻面重心线面的有向距离 (距离) 公式; 最后, 应用三角形八面体顶点到邻面重心线面的有向距离 (距离) 公式, 得出相应的有向体积 (体积) 公式, 以及三角形八面体一面上三个顶点与邻面重心面有向距离 (距离) 之间的关系, 以及邻面重心线四边形中面积 (有向面积) 相等一些的结论.

5.4.1　三角形八面体邻面重心线面的概念

定义 5.4.1　设 Q_1-$P_1P_2P_3P_4$-Q_2 是三角形八面体, G_i, G_i' 分别是上、下侧面 $Q_1P_iP_{i+1}, Q_2P_iP_{i+1}(i = 1,2,3,4)$ 的重心, 则称 Q_1-$P_1P_2P_3P_4$-Q_2 的任意两条重心线 $G_iG_{i+2}', G_{i+1}G_{i+3}'$ 所确定的四边形 $G_iG_{i+1}G_{i+2}'G_{i+3}'(i = 1,2,3,4)$ 为 Q_1-$P_1P_2P_3P_4$-Q_2 的邻面重心线四边形, 简称重心线四边形; $G_iG_{i+1}G_{i+2}'G_{i+3}'$ 所在的平面 $\pi_{G_iG_{i+1}G_{i+2}'G_{i+3}'}(i = 1,2,3,4)$ 为 Q_1-$P_1P_2P_3P_4$-Q_2 的邻面重心线面, 简称重心线面.

显然, Q_1-$P_1P_2P_3P_4$-Q_2 的重心线面 $\pi_{G_iG_{i+1}G_{i+2}'G_{i+3}'}(i = 1,2,3,4)$ 是重心线包络面的特殊情形. 它既是过重心线 G_iG_{i+2}' 的包络面, 也是过重心线 $G_{i+1}G_{i+3}'$ 的包络面. 因此, 本节中的所有结论, 对具有同化性质的包络面亦成立.

5.4.2　三角形八面体顶点到邻面重心线面的有向距离公式

定理 5.4.1　设 $Q_1\text{-}P_1P_2P_3P_4\text{-}Q_2$ 是三角形八面体, G_i, G'_{i+2} 分别是上、下侧面 $Q_1P_iP_{i+1}, Q_2P_{i+2}P_{i+3}(i=1,2)$ 的重心, $\pi_{G_1G_2G'_3G'_4}$ 是 $Q_1\text{-}P_1P_2P_3P_4\text{-}Q_2$ 的重心线面. 记 $F_3(Q)=9\mathrm{a}_{G_1G_2G'_3}\mathrm{D}_{Q\text{-}\pi_{G_1G_2G'_3G'_4}}=9\mathrm{a}_{G_2G'_3G'_4}\mathrm{D}_{Q\text{-}\pi_{G_1G_2G'_3G'_4}}=9\mathrm{a}_{G'_3G'_4G_1}\mathrm{D}_{Q\text{-}\pi_{G_1G_2G'_3G'_4}}=9\mathrm{a}_{G'_4G_1G_2}\mathrm{D}_{Q\text{-}\pi_{G_1G_2G'_3G'_4}}$, 则

$$F_3(Q_1)=\mathrm{D}_{Q_1Q_2P_2P_3}+\sum_{i=1}^{2}\mathrm{D}_{Q_1Q_2P_1P_{i+1}}+\sum_{i=1}^{4}\mathrm{D}_{Q_1P_iP_{i+1}P_{i+2}}, \tag{5.4.1}$$

$$F_3(Q_2)=\sum_{i=1}^{2}\mathrm{D}_{Q_1Q_2P_1P_{i+2}}+\sum_{i=1}^{4}\mathrm{D}_{Q_2P_iP_{i+1}P_{i+2}}-\mathrm{D}_{Q_1Q_2P_3P_4}; \tag{5.4.2}$$

$$F_3(P_1)=F_3(P_3)=\mathrm{D}_{P_1P_2P_3P_4}-\mathrm{D}_{Q_1Q_2P_1P_3}-\mathrm{D}_{Q_1P_3P_4P_1}-\mathrm{D}_{Q_2P_1P_2P_3}, \tag{5.4.3}$$

$$F_3(P_2)=\mathrm{D}_{Q_2P_1P_2P_3}-\mathrm{D}_{P_1P_2P_3P_4}-\sum_{i=1}^{2}\mathrm{D}_{Q_1Q_2P_iP_{i+1}}-\sum_{i=1}^{3}\mathrm{D}_{Q_1P_{i+3}P_iP_{i+1}}, \tag{5.4.4}$$

$$F_3(P_4)=\mathrm{D}_{Q_1P_3P_4P_1}-\mathrm{D}_{P_1P_2P_3P_4}+\sum_{i=1}^{2}\mathrm{D}_{Q_1Q_2P_{i+2}P_{i+3}}-\sum_{i=1}^{3}\mathrm{D}_{Q_2P_{i+1}P_{i+2}P_{i+3}}. \tag{5.4.5}$$

证明　如图 5.4.1 所示. 设 $Q_1\text{-}P_1P_2P_3P_4\text{-}Q_2$ 顶点的坐标分别为 $Q_i(a_i,b_i,c_i)$ $(i=1,2)$; $P_i(x_i,y_i,z_i)(i=1,2,3,4)$, 于是上、下侧面 $Q_1P_iP_{i+1},Q_2P_{i+2}P_{i+3}(i=1,2)$ 重心的坐标分别为

$$G_i\left(\frac{a_1+x_i+x_{i+1}}{3},\frac{b_1+y_i+y_{i+1}}{3},\frac{c_1+z_i+z_{i+1}}{3}\right)\quad(i=1,2),$$

$$G'_i\left(\frac{a_2+x_i+x_{i+1}}{3},\frac{b_2+y_i+y_{i+1}}{3},\frac{c_2+z_i+z_{i+1}}{3}\right)\quad(i=3,4).$$

因为重心面 $\pi_{G_1G_2G'_3G'_4}$ 与重心线三角面 $\pi_{G_1G_2G'_3},\pi_{G_2G'_3G'_4},\pi_{G'_3G'_4G_1},\pi_{G'_4G_1G_2}$ 同向重合, 所以 $Q_1\text{-}P_1P_2P_3P_4\text{-}Q_2$ 的任一点顶点到以上五个平面的有向距离相等.
又因为 $\pi_{G_1G_2G'_3}$ 的方程为

$$x\mathrm{Prj}_{yz}\mathrm{D}_{G_1G_2G'_3}+y\mathrm{Prj}_{zx}\mathrm{D}_{G_1G_2G'_3}+z\mathrm{Prj}_{xy}\mathrm{D}_{G_1G_2G'_3}-\Delta_{G_1G_2G'_3}=0,$$

其中

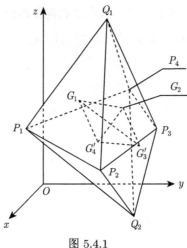

图 5.4.1

$$\Delta_{G_1 G_2 G_3'} = \frac{1}{2} \begin{vmatrix} (a_1+x_1+x_2)/3 & (b_1+y_1+y_1)/3 & (c_1+z_2+z_3)/3 \\ (a_1+x_2+x_3)/3 & (b_1+y_2+y_3)/3 & (c_1+z_2+z_3)/3 \\ (a_2+x_3+x_4)/3 & (b_2+y_3+y_4)/3 & (c_2+z_3+z_4)/3 \end{vmatrix} .$$

于是由点到平面有向距离公式, 可得

$$a_{G_1 G_2 G_3'} D_{Q_1 - \pi_{G_1 G_2 G_3' G_4'}} = a_{G_1 G_2 G_3'} D_{Q_1 - \pi_{G_1 G_2 G_3'}}$$

$$= a_1 \mathrm{Prj}_{yz} D_{G_2 G_3' G_4'} + b_1 \mathrm{Prj}_{zx} D_{G_2 G_3' G_4'} + c_1 \mathrm{Prj}_{xy} D_{G_2 G_3' G_4'} - \Delta_{G_2 G_3' G_4'}$$

$$= \frac{1}{2} \begin{vmatrix} a_1 & b_1 & c_1 & 1 \\ (a_1+x_1+x_2)/3 & (b_1+y_1+y_2)/3 & (c_1+z_1+z_2)/3 & 1 \\ (a_1+x_2+x_3)/3 & (b_1+y_2+y_3)/3 & (c_1+z_2+z_3)/3 & 1 \\ (a_2+x_3+x_4)/3 & (b_2+y_3+y_4)/3 & (c_2+z_3+z_4)/3 & 1 \end{vmatrix}$$

$$= \frac{1}{54} \begin{vmatrix} a_1 & b_1 & c_1 & 1 \\ a_1+x_1+x_2 & b_1+y_1+y_2 & c_1+z_1+z_2 & 3 \\ a_1+x_2+x_3 & b_1+y_2+y_3 & c_1+z_2+z_3 & 3 \\ a_2+x_3+x_4 & b_2+y_3+y_4 & c_2+z_3+z_4 & 3 \end{vmatrix}$$

$$= \frac{1}{54} \begin{vmatrix} a_1 & b_1 & c_1 & 1 \\ x_1+x_2 & y_1+y_2 & z_1+z_2 & 2 \\ x_2+x_3 & y_2+y_3 & z_2+z_3 & 2 \\ a_2+x_3+x_4 & b_2+y_3+y_4 & c_2+z_3+z_4 & 3 \end{vmatrix}$$

$$= \frac{1}{54} \begin{vmatrix} a_1 & b_1 & c_1 & 1 \\ x_1+x_2 & y_1+y_2 & z_1+z_2 & 2 \\ x_2 & y_2 & z_2 & 1 \\ a_2+x_3+x_4 & b_2+y_3+y_4 & c_2+z_3+z_4 & 3 \end{vmatrix}$$

$$+ \frac{1}{54} \begin{vmatrix} a_1 & b_1 & c_1 & 1 \\ x_1+x_2 & y_1+y_2 & z_1+z_2 & 2 \\ x_3 & y_3 & z_3 & 1 \\ a_2+x_3+x_4 & b_2+y_3+y_4 & c_2+z_3+z_4 & 3 \end{vmatrix}$$

$$= \frac{1}{54} \begin{vmatrix} a_1 & b_1 & c_1 & 1 \\ x_1 & y_1 & z_1 & 1 \\ x_2 & y_2 & z_2 & 1 \\ a_2+x_3+x_4 & b_2+y_3+y_4 & c_2+z_3+z_4 & 3 \end{vmatrix}$$

$$+ \frac{1}{54} \begin{vmatrix} a_1 & b_1 & c_1 & 1 \\ x_1+x_2 & y_1+y_2 & z_1+z_2 & 2 \\ x_3 & y_3 & z_3 & 1 \\ a_2+x_4 & b_2+y_4 & c_2+z_4 & 2 \end{vmatrix}$$

$$= \frac{1}{9}(\mathrm{D}_{Q_1P_1P_2Q_2} + \mathrm{D}_{Q_1P_1P_2P_3} + \mathrm{D}_{Q_1P_1P_2P_4} + \mathrm{D}_{Q_1P_1P_3Q_2} + \mathrm{D}_{Q_1P_1P_3P_4}$$

$$+ \mathrm{D}_{Q_1P_2P_3Q_2} + \mathrm{D}_{Q_1P_2P_3P_4})$$

$$= \frac{1}{9}(\mathrm{D}_{Q_1Q_2P_1P_2} + \mathrm{D}_{Q_1Q_2P_1P_3} + \mathrm{D}_{Q_1Q_2P_2P_3} + \mathrm{D}_{Q_1P_1P_2P_3} + \mathrm{D}_{Q_1P_2P_3P_4}$$

$$+ \mathrm{D}_{Q_1P_3P_4P_1} + \mathrm{D}_{Q_1P_4P_1P_2})$$

$$= \frac{1}{9}\left(\mathrm{D}_{Q_1Q_2P_2P_3} + \sum_{i=1}^{2}\mathrm{D}_{Q_1Q_2P_1P_{i+1}} + \sum_{i=1}^{4}\mathrm{D}_{Q_1P_iP_{i+1}P_{i+2}}\right),$$

因此, 式 (5.4.1) 第一部分成立.

同理, 可以证明式 (5.4.1) 后三部分成立.

类似地, 可以证明式 (5.4.2)∼(5.4.6) 成立.

推论 5.4.1 设 Q_1-$P_1P_2P_3P_4$-Q_2 是三角形八面体, G_i, G'_{i+2} 分别是上、下侧面 $Q_1P_iP_{i+1}, Q_2P_{i+2}P_{i+3}(i=1,2)$ 的重心, $\pi_{G_1G_2G'_3G'_4}$ 是 Q_1-$P_1P_2P_3P_4$-Q_2 的重心线面. 记 $f_3(Q) = 9\mathrm{a}_{G_1G_2G'_3}\mathrm{d}_{Q\text{-}\pi_{G_1G_2G'_3G'_4}} = 9\mathrm{a}_{G_2G'_3G'_4}\mathrm{d}_{Q\text{-}\pi_{G_1G_2G'_3G'_4}} =$

$9a_{G_3'G_4'G_1}d_{Q\text{-}\pi_{G_1G_2G_3'G_4'}} = 9a_{G_4'G_1G_2}d_{Q\text{-}\pi_{G_1G_2G_3'G_4'}}$，则

$$f_3(Q_1) = \left| D_{Q_1Q_2P_2P_3} + \sum_{i=1}^{2} D_{Q_1Q_2P_1P_{i+1}} + \sum_{i=1}^{4} D_{Q_1P_iP_{i+1}P_{i+2}} \right|, \tag{5.4.6}$$

$$f_3(Q_2) = \left| \sum_{i=1}^{2} D_{Q_1Q_2P_1P_{i+2}} + \sum_{i=1}^{4} D_{Q_2P_iP_{i+1}P_{i+2}} - D_{Q_1Q_2P_3P_4} \right|; \tag{5.4.7}$$

$$f_3(P_1) = f_3(P_3) = \left| D_{P_1P_2P_3P_4} - D_{Q_1Q_2P_1P_3} - D_{Q_1P_3P_4P_1} - D_{Q_2P_1P_2P_3} \right|, \tag{5.4.8}$$

$$f_3(P_2) = \left| D_{Q_2P_1P_2P_3} - D_{P_1P_2P_3P_4} - \sum_{i=1}^{2} D_{Q_1Q_2P_iP_{i+1}} - \sum_{i=1}^{3} D_{Q_1P_{i+3}P_iP_{i+1}} \right|, \tag{5.4.9}$$

$$f_3(P_4) = \left| D_{Q_1P_3P_4P_1} - D_{P_1P_2P_3P_4} + \sum_{i=1}^{2} D_{Q_1Q_2P_{i+2}P_{i+3}} - \sum_{i=1}^{3} D_{Q_2P_{i+1}P_{i+2}P_{i+3}} \right|. \tag{5.4.10}$$

证明　根据定理 5.4.1, 式 (5.4.1)~(5.4.5) 等号两边分别取绝对值, 即得式 (5.4.6)~(5.4.10).

定理 5.4.2　设 $Q_1\text{-}P_1P_2P_3P_4\text{-}Q_2$ 是三角形八面体, G_i, G_{i+2}' 分别是上、下 侧面 $Q_1P_iP_{i+1}, Q_2P_{i+2}P_{i+3}(i = 2,3)$ 的重心, $\pi_{G_2G_3G_4'G_1'}$ 是 $Q_1\text{-}P_1P_2P_3P_4\text{-}Q_2$ 的重心线面. 记 $F_4(Q) = 9a_{G_2G_3G_4'}D_{Q\text{-}\pi_{G_2G_3G_4'G_1'}} = 9a_{G_3G_4'G_1'}D_{Q\text{-}\pi_{G_2G_3G_4'G_1'}} = 9a_{G_4'G_1'G_2}D_{Q\text{-}\pi_{G_2G_3G_4'G_1'}} = 9a_{G_1'G_2G_3}D_{Q\text{-}\pi_{G_2G_3G_4'G_1'}}$，则

$$F_4(Q_1) = D_{Q_1Q_2P_2P_4} + \sum_{i=1}^{2} D_{Q_1Q_2P_{i+1}P_{i+2}} + \sum_{i=1}^{4} D_{Q_1P_iP_{i+1}P_{i+2}}, \tag{5.4.11}$$

$$F_4(Q_2) = D_{Q_1Q_2P_2P_4} - \sum_{i=1}^{2} D_{Q_1Q_2P_{i+3}P_i} + \sum_{i=1}^{4} D_{Q_2P_iP_{i+1}P_{i+2}}; \tag{5.4.12}$$

$$F_4(P_1) = D_{Q_1P_4P_1P_2} + D_{P_1P_2P_3P_4} + \sum_{i=1}^{2} D_{Q_1Q_2P_{i+3}P_i} - \sum_{i=1}^{3} D_{Q_2P_iP_{i+1}P_{i+2}}, \tag{5.4.13}$$

$$F_4(P_2) = F_4(P_4) = -D_{Q_1Q_2P_2P_4} - D_{Q_1P_4P_1P_2} - D_{Q_2P_2P_3P_4} - D_{P_1P_2P_3P_4}, \tag{5.4.14}$$

$$F_4(P_3) = D_{Q_2P_2P_3P_4} - D_{Q_1Q_2P_3P_4} - D_{Q_1Q_2P_2P_3}. \tag{5.4.15}$$

证明　仿定理 5.4.1 证明, 即得式 (5.4.10)~(5.4.15).

推论 5.4.2　设 $Q_1\text{-}P_1P_2P_3P_4\text{-}Q_2$ 是三角形八面体, G_i, G'_{i+2} 分别是上、下侧面 $Q_1P_iP_{i+1}, Q_2P_{i+2}P_{i+3}(i = 2,3)$ 的重心, $\pi_{G_2G_3G'_4G'_1}$ 是 $Q_1\text{-}P_1P_2P_3P_4\text{-}Q_2$ 的重心线面. 记 $f_4(Q) = 9a_{G_2G_3G'_4}\mathrm{d}_{Q\text{-}\pi_{G_2G_3G'_4G'_1}} = 9a_{G_3G'_4G'_1}\mathrm{d}_{Q\text{-}\pi_{G_2G_3G'_4G'_1}} = 9a_{G'_4G'_1G_2}\mathrm{d}_{Q\text{-}\pi_{G_2G_3G'_4G'_1}} = 9a_{G'_1G_2G_3}\mathrm{d}_{Q\text{-}\pi_{G_2G_3G'_4G'_1}}$, 则

$$f_4(Q_1) = \left| \mathrm{D}_{Q_1Q_2P_2P_4} + \sum_{i=1}^{2}\mathrm{D}_{Q_1Q_2P_{i+1}P_{i+2}} + \sum_{i=1}^{4}\mathrm{D}_{Q_1P_iP_{i+1}P_{i+2}} \right|, \tag{5.4.16}$$

$$f_4(Q_2) = \left| \mathrm{D}_{Q_1Q_2P_2P_4} - \sum_{i=1}^{2}\mathrm{D}_{Q_1Q_2P_{i+3}P_i} + \sum_{i=1}^{4}\mathrm{D}_{Q_2P_iP_{i+1}P_{i+2}} \right|; \tag{5.4.17}$$

$$f_4(P_1) = \left| \mathrm{D}_{Q_1P_4P_1P_2} + \mathrm{D}_{P_1P_2P_3P_4} + \sum_{i=1}^{2}\mathrm{D}_{Q_1Q_2P_{i+3}P_i} - \sum_{i=1}^{3}\mathrm{D}_{Q_2P_iP_{i+1}P_{i+2}} \right|, \tag{5.4.18}$$

$$f_4(P_2) = f_4(P_4) = \left| \mathrm{D}_{Q_1Q_2P_2P_4} + \mathrm{D}_{Q_1P_4P_1P_2} + \mathrm{D}_{Q_2P_2P_3P_4} + \mathrm{D}_{P_1P_2P_3P_4} \right|, \tag{5.4.19}$$

$$f_4(P_3) = \left| \mathrm{D}_{Q_2P_2P_3P_4} - \mathrm{D}_{Q_1Q_2P_3P_4} - \mathrm{D}_{Q_1Q_2P_2P_3} \right|. \tag{5.4.20}$$

证明　根据定理 5.4.2, 仿推论 5.4.1 证明, 即得式 (5.4.16)~(5.4.20).

定理 5.4.3　设 $Q_1\text{-}P_1P_2P_3P_4\text{-}Q_2$ 是三角形八面体, G_i, G'_{i+2} 分别是上、下侧面 $Q_1P_iP_{i+1}, Q_2P_{i+2}P_{i+3}(i = 3,4)$ 的重心, $\pi_{G_3G_4G'_1G'_2}$ 是 $Q_1\text{-}P_1P_2P_3P_4\text{-}Q_2$ 的重心线面. 记 $F_5(Q) = 9a_{G_3G_4G'_1}\mathrm{D}_{Q\text{-}\pi_{G_3G_4G'_1G'_2}} = 9a_{G_4G'_1G'_2}\mathrm{D}_{Q\text{-}\pi_{G_3G_4G'_1G'_2}} = 9a_{G'_1G'_2G_3}\mathrm{D}_{Q\text{-}\pi_{G_3G_4G'_1G'_2}} = 9a_{G'_2G_3G_4}\mathrm{D}_{Q\text{-}\pi_{G_3G_4G'_1G'_2}}$, 则

$$F_5(Q_1) = \sum_{i=1}^{2}\mathrm{D}_{Q_1Q_2P_{i+2}P_{i+3}} + \sum_{i=1}^{4}\mathrm{D}_{Q_1P_iP_{i+1}P_{i+2}} - \mathrm{D}_{Q_1Q_2P_1P_3}, \tag{5.4.21}$$

$$F_5(Q_2) = \sum_{i=1}^{4}\mathrm{D}_{Q_2P_iP_{i+1}P_{i+2}} - \sum_{i=1}^{2}\mathrm{D}_{Q_1Q_2P_iP_{i+1}} - \mathrm{D}_{Q_1Q_2P_1P_3}; \tag{5.4.22}$$

$$F_5(P_1) = F_5(P_3) = \mathrm{D}_{Q_1Q_2P_1P_3} - \mathrm{D}_{Q_1P_1P_2P_3} - \mathrm{D}_{Q_2P_3P_4P_1} + \mathrm{D}_{P_1P_2P_3P_4}, \tag{5.4.23}$$

$$F_5(P_2) = \mathrm{D}_{Q_1P_1P_2P_3} - \mathrm{D}_{P_1P_2P_3P_4}$$
$$+ \sum_{i=1}^{2}\mathrm{D}_{Q_1Q_2P_iP_{i+1}} - \sum_{i=1}^{3}\mathrm{D}_{Q_2P_{i+3}P_iP_{i+1}}, \tag{5.4.24}$$

$$F_5(P_4) = \mathrm{D}_{Q_2P_3P_4P_1} - \mathrm{D}_{P_1P_2P_3P_4}$$
$$- \sum_{i=1}^{2}\mathrm{D}_{Q_1Q_2P_{i+2}P_{i+3}} - \sum_{i=1}^{3}\mathrm{D}_{Q_1P_{i+1}P_{i+2}P_{i+3}}. \tag{5.4.25}$$

证明　仿定理 5.4.1 证明, 即得式 (5.4.21)∼(5.4.25).

推论 5.4.3　设 $Q_1\text{-}P_1P_2P_3P_4\text{-}Q_2$ 是三角形八面体, G_i, G'_{i+2} 分别是上、下侧面 $Q_1P_iP_{i+1}, Q_2P_{i+2}P_{i+3}(i=3,4)$ 的重心, $\pi_{G_3G_4G'_1G'_2}$ 是 $Q_1\text{-}P_1P_2P_3P_4\text{-}Q_2$ 的重心线面. 记 $f_5(Q) = 9a_{G_3G_4G'_1}d_{Q\text{-}\pi_{G_3G_4G'_1G'_2}} = 9a_{G_4G'_1G'_2}d_{Q\text{-}\pi_{G_3G_4G'_1G'_2}} = 9a_{G'_1G'_2G_3}d_{Q\text{-}\pi_{G_3G_4G'_1G'_2}} = 9a_{G'_2G_3G_4}d_{Q\text{-}\pi_{G_3G_4G'_1G'_2}}$, 则

$$f_5(Q_1) = \left| \sum_{i=1}^{2} D_{Q_1Q_2P_{i+2}P_{i+3}} + \sum_{i=1}^{4} D_{Q_1P_iP_{i+1}P_{i+2}} - D_{Q_1Q_2P_1P_3} \right|, \qquad (5.4.26)$$

$$f_5(Q_2) = \left| \sum_{i=1}^{4} D_{Q_2P_iP_{i+1}P_{i+2}} - \sum_{i=1}^{2} D_{Q_1Q_2P_iP_{i+1}} - D_{Q_1Q_2P_1P_3} \right|; \qquad (5.4.27)$$

$$f_5(P_1) = f_5(P_3) = \left| D_{Q_1Q_2P_1P_3} - D_{Q_1P_1P_2P_3} - D_{Q_2P_3P_4P_1} + D_{P_1P_2P_3P_4} \right|, \qquad (5.4.28)$$

$$f_5(P_2) = \Big| D_{Q_1P_1P_2P_3} - D_{P_1P_2P_3P_4}$$

$$+ \sum_{i=1}^{2} D_{Q_1Q_2P_iP_{i+1}} - \sum_{i=1}^{3} D_{Q_2P_{i+3}P_iP_{i+1}} \Big|, \qquad (5.4.29)$$

$$f_5(P_4) = \Big| D_{Q_2P_3P_4P_1} - D_{P_1P_2P_3P_4}$$

$$- \sum_{i=1}^{2} D_{Q_1Q_2P_{i+2}P_{i+3}} - \sum_{i=1}^{3} D_{Q_1P_{i+1}P_{i+2}P_{i+3}} \Big|. \qquad (5.4.30)$$

证明　根据定理 5.4.3, 仿推论 5.4.1 证明, 即得式 (5.4.26)∼(5.4.30).

定理 5.4.4　设 $Q_1\text{-}P_1P_2P_3P_4\text{-}Q_2$ 是三角形八面体, G_i, G'_{i+2} 分别是上、下侧面 $Q_1P_iP_{i+1}, Q_2P_{i+2}P_{i+3}(i=4,1)$ 的重心, $\pi_{G_4G_1G'_2G'_3}$ 是 $Q_1\text{-}P_1P_2P_3P_4\text{-}Q_2$ 的重心线面. 记 $F_6(Q) = 9a_{G_4G_1G'_2}D_{Q\text{-}\pi_{G_4G_1G'_2G'_3}} = 9a_{G_1G'_2G'_3}D_{Q\text{-}\pi_{G_4G_1G'_2G'_3}} = 9a_{G'_2G'_3G_1}D_{Q\text{-}\pi_{G_4G_1G'_2G'_3}} = 9a_{G'_3G_4G_1}D_{Q\text{-}\pi_{G_4G_1G'_2G'_3}}$, 则

$$F_6(Q_1) = D_{Q_1Q_2P_1P_2} + \sum_{i=1}^{2} D_{Q_1Q_2P_4P_i} + \sum_{i=1}^{4} D_{Q_1P_iP_{i+1}P_{i+2}}, \qquad (5.4.31)$$

$$F_6(Q_2) = D_{Q_2P_2P_3P_4} - D_{Q_1Q_2P_3P_4}$$

$$- \sum_{i=1}^{2} D_{Q_1Q_2P_4P_{i+2}} + \sum_{i=1}^{3} D_{Q_1P_{i+2}P_{i+3}P_i}; \qquad (5.4.32)$$

$$F_6(P_1) = D_{Q_2P_4P_1P_2} + D_{P_1P_2P_3P_4}$$

$$- \sum_{i=1}^{2} D_{Q_1 Q_2 P_{i+3} P_i} - \sum_{i=1}^{3} D_{Q_1 P_{i+2} P_{i+3} P_i}, \tag{5.4.33}$$

$$F_6(P_2) = F_6(P_4) = D_{Q_1 Q_2 P_2 P_4} - D_{Q_1 P_2 P_3 P_4} - D_{Q_2 P_4 P_1 P_2} - D_{P_1 P_2 P_3 P_4}, \tag{5.4.34}$$

$$F_6(P_3) = D_{Q_1 P_2 P_3 P_4} + D_{P_1 P_2 P_3 P_4}$$

$$+ \sum_{i=1}^{2} D_{Q_1 Q_2 P_{i+1} P_{i+2}} - \sum_{i=1}^{3} D_{Q_2 P_i P_{i+1} P_{i+2}}. \tag{5.4.35}$$

证明　仿定理 5.4.1 证明, 即得式 (5.4.31)～(5.4.35).

推论 5.4.4　设 Q_1-$P_1 P_2 P_3 P_4$-Q_2 是三角形八面体, G_i, G'_{i+2} 分别是上、下侧面 $Q_1 P_i P_{i+1}, Q_2 P_{i+2} P_{i+3}(i = 4, 1)$ 的重心, $\pi_{G_4 G_1 G'_2 G'_3}$ 是 Q_1-$P_1 P_2 P_3 P_4$-Q_2 的重心线面. 记 $f_6(Q) = 9a_{G_4 G_1 G'_2 G'_3} d_{Q\text{-}\pi_{G_4 G_1 G'_2 G'_3}} = 9a_{G_1 G'_2 G'_3} d_{Q\text{-}\pi_{G_4 G_1 G'_2 G'_3}} = 9a_{G'_2 G'_3 G_1} d_{Q\text{-}\pi_{G_4 G_1 G'_2 G'_3}} = 9a_{G'_3 G_4 G_1} d_{Q\text{-}\pi_{G_4 G_1 G'_2 G'_3}}$, 则

$$f_6(Q_1) = \left| D_{Q_1 Q_2 P_1 P_2} + \sum_{i=1}^{2} D_{Q_1 Q_2 P_4 P_i} + \sum_{i=1}^{4} D_{Q_1 P_i P_{i+1} P_{i+2}} \right|, \tag{5.4.36}$$

$$f_6(Q_2) = \left| D_{Q_2 P_2 P_3 P_4} - D_{Q_1 Q_2 P_3 P_4} \right.$$

$$\left. - \sum_{i=1}^{2} D_{Q_1 Q_2 P_4 P_{i+2}} + \sum_{i=1}^{3} D_{Q_1 P_{i+2} P_{i+3} P_i} \right|; \tag{5.4.37}$$

$$f_6(P_1) = \left| D_{Q_2 P_4 P_1 P_2} + D_{P_1 P_2 P_3 P_4} \right.$$

$$\left. - \sum_{i=1}^{2} D_{Q_1 Q_2 P_{i+3} P_i} - \sum_{i=1}^{3} D_{Q_1 P_{i+2} P_{i+3} P_i} \right|, \tag{5.4.38}$$

$$f_6(P_2) = f_6(P_4) = \left| D_{Q_1 Q_2 P_2 P_4} - D_{Q_1 P_2 P_3 P_4} - D_{Q_2 P_4 P_1 P_2} - D_{P_1 P_2 P_3 P_4} \right|, \tag{5.4.39}$$

$$f_6(P_3) = \left| D_{Q_1 P_2 P_3 P_4} + D_{P_1 P_2 P_3 P_4} \right.$$

$$\left. + \sum_{i=1}^{2} D_{Q_1 Q_2 P_{i+1} P_{i+2}} - \sum_{i=1}^{3} D_{Q_2 P_i P_{i+1} P_{i+2}} \right|. \tag{5.4.40}$$

证明　根据定理 5.4.4, 仿推论 5.4.1 证明, 即得式 (5.4.36)～(5.4.40).

5.4.3　三角形八面体顶点到邻面重心线面有向距离公式的应用

根据定理 1.2.3, 可以得出定理 5.4.1～定理 5.4.4 中有向距离公式相应的有向体积 (体积) 公式. 兹列如下.

定理 5.4.5　设 $Q_1\text{-}P_1P_2P_3P_4\text{-}Q_2$ 是三角形八面体, G_i, G'_{i+2} 分别是上、下侧面 $Q_1P_iP_{i+1}, Q_2P_{i+2}P_{i+3}(i = 1, 2)$ 的重心, $G_1G_2G'_3G'_4$ 是 $Q_1\text{-}P_1P_2P_3P_4\text{-}Q_2$ 的重心线四边形. 记 $G_3(Q) = 27\mathrm{D}_{QG_1G_2G'_3} = 27\mathrm{D}_{QG_2G'_3G'_4} = 27\mathrm{D}_{QG'_3G'_4G_1} = 27\mathrm{D}_{QG'_4G_1G_2}$, 则

$$G_3(Q_1) = \mathrm{D}_{Q_1Q_2P_2P_3} + \sum_{i=1}^{2}\mathrm{D}_{Q_1Q_2P_1P_{i+1}} + \sum_{i=1}^{4}\mathrm{D}_{Q_1P_iP_{i+1}P_{i+2}},$$

$$G_3(Q_2) = \sum_{i=1}^{2}\mathrm{D}_{Q_1Q_2P_1P_{i+2}} + \sum_{i=1}^{4}\mathrm{D}_{Q_2P_iP_{i+1}P_{i+2}} - \mathrm{D}_{Q_1Q_2P_3P_4};$$

$$G_3(P_1) = G_3(P_3) = \mathrm{D}_{P_1P_2P_3P_4} - \mathrm{D}_{Q_1Q_2P_1P_3} - \mathrm{D}_{Q_1P_3P_4P_1} - \mathrm{D}_{Q_2P_1P_2P_3},$$

$$G_3(P_2) = \mathrm{D}_{Q_2P_1P_2P_3} - \mathrm{D}_{P_1P_2P_3P_4} - \sum_{i=1}^{2}\mathrm{D}_{Q_1Q_2P_iP_{i+1}} - \sum_{i=1}^{3}\mathrm{D}_{Q_1P_{i+3}P_iP_{i+1}},$$

$$G_3(P_4) = \mathrm{D}_{Q_1P_3P_4P_1} - \mathrm{D}_{P_1P_2P_3P_4} + \sum_{i=1}^{2}\mathrm{D}_{Q_1Q_2P_{i+2}P_{i+3}} - \sum_{i=1}^{3}\mathrm{D}_{Q_2P_{i+1}P_{i+2}P_{i+3}}.$$

推论 5.4.5　设 $Q_1\text{-}P_1P_2P_3P_4\text{-}Q_2$ 是三角形八面体, G_i, G'_{i+2} 分别是上、下侧面 $Q_1P_iP_{i+1}, Q_2P_{i+2}P_{i+3}(i = 1, 2)$ 的重心, $G_1G_2G'_3G'_4$ 是 $Q_1\text{-}P_1P_2P_3P_4\text{-}Q_2$ 的重心线四边形. 记 $g_3(Q) = 27\mathrm{v}_{QG_1G_2G'_3} = 27\mathrm{v}_{QG_2G'_3G'_4} = 27\mathrm{v}_{QG'_3G'_4G_1} = 27\mathrm{v}_{QG'_4G_1G_2}$, 则

$$g_3(Q_1) = \left|\mathrm{D}_{Q_1Q_2P_2P_3} + \sum_{i=1}^{2}\mathrm{D}_{Q_1Q_2P_1P_{i+1}} + \sum_{i=1}^{4}\mathrm{D}_{Q_1P_iP_{i+1}P_{i+2}}\right|,$$

$$g_3(Q_2) = \left|\sum_{i=1}^{2}\mathrm{D}_{Q_1Q_2P_1P_{i+2}} + \sum_{i=1}^{4}\mathrm{D}_{Q_2P_iP_{i+1}P_{i+2}} - \mathrm{D}_{Q_1Q_2P_3P_4}\right|;$$

$$g_3(P_1) = g_3(P_3) = \left|\mathrm{D}_{P_1P_2P_3P_4} - \mathrm{D}_{Q_1Q_2P_1P_3} - \mathrm{D}_{Q_1P_3P_4P_1} - \mathrm{D}_{Q_2P_1P_2P_3}\right|,$$

$$g_3(P_2) = \left|\mathrm{D}_{Q_2P_1P_2P_3} - \mathrm{D}_{P_1P_2P_3P_4} - \sum_{i=1}^{2}\mathrm{D}_{Q_1Q_2P_iP_{i+1}} - \sum_{i=1}^{3}\mathrm{D}_{Q_1P_{i+3}P_iP_{i+1}}\right|,$$

$$g_3(P_4) = \left|\mathrm{D}_{Q_1P_3P_4P_1} - \mathrm{D}_{P_1P_2P_3P_4} + \sum_{i=1}^{2}\mathrm{D}_{Q_1Q_2P_{i+2}P_{i+3}} - \sum_{i=1}^{3}\mathrm{D}_{Q_2P_{i+1}P_{i+2}P_{i+3}}\right|.$$

定理 5.4.6 设 $Q_1\text{-}P_1P_2P_3P_4\text{-}Q_2$ 是三角形八面体, G_i, G'_{i+2} 分别是上、下侧面 $Q_1P_iP_{i+1}, Q_2P_{i+2}P_{i+3}(i=2,3)$ 的重心, $G_2G_3G'_4G'_1$ 是 $Q_1\text{-}P_1P_2P_3P_4\text{-}Q_2$ 的重心线四边形. 记 $G_4(Q)=27\mathrm{D}_{QG_2G_3G'_4}=27\mathrm{D}_{QG_3G'_4G'_1}=27\mathrm{D}_{QG'_4G'_1G_2}=27\mathrm{D}_{QG'_1G_2G_3}$, 则

$$G_4(Q_1)=\mathrm{D}_{Q_1Q_2P_2P_4}+\sum_{i=1}^{2}\mathrm{D}_{Q_1Q_2P_{i+1}P_{i+2}}+\sum_{i=1}^{4}\mathrm{D}_{Q_1P_iP_{i+1}P_{i+2}},$$

$$G_4(Q_2)=\mathrm{D}_{Q_1Q_2P_2P_4}-\sum_{i=1}^{2}\mathrm{D}_{Q_1Q_2P_{i+3}P_i}+\sum_{i=1}^{4}\mathrm{D}_{Q_2P_iP_{i+1}P_{i+2}};$$

$$G_4(P_1)=\mathrm{D}_{Q_1P_4P_1P_2}+\mathrm{D}_{P_1P_2P_3P_4}+\sum_{i=1}^{2}\mathrm{D}_{Q_1Q_2P_{i+3}P_i}-\sum_{i=1}^{3}\mathrm{D}_{Q_2P_iP_{i+1}P_{i+2}},$$

$$G_4(P_2)=G_4(P_4)=-\mathrm{D}_{Q_1Q_2P_2P_4}-\mathrm{D}_{Q_1P_4P_1P_2}-\mathrm{D}_{Q_2P_2P_3P_4}-\mathrm{D}_{P_1P_2P_3P_4},$$

$$G_4(P_3)=\mathrm{D}_{Q_2P_2P_3P_4}-\mathrm{D}_{Q_1Q_2P_3P_4}-\mathrm{D}_{Q_1Q_2P_2P_3}.$$

推论 5.4.6 设 $Q_1\text{-}P_1P_2P_3P_4\text{-}Q_2$ 是三角形八面体, G_i, G'_{i+2} 分别是上、下侧面 $Q_1P_iP_{i+1}, Q_2P_{i+2}P_{i+3}(i=2,3)$ 的重心, $G_2G_3G'_4G'_1$ 是 $Q_1\text{-}P_1P_2P_3P_4\text{-}Q_2$ 的重心线四边形. 记 $g_4(Q)=27\mathrm{v}_{QG_2G_3G'_4}=27\mathrm{v}_{QG_3G'_4G'_1}=27\mathrm{v}_{QG'_4G'_1G_2}=27\mathrm{v}_{QG'_1G_2G_3}$, 则

$$g_4(Q_1)=\left|\mathrm{D}_{Q_1Q_2P_2P_4}+\sum_{i=1}^{2}\mathrm{D}_{Q_1Q_2P_{i+1}P_{i+2}}+\sum_{i=1}^{4}\mathrm{D}_{Q_1P_iP_{i+1}P_{i+2}}\right|,$$

$$g_4(Q_2)=\left|\mathrm{D}_{Q_1Q_2P_2P_4}-\sum_{i=1}^{2}\mathrm{D}_{Q_1Q_2P_{i+3}P_i}+\sum_{i=1}^{4}\mathrm{D}_{Q_2P_iP_{i+1}P_{i+2}}\right|;$$

$$g_4(P_1)=\left|\mathrm{D}_{Q_1P_4P_1P_2}+\mathrm{D}_{P_1P_2P_3P_4}+\sum_{i=1}^{2}\mathrm{D}_{Q_1Q_2P_{i+3}P_i}-\sum_{i=1}^{3}\mathrm{D}_{Q_2P_iP_{i+1}P_{i+2}}\right|,$$

$$g_4(P_2)=g_4(P_4)=\left|\mathrm{D}_{Q_1Q_2P_2P_4}+\mathrm{D}_{Q_1P_4P_1P_2}+\mathrm{D}_{Q_2P_2P_3P_4}+\mathrm{D}_{P_1P_2P_3P_4}\right|,$$

$$g_4(P_3)=\left|\mathrm{D}_{Q_2P_2P_3P_4}-\mathrm{D}_{Q_1Q_2P_3P_4}-\mathrm{D}_{Q_1Q_2P_2P_3}\right|.$$

定理 5.4.7 设 $Q_1\text{-}P_1P_2P_3P_4\text{-}Q_2$ 是三角形八面体, G_i, G'_{i+2} 分别是上、下侧面 $Q_1P_iP_{i+1}, Q_2P_{i+2}P_{i+3}(i=3,4)$ 的重心, $G_3G_4G'_1G'_2$ 是 $Q_1\text{-}P_1P_2P_3P_4\text{-}Q_2$ 的重心线四边形. 记 $G_5(Q)=27\mathrm{D}_{QG_3G_4G'_1}=27\mathrm{D}_{QG_4G'_1G'_2}=27\mathrm{D}_{QG'_1G'_2G_3}=$

$27\mathrm{D}_{QG_2'G_3G_4}$, 则

$$G_5(Q_1) = \sum_{i=1}^{2} \mathrm{D}_{Q_1Q_2P_{i+2}P_{i+3}} + \sum_{i=1}^{4} \mathrm{D}_{Q_1P_iP_{i+1}P_{i+2}} - \mathrm{D}_{Q_1Q_2P_1P_3},$$

$$G_5(Q_2) = \sum_{i=1}^{4} \mathrm{D}_{Q_2P_iP_{i+1}P_{i+2}} - \sum_{i=1}^{2} \mathrm{D}_{Q_1Q_2P_iP_{i+1}} - \mathrm{D}_{Q_1Q_2P_1P_3};$$

$$G_5(P_1) = G_5(P_3) = \mathrm{D}_{Q_1Q_2P_1P_3} - \mathrm{D}_{Q_1P_1P_2P_3} - \mathrm{D}_{Q_2P_3P_4P_1} + \mathrm{D}_{P_1P_2P_3P_4},$$

$$G_5(P_2) = \mathrm{D}_{Q_1P_1P_2P_3} - \mathrm{D}_{P_1P_2P_3P_4} + \sum_{i=1}^{2} \mathrm{D}_{Q_1Q_2P_iP_{i+1}} - \sum_{i=1}^{3} \mathrm{D}_{Q_2P_{i+3}P_iP_{i+1}},$$

$$G_5(P_4) = \mathrm{D}_{Q_2P_3P_4P_1} - \mathrm{D}_{P_1P_2P_3P_4} - \sum_{i=1}^{2} \mathrm{D}_{Q_1Q_2P_{i+2}P_{i+3}} - \sum_{i=1}^{3} \mathrm{D}_{Q_1P_{i+1}P_{i+2}P_{i+3}}.$$

推论 5.4.7　设 $Q_1\text{-}P_1P_2P_3P_4\text{-}Q_2$ 是三角形八面体, G_i, G_{i+2}' 分别是上、下侧面 $Q_1P_iP_{i+1}, Q_2P_{i+2}P_{i+3}(i = 3, 4)$ 的重心, $G_3G_4G_1'G_2'$ 是 $Q_1\text{-}P_1P_2P_3P_4\text{-}Q_2$ 的重心线四边形. 记 $g_5(Q) = 27\mathrm{v}_{QG_3G_4G_1'} = 27\mathrm{v}_{QG_4G_1'G_2'} = 27\mathrm{v}_{QG_1'G_2'G_3} = 27\mathrm{v}_{QG_2'G_3G_4}$, 则

$$g_5(Q_1) = \left| \sum_{i=1}^{2} \mathrm{D}_{Q_1Q_2P_{i+2}P_{i+3}} + \sum_{i=1}^{4} \mathrm{D}_{Q_1P_iP_{i+1}P_{i+2}} - \mathrm{D}_{Q_1Q_2P_1P_3} \right|,$$

$$g_5(Q_2) = \left| \sum_{i=1}^{4} \mathrm{D}_{Q_2P_iP_{i+1}P_{i+2}} - \sum_{i=1}^{2} \mathrm{D}_{Q_1Q_2P_iP_{i+1}} - \mathrm{D}_{Q_1Q_2P_1P_3} \right|;$$

$$g_5(P_1) = g_5(P_3) = |\mathrm{D}_{Q_1Q_2P_1P_3} - \mathrm{D}_{Q_1P_1P_2P_3} - \mathrm{D}_{Q_2P_3P_4P_1} + \mathrm{D}_{P_1P_2P_3P_4}|,$$

$$g_5(P_2) = \left| \mathrm{D}_{Q_1P_1P_2P_3} - \mathrm{D}_{P_1P_2P_3P_4} + \sum_{i=1}^{2} \mathrm{D}_{Q_1Q_2P_iP_{i+1}} - \sum_{i=1}^{3} \mathrm{D}_{Q_2P_{i+3}P_iP_{i+1}} \right|,$$

$$g_5(P_4) = \left| \mathrm{D}_{Q_2P_3P_4P_1} - \mathrm{D}_{P_1P_2P_3P_4} - \sum_{i=1}^{2} \mathrm{D}_{Q_1Q_2P_{i+2}P_{i+3}} - \sum_{i=1}^{3} \mathrm{D}_{Q_1P_{i+1}P_{i+2}P_{i+3}} \right|.$$

定理 5.4.8　设 $Q_1\text{-}P_1P_2P_3P_4\text{-}Q_2$ 是三角形八面体, G_i, G_{i+2}' 分别是上、下侧面 $Q_1P_iP_{i+1}, Q_2P_{i+2}P_{i+3}(i = 4, 1)$ 的重心, $G_4G_1G_2'G_3'$ 是 $Q_1\text{-}P_1P_2P_3P_4\text{-}Q_2$ 的重心线四边形. 记 $G_6(Q) = 27\mathrm{D}_{QG_4G_1G_2'} = 27\mathrm{D}_{QG_1G_2'G_3'} = 27\mathrm{D}_{QG_2'G_3'G_1} =$

$27D_{QG'_3G_4G_1}$，则

$$G_6(Q_1) = D_{Q_1Q_2P_1P_2} + \sum_{i=1}^{2} D_{Q_1Q_2P_4P_i} + \sum_{i=1}^{4} D_{Q_1P_iP_{i+1}P_{i+2}},$$

$$G_6(Q_2) = D_{Q_2P_2P_3P_4} - D_{Q_1Q_2P_3P_4} - \sum_{i=1}^{2} D_{Q_1Q_2P_4P_{i+2}} + \sum_{i=1}^{3} D_{Q_1P_{i+2}P_{i+3}P_i};$$

$$G_6(P_1) = D_{Q_2P_4P_1P_2} + D_{P_1P_2P_3P_4} - \sum_{i=1}^{2} D_{Q_1Q_2P_{i+3}P_i} - \sum_{i=1}^{3} D_{Q_1P_{i+2}P_{i+3}P_i},$$

$$G_6(P_2) = G_6(P_4) = D_{Q_1Q_2P_2P_4} - D_{Q_1P_2P_3P_4} - D_{Q_2P_4P_1P_2} - D_{P_1P_2P_3P_4},$$

$$G_6(P_3) = D_{Q_1P_2P_3P_4} + D_{P_1P_2P_3P_4} + \sum_{i=1}^{2} D_{Q_1Q_2P_{i+1}P_{i+2}} - \sum_{i=1}^{3} D_{Q_2P_iP_{i+1}P_{i+2}}.$$

推论 5.4.8 设 $Q_1\text{-}P_1P_2P_3P_4\text{-}Q_2$ 是三角形八面体, G_i, G'_{i+2} 分别是上、下侧面 $Q_1P_iP_{i+1}, Q_2P_{i+2}P_{i+3}(i=4,1)$ 的重心, $G_4G_1G'_2G'_3$ 是 $Q_1\text{-}P_1P_2P_3P_4\text{-}Q_2$ 的重心线四边形. 记 $g_6(Q) = 27v_{QG_4G_1G'_2} = 27v_{QG_1G'_2G'_3} = 27v_{QG'_2G'_3G_1} = 27v_{QG'_3G_4G_1}$，则

$$g_6(Q_1) = \left| D_{Q_1Q_2P_1P_2} + \sum_{i=1}^{2} D_{Q_1Q_2P_4P_i} + \sum_{i=1}^{4} D_{Q_1P_iP_{i+1}P_{i+2}} \right|,$$

$$g_6(Q_2) = \left| D_{Q_2P_2P_3P_4} - D_{Q_1Q_2P_3P_4} - \sum_{i=1}^{2} D_{Q_1Q_2P_4P_{i+2}} + \sum_{i=1}^{3} D_{Q_1P_{i+2}P_{i+3}P_i} \right|;$$

$$g_6(P_1) = \left| D_{Q_2P_4P_1P_2} + D_{P_1P_2P_3P_4} - \sum_{i=1}^{2} D_{Q_1Q_2P_{i+3}P_i} - \sum_{i=1}^{3} D_{Q_1P_{i+2}P_{i+3}P_i} \right|,$$

$$g_6(P_2) = g_6(P_4) = |D_{Q_1Q_2P_2P_4} - D_{Q_1P_2P_3P_4} - D_{Q_2P_4P_1P_2} - D_{P_1P_2P_3P_4}|,$$

$$g_6(P_3) = \left| D_{Q_1P_2P_3P_4} + D_{P_1P_2P_3P_4} + \sum_{i=1}^{2} D_{Q_1Q_2P_{i+1}P_{i+2}} - \sum_{i=1}^{3} D_{Q_2P_iP_{i+1}P_{i+2}} \right|.$$

定理 5.4.9 设 $Q_1\text{-}P_1P_2P_3P_4\text{-}Q_2$ 是三角形八面体, G_i, G'_{i+2} 分别是上、下侧面 $Q_1P_iP_{i+1}, Q_2P_{i+2}P_{i+3}(i=1,2)$ 的重心, $\pi_{G_1G_2G'_3G'_4}$ 是 $Q_1\text{-}P_1P_2P_3P_4\text{-}Q_2$ 的重心线面, 则

$$D_{Q_1\text{-}\pi_{G_1G_2G'_3G'_4}} + D_{P_i\text{-}\pi_{G_1G_2G'_3G'_4}} + D_{P_{i+1}\text{-}\pi_{G_1G_2G'_3G'_4}} = 0 \quad (i=1,2), \qquad (5.4.41)$$

$$D_{Q_2 \text{-} \pi_{G_1 G_2 G_3' G_4'}} + D_{P_{i+2} \text{-} \pi_{G_1 G_2 G_3' G_4'}} + D_{P_{i+3} \text{-} \pi_{G_1 G_2 G_3' G_4'}} = 0 \quad (i = 1, 2). \quad (5.4.42)$$

证明　根据定理 5.4.1, 式 (5.4.1)+(5.4.3)+(5.4.4), 可得

$$9a_{G_1 G_2 G_3'} \left(D_{Q_1 \text{-} \pi_{G_1 G_2 G_3' G_4'}} + D_{P_i \text{-} \pi_{G_1 G_2 G_3' G_4'}} + D_{P_{i+1} \text{-} \pi_{G_1 G_2 G_3' G_4'}} \right) = 0 (i = 1, 2).$$

由于 $9a_{G_1 G_2 G_3'} \neq 0$, 所以式 (5.4.41) 成立.

类似地, 可以证明式 (5.4.42) 成立.

推论 5.4.9　设 $Q_1 \text{-} P_1 P_2 P_3 P_4 \text{-} Q_2$ 是三角形八面体, G_i, G_{i+2}' 分别是上、下侧面 $Q_1 P_i P_{i+1}, Q_2 P_{i+2} P_{i+3} (i = 1, 2)$ 的重心, $\pi_{G_1 G_2 G_3' G_4'}$ 是 $Q_1 \text{-} P_1 P_2 P_3 P_4 \text{-} Q_2$ 的重心线面, 则

(1) 侧面 $Q_1 P_i P_{i+1} (i = 1, 2)$ 上三个顶点到平面 $\pi_{G_1 G_3 G_3' G_1'}$ 的距离

$$d_{Q_1 \text{-} \pi_{G_1 G_2 G_3' G_4'}}, \quad d_{P_i \text{-} \pi_{G_1 G_2 G_3' G_4'}}, \quad d_{P_{i+1} \text{-} \pi_{G_1 G_2 G_3' G_4'}} \quad (i = 1, 2)$$

中, 其中一条较长的距离等于另两条较短的距离的和;

(2) 侧面 $Q_2 P_{i+2} P_{i+3} (i = 1, 2)$ 上三个顶点到平面 $\pi_{G_1 G_3 G_3' G_1'}$ 的距离

$$d_{Q_2 \text{-} \pi_{G_1 G_2 G_3' G_4'}}, \quad d_{P_{i+2} \text{-} \pi_{G_1 G_2 G_3' G_4'}}, \quad d_{P_{i+3} \text{-} \pi_{G_1 G_2 G_3' G_4'}} \quad (i = 1, 2)$$

中, 其中一条较长的距离等于另两条较短的距离的和.

证明　根据定理 5.4.9, 在式 (5.4.41) 和 (5.4.42) 中, 注意到其中一条较长的有向距离的符号与另两条较短的距离的符号相反即得.

定理 5.4.10　设 $Q_1 \text{-} P_1 P_2 P_3 P_4 \text{-} Q_2$ 是三角形八面体, G_i, G_{i+2}' 分别是上、下侧面 $Q_1 P_i P_{i+1}, Q_2 P_{i+2} P_{i+3} (i = 2, 3)$ 的重心, $\pi_{G_2 G_3 G_4' G_1'}$ 是 $Q_1 \text{-} P_1 P_2 P_3 P_4 \text{-} Q_2$ 的重心线面, 则

$$D_{Q_1 \text{-} \pi_{G_2 G_3 G_4' G_1'}} + D_{P_i \text{-} \pi_{G_2 G_3 G_4' G_1'}} + D_{P_{i+1} \text{-} \pi_{G_2 G_3 G_4' G_1'}} = 0 \quad (i = 2, 3), \quad (5.4.43)$$

$$D_{Q_2 \text{-} \pi_{G_2 G_3 G_4' G_1'}} + D_{P_{i+2} \text{-} \pi_{G_2 G_3 G_4' G_1'}} + D_{P_{i+3} \text{-} \pi_{G_2 G_3 G_4' G_1'}} = 0 \quad (i = 2, 3). \quad (5.4.44)$$

证明　根据定理 5.4.2, 仿定理 5.4.9 证明, 即得式 (5.4.43) 和 (5.4.44).

推论 5.4.10　设 $Q_1 \text{-} P_1 P_2 P_3 P_4 \text{-} Q_2$ 是三角形八面体, G_i, G_{i+2}' 分别是上、下侧面 $Q_1 P_i P_{i+1}, Q_2 P_{i+2} P_{i+3} (i = 2, 3)$ 的重心, $\pi_{G_2 G_3 G_4' G_1'}$ 是 $Q_1 \text{-} P_1 P_2 P_3 P_4 \text{-} Q_2$ 的重心线面, 则

(1) 侧面 $Q_1 P_i P_{i+1}$ 上三个顶点到平面 $\pi_{G_2 G_3 G_4' G_1'}$ 的距离

$$d_{Q_1 \text{-} \pi_{G_2 G_3 G_4' G_1'}}, \quad d_{P_i \text{-} \pi_{G_2 G_3 G_4' G_1'}}, \quad d_{P_{i+1} \text{-} \pi_{G_2 G_3 G_4' G_1'}} \quad (i = 2, 3)$$

中, 其中一条较长的距离等于另两条较短的距离的和;

(2) 侧面 $Q_2P_{i+2}P_{i+3}$ 上三个顶点到平面 $\pi_{G_2G_3G_4'G_1'}$ 的距离

$$\mathrm{d}_{Q_2\text{-}\pi_{G_2G_3G_4'G_1'}},\quad \mathrm{d}_{P_{i+2}\text{-}\pi_{G_2G_3G_4'G_1'}},\quad \mathrm{d}_{P_{i+3}\text{-}\pi_{G_2G_3G_4'G_1'}}\quad (i=2,3)$$

中, 其中一条较长的距离等于另两条较短的距离的和.

证明　根据定理 5.4.10, 仿推论 5.4.9 证明即得.

定理 5.4.11　设 $Q_1\text{-}P_1P_2P_3P_4\text{-}Q_2$ 是三角形八面体, G_i,G_{i+2}' 分别是上、下侧面 $Q_1P_iP_{i+1},Q_2P_{i+2}P_{i+3}(i=3,4)$ 的重心, $\pi_{G_3G_4G_1'G_2'}$ 是 $Q_1\text{-}P_1P_2P_3P_4\text{-}Q_2$ 的重心线面, 则

$$\mathrm{D}_{Q_1\text{-}\pi_{G_3G_4G_1'G_2'}}+\mathrm{D}_{P_i\text{-}\pi_{G_3G_4G_1'G_2'}}+\mathrm{D}_{P_{i+1}\text{-}\pi_{G_3G_4G_1'G_2'}}=0\quad (i=3,4), \tag{5.4.45}$$

$$\mathrm{D}_{Q_2\text{-}\pi_{G_3G_4G_1'G_2'}}+\mathrm{D}_{P_{i+2}\text{-}\pi_{G_3G_4G_1'G_2'}}+\mathrm{D}_{P_{i+3}\text{-}\pi_{G_3G_4G_1'G_2'}}=0\quad (i=3,4); \tag{5.4.46}$$

证明　根据定理 5.4.3, 仿定理 5.4.9 证明, 即得式 (5.4.45) 和 (5.4.46).

推论 5.4.11　设 $Q_1\text{-}P_1P_2P_3P_4\text{-}Q_2$ 是三角形八面体, G_i,G_{i+2}' 分别是上、下侧面 $Q_1P_iP_{i+1},Q_2P_{i+2}P_{i+3}(i=3,4)$ 的重心, $\pi_{G_3G_4G_1'G_2'}$ 是 $Q_1\text{-}P_1P_2P_3P_4\text{-}Q_2$ 的重心线面, 则

(1) 侧面 $Q_1P_iP_{i+1}$ 上三个顶点到平面 $\pi_{G_3G_4G_1'G_2'}$ 的距离

$$\mathrm{d}_{Q_1\text{-}\pi_{G_3G_4G_1'G_2'}},\quad \mathrm{d}_{P_i\text{-}\pi_{G_3G_4G_1'G_2'}},\quad \mathrm{d}_{P_{i+1}\text{-}\pi_{G_3G_4G_1'G_2'}}\quad (i=3,4)$$

中, 其中一条较长的距离等于另两条较短的距离的和;

(2) 侧面 $Q_2P_{i+2}P_{i+3}$ 上三个顶点到平面 $\pi_{G_3G_4G_1'G_2'}$ 的距离

$$\mathrm{d}_{Q_2\text{-}\pi_{G_3G_4G_1'G_2'}},\quad \mathrm{d}_{P_{i+2}\text{-}\pi_{G_3G_4G_1'G_2'}},\quad \mathrm{d}_{P_{i+3}\text{-}\pi_{G_3G_4G_1'G_2'}}\quad (i=3,4)$$

中, 其中一条较长的距离等于另两条较短的距离的和.

证明　根据定理 5.4.11, 仿推论 5.4.9 证明即得.

定理 5.4.12　设 $Q_1\text{-}P_1P_2P_3P_4\text{-}Q_2$ 是三角形八面体, G_i,G_{i+2}' 分别是上、下侧面 $Q_1P_iP_{i+1},Q_2P_{i+2}P_{i+3}(i=4,1)$ 的重心, $\pi_{G_4G_1G_2'G_3'}$ 是 $Q_1\text{-}P_1P_2P_3P_4\text{-}Q_2$ 的重心线面, 则

$$\mathrm{D}_{Q_1\text{-}\pi_{G_4G_1G_2'G_3'}}+\mathrm{D}_{P_i\text{-}\pi_{G_4G_1G_2'G_3'}}+\mathrm{D}_{P_{i+1}\text{-}\pi_{G_4G_1G_2'G_3'}}=0\quad (i=4,1),$$
$$\tag{5.4.47}$$

$$\mathrm{D}_{Q_2\text{-}\pi_{G_4G_1G_2'G_3'}}+\mathrm{D}_{P_{i+2}\text{-}\pi_{G_4G_1G_2'G_3'}}+\mathrm{D}_{P_{i+3}\text{-}\pi_{G_4G_1G_2'G_3'}}=0\quad (i=4,1). \tag{5.4.48}$$

证明　根据定理 5.4.3, 仿定理 5.4.9 证明, 即得式 (5.4.47) 和 (5.4.48).

推论 5.4.12 设 $Q_1\text{-}P_1P_2P_3P_4\text{-}Q_2$ 是三角形八面体, G_i, G'_{i+2} 分别是上、下侧面 $Q_1P_iP_{i+1}, Q_2P_{i+2}P_{i+3}(i=4,1)$ 的重心, $\pi_{G_4G_1G'_2G'_3}$ 是 $Q_1\text{-}P_1P_2P_3P_4\text{-}Q_2$ 的重心线面, 则

(1) 侧面 $Q_1P_iP_{i+1}$ 上三个顶点到平面 $\pi_{G_4G_1G'_2G'_3}$ 的距离

$$\mathrm{d}_{Q_1\text{-}\pi_{G_4G_1G'_2G'_3}}, \quad \mathrm{d}_{P_i\text{-}\pi_{G_4G_1G'_2G'_3}}, \quad \mathrm{d}_{P_{i+1}\text{-}\pi_{G_4G_1G'_2G'_3}} \quad (i=4,1)$$

中, 其中一条较长的距离等于另两条较短的距离的和;

(2) 侧面 $Q_2P_{i+2}P_{i+3}$ 上三个顶点到平面 $\pi_{G_4G_1G'_2G'_3}$ 的距离

$$\mathrm{d}_{Q_2\text{-}\pi_{G_4G_1G'_2G'_3}}, \quad \mathrm{d}_{P_{i+2}\text{-}\pi_{G_4G_1G'_2G'_3}}, \quad \mathrm{d}_{P_{i+3}\text{-}\pi_{G_4G_1G'_2G'_3}} \quad (i=4,1)$$

中, 其中一条较长的距离等于另两条短的距离的和.

证明 根据定理 5.4.12, 仿推论 5.4.9 证明即得.

定理 5.4.13 设 $Q_1\text{-}P_1P_2P_3P_4\text{-}Q_2$ 是三角形八面体, G_i, G'_i 分别是上、下侧面 $Q_1P_iP_{i+1}, Q_2P_iP_{i+1}(i=1,2,3,4)$ 的重心, $G_iG_{i+1}G'_{i+2}G'_{i+3}(i=1,2,3,4)$ 是 $Q_1\text{-}P_1P_2P_3P_4\text{-}Q_2$ 的重心线四边形, 则

$$a_{G_1G_2G'_3} = a_{G_2G'_3G'_4} = a_{G'_3G'G_1} = a_{G'_4G_1G_2} = 0.5a_{G_1G_2G'_3G'_4}, \tag{5.4.49}$$

$$a_{G_2G_3G'_4} = a_{G_3G'_4G'_2} = a_{G'_4G'_1G_2} = a_{G'_1G_2G_3} = 0.5a_{G_2G_3G'_4G'_1}, \tag{5.4.50}$$

$$a_{G_3G_4G'_1} = a_{G_4G'_1G'_2} = a_{G'_1G'_2G_3} = a_{G'_2G_3G_4} = 0.5a_{G_3G_4G'_1G'_2}, \tag{5.4.51}$$

$$a_{G_4G_1G'_2} = a_{G_1G'_2G'_3} = a_{G'_2G'_3G_4} = a_{G'_3G_4G_1} = 0.5a_{G_4G_1G'_2G'_3}. \tag{5.4.52}$$

从而, $G_iG_{i+1}G'_{i+2}G'_{i+3}(i=1,2,3,4)$ 均为平行四边形.

证明 根据定理 5.4.1, 在式 (5.4.1) 中注意到 $\mathrm{D}_{P_1\text{-}G_2G'_3G'_4} \neq 0$, 可得

$$a_{G_1G_2G'_3} = a_{G_2G'_3G'_4} = a_{G'_3G'G_1} = a_{G'_4G_1G_2}.$$

又因为

$$a_{G_1G_2G'_3} + a_{G_2G'_3G'_4} + a_{G'_3G'G_1} + a_{G'_4G_1G_2} = 2a_{G_1G_2G'_3G'_4},$$

所以 $4a_{G_1G_2G'_3} = 2a_{G_1G_2G'_3G'_4}, a_{G_1G_2G'_3} = 0.5a_{G_1G_2G'_3G'_4}$, 因此式 (5.4.49) 成立.

类似地, 根据定理 5.3.2~定理 5.4.4, 可以证明式 (5.4.50)~(5.4.52) 成立.

从而, $G_iG_{i+1}G'_{i+2}G'_{i+3}(i=1,2,3,4)$ 均为平行四边形.

注 5.4.1 特别地, 当 $Q_1\text{-}P_1P_2P_3P_4\text{-}Q_2$ 为正八面体时, 可以证明 $G_iG_{i+1}G'_{i+2}G'_{i+3}(i=1,2,3,4)$ 均为正方形.

推论 5.4.13 设 $Q_1\text{-}P_1P_2P_3P_4\text{-}Q_2$ 是三角形八面体, G_i, G_i' 分别是上、下侧面 $Q_1P_iP_{i+1}, Q_2P_iP_{i+1}(i = 1, 2, 3, 4)$ 的重心, $G_iG_{i+1}G_{i+2}'G_{i+3}'(i = 1, 2, 3, 4)$ 是 $Q_1\text{-}P_1P_2P_3P_4\text{-}Q_2$ 的重心线四边形, 则

$$\mathrm{D}_{G_1G_2G_3'} = \mathrm{D}_{G_2G_3'G_4'} = \mathrm{D}_{G_3'G'G_1} = \mathrm{D}_{G_4'G_1G_2} = 0.5\mathrm{Da}_{G_1G_2G_3'G_4'}, \tag{5.4.53}$$

$$\mathrm{D}_{G_2G_3G_4'} = \mathrm{D}_{G_3G_4'G_2'} = \mathrm{D}_{G_4'G_1'G_2} = \mathrm{D}_{G_1'G_2G_3} = 0.5\mathrm{Da}_{G_2G_3G_4'G_1'}, \tag{5.4.54}$$

$$\mathrm{D}_{G_3G_4G_1'} = \mathrm{D}_{G_4G_1'G_2'} = \mathrm{D}_{G_1'G_2'G_3} = \mathrm{D}_{G_2'G_3G_4} = 0.5\mathrm{Da}_{G_3G_4G_1'G_2'}, \tag{5.4.55}$$

$$\mathrm{D}_{G_4G_1G_2'} = \mathrm{D}_{G_1G_2'G_3'} = \mathrm{D}_{G_2'G_3'G_4} = \mathrm{D}_{G_3'G_4G_1} = 0.5\mathrm{Da}_{G_4G_1G_2'G_3'}. \tag{5.4.56}$$

证明 因为重心线面 $\pi_{G_1G_2G_3'G_4'}$ 与重心线三角面 $\pi_{G_1G_2G_3'}, \pi_{G_2G_3'G_4'}, \pi_{G_3'G_4'G_1}, \pi_{G_4'G_1G_2}$ 同向重合, 所以重心线四边形 $G_1G_2G_3'G_4'$ 与重心线三角形 $G_1G_2G_3'$, $G_2G_3'G_4', G_3'G_4'G_1, G_4'G_1G_2$ 都是同向的. 故由式 (5.4.49), 即得式 (5.5.53);

类似地, 可以证明式 (5.5.54)~(5.4.56) 成立.

第 6 章　四边形六面体重心线的有向度量定理与应用

6.1　四边形六面体重心线的共面共点定理与应用

本节主要应用有向体积和有向体积定值法, 研究四边形六面体重心线共面的有关问题. 首先, 给出四边形六面体重心线的概念; 其次, 给出四边形六面体重心线的共面定理; 最后, 利用该共面定理和有向体积法, 得出四边形六面体重心线的共点定理和四边形六面体重心线的定比分点定理.

6.1.1　四边形六面体重心线的概念

定义 6.1.1　由上、下两个四边形底面 $P_1P_2P_3P_4, Q_1Q_2Q_3Q_4$, 前、后和左、右四个四边形侧面 $P_1P_2Q_2Q_1, P_3P_4Q_4Q_3; P_2P_3Q_3Q_2, P_4P_1Q_1Q_4$ 所围成的多面体, 称为四边形六面体, 记为 $P_1P_2P_3P_4\text{-}Q_1Q_2Q_3Q_4$. 这里, $P_1P_2P_3P_4\text{-}Q_1Q_2Q_3Q_4$ 未必为凸多面体.

特别地, 当各棱长均相等时, 四边形六面体 $P_1P_2P_3P_4\text{-}Q_1Q_2Q_3Q_4$ 即正六面体 (正方形).

定义 6.1.2　设 $S = \{P_1, P_2, P_3, P_4; Q_1, Q_2, Q_3, Q_4\}$ 是四边形六面体 $P_1P_2P_3P_4\text{-}Q_1Q_2Q_3Q_4$ 所有顶点的集合, (S_4, S_4') 是 S 的一个 $(4,4)$ 完备集对, 且 S_4, S_4' 都是 $P_1P_2P_3P_4\text{-}Q_1Q_2Q_3Q_4$ 单个面上四个顶点的集合, 则称 (S_4, S_4') 为 $P_1P_2P_3P_4\text{-}Q_1Q_2Q_3Q_4$ 的一个完备集对, 该集对中两个集合 S_4, S_4' 的重心之间的连线称为 $P_1P_2P_3P_4\text{-}Q_1Q_2Q_3Q_4$ 一条面-面重心线, 简称重心线.

显然, $P_1P_2P_3P_4\text{-}Q_1Q_2Q_3Q_4$ 的重心线是两对面 $P_1P_2P_3P_4, Q_1Q_2Q_3Q_4$; $P_1P_2Q_2Q_1, P_3P_4Q_4Q_3; P_2P_3Q_3Q_2, P_4P_1Q_1Q_4$ 的重心 $G_1, G_4; G_2, G_5; G_3, G_6$ 之间的连线 G_1G_4, G_2G_5, G_3G_6. 因为除上述 $(4,4)$ 完备集对外, $P_1P_2P_3P_4\text{-}Q_1Q_2Q_3Q_4$ 没有该意义上其他类型的完备集对, 所以 $P_1P_2P_3P_4\text{-}Q_1Q_2Q_3Q_4$ 只有三条重心线.

6.1.2　四边形六面体重心线的共面定理及其应用

定理 6.1.1(四边形六面体重心线的共面定理)　设 $P_1P_2P_3P_4\text{-}Q_1Q_2Q_3Q_4$ 是四边形六面体, G_1, G_4 分别是上、下底面 $P_1P_2P_3P_4, Q_1Q_2Q_3Q_4$ 的重心, G_2, G_3, G_5, G_6 依次是各侧面 $P_1P_2Q_2Q_1, P_2P_3Q_3Q_2, P_3P_4Q_4Q_3, P_4P_1Q_1Q_4$ 的重心, 则 $P_1P_2P_3P_4\text{-}Q_1Q_2Q_3Q_4$ 三条重心线 G_1G_4, G_2G_5, G_3G_6 中的任意两条均共面.

证明 如图 6.1.1 所示. 设 $P_1P_2P_3P_4$-$Q_1Q_2Q_3Q_4$ 顶点的坐标分别为 $P_i(x_i, y_i, z_i)(i = 1, 2, 3, 4)$; $Q_i(a_i, b_i, c_i)(i = 1, 2, 3, 4)$. 于是上、下底面 $P_1P_2P_3P_4, Q_1Q_2Q_3Q_4$ 重心的坐标分别为

$$G_1\left(\frac{x_1 + x_2 + x_3 + x_4}{4}, \frac{y_1 + y_2 + y_3 + y_4}{4}, \frac{z_1 + z_2 + z_3 + z_4}{4}\right),$$

$$G_4\left(\frac{a_1 + a_2 + a_3 + a_4}{4}, \frac{b_1 + b_2 + b_3 + b_4}{4}, \frac{c_1 + c_2 + c_3 + c_4}{4}\right);$$

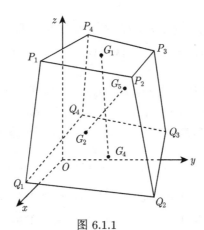

图 6.1.1

各侧面 $P_1P_2Q_2Q_1, P_2P_3Q_3Q_2, P_3P_4Q_4Q_3, P_4P_1Q_1Q_4$ 重心的坐标依次为

$$G_2\left(\frac{x_1 + x_2 + a_1 + a_2}{4}, \frac{y_1 + y_2 + b_1 + b_2}{4}, \frac{z_1 + z_2 + c_1 + c_2}{4}\right),$$

$$G_3\left(\frac{x_2 + x_3 + a_2 + a_3}{4}, \frac{y_2 + y_3 + b_2 + b_3}{4}, \frac{z_2 + z_3 + c_2 + c_3}{4}\right),$$

$$G_5\left(\frac{x_3 + x_4 + a_3 + a_4}{4}, \frac{y_3 + y_4 + b_3 + b_4}{4}, \frac{z_3 + z_4 + c_3 + c_4}{4}\right),$$

$$G_6\left(\frac{x_4 + x_1 + a_4 + a_1}{4}, \frac{y_4 + y_1 + b_4 + b_1}{4}, \frac{z_4 + z_1 + c_4 + c_1}{4}\right).$$

于是由四面体有向体积公式, 得

$$6 \times 4^4 D_{G_1G_2G_4G_5}$$

$$= \begin{vmatrix} x_1 + x_2 + x_3 + x_4 & y_1 + y_2 + y_3 + y_4 & z_1 + z_2 + z_3 + z_4 & 4 \\ x_1 + x_2 + a_1 + a_2 & y_1 + y_2 + b_1 + b_2 & z_1 + z_2 + c_1 + c_2 & 4 \\ a_1 + a_2 + a_3 + a_4 & b_1 + b_2 + b_3 + b_4 & c_1 + c_2 + c_3 + c_4 & 4 \\ x_3 + x_4 + a_3 + a_4 & y_3 + y_4 + b_3 + b_4 & z_3 + z_4 + c_3 + c_4 & 4 \end{vmatrix}$$

$$\frac{\sum\limits_{i=1}^{4} r_i}{r_2+r_4} \begin{vmatrix} 2\sum\limits_{i=1}^{4}(x_i+a_i) & 2\sum\limits_{i=1}^{4}(y_i+b_i) & 2\sum\limits_{i=1}^{4}(z_i+c_i) & 16 \\ \sum\limits_{i=1}^{4}(x_i+a_i) & \sum\limits_{i=1}^{4}(y_i+b_i) & \sum\limits_{i=1}^{4}(z_i+c_i) & 8 \\ a_1+a_2+a_3+a_4 & b_1+b_2+b_3+b_4 & c_1+c_2+c_3+c_4 & 4 \\ x_3+x_4+a_3+a_4 & y_3+y_4+b_3+b_4 & z_3+z_4+c_3+c_4 & 4 \end{vmatrix}$$

$= 0,$

所以 $D_{G_1G_2G_4G_5} = 0$. 因此, G_1, G_2, G_3, G_5 四点共面, 即 G_1G_4, G_2G_5 共面.

类似地, 可以证明 $G_1, C_3, C_4, G_6; G_2, G_3, G_5, G_6$ 均四点共面, 即 G_1G_4, G_3G_6; G_2G_5, G_3G_6 均共面.

推论 6.1.1　设 $P_1P_2P_3P_4\text{-}Q_1Q_2Q_3Q_4$ 是四边形六面体, G_1, G_4 分别是上、下底面 $P_1P_2P_3P_4$, $Q_1Q_2Q_3Q_4$ 的重心, G_2, G_3, G_5, G_6 依次是各侧面 $P_1P_2Q_2Q_1$, $P_2P_3Q_3Q_2, P_3P_4Q_4Q_3, P_4P_1Q_1Q_4$ 的重心, P 是空间任意一点, 则

$$D_{PG_2G_4G_5} - D_{PG_4G_5G_1} + D_{PG_5G_1G_2} - D_{PG_1G_2G_4} = 0, \tag{6.1.1}$$

$$D_{PG_3G_4G_6} - D_{PG_4G_6G_1} + D_{PG_6G_1G_3} - D_{PG_1G_3G_4} = 0, \tag{6.1.2}$$

$$D_{PG_3G_5G_6} - D_{PG_5G_6G_2} + D_{PG_6G_2G_3} - D_{PG_2G_3G_5} = 0. \tag{6.1.3}$$

证明　根据定理 6.1.1, 由 $D_{G_1G_2G_3G_4} = 0$ 及四面体对面四面体的可加性, 即得式 (6.1.1).

类似地, 可以证明式 (6.1.2) 和 (6.1.3) 成立.

6.1.3　四边形六面体重心线的共点定理及其应用

定理 6.1.2(四边形六面体重心线的共点定理)　设 $P_1P_2P_3P_4\text{-}Q_1Q_2Q_3Q_4$ 是四边形六面体, G_1, G_4 分别是上、下底面 $P_1P_2P_3P_4$, $Q_1Q_2Q_3Q_4$ 的重心, G_2, G_3, G_5, G_6 依次是各侧面 $P_1P_2Q_2Q_1, P_2P_3Q_3Q_2, P_3P_4Q_4Q_3, P_4P_1Q_1Q_4$ 的重心, 则其三条重心线 G_1G_4, G_2G_5, G_3G_6 所在直线相交于一点, 这点即四边形六面体的重心.

证明　因为 G_1G_4, G_2G_5 共面且不相互平行, 所以 G_1G_4, G_2G_5 所在直线相交于一点. 设此交点为 G, 则 $D_{GG_4G_6G_1} = D_{GG_1G_3G_4} = 0, D_{GG_5G_6G_2} = D_{GG_2G_3G_5} = 0$. 代入式 (6.1.2) 和 (6.1.3), 得

$$D_{GG_3G_4G_6} + D_{GG_6G_1G_3} = 0, \quad D_{GG_3G_5G_6} + D_{GG_6G_2G_3} = 0.$$

显然, 以上两式都可以看成是直线 G_3G_6 的某种特殊形式的平面束方程, 且为两个不同的平面. 因此, 这两个独立的平面束方程联立构成一个关于 G 点坐标

的三元一次方程组. 故由线性方程组解的理论易知, 其解是 $3 - 2 = 1$ 维的, 于是当 G 在两平面的交线 G_3G_6 上时, 方程组成立. 从而 G 在直线 G_3G_6 上. 故 $P_1P_2P_3P_4\text{-}Q_1Q_2Q_3Q_4$ 的三条重心线 G_1G_4, G_2G_5, G_3G_6 所在直线相交于一点 G.

现求 G 的坐标. 设四边形六面体 $P_1P_2P_3P_4\text{-}Q_1Q_2Q_3Q_4$ 顶点的坐标为 $P_i(x_i, y_i, z_i)(i = 1, 2, 3, 4)$, $Q_i(a_i, b_i, c_i)(i = 1, 2, 3, 4)$, 于是其上、下底面重心的横坐标分别为

$$x_{G_1} = \frac{x_1 + x_2 + x_3 + x_4}{4}, \quad x_{G_4} = \frac{a_1 + a_2 + a_3 + a_4}{4},$$

两侧面 $P_1P_2Q_2Q_1, P_3P_4Q_4Q_3$ 的重心的横坐标分别为

$$x_{G_2} = \frac{x_1 + x_2 + a_1 + a_2}{4}, \quad x_{G_5} = \frac{x_3 + x_4 + a_3 + a_4}{4}.$$

因为 G 是 G_1G_4, G_2G_5, G_3G_6 所在直线的交点, 故由 G 关于 $G_1G_4, G_2G_5,$ G_3G_6 的对称性, 在两直线 G_1G_4, G_2G_5 的方程

$$\frac{x - x_{G_i}}{x_{G_{i+3}} - x_{G_i}} = \frac{y - y_{G_i}}{y_{G_{i+3}} - y_{G_i}} = \frac{z - z_{G_i}}{z_{G_{i+3}} - z_{G_i}} = t_i \quad (i = 1, 2)$$

中令 $t_1 = t_2 = t$, 可得

$$\frac{x_G - x_{G_1}}{x_{G_4} - x_{G_1}} = \frac{x_G - x_{G_2}}{x_{G_5} - x_{G_2}}.$$

于是

$$
\begin{aligned}
x_G &= \frac{x_{G_1}(x_{G_5} - x_{G_2}) - x_{G_2}(x_{G_4} - x_{G_1})}{(x_{G_5} - x_{G_2}) - (x_{G_4} - x_{G_1})} = \frac{x_{G_1}x_{G_5} - x_{G_2}x_{G_4}}{x_{G_5} - x_{G_2} - x_{G_4} + x_{G_1}} \\[2mm]
&= \frac{1}{4} \frac{(x_3 + x_4 + a_3 + a_4)\displaystyle\sum_{i=1}^{4} x_i - (x_1 + x_2 + a_1 + a_2)\displaystyle\sum_{i=1}^{4} a_i}{(x_3 + x_4 + a_3 + a_4) - (x_1 + x_2 + a_1 + a_2) - \displaystyle\sum_{i=1}^{4} a_i + \displaystyle\sum_{i=1}^{4} x_i} \\[2mm]
&= \frac{(x_3 + x_4 - a_1 - a_2)\displaystyle\sum_{i=1}^{4}(x_i + a_i)}{8(x_3 + x_4 - a_1 - a_2)} = \frac{1}{8}\sum_{i=1}^{4}(x_i + a_i).
\end{aligned}
$$

类似地, 可以求得

$$y_G = \frac{1}{8}\sum_{i=1}^{4}(y_i + b_i), \quad z_G = \frac{1}{8}\sum_{i=1}^{4}(z_i + c_i).$$

所以 $G = \frac{1}{6}(G_1 + G_2 + \cdots + G_6)$，即 G 是四边形六面体的重心. 又显然, G 是各重心线的内点, 故 G_1G_4, G_2G_5, G_3G_6 相交于一点.

定理 6.1.3(四边形六面体重心线的定比分点定理)　设 $P_1P_2P_3P_4$-$Q_1Q_2Q_3Q_4$ 是四边形六面体, G_1, G_4 分别是上、下底面 $P_1P_2P_3P_4, Q_1Q_2Q_3Q_4$ 的重心, $G_2, G_3,$ G_5, G_6 依次是各侧面 $P_1P_2Q_2Q_1, P_2P_3Q_3Q_2, P_3P_4Q_4Q_3, P_4P_1Q_1Q_4$ 的重心, G 是 $P_1P_2P_3P_4$-$Q_1Q_2Q_3Q_4$ 的重心, 则 G 是重心线 G_1G_4, G_2G_5, G_3G_6 的中点 (重心), 即

$$\mathrm{D}_{G_iG}/\mathrm{D}_{GG_{i+3}} = 1 \quad \text{或} \quad G = (G_i + G_{i+3})/2 \quad (i = 1, 2, 3).$$

证明　不妨设四边形六面体 $P_1P_2P_3P_4$-$Q_1Q_2Q_3Q_4$ 的三条重心线 $G_1G_4,$ G_2G_5, G_3G_6 在 x 轴上的投影均不为零, 且其顶点的坐标如定理 6.1.2 所设, 则

$$\frac{\mathrm{D}_{G_1G}}{\mathrm{D}_{GG_4}} = \frac{\mathrm{Prj}_x\mathrm{D}_{G_1G}}{\mathrm{Prj}_x\mathrm{D}_{GG_4}} = \frac{x_G - x_{G_1}}{x_{G_4} - x_G}$$

$$= \frac{(x_1 + x_2 + x_3 + x_4 + a_1 + a_2 + a_3 + a_4)/8 - (x_1 + x_2 + x_3 + x_4)/4}{(a_1 + a_2 + a_3 + a_4)/4 - (x_1 + x_2 + x_3 + x_4 + a_1 + a_2 + a_3 + a_4)/8}$$

$$= \frac{(a_1 + a_2 + a_3 + a_4) - (x_1 + x_2 + x_3 + x_4)}{(a_1 + a_2 + a_3 + a_4) - (x_1 + x_2 + x_3 + x_4)} = 1.$$

类似地, 可以求得

$$\mathrm{D}_{G_iG}/\mathrm{D}_{GG_{i+3}} = 1 \quad (i = 2, 3),$$

所以 $G = (G_i + G_{i+3})/2 (i = 1, 2, 3)$. 即 G 是重心线 G_1G_4, G_2G_5, G_3G_6 的中点 (重心).

6.2　四边形六面体顶点到重心线包络面的有向距离与应用

本节主要应用有向距离法, 研究四边形六面体顶点到重心线包络面有向距离的有关问题. 首先, 给出四边形六面体重心线包络面的概念与方程; 其次, 给出四边形六面体各面上的顶点到该面上的重心线包络面有向距离之和为零等的结论; 最后, 利用上述关系定理, 得出四边形六面体一面上的重心线包络面通过该面上顶点的充分必要条件、四边形六面体一面上的重心线包络面通过该面上棱的中点和该面上对角线的中点的充分必要条件等的结论.

6.2.1　四边形六面体重心线包络面的概念与方程

定义 6.2.1　设 $P_1P_2P_3P_4$-$Q_1Q_2Q_3Q_4$ 是四边形六面体, G_1, G_4 分别是上、下底面 $P_1P_2P_3P_4, Q_1Q_2Q_3Q_4$ 的重心, G_2, G_3, G_5, G_6 依次是各侧面 $P_1P_2Q_2Q_1,$

$P_2P_3Q_3Q_2, P_3P_4Q_4Q_3, P_4P_1Q_1Q_4$ 的重心，G_1G_4, G_2G_5, G_3G_6 为 $P_1P_2P_3P_4$-$Q_1Q_2Q_3Q_4$ 的重心线，则称过 $P_1P_2P_3P_4$-$Q_1Q_2Q_3Q_4$ 任意一条重心线 $G_iG_{i+3}(i=1,2,3)$ 的所有平面为 $P_1P_2P_3P_4$-$Q_1Q_2Q_3Q_4$ 该重心线的包络面.

定义 6.2.2 由四边形六面体 $P_1P_2P_3P_4$-$Q_1Q_2Q_3Q_4$ 重心线 G_iG_{i+3} 的方程所生成的带有两个不全为零的参数 $\mu_i, \nu_i(i=1,2,3)$ 的包络面称为该重心线的双参数包络面，记为 $\pi_{G_iG_{i+3}\text{-}\mu_i\nu_i}(i=1,2,3)$.

引理 6.2.1 设 $P_1P_2P_3P_4$-$Q_1Q_2Q_3Q_4$ 是四边形六面体，$\mu_i, \nu_i(i=1,2,3)$ 均是不全为零的实数，则 $P_1P_2P_3P_4$-$Q_1Q_2Q_3Q_4$ 重心线 $G_iG_{i+3}(i=1,2,3)$ 的平面束方程可以表示成

$$\pi_{G_iG_{i+3}\text{-}\mu_i\nu_i}: a_ix + b_iy + c_iz + d_i = 0 \quad (i=1,2,3), \tag{6.2.1}$$

其中 $a_i = \mu_i(y_{G_{i+3}} - y_{G_i}), b_i = \mu_i(x_{G_i} - x_{G_{i+3}}) + \nu_i(z_{G_{i+3}} - z_{G_i}), c_i = \nu_i(y_{G_i} - y_{G_{i+3}}), d_i = \mu_i(x_{G_{i+3}}y_{G_i} - x_{G_i}y_{G_{i+3}}) + \nu_i(y_{G_{i+3}}z_{G_i} - y_{G_i}z_{G_{i+3}})$.

证明 根据直线 $G_iG_{i+3}(i=1,2,3)$ 的两点式方程

$$\frac{x - x_{G_i}}{x_{G_{i+3}} - x_{G_i}} = \frac{y - y_{G_i}}{y_{G_{i+3}} - y_{G_i}} = \frac{z - z_{G_i}}{z_{G_{i+3}} - z_{G_i}} \quad (i=1,2,3),$$

仿引理 2.4.1 的证明，即得重心线 $G_iG_{i+3}(i=1,2,3)$ 的平面束方程可以表示成式 (6.2.1) 的形式.

6.2.2 四边形六面体顶点到重心线包络面有向距离的关系定理

定理 6.2.1 设 $P_1P_2P_3P_4$-$Q_1Q_2Q_3Q_4$ 是四边形六面体，G_1, G_4 分别是上、下底面 $P_1P_2P_3P_4$，$Q_1Q_2Q_3Q_4$ 的重心，G_2, G_3, G_5, G_6 依次是各侧面 $P_1P_2Q_2Q_1$，$P_2P_3Q_3Q_2, P_3P_4Q_4Q_3, P_4P_1Q_1Q_4$ 的重心，G_1G_4, G_2G_5, G_3G_6 为 $P_1P_2P_3P_4$-$Q_1Q_2Q_3Q_4$ 的重心线，$\pi_{G_iG_{i+3}\text{-}\mu_i\nu_i}$ 是重心线 $G_iG_{i+3}(i=1,2,3)$ 的重心线包络面，则

$$D_{P_1\text{-}\pi_{G_1G_4\text{-}\mu_1\nu_1}} + D_{P_2\text{-}\pi_{G_1G_4\text{-}\mu_1\nu_1}} + D_{P_3\text{-}\pi_{G_1G_4\text{-}\mu_1\nu_1}} + D_{P_4\text{-}\pi_{G_1G_4\text{-}\mu_1\nu_1}} = 0, \tag{6.2.2}$$

$$D_{Q_1\text{-}\pi_{G_1G_4\text{-}\mu_1\nu_1}} + D_{Q_2\text{-}\pi_{G_1G_4\text{-}\mu_1\nu_1}} + D_{Q_3\text{-}\pi_{G_1G_4\text{-}\mu_1\nu_1}} + D_{Q_4\text{-}\pi_{G_1G_4\text{-}\mu_1\nu_1}} = 0; \tag{6.2.3}$$

$$D_{P_1\text{-}\pi_{G_2G_5\text{-}\mu_2\nu_2}} + D_{P_2\text{-}\pi_{G_2G_5\text{-}\mu_2\nu_2}} + D_{Q_2\text{-}\pi_{G_2G_5\text{-}\mu_2\nu_2}} + D_{Q_1\text{-}\pi_{G_2G_5\text{-}\mu_2\nu_2}} = 0, \tag{6.2.4}$$

$$D_{P_3\text{-}\pi_{G_2G_5\text{-}\mu_2\nu_2}} + D_{P_4\text{-}\pi_{G_2G_5\text{-}\mu_2\nu_2}} + D_{Q_4\text{-}\pi_{G_2G_5\text{-}\mu_2\nu_2}} + D_{Q_3\text{-}\pi_{G_2G_5\text{-}\mu_2\nu_2}} = 0; \tag{6.2.5}$$

$$D_{P_2\text{-}\pi_{G_3G_6\text{-}\mu_3\nu_3}} + D_{P_3\text{-}\pi_{G_3G_6\text{-}\mu_3\nu_3}} + D_{Q_3\text{-}\pi_{G_3G_6\text{-}\mu_3\nu_3}} + D_{Q_2\text{-}\pi_{G_3G_6\text{-}\mu_3\nu_3}} = 0, \tag{6.2.6}$$

$$D_{P_4\text{-}\pi_{G_3G_6\text{-}\mu_3\nu_3}} + D_{P_1\text{-}\pi_{G_3G_6\text{-}\mu_3\nu_3}} + D_{Q_1\text{-}\pi_{G_3G_6\text{-}\mu_3\nu_3}} + D_{Q_4\text{-}\pi_{G_3G_6\text{-}\mu_3\nu_3}} = 0. \tag{6.2.7}$$

证明　不妨设 $\pi_{G_iG_{i+3}-\mu_i\nu_i}$ 是重心线 $G_iG_{i+3}(i=1,2,3)$ 形如式 (6.2.1) 的平面束方程所表示的重心线包络面. 设 $P_1P_2P_3P_4$-$Q_1Q_2Q_3Q_4$ 的坐标分别为 $P_i(x_i,y_i,z_i)(i=1,2,3,4)$; $Q_i(a_i,b_i,c_i)(i=1,2,3,4)$. 于是上、下底面 $P_1P_2P_3P_4,Q_1Q_2Q_3Q_4$ 重心的坐标分别为

$$G_1\left(\frac{x_1+x_2+x_3+x_4}{4},\frac{y_1+y_2+y_3+y_4}{4},\frac{z_1+z_2+z_3+z_4}{4}\right),$$

$$G_4\left(\frac{a_1+a_2+a_3+a_4}{4},\frac{b_1+b_2+b_3+b_4}{4},\frac{c_1+c_2+c_3+c_4}{4}\right).$$

于是由 $\pi_{G_1G_4-\mu_1\nu_1}$ 的方程 (6.2.1) 和点到平面的有向距离公式, 可得

$$16\sqrt{a_1^2+b_1^2+c_1^2}\mathrm{D}_{P_i-\pi_{G_1G_4-\mu_1\nu_1}}$$

$$=16\mu_1\left[x_i(y_{G_4}-y_{G_1})+(x_{G_1}-x_{G_4})y_i+(x_{G_4}y_{G_1}-x_{G_1}y_{G_4})\right]$$

$$+16\nu_1\left[y_i(z_{G_4}-z_{G_1})+(y_{G_1}-y_{G_4})z_i+(y_{G_4}z_{G_1}-y_{G_1}z_{G_4})\right]$$

$$=\mu_1\left[4x_i\left(\sum_{j=1}^{4}b_j-\sum_{j=1}^{4}y_j\right)+4\left(\sum_{j=1}^{4}x_j-\sum_{j=1}^{4}a_j\right)y_i\right.$$

$$\left.+\left(\sum_{j=1}^{4}a_j\cdot\sum_{j=1}^{4}y_j-\sum_{j=1}^{4}x_j\cdot\sum_{j=1}^{4}b_j\right)\right]$$

$$+\nu_1\left[4y_i\left(\sum_{j=1}^{4}c_j-\sum_{j=1}^{4}z_j\right)+4\left(\sum_{j=1}^{4}y_j-\sum_{j=1}^{4}b_j\right)z_i\right.$$

$$\left.+\left(\sum_{j=1}^{4}b_j\cdot\sum_{j=1}^{4}z_j-\sum_{j=1}^{4}y_j\cdot\sum_{j=1}^{4}c_j\right)\right]\quad(i=1,2,3,4),$$

于是

$$16\sqrt{a_1^2+b_1^2+c_1^2}\sum_{i=1}^{4}\mathrm{D}_{P_i-\pi_{G_1G_4-\mu_1\nu_1}}$$

$$=4\mu_1\left[\left(\sum_{j=1}^{4}b_j-\sum_{j=1}^{4}y_j\right)\sum_{i=1}^{4}x_i+\left(\sum_{j=1}^{4}x_j-\sum_{j=1}^{4}a_j\right)\sum_{i=1}^{4}y_i\right.$$

$$\left.+\left(\sum_{j=1}^{4}a_j\cdot\sum_{j=1}^{4}y_j-\sum_{j=1}^{4}x_j\cdot\sum_{j=1}^{4}b_j\right)\right]$$

$$+ 4\nu_1 \left[\left(\sum_{j=1}^{4} c_j - \sum_{j=1}^{4} z_j \right) \sum_{i=1}^{4} y_i + \left(\sum_{j=1}^{4} y_j - \sum_{j=1}^{4} b_j \right) \sum_{i=1}^{4} z_i \right.$$

$$\left. + \left(\sum_{j=1}^{4} b_j \cdot \sum_{j=1}^{4} z_j - \sum_{j=1}^{4} y_j \cdot \sum_{j=1}^{4} c_j \right) \right]$$

$$= 0,$$

因为 $16\sqrt{a_1^2 + b_1^2 + c_1^2} \neq 0$, 所以式 (6.2.2) 成立.

类似地, 可以证明, 式 (6.2.3)~(6.2.7) 成立.

推论 6.2.1 设 $P_1P_2P_3P_4$-$Q_1Q_2Q_3Q_4$ 是四边形六面体, G_1, G_4 分别是上、下底面 $P_1P_2P_3P_4$, $Q_1Q_2Q_3Q_4$ 的重心, G_2, G_3, G_5, G_6 依次是各侧面 $P_1P_2Q_2Q_1$, $P_2P_3Q_3Q_2$, $P_3P_4Q_4Q_3$, $P_4P_1Q_1Q_4$ 的重心, G_1G_4, G_2G_5, G_3G_6 为 $P_1P_2P_3P_4$-$Q_1Q_2Q_3Q_4$ 的重心线, $\pi_{G_iG_{i+3}\text{-}\mu_i\nu_i}$ 是重心线 $G_iG_{i+3}(i=1,2,3)$ 的重心线包络面, 则在如下六组 $P_1P_2P_3P_4$-$Q_1Q_2Q_3Q_4$ 各面上的顶点到相应重心线包络面的距离

$$d_{P_1\text{-}\pi_{G_1G_4\text{-}\mu_1\nu_1}}, \quad d_{P_2\text{-}\pi_{G_1G_4\text{-}\mu_1\nu_1}}, \quad d_{P_3\text{-}\pi_{G_1G_4\text{-}\mu_1\nu_1}}, \quad d_{P_4\text{-}\pi_{G_1G_4\text{-}\mu_1\nu_1}};$$

$$d_{Q_1\text{-}\pi_{G_1G_4\text{-}\mu_1\nu_1}}, \quad d_{Q_2\text{-}\pi_{G_1G_4\text{-}\mu_1\nu_1}}, \quad d_{Q_3\text{-}\pi_{G_1G_4\text{-}\mu_1\nu_1}}, \quad d_{Q_4\text{-}\pi_{G_1G_4\text{-}\mu_1\nu_1}};$$

$$d_{P_1\text{-}\pi_{G_2G_5\text{-}\mu_2\nu_2}}, \quad d_{P_2\text{-}\pi_{G_2G_5\text{-}\mu_2\nu_2}}, \quad d_{Q_2\text{-}\pi_{G_2G_5\text{-}\mu_2\nu_2}}, \quad d_{Q_1\text{-}\pi_{G_2G_5\text{-}\mu_2\nu_2}};$$

$$d_{P_3\text{-}\pi_{G_2G_5\text{-}\mu_2\nu_2}}, \quad d_{P_4\text{-}\pi_{G_2G_5\text{-}\mu_2\nu_2}}, \quad d_{Q_3\text{-}\pi_{G_2G_5\text{-}\mu_2\nu_2}}, \quad d_{Q_4\text{-}\pi_{G_2G_5\text{-}\mu_2\nu_2}};$$

$$d_{P_2\text{-}\pi_{G_3G_6\text{-}\mu_3\nu_3}}, \quad d_{P_3\text{-}\pi_{G_3G_6\text{-}\mu_3\nu_3}}, \quad d_{Q_3\text{-}\pi_{G_3G_6\text{-}\mu_3\nu_3}}, \quad d_{Q_2\text{-}\pi_{G_3G_6\text{-}\mu_3\nu_3}};$$

$$d_{P_4\text{-}\pi_{G_3G_6\text{-}\mu_3\nu_3}}, \quad d_{P_1\text{-}\pi_{G_3G_6\text{-}\mu_3\nu_3}}, \quad d_{Q_1\text{-}\pi_{G_3G_6\text{-}\mu_3\nu_3}}, \quad d_{Q_4\text{-}\pi_{G_3G_6\text{-}\mu_3\nu_3}}$$

中, 每组其中一条较长的距离等于其余三条较短的距离的和, 或其中两条距离的和等于其余两条距离的和.

证明 根据定理 6.2.1, 分别由式 (6.2.2)~(6.2.7) 的几何意义, 即得.

6.2.3 四边形六面体顶点到重心线包络面有向距离关系定理的应用

定理 6.2.2 设 $P_1P_2P_3P_4$-$Q_1Q_2Q_3Q_4$ 是四边形六面体, G_1, G_4 分别是上、下底面 $P_1P_2P_3P_4$, $Q_1Q_2Q_3Q_4$ 的重心, G_1G_4 为 $P_1P_2P_3P_4$-$Q_1Q_2Q_3Q_4$ 的重心线, $\pi_{G_1G_4\text{-}\mu_1\nu_1}$ 是重心线 G_1G_4 的重心线包络面, 则

(1) $D_{P_{i+3}\text{-}\pi_{G_1G_4\text{-}\mu_1\nu_1}} = 0(i=1,2,3,4)$ 的充分必要条件是

$$D_{P_i\text{-}\pi_{G_1G_4\text{-}\mu_1\nu_1}} + D_{P_{i+1}\text{-}\pi_{G_1G_4\text{-}\mu_1\nu_1}} + D_{P_{i+2}\text{-}\pi_{G_1G_4\text{-}\mu_1\nu_1}} = 0 \quad (i=1,2,3,4); \quad (6.2.8)$$

(2) $D_{Q_{i+3}-\pi_{G_1G_4-\mu_1\nu_1}} = 0(i=1,2,3,4)$ 的充分必要条件是

$$D_{Q_i-\pi_{G_1G_4-\mu_1\nu_1}} + D_{Q_{i+1}-\pi_{G_1G_4-\mu_1\nu_1}} + D_{Q_{i+2}-\pi_{G_1G_4-\mu_1\nu_1}} = 0 \quad (i=1,2,3,4).$$

证明　(1) 根据定理 6.2.1, 由式 (6.2.2) 可得

$$D_{P_{i+3}-\pi_{G_1G_4-\mu_1\nu_1}} = 0 \quad (i=1,2,3,4)$$

的充分必要条件是式 (6.2.8) 成立.

类似地, 可以证明, (2) 中结论成立.

推论 6.2.2　设 $P_1P_2P_3P_4\text{-}Q_1Q_2Q_3Q_4$ 是四边形六面体, G_1, G_4 分别是上、下底面 $P_1P_2P_3P_4, Q_1Q_2Q_3Q_4$ 的重心, G_1G_4 为 $P_1P_2P_3P_4\text{-}Q_1Q_2Q_3Q_4$ 的重心线, $\pi_{G_1G_4-\mu_1\nu_1}$ 是重心线 G_1G_4 的重心线包络面, 则

(1) $\pi_{G_1G_4-\mu_1\nu_1}$ 通过 $P_{i+3}(i=1,2,3,4)$ 的充分必要条件是上底面 $P_1P_2P_3P_4$ 其余三个顶点到 $\pi_{G_1G_4-\mu_1\nu_1}$ 的距离

$$d_{P_i-\pi_{G_1G_4-\mu_1\nu_1}}, \quad d_{P_{i+1}-\pi_{G_1G_4-\mu_1\nu_1}}, \quad d_{P_{i+2}-\pi_{G_1G_4-\mu_1\nu_1}} \quad (i=1,2,3,4)$$

中, 其中一条较长的距离等于另两条较短的距离的和;

(2) $\pi_{G_1G_4-\mu_1\nu_1}$ 通过 $Q_{i+3}(i=1,2,3,4)$ 的充分必要条件是下底面 $Q_1Q_2Q_3Q_4$ 其余三个顶点到 $\pi_{G_1G_4-\mu_1\nu_1}$ 的距离

$$d_{Q_i-\pi_{G_1G_4-\mu_1\nu_1}}, \quad d_{Q_{i+1}-\pi_{G_1G_4-\mu_1\nu_1}}, \quad d_{Q_{i+2}-\pi_{G_1G_4-\mu_1\nu_1}} \quad (i=1,2,3,4)$$

中, 其中一条较长的距离等于另两条较短的距离的和.

证明　(1) 根据定理 6.2.2, 由 $D_{P_{i+3}-\pi_{G_1G_4-\mu_1\nu_1}} = 0$ 的几何意义, 并注意到式 (6.2.8) 中, 其中一条较长的有向距离的符号与另两条较短的有向距离的符号相反, 即知 (1) 中结论成立.

类似地, 可以证明 (2) 中结论成立.

定理 6.2.3　设 $P_1P_2P_3P_4\text{-}Q_1Q_2Q_3Q_4$ 是四边形六面体, G_2, G_5 依次是两侧面 $P_1P_2Q_2Q_1, P_3P_4Q_4Q_3$ 的重心, G_2G_5 为 $P_1P_2P_3P_4\text{-}Q_1Q_2Q_3Q_4$ 的重心线, $\pi_{G_2G_5-\mu_2\nu_2}$ 是重心线 G_2G_5 的重心线包络面, 则

(1) $D_{P_i-\pi_{G_2G_5-\mu_2\nu_2}} = 0(i=1,2)$ 的充分必要条件是

$$D_{P_{3-i}-\pi_{G_2G_5-\mu_2\nu_2}} + D_{Q_2-\pi_{G_2G_5-\mu_2\nu_2}} + D_{Q_1-\pi_{G_2G_5-\mu_2\nu_2}} = 0 \quad (i=1,2);$$

(2) $D_{Q_i-\pi_{G_2G_5-\mu_2\nu_2}} = 0(i=1,2)$ 的充分必要条件是

$$D_{P_1-\pi_{G_2G_5-\mu_2\nu_2}} + D_{P_2-\pi_{G_2G_5-\mu_2\nu_2}} + D_{Q_{3-i}-\pi_{G_2G_5-\mu_2\nu_2}} = 0 \quad (i=1,2);$$

(3) $D_{P_{i+2}-\pi_{G_2G_5-\mu_2\nu_2}} = 0(i=1,2)$ 的充分必要条件是

$$D_{P_{5-i}-\pi_{G_2G_5-\mu_2\nu_2}} + D_{Q_4-\pi_{G_2G_5-\mu_2\nu_2}} + D_{Q_3-\pi_{G_2G_5-\mu_2\nu_2}} = 0 \quad (i=1,2);$$

(4) $\mathrm{D}_{Q_{i+2}\text{-}\pi_{G_2G_5\text{-}\mu_2\nu_2}} = 0(i=1,2)$ 的充分必要条件是

$$\mathrm{D}_{P_3\text{-}\pi_{G_2G_5\text{-}\mu_2\nu_2}} + \mathrm{D}_{P_4\text{-}\pi_{G_2G_5\text{-}\mu_2\nu_2}} + \mathrm{D}_{Q_{5-i}\text{-}\pi_{G_2G_5\text{-}\mu_2\nu_2}} = 0 \quad (i=1,2).$$

证明　根据定理 6.2.1, 由式 (6.2.4) 和 (6.2.5), 仿定理 6.2.2 证明即得.

推论 6.2.3　设 $P_1P_2P_3P_4\text{-}Q_1Q_2Q_3Q_4$ 是四边形六面体, G_2, G_5 依次是两侧面 $P_1P_2Q_2Q_1, P_3P_4Q_4Q_3$ 的重心, G_2G_5 为 $P_1P_2P_3P_4\text{-}Q_1Q_2Q_3Q_4$ 的重心线, $\pi_{G_2G_5\text{-}\mu_2\nu_2}$ 是重心线 G_2G_5 的重心线包络面, 则

(1) $\pi_{G_2G_5\text{-}\mu_2\nu_2}$ 通过 $P_i(i=1,2)$ 的充分必要条件是侧面 $P_1P_2Q_2Q_1$ 其余三个顶点到 $\pi_{G_2G_5\text{-}\mu_2\nu_2}$ 的距离

$$\mathrm{d}_{P_{3-i}\text{-}\pi_{G_2G_5\text{-}\mu_2\nu_2}}, \quad \mathrm{d}_{Q_2\text{-}\pi_{G_2G_5\text{-}\mu_2\nu_2}}, \mathrm{d}_{Q_1\text{-}\pi_{G_2G_5\text{-}\mu_2\nu_2}} \quad (i=1,2)$$

中, 其中一条较长的距离等于另两条较短的距离的和;

(2) $\pi_{G_2G_5\text{-}\mu_2\nu_2}$ 通过 $Q_i(i=1,2)$ 的充分必要条件是侧面 $P_1P_2Q_2Q_1$ 其余三个顶点到 $\pi_{G_2G_5\text{-}\mu_2\nu_2}$ 的距离

$$\mathrm{d}_{P_1\text{-}\pi_{G_2G_5\text{-}\mu_2\nu_2}}, \quad \mathrm{d}_{P_2\text{-}\pi_{G_2G_5\text{-}\mu_2\nu_2}}, \quad \mathrm{d}_{Q_{3-i}\text{-}\pi_{G_2G_5\text{-}\mu_2\nu_2}} \quad (i=1,2)$$

中, 其中一条较长的距离等于另两条较短的距离的和;

(3) $\pi_{G_2G_5\text{-}\mu_2\nu_2}$ 通过 $P_{i+2}(i=1,2)$ 的充分必要条件是侧面 $P_3P_4Q_4Q_3$ 其余三个顶点到 $\pi_{G_2G_5\text{-}\mu_2\nu_2}$ 的距离

$$\mathrm{d}_{P_{5-i}\text{-}\pi_{G_2G_5\text{-}\mu_2\nu_2}}, \quad \mathrm{d}_{Q_4\text{-}\pi_{G_2G_5\text{-}\mu_2\nu_2}}, \quad \mathrm{d}_{Q_3\text{-}\pi_{G_2G_5\text{-}\mu_2\nu_2}} \quad (i=1,2)$$

中, 其中一条较长的距离等于另两条较短的距离的和;

(4) $\pi_{G_2G_5\text{-}\mu_2\nu_2}$ 通过 $Q_{i+2}(i=1,2)$ 的充分必要条件是侧面 $P_3P_4Q_4Q_3$ 其余三个顶点到 $\pi_{G_2G_5\text{-}\mu_2\nu_2}$ 的距离

$$\mathrm{d}_{P_3\text{-}\pi_{G_2G_5\text{-}\mu_2\nu_2}}, \quad \mathrm{d}_{P_4\text{-}\pi_{G_2G_5\text{-}\mu_2\nu_2}}, \quad \mathrm{d}_{Q_{5-i}\text{-}\pi_{G_2G_5\text{-}\mu_2\nu_2}} \quad (i=1,2)$$

中, 其中一条较长的距离等于另两条较短的距离的和.

证明　根据定理 6.2.3, 仿推论 6.2.2 证明即得.

定理 6.2.4　设 $P_1P_2P_3P_4\text{-}Q_1Q_2Q_3Q_4$ 是四边形六面体, G_3, G_6 依次是两侧面 $P_2P_3Q_3Q_2, P_4P_1Q_1Q_4$ 的重心, G_3G_6 为 $P_1P_2P_3P_4\text{-}Q_1Q_2Q_3Q_4$ 的重心线, $\pi_{G_3G_6\text{-}\mu_3\nu_3}$ 是重心线 G_3G_6 的重心线包络面, 则

(1) $\mathrm{D}_{P_{i+1}\text{-}\pi_{G_3G_6\text{-}\mu_3\nu_3}} = 0(i=1,2)$ 的充分必要条件是

$$\mathrm{D}_{P_{4-i}\text{-}\pi_{G_3G_6\text{-}\mu_3\nu_3}} + \mathrm{D}_{Q_3\text{-}\pi_{G_3G_6\text{-}\mu_3\nu_3}} + \mathrm{D}_{Q_2\text{-}\pi_{G_3G_6\text{-}\mu_3\nu_3}} = 0 \quad (i=1,2);$$

(2) $D_{Q_{i+1}-\pi_{G_3G_6-\mu_3\nu_3}} = 0(i = 1, 2)$ 的充分必要条件是

$$D_{P_2-\pi_{G_3G_6-\mu_3\nu_3}} + D_{P_3-\pi_{G_3G_6-\mu_3\nu_3}} + D_{Q_{4-i}-\pi_{G_3G_6-\mu_3\nu_3}} = 0 \quad (i = 1, 2);$$

(3) $D_{P_{i+3}-\pi_{G_3G_6-\mu_3\nu_3}} = 0(i = 1, 2; P_5 = P_1)$ 的充分必要条件是

$$D_{P_{6-i}-\pi_{G_3G_6-\mu_3\nu_3}} + D_{Q_1-\pi_{G_3G_6-\mu_3\nu_3}} + D_{Q_4-\pi_{G_3G_6-\mu_3\nu_3}} = 0 \quad (i = 1, 2);$$

(4) $D_{Q_{i+3}-\pi_{G_3G_6-\mu_3\nu_3}} = 0(i = 1, 2; Q_5 = Q_1)$ 的充分必要条件是

$$D_{P_4-\pi_{G_3G_6-\mu_3\nu_3}} + D_{P_1-\pi_{G_3G_6-\mu_3\nu_3}} + D_{Q_{6-i}-\pi_{G_3G_6-\mu_3\nu_3}} = 0 \quad (i = 1, 2).$$

证明　根据定理 6.2.1, 由式 (6.2.6) 和 (6.2.7), 仿定理 6.2.2 证明即得.

推论 6.2.4　设 $P_1P_2P_3P_4$-$Q_1Q_2Q_3Q_4$ 是四边形六面体, G_3, G_6 依次是两侧面 $P_2P_3Q_3Q_2, P_4P_1Q_1Q_4$ 的重心, G_3G_6 为 $P_1P_2P_3P_4$-$Q_1Q_2Q_3Q_4$ 的重心线, $\pi_{G_3G_6-\mu_3\nu_3}$ 是重心线 G_3G_6 的重心线包络面, 则

(1) $\pi_{G_3G_6-\mu_3\nu_3}$ 通过 $P_{i+1}(i = 1, 2)$ 的充分必要条件是侧面 $P_2P_3Q_3Q_2$ 其余三个顶点到 $\pi_{G_3G_6-\mu_3\nu_3}$ 的距离

$$d_{P_{4-i}-\pi_{G_3G_6-\mu_3\nu_3}}, \quad d_{Q_3-\pi_{G_3G_6-\mu_3\nu_3}}, \quad d_{Q_2-\pi_{G_3G_6-\mu_3\nu_3}} \quad (i = 1, 2)$$

中, 其中一条较长的距离等于另两条较短的距离的和;

(2) $\pi_{G_3G_6-\mu_3\nu_3}$ 通过 $Q_{i+1}(i = 1, 2)$ 的充分必要条件是侧面 $P_2P_3Q_3Q_2$ 其余三个顶点到 $\pi_{G_3G_6-\mu_3\nu_3}$ 的距离

$$d_{P_2-\pi_{G_3G_6-\mu_3\nu_3}}, \quad d_{Q_3-\pi_{G_3G_6-\mu_3\nu_3}}, \quad d_{Q_{4-i}-\pi_{G_3G_6-\mu_3\nu_3}} \quad (i = 1, 2)$$

中, 其中一条较长的距离等于另两条较短的距离的和;

(3) $\pi_{G_3G_6-\mu_3\nu_3}$ 通过 $P_{i+3}(i = 1, 2; P_5 = P_1)$ 的充分必要条件是侧面 $P_4P_1Q_1Q_4$ 其余三个顶点到 $\pi_{G_3G_6-\mu_3\nu_3}$ 的距离

$$d_{P_{6-i}-\pi_{G_3G_6-\mu_3\nu_3}}, \quad d_{Q_1-\pi_{G_3G_6-\mu_3\nu_3}}, \quad d_{Q_4-\pi_{G_3G_6-\mu_3\nu_3}} \quad (i = 1, 2)$$

中, 其中一条较长的距离等于另两条较短的距离的和;

(4) $\pi_{G_3G_6-\mu_3\nu_3}$ 通过 $Q_{i+3}(i = 1, 2; Q_5 = Q_1)$ 的充分必要条件是侧面 $P_4P_1Q_1Q_4$ 其余三个顶点到 $\pi_{G_3G_6-\mu_3\nu_3}$ 的距离

$$d_{P_4-\pi_{G_3G_6-\mu_3\nu_3}}, \quad d_{P_1-\pi_{G_3G_6-\mu_3\nu_3}}, \quad d_{Q_{6-i}-\pi_{G_3G_6-\mu_3\nu_3}} \quad (i = 1, 2)$$

中, 其中一条较长的距离等于另两条较短的距离的和.

证明 根据定理 6.2.4, 仿推论 6.2.2 证明即得.

定理 6.2.5 设 $P_1P_2P_3P_4$-$Q_1Q_2Q_3Q_4$ 是四边形六面体, G_1, G_4 分别是上、下底面 $P_1P_2P_3P_4$, $Q_1Q_2Q_3Q_4$ 的重心, G_1G_4 为 $P_1P_2P_3P_4$-$Q_1Q_2Q_3Q_4$ 的重心线, $\pi_{G_1G_4\text{-}\mu_1\nu_1}$ 是重心线 G_1G_4 的重心线包络面, 则在以下六组式子中, 每组中的两式都是等价的. 即式 (6.2.9) 成立的充分必要条件是式 (6.2.10) 成立; 式 (6.2.11) 成立的充分必要条件是式 (6.2.12) 成立; 式 (6.2.13) 成立的充分必要条件是式 (6.2.14) 成立; 式 (6.2.15) 成立的充分必要条件是式 (6.2.16) 成立; 式 (6.2.17) 成立的充分必要条件是式 (6.2.18) 成立; 式 (6.2.19) 成立的充分必要条件是式 (6.2.20) 成立.

$$\mathrm{D}_{P_1\text{-}\pi_{G_1G_4\text{-}\mu_1\nu_1}} + \mathrm{D}_{P_2\text{-}\pi_{G_1G_4\text{-}\mu_1\nu_1}} = 0 \quad (\mathrm{d}_{P_1\text{-}\pi_{G_1G_4\text{-}\mu_1\nu_1}} = \mathrm{d}_{P_2\text{-}\pi_{G_1G_4\text{-}\mu_1\nu_1}}), \quad (6.2.9)$$

$$\mathrm{D}_{P_3\text{-}\pi_{G_1G_4\text{-}\mu_1\nu_1}} + \mathrm{D}_{P_4\text{-}\pi_{G_1G_4\text{-}\mu_1\nu_1}} = 0 \quad (\mathrm{d}_{P_3\text{-}\pi_{G_1G_4\text{-}\mu_1\nu_1}} = \mathrm{d}_{P_4\text{-}\pi_{G_1G_4\text{-}\mu_1\nu_1}}); \quad (6.2.10)$$

$$\mathrm{D}_{P_2\text{-}\pi_{G_1G_4\text{-}\mu_1\nu_1}} + \mathrm{D}_{P_3\text{-}\pi_{G_1G_4\text{-}\mu_1\nu_1}} = 0 \quad (\mathrm{d}_{P_2\text{-}\pi_{G_1G_4\text{-}\mu_1\nu_1}} = \mathrm{d}_{P_3\text{-}\pi_{G_1G_4\text{-}\mu_1\nu_1}}), \quad (6.2.11)$$

$$\mathrm{D}_{P_4\text{-}\pi_{G_1G_4\text{-}\mu_1\nu_1}} + \mathrm{D}_{P_1\text{-}\pi_{G_1G_4\text{-}\mu_1\nu_1}} = 0 \quad (\mathrm{d}_{P_4\text{-}\pi_{G_1G_4\text{-}\mu_1\nu_1}} = \mathrm{d}_{P_1\text{-}\pi_{G_1G_4\text{-}\mu_1\nu_1}}); \quad (6.2.12)$$

$$\mathrm{D}_{P_1\text{-}\pi_{G_1G_4\text{-}\mu_1\nu_1}} + \mathrm{D}_{P_3\text{-}\pi_{G_1G_4\text{-}\mu_1\nu_1}} = 0 \quad (\mathrm{d}_{P_1\text{-}\pi_{G_1G_4\text{-}\mu_1\nu_1}} = \mathrm{d}_{P_3\text{-}\pi_{G_1G_4\text{-}\mu_1\nu_1}}), \quad (6.2.13)$$

$$\mathrm{D}_{P_2\text{-}\pi_{G_1G_4\text{-}\mu_1\nu_1}} + \mathrm{D}_{P_4\text{-}\pi_{G_1G_4\text{-}\mu_1\nu_1}} = 0 \quad (\mathrm{d}_{P_2\text{-}\pi_{G_1G_4\text{-}\mu_1\nu_1}} = \mathrm{d}_{P_4\text{-}\pi_{G_1G_4\text{-}\mu_1\nu_1}}); \quad (6.2.14)$$

$$\mathrm{D}_{Q_1\text{-}\pi_{G_1G_4\text{-}\mu_1\nu_1}} + \mathrm{D}_{Q_2\text{-}\pi_{G_1G_4\text{-}\mu_1\nu_1}} = 0 \quad (\mathrm{d}_{Q_1\text{-}\pi_{G_1G_4\text{-}\mu_1\nu_1}} = \mathrm{d}_{Q_2\text{-}\pi_{G_1G_4\text{-}\mu_1\nu_1}}), \quad (6.2.15)$$

$$\mathrm{D}_{Q_3\text{-}\pi_{G_1G_4\text{-}\mu_1\nu_1}} + \mathrm{D}_{Q_4\text{-}\pi_{G_1G_4\text{-}\mu_1\nu_1}} = 0 \quad (\mathrm{d}_{Q_3\text{-}\pi_{G_1G_4\text{-}\mu_1\nu_1}} = \mathrm{d}_{Q_4\text{-}\pi_{G_1G_4\text{-}\mu_1\nu_1}}); \quad (6.2.16)$$

$$\mathrm{D}_{Q_2\text{-}\pi_{G_1G_4\text{-}\mu_1\nu_1}} + \mathrm{D}_{Q_3\text{-}\pi_{G_1G_4\text{-}\mu_1\nu_1}} = 0 \quad (\mathrm{d}_{Q_2\text{-}\pi_{G_1G_4\text{-}\mu_1\nu_1}} = \mathrm{d}_{Q_3\text{-}\pi_{G_1G_4\text{-}\mu_1\nu_1}}), \quad (6.2.17)$$

$$\mathrm{D}_{Q_4\text{-}\pi_{G_1G_4\text{-}\mu_1\nu_1}} + \mathrm{D}_{Q_1\text{-}\pi_{G_1G_4\text{-}\mu_1\nu_1}} = 0 \quad (\mathrm{d}_{Q_4\text{-}\pi_{G_1G_4\text{-}\mu_1\nu_1}} = \mathrm{d}_{Q_1\text{-}\pi_{G_1G_4\text{-}\mu_1\nu_1}}); \quad (6.2.18)$$

$$\mathrm{D}_{Q_1\text{-}\pi_{G_1G_4\text{-}\mu_1\nu_1}} + \mathrm{D}_{Q_3\text{-}\pi_{G_1G_4\text{-}\mu_1\nu_1}} = 0 \quad (\mathrm{d}_{Q_1\text{-}\pi_{G_1G_4\text{-}\mu_1\nu_1}} = \mathrm{d}_{Q_3\text{-}\pi_{G_1G_4\text{-}\mu_1\nu_1}}), \quad (6.2.19)$$

$$\mathrm{D}_{Q_2\text{-}\pi_{G_1G_4\text{-}\mu_1\nu_1}} + \mathrm{D}_{Q_4\text{-}\pi_{G_1G_4\text{-}\mu_1\nu_1}} = 0 \quad (\mathrm{d}_{Q_2\text{-}\pi_{G_1G_4\text{-}\mu_1\nu_1}} = \mathrm{d}_{Q_4\text{-}\pi_{G_1G_4\text{-}\mu_1\nu_1}}). \quad (6.2.20)$$

证明 根据定理 6.2.1, 由式 (6.2.2), 即得式 (6.2.9) 成立的充分必要条件是式 (6.2.10) 成立; 式 (6.2.11) 成立的充分必要条件是式 (6.2.12) 成立; 式 (6.2.13) 成立的充分必要条件是式 (6.2.14) 成立.

由式 (6.2.3), 即得式 (6.2.15) 成立的充分必要条件是式 (6.2.16) 成立; 式 (6.2.17) 成立的充分必要条件是式 (6.2.18) 成立; 式 (6.2.19) 成立的充分必要条件是式 (6.2.20) 成立.

推论 6.2.5 设 $P_1P_2P_3P_4$-$Q_1Q_2Q_3Q_4$ 是四边形六面体, G_1, G_4 分别是上、下底面 $P_1P_2P_3P_4$, $Q_1Q_2Q_3Q_4$ 的重心, G_1G_4 为 $P_1P_2P_3P_4$-$Q_1Q_2Q_3Q_4$ 的重心线, $\pi_{G_1G_4\text{-}\mu_1\nu_1}$ 是重心线 G_1G_4 的重心线包络面, 则

(1) $\pi_{G_1G_4\text{-}\mu_1\nu_1}$ 通过上底边 P_1P_2 中点的充分必要条件是 $\pi_{G_1G_4\text{-}\mu_1\nu_1}$ 通过上底边 P_3P_4 中点; $\pi_{G_1G_4\text{-}\mu_1\nu_1}$ 通过上底边 P_2P_3 中点的充分必要条件是 $\pi_{G_1G_4\text{-}\mu_1\nu_1}$ 通过上底边 P_4P_1 中点; $\pi_{G_1G_4\text{-}\mu_1\nu_1}$ 通过上底面对角线 P_1P_3 中点的充分必要条件是 $\pi_{G_1G_4\text{-}\mu_1\nu_1}$ 通过上底面对角线 P_2P_4 中点.

(2) $\pi_{G_1G_4\text{-}\mu_1\nu_1}$ 通过下底边 Q_1Q_2 中点的充分必要条件是 $\pi_{G_1G_4\text{-}\mu_1\nu_1}$ 通过下底边 Q_3Q_4 中点; $\pi_{G_1G_4\text{-}\mu_1\nu_1}$ 通过下底边 Q_2Q_3 中点的充分必要条件是 $\pi_{G_1G_4\text{-}\mu_1\nu_1}$ 通过下底边 Q_4Q_1 中点; $\pi_{G_1G_4\text{-}\mu_1\nu_1}$ 通过下底面对角线 Q_1Q_3 中点的充分必要条件是 $\pi_{G_1G_4\text{-}\mu_1\nu_1}$ 通过下底面对角线 Q_2Q_4 中点.

证明 (1) 根据定理 6.2.5, 由式 (6.2.9)~(6.2.14) 中各对式子的几何意义即得.

类似地, 可以证明 (2) 中结论成立.

定理 6.2.6 设 $P_1P_2P_3P_4\text{-}Q_1Q_2Q_3Q_4$ 是四边形六面体, G_2, G_5 依次是两侧面 $P_1P_2Q_2Q_1, P_3P_4Q_4Q_3$ 的重心, G_2G_5 为 $P_1P_2P_3P_4\text{-}Q_1Q_2Q_3Q_4$ 的重心线, $\pi_{G_2G_5\text{-}\mu_2\nu_2}$ 是重心线 G_2G_5 的重心线包络面, 则在以下六组式子中, 每组中的两式都是等价的. 即式 (6.2.21) 成立的充分必要条件是式 (6.2.22) 成立; 式 (6.2.23) 成立的充分必要条件是式 (6.2.24) 成立; 式 (6.2.25) 成立的充分必要条件是式 (6.2.26) 成立; 式 (6.2.27) 成立的充分必要条件是式 (6.2.28) 成立; 式 (6.2.29) 成立的充分必要条件是式 (6.2.30) 成立; 式 (6.2.31) 成立的充分必要条件是式 (6.3.32) 成立.

$$\mathrm{D}_{P_1\text{-}\pi_{G_2G_5\text{-}\mu_2\nu_2}} + \mathrm{D}_{P_2\text{-}\pi_{G_2G_5\text{-}\mu_2\nu_2}} = 0 \quad (\mathrm{d}_{P_1\text{-}\pi_{G_2G_5\text{-}\mu_2\nu_2}} = \mathrm{d}_{P_2\text{-}\pi_{G_2G_5\text{-}\mu_2\nu_2}}), \quad (6.2.21)$$

$$\mathrm{D}_{Q_1\text{-}\pi_{G_2G_5\text{-}\mu_2\nu_2}} + \mathrm{D}_{Q_2\text{-}\pi_{G_2G_5\text{-}\mu_2\nu_2}} = 0 \quad (\mathrm{d}_{Q_1\text{-}\pi_{G_2G_5\text{-}\mu_2\nu_2}} = \mathrm{d}_{Q_2\text{-}\pi_{G_2G_5\text{-}\mu_2\nu_2}}); \quad (6.2.22)$$

$$\mathrm{D}_{P_1\text{-}\pi_{G_2G_5\text{-}\mu_2\nu_2}} + \mathrm{D}_{Q_1\text{-}\pi_{G_2G_5\text{-}\mu_2\nu_2}} = 0 \quad (\mathrm{d}_{P_1\text{-}\pi_{G_2G_5\text{-}\mu_2\nu_2}} = \mathrm{d}_{Q_1\text{-}\pi_{G_2G_5\text{-}\mu_2\nu_2}}), \quad (6.2.23)$$

$$\mathrm{D}_{P_2\text{-}\pi_{G_2G_5\text{-}\mu_2\nu_2}} + \mathrm{D}_{Q_2\text{-}\pi_{G_2G_5\text{-}\mu_2\nu_2}} = 0 \quad (\mathrm{d}_{P_2\text{-}\pi_{G_2G_5\text{-}\mu_2\nu_2}} = \mathrm{d}_{Q_2\text{-}\pi_{G_2G_5\text{-}\mu_2\nu_2}}); \quad (6.2.24)$$

$$\mathrm{D}_{P_1\text{-}\pi_{G_2G_5\text{-}\mu_2\nu_2}} + \mathrm{D}_{Q_2\text{-}\pi_{G_2G_5\text{-}\mu_2\nu_2}} = 0 \quad (\mathrm{d}_{P_1\text{-}\pi_{G_2G_5\text{-}\mu_2\nu_2}} = \mathrm{d}_{Q_2\text{-}\pi_{G_2G_5\text{-}\mu_2\nu_2}}), \quad (6.2.25)$$

$$\mathrm{D}_{P_2\text{-}\pi_{G_2G_5\text{-}\mu_2\nu_2}} + \mathrm{D}_{Q_1\text{-}\pi_{G_2G_5\text{-}\mu_2\nu_2}} = 0 \quad (\mathrm{d}_{P_2\text{-}\pi_{G_2G_5\text{-}\mu_2\nu_2}} = \mathrm{d}_{Q_1\text{-}\pi_{G_2G_5\text{-}\mu_2\nu_2}}); \quad (6.2.26)$$

$$\mathrm{D}_{P_3\text{-}\pi_{G_2G_5\text{-}\mu_2\nu_2}} + \mathrm{D}_{P_4\text{-}\pi_{G_2G_5\text{-}\mu_2\nu_2}} = 0 \quad (\mathrm{d}_{P_3\text{-}\pi_{G_2G_5\text{-}\mu_2\nu_2}} = \mathrm{d}_{P_4\text{-}\pi_{G_2G_5\text{-}\mu_2\nu_2}}), \quad (6.2.27)$$

$$\mathrm{D}_{Q_3\text{-}\pi_{G_2G_5\text{-}\mu_2\nu_2}} + \mathrm{D}_{Q_4\text{-}\pi_{G_2G_5\text{-}\mu_2\nu_2}} = 0 \quad (\mathrm{d}_{Q_3\text{-}\pi_{G_2G_5\text{-}\mu_2\nu_2}} = \mathrm{d}_{Q_4\text{-}\pi_{G_2G_5\text{-}\mu_2\nu_2}}); \quad (6.2.28)$$

$$\mathrm{D}_{P_3\text{-}\pi_{G_2G_5\text{-}\mu_2\nu_2}} + \mathrm{D}_{Q_3\text{-}\pi_{G_2G_5\text{-}\mu_2\nu_2}} = 0 \quad (\mathrm{d}_{P_3\text{-}\pi_{G_2G_5\text{-}\mu_2\nu_2}} = \mathrm{d}_{Q_3\text{-}\pi_{G_2G_5\text{-}\mu_2\nu_2}}), \quad (6.2.29)$$

$$\mathrm{D}_{P_4\text{-}\pi_{G_2G_5\text{-}\mu_2\nu_2}} + \mathrm{D}_{Q_4\text{-}\pi_{G_2G_5\text{-}\mu_2\nu_2}} = 0 \quad (\mathrm{d}_{P_4\text{-}\pi_{G_2G_5\text{-}\mu_2\nu_2}} = \mathrm{d}_{Q_4\text{-}\pi_{G_2G_5\text{-}\mu_2\nu_2}}); \quad (6.2.30)$$

$$\mathrm{D}_{P_3\text{-}\pi_{G_2G_5\text{-}\mu_2\nu_2}} + \mathrm{D}_{Q_4\text{-}\pi_{G_2G_5\text{-}\mu_2\nu_2}} = 0 \quad (\mathrm{d}_{P_3\text{-}\pi_{G_2G_5\text{-}\mu_2\nu_2}} = \mathrm{d}_{Q_4\text{-}\pi_{G_2G_5\text{-}\mu_2\nu_2}}), \quad (6.2.31)$$

$$D_{P_4\text{-}\pi_{G_2G_5\text{-}\mu_2\nu_2}} + D_{Q_3\text{-}\pi_{G_2G_5\text{-}\mu_2\nu_2}} = 0 \quad (d_{P_4\text{-}\pi_{G_2G_5\text{-}\mu_2\nu_2}} = d_{Q_3\text{-}\pi_{G_2G_5\text{-}\mu_2\nu_2}}). \quad (6.2.32)$$

证明 根据定理 6.2.1, 由式 (6.2.4) 和 (6.2.5), 仿定理 6.2.5 证明即得.

推论 6.2.6 设 $P_1P_2P_3P_4\text{-}Q_1Q_2Q_3Q_4$ 是四边形六面体, G_2, G_5 依次是两侧面 $P_1P_2Q_2Q_1, P_3P_4Q_4Q_3$ 的重心, G_2G_5 为 $P_1P_2P_3P_4\text{-}Q_1Q_2Q_3Q_4$ 的重心线, $\pi_{G_2G_5\text{-}\mu_2\nu_2}$ 是重心线 G_2G_5 的重心线包络面, 则

(1) $\pi_{G_2G_5\text{-}\mu_2\nu_2}$ 通过上底边 P_1P_2 中点的充分必要条件是 $\pi_{G_2G_5\text{-}\mu_2\nu_2}$ 通过下底边 Q_1Q_2 中点; $\pi_{G_2G_5\text{-}\mu_2\nu_2}$ 通过侧棱 P_1Q_1 中点的充分必要条件是 $\pi_{G_2G_5\text{-}\mu_2\nu_2}$ 通过侧棱 P_2Q_2 中点; $\pi_{G_2G_5\text{-}\mu_2\nu_2}$ 通过侧面对角线 P_1Q_2 中点的充分必要条件是 $\pi_{G_2G_5\text{-}\mu_2\nu_2}$ 通过侧面对角线 P_2Q_1 中点.

(2) $\pi_{G_2G_5\text{-}\mu_2\nu_2}$ 通过上底边 P_3P_4 中点的充分必要条件是 $\pi_{G_2G_5\text{-}\mu_2\nu_2}$ 通过下底边 Q_3Q_4 中点; $\pi_{G_2G_5\text{-}\mu_2\nu_2}$ 通过侧棱 P_3Q_3 中点的充分必要条件是 $\pi_{G_2G_5\text{-}\mu_2\nu_2}$ 通过下底边 P_4Q_4 中点; $\pi_{G_2G_5\text{-}\mu_2\nu_2}$ 通过侧面对角线 P_3Q_4 中点的充分必要条件是 $\pi_{G_2G_5\text{-}\mu_2\nu_2}$ 通过侧面对角线 P_4Q_3 中点.

证明 根据定理 6.2.6, 仿推论 6.2.5 证明即得.

定理 6.2.7 设 $P_1P_2P_3P_4\text{-}Q_1Q_2Q_3Q_4$ 是四边形六面体, G_3, G_6 依次是两侧面 $P_2P_3Q_3Q_2, P_4P_1Q_1Q_4$ 的重心, G_3G_6 为 $P_1P_2P_3P_4\text{-}Q_1Q_2Q_3Q_4$ 的重心线, μ_3, ν_3 是实数, $\pi_{G_3G_6\text{-}\mu_3\nu_3}$ 是重心线 G_3G_6 的重心线包络面, 则在以下六组式子中, 每组中的两式都是等价的. 即式 (6.3.33) 成立的充分必要条件是式 (6.2.34) 成立; 式 (6.2.35) 成立的充分必要条件是式 (6.2.36) 成立; 式 (6.2.37) 成立的充分必要条件是式 (6.2.38) 成立; 式 (6.2.39) 成立的充分必要条件是式 (6.2.40) 成立; 式 (6.2.41) 成立的充分必要条件是式 (6.2.42) 成立; 式 (6.2.43) 成立的充分必要条件是式 (6.2.44) 成立.

$$D_{P_2\text{-}\pi_{G_3G_6\text{-}\mu_3\nu_3}} + D_{P_3\text{-}\pi_{G_3G_6\text{-}\mu_3\nu_3}} = 0 \quad (d_{P_2\text{-}\pi_{G_3G_6\text{-}\mu_3\nu_3}} = d_{P_3\text{-}\pi_{G_3G_6\text{-}\mu_3\nu_3}}), \quad (6.2.33)$$

$$D_{Q_2\text{-}\pi_{G_3G_6\text{-}\mu_3\nu_3}} + D_{Q_3\text{-}\pi_{G_3G_6\text{-}\mu_3\nu_3}} = 0 \quad (d_{Q_2\text{-}\pi_{G_3G_6\text{-}\mu_3\nu_3}} = d_{Q_3\text{-}\pi_{G_3G_6\text{-}\mu_3\nu_3}}); \quad (6.2.34)$$

$$D_{P_2\text{-}\pi_{G_3G_6\text{-}\mu_3\nu_3}} + D_{Q_2\text{-}\pi_{G_3G_6\text{-}\mu_3\nu_3}} = 0 \quad (d_{P_2\text{-}\pi_{G_3G_6\text{-}\mu_3\nu_3}} = d_{Q_2\text{-}\pi_{G_3G_6\text{-}\mu_3\nu_3}}), \quad (6.2.35)$$

$$D_{P_3\text{-}\pi_{G_3G_6\text{-}\mu_3\nu_3}} + D_{Q_3\text{-}\pi_{G_3G_6\text{-}\mu_3\nu_3}} = 0 \quad (d_{P_3\text{-}\pi_{G_3G_6\text{-}\mu_3\nu_3}} = d_{Q_3\text{-}\pi_{G_3G_6\text{-}\mu_3\nu_3}}); \quad (6.2.36)$$

$$D_{P_2\text{-}\pi_{G_3G_6\text{-}\mu_3\nu_3}} + D_{Q_3\text{-}\pi_{G_3G_6\text{-}\mu_3\nu_3}} = 0 \quad (d_{P_2\text{-}\pi_{G_3G_6\text{-}\mu_3\nu_3}} = d_{Q_3\text{-}\pi_{G_3G_6\text{-}\mu_3\nu_3}}), \quad (6.2.37)$$

$$D_{P_3\text{-}\pi_{G_3G_6\text{-}\mu_3\nu_3}} + D_{Q_2\text{-}\pi_{G_3G_6\text{-}\mu_3\nu_3}} = 0 \quad (d_{P_3\text{-}\pi_{G_3G_6\text{-}\mu_3\nu_3}} = d_{Q_2\text{-}\pi_{G_3G_6\text{-}\mu_3\nu_3}}); \quad (6.2.38)$$

$$D_{P_4\text{-}\pi_{G_3G_6\text{-}\mu_3\nu_3}} + D_{P_1\text{-}\pi_{G_3G_6\text{-}\mu_3\nu_3}} = 0 \quad (d_{P_4\text{-}\pi_{G_3G_6\text{-}\mu_3\nu_3}} = d_{P_1\text{-}\pi_{G_3G_6\text{-}\mu_3\nu_3}}), \quad (6.2.39)$$

$$D_{Q_4\text{-}\pi_{G_3G_6\text{-}\mu_3\nu_3}} + D_{Q_1\text{-}\pi_{G_3G_6\text{-}\mu_3\nu_3}} = 0 \quad (d_{Q_4\text{-}\pi_{G_3G_6\text{-}\mu_3\nu_3}} = d_{Q_1\text{-}\pi_{G_3G_6\text{-}\mu_3\nu_3}}); \quad (6.2.40)$$

$$D_{P_1\text{-}\pi_{G_3G_6\text{-}\mu_3\nu_3}} + D_{Q_1\text{-}\pi_{G_3G_6\text{-}\mu_3\nu_3}} = 0 \quad (d_{P_1\text{-}\pi_{G_3G_6\text{-}\mu_3\nu_3}} = d_{Q_1\text{-}\pi_{G_3G_6\text{-}\mu_3\nu_3}}), \quad (6.2.41)$$

$$D_{P_4\text{-}\pi_{G_3G_6\text{-}\mu_3\nu_3}} + D_{Q_4\text{-}\pi_{G_3G_6\text{-}\mu_3\nu_3}} = 0 \quad (d_{P_4\text{-}\pi_{G_3G_6\text{-}\mu_3\nu_3}} = d_{Q_4\text{-}\pi_{G_3G_6\text{-}\mu_3\nu_3}}); \quad (6.2.42)$$

$$D_{P_4\text{-}\pi_{G_3G_6\text{-}\mu_3\nu_3}} + D_{Q_1\text{-}\pi_{G_3G_6\text{-}\mu_3\nu_3}} = 0 \quad (d_{P_4\text{-}\pi_{G_3G_6\text{-}\mu_3\nu_3}} = d_{Q_1\text{-}\pi_{G_3G_6\text{-}\mu_3\nu_3}}), \quad (6.2.43)$$

$$D_{P_1\text{-}\pi_{G_3G_6\text{-}\mu_3\nu_3}} + D_{Q_4\text{-}\pi_{G_3G_6\text{-}\mu_3\nu_3}} = 0 \quad (d_{P_1\text{-}\pi_{G_3G_6\text{-}\mu_3\nu_3}} = d_{Q_4\text{-}\pi_{G_3G_6\text{-}\mu_3\nu_3}}). \quad (6.2.44)$$

证明　根据定理 6.2.1, 由式 (6.2.6) 和 (6.2.7), 仿定理 6.2.5 证明即得.

推论 6.2.7　设 $P_1P_2P_3P_4\text{-}Q_1Q_2Q_3Q_4$ 是四边形六面体, G_3, G_6 依次是两侧面 $P_2P_3Q_3Q_2, P_4P_1Q_1Q_4$ 的重心, G_3G_6 为 $P_1P_2P_3P_4\text{-}Q_1Q_2Q_3Q_4$ 的重心线, $\pi_{G_3G_6\text{-}\mu_3\nu_3}$ 是重心线 G_3G_6 的重心线包络面, 则

(1) $\pi_{G_3G_6\text{-}\mu_3\nu_3}$ 通过上底边 P_2P_3 中点的充分必要条件是 $\pi_{G_3G_6\text{-}\mu_3\nu_3}$ 通过下底边 Q_2Q_3 中点; $\pi_{G_3G_6\text{-}\mu_3\nu_3}$ 通过侧棱 P_2Q_2 中点的充分必要条件是 $\pi_{G_3G_6\text{-}\mu_3\nu_3}$ 通过侧棱 P_3Q_3 中点; $\pi_{G_3G_6\text{-}\mu_3\nu_3}$ 通过侧面对角线 P_2Q_3 中点的充分必要条件是 $\pi_{G_3G_6\text{-}\mu_3\nu_3}$ 通过侧面对角线 P_3Q_2 中点.

(2) $\pi_{G_3G_6\text{-}\mu_3\nu_3}$ 通过上底边 P_4P_1 中点的充分必要条件是 $\pi_{G_3G_6\text{-}\mu_3\nu_3}$ 通过下底边 Q_4Q_1 中点; $\pi_{G_3G_6\text{-}\mu_3\nu_3}$ 通过侧棱 P_1Q_1 中点的充分必要条件是 $\pi_{G_3G_6\text{-}\mu_3\nu_3}$ 通过下底边 P_4Q_4 中点; $\pi_{G_3G_6\text{-}\mu_3\nu_3}$ 通过侧面对角线 P_4Q_1 中点的充分必要条件是 $\pi_{G_3G_6\text{-}\mu_3\nu_3}$ 通过侧面对角线 P_1Q_4 中点.

证明　根据定理 6.2.7, 仿推论 6.2.5 证明即得.

定理 6.2.8　设 $P_1P_2P_3P_4\text{-}Q_1Q_2Q_3Q_4$ 是四边形六面体, G_1, G_4 分别是上、下底面 $P_1P_2P_3P_4, Q_1Q_2Q_3Q_4$ 的重心, G_1G_4 为 $P_1P_2P_3P_4\text{-}Q_1Q_2Q_3Q_4$ 的重心线, $\pi_{G_1G_4\text{-}\mu_1\nu_1}$ 是重心线 G_1G_4 的重心线包络面, 并记 $P_{4+i} = P_i, Q_{4+i} = Q_i$, 则

(1) $\pi_{G_1G_4\text{-}\mu_1\nu_1}$ 通过侧棱 $P_{i+3}Q_{i+3}(i = 1, 2, 3, 4)$ 中点的充分必要条件是

$$D_{P_i\text{-}\pi_{G_1G_4\text{-}\mu_1\nu_1}} + D_{P_{i+1}\text{-}\pi_{G_1G_4\text{-}\mu_1\nu_1}} + D_{P_{i+2}\text{-}\pi_{G_1G_4\text{-}\mu_1\nu_1}}$$

$$= -D_{Q_i\text{-}\pi_{G_1G_4\text{-}\mu_1\nu_1}} - D_{Q_{i+1}\text{-}\pi_{G_1G_4\text{-}\mu_1\nu_1}} - D_{Q_{i+2}\text{-}\pi_{G_1G_4\text{-}\mu_1\nu_1}}. \quad (6.2.45)$$

(2) 侧棱 $P_{i+3}Q_{i+3}(i = 1, 2, 3, 4)$ 平行于 $\pi_{G_1G_4\text{-}\mu_1\nu_1}$ 的充分必要条件是

$$D_{P_i\text{-}\pi_{G_1G_4\text{-}\mu_1\nu_1}} + D_{P_{i+1}\text{-}\pi_{G_1G_4\text{-}\mu_1\nu_1}} + D_{P_{i+2}\text{-}\pi_{G_1G_4\text{-}\mu_1\nu_1}}$$

$$= D_{Q_i\text{-}\pi_{G_1G_4\text{-}\mu_1\nu_1}} + D_{Q_{i+1}\text{-}\pi_{G_1G_4\text{-}\mu_1\nu_1}} + D_{Q_{i+2}\text{-}\pi_{G_1G_4\text{-}\mu_1\nu_1}}. \quad (6.2.46)$$

(3) $\pi_{G_1G_4\text{-}\mu_1\nu_1}$ 通过侧面 $P_1P_2Q_2Q_1$ 对角线 P_1Q_2 中点的充分必要条件是

$$D_{P_2\text{-}\pi_{G_1G_4\text{-}\mu_1\nu_1}} + D_{P_3\text{-}\pi_{G_1G_4\text{-}\mu_1\nu_1}} + D_{P_4\text{-}\pi_{G_1G_4\text{-}\mu_1\nu_1}}$$

$$= -D_{Q_3\text{-}\pi_{G_1G_4\text{-}\mu_1\nu_1}} - D_{Q_4\text{-}\pi_{G_1G_4\text{-}\mu_1\nu_1}} - D_{Q_1\text{-}\pi_{G_1G_4\text{-}\mu_1\nu_1}};$$

$\pi_{G_1G_4\text{-}\mu_1\nu_1}$ 通过侧面 $P_1P_2Q_2Q_1$ 对角线 P_2Q_1 中点的充分必要条件是

$$D_{P_3\text{-}\pi_{G_1G_4\text{-}\mu_1\nu_1}} + D_{P_4\text{-}\pi_{G_1G_4\text{-}\mu_1\nu_1}} + D_{P_1\text{-}\pi_{G_1G_4\text{-}\mu_1\nu_1}}$$

$$= -\mathrm{D}_{Q_2\text{-}\pi_{G_1G_4\text{-}\mu_1\nu_1}} - \mathrm{D}_{Q_3\text{-}\pi_{G_1G_4\text{-}\mu_1\nu_1}} - \mathrm{D}_{Q_4\text{-}\pi_{G_1G_4\text{-}\mu_1\nu_1}}.$$

(4) $\pi_{G_1G_4\text{-}\mu_1\nu_1}$ 通过侧面 $P_3P_4Q_4Q_3$ 对角线 P_3Q_4 中点的充分必要条件是

$$\mathrm{D}_{P_4\text{-}\pi_{G_1G_4\text{-}\mu_1\nu_1}} + \mathrm{D}_{P_1\text{-}\pi_{G_1G_4\text{-}\mu_1\nu_1}} + \mathrm{D}_{P_2\text{-}\pi_{G_1G_4\text{-}\mu_1\nu_1}}$$

$$= -\mathrm{D}_{Q_1\text{-}\pi_{G_1G_4\text{-}\mu_1\nu_1}} - \mathrm{D}_{Q_2\text{-}\pi_{G_1G_4\text{-}\mu_1\nu_1}} - \mathrm{D}_{Q_3\text{-}\pi_{G_1G_4\text{-}\mu_1\nu_1}};$$

$\pi_{G_1G_4\text{-}\mu_1\nu_1}$ 通过侧面 $P_3P_4Q_4Q_3$ 对角线 P_4Q_3 中点的充分必要条件是

$$\mathrm{D}_{P_1\text{-}\pi_{G_1G_4\text{-}\mu_1\nu_1}} + \mathrm{D}_{P_2\text{-}\pi_{G_1G_4\text{-}\mu_1\nu_1}} + \mathrm{D}_{P_3\text{-}\pi_{G_1G_4\text{-}\mu_1\nu_1}}$$

$$= -\mathrm{D}_{Q_4\text{-}\pi_{G_1G_4\text{-}\mu_1\nu_1}} - \mathrm{D}_{Q_1\text{-}\pi_{G_1G_4\text{-}\mu_1\nu_1}} - \mathrm{D}_{Q_2\text{-}\pi_{G_1G_4\text{-}\mu_1\nu_1}}.$$

证明 (1) 因为 $\pi_{G_1G_4\text{-}\mu_1\nu_1}$ 通过侧棱 $P_{i+3}Q_{i+3}(i=1,2,3,4)$ 中点, 所以

$$\mathrm{D}_{P_{i+3}\text{-}\pi_{G_1G_4\text{-}\mu_1\nu_1}} + \mathrm{D}_{Q_{i+3}\text{-}\pi_{G_1G_4\text{-}\mu_1\nu_1}} = 0 \quad (i=1,2,3,4).$$

于是由定理 6.2.1, 式 (6.2.2)+(6.2.3) 并移项, 即得 $\pi_{G_1G_4\text{-}\mu_1\nu_1}$ 通过侧棱 $P_{i+3}Q_{i+3}$ $(i=1,2,3,4)$ 中点的充分必要条件是式 (6.2.45) 成立.

(2) 因为 $P_{i+3}Q_{i+3}(i=1,2,3,4)$ 平行于 $\pi_{G_1G_4\text{-}\mu_1\nu_1}$, 所以

$$\mathrm{D}_{P_{i+3}\text{-}\pi_{G_1G_4\text{-}\mu_1\nu_1}} = \mathrm{D}_{Q_{i+3}\text{-}\pi_{G_1G_4\text{-}\mu_1\nu_1}} \quad (i=1,2,3,4).$$

于是由定理 6.2.1, 式 (6.2.2) 和 (6.2.3) 并移项, 即得 $P_{i+3}Q_{i+3}(i=1,2,3,4)$ 平行于 $\pi_{G_1G_4\text{-}\mu_1\nu_1}$ 的充分必要条件是式 (6.2.46) 成立.

类似地, 可以证明 (3) 和 (4) 中的结论成立.

推论 6.2.8 设 $P_1P_2P_3P_4$-$Q_1Q_2Q_3Q_4$ 是四边形六面体, G_1, G_4 分别是上、下底面 $P_1P_2P_3P_4, Q_1Q_2Q_3Q_4$ 的重心, G_1G_4 为 $P_1P_2P_3P_4$-$Q_1Q_2Q_3Q_4$ 的重心线, $\pi_{G_1G_4\text{-}\mu_1\nu_1}$ 是重心线 G_1G_4 的重心线包络面, 并记 $P_{4+i}=P_i, Q_{4+i}=Q_i$.

(1) 若 $\pi_{G_1G_4\text{-}\mu_1\nu_1}$ 通过侧棱 $P_{i+3}Q_{i+3}$ 中点或侧棱 $P_{i+3}Q_{i+3}$ 平行于 $\pi_{G_1G_4\text{-}\mu_1\nu_1}$, 则上底面 $P_1P_2P_3P_4$ 其余三个顶点到 $\pi_{G_1G_4\text{-}\mu_1\nu_1}$ 的距离

$$\mathrm{d}_{P_i\text{-}\pi_{G_1G_4\text{-}\mu_1\nu_1}}, \quad \mathrm{d}_{P_{i+1}\text{-}\pi_{G_1G_4\text{-}\mu_1\nu_1}}, \quad \mathrm{d}_{P_{i+2}\text{-}\pi_{G_1G_4\text{-}\mu_1\nu_1}} \quad (i=1,2,3,4)$$

中, 其中一条较长的距离都等于另两条较短的距离之和的充分必要条件是下底面 $Q_1Q_2Q_3Q_4$ 其余三个顶点到 $\pi_{G_1G_4\text{-}\mu_1\nu_1}$ 的距离

$$\mathrm{d}_{Q_i\text{-}\pi_{G_1G_4\text{-}\mu_1\nu_1}}, \quad \mathrm{d}_{Q_{i+1}\text{-}\pi_{G_1G_4\text{-}\mu_1\nu_1}}, \quad \mathrm{d}_{Q_{i+2}\text{-}\pi_{G_1G_4\text{-}\mu_1\nu_1}} \quad (i=1,2,3,4)$$

中, 其中一条较长的距离都等于另两条较短的距离的和.

(2) 若 $\pi_{G_1G_4\text{-}\mu_1\nu_1}$ 通过侧面 $P_1P_2Q_2Q_1$ 对角线 $P_1Q_2(P_2Q_1)$ 的中点, 则上底面 $P_1P_2P_3P_4$ 的其余三个顶点到 $\pi_{G_1G_4\text{-}\mu_1\nu_1}$ 的距离

$$\mathrm{d}_{P_2\text{-}\pi_{G_1G_4\text{-}\mu_1\nu_1}}, \quad \mathrm{d}_{P_3\text{-}\pi_{G_1G_4\text{-}\mu_1\nu_1}}, \quad \mathrm{d}_{P_4\text{-}\pi_{G_1G_4\text{-}\mu_1\nu_1}}$$

$$(\mathrm{d}_{P_3\text{-}\pi_{G_1G_4\text{-}\mu_1\nu_1}}, \quad \mathrm{d}_{P_4\text{-}\pi_{G_1G_4\text{-}\mu_1\nu_1}}, \quad \mathrm{d}_{P_1\text{-}\pi_{G_1G_4\text{-}\mu_1\nu_1}})$$

中, 其中一条较长的距离都等于另两条较短的距离之和的充分必要条件是下底面 $Q_1Q_2Q_3Q_4$ 的其余三个顶点到 $\pi_{G_1G_4\text{-}\mu_1\nu_1}$ 的距离

$$\mathrm{d}_{Q_3\text{-}\pi_{G_1G_4\text{-}\mu_1\nu_1}}, \quad \mathrm{d}_{Q_4\text{-}\pi_{G_1G_4\text{-}\mu_1\nu_1}}, \quad \mathrm{d}_{Q_1\text{-}\pi_{G_1G_4\text{-}\mu_1\nu_1}}$$

$$(\mathrm{d}_{Q_2\text{-}\pi_{G_1G_4\text{-}\mu_1\nu_1}}, \quad \mathrm{d}_{Q_3\text{-}\pi_{G_1G_4\text{-}\mu_1\nu_1}}, \quad \mathrm{d}_{Q_4\text{-}\pi_{G_1G_4\text{-}\mu_1\nu_1}})$$

中, 其中一条较长的距离都等于另两条较短的距离的和.

(3) 若 $\pi_{G_1G_4\text{-}\mu_1\nu_1}$ 通过侧面 $P_3P_4Q_4Q_3$ 对角线 $P_3Q_4(P_4Q_3)$ 的中点, 则上底面 $P_1P_2P_3P_4$ 其余三个顶点到 $\pi_{G_1G_4\text{-}\mu_1\nu_1}$ 的距离

$$\mathrm{d}_{P_4\text{-}\pi_{G_1G_4\text{-}\mu_1\nu_1}}, \quad \mathrm{d}_{P_1\text{-}\pi_{G_1G_4\text{-}\mu_1\nu_1}}, \quad \mathrm{d}_{P_2\text{-}\pi_{G_1G_4\text{-}\mu_1\nu_1}}$$

$$(\mathrm{d}_{P_1\text{-}\pi_{G_1G_4\text{-}\mu_1\nu_1}}, \quad \mathrm{d}_{P_2\text{-}\pi_{G_1G_4\text{-}\mu_1\nu_1}}, \quad \mathrm{d}_{P_3\text{-}\pi_{G_1G_4\text{-}\mu_1\nu_1}})$$

中, 其中一条较长的距离都等于另两条较短的距离之和的充分必要条件是下底面 $Q_1Q_2Q_3Q_4$ 其余三个顶点到 $\pi_{G_1G_4\text{-}\mu_1\nu_1}$ 的距离

$$\mathrm{d}_{Q_1\text{-}\pi_{G_1G_4\text{-}\mu_1\nu_1}}, \quad \mathrm{d}_{Q_2\text{-}\pi_{G_1G_4\text{-}\mu_1\nu_1}}, \quad \mathrm{d}_{Q_3\text{-}\pi_{G_1G_4\text{-}\mu_1\nu_1}}$$

$$(\mathrm{d}_{Q_4\text{-}\pi_{G_1G_4\text{-}\mu_1\nu_1}}, \quad \mathrm{d}_{Q_1\text{-}\pi_{G_1G_4\text{-}\mu_1\nu_1}}, \quad \mathrm{d}_{Q_2\text{-}\pi_{G_1G_4\text{-}\mu_1\nu_1}})$$

中, 其中一条较长的距离都等于另两条较短的距离的和.

证明   (1) 根据定理 6.2.8, 由式 (6.2.45) 和 (6.2.46), 均可得

$$\mathrm{D}_{P_i\text{-}\pi_{G_1G_4\text{-}\mu_1\nu_1}} + \mathrm{D}_{P_{i+1}\text{-}\pi_{G_1G_4\text{-}\mu_1\nu_1}} + \mathrm{D}_{P_{i+2}\text{-}\pi_{G_1G_4\text{-}\mu_1\nu_1}} = 0 \quad (i=1,2,3,4)$$

的充分必要条件是

$$\mathrm{D}_{Q_i\text{-}\pi_{G_1G_4\text{-}\mu_1\nu_1}} + \mathrm{D}_{Q_{i+1}\text{-}\pi_{G_1G_4\text{-}\mu_1\nu_1}} + \mathrm{D}_{Q_{i+2}\text{-}\pi_{G_1G_4\text{-}\mu_1\nu_1}} = 0 \quad (i=1,2,3,4).$$

于是, 注意到以上两式中, 其中一条较长的有向距离的符号均与另两条较短的有向距离的符号相反, 即知结论成立.

类似地, 可以证明 (2) 和 (3) 中结论成立.

定理 6.2.9 设 $P_1P_2P_3P_4$-$Q_1Q_2Q_3Q_4$ 是四边形六面体, G_2, G_5 依次是两侧面 $P_1P_2Q_2Q_1, P_3P_4Q_4Q_3$ 的重心, G_2G_5 为 $P_1P_2P_3P_4$-$Q_1Q_2Q_3Q_4$ 的重心线, μ_2, ν_2 是实数, $\pi_{G_2G_5\text{-}\mu_2\nu_2}$ 是重心线 G_2G_5 的重心线包络面, 则

(1) $\pi_{G_2G_5\text{-}\mu_2\nu_2}$ 通过上底棱 P_2P_3 中点的充分必要条件是

$$\mathrm{D}_{P_1\text{-}\pi_{G_2G_5\text{-}\mu_2\nu_2}} + \mathrm{D}_{Q_2\text{-}\pi_{G_2G_5\text{-}\mu_2\nu_2}} + \mathrm{D}_{Q_1\text{-}\pi_{G_2G_5\text{-}\mu_2\nu_2}}$$

$$= -\mathrm{D}_{P_4\text{-}\pi_{G_2G_5\text{-}\mu_2\nu_2}} - \mathrm{D}_{Q_4\text{-}\pi_{G_2G_5\text{-}\mu_2\nu_2}} - \mathrm{D}_{Q_3\text{-}\pi_{G_2G_5\text{-}\mu_2\nu_2}};$$

$\pi_{G_2G_5\text{-}\mu_2\nu_2}$ 通过上底棱 P_4P_1 中点的充分必要条件是

$$\mathrm{D}_{P_2\text{-}\pi_{G_2G_5\text{-}\mu_2\nu_2}} + \mathrm{D}_{Q_2\text{-}\pi_{G_2G_5\text{-}\mu_2\nu_2}} + \mathrm{D}_{Q_1\text{-}\pi_{G_2G_5\text{-}\mu_2\nu_2}}$$

$$= -\mathrm{D}_{P_3\text{-}\pi_{G_2G_5\text{-}\mu_2\nu_2}} - \mathrm{D}_{Q_4\text{-}\pi_{G_2G_5\text{-}\mu_2\nu_2}} - \mathrm{D}_{Q_3\text{-}\pi_{G_2G_5\text{-}\mu_2\nu_2}}.$$

(2) $\pi_{G_2G_5\text{-}\mu_2\nu_2}$ 通过下底棱 Q_2Q_3 中点的充分必要条件是

$$\mathrm{D}_{P_1\text{-}\pi_{G_2G_5\text{-}\mu_2\nu_2}} + \mathrm{D}_{P_2\text{-}\pi_{G_2G_5\text{-}\mu_2\nu_2}} + \mathrm{D}_{Q_1\text{-}\pi_{G_2G_5\text{-}\mu_2\nu_2}}$$

$$= -\mathrm{D}_{P_3\text{-}\pi_{G_2G_5\text{-}\mu_2\nu_2}} - \mathrm{D}_{Q_4\text{-}\pi_{G_2G_5\text{-}\mu_2\nu_2}} - \mathrm{D}_{Q_3\text{-}\pi_{G_2G_5\text{-}\mu_2\nu_2}};$$

$\pi_{G_2G_5\text{-}\mu_2\nu_2}$ 通过下底棱 Q_4Q_1 中点的充分必要条件是

$$\mathrm{D}_{P_1\text{-}\pi_{G_2G_5\text{-}\mu_2\nu_2}} + \mathrm{D}_{P_2\text{-}\pi_{G_2G_5\text{-}\mu_2\nu_2}} + \mathrm{D}_{Q_2\text{-}\pi_{G_2G_5\text{-}\mu_2\nu_2}}$$

$$= -\mathrm{D}_{P_3\text{-}\pi_{G_2G_5\text{-}\mu_2\nu_2}} - \mathrm{D}_{P_4\text{-}\pi_{G_2G_5\text{-}\mu_2\nu_2}} - \mathrm{D}_{Q_3\text{-}\pi_{G_2G_5\text{-}\mu_2\nu_2}}.$$

(3) 上底棱 P_2P_3 平行于 $\pi_{G_2G_5\text{-}\mu_2\nu_2}$ 的充分必要条件是

$$\mathrm{D}_{P_1\text{-}\pi_{G_2G_5\text{-}\mu_2\nu_2}} + \mathrm{D}_{Q_2\text{-}\pi_{G_2G_5\text{-}\mu_2\nu_2}} + \mathrm{D}_{Q_1\text{-}\pi_{G_2G_5\text{-}\mu_2\nu_2}}$$

$$= \mathrm{D}_{P_4\text{-}\pi_{G_2G_5\text{-}\mu_2\nu_2}} + \mathrm{D}_{Q_4\text{-}\pi_{G_2G_5\text{-}\mu_2\nu_2}} + \mathrm{D}_{Q_3\text{-}\pi_{G_2G_5\text{-}\mu_2\nu_2}};$$

上底棱 P_4P_1 平行于 $\pi_{G_2G_5\text{-}\mu_2\nu_2}$ 的充分必要条件是

$$\mathrm{D}_{P_2\text{-}\pi_{G_2G_5\text{-}\mu_2\nu_2}} + \mathrm{D}_{Q_2\text{-}\pi_{G_2G_5\text{-}\mu_2\nu_2}} + \mathrm{D}_{Q_1\text{-}\pi_{G_2G_5\text{-}\mu_2\nu_2}}$$

$$= \mathrm{D}_{P_3\text{-}\pi_{G_2G_5\text{-}\mu_2\nu_2}} + \mathrm{D}_{Q_4\text{-}\pi_{G_2G_5\text{-}\mu_2\nu_2}} + \mathrm{D}_{Q_3\text{-}\pi_{G_2G_5\text{-}\mu_2\nu_2}}.$$

(4) 下底棱 Q_2Q_3 平行于 $\pi_{G_2G_5\text{-}\mu_2\nu_2}$ 的充分必要条件是

$$\mathrm{D}_{P_1\text{-}\pi_{G_2G_5\text{-}\mu_2\nu_2}} + \mathrm{D}_{P_2\text{-}\pi_{G_2G_5\text{-}\mu_2\nu_2}} + \mathrm{D}_{Q_1\text{-}\pi_{G_2G_5\text{-}\mu_2\nu_2}}$$

$$= D_{P_3\text{-}\pi_{G_2G_5\text{-}\mu_2\nu_2}} + D_{Q_4\text{-}\pi_{G_2G_5\text{-}\mu_2\nu_2}} + D_{Q_4\text{-}\pi_{G_2G_5\text{-}\mu_2\nu_2}};$$

下底棱 Q_4Q_1 平行于 $\pi_{G_2G_5\text{-}\mu_2\nu_2}$ 的充分必要条件是

$$D_{P_1\text{-}\pi_{G_2G_5\text{-}\mu_2\nu_2}} + D_{P_2\text{-}\pi_{G_2G_5\text{-}\mu_2\nu_2}} + D_{Q_2\text{-}\pi_{G_2G_5\text{-}\mu_2\nu_2}}$$

$$= D_{P_3\text{-}\pi_{G_2G_5\text{-}\mu_2\nu_2}} + D_{P_4\text{-}\pi_{G_2G_5\text{-}\mu_2\nu_2}} + D_{Q_3\text{-}\pi_{G_2G_5\text{-}\mu_2\nu_2}}.$$

(5) $\pi_{G_2G_5\text{-}\mu_2\nu_2}$ 通过上底面对角线 P_1P_3 中点的充分必要条件是

$$D_{P_2\text{-}\pi_{G_2G_5\text{-}\mu_2\nu_2}} + D_{Q_2\text{-}\pi_{G_2G_5\text{-}\mu_2\nu_2}} + D_{Q_1\text{-}\pi_{G_2G_5\text{-}\mu_2\nu_2}}$$

$$= -D_{P_4\text{-}\pi_{G_2G_5\text{-}\mu_2\nu_2}} - D_{Q_4\text{-}\pi_{G_2G_5\text{-}\mu_2\nu_2}} - D_{Q_3\text{-}\pi_{G_2G_5\text{-}\mu_2\nu_2}};$$

$\pi_{G_2G_5\text{-}\mu_2\nu_2}$ 通过上底面对角线 P_2P_4 中点的充分必要条件是

$$D_{P_1\text{-}\pi_{G_2G_5\text{-}\mu_2\nu_2}} + D_{Q_2\text{-}\pi_{G_2G_5\text{-}\mu_2\nu_2}} + D_{Q_1\text{-}\pi_{G_2G_5\text{-}\mu_2\nu_2}}$$

$$= -D_{P_3\text{-}\pi_{G_2G_5\text{-}\mu_2\nu_2}} - D_{Q_4\text{-}\pi_{G_2G_5\text{-}\mu_2\nu_2}} - D_{Q_3\text{-}\pi_{G_2G_5\text{-}\mu_2\nu_2}}.$$

(6) $\pi_{G_2G_5\text{-}\mu_2\nu_2}$ 通过下底面对角线 Q_1Q_3 中点的充分必要条件是

$$D_{P_1\text{-}\pi_{G_2G_5\text{-}\mu_2\nu_2}} + D_{P_2\text{-}\pi_{G_2G_5\text{-}\mu_2\nu_2}} + D_{Q_2\text{-}\pi_{G_2G_5\text{-}\mu_2\nu_2}}$$

$$= -D_{P_3\text{-}\pi_{G_2G_5\text{-}\mu_2\nu_2}} - D_{P_4\text{-}\pi_{G_2G_5\text{-}\mu_2\nu_2}} - D_{Q_4\text{-}\pi_{G_2G_5\text{-}\mu_2\nu_2}};$$

$\pi_{G_2G_5\text{-}\mu_2\nu_2}$ 通过下底对角线 Q_2Q_4 中点的充分必要条件是

$$D_{P_1\text{-}\pi_{G_2G_5\text{-}\mu_2\nu_2}} + D_{P_2\text{-}\pi_{G_2G_5\text{-}\mu_2\nu_2}} + D_{Q_1\text{-}\pi_{G_2G_5\text{-}\mu_2\nu_2}}$$

$$= -D_{P_3\text{-}\pi_{G_2G_5\text{-}\mu_2\nu_2}} - D_{P_4\text{-}\pi_{G_2G_5\text{-}\mu_2\nu_2}} - D_{Q_3\text{-}\pi_{G_2G_5\text{-}\mu_2\nu_2}}.$$

证明　根据定理 6.2.1, 由式 (6.2.4) 和 (6.2.5), 仿定理 6.2.8 证明即得.

推论 6.2.9　设 $P_1P_2P_3P_4\text{-}Q_1Q_2Q_3Q_4$ 是四边形六面体, G_2, G_5 依次是两侧面 $P_1P_2Q_2Q_1, P_3P_4Q_4Q_3$ 的重心, G_2G_5 为 $P_1P_2P_3P_4\text{-}Q_1Q_2Q_3Q_4$ 的重心线, μ_2, ν_2 是实数, $\pi_{G_2G_5\text{-}\mu_2\nu_2}$ 是重心线 G_2G_5 的重心线包络面, 则

(1) 若 $\pi_{G_2G_5\text{-}\mu_2\nu_2}$ 通过上底棱 $P_2P_3(P_4P_1)$ 中点或上底棱 $P_2P_3(P_4P_1)$ 平行于 $\pi_{G_2G_5\text{-}\mu_2\nu_2}$, 则侧面 $P_1P_2Q_2Q_1$ 其余三个顶点到 $\pi_{G_2G_5\text{-}\mu_2\nu_2}$ 的距离

$$d_{P_1\text{-}\pi_{G_2G_5\text{-}\mu_2\nu_2}}, \quad d_{Q_2\text{-}\pi_{G_2G_5\text{-}\mu_2\nu_2}}, \quad d_{Q_1\text{-}\pi_{G_2G_5\text{-}\mu_2\nu_2}}$$

$$(d_{P_2\text{-}\pi_{G_2G_5\text{-}\mu_2\nu_2}}, \quad d_{Q_2\text{-}\pi_{G_2G_5\text{-}\mu_2\nu_2}}, \quad d_{Q_1\text{-}\pi_{G_2G_5\text{-}\mu_2\nu_2}})$$

中, 其中一条较长的距离都等于另两条较短的距离之和的充分必要条件是侧面 $P_3P_4Q_4Q_3$ 其余三个顶点到 $\pi_{G_2G_5-\mu_2\nu_2}$ 的距离

$$\mathrm{d}_{P_4\text{-}\pi_{G_2G_5-\mu_2\nu_2}}, \quad \mathrm{d}_{Q_4\text{-}\pi_{G_2G_5-\mu_2\nu_2}}, \quad \mathrm{d}_{Q_3\text{-}\pi_{G_2G_5-\mu_2\nu_2}}$$

$$(\mathrm{d}_{P_3\text{-}\pi_{G_2G_5-\mu_2\nu_2}}, \quad \mathrm{d}_{Q_4\text{-}\pi_{G_2G_5-\mu_2\nu_2}}, \quad \mathrm{d}_{Q_3\text{-}\pi_{G_2G_5-\mu_2\nu_2}})$$

中一条较长的距离都等于另两条较短的距离之和.

(2) 若 $\pi_{G_2G_5-\mu_2\nu_2}$ 通过下底棱 $Q_2Q_3(Q_4Q_1)$ 中点或下底棱 $Q_2Q_3(Q_4Q_1)$ 平行于 $\pi_{G_2G_5-\mu_2\nu_2}$, 则侧面 $P_1P_2Q_2Q_1$ 其余三个顶点到 $\pi_{G_2G_5-\mu_2\nu_2}$ 的距离

$$\mathrm{d}_{P_1\text{-}\pi_{G_2G_5-\mu_2\nu_2}}, \quad \mathrm{d}_{P_2\text{-}\pi_{G_2G_5-\mu_2\nu_2}}, \quad \mathrm{d}_{Q_1\text{-}\pi_{G_2G_5-\mu_2\nu_2}}$$

$$(\mathrm{d}_{P_1\text{-}\pi_{G_2G_5-\mu_2\nu_2}}, \quad \mathrm{d}_{P_2\text{-}\pi_{G_2G_5-\mu_2\nu_2}}, \quad \mathrm{d}_{Q_2\text{-}\pi_{G_2G_5-\mu_2\nu_2}})$$

中, 其中一条较长的距离都等于另两条较短的距离之和的充分必要条件是侧面 $P_3P_4Q_4Q_3$ 其余三个顶点到 $\pi_{G_2G_5-\mu_2\nu_2}$ 的距离

$$\mathrm{d}_{P_3\text{-}\pi_{G_2G_5-\mu_2\nu_2}}, \quad \mathrm{d}_{Q_4\text{-}\pi_{G_2G_5-\mu_2\nu_2}}, \quad \mathrm{d}_{Q_3\text{-}\pi_{G_2G_5-\mu_2\nu_2}}$$

$$(\mathrm{d}_{P_3\text{-}\pi_{G_2G_5-\mu_2\nu_2}}, \quad \mathrm{d}_{P_4\text{-}\pi_{G_2G_5-\mu_2\nu_2}}, \quad \mathrm{d}_{Q_3\text{-}\pi_{G_2G_5-\mu_2\nu_2}})$$

中一条较长的距离都等于另两条较短的距离之和.

(3) 若 $\pi_{G_2G_5-\mu_2\nu_2}$ 通过上底对角线 $P_1P_3(P_2P_4)$ 中点, 则侧面 $P_1P_2Q_2Q_1$ 其余三个顶点到 $\pi_{G_2G_5-\mu_2\nu_2}$ 的距离

$$\mathrm{d}_{P_2\text{-}\pi_{G_2G_5-\mu_2\nu_2}}, \quad \mathrm{d}_{Q_2\text{-}\pi_{G_2G_5-\mu_2\nu_2}}, \quad \mathrm{d}_{Q_1\text{-}\pi_{G_2G_5-\mu_2\nu_2}}$$

$$(\mathrm{d}_{P_1\text{-}\pi_{G_2G_5-\mu_2\nu_2}}, \quad \mathrm{d}_{Q_2\text{-}\pi_{G_2G_5-\mu_2\nu_2}}, \quad \mathrm{d}_{Q_1\text{-}\pi_{G_2G_5-\mu_2\nu_2}})$$

中, 其中一条较长的距离都等于另两条较短的距离之和的充分必要条件是侧面 $P_3P_4Q_4Q_3$ 其余三个顶点到 $\pi_{G_2G_5-\mu_2\nu_2}$ 的距离

$$\mathrm{d}_{P_4\text{-}\pi_{G_2G_5-\mu_2\nu_2}}, \quad \mathrm{d}_{Q_4\text{-}\pi_{G_2G_5-\mu_2\nu_2}}, \quad \mathrm{d}_{Q_3\text{-}\pi_{G_2G_5-\mu_2\nu_2}}$$

$$(\mathrm{d}_{P_3\text{-}\pi_{G_2G_5-\mu_2\nu_2}}, \quad \mathrm{d}_{Q_4\text{-}\pi_{G_2G_5-\mu_2\nu_2}}, \quad \mathrm{d}_{Q_3\text{-}\pi_{G_2G_5-\mu_2\nu_2}})$$

中一条较长的距离都等于另两条较短的距离之和.

(4) 若 $\pi_{G_2G_5-\mu_2\nu_2}$ 通过下底对角线 $Q_1Q_3(Q_2Q_4)$ 中点, 则侧面 $P_1P_2Q_2Q_1$ 其余三个顶点到 $\pi_{G_2G_5-\mu_2\nu_2}$ 的距离

$$\mathrm{d}_{P_1\text{-}\pi_{G_2G_5-\mu_2\nu_2}}, \quad \mathrm{d}_{P_2\text{-}\pi_{G_2G_5-\mu_2\nu_2}}, \quad \mathrm{d}_{Q_2\text{-}\pi_{G_2G_5-\mu_2\nu_2}}$$

$$(\mathrm{d}_{P_1\text{-}\pi_{G_2G_5\text{-}\mu_2\nu_2}}, \quad \mathrm{d}_{P_2\text{-}\pi_{G_2G_5\text{-}\mu_2\nu_2}}, \quad \mathrm{d}_{Q_1\text{-}\pi_{G_2G_5\text{-}\mu_2\nu_2}})$$

中, 其中一条较长的距离都等于另两条较短的距离之和的充分必要条件是侧面 $P_3P_4Q_4Q_3$ 其余三个顶点到 $\pi_{G_2G_5\text{-}\mu_2\nu_2}$ 的距离

$$\mathrm{d}_{P_3\text{-}\pi_{G_2G_5\text{-}\mu_2\nu_2}}, \quad \mathrm{d}_{P_4\text{-}\pi_{G_2G_5\text{-}\mu_2\nu_2}}, \quad \mathrm{d}_{Q_4\text{-}\pi_{G_2G_5\text{-}\mu_2\nu_2}}$$

$$(\mathrm{d}_{P_3\text{-}\pi_{G_2G_5\text{-}\mu_2\nu_2}}, \quad \mathrm{d}_{P_4\text{-}\pi_{G_2G_5\text{-}\mu_2\nu_2}}, \quad \mathrm{d}_{Q_3\text{-}\pi_{G_2G_5\text{-}\mu_2\nu_2}})$$

中一条较长的距离都等于另两条较短的距离之和.

证明　根据定理 6.2.9, 仿推论 6.2.8 证明即得.

定理 6.2.10　设 $P_1P_2P_3P_4\text{-}Q_1Q_2Q_3Q_4$ 是四边形六面体, G_3, G_6 依次是两侧面 $P_2P_3Q_3Q_2, P_4P_1Q_1Q_4$ 的重心, G_3G_6 为 $P_1P_2P_3P_4\text{-}Q_1Q_2Q_3Q_4$ 的重心线, μ_3, ν_3 是实数, $\pi_{G_3G_6\text{-}\mu_3\nu_3}$ 是重心线 G_3G_6 的重心线包络面, 则

(1) $\pi_{G_3G_6\text{-}\mu_3\nu_3}$ 通过上底棱 P_1P_2 中点的充分必要条件是

$$\mathrm{D}_{P_3\text{-}\pi_{G_3G_6\text{-}\mu_3\nu_3}} + \mathrm{D}_{Q_3\text{-}\pi_{G_3G_6\text{-}\mu_3\nu_3}} + \mathrm{D}_{Q_2\text{-}\pi_{G_3G_6\text{-}\mu_3\nu_3}}$$

$$= -\mathrm{D}_{P_4\text{-}\pi_{G_3G_6\text{-}\mu_3\nu_3}} - \mathrm{D}_{Q_1\text{-}\pi_{G_3G_6\text{-}\mu_3\nu_3}} - \mathrm{D}_{Q_4\text{-}\pi_{G_3G_6\text{-}\mu_3\nu_3}};$$

$\pi_{G_3G_6\text{-}\mu_3\nu_3}$ 通过上底棱 P_3P_4 中点的充分必要条件是

$$\mathrm{D}_{P_2\text{-}\pi_{G_3G_6\text{-}\mu_3\nu_3}} + \mathrm{D}_{Q_3\text{-}\pi_{G_3G_6\text{-}\mu_3\nu_3}} + \mathrm{D}_{Q_2\text{-}\pi_{G_3G_6\text{-}\mu_3\nu_3}}$$

$$= -\mathrm{D}_{P_1\text{-}\pi_{G_3G_6\text{-}\mu_3\nu_3}} - \mathrm{D}_{Q_1\text{-}\pi_{G_3G_6\text{-}\mu_3\nu_3}} - \mathrm{D}_{Q_4\text{-}\pi_{G_3G_6\text{-}\mu_3\nu_3}}.$$

(2) $\pi_{G_3G_6\text{-}\mu_3\nu_3}$ 通过下底棱 Q_1Q_2 中点的充分必要条件是

$$\mathrm{D}_{P_2\text{-}\pi_{G_3G_6\text{-}\mu_3\nu_3}} + \mathrm{D}_{P_3\text{-}\pi_{G_3G_6\text{-}\mu_3\nu_3}} + \mathrm{D}_{Q_3\text{-}\pi_{G_3G_6\text{-}\mu_3\nu_3}}$$

$$= -\mathrm{D}_{P_4\text{-}\pi_{G_3G_6\text{-}\mu_3\nu_3}} - \mathrm{D}_{P_1\text{-}\pi_{G_3G_6\text{-}\mu_3\nu_3}} - \mathrm{D}_{Q_4\text{-}\pi_{G_3G_6\text{-}\mu_3\nu_3}};$$

$\pi_{G_3G_6\text{-}\mu_3\nu_3}$ 通过下底棱 Q_3Q_4 中点的充分必要条件是

$$\mathrm{D}_{P_2\text{-}\pi_{G_3G_6\text{-}\mu_3\nu_3}} + \mathrm{D}_{P_3\text{-}\pi_{G_3G_6\text{-}\mu_3\nu_3}} + \mathrm{D}_{Q_2\text{-}\pi_{G_3G_6\text{-}\mu_3\nu_3}}$$

$$= -\mathrm{D}_{P_4\text{-}\pi_{G_3G_6\text{-}\mu_3\nu_3}} - \mathrm{D}_{P_1\text{-}\pi_{G_3G_6\text{-}\mu_3\nu_3}} - \mathrm{D}_{Q_1\text{-}\pi_{G_3G_6\text{-}\mu_3\nu_3}}.$$

(3) 上底棱 P_1P_2 平行于 $\pi_{G_3G_6\text{-}\mu_3\nu_3}$ 的充分必要条件是

$$\mathrm{D}_{P_2\text{-}\pi_{G_3G_6\text{-}\mu_3\nu_3}} + \mathrm{D}_{P_3\text{-}\pi_{G_3G_6\text{-}\mu_3\nu_3}} + \mathrm{D}_{Q_3\text{-}\pi_{G_3G_6\text{-}\mu_3\nu_3}}$$

$$= \mathrm{D}_{P_3\text{-}\pi_{G_3G_6\text{-}\mu_3\nu_3}} + \mathrm{D}_{Q_3\text{-}\pi_{G_3G_6\text{-}\mu_3\nu_3}} + \mathrm{D}_{Q_2\text{-}\pi_{G_3G_6\text{-}\mu_3\nu_3}};$$

上底棱 P_3P_4 平行于 $\pi_{G_3G_6\text{-}\mu_3\nu_3}$ 的充分必要条件是

$$\mathrm{D}_{P_2\text{-}\pi_{G_3G_6\text{-}\mu_3\nu_3}} + \mathrm{D}_{Q_3\text{-}\pi_{G_3G_6\text{-}\mu_3\nu_3}} + \mathrm{D}_{Q_2\text{-}\pi_{G_3G_6\text{-}\mu_3\nu_3}}$$

$$= \mathrm{D}_{P_1\text{-}\pi_{G_3G_6\text{-}\mu_3\nu_3}} + \mathrm{D}_{Q_1\text{-}\pi_{G_3G_6\text{-}\mu_3\nu_3}} + \mathrm{D}_{Q_4\text{-}\pi_{G_3G_6\text{-}\mu_3\nu_3}}.$$

(4) 下底棱 Q_1Q_2 平行于 $\pi_{G_3G_6\text{-}\mu_3\nu_3}$ 的充分必要条件是

$$\mathrm{D}_{P_2\text{-}\pi_{G_3G_6\text{-}\mu_3\nu_3}} + \mathrm{D}_{P_3\text{-}\pi_{G_3G_6\text{-}\mu_3\nu_3}} + \mathrm{D}_{Q_3\text{-}\pi_{G_3G_6\text{-}\mu_3\nu_3}}$$

$$= \mathrm{D}_{P_4\text{-}\pi_{G_3G_6\text{-}\mu_3\nu_3}} + \mathrm{D}_{P_1\text{-}\pi_{G_3G_6\text{-}\mu_3\nu_3}} + \mathrm{D}_{Q_4\text{-}\pi_{G_3G_6\text{-}\mu_3\nu_3}};$$

下底棱 Q_3Q_4 平行于 $\pi_{G_3G_6\text{-}\mu_3\nu_3}$ 的充分必要条件是

$$\mathrm{D}_{P_2\text{-}\pi_{G_3G_6\text{-}\mu_3\nu_3}} + \mathrm{D}_{P_3\text{-}\pi_{G_3G_6\text{-}\mu_3\nu_3}} + \mathrm{D}_{Q_2\text{-}\pi_{G_3G_6\text{-}\mu_3\nu_3}}$$

$$= \mathrm{D}_{P_4\text{-}\pi_{G_3G_6\text{-}\mu_3\nu_3}} + \mathrm{D}_{P_1\text{-}\pi_{G_3G_6\text{-}\mu_3\nu_3}} + \mathrm{D}_{Q_1\text{-}\pi_{G_3G_6\text{-}\mu_3\nu_3}}.$$

(5) $\pi_{G_3G_6\text{-}\mu_3\nu_3}$ 通过上底面对角线 P_1P_3 中点的充分必要条件是

$$\mathrm{D}_{P_2\text{-}\pi_{G_3G_6\text{-}\mu_3\nu_3}} + \mathrm{D}_{Q_3\text{-}\pi_{G_3G_6\text{-}\mu_3\nu_3}} + \mathrm{D}_{Q_2\text{-}\pi_{G_3G_6\text{-}\mu_3\nu_3}}$$

$$= -\mathrm{D}_{P_4\text{-}\pi_{G_3G_6\text{-}\mu_3\nu_3}} - \mathrm{D}_{Q_1\text{-}\pi_{G_3G_6\text{-}\mu_3\nu_3}} - \mathrm{D}_{Q_4\text{-}\pi_{G_3G_6\text{-}\mu_3\nu_3}};$$

$\pi_{G_3G_6\text{-}\mu_3\nu_3}$ 通过上底面对角线 P_2P_4 中点的充分必要条件是

$$\mathrm{D}_{P_3\text{-}\pi_{G_3G_6\text{-}\mu_3\nu_3}} + \mathrm{D}_{Q_3\text{-}\pi_{G_3G_6\text{-}\mu_3\nu_3}} + \mathrm{D}_{Q_2\text{-}\pi_{G_3G_6\text{-}\mu_3\nu_3}}$$

$$= -\mathrm{D}_{P_1\text{-}\pi_{G_3G_6\text{-}\mu_3\nu_3}} - \mathrm{D}_{Q_1\text{-}\pi_{G_3G_6\text{-}\mu_3\nu_3}} - \mathrm{D}_{Q_4\text{-}\pi_{G_3G_6\text{-}\mu_3\nu_3}};$$

(6) $\pi_{G_3G_6\text{-}\mu_3\nu_3}$ 通过下底面对角线 Q_1Q_3 中点的充分必要条件是

$$\mathrm{D}_{P_2\text{-}\pi_{G_3G_6\text{-}\mu_3\nu_3}} + \mathrm{D}_{P_3\text{-}\pi_{G_3G_6\text{-}\mu_3\nu_3}} + \mathrm{D}_{Q_2\text{-}\pi_{G_3G_6\text{-}\mu_3\nu_3}}$$

$$= -\mathrm{D}_{P_4\text{-}\pi_{G_3G_6\text{-}\mu_3\nu_3}} - \mathrm{D}_{P_1\text{-}\pi_{G_3G_6\text{-}\mu_3\nu_3}} - \mathrm{D}_{Q_4\text{-}\pi_{G_3G_6\text{-}\mu_3\nu_3}};$$

$\pi_{G_3G_6\text{-}\mu_3\nu_3}$ 通过下底对角线 Q_2Q_4 中点的充分必要条件是

$$\mathrm{D}_{P_2\text{-}\pi_{G_3G_6\text{-}\mu_3\nu_3}} + \mathrm{D}_{P_3\text{-}\pi_{G_3G_6\text{-}\mu_3\nu_3}} + \mathrm{D}_{Q_3\text{-}\pi_{G_3G_6\text{-}\mu_3\nu_3}}$$

$$= -\mathrm{D}_{P_4\text{-}\pi_{G_3G_6\text{-}\mu_3\nu_3}} - \mathrm{D}_{P_1\text{-}\pi_{G_3G_6\text{-}\mu_3\nu_3}} - \mathrm{D}_{Q_1\text{-}\pi_{G_3G_6\text{-}\mu_3\nu_3}}.$$

证明 根据定理 6.2.1, 由式 (6.2.6) 和 (6.2.7), 仿定理 6.2.8 证明即得.

推论 6.2.10 设 $P_1P_2P_3P_4\text{-}Q_1Q_2Q_3Q_4$ 是四边形六面体, G_3, G_6 依次是两侧面 $P_2P_3Q_3Q_2, P_4P_1Q_1Q_4$ 的重心, G_3G_6 为 $P_1P_2P_3P_4\text{-}Q_1Q_2Q_3Q_4$ 的重心线, μ_3, ν_3 是实数, $\pi_{G_3G_6\text{-}\mu_3\nu_3}$ 是重心线 G_3G_6 的重心线包络面.

(1) 若 $\pi_{G_3G_6\text{-}\mu_3\nu_3}$ 通过上底棱 $P_1P_2(P_3P_4)$ 中点或上底棱 $P_1P_2(P_3P_4)$ 平行于 $\pi_{G_3G_6\text{-}\mu_3\nu_3}$，则侧面 $P_2P_3Q_3Q_2$ 其余三个顶点到 $\pi_{G_3G_6\text{-}\mu_3\nu_3}$ 的距离

$$\mathrm{d}_{P_3\text{-}\pi_{G_3G_6\text{-}\mu_3\nu_3}}, \quad \mathrm{d}_{Q_3\text{-}\pi_{G_3G_6\text{-}\mu_3\nu_3}}, \quad \mathrm{d}_{Q_2\text{-}\pi_{G_3G_6\text{-}\mu_3\nu_3}}$$

$$\left(\mathrm{d}_{P_2\text{-}\pi_{G_3G_6\text{-}\mu_3\nu_3}}, \quad \mathrm{d}_{Q_3\text{-}\pi_{G_3G_6\text{-}\mu_3\nu_3}}, \quad \mathrm{d}_{Q_2\text{-}\pi_{G_3G_6\text{-}\mu_3\nu_3}}\right)$$

中，其中一条较长的距离都等于另两条较短的距离之和的充分必要条件是侧面 $P_4P_1Q_1Q_4$ 其余三个顶点到 $\pi_{G_3G_6\text{-}\mu_3\nu_3}$ 的距离

$$\mathrm{d}_{P_4\text{-}\pi_{G_3G_6\text{-}\mu_3\nu_3}}, \quad \mathrm{d}_{Q_1\text{-}\pi_{G_3G_6\text{-}\mu_3\nu_3}}, \quad \mathrm{d}_{Q_4\text{-}\pi_{G_3G_6\text{-}\mu_3\nu_3}}$$

$$\left(\mathrm{d}_{P_1\text{-}\pi_{G_3G_6\text{-}\mu_3\nu_3}}, \quad \mathrm{d}_{Q_1\text{-}\pi_{G_3G_6\text{-}\mu_3\nu_3}}, \quad \mathrm{d}_{Q_4\text{-}\pi_{G_3G_6\text{-}\mu_3\nu_3}}\right)$$

中一条较长的距离都等于另两条较短的距离之和.

(2) 若 $\pi_{G_3G_6\text{-}\mu_3\nu_3}$ 通过下底棱 $Q_1Q_2(Q_3Q_4)$ 中点或下底棱 $Q_1Q_2(Q_3Q_4)$ 平行于 $\pi_{G_3G_6\text{-}\mu_3\nu_3}$，则侧面 $P_2P_3Q_3Q_2$ 其余三个顶点到 $\pi_{G_3G_6\text{-}\mu_3\nu_3}$ 的距离

$$\mathrm{d}_{P_2\text{-}\pi_{G_3G_6\text{-}\mu_3\nu_3}}, \quad \mathrm{d}_{P_3\text{-}\pi_{G_3G_6\text{-}\mu_3\nu_3}}, \quad \mathrm{d}_{Q_3\text{-}\pi_{G_3G_6\text{-}\mu_3\nu_3}}$$

$$\left(\mathrm{d}_{P_2\text{-}\pi_{G_3G_6\text{-}\mu_3\nu_3}}, \quad \mathrm{d}_{P_3\text{-}\pi_{G_3G_6\text{-}\mu_3\nu_3}}, \quad \mathrm{d}_{Q_2\text{-}\pi_{G_3G_6\text{-}\mu_3\nu_3}}\right)$$

中，其中一条较长的距离都等于另两条较短的距离之和的充分必要条件是侧面 $P_4P_1Q_1Q_4$ 其余三个顶点到 $\pi_{G_3G_6\text{-}\mu_3\nu_3}$ 的距离

$$\mathrm{d}_{P_4\text{-}\pi_{G_3G_6\text{-}\mu_3\nu_3}}, \quad \mathrm{d}_{P_1\text{-}\pi_{G_3G_6\text{-}\mu_3\nu_3}}, \quad \mathrm{d}_{Q_4\text{-}\pi_{G_3G_6\text{-}\mu_3\nu_3}}$$

$$\left(\mathrm{d}_{P_4\text{-}\pi_{G_3G_6\text{-}\mu_3\nu_3}}, \quad \mathrm{d}_{P_1\text{-}\pi_{G_3G_6\text{-}\mu_3\nu_3}}, \quad \mathrm{d}_{Q_1\text{-}\pi_{G_3G_6\text{-}\mu_3\nu_3}}\right)$$

中一条较长的距离都等于另两条较短的距离之和.

(3) 若 $\pi_{G_3G_6\text{-}\mu_3\nu_3}$ 通过上底面对角线 $P_1P_3(P_2P_4)$ 中点，则侧面 $P_2P_3Q_3Q_2$ 其余三个顶点到 $\pi_{G_3G_6\text{-}\mu_3\nu_3}$ 的距离

$$\mathrm{d}_{P_2\text{-}\pi_{G_3G_6\text{-}\mu_3\nu_3}}, \quad \mathrm{d}_{Q_3\text{-}\pi_{G_3G_6\text{-}\mu_3\nu_3}}, \quad \mathrm{d}_{Q_2\text{-}\pi_{G_3G_6\text{-}\mu_3\nu_3}}$$

$$\left(\mathrm{d}_{P_3\text{-}\pi_{G_3G_6\text{-}\mu_3\nu_3}}, \quad \mathrm{d}_{Q_3\text{-}\pi_{G_3G_6\text{-}\mu_3\nu_3}}, \quad \mathrm{d}_{Q_2\text{-}\pi_{G_3G_6\text{-}\mu_3\nu_3}}\right)$$

中，其中一条较长的距离都等于另两条较短的距离之和的充分必要条件是侧面 $P_4P_1Q_1Q_4$ 其余三个顶点到 $\pi_{G_3G_6\text{-}\mu_3\nu_3}$ 的距离

$$\mathrm{d}_{P_4\text{-}\pi_{G_3G_6\text{-}\mu_3\nu_3}}, \quad \mathrm{d}_{Q_1\text{-}\pi_{G_3G_6\text{-}\mu_3\nu_3}}, \quad \mathrm{d}_{Q_4\text{-}\pi_{G_3G_6\text{-}\mu_3\nu_3}}$$

$$\left(\mathrm{d}_{P_1\text{-}\pi_{G_3G_6\text{-}\mu_3\nu_3}}, \quad \mathrm{d}_{Q_1\text{-}\pi_{G_3G_6\text{-}\mu_3\nu_3}}, \quad \mathrm{d}_{Q_4\text{-}\pi_{G_3G_6\text{-}\mu_3\nu_3}}\right)$$

中一条较长的距离都等于另两条较短的距离之和.

(4) 若 $\pi_{G_3G_6-\mu_3\nu_3}$ 通过上底面对角线 $Q_1Q_3(Q_2Q_4)$ 中点, 则侧面 $P_2P_3Q_3Q_2$ 其余三个顶点到 $\pi_{G_3G_6-\mu_3\nu_3}$ 的距离

$$\mathrm{d}_{P_2\text{-}\pi_{G_3G_6-\mu_3\nu_3}}, \quad \mathrm{d}_{P_3\text{-}\pi_{G_3G_6-\mu_3\nu_3}}, \quad \mathrm{d}_{Q_2\text{-}\pi_{G_3G_6-\mu_3\nu_3}}$$

$$(\mathrm{d}_{P_2\text{-}\pi_{G_3G_6-\mu_3\nu_3}}, \quad \mathrm{d}_{P_3\text{-}\pi_{G_3G_6-\mu_3\nu_3}}, \quad \mathrm{d}_{Q_3\text{-}\pi_{G_3G_6-\mu_3\nu_3}})$$

中, 其中一条较长的距离都等于另两条较短的距离之和的充分必要条件是侧面 $P_4P_1Q_1Q_4$ 其余三个顶点到 $\pi_{G_3G_6-\mu_3\nu_3}$ 的距离

$$\mathrm{d}_{P_4\text{-}\pi_{G_3G_6-\mu_3\nu_3}}, \quad \mathrm{d}_{P_1\text{-}\pi_{G_3G_6-\mu_3\nu_3}}, \quad \mathrm{d}_{Q_4\text{-}\pi_{G_3G_6-\mu_3\nu_3}}$$

$$(\mathrm{d}_{P_4\text{-}\pi_{G_3G_6-\mu_3\nu_3}}, \quad \mathrm{d}_{P_1\text{-}\pi_{G_3G_6-\mu_3\nu_3}}, \quad \mathrm{d}_{Q_1\text{-}\pi_{G_3G_6-\mu_3\nu_3}})$$

中一条较长的距离都等于另两条较短的距离之和.

证明 根据定理 6.2.10, 仿推论 6.2.8 证明即得.

6.3 四边形六面体顶点到重心线面的有向距离与应用

本节主要应用有向度量法, 研究四边形六面体顶点到重心线面有向距离的有关问题. 首先, 给出四边形六面体重心线面的概念; 其次, 给出四边形六面体顶点到重心线面的有向距离公式, 从而得出相应的有向体积公式以及重心线三角形、重心线四边形面积 (有向面积) 相等的一些结论; 最后, 给出四边形六面体顶点到重心线面的有向距离的关系定理, 从而得出四边形六面体任意一重心线面平分其四条边 (棱) 的充分条件.

6.3.1 四边形六面体重心线面的概念

定义 6.3.1 设 $P_1P_2P_3P_4\text{-}Q_1Q_2Q_3Q_4$ 是四边形六面体, G_1, G_4 分别是上、下底面 $P_1P_2P_3P_4$, $Q_1Q_2Q_3Q_4$ 的重心, G_2, G_3, G_5, G_6 依次是侧面 $P_1P_2Q_2Q_1$, $P_2P_3Q_3Q_2, P_3P_4Q_4Q_3, P_4P_1Q_1Q_4$ 的重心, 则称 $P_1P_2P_3P_4\text{-}Q_1Q_2Q_3Q_4$ 任意两条重心线 $G_1G_4, G_2G_5; G_2G_5, G_3G_6; G_3G_6, G_1G_4$ 所确定的四边形 $G_1G_2G_4G_5$, $G_2G_3G_5G_6, G_3G_1G_6G_4$ 为 $P_1P_2P_3P_4\text{-}Q_1Q_2Q_3Q_4$ 的重心线四边形; $G_1G_2G_4G_5$, $G_2G_3G_5G_6, G_3G_1G_6G_4$ 所在的平面 $\pi_{G_1G_2G_4G_5}, \pi_{G_2G_3G_5G_6}, \pi_{G_3G_1G_6G_4}$ 为 $P_1P_2P_3 \cdot P_4\text{-}Q_1Q_2Q_3Q_4$ 的重心线面.

显然, $P_1P_2P_3P_4\text{-}Q_1Q_2Q_3Q_4$ 的重心线面 $\pi_{G_1G_2G_4G_5}, \pi_{G_2G_3G_5G_6}, \pi_{G_3G_1G_6G_4}$ 是重心线包络面的特殊情形, 重心线面既是过其中一条重心线的包络面, 也是其中另一条重心线的包络面. 因此, 本节中的所有结论, 对具有同化性质的包络面亦成立.

6.3.2　四边形六面体顶点到重心线面有向距离公式及其应用

定理 6.3.1　设 $P_1P_2P_3P_4\text{-}Q_1Q_2Q_3Q_4$ 是四边形六面体, G_1, G_4 分别是上、下底面 $P_1P_2P_3P_4$, $Q_1Q_2Q_3Q_4$ 的重心, G_2, G_5 依次是两侧面 $P_1P_2Q_2Q_1, P_3P_4Q_4Q_3$ 的重心, $\pi_{G_1G_2G_4G_5}$ 是 $P_1P_2P_3P_4\text{-}Q_1Q_2Q_3Q_4$ 的重心线面. 记 $F_1(P) = 3a_{G_1G_2G_4}$ $D_{P\text{-}\pi_{G_1G_2G_4G_5}} = 3a_{G_2G_4G_5}D_{P\text{-}\pi_{G_1G_2G_4G_5}} = 3a_{G_4G_5G_1}D_{P\text{-}\pi_{G_1G_2G_4G_5}} = 3a_{G_5G_1G_2}$ $D_{P\text{-}\pi_{G_1G_2G_4G_5}}$, 则

$$F_1(P_1) = 64\sum_{i=1}^{2} D_{Q_1Q_4P_1P_{i+1}} - 64\sum_{i=1}^{4} (D_{P_1P_2P_3Q_i} + D_{P_1P_2P_4Q_i})$$
$$+ 64\sum_{i=1}^{3} (D_{Q_1Q_3P_1P_{i+1}} + D_{Q_2Q_3P_1P_{i+1}} + D_{Q_2Q_4P_1P_{i+1}}), \qquad (6.3.1)$$

$$F_1(P_2) = 64\sum_{i=1}^{2} D_{Q_2Q_3P_2P_{i+3}} - 64\sum_{i=1}^{4} (D_{P_2P_1P_3Q_i} + D_{P_2P_1P_4Q_i})$$
$$+ 64\sum_{i=1}^{3} (D_{Q_1Q_3P_2P_{i+2}} + D_{Q_1Q_4P_2P_{i+2}} + D_{Q_2Q_4P_2P_{i+2}}), \qquad (6.3.2)$$

$$F_1(P_3) = 64\sum_{i=1}^{2} D_{Q_2Q_3P_3P_{i+3}} - 64\sum_{i=1}^{4} (D_{P_3P_1P_4Q_i} + D_{P_3P_2P_4Q_i})$$
$$+ 64\sum_{i=1}^{3} (D_{Q_1Q_3P_3P_{i+3}} + D_{Q_1Q_4P_3P_{i+3}} + D_{Q_2Q_4P_3P_{i+3}}), \qquad (6.3.3)$$

$$F_1(P_4) = 64\sum_{i=1}^{2} D_{Q_1Q_4P_4P_{i+1}} - 64\sum_{i=1}^{4} (D_{P_4P_1P_3Q_i} + D_{P_4P_2P_3Q_i})$$
$$+ 64\sum_{i=1}^{3} (D_{Q_1Q_3P_4P_i} + D_{Q_2Q_3P_4P_i} + D_{Q_2Q_4P_4P_i}); \qquad (6.3.4)$$

$$F_1(Q_1) = 64\sum_{i=1}^{4} (D_{Q_1Q_2Q_3P_i} + D_{Q_1Q_2Q_4P_i}) - 64\sum_{i=1}^{2} D_{P_1P_4Q_1Q_{i+1}}$$
$$- 64\sum_{i=1}^{3} (D_{P_1P_3Q_1Q_{i+1}} + D_{P_2P_3Q_1Q_{i+1}} + D_{P_2P_4Q_1Q_{i+1}}), \qquad (6.3.5)$$

$$F_1(Q_2) = 64 \sum_{i=1}^{4} (D_{Q_2Q_1Q_3P_i} + D_{Q_2Q_1Q_4P_i}) - 64 \sum_{i=1}^{2} D_{P_2P_3Q_2Q_{i+3}}$$

$$- 64 \sum_{i=1}^{3} (D_{P_1P_3Q_2Q_{i+2}} + D_{P_2P_3Q_2Q_{i+2}} + D_{P_2P_4Q_2Q_{i+2}}), \qquad (6.3.6)$$

$$F_1(Q_3) = 64 \sum_{i=1}^{4} (D_{Q_3Q_1Q_4P_i} + D_{Q_3Q_2Q_4P_i}) - 64 \sum_{i=1}^{2} D_{P_2P_3Q_3Q_{i+3}}$$

$$- 64 \sum_{i=1}^{3} (D_{P_1P_3Q_3Q_{i+3}} + D_{P_1P_4Q_3Q_{i+3}} + D_{Q_2Q_4P_3P_{i+3}}), \qquad (6.3.7)$$

$$F_1(Q_4) = 64 \sum_{i=1}^{4} (D_{P_4P_1P_3Q_i} + D_{P_4P_2P_3Q_i}) - 64 \sum_{i=1}^{2} D_{Q_1Q_4P_4P_{i+1}}$$

$$- 64 \sum_{i=1}^{3} (D_{Q_1Q_3P_4P_i} + D_{Q_2Q_3P_4P_i} + D_{Q_2Q_4P_4P_i}). \qquad (6.3.8)$$

证明 如图 6.3.1 所示. 设 $P_1P_2P_3P_4$-$Q_1Q_2Q_3Q_4$ 顶点的坐标分别为 $P_i(x_i, y_i, z_i)(i=1,2,3,4)$, $Q_i(a_i, b_i, c_i)(i=1,2,3,4)$. 于是上、下底面 $P_1P_2P_3P_4$, $Q_1Q_2Q_3Q_4$ 重心的坐标分别为

$$G_1\left(\frac{x_1+x_2+x_3+x_4}{4}, \frac{y_1+y_2+y_3+y_4}{4}, \frac{z_1+z_2+z_3+z_4}{4}\right),$$

$$G_4\left(\frac{a_1+a_2+a_3+a_4}{4}, \frac{b_1+b_2+b_3+b_4}{4}, \frac{c_1+c_2+c_3+c_4}{4}\right);$$

侧面 $P_1P_2Q_2Q_1, P_3P_4Q_4Q_3$ 重心的坐标分别为

$$G_2\left(\frac{x_1+x_2+a_2+a_1}{4}, \frac{y_1+y_2+b_2+b_1}{4}, \frac{z_1+z_2+c_2+c_1}{4}\right),$$

$$G_5\left(\frac{x_3+x_4+a_4+a_3}{4}, \frac{y_3+y_4+b_4+b_3}{4}, \frac{z_3+z_4+c_4+c_3}{4}\right).$$

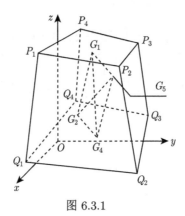

图 6.3.1

因为重心线面 $\pi_{G_1G_2G_4G_5}$ 与重心线三角面 $\pi_{G_1G_2G_4}, \pi_{G_2G_4G_5}, \pi_{G_4G_5G_1}, \pi_{G_5G_1G_2}$ 同向重合, 所以 $P_1P_2P_3P_4\text{-}Q_1Q_2Q_3Q_4$ 的任一点顶点到以上五个平面的有向距离相等.

又因为 $\pi_{G_1G_2G_4}$ 的方程为

$$x\mathrm{Prj}_{yz}\mathrm{D}_{G_1G_2G_4} + y\mathrm{Prj}_{zx}\mathrm{D}_{G_1G_2G_4} + z\mathrm{Prj}_{xy}\mathrm{D}_{G_1G_2G_4} - \Delta_{G_1G_2G_4} = 0,$$

其中

$$\Delta_{G_1G_2G_4}$$
$$= \frac{1}{2}\begin{vmatrix} (x_1+x_2+x_3+x_4)/4 & (y_1+y_2+y_3+y_4)/4 & (z_1+z_2+z_3+z_4)/4 \\ (x_1+x_2+a_2+a_1)/4 & (y_1+y_2+b_2+b_1)/4 & (z_1+z_2+c_2+c_1)/4 \\ (a_1+a_2+a_3+a_4)/4 & (b_1+b_2+b_3+b_4)/4 & (c_1+c_2+c_3+c_4)/4 \end{vmatrix}.$$

于是由点到平面的有向距离公式并注意到 $\mathrm{D}_{Q_1Q_4P_1P_4} = 0$, 可得

$$a_{G_1G_2G_4}\mathrm{D}_{P_1\text{-}\pi_{G_1G_2G_4G_5}} = a_{G_1G_2G_4}\mathrm{D}_{P_1\text{-}\pi_{G_1G_2G_4}}$$

$$= \frac{1}{2}\begin{vmatrix} x_1 & y_1 & z_1 & 1 \\ (x_1+x_2+x_3+x_4)/4 & (y_1+y_2+y_3+y_4)/4 & (z_1+z_2+z_3+z_4)/4 & 1 \\ (x_1+x_2+a_2+a_1)/4 & (y_1+y_2+b_2+b_1)/4 & (z_1+z_2+c_2+c_1)/4 & 1 \\ (a_1+a_2+a_3+a_4)/4 & (b_1+b_2+b_3+b_4)/4 & (c_1+c_2+c_3+c_4)/4 & 1 \end{vmatrix}$$

$$= \frac{1}{128}\begin{vmatrix} x_1 & y_1 & z_1 & 1 \\ x_1+x_2+x_3+x_4 & y_1+y_2+y_3+y_4 & z_1+z_2+z_3+z_4 & 4 \\ x_1+x_2+a_2+a_1 & y_1+y_2+b_2+b_1 & z_1+z_2+c_2+c_1 & 4 \\ a_1+a_2+a_3+a_4 & b_1+b_2+b_3+b_4 & c_1+c_2+c_3+c_4 & 4 \end{vmatrix}$$

$$= \frac{1}{128} \begin{vmatrix} x_1 & y_1 & z_1 & 1 \\ x_2+x_3+x_4 & y_2+y_3+y_4 & z_2+z_3+z_4 & 3 \\ x_2+a_2+a_1 & y_2+b_2+b_1 & z_2+c_2+c_1 & 3 \\ a_1+a_2+a_3+a_4 & b_1+b_2+b_3+b_4 & c_1+c_2+c_3+c_4 & 4 \end{vmatrix}$$

$$= \frac{1}{128} \begin{vmatrix} x_1 & y_1 & z_1 & 1 \\ x_3+x_4 & y_3+y_4 & z_3+z_4 & 2 \\ x_2 & y_2 & z_2 & 1 \\ a_1+a_2+a_3+a_4 & b_1+b_2+b_3+b_4 & c_1+c_2+c_3+c_4 & 4 \end{vmatrix}$$

$$+ \frac{1}{128} \begin{vmatrix} x_1 & y_1 & z_1 & 1 \\ x_2+x_3+x_4 & y_2+y_3+y_4 & z_2+z_3+z_4 & 3 \\ a_2+a_1 & b_2+b_1 & c_2+c_1 & 2 \\ a_3+a_4 & b_3+b_4 & c_3+c_4 & 2 \end{vmatrix}$$

$$= 64 \sum_{i=1}^{2} \mathrm{D}_{Q_1 Q_4 P_1 P_{i+1}} - 64 \sum_{i=1}^{4} \left(\mathrm{D}_{P_1 P_2 P_3 Q_i} + \mathrm{D}_{P_1 P_2 P_4 Q_i} \right)$$

$$+ 64 \sum_{i=1}^{3} \left(\mathrm{D}_{Q_1 Q_3 P_1 P_{i+1}} + \mathrm{D}_{Q_2 Q_3 P_1 P_{i+1}} + \mathrm{D}_{Q_2 Q_4 P_1 P_{i+1}} \right),$$

因此, 式 (6.3.1) 的第一部分成立.

同理, 可以证明式 (6.3.1) 的后三部分成立.

类似地, 可以证明式 (6.3.2)~(6.3.8) 成立.

推论 6.3.1 设 $P_1 P_2 P_3 P_4$-$Q_1 Q_2 Q_3 Q_4$ 是四边形六面体, G_1, G_4 分别是上、下底面 $P_1 P_2 P_3 P_4$, $Q_1 Q_2 Q_3 Q_4$ 的重心, G_2, G_3, G_5, G_6 依次是各侧面 $P_1 P_2 Q_2 Q_1$, $P_2 P_3 Q_3 Q_2$, $P_3 P_4 Q_4 Q_3$, $P_4 P_1 Q_1 Q_4$ 的重心, $G_1 G_2 G_4 G_5$ 是 $P_1 P_2 P_3 P_4$-$Q_1 Q_2 Q_3 Q_4$ 的重心线四边形. 记 $G_1(P) = 9 \mathrm{D}_{P G_6 G_2 G_4} = 9 \mathrm{D}_{P G_2 G_4 G_5} = 9 \mathrm{D}_{P G_4 G_5 G_1} = 9 \mathrm{D}_{P G_5 G_1 G_2}$, 则

$$G_1(P_1) = 64 \sum_{i=1}^{2} \mathrm{D}_{Q_1 Q_4 P_1 P_{i+1}} - 64 \sum_{i=1}^{4} \left(\mathrm{D}_{P_1 P_2 P_3 Q_i} + \mathrm{D}_{P_1 P_2 P_4 Q_i} \right)$$

$$+ 64 \sum_{i=1}^{3} \left(\mathrm{D}_{Q_1 Q_3 P_1 P_{i+1}} + \mathrm{D}_{Q_2 Q_3 P_1 P_{i+1}} + \mathrm{D}_{Q_2 Q_4 P_1 P_{i+1}} \right), \tag{6.3.9}$$

$$G_1(P_2) = 64 \sum_{i=1}^{2} \mathrm{D}_{Q_2 Q_3 P_2 P_{i+3}} - 64 \sum_{i=1}^{4} \left(\mathrm{D}_{P_2 P_1 P_3 Q_i} + \mathrm{D}_{P_2 P_1 P_4 Q_i} \right)$$

$$+ 64 \sum_{i=1}^{3} \left(D_{Q_1 Q_3 P_2 P_{i+2}} + D_{Q_1 Q_4 P_2 P_{i+2}} + D_{Q_2 Q_4 P_2 P_{i+2}} \right), \qquad (6.3.10)$$

$$G_1(P_3) = 64 \sum_{i=1}^{2} D_{Q_2 Q_3 P_3 P_{i+3}} - 64 \sum_{i=1}^{4} \left(D_{P_3 P_1 P_4 Q_i} + D_{P_3 P_2 P_4 Q_i} \right)$$

$$+ 64 \sum_{i=1}^{3} \left(D_{Q_1 Q_3 P_3 P_{i+3}} + D_{Q_1 Q_4 P_3 P_{i+3}} + D_{Q_2 Q_4 P_3 P_{i+3}} \right), \qquad (6.3.11)$$

$$G_1(P_4) = 64 \sum_{i=1}^{2} D_{Q_1 Q_4 P_4 P_{i+1}} - 64 \sum_{i=1}^{4} \left(D_{P_4 P_1 P_3 Q_i} + D_{P_4 P_2 P_3 Q_i} \right)$$

$$+ 64 \sum_{i=1}^{3} \left(D_{Q_1 Q_3 P_4 P_i} + D_{Q_2 Q_3 P_4 P_i} + D_{Q_2 Q_4 P_4 P_i} \right); \qquad (6.3.12)$$

$$G_1(Q_1) = 64 \sum_{i=1}^{4} \left(D_{Q_1 Q_2 Q_3 P_i} + D_{Q_1 Q_2 Q_4 P_i} \right) - 64 \sum_{i=1}^{2} D_{P_1 P_4 Q_1 Q_{i+1}}$$

$$- 64 \sum_{i=1}^{3} \left(D_{P_1 P_3 Q_1 Q_{i+1}} + D_{P_2 P_3 Q_1 Q_{i+1}} + D_{P_2 P_4 Q_1 Q_{i+1}} \right), \qquad (6.3.13)$$

$$G_1(Q_2) = 64 \sum_{i=1}^{4} \left(D_{Q_2 Q_1 Q_3 P_i} + D_{Q_2 Q_1 Q_4 P_i} \right) - 64 \sum_{i=1}^{2} D_{P_2 P_3 Q_2 Q_{i+3}}$$

$$- 64 \sum_{i=1}^{3} \left(D_{P_1 P_3 Q_2 Q_{i+2}} + D_{P_2 P_3 Q_2 Q_{i+2}} + D_{P_2 P_4 Q_2 Q_{i+2}} \right), \qquad (6.3.14)$$

$$G_1(Q_3) = 64 \sum_{i=1}^{4} \left(D_{Q_3 Q_1 Q_4 P_i} + D_{Q_3 Q_2 Q_4 P_i} \right) - 64 \sum_{i=1}^{2} D_{P_2 P_3 Q_3 Q_{i+3}}$$

$$- 64 \sum_{i=1}^{3} \left(D_{P_1 P_3 Q_3 Q_{i+3}} + D_{P_1 P_4 Q_3 Q_{i+3}} + D_{Q_2 Q_4 P_3 P_{i+3}} \right), \qquad (6.3.15)$$

$$G_1(Q_4) = 64 \sum_{i=1}^{4} \left(D_{P_4 P_1 P_3 Q_i} + D_{P_4 P_2 P_3 Q_i} \right) - 64 \sum_{i=1}^{2} D_{Q_1 Q_4 P_4 P_{i+1}}$$

$$- 64 \sum_{i=1}^{3} (\mathrm{D}_{Q_1Q_3P_4P_i} + \mathrm{D}_{Q_2Q_3P_4P_i} + \mathrm{D}_{Q_2Q_4P_4P_i}). \tag{6.3.16}$$

证明 根据定理 1.2.3 和定理 6.3.1, 由式 (6.3.1)~(6.3.8), 即得式 (6.3.9)~(6.3.16).

注 6.3.1 类似地, 也可以给出四边形六面体 $P_1P_2P_3P_4$-$Q_1Q_2Q_3Q_4$ 顶点到重心面 $\pi_{G_2G_3G_5G_6}$, $\pi_{G_3G_1G_6G_4}$ 的有向距离公式及其有向体积公式, 但表示较为复杂, 不作具体讨论.

定理 6.3.2 设 $P_1P_2P_3P_4$-$Q_1Q_2Q_3Q_4$ 是四边形六面体, G_1, G_4 分别是上、下底面 $P_1P_2P_3P_4$, $Q_1Q_2Q_3Q_4$ 的重心, G_2, G_5 依次是各侧面 $P_1P_2Q_2Q_1$, $P_3P_4Q_4Q_3$ 的重心, $G_1G_2G_4G_5$ 是 $P_1P_2P_3P_4$-$Q_1Q_2Q_3Q_4$ 的重心线四边形, 则

$$a_{G_1G_2G_4} = a_{G_2G_4G_5} = a_{G_4G_5G_1} = a_{G_5G_1G_2} = 0.5a_{G_1G_2G_4G_5}. \tag{6.3.17}$$

从而, $G_1G_2G_4G_5$ 是平行四边形.

证明 根据定理 6.3.1, 在 $F_1(P_1)$ 中注意到 $\mathrm{D}_{P_1\text{-}\pi_{G_1G_2G_4G_5}} \neq 0$, 可得

$$a_{G_1G_2G_4} = a_{G_2G_4G_5} = a_{G_4G_5G_1} = a_{G_5G_1G_2}.$$

又因为

$$a_{G_1G_2G_4} + a_{G_2G_4G_5} + a_{G_4G_5G_1} + a_{G_5G_1G_2} = 2a_{G_1G_2G_4G_5},$$

所以式 (6.3.17) 成立, 从而 $G_1G_2G_4G_5$ 是平行四边形.

注 6.3.2 特别地, 当 $P_1P_2P_3P_4$-$Q_1Q_2Q_3Q_4$ 为正方体时, 可以证明 $G_1G_2G_4G_5$ 是正方形.

推论 6.3.2 设 $P_1P_2P_3P_4$-$Q_1Q_2Q_3Q_4$ 是四边形六面体, G_1, G_4 分别是上、下底面 $P_1P_2P_3P_4$, $Q_1Q_2Q_3Q_4$ 的重心, G_2, G_5 依次是各侧面 $P_1P_2Q_2Q_1$, $P_3P_4Q_4Q_3$ 的重心, $G_1G_2G_4G_5$ 是 $P_1P_2P_3P_4$-$Q_1Q_2Q_3Q_4$ 的重心线四边形, 则

$$\mathrm{D}_{G_1G_2G_4} = \mathrm{D}_{G_2G_4G_5} = \mathrm{D}_{G_4G_5G_1} = \mathrm{D}_{G_5G_1G_2} = 0.5\mathrm{Da}_{G_1G_2G_4G_5}. \tag{6.3.18}$$

证明 因为重心线面 $\pi_{G_1G_2G_4G_5}$ 与重心线三角面 $\pi_{G_1G_2G_4}, \pi_{G_2G_4G_5}, \pi_{G_4G_5G_1}, \pi_{G_5G_1G_2}$ 同向重合, 所以重心线四边形 $G_1G_2G_4G_5$ 与重心线三角形 $G_1G_2G_4$, $G_2G_4G_5, G_4G_5G_1, G_5G_1G_2$ 同向, 故由式 (6.3.17), 即得式 (6.3.18).

6.3.3 四边形六面体顶点到重心线面有向距离的关系定理及其应用

由于前述未完全建立四边形六面体顶点到重心面的有向距离公式, 因此下面直接用点到平面的距离公式和行列式的性质来证明有关结论. 必须指出, 不管是

否容易得出多面体顶点到重心面有向距离公式的具体表达式, 运用该方法都能奏效, 因此更具一般性.

定理 6.3.3　设 $P_1P_2P_3P_4$-$Q_1Q_2Q_3Q_4$ 是四边形六面体, G_1, G_4 分别是上、下底面 $P_1P_2P_3P_4$, $Q_1Q_2Q_3Q_4$ 的重心, G_2, G_3, G_5, G_6 依次是各侧面 $P_1P_2Q_2Q_1$, $P_2P_3Q_3Q_2, P_3P_4Q_4Q_3, P_4P_1Q_1Q_4$ 的重心, $\pi_{G_1G_2G_4G_5}, \pi_{G_2G_3G_5G_6}, \pi_{G_3G_1G_6G_4}$ 是 $P_1P_2P_3P_4$-$Q_1Q_2Q_3Q_4$ 的重心线面, 则

$$\mathrm{D}_{P_1\text{-}\pi_{G_1G_2G_4G_5}} + \mathrm{D}_{P_2\text{-}\pi_{G_1G_2G_4G_5}} + \mathrm{D}_{P_3\text{-}\pi_{G_1G_2G_4G_5}} + \mathrm{D}_{P_4\text{-}\pi_{G_1G_2G_4G_5}} = 0, \quad (6.3.19)$$

$$\mathrm{D}_{Q_1\text{-}\pi_{G_1G_2G_4G_5}} + \mathrm{D}_{Q_2\text{-}\pi_{G_1G_2G_4G_5}} + \mathrm{D}_{Q_3\text{-}\pi_{G_1G_2G_4G_5}} + \mathrm{D}_{Q_4\text{-}\pi_{G_1G_2G_4G_5}} = 0, \quad (6.3.20)$$

$$\mathrm{D}_{P_1\text{-}\pi_{G_1G_2G_4G_5}} + \mathrm{D}_{P_2\text{-}\pi_{G_1G_2G_4G_5}} + \mathrm{D}_{Q_2\text{-}\pi_{G_1G_2G_4G_5}} + \mathrm{D}_{Q_1\text{-}\pi_{G_1G_2G_4G_5}} = 0, \quad (6.3.21)$$

$$\mathrm{D}_{P_3\text{-}\pi_{G_1G_2G_4G_5}} + \mathrm{D}_{P_4\text{-}\pi_{G_1G_2G_4G_5}} + \mathrm{D}_{Q_4\text{-}\pi_{G_1G_2G_4G_5}} + \mathrm{D}_{Q_3\text{-}\pi_{G_1G_2G_4G_5}} = 0; \quad (6.3.22)$$

$$\mathrm{D}_{P_1\text{-}\pi_{G_2G_3G_5G_6}} + \mathrm{D}_{P_2\text{-}\pi_{G_2G_3G_5G_6}} + \mathrm{D}_{Q_2\text{-}\pi_{G_2G_3G_5G_6}} + \mathrm{D}_{Q_1\text{-}\pi_{G_2G_3G_5G_6}} = 0, \quad (6.3.23)$$

$$\mathrm{D}_{P_3\text{-}\pi_{G_2G_3G_5G_6}} + \mathrm{D}_{P_4\text{-}\pi_{G_2G_3G_5G_6}} + \mathrm{D}_{Q_4\text{-}\pi_{G_2G_3G_5G_6}} + \mathrm{D}_{Q_3\text{-}\pi_{G_2G_3G_5G_6}} = 0, \quad (6.3.24)$$

$$\mathrm{D}_{P_2\text{-}\pi_{G_2G_3G_5G_6}} + \mathrm{D}_{P_3\text{-}\pi_{G_2G_3G_5G_6}} + \mathrm{D}_{Q_3\text{-}\pi_{G_2G_3G_5G_6}} + \mathrm{D}_{Q_2\text{-}\pi_{G_2G_3G_5G_6}} = 0, \quad (6.3.25)$$

$$\mathrm{D}_{P_4\text{-}\pi_{G_2G_3G_5G_6}} + \mathrm{D}_{P_1\text{-}\pi_{G_2G_3G_5G_6}} + \mathrm{D}_{Q_1\text{-}\pi_{G_2G_3G_5G_6}} + \mathrm{D}_{Q_4\text{-}\pi_{G_2G_3G_5G_6}} = 0; \quad (6.3.26)$$

$$\mathrm{D}_{P_1\text{-}\pi_{G_3G_1G_6G_4}} + \mathrm{D}_{P_2\text{-}\pi_{G_3G_1G_6G_4}} + \mathrm{D}_{P_3\text{-}\pi_{G_3G_1G_6G_4}} + \mathrm{D}_{P_4\text{-}\pi_{G_3G_1G_6G_4}} = 0, \quad (6.3.27)$$

$$\mathrm{D}_{Q_1\text{-}\pi_{G_3G_1G_6G_4}} + \mathrm{D}_{Q_2\text{-}\pi_{G_3G_1G_6G_4}} + \mathrm{D}_{Q_3\text{-}\pi_{G_3G_1G_6G_4}} + \mathrm{D}_{Q_4\text{-}\pi_{G_3G_1G_6G_4}} = 0, \quad (6.3.28)$$

$$\mathrm{D}_{P_2\text{-}\pi_{G_3G_1G_6G_4}} + \mathrm{D}_{P_3\text{-}\pi_{G_3G_1G_6G_4}} + \mathrm{D}_{Q_3\text{-}\pi_{G_3G_1G_6G_4}} + \mathrm{D}_{Q_2\text{-}\pi_{G_3G_1G_6G_4}} = 0, \quad (6.3.29)$$

$$\mathrm{D}_{P_4\text{-}\pi_{G_3G_1G_6G_4}} + \mathrm{D}_{P_1\text{-}\pi_{G_3G_1G_6G_4}} + \mathrm{D}_{Q_1\text{-}\pi_{G_3G_1G_6G_4}} + \mathrm{D}_{Q_4\text{-}\pi_{G_3G_1G_6G_4}} = 0. \quad (6.3.30)$$

证明　设 $P_1P_2P_3P_4$-$Q_1Q_2Q_3Q_4$ 顶点的坐标如定理 6.3.1 所设, 于是由 $\pi_{G_1G_2G_4}$ 的方程和点到平面的有向距离公式, 可得

$$\mathrm{a}_{G_1G_2G_4}\mathrm{D}_{P_i\text{-}\pi_{G_1G_2G_4G_5}} = \mathrm{a}_{G_1G_2G_4}\mathrm{D}_{P_i\text{-}\pi_{G_1G_2G_4}}$$

$$= x_i\mathrm{Prj}_{yz}\mathrm{D}_{G_1G_2G_4} + y_i\mathrm{Prj}_{zx}\mathrm{D}_{G_1G_2G_4} + z_i\mathrm{Prj}_{xy}\mathrm{D}_{G_1G_2G_4} - \Delta_{G_1G_2G_4}$$

$$= \frac{1}{2}\begin{vmatrix} x_i & y_i & z_i & 1 \\ (x_1+x_2+x_3+x_4)/4 & (y_1+y_2+y_3+y_4)/4 & (z_1+z_2+z_3+z_4)/4 & 1 \\ (x_1+x_2+a_2+a_1)/4 & (y_1+y_2+b_2+b_1)/4 & (z_1+z_2+c_2+c_1)/4 & 1 \\ (a_1+a_2+a_3+a_4)/4 & (b_1+b_2+b_3+b_4)/4 & (c_1+c_2+c_3+c_4)/4 & 1 \end{vmatrix}$$

$$= \frac{1}{128} \begin{vmatrix} x_i & y_i & z_i & 1 \\ x_1+x_2+x_3+x_4 & y_1+y_2+y_3+y_4 & z_1+z_2+z_3+z_4 & 4 \\ x_1+x_2+a_2+a_1 & y_1+y_2+b_2+b_1 & z_1+z_2+c_2+c_1 & 4 \\ a_1+a_2+a_3+a_4 & b_1+b_2+b_3+b_4 & c_1+c_2+c_3+c_4 & 4 \end{vmatrix},$$

其中 $i = 1, 2, 3, 4$. 所以

$$a_{G_1 G_2 G_4} \sum_{i=1}^{4} \mathrm{D}_{P_i \text{-} \pi_{G_1 G_2 G_4 G_5}}$$

$$= \frac{1}{128} \sum_{i=1}^{4} \begin{vmatrix} x_i & y_i & z_i & 1 \\ x_1+x_2+x_3+x_4 & y_1+y_2+y_3+y_4 & z_1+z_2+z_3+z_4 & 4 \\ x_1+x_2+a_2+a_1 & y_1+y_2+b_2+b_1 & z_1+z_2+c_2+c_1 & 4 \\ a_1+a_2+a_3+a_4 & b_1+b_2+b_3+b_4 & c_1+c_2+c_3+c_4 & 4 \end{vmatrix}$$

$$= \frac{1}{128} \begin{vmatrix} x_1+x_2+x_3+x_4 & y_1+y_2+y_3+y_4 & z_1+z_2+z_3+z_4 & 4 \\ x_1+x_2+x_3+x_4 & y_1+y_2+y_3+y_4 & z_1+z_2+z_3+z_4 & 4 \\ x_1+x_2+a_2+a_1 & y_1+y_2+b_2+b_1 & z_1+z_2+c_2+c_1 & 4 \\ a_1+a_2+a_3+a_4 & b_1+b_2+b_3+b_4 & c_1+c_2+c_3+c_4 & 4 \end{vmatrix}$$

$$= 0,$$

因此, 式 (6.3.19) 成立.

类似地, 可以证明式 (6.3.20)~(6.3.30) 成立.

推论 6.3.3 设 $P_1 P_2 P_3 P_4$-$Q_1 Q_2 Q_3 Q_4$ 是四边形六面体, G_1, G_4 分别是上、下底面 $P_1 P_2 P_3 P_4, Q_1 Q_2 Q_3 Q_4$ 的重心, G_2, G_3, G_5, G_6 依次是各侧面 $P_1 P_2 Q_2 Q_1$, $P_2 P_3 Q_3 Q_2, P_3 P_4 Q_4 Q_3, P_4 P_1 Q_1 Q_4$ 的重心, $\pi_{G_1 G_2 G_4 G_5}, \pi_{G_2 G_3 G_5 G_6}, \pi_{G_3 G_1 G_6 G_4}$ 是 $P_1 P_2 P_3 P_4$-$Q_1 Q_2 Q_3 Q_4$ 的重心线面, 则在以下十二组 $P_1 P_2 P_3 P_4$-$Q_1 Q_2 Q_3 Q_4$ 各面 (对角面) 上的顶点到相应的重心线面的距离

$$\mathrm{d}_{P_1 \text{-} \pi_{G_1 G_2 G_4 G_5}}, \quad \mathrm{d}_{P_2 \text{-} \pi_{G_1 G_2 G_4 G_5}}, \quad \mathrm{d}_{P_3 \text{-} \pi_{G_1 G_2 G_4 G_5}}, \quad \mathrm{d}_{P_4 \text{-} \pi_{G_1 G_2 G_4 G_5}};$$

$$\mathrm{d}_{Q_1 \text{-} \pi_{G_1 G_2 G_4 G_5}}, \quad \mathrm{d}_{Q_2 \text{-} \pi_{G_1 G_2 G_4 G_5}}, \quad \mathrm{d}_{Q_3 \text{-} \pi_{G_1 G_2 G_4 G_5}}, \quad \mathrm{d}_{Q_4 \text{-} \pi_{G_1 G_2 G_4 G_5}};$$

$$\mathrm{d}_{P_1 \text{-} \pi_{G_1 G_2 G_4 G_5}}, \quad \mathrm{d}_{P_2 \text{-} \pi_{G_1 G_2 G_4 G_5}}, \quad \mathrm{d}_{Q_2 \text{-} \pi_{G_1 G_2 G_4 G_5}}, \quad \mathrm{d}_{Q_1 \text{-} \pi_{G_1 G_2 G_4 G_5}};$$

$$\mathrm{d}_{P_3 \text{-} \pi_{G_1 G_2 G_4 G_5}}, \quad \mathrm{d}_{P_4 \text{-} \pi_{G_1 G_2 G_4 G_5}}, \quad \mathrm{d}_{Q_4 \text{-} \pi_{G_1 G_2 G_4 G_5}}, \quad \mathrm{d}_{Q_3 \text{-} \pi_{G_1 G_2 G_4 G_5}};$$

$$\mathrm{d}_{P_1 \text{-} \pi_{G_2 G_3 G_5 G_6}}, \quad \mathrm{d}_{P_2 \text{-} \pi_{G_2 G_3 G_5 G_6}}, \quad \mathrm{d}_{Q_2 \text{-} \pi_{G_2 G_3 G_5 G_6}}, \quad \mathrm{d}_{Q_1 \text{-} \pi_{G_2 G_3 G_5 G_6}};$$

$$\mathrm{d}_{P_3 \text{-} \pi_{G_2 G_3 G_5 G_6}}, \quad \mathrm{d}_{P_4 \text{-} \pi_{G_2 G_3 G_5 G_6}}, \quad \mathrm{d}_{Q_4 \text{-} \pi_{G_2 G_3 G_5 G_6}}, \quad \mathrm{d}_{Q_3 \text{-} \pi_{G_2 G_3 G_5 G_6}};$$

$$d_{P_2\text{-}\pi_{G_2G_3G_5G_6}},\quad d_{P_3\text{-}\pi_{G_2G_3G_5G_6}},\quad d_{Q_3\text{-}\pi_{G_2G_3G_5G_6}},\quad d_{Q_2\text{-}\pi_{G_2G_3G_5G_6}};$$

$$d_{P_4\text{-}\pi_{G_2G_3G_5G_6}},\quad d_{P_1\text{-}\pi_{G_2G_3G_5G_6}},\quad d_{Q_1\text{-}\pi_{G_2G_3G_5G_6}},\quad d_{Q_4\text{-}\pi_{G_2G_3G_5G_6}};$$

$$d_{P_1\text{-}\pi_{G_3G_1G_6G_4}},\quad d_{P_2\text{-}\pi_{G_3G_1G_6G_4}},\quad d_{P_3\text{-}\pi_{G_3G_1G_6G_4}},\quad d_{P_4\text{-}\pi_{G_3G_1G_6G_4}};$$

$$d_{Q_1\text{-}\pi_{G_3G_1G_6G_4}},\quad d_{Q_2\text{-}\pi_{G_3G_1G_6G_4}},\quad d_{Q_3\text{-}\pi_{G_3G_1G_6G_4}},\quad d_{Q_4\text{-}\pi_{G_3G_1G_6G_4}};$$

$$d_{P_2\text{-}\pi_{G_3G_1G_6G_4}},\quad d_{P_3\text{-}\pi_{G_3G_1G_6G_4}},\quad d_{Q_3\text{-}\pi_{G_3G_1G_6G_4}},\quad d_{Q_2\text{-}\pi_{G_3G_1G_6G_4}};$$

$$d_{P_4\text{-}\pi_{G_3G_1G_6G_4}},\quad d_{P_1\text{-}\pi_{G_3G_1G_6G_4}},\quad d_{Q_1\text{-}\pi_{G_3G_1G_6G_4}},\quad d_{Q_4\text{-}\pi_{G_3G_1G_6G_4}}$$

中, 各组其中一条较长的距离等于另外三条较短的距离的和, 或其中两条距离的和等于另外三条较短的距离的和.

证明 根据定理 6.3.3, 分别由式 (6.3.19)~(6.3.30) 的几何意义, 即得.

定理 6.3.4 设 $P_1P_2P_3P_4\text{-}Q_1Q_2Q_3Q_4$ 是四边形六面体, G_1, G_4 分别是上、下底面 $P_1P_2P_3P_4$, $Q_1Q_2Q_3Q_4$ 的重心, G_2, G_3, G_5, G_6 依次是各侧面 $P_1P_2Q_2Q_1$, $P_2P_3Q_3Q_2, P_3P_4Q_4Q_3, P_4P_1Q_1Q_4$ 的重心, $\pi_{G_1G_2G_4G_5}, \pi_{G_2G_3G_5G_6}, \pi_{G_3G_1G_6G_4}$ 是 $P_1P_2P_3P_4\text{-}Q_1Q_2Q_3Q_4$ 的重心线面, 则

(1) $P_1P_2P_3P_4\text{-}Q_1Q_2Q_3Q_4$ 的顶点到重心线面 $\pi_{G_1G_2G_4G_5}$ 的如下四个式子等价, 即式 (6.3.31)~(6.3.34) 互为充分必要条件:

$$D_{P_1\text{-}\pi_{G_1G_2G_4G_5}} + D_{P_2\text{-}\pi_{G_1G_2G_4G_5}} = 0 \quad (d_{P_1\text{-}\pi_{G_1G_2G_4G_5}} = d_{P_2\text{-}\pi_{G_1G_2G_4G_5}}), \quad (6.3.31)$$

$$D_{P_3\text{-}\pi_{G_1G_2G_4G_5}} + D_{P_4\text{-}\pi_{G_1G_2G_4G_5}} = 0 \quad (d_{P_3\text{-}\pi_{G_1G_2G_4G_5}} = d_{P_4\text{-}\pi_{G_1G_2G_4G_5}}), \quad (6.3.32)$$

$$D_{Q_1\text{-}\pi_{G_1G_2G_4G_5}} + D_{Q_2\text{-}\pi_{G_1G_2G_4G_5}} = 0 \quad (d_{Q_1\text{-}\pi_{G_1G_2G_4G_5}} = d_{Q_2\text{-}\pi_{G_1G_2G_4G_5}}), \quad (6.3.33)$$

$$D_{Q_3\text{-}\pi_{G_1G_2G_4G_5}} + D_{Q_4\text{-}\pi_{G_1G_2G_4G_5}} = 0 \quad (d_{Q_3\text{-}\pi_{G_1G_2G_4G_5}} = d_{Q_4\text{-}\pi_{G_1G_2G_4G_5}}). \quad (6.3.34)$$

(2) $P_1P_2P_3P_4\text{-}Q_1Q_2Q_3Q_4$ 的顶点到重心线面 $\pi_{G_2G_3G_5G_6}$ 的如下四个式子等价, 即式 (6.3.35)~(6.3.38) 互为充分必要条件:

$$D_{P_3\text{-}\pi_{G_2G_3G_5G_6}} + D_{Q_3\text{-}\pi_{G_2G_3G_5G_6}} = 0 \quad (d_{P_3\text{-}\pi_{G_2G_3G_5G_6}} = d_{Q_3\text{-}\pi_{G_2G_3G_5G_6}}), \quad (6.3.35)$$

$$D_{P_4\text{-}\pi_{G_2G_3G_5G_6}} + D_{Q_4\text{-}\pi_{G_2G_3G_5G_6}} = 0 \quad (d_{P_4\text{-}\pi_{G_2G_3G_5G_6}} = d_{Q_4\text{-}\pi_{G_2G_3G_5G_6}}), \quad (6.3.36)$$

$$D_{P_2\text{-}\pi_{G_2G_3G_5G_6}} + D_{Q_2\text{-}\pi_{G_2G_3G_5G_6}} = 0 \quad (d_{P_2\text{-}\pi_{G_2G_3G_5G_6}} = d_{Q_2\text{-}\pi_{G_2G_3G_5G_6}}), \quad (6.3.37)$$

$$D_{P_3\text{-}\pi_{G_2G_3G_5G_6}} + D_{Q_3\text{-}\pi_{G_2G_3G_5G_6}} = 0 \quad (d_{P_3\text{-}\pi_{G_2G_3G_5G_6}} = d_{Q_3\text{-}\pi_{G_2G_3G_5G_6}}). \quad (6.3.38)$$

(3) $P_1P_2P_3P_4\text{-}Q_1Q_2Q_3Q_4$ 的顶点到重心线面 $\pi_{G_3G_1G_6G_4}$ 的如下四个式子等价, 即式 (6.3.39)~(6.3.42) 互为充分必要条件:

$$D_{P_1\text{-}\pi_{G_3G_1G_6G_4}} + D_{P_4\text{-}\pi_{G_3G_1G_6G_4}} = 0 \quad (d_{P_1\text{-}\pi_{G_3G_1G_6G_4}} = d_{P_4\text{-}\pi_{G_3G_1G_6G_4}}), \quad (6.3.39)$$

$$D_{P_2\text{-}\pi_{G_3G_1G_6G_4}} + D_{P_3\text{-}\pi_{G_3G_1G_6G_4}} = 0 \quad (d_{P_2\text{-}\pi_{G_3G_1G_6G_4}} = d_{P_3\text{-}\pi_{G_3G_1G_6G_4}}), \quad (6.3.40)$$

$$D_{Q_1\text{-}\pi_{G_3G_1G_6G_4}} + D_{Q_4\text{-}\pi_{G_3G_1G_6G_4}} = 0 \quad (d_{Q_1\text{-}\pi_{G_3G_1G_6G_4}} = d_{Q_4\text{-}\pi_{G_3G_1G_6G_4}}), \quad (6.3.41)$$

$$D_{Q_2\text{-}\pi_{G_3G_1G_6G_4}} + D_{Q_3\text{-}\pi_{G_3G_1G_6G_4}} = 0 \quad (d_{Q_2\text{-}\pi_{G_3G_1G_6G_4}} = d_{Q_3\text{-}\pi_{G_3G_1G_6G_4}}). \quad (6.3.42)$$

证明 (1) 根据定理 6.3.1, 由式 (6.3.1)~(6.3.4), 可得

式 (6.3.31) 成立 ⇔ 式 (6.3.32) 成立 ⇔ 式 (6.3.33) 成立 ⇔ 式 (6.3.34) 成立.

类似地, 可以证明 (2) 和 (3) 中结论成立.

推论 6.3.4 设 $P_1P_2P_3P_4\text{-}Q_1Q_2Q_3Q_4$ 是四边形六面体, G_1, G_4 分别是上、下底面 $Q_1Q_2Q_3Q_4$, $P_1P_2P_3P_4$ 的重心, G_2, G_3, G_5, G_6 依次是各侧面 $P_1P_2Q_2Q_1$, $P_2P_3Q_3Q_2$, $P_3P_4Q_4Q_3$, $P_4P_1Q_1Q_4$ 的重心, $\pi_{G_1G_2G_4G_5}, \pi_{G_2G_3G_5G_6}, \pi_{G_3G_1G_6G_4}$ 是 $P_1P_2P_3P_4\text{-}Q_1Q_2Q_3Q_4$ 的重心线面, 则

(1) 重心线面 $\pi_{G_1G_2G_4G_5}$ 过下、上四条底边 $Q_1Q_2, Q_3Q_4; P_1P_2, P_3P_4$ 中任意一条中点的充分必要条件是 $\pi_{G_1G_2G_4G_5}$ 过其余三边中任意一条的中点;

(2) 重心线面 $\pi_{G_2G_3G_5G_6}$ 过四条侧棱 $P_1Q_1, P_2Q_2; P_3Q_3, P_4Q_4$ 中任意一条中点的充分必要条件是 $\pi_{G_2G_3G_5G_6}$ 过其余三边中任意一条的中点;

(3) 重心线面 $\pi_{G_3G_1G_6G_4}$ 过四条下、上四条底边 $Q_4Q_1, Q_2Q_3; P_4P_1, P_2P_3$ 中任意一条中点的充分必要条件是 $\pi_{G_3G_1G_6G_4}$ 过其余三边中任意一条的中点.

证明 (1) 根据定理 6.3.4, 由式 (6.3.31)~(6.3.34) 的几何意义即得.

类似地, 可以证明 (2) 和 (3) 中结论成立.

定理 6.3.5 设 $P_1P_2P_3P_4\text{-}Q_1Q_2Q_3Q_4$ 是四边形六面体, G_1, G_4 分别是上、下底面 $P_1P_2P_3P_4$, $Q_1Q_2Q_3Q_4$ 的重心, G_2, G_3, G_5, G_6 依次是各侧面 $P_1P_2Q_2Q_1$, $P_2P_3Q_3Q_2$, $P_3P_4Q_4Q_3$, $P_4P_1Q_1Q_4$ 的重心, $\pi_{G_1G_2G_4G_5}, \pi_{G_2G_3G_5G_6}, \pi_{G_3G_1G_6G_4}$ 是 $P_1P_2P_3P_4\text{-}Q_1Q_2Q_3Q_4$ 的重心线面, 则

(1) $P_1P_2P_3P_4\text{-}Q_1Q_2Q_3Q_4$ 的顶点到重心线面 $\pi_{G_1G_2G_4G_5}$ 的如下各对式子等价, 即式 (6.3.43) 和 (6.3.44), (6.3.45) 和 (6.3.46), (6.3.47) 和 (6.3.48), (6.3.49) 和 (6.3.50) 均互为充分必要条件:

$$D_{P_1\text{-}\pi_{G_1G_2G_4G_5}} + D_{P_3\text{-}\pi_{G_1G_2G_4G_5}} = 0 \quad (d_{P_1\text{-}\pi_{G_1G_2G_4G_5}} = d_{P_3\text{-}\pi_{G_1G_2G_4G_5}}), \quad (6.3.43)$$

$$D_{P_2\text{-}\pi_{G_1G_2G_4G_5}} + D_{P_4\text{-}\pi_{G_1G_2G_4G_5}} = 0 \quad (d_{P_2\text{-}\pi_{G_1G_2G_4G_5}} = d_{P_4\text{-}\pi_{G_1G_2G_4G_5}}); \quad (6.3.44)$$

$$D_{Q_1\text{-}\pi_{G_1G_2G_4G_5}} + D_{Q_3\text{-}\pi_{G_1G_2G_4G_5}} = 0 \quad (d_{Q_1\text{-}\pi_{G_1G_2G_4G_5}} = d_{Q_3\text{-}\pi_{G_1G_2G_4G_5}}), \quad (6.3.45)$$

$$D_{Q_2\text{-}\pi_{G_1G_2G_4G_5}} + D_{Q_4\text{-}\pi_{G_1G_2G_4G_5}} = 0 \quad (d_{Q_2\text{-}\pi_{G_1G_2G_4G_5}} = d_{Q_4\text{-}\pi_{G_1G_2G_4G_5}}); \quad (6.3.46)$$

$$D_{P_1\text{-}\pi_{G_2G_3G_5G_6}} + D_{Q_2\text{-}\pi_{G_2G_3G_5G_6}} = 0 \quad (d_{P_1\text{-}\pi_{G_2G_3G_5G_6}} = d_{Q_2\text{-}\pi_{G_2G_3G_5G_6}}), \quad (6.3.47)$$

$$D_{P_2\text{-}\pi_{G_2G_3G_5G_6}} + D_{Q_1\text{-}\pi_{G_2G_3G_5G_6}} = 0 \quad (d_{P_2\text{-}\pi_{G_2G_3G_5G_6}} = d_{Q_1\text{-}\pi_{G_2G_3G_5G_6}}); \quad (6.3.48)$$

$$D_{P_3\text{-}\pi_{G_2G_3G_5G_6}} + D_{Q_4\text{-}\pi_{G_2G_3G_5G_6}} = 0 \quad (d_{P_3\text{-}\pi_{G_2G_3G_5G_6}} = d_{Q_4\text{-}\pi_{G_2G_3G_5G_6}}), \quad (6.3.49)$$

$$D_{P_4\text{-}\pi_{G_2G_3G_5G_6}} + D_{Q_3\text{-}\pi_{G_2G_3G_5G_6}} = 0 \quad (d_{P_4\text{-}\pi_{G_2G_3G_5G_6}} = d_{Q_3\text{-}\pi_{G_2G_3G_5G_6}}). \quad (6.3.50)$$

(2) $P_1P_2P_3P_4$-$Q_1Q_2Q_3Q_4$ 的顶点到重心线面 $\pi_{G_2G_3G_5G_6}$ 的如下各对式子等价, 即式 (6.3.51) 和 (6.3.52), (6.3.53) 和 (6.3.54), (6.3.55) 和 (6.3.56), (6.3.57) 和 (6.3.58) 均互为充分必要条件:

$$D_{P_1\text{-}\pi_{G_2G_3G_5G_6}} + D_{Q_2\text{-}\pi_{G_2G_3G_5G_6}} = 0 \quad (d_{P_1\text{-}\pi_{G_2G_3G_5G_6}} = d_{Q_2\text{-}\pi_{G_2G_3G_5G_6}}), \quad (6.3.51)$$

$$D_{P_2\text{-}\pi_{G_2G_3G_5G_6}} + D_{Q_1\text{-}\pi_{G_2G_3G_5G_6}} = 0 \quad (d_{P_2\text{-}\pi_{G_2G_3G_5G_6}} = d_{Q_1\text{-}\pi_{G_2G_3G_5G_6}}); \quad (6.3.52)$$

$$D_{P_2\text{-}\pi_{G_2G_3G_5G_6}} + D_{Q_3\text{-}\pi_{G_2G_3G_5G_6}} = 0 \quad (d_{P_2\text{-}\pi_{G_2G_3G_5G_6}} = d_{Q_3\text{-}\pi_{G_2G_3G_5G_6}}), \quad (6.3.53)$$

$$D_{P_3\text{-}\pi_{G_2G_3G_5G_6}} + D_{Q_2\text{-}\pi_{G_2G_3G_5G_6}} = 0 \quad (d_{P_3\text{-}\pi_{G_2G_3G_5G_6}} = d_{Q_2\text{-}\pi_{G_2G_3G_5G_6}}); \quad (6.3.54)$$

$$D_{P_3\text{-}\pi_{G_2G_3G_5G_6}} + D_{Q_4\text{-}\pi_{G_2G_3G_5G_6}} = 0 \quad (d_{P_3\text{-}\pi_{G_2G_3G_5G_6}} = d_{Q_4\text{-}\pi_{G_2G_3G_5G_6}}), \quad (6.3.55)$$

$$D_{P_4\text{-}\pi_{G_2G_3G_5G_6}} + D_{Q_3\text{-}\pi_{G_2G_3G_5G_6}} = 0 \quad (d_{P_4\text{-}\pi_{G_2G_3G_5G_6}} = d_{Q_3\text{-}\pi_{G_2G_3G_5G_6}}); \quad (6.3.56)$$

$$D_{P_4\text{-}\pi_{G_2G_3G_5G_6}} + D_{Q_1\text{-}\pi_{G_2G_3G_5G_6}} = 0 \quad (d_{P_4\text{-}\pi_{G_2G_3G_5G_6}} = d_{Q_1\text{-}\pi_{G_2G_3G_5G_6}}), \quad (6.3.57)$$

$$D_{P_1\text{-}\pi_{G_2G_3G_5G_6}} + D_{Q_4\text{-}\pi_{G_2G_3G_5G_6}} = 0 \quad (d_{P_1\text{-}\pi_{G_2G_3G_5G_6}} = d_{Q_4\text{-}\pi_{G_2G_3G_5G_6}}). \quad (6.3.58)$$

(3) $P_1P_2P_3P_4$-$Q_1Q_2Q_3Q_4$ 的顶点到重心线面 $\pi_{G_3G_1G_6G_4}$ 的如下各对式子等价, 即式 (6.3.59) 和 (6.3.60), (6.3.61) 和 (6.3.62), (6.3.63) 和 (6.3.64), (6.3.65) 和 (6.3.66) 均互为充分必要条件:

$$D_{P_1\text{-}\pi_{G_3G_1G_6G_4}} + D_{P_3\text{-}\pi_{G_3G_1G_6G_4}} = 0 \quad (d_{P_1\text{-}\pi_{G_3G_1G_6G_4}} = d_{P_3\text{-}\pi_{G_3G_1G_6G_4}}), \quad (6.3.59)$$

$$D_{P_2\text{-}\pi_{G_3G_1G_6G_4}} + D_{P_4\text{-}\pi_{G_3G_1G_6G_4}} = 0 \quad (d_{P_2\text{-}\pi_{G_3G_1G_6G_4}} = d_{P_4\text{-}\pi_{G_3G_1G_6G_4}}); \quad (6.3.60)$$

$$D_{Q_1\text{-}\pi_{G_3G_1G_6G_4}} + D_{Q_3\text{-}\pi_{G_3G_1G_6G_4}} = 0 \quad (d_{Q_1\text{-}\pi_{G_3G_1G_6G_4}} = d_{Q_3\text{-}\pi_{G_3G_1G_6G_4}}), \quad (6.3.61)$$

$$D_{Q_2\text{-}\pi_{G_3G_1G_6G_4}} + D_{Q_4\text{-}\pi_{G_3G_1G_6G_4}} = 0 \quad (d_{Q_2\text{-}\pi_{G_3G_1G_6G_4}} = d_{Q_4\text{-}\pi_{G_3G_1G_6G_4}}); \quad (6.3.62)$$

$$D_{P_2\text{-}\pi_{G_3G_1G_6G_4}} + D_{Q_3\text{-}\pi_{G_3G_1G_6G_4}} = 0 \quad (d_{P_2\text{-}\pi_{G_3G_1G_6G_4}} = d_{Q_3\text{-}\pi_{G_3G_1G_6G_4}}), \quad (6.3.63)$$

$$D_{P_3\text{-}\pi_{G_3G_1G_6G_4}} + D_{Q_2\text{-}\pi_{G_3G_1G_6G_4}} = 0 \quad (d_{P_3\text{-}\pi_{G_3G_1G_6G_4}} = d_{Q_2\text{-}\pi_{G_3G_1G_6G_4}}); \quad (6.3.64)$$

$$D_{P_4\text{-}\pi_{G_3G_1G_6G_4}} + D_{Q_1\text{-}\pi_{G_3G_1G_6G_4}} = 0 \quad (d_{P_4\text{-}\pi_{G_3G_1G_6G_4}} = d_{Q_1\text{-}\pi_{G_3G_1G_6G_4}}), \quad (6.3.65)$$

$$D_{P_1\text{-}\pi_{G_3G_1G_6G_4}} + D_{Q_4\text{-}\pi_{G_3G_1G_6G_4}} = 0 \quad (d_{P_1\text{-}\pi_{G_3G_1G_6G_4}} = d_{Q_4\text{-}\pi_{G_3G_1G_6G_4}}). \quad (6.3.66)$$

证明 根据定理 6.3.1, 仿定理 6.3.4 证明即得.

推论 6.3.5 设 $P_1P_2P_3P_4$-$Q_1Q_2Q_3Q_4$ 是四边形六面体, G_1, G_4 分别是上、下底面 $P_1P_2P_3P_4$, $Q_1Q_2Q_3Q_4$ 的重心, G_2, G_3, G_5, G_6 依次是各侧面 $P_1P_2Q_2Q_1$, $P_2P_3Q_3Q_2, P_3P_4Q_4Q_3, P_4P_1Q_1Q_4$ 的重心, $\pi_{G_1G_2G_4G_5}, \pi_{G_2G_3G_5G_6}, \pi_{G_3G_1G_6G_4}$ 是 $P_1P_2P_3P_4$-$Q_1Q_2Q_3Q_4$ 的重心线面, 则

(1) 重心线面 $\pi_{G_1G_2G_4G_5}$ 通过上底面 $P_1P_2P_3P_4$ 对角线 P_1P_3 中点的充分必要条件是 $\pi_{G_1G_2G_4G_5}$ 通过上底面 $P_1P_2P_3P_4$ 对角线 P_2P_4 中点; 重心线面 $\pi_{G_1G_2G_4G_5}$ 通过下底面 $Q_1Q_2Q_3Q_4$ 对角线 Q_1Q_3 中点的充分必要条件是 $\pi_{G_1G_2G_4G_5}$ 通过下底面 $Q_1Q_2Q_3Q_4$ 对角线 Q_2Q_4 中点.

(2) 重心线面 $\pi_{G_1G_2G_4G_5}$ 通过侧面 $P_1P_2Q_2Q_1$ 对角线 P_1Q_2 中点的充分必要条件是 $\pi_{G_1G_2G_4G_5}$ 通过侧面 $P_1P_2Q_2Q_1$ 对角线 P_2Q_1 中点; 重心线面 $\pi_{G_1G_2G_4G_5}$ 通过侧面 $P_3P_4Q_4Q_3$ 对角线 P_3Q_4 中点的充分必要条件是 $\pi_{G_1G_2G_4G_5}$ 通过侧面 $P_3P_4Q_4Q_3$ 对角线 P_4Q_3 中点.

(3) 重心线面 $\pi_{G_2G_3G_5G_6}$ 通过侧面 $P_1P_2Q_2Q_1$ 对角线 P_1Q_2 中点的充分必要条件是 $\pi_{G_2G_3G_5G_6}$ 通过侧面 $P_1P_2Q_2Q_1$ 对角线 P_2Q_1 中点; 重心线面 $\pi_{G_2G_3G_5G_6}$ 通过侧面 $P_3P_4Q_4Q_3$ 对角线 P_3Q_4 中点的充分必要条件是 $\pi_{G_2G_3G_5G_6}$ 通过侧面 $P_3P_4Q_4Q_3$ 对角线 P_4Q_3 中点.

(4) 重心线面 $\pi_{G_2G_3G_5G_6}$ 通过侧面 $P_2P_3Q_3Q_2$ 对角线 P_2Q_3 中点的充分必要条件是 $\pi_{G_2G_3G_5G_6}$ 通过侧面 $P_2P_3Q_3Q_2$ 对角线 P_3Q_2 中点; 重心线面 $\pi_{G_2G_3G_5G_6}$ 通过侧面 $P_4P_1Q_1Q_4$ 对角线 P_4Q_1 中点的充分必要条件是 $\pi_{G_2G_3G_5G_6}$ 通过侧面 $P_4P_1Q_1Q_4$ 对角线 P_1Q_4 中点.

(5) 重心线面 $\pi_{G_3G_1G_6G_4}$ 通过侧面 $P_2P_3Q_3Q_2$ 对角线 P_2Q_3 中点的充分必要条件是 $\pi_{G_3G_1G_6G_4}$ 通过侧面 $P_2P_3Q_3Q_2$ 对角线 P_3Q_2 中点; 重心线面 $\pi_{G_3G_1G_6G_4}$ 通过侧面 $P_4P_1Q_1Q_4$ 对角线 P_4Q_1 中点的充分必要条件是 $\pi_{G_3G_1G_6G_4}$ 通过侧面 $P_4P_1Q_1Q_4$ 对角线 P_1Q_4 中点.

(6) 重心线面 $\pi_{G_3G_1G_6G_4}$ 通过底面上 $P_1P_2P_3P_4$ 对角线 P_1P_3 中点的充分必要条件是 $\pi_{G_3G_1G_6G_4}$ 通过上底面 $P_1P_2P_3P_4$ 对角线 P_2P_4 中点; 重心线面 $\pi_{G_3G_1G_6G_4}$ 通过下底面 $Q_1Q_2Q_3Q_4$ 对角线 Q_1Q_3 中点的充分必要条件是 $\pi_{G_3G_1G_6G_4}$ 通过下底面 $Q_1Q_2Q_3Q_4$ 对角线 Q_2Q_4 中点.

证明 根据定理 6.3.5, 仿推论 6.3.4 证明即得.

第 7 章　拟三棱台体重心线的有向度量定理与应用

7.1　拟三棱台体重心线的共面共点定理与应用

本节主要应用有向体积和有向体积定值法, 研究拟三棱台体重心线共面的有关问题. 首先, 给出拟三棱台体重心线的基本概念; 其次, 给出拟三棱台体的共面定理; 最后, 利用该共面定理, 得出拟三棱台体重心线的共点定理和拟三棱台体重心线的定比分点定理.

7.1.1　拟三棱台体重心线的基本概念

定义 7.1.1　由三个四边形侧面 $P_1P_2Q_2Q_1, P_2P_3Q_3Q_2, P_3P_1Q_1Q_3$ 和两个三角形上、下底面 $Q_1Q_2Q_3, P_1P_2P_3$ 所构成的拟四边形五面体 $P_1P_2P_3\text{-}Q_1Q_2Q_3$, 称为拟三棱台体, 其中侧面不必为梯形, 上、下底面不必平行. 这里, $P_1P_2P_3\text{-}Q_1Q_2Q_3$ 也未必是凸多面体.

从横向观察, 拟三棱台体 $P_1P_2P_3\text{-}Q_1Q_2Q_3$ 也可以看成是刍甍型五面体 $P_3Q_3\text{-}P_1P_2Q_2Q_1$, 即由一条脊线 P_3Q_3 及与脊线不相交的四边形 $P_1P_2Q_2Q_1$ 所构成的拟四边形五面体, 其中 $P_1P_2Q_2Q_1$ 为底面, 四边形 $P_1P_3Q_3Q_1, P_2P_3Q_3Q_2$ 和三角形 $Q_2Q_3Q_1, P_2P_3P_1$ 为两两交错的侧面.

特别地, 当底面 $P_1P_2Q_2Q_1$ 为矩形, 侧面 $P_1P_3Q_3Q_1, P_2P_3Q_3Q_2$ 和 $Q_2Q_3Q_1,$ $P_2P_3P_1$ 分别为等腰梯形和等腰三角形时, $P_1P_2P_3\text{-}Q_1Q_2Q_3$ 就是所谓的刍甍.

定义 7.1.2　设 $S = \{P_1, P_2, P_3; Q_1, Q_2, Q_3\}$ 是拟三棱台体 $P_1P_2P_3\text{-}Q_1Q_2Q_3$ 所有顶点的集合, $(S_2, S_4'), (S_3, S_3')$ 分别是 S 的一个 $(2, 4), (3, 3)$ 完备集对, 且 S_2 为 $P_1P_2P_3\text{-}Q_1Q_2Q_3$ 单棱上两个顶点的集合, S_3, S_3', S_4' 分别为 $P_1P_2P_3\text{-}Q_1Q_2Q_3$ 单个面上三个顶点和四个顶点的集合, 则称 (S_2, S_4') 和 (S_3, S_3') 中两个集合重心之间的连线为 $P_1P_2P_3\text{-}Q_1Q_2Q_3$ 的一条棱-面和面-面重心线, 都简称为重心线.

显然, $P_1P_2P_3\text{-}Q_1Q_2Q_3$ 的棱-面重心线是侧棱 P_iQ_i 的中点 $R_i(i = 1, 2, 3)$ 与该棱所对侧面 $P_{i+1}P_{i+2}Q_{i+2}Q_{i+1}$ 的重心 $G_{i+1}(i = 1, 2, 3)$ 之间的连线 $R_iG_{i+1}(i = 1, 2, 3)$, 面-面重心线是上、下底面 $Q_1Q_2Q_3, P_1P_2P_3$ 的重心 G_0', G_0 之间的连线 G_0G_0'. 因为除上述 $(2, 4), (3, 3)$ 完备集对外, $P_1P_2P_3\text{-}Q_1Q_2Q_3$ 没有该意义上其他类型的完备集对, 所以 $P_1P_2P_3\text{-}Q_1Q_2Q_3$ 只有四条重心线.

7.1.2 拟三棱台体重心线的共面定理及其应用

定理 7.1.1 (拟三棱台体重心线的共面定理) 设 $P_1P_2P_3$-$Q_1Q_2Q_3$ 是拟三棱台体, R_i 是侧棱 $P_iQ_i(i=1,2,3)$ 的中点, G_i 是侧面 $P_iP_{i+1}Q_{i+1}Q_i(i=1,2,3)$ 的重心, G_0', G_0 分别是上、下底面 $Q_1Q_2Q_3, P_1P_2P_3$ 的重心, 则 $P_1P_2P_3$-$Q_1Q_2Q_3$ 四条重心线 $R_1G_2, R_2G_3, R_3G_1, G_0G_0'$ 中的任意两条均共面.

证明 如图 7.1.1 所示. 设 $P_1P_2P_3$-$Q_1Q_2Q_3$ 的坐标分别为 $P_i(x_i, y_i, z_i)(i=1,2,3)$; $Q_i(a_i, b_i, c_i)(i=1,2,3)$. 于是侧棱 P_iQ_i 的中点和侧面 $P_iP_{i+1}Q_{i+1}Q_i$ 的重心的坐标分别为

$$R_i\left(\frac{x_i+a_i}{2}, \frac{y_i+b_i}{2}, \frac{z_i+c_i}{2}\right) \quad (i=1,2,3);$$

$$G_i\left(\frac{x_i+x_{i+1}+a_{i+1}+a_i}{4}, \frac{y_i+y_{i+1}+b_{i+1}+b_i}{4}, \frac{z_i+z_{i+1}+c_{i+1}+c_i}{4}\right) \quad (i=1,2,3).$$

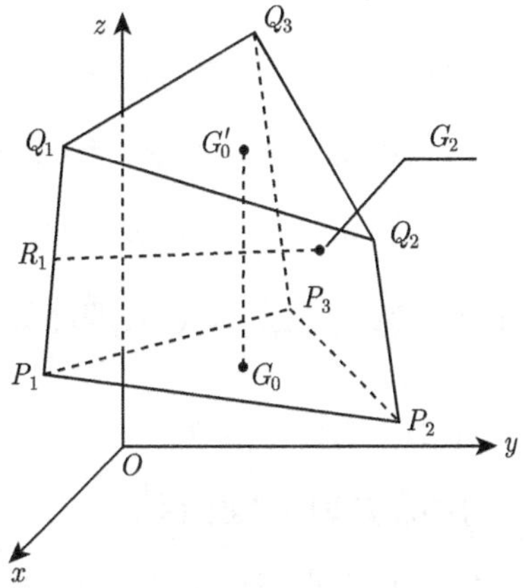

图 7.1.1

于是由四面体有向体积公式, 得

$$6 \times 64 D_{R_1R_2G_2G_3}$$

$$= \begin{vmatrix} x_1+a_1 & y_1+b_1 & z_1+c_1 & 2 \\ x_2+a_2 & y_2+b_2 & z_2+c_2 & 2 \\ x_2+x_3+a_3+a_2 & y_2+y_3+b_3+b_2 & z_2+z_3+c_3+c_2 & 4 \\ x_3+x_1+a_1+a_3 & y_3+y_1+b_1+b_3 & z_3+z_1+c_1+c_3 & 4 \end{vmatrix}$$

$$= \begin{vmatrix} x_1+a_1 & y_1+b_1 & z_1+c_1 & 2 \\ x_2+a_2 & y_2+b_2 & z_2+c_2 & 2 \\ x_3+a_3 & y_3+b_3 & z_3+c_3 & 2 \\ x_3+a_3 & y_3+b_3 & z_3+c_3 & 2 \end{vmatrix}$$

$$= 0,$$

所以 $D_{R_1R_2G_2G_3} = 0$. 因此, R_1G_2, R_2G_3 共面.

类似地, 可以证明 $R_2G_3, R_3G_1; R_3G_1, R_1G_2; R_1G_2, G_0G_0'; R_2G_3, G_0G_0'; R_3G_1, G_0G_0'$ 均共面.

推论 7.1.1　设 $P_1P_2P_3$-$Q_1Q_2Q_3$ 是拟三棱台体, R_i 是侧棱 $P_iQ_i(i = 1, 2, 3)$ 的中点, G_i 是侧面 $P_iP_{i+1}Q_{i+1}Q_i(i = 1, 2, 3)$ 的重心, G_0', G_0 分别是上、下底面 $Q_1Q_2Q_3, P_1P_2P_3$ 的重心, P 是空间任意一点, 则

$$D_{PR_2G_2G_3} - D_{PG_2G_3R_1} + D_{PG_3R_1R_2} - D_{PR_1R_2G_2} = 0, \tag{7.1.1}$$

$$D_{PR_3G_3G_1} - D_{PG_3G_1R_2} + D_{PG_1R_2R_3} - D_{PR_2R_3G_3} = 0, \tag{7.1.2}$$

$$D_{PR_1G_1G_2} - D_{PG_1G_2R_3} + D_{PG_2R_3R_1} - D_{PR_3R_1G_1} = 0, \tag{7.1.3}$$

$$D_{PG_0G_2G_0'} - D_{PG_2G_0'R_1} + D_{PG_0'R_1G_0} - D_{PR_1G_0G_2} = 0, \tag{7.1.4}$$

$$D_{PG_0G_3G_0'} - D_{PG_3G_0'R_2} + D_{PG_0'R_2G_0} - D_{PR_2G_0G_3} = 0, \tag{7.1.5}$$

$$D_{PG_0G_1G_0'} - D_{PG_1G_0'R_3} + D_{PG_0'R_3G_0} - D_{PR_3G_0G_1} = 0. \tag{7.1.6}$$

证明　根据定理 7.1.1, 由 $D_{R_1R_2G_2G_3} = 0$ 及四面体对面四面体的可加性, 即得式 (7.1.1).

类似地, 可以证明式 (7.1.2)~(7.1.6) 成立.

7.1.3　拟三棱台体重心线的共点定理及其应用

定理 7.1.2 (拟三棱台体重心线的共点定理)　设 $P_1P_2P_3$-$Q_1Q_2Q_3$ 是拟三棱台体, R_i 是侧棱 $P_iQ_i(i = 1, 2, 3)$ 的中点, G_i 是侧面 $P_iP_{i+1}Q_{i+1}Q_i(i = 1, 2, 3)$ 的重心, G_0', G_0 分别是上、下底面 $Q_1Q_2Q_3, P_1P_2P_3$ 的重心, 则 $P_1P_2P_3$-$Q_1Q_2Q_3$ 四条重心线 $R_1G_2, R_2G_3, R_3G_1, G_0G_0'$ 相交于一点, 这点即拟三棱台体的重心.

证明　如图 7.1.2 所示. 因为 R_1G_2, R_2G_3 共面且不相互平行, 所以 R_1G_2, R_2G_3 所在直线相交于一点. 设此交点为 G, 则 $D_{GG_3G_1R_2} = D_{GR_2R_3G_3} = 0$, $D_{GR_1G_1G_2} = D_{GG_2R_3R_1} = 0$. 代入式 (7.1.2) 和 (7.1.3), 得

$$D_{GR_3G_3G_1} + D_{GG_1R_2R_3} = 0, \quad D_{GG_1G_2R_3} + D_{GR_3R_1G_1} = 0.$$

现假设 $D_{GR_3G_3G_1} = -D_{GG_1R_2R_3} \neq 0$, $D_{GG_1G_2R_3} = -D_{GR_3R_1G_1} \neq 0$, 即

$$D_{GR_3G_1G_3} = D_{GR_3G_1R_2} \neq 0, \quad D_{GR_3G_1G_2} = D_{GR_3G_1R_1} \neq 0,$$

于是由定理 1.2.6 知, $R_2, G_3; R_1, G_2$ 均位于平面 $\pi_{GR_3R_1}$ 同侧;

但另一方面, 若 $\mathrm{D}_{GR_3G_3G_1} = -\mathrm{D}_{GG_1R_2R_3} \neq 0$, $\mathrm{D}_{GG_1G_2R_3} = -\mathrm{D}_{GR_3R_1G_1} \neq 0$, 则 $R_2, G_3; R_1, G_2$ 位于平面 $\pi_{GR_3R_1}$ 异侧, 矛盾.

因此, $\mathrm{D}_{GR_3G_3G_1} + \mathrm{D}_{GG_1R_2R_3} = 0$, $\mathrm{D}_{GG_1G_2R_3} + \mathrm{D}_{GR_3R_1G_1} = 0$. 于是 G 在两平面 $\pi_{R_3G_1G_3}(\pi_{R_3G_1R_2})$, $\pi_{R_3G_1G_2}(\pi_{R_3G_1R_1})$ 的交线 R_3G_1 上.

类似地, 可以证明 G 在直线 G_0G_0' 上.

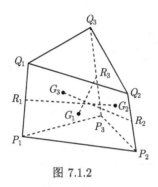

图 7.1.2

故 $P_1P_2P_3$-$Q_1Q_2Q_3$ 的四条重心线 $R_1G_2, R_2G_3, R_3G_1, G_0G_0'$ 所在直线相交于一点 G.

现求 G 的坐标. 设 $P_1P_2P_3$-$Q_1Q_2Q_3$ 的坐标分别为 $P_i(x_i, y_i, z_i)(i = 1, 2, 3)$; $Q_i(a_i, b_i, c_i)(i = 1, 2, 3)$. 于是侧棱 P_iQ_i 的中点和侧面 $P_iP_{i+1}Q_{i+1}Q_i$ 的重心的坐标分别为

$$R_i\left(\frac{x_i + a_i}{2}, \frac{y_i + b_i}{2}, \frac{z_i + c_i}{2}\right) \quad (i = 1, 2, 3);$$

$$G_i\left(\frac{x_i+x_{i+1}+a_{i+1}+a_i}{4}, \frac{y_i+y_{i+1}+b_{i+1}+b_i}{4}, \frac{z_i+z_{i+1}+c_{i+1}+c_i}{4}\right) \quad (i = 1, 2, 3).$$

因为 G 是 $R_1G_2, R_2G_3, R_3G_1, G_0G_0'$ 的交点, 故由 G 关于各重心线的对称性, 在两直线 R_1G_2, R_2G_3 的方程

$$\frac{x - x_{R_i}}{x_{G_{i+1}} - x_{R_i}} = \frac{y - y_{R_i}}{y_{G_{i+1}} - y_{R_i}} = \frac{z - z_{R_i}}{z_{G_{i+1}} - z_{R_i}} = t_i \quad (i = 1, 2)$$

中令 $t_1 = t_2 = t$, 可得

$$\frac{x_G - x_{R_1}}{x_{G_2} - x_{R_1}} = \frac{x_G - x_{R_2}}{x_{G_3} - x_{R_2}}.$$

于是

$$x_G = \frac{x_{R_1}(x_{G_3} - x_{R_2}) - x_{R_2}(x_{G_2} - x_{R_1})}{(x_{G_3} - x_{R_2}) - (x_{G_2} - x_{R_1})} = \frac{x_{R_1}x_{G_3} - x_{R_2}x_{G_2}}{(x_{G_3} - x_{G_2}) - (x_{R_2} - x_{R_1})}$$

$$= \frac{(x_1 + a_1)(x_3 + x_1 + a_1 + a_3) - (x_2 + a_2)(x_2 + x_3 + a_3 + a_2)}{2(x_1 + a_1 - x_2 - a_2) - 4(x_2 + a_2 - x_1 - a_1)}$$

$$= \frac{(x_1 + a_1 - x_2 - a_2)(x_1 + x_2 + x_3 + a_1 + a_2 + a_3)}{6(x_1 + a_1 - x_2 - a_2)}$$

$$= \frac{1}{6} \sum_{i=1}^{3} (x_i + a_i).$$

类似地, 可以求得

$$y_G = \frac{1}{6} \sum_{i=1}^{3} (y_i + b_i), \quad z_G = \frac{1}{6} \sum_{i=1}^{3} (z_i + c_i).$$

所以 $G = \dfrac{1}{6} \sum_{i=1}^{3} (P_i + Q_i)$, 即 G 是拟三棱台体的重心. 显然, G 是各重心线的内点, 故四条重心线 $R_1G_2, R_2G_3, R_3G_1, G_0G_0'$ 相交于一点.

定理 7.1.3 (拟三棱台体重心线的定比分点定理)　设 $P_1P_2P_3\text{-}Q_1Q_2Q_3$ 是拟三棱台体, R_i 是侧棱 $P_iQ_i(i = 1, 2, 3)$ 的中点, G_i 是侧面 $P_iP_{i+1}Q_{i+1}Q_i(i = 1, 2, 3)$ 的重心, G_0', G_0 分别是上、下底面 $Q_1Q_2Q_3, P_1P_2P_3$ 的重心, $R_1G_2, R_2G_3, R_3G_1, G_0G_0'$ 是 $P_1P_2P_3\text{-}Q_1Q_2Q_3$ 的四条重心线, G 是 $P_1P_2P_3\text{-}Q_1Q_2Q_3$ 的重心, 则 G 是三条棱-面重心线 R_1G_2, R_2G_3, R_3G_1 的 2-分点 (加权重心), 是面-面重心线 G_0G_0' 的中点 (重心), 即

$$D_{R_iG}/D_{GG_{i+1}} = 2 \quad (i = 1, 2, 3), \quad D_{G_0G}/D_{GG_0'} = 1,$$

或 $G = (R_i + 2G_{i+1})/3 (i = 1, 2, 3), G = (G_0 + G_0')/2.$

证明　不妨设拟三棱台体 $P_1P_2P_3\text{-}Q_1Q_2Q_3$ 的三条边-面重心线 R_1G_2, R_2G_3, R_3G_1 在 x 轴上的投影均不为零, 且其顶点的坐标如定理 7.1.2 所设, 则

$$\frac{D_{R_iG}}{D_{GG_{i+1}}} = \frac{\text{Prj}_x D_{R_iG}}{\text{Prj}_x D_{GG_{i+1}}} = \frac{x_G - x_{R_i}}{x_{G_{i+1}} - x_G}$$

$$= \frac{(x_1 + x_2 + x_3 + a_1 + a_2 + a_3)/6 - (x_i + a_i)/2}{(x_{i+1} + x_{i+2} + a_{i+1} + a_{i+2})/4 - (x_1 + x_2 + x_3 + a_1 + a_2 + a_3)/6}$$

$$= \frac{2(x_{i+1} + x_{i+2} + a_{i+1} + a_{i+2}) - 4(x_i + a_i)}{(x_{i+1} + x_{i+2} + a_{i+1} + a_{i+2}) - 2(x_i + a_i)} = 2 \quad (i = 1, 2, 3),$$

所以 $G = (R_i + 2G_{i+1})/3 (i = 1, 2, 3)$. 即重心 G 是三条棱-面重心线 R_1G_2, R_2G_3, R_3G_1 的 2-分点 (加权重心).

类似地, 可以证明 $D_{G_0G}/D_{GG_0'} = 1, G = (G_0 + G_0')/2.$ 即重心 G 是面-面重心线 G_0G_0' 的中点 (重心).

7.2 拟三棱台体顶点到重心线包络面的有向距离与应用

本节主要应用有向距离法, 研究拟三棱台体顶点到重心线包络面有向距离的有关问题. 首先, 给出拟三棱台体重心线包络面的概念与方程; 其次, 给出拟三棱台体一面上的顶点到该面上的重心线包络面有向距离的两个关系定理及其推论等的结论; 最后, 利用这两个关系定理, 得出拟三棱台体各面的重心线包络面通过该面顶点的充分必要条件、一棱上的侧面重心线包络面通过其他侧棱中点的充分必要条件等结论.

7.2.1 拟三棱台体重心线包络面的概念与方程

定义 7.2.1 设 $P_1P_2P_3\text{-}Q_1Q_2Q_3$ 是拟三棱台体, R_i 是侧棱 $P_iQ_i(i = 1, 2, 3)$ 的中点, G_i 是侧面 $P_iP_{i+1}Q_{i+1}Q_i(i = 1, 2, 3)$ 的重心, G_0', G_0 分别是上、下底面 $Q_1Q_2Q_3, P_1P_2P_3$ 的重心, G_0G_0' 和 $R_iG_{i+1}(i = 1, 2, 3)$ 为 $P_1P_2P_3\text{-}Q_1Q_2Q_3$ 的重心线, 则称过 $P_1P_2P_3\text{-}Q_1Q_2Q_3$ 任意一条重心线 G_0G_0' 或 $R_iG_{i+1}(i = 1, 2, 3)$ 的所有平面为 $P_1P_2P_3\text{-}Q_1Q_2Q_3$ 该重心线的包络面, 其中前者称为底面重心线的包络面, 后者称为侧面重心线包络面.

定义 7.2.2 由拟三棱台体 $P_1P_2P_3\text{-}Q_1Q_2Q_3$ 重心线 G_0G_0' 和 $R_iG_{i+1}(i = 1, 2, 3)$ 的方程所生成的带有两个不全为零的参数 $\mu_i, \nu_i(i = 0, 1, 2, 3)$ 的包络面称为该重心线的双参数包络面, 分别记为 $\pi_{G_0G_0'\text{-}\mu_0\nu_0}$ 和 $\pi_{R_iG_{i+1}\text{-}\mu_i\nu_i}(i = 1, 2, 3)$.

引理 7.2.1 设 $P_1P_2P_3\text{-}Q_1Q_2Q_3$ 是拟三棱台体, $\mu_i, \nu_i(i = 0, 1, 2, 3)$ 均是不全为零的实数, 则 $P_1P_2P_3\text{-}Q_1Q_2Q_3$ 底面重心线 G_0G_0' 和侧面重心线 $R_iG_{i+1}(i = 1, 2, 3)$ 的平面束方程可以分别表示成

$$\pi_{G_0G_0'\text{-}\mu_0\nu_0} : a_0x + b_0y + c_0z + d_0 = 0, \qquad (7.2.1)$$

其中 $a_0 = \mu_0(y_{G_0'} - y_{G_0}), b_0 = \mu_0(x_{G_0} - x_{G_0'}) + \nu_0(z_{G_0'} - z_{G_0}), c_0 = \nu_0(y_{G_0} - y_{G_0'}),$ $d_0 = \mu_0(x_{G_0'}y_{G_0} - x_{G_0}y_{G_0'}) + \nu_0(y_{G_0'}z_{G_0} - y_{G_0}z_{G_0'});$

$$\pi_{R_iG_{i+1}\text{-}\mu_i\nu_i} : a_ix + b_iy + c_iz + d_i = 0 \quad (i = 1, 2, 3), \qquad (7.2.2)$$

其中 $a_i = \mu_i(y_{G_{i+1}} - y_{R_i}), b_i = \mu_i(x_{R_i} - x_{G_{i+1}}) + \nu_i(z_{G_{i+1}} - z_{R_i}), c_i = \nu_i(y_{R_i} - y_{G_{i+1}}),$ $d_i = \mu_i(x_{G_{i+1}}y_{R_i} - x_{R_i}y_{G_{i+1}}) + \nu_i(y_{G_{i+1}}z_{R_i} - y_{R_i}z_{G_{i+1}});$

证明 根据直线 G_0G_0' 的两点式方程

$$\frac{x - x_{G_0}}{x_{G_0'} - x_{G_0}} = \frac{y - y_{G_0}}{y_{G_0'} - y_{G_0}} = \frac{z - z_{G_0}}{z_{G_0'} - z_{G_0}},$$

仿引理 2.4.1 证明, 即得重心线 G_0G_0' 的平面束方程可以表示成式 (7.2.1) 的形式.

类似地, 可以证明式 (7.2.2) 成立.

7.2.2　拟三棱台体顶点到重心线包络面有向距离的关系定理

定理 7.2.1　设 $P_1P_2P_3\text{-}Q_1Q_2Q_3$ 是拟三棱台体, G_0', G_0 分别是上、下底面 $Q_1Q_2Q_3, P_1P_2P_3$ 的重心, $\pi_{G_0G_0'\text{-}\mu_0\nu_0}$ 是 G_0G_0' 的重心线包络面, 则

$$\mathrm{D}_{P_1\text{-}\pi_{G_0G_0'\text{-}\mu_0\nu_0}} + \mathrm{D}_{P_2\text{-}\pi_{G_0G_0'\text{-}\mu_0\nu_0}} + \mathrm{D}_{P_3\text{-}\pi_{G_0G_0'\text{-}\mu_0\nu_0}} = 0, \tag{7.2.3}$$

$$\mathrm{D}_{Q_1\text{-}\pi_{G_0G_0'\text{-}\mu_0\nu_0}} + \mathrm{D}_{Q_2\text{-}\pi_{G_0G_0'\text{-}\mu_0\nu_0}} + \mathrm{D}_{Q_3\text{-}\pi_{G_0G_0'\text{-}\mu_0\nu_0}} = 0. \tag{7.2.4}$$

证明　不妨设 $\pi_{G_0G_0'\text{-}\mu_0\nu_0}$ 是重心线 G_0G_0' 形如式 (7.2.1) 的平面束方程所表示的重心线包络面. 设 $P_1P_2P_3\text{-}Q_1Q_2Q_3$ 的坐标分别为 $P_i(x_i, y_i, z_i)(i = 1, 2, 3)$; $Q_i(a_i, b_i, c_i)(i = 1, 2, 3)$. 于是上、下底面 $Q_1Q_2Q_3, P_1P_2P_3$ 重心的坐标分别为

$$G_0'\left(\frac{a_1 + a_2 + a_3}{3}, \frac{b_1 + b_2 + b_3}{3}, \frac{c_1 + c_2 + c_3}{3}\right),$$

$$G_0\left(\frac{x_1 + x_2 + x_3}{3}, \frac{y_1 + y_2 + y_3}{3}, \frac{z_1 + z_2 + z_3}{3}\right).$$

于是由 $\pi_{G_0G_0'\text{-}\mu_0\nu_0}$ 的方程 (7.2.1), 可得

$$9\sqrt{a_0^2 + b_0^2 + c_0^2}\,\mathrm{D}_{P_i\text{-}\pi_{G_0G_0'\text{-}\mu_0\nu_0}}$$

$$= 9\mu_0\left[x_i(y_{G_0'} - y_{G_0}) + (x_{G_0} - x_{G_0'})y_i + (x_{G_0'}y_{G_0} - x_{G_0}y_{G_0'})\right]$$

$$\quad + 9\nu_0\left[y_i(z_{G_0'} - z_{G_0}) + (y_{G_0} - y_{G_0'})z_i + (y_{G_0'}z_{G_0} - y_{G_0}z_{G_0'})\right]$$

$$= \mu_0\left[3x_i\left(\sum_{j=1}^{3}b_j - \sum_{j=1}^{3}y_j\right) + 3\left(\sum_{j=1}^{3}x_j - \sum_{j=1}^{3}a_j\right)y_i\right.$$

$$\quad \left. + \left(\sum_{j=1}^{3}a_j \cdot \sum_{j=1}^{3}y_j - \sum_{j=1}^{3}x_j \cdot \sum_{j=1}^{3}b_j\right)\right]$$

$$\quad + \nu_0\left[3y_i\left(\sum_{j=1}^{3}c_j - \sum_{j=1}^{3}z_j\right) + 3\left(\sum_{j=1}^{3}y_j - \sum_{j=1}^{3}b_j\right)z_i\right.$$

$$\quad \left. + \left(\sum_{j=1}^{3}b_j \cdot \sum_{j=1}^{3}z_j - \sum_{j=1}^{3}y_j \cdot \sum_{j=1}^{3}c_j\right)\right] \quad (i = 1, 2, 3),$$

于是

$$9\sqrt{a_0^2 + b_0^2 + c_0^2}\sum_{i=1}^{3}\mathrm{D}_{P_i\text{-}\pi_{G_0G_0'\text{-}\mu_0\nu_0}}$$

$$= 3\mu_0 \left[\left(\sum_{j=1}^{3} b_j - \sum_{j=1}^{3} y_j \right) \sum_{i=1}^{3} x_i + \left(\sum_{j=1}^{3} x_j - \sum_{j=1}^{3} a_j \right) \sum_{i=1}^{3} y_i \right.$$

$$\left. + \left(\sum_{j=1}^{3} a_j \cdot \sum_{j=1}^{3} y_j - \sum_{j=1}^{3} x_j \cdot \sum_{j=1}^{3} b_j \right) \right]$$

$$+ 3\nu_0 \left[\left(\sum_{j=1}^{3} c_j - \sum_{j=1}^{3} z_j \right) \sum_{i=1}^{3} y_i + \left(\sum_{j=1}^{3} y_j - \sum_{j=1}^{3} b_j \right) \sum_{i=1}^{3} z_i \right.$$

$$\left. + \left(\sum_{j=1}^{3} b_j \cdot \sum_{j=1}^{3} z_j - \sum_{j=1}^{3} y_j \cdot \sum_{j=1}^{3} c_j \right) \right]$$

$$= 0,$$

注意到 $9\sqrt{a_0^2 + b_0^2 + c_0^2} \neq 0$, 从而式 (7.2.3) 成立.

类似地, 可以证明, 式 (7.2.4) 成立.

推论 7.2.1 设 $P_1P_2P_3$-$Q_1Q_2Q_3$ 是拟三棱台体, G_0', G_0 分别是上、下底面 $Q_1Q_2Q_3, P_1P_2P_3$ 的重心, $\pi_{G_0G_0'\text{-}\mu_0\nu_0}$ 是 G_0G_0' 的重心线包络面, 则

(1) 在上底面 $Q_1Q_2Q_3$ 三顶点到 $\pi_{G_0G_0'\text{-}\mu_0\nu_0}$ 的距离

$$\mathrm{d}_{Q_1\text{-}\pi_{G_0G_0'\text{-}\mu_0\nu_0}}, \quad \mathrm{d}_{Q_2\text{-}\pi_{G_0G_0'\text{-}\mu_0\nu_0}}, \quad \mathrm{d}_{Q_3\text{-}\pi_{G_0G_0'\text{-}\mu_0\nu_0}}$$

中, 其中一条较长的距离等于另两条较短的距离之和;

(2) 在下底面 $P_1P_2P_3$ 的三顶点到 $\pi_{G_0G_0'\text{-}\mu_0\nu_0}$ 的距离

$$\mathrm{d}_{P_1\text{-}\pi_{G_0G_0'\text{-}\mu_0\nu_0}}, \quad \mathrm{d}_{P_2\text{-}\pi_{G_0G_0'\text{-}\mu_0\nu_0}}, \quad \mathrm{d}_{P_3\text{-}\pi_{G_0G_0'\text{-}\mu_0\nu_0}}$$

中, 其中一条较长的距离等于另两条较短的距离之和.

证明 在式 (7.2.3) 和 (7.2.4) 中, 注意到其中一条较长的有向距离的符号与另两条较短的有向距离的符号相反即得.

定理 7.2.2 设 $P_1P_2P_3$-$Q_1Q_2Q_3$ 是拟三棱台体, R_i 是侧棱 $P_iQ_i(i = 1, 2, 3)$ 的中点, G_i 是侧面 $P_iP_{i+1}Q_{i+1}Q_i(i = 1, 2, 3)$ 的重心, $\pi_{R_iG_{i+1}\text{-}\mu_i\nu_i}$ 是 $R_iG_{i+1}(i = 1, 2, 3)$ 的重心线包络面, 则

$$\mathrm{D}_{P_1\text{-}\pi_{R_1G_2\text{-}\mu_1\nu_1}} + \mathrm{D}_{Q_1\text{-}\pi_{R_1G_2\text{-}\mu_1\nu_1}} = 0 \quad (\mathrm{d}_{P_1\text{-}\pi_{R_1G_2\text{-}\mu_1\nu_1}} = \mathrm{d}_{Q_1\text{-}\pi_{R_1G_2\text{-}\mu_1\nu_1}}), \quad (7.2.5)$$

$$\mathrm{D}_{P_2\text{-}\pi_{R_1G_2\text{-}\mu_1\nu_1}} + \mathrm{D}_{P_3\text{-}\pi_{R_1G_2\text{-}\mu_1\nu_1}} + \mathrm{D}_{Q_3\text{-}\pi_{R_1G_2\text{-}\mu_1\nu_1}} + \mathrm{D}_{Q_2\text{-}\pi_{R_1G_2\text{-}\mu_1\nu_1}} = 0; \quad (7.2.6)$$

$$\mathrm{D}_{P_2\text{-}\pi_{R_2G_3\text{-}\mu_2\nu_2}} + \mathrm{D}_{Q_2\text{-}\pi_{R_2G_3\text{-}\mu_2\nu_2}} = 0 \quad (\mathrm{d}_{P_2\text{-}\pi_{R_2G_3\text{-}\mu_2\nu_2}} = \mathrm{d}_{Q_2\text{-}\pi_{R_2G_3\text{-}\mu_2\nu_2}}), \quad (7.2.7)$$

$$\mathrm{D}_{P_3\text{-}\pi_{R_2G_3\text{-}\mu_2\nu_2}} + \mathrm{D}_{P_1\text{-}\pi_{R_2G_3\text{-}\mu_2\nu_2}} + \mathrm{D}_{Q_1\text{-}\pi_{R_2G_3\text{-}\mu_2\nu_2}} + \mathrm{D}_{Q_3\text{-}\pi_{R_2G_3\text{-}\mu_2\nu_2}} = 0; \quad (7.2.8)$$

$$\mathrm{D}_{P_3\text{-}\pi_{R_3G_1\text{-}\mu_3\nu_3}} + \mathrm{D}_{Q_3\text{-}\pi_{R_3G_1\text{-}\mu_3\nu_3}} = 0 \quad (\mathrm{d}_{P_3\text{-}\pi_{R_3G_1\text{-}\mu_3\nu_3}} = \mathrm{d}_{Q_3\text{-}\pi_{R_3G_1\text{-}\mu_3\nu_3}}), \qquad (7.2.9)$$

$$\mathrm{D}_{P_1\text{-}\pi_{R_3G_1\text{-}\mu_3\nu_3}} + \mathrm{D}_{P_2\text{-}\pi_{R_3G_1\text{-}\mu_3\nu_3}} + \mathrm{D}_{Q_2\text{-}\pi_{R_3G_1\text{-}\mu_3\nu_3}} + \mathrm{D}_{Q_1\text{-}\pi_{R_3G_1\text{-}\mu_3\nu_3}} = 0. \qquad (7.2.10)$$

证明　仿定理 7.2.1 证明, 即得式 (7.2.5)～(7.2.10).

推论 7.2.2　设 $P_1P_2P_3\text{-}Q_1Q_2Q_3$ 是拟三棱台体, R_i 是侧棱 $P_iQ_i(i = 1, 2, 3)$ 的中点, G_i 是侧面 $P_iP_{i+1}Q_{i+1}Q_i(i = 1, 2, 3)$ 的重心, $\pi_{R_iG_{i+1}\text{-}\mu_i\nu_i}$ 是 $R_iG_{i+1}(i = 1, 2, 3)$ 的重心线包络面, 则在 $P_1P_2P_3\text{-}Q_1Q_2Q_3$ 的各个侧面上的顶点到相应重心包络面的距离

$$\mathrm{d}_{P_2\text{-}\pi_{R_1G_2\text{-}\mu_1\nu_1}}, \quad \mathrm{d}_{Q_2\text{-}\pi_{R_1G_2\text{-}\mu_1\nu_1}}, \quad \mathrm{d}_{P_3\text{-}\pi_{R_1G_2\text{-}\mu_1\nu_1}}, \quad \mathrm{d}_{Q_3\text{-}\pi_{R_1G_2\text{-}\mu_1\nu_1}};$$

$$\mathrm{d}_{P_3\text{-}\pi_{R_2G_3\text{-}\mu_2\nu_2}}, \quad \mathrm{d}_{P_1\text{-}\pi_{R_2G_3\text{-}\mu_2\nu_2}}, \quad \mathrm{d}_{Q_1\text{-}\pi_{R_2G_3\text{-}\mu_2\nu_2}}, \quad \mathrm{d}_{Q_3\text{-}\pi_{R_2G_3\text{-}\mu_2\nu_2}};$$

$$\mathrm{d}_{P_1\text{-}\pi_{R_3G_1\text{-}\mu_3\nu_3}}, \quad \mathrm{d}_{P_2\text{-}\pi_{R_3G_1\text{-}\mu_3\nu_3}}, \quad \mathrm{d}_{Q_2\text{-}\pi_{R_3G_1\text{-}\mu_3\nu_3}}, \quad \mathrm{d}_{Q_1\text{-}\pi_{R_3G_1\text{-}\mu_3\nu_3}}$$

中, 每组其中一条较长的距离等于另外三条较短的距离的和, 或其中两条距离的和等于另外两条距离的和.

证明　根据定理 7.2.2, 分别由式 (7.2.6)、(7.2.8) 和 (7.2.10) 的几何意义, 即得.

7.2.3　拟三棱台体顶点到重心线包络面有向距离关系定理的应用

定理 7.2.3　设 $P_1P_2P_3\text{-}Q_1Q_2Q_3$ 是拟三棱台体, G_0', G_0 分别是上、下底面 $Q_1Q_2Q_3, P_1P_2P_3$ 的重心, $\pi_{G_0G_0'\text{-}\mu_0\nu_0}$ 是 G_0G_0' 的重心线包络面, 则

(1) $\mathrm{D}_{P_{i+2}\text{-}\pi_{G_0G_0'\text{-}\mu_0\nu_0}} = 0(i = 1, 2, 3)$ 的充分必要条件是

$$\mathrm{D}_{P_i\text{-}\pi_{G_0G_0'\text{-}\mu_0\nu_0}} + \mathrm{D}_{P_{i+1}\text{-}\pi_{G_0G_0'\text{-}\mu_0\nu_0}}$$
$$= 0 \quad (\mathrm{d}_{P_i\text{-}\pi_{G_0G_0'\text{-}\mu_0\nu_0}} = \mathrm{d}_{P_{i+1}\text{-}\pi_{G_0G_0'\text{-}\mu_0\nu_0}}) \quad (i = 1, 2, 3); \qquad (7.2.11)$$

(2) $\mathrm{D}_{Q_{i+2}\text{-}\pi_{G_0G_0'\text{-}\mu_0\nu_0}} = 0(i = 1, 2, 3)$ 的充分必要条件是

$$\mathrm{D}_{Q_i\text{-}\pi_{G_0G_0'\text{-}\mu_0\nu_0}} + \mathrm{D}_{Q_{i+1}\text{-}\pi_{G_0G_0'\text{-}\mu_0\nu_0}}$$
$$= 0 \quad (\mathrm{d}_{Q_i\text{-}\pi_{G_0G_0'\text{-}\mu_0\nu_0}} = \mathrm{d}_{Q_{i+1}\text{-}\pi_{G_0G_0'\text{-}\mu_0\nu_0}}) \quad (i = 1, 2, 3).$$

证明　(1) 根据定理 7.2.1, 由式 (7.2.3) 即得
$\pi_{G_0G_0'\text{-}\mu_0\nu_0}$ 通过 $P_{i+2}(i = 1, 2, 3) \Leftrightarrow$ 式 (7.2.11) 成立.
类似地, 可以证明 (2) 中结论成立.

推论 7.2.3　设 $P_1P_2P_3\text{-}Q_1Q_2Q_3$ 是拟三棱台体, G_0', G_0 分别是上、下底面 $Q_1Q_2Q_3, P_1P_2P_3$ 的重心, $\pi_{G_0G_0'\text{-}\mu_0\nu_0}$ 是 G_0G_0' 的重心线包络面, 则

(1) $\pi_{G_0G_0'\text{-}\mu_0\nu_0}$ 通过 $P_{i+2}(i=1,2,3)$ 的充分必要条件是 $\pi_{G_0G_0'\text{-}\mu_0\nu_0}$ 通过下底边 $P_iP_{i+1}(i=1,2,3)$ 的中点;

(2) $\pi_{G_0G_0'\text{-}\mu_0\nu_0}$ 通过 $Q_{i+2}(i=1,2,3)$ 的充分必要条件是 $\pi_{G_0G_0'\text{-}\mu_0\nu_0}$ 通过上底边 $Q_iQ_{i+1}(i=1,2,3)$ 的中点.

证明 (1) 根据定理 7.2.3, 由 $\mathrm{D}_{P_{i+2}\text{-}\pi_{G_0G_0'\text{-}\mu_0\nu_0}}=0(i=1,2,3)$ 和式 (7.2.11) 的几何意义即得.

类似地, 可以证明 (2) 中结论成立.

定理 7.2.4 设 $P_1P_2P_3$-$Q_1Q_2Q_3$ 是拟三棱台体, G_0', G_0 分别是上、下底面 $Q_1Q_2Q_3, P_1P_2P_3$ 的重心, $\pi_{G_0G_0'\text{-}\mu_0\nu_0}$ 是 G_0G_0' 的重心线包络面. 记 $P_{3+i}=P_i, Q_{3+i}=Q_i$, 则 $P_{i+2}Q_{i+2}(i=1,2,3)$ 平行于 $\pi_{G_0G_0'\text{-}\mu_0\nu_0}$ 的充分必要条件是

$$\mathrm{D}_{P_i\text{-}\pi_{G_0G_0'\text{-}\mu_0\nu_0}}+\mathrm{D}_{P_{i+1}\text{-}\pi_{G_0G_0'\text{-}\mu_0\nu_0}}$$

$$=\mathrm{D}_{Q_i\text{-}\pi_{G_0G_0'\text{-}\mu_0\nu_0}}+\mathrm{D}_{Q_{i+1}\text{-}\pi_{G_0G_0'\text{-}\mu_0\nu_0}}\quad(i=1,2,3). \tag{7.2.12}$$

证明 因为 $P_{i+2}Q_{i+2}$ 平行于 $\pi_{G_0G_0'\text{-}\mu_0\nu_0}$, 所以 $\mathrm{D}_{P_{i+2}\text{-}\pi_{G_0G_0'\text{-}\mu_0\nu_0}}=\mathrm{D}_{Q_{i+2}\text{-}\pi_{G_0G_0'\text{-}\mu_0\nu_0}}(i=1,2,3)$. 根据定理 7.2.1, 式 (7.2.3) 和 (7.2.4), 可得

$$\mathrm{D}_{P_i\text{-}\pi_{G_1G_3'\text{-}\mu_1\nu_1}}+\mathrm{D}_{P_{i+1}\text{-}\pi_{G_1G_3'\text{-}\mu_1\nu_1}}-\mathrm{D}_{Q_i\text{-}\pi_{G_1G_3'\text{-}\mu_1\nu_1}}-\mathrm{D}_{Q_{i+1}\text{-}\pi_{G_1G_3'\text{-}\mu_1\nu_1}}=0\quad(i=1,2,3).$$

因此, 当 $i=1$ 时, 式 (7.2.12) 成立.

同理可以证明, 当 $i=2,3$ 时, 式 (7.2.12) 成立.

推论 7.2.4 设 $P_1P_2P_3$-$Q_1Q_2Q_3$ 是拟三棱台体, G_0', G_0 分别是上、下底面 $Q_1Q_2Q_3, P_1P_2P_3$ 的重心, $\pi_{G_0G_0'\text{-}\mu_0\nu_0}$ 是 G_0G_0' 的重心线包络面. 若 $P_{i+2}Q_{i+2}(i=1,2,3)$ 平行于 $\pi_{G_0G_0'\text{-}\mu_0\nu_0}$, 并记 $P_{3+i}=P_i, Q_{3+i}=Q_i$, 则

(1) $\pi_{G_0G_0'\text{-}\mu_0\nu_0}$ 通过 $P_iP_{i+1}(i=1,2,3)$ 中点的充分必要条件是 $\pi_{G_0G_0'\text{-}\mu_0\nu_0}$ 通过 $Q_iQ_{i+1}(i=1,2,3)$ 的中点;

(2) $P_iQ_i(i=1,2,3)$ 平行于 $\pi_{G_0G_0'\text{-}\mu_0\nu_0}$ 的充分必要条件是 $P_{i+1}Q_{i+1}(i=1,2,3)$ 平行于 $\pi_{G_0G_0'\text{-}\mu_0\nu_0}$;

(3) $P_iQ_{i+1}(i=1,2,3)$ 平行于 $\pi_{G_0G_0'\text{-}\mu_0\nu_0}$ 的充分必要条件是 $P_{i+1}Q_i(i=1,2,3)$ 平行于 $\pi_{G_0G_0'\text{-}\mu_0\nu_0}$.

证明 (1) 根据定理 7.2.4, 由式 (7.2.12) 可得以下两式互为充分必要条件:

$$\mathrm{D}_{P_i\text{-}\pi_{G_0G_0'\text{-}\mu_0\nu_0}}+\mathrm{D}_{P_{i+1}\text{-}\pi_{G_0G_0'\text{-}\mu_0\nu_0}}=0\quad(\mathrm{d}_{P_i\text{-}\pi_{G_0G_0'\text{-}\mu_0\nu_0}}=\mathrm{d}_{P_{i+1}\text{-}\pi_{G_0G_0'\text{-}\mu_0\nu_0}})\quad(i=1,2,3),$$

$$\mathrm{D}_{Q_i\text{-}\pi_{G_0G_0'\text{-}\mu_0\nu_0}}+\mathrm{D}_{Q_{i+1}\text{-}\pi_{G_0G_0'\text{-}\mu_0\nu_0}}=0\quad(\mathrm{d}_{Q_i\text{-}\pi_{G_0G_0'\text{-}\mu_0\nu_0}}=\mathrm{d}_{Q_{i+1}\text{-}\pi_{G_0G_0'\text{-}\mu_0\nu_0}})\quad(i=1,2,3).$$

故由以上两式的几何意义, 知 (1) 中结论成立.

类似地, 可以证明 (2) 和 (3) 中结论成立.

定理 7.2.5　设 $P_1P_2P_3\text{-}Q_1Q_2Q_3$ 是拟三棱台体, R_i 是侧棱 $P_iQ_i(i=1,2,3)$ 的中点, G_i 是侧面 $P_iP_{i+1}Q_{i+1}Q_i(i=1,2,3)$ 的重心, $\pi_{R_iG_{i+1}\text{-}\mu_i\nu_i}$ 是 $R_iG_{i+1}(i=1,2,3)$ 的重心线包络面, 则

(1) $\mathrm{D}_{P_2\text{-}\pi_{R_1G_2\text{-}\mu_1\nu_1}}=0$ 的充分必要条件是

$$\mathrm{D}_{P_3\text{-}\pi_{R_1G_2\text{-}\mu_1\nu_1}}+\mathrm{D}_{Q_3\text{-}\pi_{R_1G_2\text{-}\mu_1\nu_1}}+\mathrm{D}_{Q_2\text{-}\pi_{R_1G_2\text{-}\mu_1\nu_1}}=0; \tag{7.2.13}$$

(2) $\mathrm{D}_{P_3\text{-}\pi_{R_1G_2\text{-}\mu_1\nu_1}}=0$ 的充分必要条件是

$$\mathrm{D}_{P_2\text{-}\pi_{R_1G_2\text{-}\mu_1\nu_1}}+\mathrm{D}_{Q_3\text{-}\pi_{R_1G_2\text{-}\mu_1\nu_1}}+\mathrm{D}_{Q_2\text{-}\pi_{R_1G_2\text{-}\mu_1\nu_1}}=0;$$

(3) $\mathrm{D}_{Q_2\text{-}\pi_{R_1G_2\text{-}\mu_1\nu_1}}=0$ 的充分必要条件是

$$\mathrm{D}_{P_2\text{-}\pi_{R_1G_2\text{-}\mu_1\nu_1}}+\mathrm{D}_{P_3\text{-}\pi_{R_1G_2\text{-}\mu_1\nu_1}}+\mathrm{D}_{Q_3\text{-}\pi_{R_1G_2\text{-}\mu_1\nu_1}}=0;$$

(4) $\mathrm{D}_{Q_3\text{-}\pi_{R_1G_2\text{-}\mu_1\nu_1}}=0$ 的充分必要条件是

$$\mathrm{D}_{P_2\text{-}\pi_{R_1G_2\text{-}\mu_1\nu_1}}+\mathrm{D}_{P_3\text{-}\pi_{R_1G_2\text{-}\mu_1\nu_1}}+\mathrm{D}_{Q_2\text{-}\pi_{R_1G_2\text{-}\mu_1\nu_1}}=0;$$

(5) $\mathrm{D}_{P_3\text{-}\pi_{R_2G_3\text{-}\mu_2\nu_2}}=0$ 的充分必要条件是

$$\mathrm{D}_{P_1\text{-}\pi_{R_2G_3\text{-}\mu_2\nu_2}}+\mathrm{D}_{Q_1\text{-}\pi_{R_2G_3\text{-}\mu_2\nu_2}}+\mathrm{D}_{Q_3\text{-}\pi_{R_2G_3\text{-}\mu_2\nu_2}}=0;$$

(6) $\mathrm{D}_{P_1\text{-}\pi_{R_2G_3\text{-}\mu_2\nu_2}}=0$ 的充分必要条件是

$$\mathrm{D}_{P_3\text{-}\pi_{R_2G_3\text{-}\mu_2\nu_2}}+\mathrm{D}_{Q_1\text{-}\pi_{R_2G_3\text{-}\mu_2\nu_2}}+\mathrm{D}_{Q_3\text{-}\pi_{R_2G_3\text{-}\mu_2\nu_2}}=0;$$

(7) $\mathrm{D}_{Q_1\text{-}\pi_{R_2G_3\text{-}\mu_2\nu_2}}=0$ 的充分必要条件是

$$\mathrm{D}_{P_3\text{-}\pi_{R_2G_3\text{-}\mu_2\nu_2}}+\mathrm{D}_{P_1\text{-}\pi_{R_2G_3\text{-}\mu_2\nu_2}}+\mathrm{D}_{Q_3\text{-}\pi_{R_2G_3\text{-}\mu_2\nu_2}}=0;$$

(8) $\mathrm{D}_{Q_3\text{-}\pi_{R_2G_3\text{-}\mu_2\nu_2}}=0$ 的充分必要条件是

$$\mathrm{D}_{P_3\text{-}\pi_{R_2G_3\text{-}\mu_2\nu_2}}+\mathrm{D}_{P_1\text{-}\pi_{R_2G_3\text{-}\mu_2\nu_2}}+\mathrm{D}_{Q_1\text{-}\pi_{R_2G_3\text{-}\mu_2\nu_2}}=0;$$

(9) $\mathrm{D}_{P_1\text{-}\pi_{R_3G_1\text{-}\mu_3\nu_3}}=0$ 的充分必要条件是

$$\mathrm{D}_{P_2\text{-}\pi_{R_3G_1\text{-}\mu_3\nu_3}}+\mathrm{D}_{Q_2\text{-}\pi_{R_3G_1\text{-}\mu_3\nu_3}}+\mathrm{D}_{Q_1\text{-}\pi_{R_3G_1\text{-}\mu_3\nu_3}}=0;$$

(10) $\mathrm{D}_{P_2\text{-}\pi_{R_3G_1\text{-}\mu_3\nu_3}}=0$ 的充分必要条件是

$$\mathrm{D}_{P_1\text{-}\pi_{R_3G_1\text{-}\mu_3\nu_3}}+\mathrm{D}_{Q_2\text{-}\pi_{R_3G_1\text{-}\mu_3\nu_3}}+\mathrm{D}_{Q_1\text{-}\pi_{R_3G_1\text{-}\mu_3\nu_3}}=0;$$

(11) $\mathrm{D}_{Q_2\text{-}\pi_{R_3G_1\text{-}\mu_3\nu_3}} = 0$ 的充分必要条件是

$$\mathrm{D}_{P_1\text{-}\pi_{R_3G_1\text{-}\mu_3\nu_3}} + \mathrm{D}_{P_2\text{-}\pi_{R_3G_1\text{-}\mu_3\nu_3}} + \mathrm{D}_{Q_1\text{-}\pi_{R_3G_1\text{-}\mu_3\nu_3}} = 0;$$

(12) $\mathrm{D}_{Q_1\text{-}\pi_{R_3G_1\text{-}\mu_3\nu_3}} = 0$ 的充分必要条件是

$$\mathrm{D}_{P_1\text{-}\pi_{R_3G_1\text{-}\mu_3\nu_3}} + \mathrm{D}_{P_2\text{-}\pi_{R_3G_1\text{-}\mu_3\nu_3}} + \mathrm{D}_{Q_2\text{-}\pi_{R_3G_1\text{-}\mu_3\nu_3}} = 0.$$

证明 (1) 根据定理 7.2.2, 由式 (7.2.6) 可得

$\mathrm{D}_{P_2\text{-}\pi_{R_1G_2\text{-}\mu_1\nu_1}} = 0$ 的充分必要条件是式 (7.2.13) 成立.

类似地, 可以证明 (2)~(12) 中结论成立.

推论 7.2.5 设 $P_1P_2P_3\text{-}Q_1Q_2Q_3$ 是拟三棱台体, R_i 是侧棱 $P_iQ_i(i=1,2,3)$ 的中点, G_i 是侧面 $P_iP_{i+1}Q_{i+1}Q_i(i=1,2,3)$ 的重心, $\pi_{R_iG_{i+1}\text{-}\mu_i\nu_i}$ 是 $R_iG_{i+1}(i=1,2,3)$ 的重心线包络面, 则

(1) $\pi_{R_1G_2\text{-}\mu_1\nu_1}$ 通过 P_2 的充分必要条件是侧面 $P_2P_3Q_3Q_2$ 其余三个顶点到 $\pi_{R_1G_2\text{-}\mu_1\nu_1}$ 的距离

$$\mathrm{d}_{P_3\text{-}\pi_{R_1G_2\text{-}\mu_1\nu_1}}, \quad \mathrm{d}_{Q_3\text{-}\pi_{R_1G_2\text{-}\mu_1\nu_1}}, \quad \mathrm{d}_{Q_2\text{-}\pi_{R_1G_2\text{-}\mu_1\nu_1}}$$

中, 其中一条较长的距离等于另两条较短的距离的和;

(2) $\pi_{R_1G_2\text{-}\mu_1\nu_1}$ 通过 P_3 的充分必要条件是侧面 $P_2P_3Q_3Q_2$ 其余三个顶点到 $\pi_{R_1G_2\text{-}\mu_1\nu_1}$ 的距离

$$\mathrm{d}_{P_2\text{-}\pi_{R_1G_2\text{-}\mu_1\nu_1}}, \quad \mathrm{d}_{Q_3\text{-}\pi_{R_1G_2\text{-}\mu_1\nu_1}}, \quad \mathrm{d}_{Q_2\text{-}\pi_{R_1G_2\text{-}\mu_1\nu_1}}$$

中, 其中一条较长的距离等于另两条较短的距离的和;

(3) $\pi_{R_1G_2\text{-}\mu_1\nu_1}$ 通过 Q_2 的充分必要条件是侧面 $P_2P_3Q_3Q_2$ 其余三个顶点到 $\pi_{R_1G_2\text{-}\mu_1\nu_1}$ 的距离

$$\mathrm{d}_{P_2\text{-}\pi_{R_1G_2\text{-}\mu_1\nu_1}}, \quad \mathrm{d}_{P_3\text{-}\pi_{R_1G_2\text{-}\mu_1\nu_1}}, \quad \mathrm{d}_{Q_3\text{-}\pi_{R_1G_2\text{-}\mu_1\nu_1}}$$

中, 其中一条较长的距离等于另两条较短的距离的和;

(4) $\pi_{R_1G_2\text{-}\mu_1\nu_1}$ 通过 Q_3 的充分必要条件是侧面 $P_2P_3Q_3Q_2$ 其余三个顶点到 $\pi_{R_1G_2\text{-}\mu_1\nu_1}$ 的距离

$$\mathrm{d}_{P_2\text{-}\pi_{R_1G_2\text{-}\mu_1\nu_1}}, \quad \mathrm{d}_{P_3\text{-}\pi_{R_1G_2\text{-}\mu_1\nu_1}}, \quad \mathrm{d}_{Q_2\text{-}\pi_{R_1G_2\text{-}\mu_1\nu_1}}$$

中, 其中一条较长的距离等于另两条较短的距离的和;

(5) $\pi_{R_2G_3\text{-}\mu_2\nu_2}$ 通过 P_3 的充分必要条件是侧面 $P_3P_1Q_1Q_3$ 其余三个顶点到 $\pi_{R_2G_3\text{-}\mu_2\nu_2}$ 的距离

$$\mathrm{d}_{P_1\text{-}\pi_{R_2G_3\text{-}\mu_2\nu_2}}, \quad \mathrm{d}_{Q_1\text{-}\pi_{R_2G_3\text{-}\mu_2\nu_2}}, \quad \mathrm{d}_{Q_3\text{-}\pi_{R_2G_3\text{-}\mu_2\nu_2}}$$

中, 其中一条较长的距离等于另两条较短的距离的和;

(6) $\pi_{R_2G_3\text{-}\mu_2\nu_2}$ 通过 P_1 的充分必要条件是侧面 $P_3P_1Q_1Q_3$ 其余三个顶点到 $\pi_{R_2G_3\text{-}\mu_2\nu_2}$ 的距离

$$d_{P_3\text{-}\pi_{R_2G_3\text{-}\mu_2\nu_2}}, \quad d_{Q_1\text{-}\pi_{R_2G_3\text{-}\mu_2\nu_2}}, \quad d_{Q_3\text{-}\pi_{R_2G_3\text{-}\mu_2\nu_2}}$$

中, 其中一条较长的距离等于另两条较短的距离的和;

(7) $\pi_{R_2G_3\text{-}\mu_2\nu_2}$ 通过 Q_1 的充分必要条件是侧面 $P_3P_1Q_1Q_3$ 其余三个顶点到 $\pi_{R_2G_3\text{-}\mu_2\nu_2}$ 的距离

$$d_{P_3\text{-}\pi_{R_2G_3\text{-}\mu_2\nu_2}}, \quad d_{P_1\text{-}\pi_{R_2G_3\text{-}\mu_2\nu_2}}, \quad d_{Q_3\text{-}\pi_{R_2G_3\text{-}\mu_2\nu_2}}$$

中, 其中一条较长的距离等于另两条较短的距离的和;

(8) $\pi_{R_2G_3\text{-}\mu_2\nu_2}$ 通过 Q_3 的充分必要条件是侧面 $P_3P_1Q_1Q_3$ 其余三个顶点到 $\pi_{R_2G_3\text{-}\mu_2\nu_2}$ 的距离

$$d_{P_3\text{-}\pi_{R_2G_3\text{-}\mu_2\nu_2}}, \quad d_{P_1\text{-}\pi_{R_2G_3\text{-}\mu_2\nu_2}}, \quad d_{Q_1\text{-}\pi_{R_2G_3\text{-}\mu_2\nu_2}}$$

中, 其中一条较长的距离等于另两条较短的距离的和;

(9) $\pi_{R_3G_1\text{-}\mu_3\nu_3}$ 通过 P_1 的充分必要条件是侧面 $P_1P_2Q_2Q_1$ 其余三个顶点到 $\pi_{R_3G_1\text{-}\mu_3\nu_3}$ 的距离

$$d_{P_2\text{-}\pi_{R_3G_1\text{-}\mu_3\nu_3}}, \quad d_{Q_2\text{-}\pi_{R_3G_1\text{-}\mu_3\nu_3}}, \quad d_{Q_1\text{-}\pi_{R_3G_1\text{-}\mu_3\nu_3}}$$

中, 其中一条较长的距离等于另两条较短的距离的和;

(10) $\pi_{R_3G_1\text{-}\mu_3\nu_3}$ 通过 P_2 的充分必要条件是侧面 $P_1P_2Q_2Q_1$ 其余三个顶点到 $\pi_{R_3G_1\text{-}\mu_3\nu_3}$ 的距离

$$d_{P_1\text{-}\pi_{R_3G_1\text{-}\mu_3\nu_3}}, \quad d_{Q_2\text{-}\pi_{R_3G_1\text{-}\mu_3\nu_3}}, \quad d_{Q_1\text{-}\pi_{R_3G_1\text{-}\mu_3\nu_3}}$$

中, 其中一条较长的距离等于另两条较短的距离的和;

(11) $\pi_{R_3G_1\text{-}\mu_3\nu_3}$ 通过 Q_2 的充分必要条件是侧面 $P_1P_2Q_2Q_1$ 其余三个顶点到 $\pi_{R_3G_1\text{-}\mu_3\nu_3}$ 的距离

$$d_{P_1\text{-}\pi_{R_3G_1\text{-}\mu_3\nu_3}}, \quad d_{P_2\text{-}\pi_{R_3G_1\text{-}\mu_3\nu_3}}, \quad d_{Q_1\text{-}\pi_{R_3G_1\text{-}\mu_3\nu_3}}$$

中, 其中一条较长的距离等于另两条较短的距离的和;

(12) $\pi_{R_3G_1\text{-}\mu_3\nu_3}$ 通过 Q_1 的充分必要条件是侧面 $P_1P_2Q_2Q_1$ 其余三个顶点到 $\pi_{R_3G_1\text{-}\mu_3\nu_3}$ 的距离

$$d_{P_1\text{-}\pi_{R_3G_1\text{-}\mu_3\nu_3}}, \quad d_{P_2\text{-}\pi_{R_3G_1\text{-}\mu_3\nu_3}}, \quad d_{Q_2\text{-}\pi_{R_3G_1\text{-}\mu_3\nu_3}}$$

中, 其中一条较长的距离等于另两条较短的距离的和.

证明 (1) 根据定理 7.2.5, 由 $\mathrm{D}_{P_2\text{-}\pi_{R_1G_2\text{-}\mu_1\nu_1}} = 0$ 和式 (7.2.13) 的几何意义即得.

类似地, 可以证明 (2)~(12) 中结论成立.

定理 7.2.6 设 $P_1P_2P_3\text{-}Q_1Q_2Q_3$ 是拟三棱台体, R_i 是侧棱 $P_iQ_i(i = 1,2,3)$ 的中点, G_i 是侧面 $P_iP_{i+1}Q_{i+1}Q_i(i = 1,2,3)$ 的重心, $\mu_i, \nu_i(i = 1,2,3)$ 是实数, $\pi_{R_iG_{i+1}\text{-}\mu_i\nu_i}$ 是 $R_iG_{i+1}(i = 1,2,3)$ 的重心线包络面, 则在以下三组式子中, 每组中的两式都是等价的. 即式 (7.2.14) 成立的充分必要条件是式 (7.2.15) 成立; 式 (7.2.16) 成立的充分必要条件是式 (7.2.17) 成立; 式 (7.2.18) 成立的充分必要条件是式 (7.2.19) 成立.

$$\mathrm{D}_{P_2\text{-}\pi_{R_1G_2\text{-}\mu_1\nu_1}} + \mathrm{D}_{Q_2\text{-}\pi_{R_1G_2\text{-}\mu_1\nu_1}} = 0 \quad (\mathrm{d}_{P_2\text{-}\pi_{R_1G_2\text{-}\mu_1\nu_1}} = \mathrm{d}_{Q_2\text{-}\pi_{R_1G_2\text{-}\mu_1\nu_1}}), \quad (7.2.14)$$

$$\mathrm{D}_{P_3\text{-}\pi_{R_1G_2\text{-}\mu_1\nu_1}} + \mathrm{D}_{Q_3\text{-}\pi_{R_1G_2\text{-}\mu_1\nu_1}} = 0 \quad (\mathrm{d}_{P_3\text{-}\pi_{R_1G_2\text{-}\mu_1\nu_1}} = \mathrm{d}_{Q_3\text{-}\pi_{R_1G_2\text{-}\mu_1\nu_1}}); \quad (7.2.15)$$

$$\mathrm{D}_{P_3\text{-}\pi_{R_2G_3\text{-}\mu_2\nu_2}} + \mathrm{D}_{Q_3\text{-}\pi_{R_2G_3\text{-}\mu_2\nu_2}} = 0 \quad (\mathrm{d}_{P_3\text{-}\pi_{R_2G_3\text{-}\mu_2\nu_2}} = \mathrm{d}_{Q_3\text{-}\pi_{R_2G_3\text{-}\mu_2\nu_2}}), \quad (7.2.16)$$

$$\mathrm{D}_{P_1\text{-}\pi_{R_2G_3\text{-}\mu_2\nu_2}} + \mathrm{D}_{Q_1\text{-}\pi_{R_2G_3\text{-}\mu_2\nu_2}} = 0 \quad (\mathrm{d}_{P_1\text{-}\pi_{R_2G_3\text{-}\mu_2\nu_2}} = \mathrm{d}_{Q_1\text{-}\pi_{R_2G_3\text{-}\mu_2\nu_2}}); \quad (7.2.17)$$

$$\mathrm{D}_{P_1\text{-}\pi_{R_3G_1\text{-}\mu_3\nu_3}} + \mathrm{D}_{Q_1\text{-}\pi_{R_3G_1\text{-}\mu_3\nu_3}} = 0 \quad (\mathrm{d}_{P_1\text{-}\pi_{R_3G_1\text{-}\mu_3\nu_3}} = \mathrm{d}_{Q_1\text{-}\pi_{R_3G_1\text{-}\mu_3\nu_3}}), \quad (7.2.18)$$

$$\mathrm{D}_{P_2\text{-}\pi_{R_3G_1\text{-}\mu_3\nu_3}} + \mathrm{D}_{Q_2\text{-}\pi_{R_3G_1\text{-}\mu_3\nu_3}} = 0 \quad (\mathrm{d}_{P_2\text{-}\pi_{R_3G_1\text{-}\mu_3\nu_3}} = \mathrm{d}_{Q_2\text{-}\pi_{R_3G_1\text{-}\mu_3\nu_3}}). \quad (7.2.19)$$

证明 根据定理 7.2.2, 由式 (7.2.6), 即得式 (7.2.14) 成立的充分必要条件是式 (7.2.15) 成立.

类似地, 可以证明, 式 (7.2.16) 成立的充分必要条件是式 (7.2.17) 成立; 式 (7.2.18) 成立的充分必要条件是式 (7.2.19) 成立.

推论 7.2.6 设 $P_1P_2P_3\text{-}Q_1Q_2Q_3$ 是拟三棱台体, R_i 是侧棱 $P_iQ_i(i = 1,2,3)$ 的中点, G_i 是侧面 $P_iP_{i+1}Q_{i+1}Q_i(i = 1,2,3)$ 的重心, $\pi_{R_iG_{i+1}\text{-}\mu_i\nu_i}$ 是 $R_iG_{i+1}(i = 1,2,3)$ 的重心线包络面, 则

(1) $\pi_{R_1G_2\text{-}\mu_1\nu_1}$ 通过侧棱 P_2Q_2 中点的充分必要条件是 $\pi_{R_1G_2\text{-}\mu_1\nu_1}$ 通过侧棱 P_3Q_3 的中点;

(2) $\pi_{R_2G_3\text{-}\mu_2\nu_2}$ 通过侧棱 P_3Q_3 中点的充分必要条件是 $\pi_{R_2G_3\text{-}\mu_2\nu_2}$ 通过侧棱 P_1Q_1 的中点;

(3) $\pi_{R_3G_1\text{-}\mu_3\nu_3}$ 通过侧棱 P_1Q_1 中点的充分必要条件是 $\pi_{R_3G_1\text{-}\mu_3\nu_3}$ 通过侧棱 P_2Q_2 的中点.

证明 (1) 根据定理 7.2.6, 由式 (7.2.14) 和 (7.2.15) 的几何意义, 即得.

类似地, 可以证明 (2) 和 (3) 中结论成立.

定理 7.2.7　设 $P_1P_2P_3\text{-}Q_1Q_2Q_3$ 是拟三棱台体, R_i 是侧棱 $P_iQ_i(i=1,2,3)$ 的中点, G_i 是侧面 $P_iP_{i+1}Q_{i+1}Q_i(i=1,2,3)$ 的重心, $\pi_{R_iG_{i+1}\text{-}\mu_i\nu_i}$ 是 $R_iG_{i+1}(i=1,2,3)$ 的重心线包络面, 则在以下三组式子中, 每组中的两式都是等价的. 即式 (7.2.20) 成立的充分必要条件是式 (7.2.21) 成立; 式 (7.2.22) 成立的充分必要条件是式 (7.2.23) 成立; 式 (7.2.24) 成立的充分必要条件是式 (7.2.25) 成立.

$$\mathrm{D}_{P_2\text{-}\pi_{R_1G_2\text{-}\mu_1\nu_1}} + \mathrm{D}_{P_3\text{-}\pi_{R_1G_2\text{-}\mu_1\nu_1}} = 0 \quad (\mathrm{d}_{P_2\text{-}\pi_{R_1G_2\text{-}\mu_1\nu_1}} = \mathrm{d}_{P_3\text{-}\pi_{R_1G_2\text{-}\mu_1\nu_1}}), \quad (7.2.20)$$

$$\mathrm{D}_{Q_2\text{-}\pi_{R_1G_2\text{-}\mu_1\nu_1}} + \mathrm{D}_{Q_3\text{-}\pi_{R_1G_2\text{-}\mu_1\nu_1}} = 0 \quad (\mathrm{d}_{Q_2\text{-}\pi_{R_1G_2\text{-}\mu_1\nu_1}} = \mathrm{d}_{Q_3\text{-}\pi_{R_1G_2\text{-}\mu_1\nu_1}}); \quad (7.2.21)$$

$$\mathrm{D}_{P_3\text{-}\pi_{R_2G_3\text{-}\mu_2\nu_2}} + \mathrm{D}_{P_1\text{-}\pi_{R_2G_3\text{-}\mu_2\nu_2}} = 0 \quad (\mathrm{d}_{P_3\text{-}\pi_{R_2G_3\text{-}\mu_2\nu_2}} = \mathrm{d}_{P_1\text{-}\pi_{R_2G_3\text{-}\mu_2\nu_2}}), \quad (7.2.22)$$

$$\mathrm{D}_{Q_3\text{-}\pi_{R_2G_3\text{-}\mu_2\nu_2}} + \mathrm{D}_{Q_1\text{-}\pi_{R_2G_3\text{-}\mu_2\nu_2}} = 0 \quad (\mathrm{d}_{Q_3\text{-}\pi_{R_2G_3\text{-}\mu_2\nu_2}} = \mathrm{d}_{Q_1\text{-}\pi_{R_2G_3\text{-}\mu_2\nu_2}}); \quad (7.2.23)$$

$$\mathrm{D}_{P_1\text{-}\pi_{R_3G_1\text{-}\mu_3\nu_3}} + \mathrm{D}_{P_2\text{-}\pi_{R_3G_1\text{-}\mu_3\nu_3}} = 0 \quad (\mathrm{d}_{P_1\text{-}\pi_{R_3G_1\text{-}\mu_3\nu_3}} = \mathrm{d}_{P_2\text{-}\pi_{R_3G_1\text{-}\mu_3\nu_3}}), \quad (7.2.24)$$

$$\mathrm{D}_{Q_1\text{-}\pi_{R_3G_1\text{-}\mu_3\nu_3}} + \mathrm{D}_{Q_2\text{-}\pi_{R_3G_1\text{-}\mu_3\nu_3}} = 0 \quad (\mathrm{d}_{Q_1\text{-}\pi_{R_3G_1\text{-}\mu_3\nu_3}} = \mathrm{d}_{Q_2\text{-}\pi_{R_3G_1\text{-}\mu_3\nu_3}}). \quad (7.2.25)$$

证明　根据定理 7.2.2, 仿定理 2.5.6 证明即得.

推论 7.2.7　设 $P_1P_2P_3\text{-}Q_1Q_2Q_3$ 是拟三棱台体, R_i 是侧棱 $P_iQ_i(i=1,2,3)$ 的中点, G_i 是侧面 $P_iP_{i+1}Q_{i+1}Q_i(i=1,2,3)$ 的重心, $\pi_{R_iG_{i+1}\text{-}\mu_i\nu_i}$ 是 $R_iG_{i+1}(i=1,2,3)$ 的重心线包络面, 则

(1) $\pi_{R_1G_2\text{-}\mu_1\nu_1}$ 通过底边 P_2P_3 中点的充分必要条件是 $\pi_{R_1G_2\text{-}\mu_1\nu_1}$ 通过底边 Q_2Q_3 的中点;

(2) $\pi_{R_2G_3\text{-}\mu_2\nu_2}$ 通过底边 P_3P_1 中点的充分必要条件是 $\pi_{R_2G_3\text{-}\mu_2\nu_2}$ 通过底边 Q_3Q_1 的中点;

(3) $\pi_{R_3G_1\text{-}\mu_3\nu_3}$ 通过底边 P_1P_2 中点的充分必要条件是 $\pi_{R_3G_1\text{-}\mu_3\nu_3}$ 通过底边 Q_1Q_2 的中点.

证明　根据定理 7.2.7, 仿推论 7.2.6 证明即得.

定理 7.2.8　设 $P_1P_2P_3\text{-}Q_1Q_2Q_3$ 是拟三棱台体, R_i 是侧棱 $P_iQ_i(i=1,2,3)$ 的中点, G_i 是侧面 $P_iP_{i+1}Q_{i+1}Q_i(i=1,2,3)$ 的重心, $\pi_{R_iG_{i+1}\text{-}\mu_i\nu_i}$ 是 $R_iG_{i+1}(i=1,2,3)$ 的重心线包络面, 则在以下三组式子中, 每组中的两式都是等价的. 即式 (7.2.26) 成立的充分必要条件是式 (7.2.27) 成立; 式 (7.2.28) 成立的充分必要条件是式 (7.2.29) 成立; 式 (7.2.30) 成立的充分必要条件是式 (7.2.31) 成立.

$$\mathrm{D}_{P_2\text{-}\pi_{R_1G_2\text{-}\mu_1\nu_1}} + \mathrm{D}_{Q_3\text{-}\pi_{R_1G_2\text{-}\mu_1\nu_1}} = 0 \quad (\mathrm{d}_{P_2\text{-}\pi_{R_1G_2\text{-}\mu_1\nu_1}} = \mathrm{d}_{Q_3\text{-}\pi_{R_1G_2\text{-}\mu_1\nu_1}}), \quad (7.2.26)$$

$$\mathrm{D}_{P_3\text{-}\pi_{R_1G_2\text{-}\mu_1\nu_1}} + \mathrm{D}_{Q_2\text{-}\pi_{R_1G_2\text{-}\mu_1\nu_1}} = 0 \quad (\mathrm{d}_{P_3\text{-}\pi_{R_1G_2\text{-}\mu_1\nu_1}} = \mathrm{d}_{Q_2\text{-}\pi_{R_1G_2\text{-}\mu_1\nu_1}}); \quad (7.2.27)$$

$$\mathrm{D}_{P_3\text{-}\pi_{R_2G_3\text{-}\mu_2\nu_2}} + \mathrm{D}_{Q_1\text{-}\pi_{R_2G_3\text{-}\mu_2\nu_2}} = 0 \quad (\mathrm{d}_{P_3\text{-}\pi_{R_2G_3\text{-}\mu_2\nu_2}} = \mathrm{d}_{Q_1\text{-}\pi_{R_2G_3\text{-}\mu_2\nu_2}}), \quad (7.2.28)$$

$$\mathrm{D}_{P_1\text{-}\pi_{R_2G_3\text{-}\mu_2\nu_2}} + \mathrm{D}_{Q_3\text{-}\pi_{R_2G_3\text{-}\mu_2\nu_2}} = 0 \quad (\mathrm{d}_{P_1\text{-}\pi_{R_2G_3\text{-}\mu_2\nu_2}} = \mathrm{d}_{Q_3\text{-}\pi_{R_2G_3\text{-}\mu_2\nu_2}}); \quad (7.2.29)$$

$$\mathrm{D}_{P_1\text{-}\pi_{R_3G_1\text{-}\mu_3\nu_3}} + \mathrm{D}_{Q_2\text{-}\pi_{R_3G_1\text{-}\mu_3\nu_3}} = 0 \quad (\mathrm{d}_{P_1\text{-}\pi_{R_3G_1\text{-}\mu_3\nu_3}} = \mathrm{d}_{Q_2\text{-}\pi_{R_3G_1\text{-}\mu_3\nu_3}}), \quad (7.2.30)$$

$$\mathrm{D}_{P_2\text{-}\pi_{R_3G_1\text{-}\mu_3\nu_3}} + \mathrm{D}_{Q_1\text{-}\pi_{R_3G_1\text{-}\mu_3\nu_3}} = 0 \quad (\mathrm{d}_{P_2\text{-}\pi_{R_3G_1\text{-}\mu_3\nu_3}} = \mathrm{d}_{Q_1\text{-}\pi_{R_3G_1-\mu_3\nu_3}}). \quad (7.2.31)$$

证明 根据定理 7.2.2, 仿定理 7.2.6 证明即得.

推论 7.2.8 设 $P_1P_2P_3\text{-}Q_1Q_2Q_3$ 是拟三棱台体, R_i 是侧棱 $P_iQ_i(i = 1, 2, 3)$ 的中点, G_i 是侧面 $P_iP_{i+1}Q_{i+1}Q_i(i = 1, 2, 3)$ 的重心, $\pi_{R_iG_{i+1}\text{-}\mu_i\nu_i}$ 是 $R_iG_{i+1}(i = 1, 2, 3)$ 的重心线包络面, 则

(1) $\pi_{R_1G_2\text{-}\mu_1\nu_1}$ 通过侧面 $P_2P_3Q_3Q_2$ 对角线 P_2Q_3 中点的充分必要条件是 $\pi_{R_1G_2\text{-}\mu_1\nu_1}$ 通过侧面 $P_2P_3Q_3Q_2$ 对角线 P_3Q_2 中点;

(2) $\pi_{R_2G_3\text{-}\mu_2\nu_2}$ 通过侧面 $P_3P_1Q_1Q_3$ 对角线 P_3Q_1 中点的充分必要条件是 $\pi_{R_2G_3\text{-}\mu_2\nu_2}$ 通过侧面 $P_3P_1Q_1Q_3$ 对角线 P_1Q_3 中点;

(3) $\pi_{R_3G_1\text{-}\mu_3\nu_3}$ 通过侧面 $P_1P_2Q_2Q_1$ 对角线 P_1Q_2 中点的充分必要条件是 $\pi_{R_3G_1\text{-}\mu_3\nu_3}$ 通过侧面 $P_1P_2Q_2Q_1$ 对角线 P_2Q_1 中点.

证明 根据定理 7.2.8, 仿推论 7.2.6 证明即得.

7.3 拟三棱台体顶点到单侧面重心线面的有向距离与应用

本节主要应用有向度量法, 研究拟三棱台体顶点到单侧面重心线面有向距离的有关问题. 首先, 给出拟三棱台体单侧面重心线面的概念; 其次, 给出拟三棱台体顶点到单侧面重心线面的有向距离 (距离) 公式; 最后, 应用拟三棱台体顶点到单侧面重心线面的有向距离公式, 得出相应的有向体积 (体积) 公式, 拟三棱台体单侧面重心线面通过其顶点的充分必要条件和拟三棱台体单侧面重心线面平分其上、下底边的充分条件, 以及拟三棱台体单侧面重心线四边形中面积 (有向面积) 相等的一些结论.

7.3.1 拟三棱台体单侧面重心线面的概念

定义 7.3.1 设 $P_1P_2P_3\text{-}Q_1Q_2Q_3$ 是拟三棱台体, R_i 是侧棱 $P_iQ_i(i = 1, 2, 3)$ 的中点, G_i 是侧面 $P_iP_{i+1}Q_{i+1}Q_i(i = 1, 2, 3)$ 的重心, G'_0, G_0 分别是上、下底面 $Q_1Q_2Q_3, P_1P_2P_3$ 的重心, 则称 $P_1P_2P_3\text{-}Q_1Q_2Q_3$ 任意两条重心线 $G_0G'_0, R_iG_{i+1}$ 所确定的四边形 $G_0R_iG'_0G_{i+1}(i = 1, 2, 3)$ 为 $P_1P_2P_3\text{-}Q_1Q_2Q_3$ 的单侧面重心线四边形, 简称重心线四边形; $G_0R_iG'_0G_{i+1}$ 所在的平面 $\pi_{G_0R_iG'_0G_{i+1}}(i = 1, 2, 3)$ 为 $P_1P_2P_3\text{-}Q_1Q_2Q_3$ 的单侧面重心线面, 简称重心线面.

显然, $P_1P_2P_3\text{-}Q_1Q_2Q_3$ 的重心线面 $\pi_{G_0R_iG'_0G_{i+1}}(i = 1, 2, 3)$ 是重心线包络面的特殊情形. 各重心线面既是过其中一条重心线的包络面, 也是其中另一条重心

线的包络面. 本节中的所有结论, 对具有同化性质的重心线包络面亦成立.

7.3.2　拟三棱台体顶点到单侧面重心线面的有向距离公式

定理 7.3.1　设 $P_1P_2P_3$-$Q_1Q_2Q_3$ 是拟三棱台体, R_1 是侧棱 P_1Q_1 的中点, G_2 是侧面 $P_2P_3Q_3Q_2$ 的重心, G'_0, G_0 分别是上、下底面 $Q_1Q_2Q_3$, $P_1P_2P_3$ 的重心, $\pi_{G_0R_1G'_0G_2}$ 是 $P_1P_2P_3$-$Q_1Q_2Q_3$ 的重心线面. 记 $F_1(P) = 6a_{G_0R_1G'_0}D_{P-\pi_{G_0R_1G'_0G_2}} = 8a_{R_1G'_0G_2}D_{P-\pi_{G_0R_1G'_0G_2}} = 12a_{G'_0G_2G_0}D_{P-\pi_{G_0R_1G'_0G_2}} = 8a_{G_2G_0R_1}D_{P-\pi_{G_0R_1G'_0G_2}}$, 则

$$F_1(P_1) = D_{P_1P_2Q_1Q_3} + D_{P_1P_3Q_1Q_2}, \tag{7.3.1}$$

$$F_1(P_2) = -D_{P_1P_2Q_1Q_3} + \sum_{i=1}^{2} D_{P_2P_3Q_1Q_{i+1}} + \sum_{i=1}^{3} D_{P_1P_2P_3Q_i}, \tag{7.3.2}$$

$$F_1(P_3) = -D_{P_1P_3Q_1Q_2} - \sum_{i=1}^{2} D_{P_2P_3Q_1Q_{i+1}} - \sum_{i=1}^{3} D_{P_1P_2P_3Q_i}; \tag{7.3.3}$$

$$F_1(Q_1) = -D_{P_1P_2Q_1Q_3} - D_{P_1P_3Q_1Q_2}, \tag{7.3.4}$$

$$F_1(Q_2) = D_{P_1P_3Q_1Q_2} + \sum_{i=1}^{2} D_{P_{i+1}P_1Q_2Q_3} + \sum_{i=1}^{3} D_{P_iQ_1Q_2Q_3}, \tag{7.3.5}$$

$$F_1(Q_3) = -D_{P_1P_3Q_3Q_2} - \sum_{i=1}^{2} D_{P_1P_2Q_3Q_i} - \sum_{i=1}^{3} D_{P_iQ_1Q_2Q_3}. \tag{7.3.6}$$

证明　如图 7.3.1 所示. 设 $P_1P_2P_3$-$Q_1Q_2Q_3$ 顶点的坐标分别为 $P_i(x_i, y_i, z_i)$ $(i = 1, 2, 3)$, $Q_i(a_i, b_i, c_i)(i = 1, 2, 3)$. 于是侧棱 P_1Q_1 中点和上、下底面 $Q_1Q_2Q_3$, $P_1P_2P_3$ 重心的坐标分别为

$$R_1\left(\frac{x_1 + a_1}{2}, \frac{y_1 + b_1}{2}, \frac{z_1 + c_1}{2}\right); \quad G'_0\left(\frac{a_1 + a_2 + a_3}{3}, \frac{b_1 + b_2 + b_3}{3}, \frac{c_1 + c_2 + c_3}{3}\right),$$

$$G_0\left(\frac{x_1 + x_2 + x_3}{3}, \frac{y_1 + y_2 + y_3}{3}, \frac{z_1 + z_2 + z_3}{3}\right).$$

因为重心面 $\pi_{G_0R_1G'_0G_2}$ 与重心线三角面 $\pi_{G_0R_1G'_0}, \pi_{R_1G'_0G_2}, \pi_{G'_0G_2G_0}, \pi_{G_2G_0R_1}$ 同向重合, 所以 $P_1P_2P_3$-$Q_1Q_2Q_3$ 的任一点顶点到这五个平面的有向距离相等.

又因为 $\pi_{G_0R_1G'_0}$ 的方程为

$$x\mathrm{Prj}_{yz}D_{G_0R_1G'_0} + y\mathrm{Prj}_{zx}D_{G_0R_1G'_0} + z\mathrm{Prj}_{xy}D_{G_0R_1G'_0} - \Delta_{G_0R_1G'_0} = 0,$$

其中

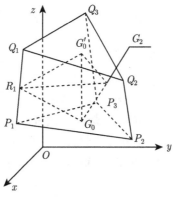

图 7.3.1

$$\Delta_{G_0 R_1 G_0'} = \frac{1}{2} \begin{vmatrix} (x_1+x_2+x_3)/3 & (y_1+y_2+y_3)/3 & (z_1+z_2+z_3)/3 \\ (x_1+a_1)/2 & (y_1+b_1)/2 & (z_1+c_1)/2 \\ (a_1+a_2+a_3)/3 & (b_1+b_2+b_3)/3 & (c_1+c_2+c_3)/3 \end{vmatrix}.$$

于是由点到平面的有向距离公式并注意到 $D_{P_1 P_2 Q_2 Q_1} = 0$, $D_{P_1 P_3 Q_3 Q_1} = 0$, 可得

$$a_{G_0 R_1 G_0'} D_{P_1 - \pi_{G_0 R_1 G_0' G_2}} = a_{G_0 R_1 G_0'} D_{P_1 - \pi_{G_0 R_1 G_0'}}$$

$$= x_1 \mathrm{Prj}_{yz} D_{G_0 R_1 G_0'} + y_1 \mathrm{Prj}_{zx} D_{G_0 R_1 G_0'} + z_1 \mathrm{Prj}_{xy} D_{G_0 R_1 G_0'} - \Delta_{G_0 R_1 G_0'}$$

$$= \frac{1}{2} \begin{vmatrix} x_1 & y_1 & z_1 & 1 \\ (x_1+x_2+x_3)/3 & (y_1+y_2+y_3)/3 & (z_1+z_2+z_3)/3 & 1 \\ (x_1+a_1)/2 & (y_1+b_1)/2 & (z_1+c_1)/2 & 1 \\ (a_1+a_2+a_3)/3 & (b_1+b_2+b_3)/3 & (c_1+c_2+c_3)/3 & 1 \end{vmatrix}$$

$$= \frac{1}{36} \begin{vmatrix} x_1 & y_1 & z_1 & 1 \\ x_1+x_2+x_3 & y_1+y_2+y_3 & z_1+z_2+z_3 & 3 \\ x_1+a_1 & y_1+b_1 & z_1+c_1 & 2 \\ a_1+a_2+a_3 & b_1+b_2+b_3 & c_1+c_2+c_3 & 3 \end{vmatrix}$$

$$= \frac{1}{36} \begin{vmatrix} x_1 & y_1 & z_1 & 1 \\ x_2+x_3 & y_2+y_3 & z_2+z_3 & 2 \\ a_1 & b_1 & c_1 & 1 \\ a_2+a_3 & b_2+b_3 & c_2+c_3 & 2 \end{vmatrix}$$

$$= \frac{1}{6} (D_{P_1 P_2 Q_1 Q_2} + D_{P_1 P_2 Q_1 Q_3} + D_{P_1 P_3 Q_1 Q_2} + D_{P_1 P_3 Q_1 Q_3})$$

$$= \frac{1}{6} \left(\mathrm{D}_{P_1 P_2 Q_1 Q_3} + \mathrm{D}_{P_1 P_3 Q_1 Q_2} \right),$$

所以, 式 (7.3.1) 第一部分成立.

同理可以证明, 式 (7.3.1) 后三部分成立.

类似地, 可以证明, 式 (7.3.2)~(7.3.6) 成立.

推论 7.3.1 设 $P_1 P_2 P_3 \text{-} Q_1 Q_2 Q_3$ 是拟三棱台体, R_1 是侧棱 $P_1 Q_1$ 的中点, G_2 是侧面 $P_2 P_3 Q_3 Q_2$ 的重心, G_0', G_0 分别是上、下底面 $Q_1 Q_2 Q_3, P_1 P_2 P_3$ 的重心, $\pi_{G_0 R_1 G_0' G_2}$ 是 $P_1 P_2 P_3 \text{-} Q_1 Q_2 Q_3$ 的重心线面. 记 $f_1(P) = 6 \mathrm{a}_{G_0 R_1 G_0'} \mathrm{d}_{P \text{-} \pi_{G_0 R_1 G_0' G_2}} = 8 \mathrm{a}_{R_1 G_0' G_2} \mathrm{d}_{P \text{-} \pi_{G_0 R_1 G_0' G_2}} = 12 \mathrm{a}_{G_0' G_2 G_0} \mathrm{d}_{P \text{-} \pi_{G_0 R_1 G_0' G_0}} = 8 \mathrm{a}_{G_2 G_0 R_1} \mathrm{d}_{P \text{-} \pi_{G_0 R_1 G_0' G_0}}$, 则

$$f_1(P_1) = f_1(Q_1) = \left| \mathrm{D}_{P_1 P_2 Q_1 Q_3} + \mathrm{D}_{P_1 P_3 Q_1 Q_2} \right|, \tag{7.3.7}$$

$$f_1(P_2) = \left| -\mathrm{D}_{P_1 P_2 Q_1 Q_3} + \sum_{i=1}^{2} \mathrm{D}_{P_2 P_3 Q_1 Q_{i+1}} + \sum_{i=1}^{3} \mathrm{D}_{P_1 P_2 P_3 Q_i} \right|, \tag{7.3.8}$$

$$f_1(P_3) = \left| \mathrm{D}_{P_1 P_3 Q_1 Q_2} + \sum_{i=1}^{2} \mathrm{D}_{P_2 P_3 Q_1 Q_{i+1}} + \sum_{i=1}^{3} \mathrm{D}_{P_1 P_2 P_3 Q_i} \right|; \tag{7.3.9}$$

$$f_1(Q_2) = \left| \mathrm{D}_{P_1 P_3 Q_1 Q_2} + \sum_{i=1}^{2} \mathrm{D}_{P_{i+1} P_1 Q_2 Q_3} + \sum_{i=1}^{3} \mathrm{D}_{P_i Q_1 Q_2 Q_3} \right|, \tag{7.3.10}$$

$$f_1(Q_3) = \left| \mathrm{D}_{P_1 P_3 Q_3 Q_2} + \sum_{i=1}^{2} \mathrm{D}_{P_1 P_2 Q_3 Q_i} + \sum_{i=1}^{3} \mathrm{D}_{P_i Q_1 Q_2 Q_3} \right|. \tag{7.3.11}$$

证明 根据定理 7.3.1, 式 (7.3.1)~(7.3.6) 等号两边分别取绝对值, 即得式 (7.3.7)~(7.3.11).

定理 7.3.2 设 $P_1 P_2 P_3 \text{-} Q_1 Q_2 Q_3$ 是拟三棱台体, R_2 是侧棱 $P_2 Q_2$ 的中点, G_3 是侧面 $P_3 P_1 Q_1 Q_3$ 的重心, G_0', G_0 分别是上、下底面 $Q_1 Q_2 Q_3, P_1 P_2 P_3$ 的重心, $\pi_{G_0 R_2 G_0' G_3}$ 是 $P_1 P_2 P_3 \text{-} Q_1 Q_2 Q_3$ 的重心线面. 记 $F_2(P) = 6 \mathrm{a}_{G_0 R_2 G_0'} \mathrm{D}_{P \text{-} \pi_{G_0 R_2 G_0' G_3}} = 8 \mathrm{a}_{R_2 G_0' G_3} \mathrm{D}_{P \text{-} \pi_{G_0 R_2 G_0' G_3}} = 12 \mathrm{a}_{G_0' G_3 G_0} \mathrm{D}_{P \text{-} \pi_{G_0 R_2 G_0' G_3}} = 8 \mathrm{a}_{G_3 G_0 R_1} \mathrm{D}_{P \text{-} \pi_{G_0 R_2 G_0' G_3}}$, 则

$$F_2(P_1) = -\mathrm{D}_{P_1 P_3 Q_1 Q_2} + \sum_{i=1}^{2} \mathrm{D}_{P_1 P_{i+1} Q_2 Q_3} - \sum_{i=1}^{3} \mathrm{D}_{P_1 P_2 P_3 Q_i}, \tag{7.3.12}$$

$$F_2(P_2) = -\mathrm{D}_{P_1 P_2 Q_2 Q_3} - \mathrm{D}_{P_2 P_3 Q_1 Q_2}, \tag{7.3.13}$$

$$F_2(P_3) = -\mathrm{D}_{P_1 P_3 Q_2 Q_3} + \sum_{i=1}^{2} \mathrm{D}_{P_i P_3 Q_1 Q_2} + \sum_{i=1}^{3} \mathrm{D}_{P_1 P_2 P_3 Q_i}; \tag{7.3.14}$$

$$F_2(Q_1) = \mathrm{D}_{P_1P_2Q_1Q_3} - \sum_{i=1}^{2} \mathrm{D}_{P_2P_3Q_1Q_{i+1}} + \sum_{i=1}^{3} \mathrm{D}_{Q_1Q_2Q_3P_i}, \tag{7.3.15}$$

$$F_2(Q_2) = \mathrm{D}_{P_1P_2Q_2Q_3} + \mathrm{D}_{P_2P_3Q_1Q_2}, \tag{7.3.16}$$

$$F_2(Q_3) = -\mathrm{D}_{P_2P_3Q_3Q_1} + \sum_{i=1}^{2} \mathrm{D}_{P_1P_2Q_3Q_i} + \sum_{i=1}^{3} \mathrm{D}_{P_iQ_1Q_2Q_3}. \tag{7.3.17}$$

证明 仿定理 7.3.1 证明, 即得式 (7.3.12)~(7.3.17).

推论 7.3.2 设 $P_1P_2P_3\text{-}Q_1Q_2Q_3$ 是拟三棱台体, R_2 是侧棱 P_2Q_2 的中点, G_3 是侧面 $P_3P_1Q_1Q_3$ 的重心, G_0', G_0 分别是上、下底面 $Q_1Q_2Q_3$, $P_1P_2P_3$ 的重心, $\pi_{G_0R_2G_0'G_3}$ 是 $P_1P_2P_3\text{-}Q_1Q_2Q_3$ 的重心线面. 记 $f_2(P) = 6a_{G_0R_2G_0'}\mathrm{d}_{P\text{-}\pi_{G_0R_2G_0'G_3}} = 8a_{R_2G_0'G_3}\mathrm{d}_{P\text{-}\pi_{G_0R_2G_0'G_3}} = 12a_{G_0'G_3G_0}\mathrm{d}_{P\text{-}\pi_{G_0R_2G_0'G_3}} = 8a_{G_3G_0R_2}\mathrm{d}_{P\text{-}\pi_{G_0R_2G_0'G_3}}$, 则

$$f_2(P_1) = \left| -\mathrm{D}_{P_1P_3Q_1Q_2} + \sum_{i=1}^{2} \mathrm{D}_{P_1P_{i+1}Q_2Q_3} - \sum_{i=1}^{3} \mathrm{D}_{P_1P_2P_3Q_i} \right|, \tag{7.3.18}$$

$$f_2(P_2) = f_2(Q_2) = \left| \mathrm{D}_{P_1P_2Q_2Q_3} + \mathrm{D}_{P_2P_3Q_1Q_2} \right|, \tag{7.3.19}$$

$$f_2(P_3) = \left| -\mathrm{D}_{P_1P_3Q_2Q_3} + \sum_{i=1}^{2} \mathrm{D}_{P_iP_3Q_1Q_2} + \sum_{i=1}^{3} \mathrm{D}_{P_1P_2P_3Q_i} \right|; \tag{7.3.20}$$

$$f_2(Q_1) = \left| \mathrm{D}_{P_1P_2Q_1Q_3} - \sum_{i=1}^{2} \mathrm{D}_{P_2P_3Q_1Q_{i+1}} + \sum_{i=1}^{3} \mathrm{D}_{Q_1Q_2Q_3P_i} \right|, \tag{7.3.21}$$

$$f_2(Q_3) = \left| -\mathrm{D}_{P_2P_3Q_3Q_1} + \sum_{i=1}^{2} \mathrm{D}_{P_1P_2Q_3Q_i} + \sum_{i=1}^{3} \mathrm{D}_{P_iQ_1Q_2Q_3} \right|. \tag{7.3.22}$$

证明 根据定理 7.3.2, 式 (7.3.12)~(7.3.17) 等号两边分别取绝对值, 即得式 (7.3.18)~(7.3.22).

定理 7.3.3 设 $P_1P_2P_3\text{-}Q_1Q_2Q_3$ 是拟三棱台体, R_3 是侧棱 P_3Q_3 的中点, G_1 是侧面 $P_1P_2Q_2Q_1$ 的重心, G_0', G_0 分别是上、下底面 $Q_1Q_2Q_3$, $P_1P_2P_3$ 的重心, $\pi_{G_0R_3G_0'G_1}$ 是 $P_1P_2P_3\text{-}Q_1Q_2Q_3$ 的重心线面. 记 $F_3(P) = 6a_{G_0R_3G_0'}\mathrm{D}_{P\text{-}\pi_{G_0R_3G_0'G_1}} = 8a_{R_3G_0'G_1}\mathrm{D}_{P\text{-}\pi_{G_0R_3G_0'G_1}} = 12a_{G_0'G_1G_0}\mathrm{D}_{P\text{-}\pi_{G_0R_3G_0'G_1}} = 8a_{G_1G_0R_3}\mathrm{D}_{P\text{-}\pi_{G_0R_3G_0'G_1}}$, 则

$$F_3(P_1) = \mathrm{D}_{P_1P_3Q_3Q_2} + \sum_{i=1}^{2} \mathrm{D}_{P_1P_2Q_3Q_i} + \sum_{i=1}^{3} \mathrm{D}_{P_1P_2P_3Q_i}, \tag{7.3.23}$$

$$F_3(P_2) = \mathrm{D}_{P_2P_3Q_3Q_1} - \sum_{i=1}^{2} \mathrm{D}_{P_1P_2Q_3Q_i} - \sum_{i=1}^{3} \mathrm{D}_{P_1P_2P_3Q_i}, \tag{7.3.24}$$

$$F_3(P_3) = \mathrm{D}_{P_1 P_3 Q_2 Q_3} + \mathrm{D}_{P_2 P_3 Q_1 Q_3}; \tag{7.3.25}$$

$$F_3(Q_1) = \mathrm{D}_{P_1 P_3 Q_1 Q_2} + \sum_{i=1}^{2} \mathrm{D}_{P_2 P_3 Q_1 Q_{i+1}} - \sum_{i=1}^{3} \mathrm{D}_{Q_1 Q_2 Q_3 P_i}, \tag{7.3.26}$$

$$F_3(Q_2) = \mathrm{D}_{P_1 P_3 Q_2 Q_3} - \sum_{i=1}^{2} \mathrm{D}_{P_i P_3 Q_1 Q_2} + \sum_{i=1}^{3} \mathrm{D}_{Q_1 Q_2 Q_3 P_i}, \tag{7.3.27}$$

$$F_3(Q_3) = -\mathrm{D}_{P_1 P_3 Q_2 Q_3} - \mathrm{D}_{P_2 P_3 Q_1 Q_3}. \tag{7.3.28}$$

证明　仿定理 7.3.1 证明, 即得式 (7.3.23)~(7.3.28).

推论 7.3.3　设 $P_1 P_2 P_3\text{-}Q_1 Q_2 Q_3$ 是拟三棱台体, R_3 是侧棱 $P_3 Q_3$ 的中点, G_1 是侧面 $P_1 P_2 Q_2 Q_1$ 的重心, G_0', G_0 分别是上、下底面 $Q_1 Q_2 Q_3, P_1 P_2 P_3$ 的重心, $\pi_{G_0 R_3 G_0' G_1}$ 是 $P_1 P_2 P_3\text{-}Q_1 Q_2 Q_3$ 的重心线面. 记 $f_3(P) = 6 a_{G_0 R_3 G_0'} \mathrm{d}_{P\text{-}\pi_{G_0 R_3 G_0' G_1}} = 8 a_{R_3 G_0' G_1} \mathrm{d}_{P\text{-}\pi_{G_0 R_3 G_0' G_1}} = 12 a_{G_0' G_1 G_0} \mathrm{d}_{P\text{-}\pi_{G_0 R_3 G_0' G_1}} = 8 a_{G_1 G_0 R_3} \mathrm{d}_{P\text{-}\pi_{G_0 R_3 G_0' G_1}}$, 则

$$f_3(P_1) = \left| \mathrm{D}_{P_1 P_3 Q_3 Q_2} + \sum_{i=1}^{2} \mathrm{D}_{P_1 P_2 Q_3 Q_i} + \sum_{i=1}^{3} \mathrm{D}_{P_1 P_2 P_3 Q_i} \right|, \tag{7.3.29}$$

$$f_3(P_2) = \left| \mathrm{D}_{P_2 P_3 Q_3 Q_1} - \sum_{i=1}^{2} \mathrm{D}_{P_1 P_2 Q_3 Q_i} - \sum_{i=1}^{3} \mathrm{D}_{P_1 P_2 P_3 Q_i} \right|, \tag{7.3.30}$$

$$f_3(P_3) = f_3(Q_3) = \left| \mathrm{D}_{P_1 P_3 Q_2 Q_3} + \mathrm{D}_{P_2 P_3 Q_1 Q_3} \right|; \tag{7.3.31}$$

$$f_3(Q_1) = \left| \mathrm{D}_{P_1 P_3 Q_1 Q_2} + \sum_{i=1}^{2} \mathrm{D}_{P_2 P_3 Q_1 Q_{i+1}} - \sum_{i=1}^{3} \mathrm{D}_{Q_1 Q_2 Q_3 P_i} \right|, \tag{7.3.32}$$

$$f_3(Q_2) = \left| \mathrm{D}_{P_1 P_3 Q_2 Q_3} - \sum_{i=1}^{2} \mathrm{D}_{P_i P_3 Q_1 Q_2} + \sum_{i=1}^{3} \mathrm{D}_{Q_1 Q_2 Q_3 P_i} \right|. \tag{7.3.33}$$

证明　根据定理 7.3.3, 式 (7.3.23)~(7.3.28) 等号两边分别取绝对值, 即得式 (7.3.29)~(7.3.33).

7.3.3　拟三棱台体单侧面重心线面有向距离公式的应用

根据定理 1.2.3, 可以得出定理 7.3.1~ 定理 7.3.3 及其推论中有向距离公式相应的有向体积 (体积) 公式. 兹列如下.

定理 7.3.4　设 $P_1 P_2 P_3\text{-}Q_1 Q_2 Q_3$ 是拟三棱台体, R_1 是侧棱 $P_1 Q_1$ 的中点, G_2 是侧面 $P_2 P_3 Q_3 Q_2$ 的重心, G_0', G_0 分别是上、下底面 $Q_1 Q_2 Q_3, P_1 P_2 P_3$ 的重心, $G_0 R_1 G_0' G_2$ 是 $P_1 P_2 P_3\text{-}Q_1 Q_2 Q_3$ 的重心线四边形. 记 $G_1(P) = 18 \mathrm{D}_{P G_0 R_1 G_0'} =$

$24\mathrm{D}_{PR_1G_0'G_2} = 36\mathrm{D}_{PG_0'G_2G_0} = 24\mathrm{D}_{PG_2G_0R_1}$, 则

$$G_1(P_1) = \mathrm{D}_{P_1P_2Q_1Q_3} + \mathrm{D}_{P_1P_3Q_1Q_2},$$

$$G_1(P_2) = -\mathrm{D}_{P_1P_2Q_1Q_3} + \sum_{i=1}^{2}\mathrm{D}_{P_2P_3Q_1Q_{i+1}} + \sum_{i=1}^{3}\mathrm{D}_{P_1P_2P_3Q_i},$$

$$G_1(P_3) = -\mathrm{D}_{P_1P_3Q_1Q_2} - \sum_{i=1}^{2}\mathrm{D}_{P_2P_3Q_1Q_{i+1}} - \sum_{i=1}^{3}\mathrm{D}_{P_1P_2P_3Q_i};$$

$$G_1(Q_1) = -\mathrm{D}_{P_1P_2Q_1Q_3} - \mathrm{D}_{P_1P_3Q_1Q_2},$$

$$G_1(Q_2) = \mathrm{D}_{P_1P_3Q_1Q_2} + \sum_{i=1}^{2}\mathrm{D}_{P_{i+1}P_1Q_2Q_3} + \sum_{i=1}^{3}\mathrm{D}_{P_iQ_1Q_2Q_3},$$

$$G_1(Q_3) = -\mathrm{D}_{P_1P_3Q_3Q_2} - \sum_{i=1}^{2}\mathrm{D}_{P_1P_2Q_3Q_i} - \sum_{i=1}^{3}\mathrm{D}_{P_iQ_1Q_2Q_3}.$$

推论 7.3.4 设 $P_1P_2P_3\text{-}Q_1Q_2Q_3$ 是拟三棱台体, R_1 是侧棱 P_1Q_1 的中点, G_2 是侧面 $P_2P_3Q_3Q_2$ 的重心, G_0', G_0 分别是上、下底面 $Q_1Q_2Q_3, P_1P_2P_3$ 的重心, $G_0R_1G_0'G_2$ 是 $P_1P_2P_3\text{-}Q_1Q_2Q_3$ 的重心线四边形. 记 $g_1(P) = 18\mathrm{v}_{PG_0R_1G_0'} = 24\mathrm{v}_{PR_1G_0'G_2} = 36\mathrm{v}_{PG_0'G_2G_0} = 24\mathrm{v}_{PG_2G_0R_1}$, 则

$$g_1(P_1) = g_1(Q_1) = |\mathrm{D}_{P_1P_2Q_1Q_3} + \mathrm{D}_{P_1P_3Q_1Q_2}|,$$

$$g_1(P_2) = \left| -\mathrm{D}_{P_1P_2Q_1Q_3} + \sum_{i=1}^{2}\mathrm{D}_{P_2P_3Q_1Q_{i+1}} + \sum_{i=1}^{3}\mathrm{D}_{P_1P_2P_3Q_i} \right|,$$

$$g_1(P_3) = \left| \mathrm{D}_{P_1P_3Q_1Q_2} + \sum_{i=1}^{2}\mathrm{D}_{P_2P_3Q_1Q_{i+1}} + \sum_{i=1}^{3}\mathrm{D}_{P_1P_2P_3Q_i} \right|;$$

$$g_1(Q_2) = \left| \mathrm{D}_{P_1P_3Q_1Q_2} + \sum_{i=1}^{2}\mathrm{D}_{P_{i+1}P_1Q_2Q_3} + \sum_{i=1}^{3}\mathrm{D}_{P_iQ_1Q_2Q_3} \right|,$$

$$g_1(Q_3) = \left| \mathrm{D}_{P_1P_3Q_3Q_2} + \sum_{i=1}^{2}\mathrm{D}_{P_1P_2Q_3Q_i} + \sum_{i=1}^{3}\mathrm{D}_{P_iQ_1Q_2Q_3} \right|.$$

定理 7.3.5 设 $P_1P_2P_3\text{-}Q_1Q_2Q_3$ 是拟三棱台体, R_2 是侧棱 P_2Q_2 的中点, G_3 是侧面 $P_3P_1Q_1Q_3$ 的重心, G_0', G_0 分别是上、下底面 $Q_1Q_2Q_3, P_1P_2P_3$ 的重心, $G_0R_2G_0'G_3$ 是 $P_1P_2P_3\text{-}Q_1Q_2Q_3$ 的重心线四边形. 记 $G_2(P) = 18\mathrm{D}_{PG_0R_2G_0'} = 24\mathrm{D}_{PR_2G_0'G_3} = 36\mathrm{D}_{PG_0'G_3G_0} = 24\mathrm{D}_{PG_3G_0R_1}$, 则

$$G_2(P_1) = -D_{P_1P_3Q_1Q_2} + \sum_{i=1}^{2} D_{P_1P_{i+1}Q_2Q_3} - \sum_{i=1}^{3} D_{P_1P_2P_3Q_i},$$

$$G_2(P_2) = -D_{P_1P_2Q_2Q_3} - D_{P_2P_3Q_1Q_2},$$

$$G_2(P_3) = -D_{P_1P_3Q_2Q_3} + \sum_{i=1}^{2} D_{P_iP_3Q_1Q_2} + \sum_{i=1}^{3} D_{P_1P_2P_3Q_i};$$

$$G_2(Q_1) = D_{P_1P_2Q_1Q_3} - \sum_{i=1}^{2} D_{P_2P_3Q_1Q_{i+1}} + \sum_{i=1}^{3} D_{Q_1Q_2Q_3P_i},$$

$$G_2(Q_2) = D_{P_1P_2Q_2Q_3} + D_{P_2P_3Q_1Q_2},$$

$$G_2(Q_3) = -D_{P_2P_3Q_3Q_1} + \sum_{i=1}^{2} D_{P_1P_2Q_3Q_i} + \sum_{i=1}^{3} D_{P_iQ_1Q_2Q_3}.$$

推论 7.3.5　设 $P_1P_2P_3$-$Q_1Q_2Q_3$ 是拟三棱台体, R_2 是侧棱 P_2Q_2 的中点, G_3 是侧面 $P_3P_1Q_1Q_3$ 的重心, G_0', G_0 分别是上、下底面 $Q_1Q_2Q_3, P_1P_2P_3$ 的重心, $G_0R_2G_0'G_3$ 是 $P_1P_2P_3$-$Q_1Q_2Q_3$ 的重心线四边形. 记 $g_2(P) = 18\mathrm{v}_{PG_0R_2G_0'} = 24\mathrm{v}_{PR_2G_0'G_3} = 36\mathrm{v}_{PG_0'G_3G_0} = 24\mathrm{v}_{PG_3G_0R_1}$, 则

$$g_2(P_1) = \left| -D_{P_1P_3Q_1Q_2} + \sum_{i=1}^{2} D_{P_1P_{i+1}Q_2Q_3} - \sum_{i=1}^{3} D_{P_1P_2P_3Q_i} \right|,$$

$$g_2(P_2) = g_2(Q_2) = \left| D_{P_1P_2Q_2Q_3} + D_{P_2P_3Q_1Q_2} \right|,$$

$$g_2(P_3) = \left| -D_{P_1P_3Q_2Q_3} + \sum_{i=1}^{2} D_{P_iP_3Q_1Q_2} + \sum_{i=1}^{3} D_{P_1P_2P_3Q_i} \right|;$$

$$g_2(Q_1) = \left| D_{P_1P_2Q_1Q_3} + \sum_{k=1}^{3} D_{Q_1Q_2Q_3P_k} - \sum_{k=1}^{2} D_{P_2P_3Q_1Q_{k+1}} \right|,$$

$$g_2(Q_3) = \left| -D_{P_2P_3Q_3Q_1} + \sum_{i=1}^{3} D_{P_iQ_1Q_2Q_3} + \sum_{i=1}^{2} D_{P_1P_2Q_3Q_i} \right|.$$

定理 7.3.6　设 $P_1P_2P_3$-$Q_1Q_2Q_3$ 是拟三棱台体, R_3 是侧棱 P_3Q_3 的中点, G_1 是侧面 $P_1P_2Q_2Q_1$ 的重心, G_0', G_0 分别是上、下底面 $Q_1Q_2Q_3, P_1P_2P_3$ 的重心, $G_0R_3G_0'G_1$ 是 $P_1P_2P_3$-$Q_1Q_2Q_3$ 的重心线四边形. 记 $G_3(P) = 18D_{PG_0R_3G_0'} = 24D_{PR_3G_0'G_1} = 36D_{PG_0'G_1G_0} = 24D_{PG_1G_0R_3}$, 则

$$G_3(P_1) = D_{P_1P_3Q_3Q_2} + \sum_{i=1}^{2} D_{P_1P_2Q_3Q_i} + \sum_{i=1}^{3} D_{P_1P_2P_3Q_i},$$

$$G_3(P_2) = \mathrm{D}_{P_2P_3Q_3Q_1} - \sum_{i=1}^{2}\mathrm{D}_{P_1P_2Q_3Q_i} - \sum_{i=1}^{3}\mathrm{D}_{P_1P_2P_3Q_i},$$

$$G_3(P_3) = \mathrm{D}_{P_1P_3Q_2Q_3} + \mathrm{D}_{P_2P_3Q_1Q_3};$$

$$G_3(Q_1) = \mathrm{D}_{P_1P_3Q_1Q_2} + \sum_{i=1}^{2}\mathrm{D}_{P_2P_3Q_1Q_{i+1}} - \sum_{i=1}^{3}\mathrm{D}_{Q_1Q_2Q_3P_i},$$

$$G_3(Q_2) = \mathrm{D}_{P_1P_3Q_2Q_3} - \sum_{i=1}^{2}\mathrm{D}_{P_iP_3Q_1Q_2} + \sum_{i=1}^{3}\mathrm{D}_{Q_1Q_2Q_3P_i},$$

$$G_3(Q_3) = -\mathrm{D}_{P_1P_3Q_2Q_3} - \mathrm{D}_{P_2P_3Q_1Q_3}.$$

推论 7.3.6 设 $P_1P_2P_3$-$Q_1Q_2Q_3$ 是拟三棱台体, R_3 是侧棱 P_3Q_3 的中点, G_1 是侧面 $P_1P_2Q_2Q_1$ 的重心, G_0', G_0 分别是上、下底面 $Q_1Q_2Q_3, P_1P_2P_3$ 的重心, $G_0R_3G_0'G_1$ 是 $P_1P_2P_3$-$Q_1Q_2Q_3$ 的重心线四边形. 记 $g_3(P) = 18\mathrm{v}_{PG_0R_3G_0'} = 24\mathrm{v}_{PR_3G_0'G_1} = 36\mathrm{v}_{PG_0'G_1G_0} = 24\mathrm{v}_{PG_1G_0R_3}$, 则

$$g_3(P_1) = \left| \mathrm{D}_{P_1P_3Q_3Q_2} + \sum_{i=1}^{2}\mathrm{D}_{P_1P_2Q_3Q_i} + \sum_{i=1}^{3}\mathrm{D}_{P_1P_2P_3Q_i} \right|,$$

$$g_3(P_2) = \left| \mathrm{D}_{P_2P_3Q_3Q_1} - \sum_{i=1}^{2}\mathrm{D}_{P_1P_2Q_3Q_i} - \sum_{i=1}^{3}\mathrm{D}_{P_1P_2P_3Q_i} \right|,$$

$$g_3(P_3) = g_3(Q_3) = \left| \mathrm{D}_{P_1P_3Q_2Q_3} + \mathrm{D}_{P_2P_3Q_1Q_3} \right|;$$

$$g_3(Q_1) = \left| \mathrm{D}_{P_1P_3Q_1Q_2} + \sum_{i=1}^{2}\mathrm{D}_{P_2P_3Q_1Q_{i+1}} - \sum_{i=1}^{3}\mathrm{D}_{Q_1Q_2Q_3P_i} \right|,$$

$$g_3(Q_2) = \left| \mathrm{D}_{P_1P_3Q_2Q_3} - \sum_{i=1}^{2}\mathrm{D}_{P_iP_3Q_1Q_2} + \sum_{i=1}^{3}\mathrm{D}_{Q_1Q_2Q_3P_i} \right|.$$

定理 7.3.7 设 $P_1P_2P_3$-$Q_1Q_2Q_3$ 是拟三棱台体, R_i 是侧棱 $P_iQ_i(i=1,2,3)$ 的中点, G_i 是侧面 $P_iP_{i+1}Q_{i+1}Q_i(i=1,2,3)$ 的重心, G_0', G_0 分别是上、下底面 $Q_1Q_2Q_3, P_1P_2P_3$ 的重心, $\pi_{G_0R_iG_0'G_{i+1}}(i=1,2,3)$ 是 $P_1P_2P_3$-$Q_1Q_2Q_3$ 的重心线面. 记 $P_{3+i}=P_i, Q_{3+i}=Q_i$, 则

$$\sum_{k=1}^{2}\left(\mathrm{D}_{P_{i+k}\text{-}\pi_{G_0R_iG_0'G_{i+1}}} + \mathrm{D}_{Q_{i+k}\text{-}\pi_{G_0R_iG_0'G_{i+1}}}\right) = 0 \quad (i=1,2,3). \tag{7.3.34}$$

证明 根据定理 7.3.1, 式 (7.3.1)+(7.3.2)+(7.3.4)+(7.3.5), 可得

$$6a_{G_0R_1G_0'} \sum_{k=1}^{2} \left(D_{P_{k+1}\text{-}\pi_{G_0R_1G_0'G_2}} + D_{Q_{k+1}\text{-}\pi_{G_0R_1G_0'G_2}} \right) = 0,$$

因为 $6a_{G_0R_1G_0'} \neq 0$, 所以当 $i = 1$ 时, 式 (7.3.34) 成立.

类似地, 根据定理 7.3.2 和定理 7.3.3, 可以证明当 $i = 2, 3$ 时, 式 (7.3.34) 成立.

推论 7.3.7　设 $P_1P_2P_3\text{-}Q_1Q_2Q_3$ 是拟三棱台体, R_i 是侧棱 $P_iQ_i(i = 1, 2, 3)$ 的中点, G_i 是侧面 $P_iP_{i+1}Q_{i+1}Q_i(i = 1, 2, 3)$ 的重心, G_0', G_0 分别是上、下底面 $Q_1Q_2Q_3, P_1P_2P_3$ 的重心, $\pi_{G_0R_iG_0'G_{i+1}}(i = 1, 2, 3)$ 是 $P_1P_2P_3\text{-}Q_1Q_2Q_3$ 的重心线面. 记 $P_{3+i} = P_i, Q_{3+i} = Q_i$, 则在 $P_1P_2P_3\text{-}Q_1Q_2Q_3$ 侧面 $P_{i+1}P_{i+2}Q_{i+2}Q_{i+1}(i = 1, 2, 3)$ 上的四个顶点到 $\pi_{G_0R_iG_0'G_{i+1}}(i = 1, 2, 3)$ 的距离

$$d_{P_{i+1}\text{-}\pi_{G_0R_iG_0'G_{i+1}}}, \quad d_{P_{i+2}\text{-}\pi_{G_0R_iG_0'G_{i+1}}},$$

$$d_{Q_{i+2}\text{-}\pi_{G_0R_iG_0'G_{i+1}}}, \quad d_{Q_{i+1}\text{-}\pi_{G_0R_iG_0'G_{i+1}}} \quad (i = 1, 2, 3)$$

中, 其中一条较长的距离等于另外三条较短的距离的和, 或其中两条距离等于另外两条距离的和.

证明　根据定理 7.3.7, 由式 (7.3.34) 的几何意义, 即得.

定理 7.3.8　设 $P_1P_2P_3\text{-}Q_1Q_2Q_3$ 是拟三棱台体, R_i 是侧棱 $P_iQ_i(i = 1, 2, 3)$ 的中点, G_i 是侧面 $P_iP_{i+1}Q_{i+1}Q_i(i = 1, 2, 3)$ 的重心, G_0', G_0 分别是上、下底面 $Q_1Q_2Q_3, P_1P_2P_3$ 的重心, $\pi_{G_0R_iG_0'G_{i+1}}(i = 1, 2, 3)$ 是 $P_1P_2P_3\text{-}Q_1Q_2Q_3$ 的重心线面, 则如下两式等价, 即它们互为充分必要条件:

$$D_{P_{i+1}\text{-}\pi_{G_0R_iG_0'G_{i+1}}} + D_{P_{i+2}\text{-}\pi_{G_0R_iG_0'G_{i+1}}}$$

$$= 0 \quad (d_{P_{i+1}\text{-}\pi_{G_0R_iG_0'G_{i+1}}} = d_{P_{i+2}\text{-}\pi_{G_0R_iG_0'G_{i+1}}}) \quad (i = 1, 2, 3); \tag{7.3.35}$$

$$D_{Q_{i+1}\text{-}\pi_{G_0R_iG_0'G_{i+1}}} + D_{Q_{i+2}\text{-}\pi_{G_0R_iG_0'G_{i+1}}}$$

$$= 0 \quad (d_{Q_{i+1}\text{-}\pi_{G_0R_iG_0'G_{i+1}}} = d_{Q_{i+2}\text{-}\pi_{G_0R_iG_0'G_{i+1}}}) \quad (i = 1, 2, 3). \tag{7.3.36}$$

证明　根据定理 7.3.7, 由式 (7.3.34) 移项后即得: 式 (7.3.35) 成立的充分必要条件是 (7.3.36) 成立.

推论 7.3.8　设 $P_1P_2P_3\text{-}Q_1Q_2Q_3$ 是拟三棱台体, R_i 是侧棱 $P_iQ_i(i = 1, 2, 3)$ 的中点, G_i 是侧面 $P_iP_{i+1}Q_{i+1}Q_i(i = 1, 2, 3)$ 的重心, G_0', G_0 分别是上、下底面 $Q_1Q_2Q_3, P_1P_2P_3$ 的重心, $\pi_{G_0R_iG_0'G_{i+1}}(i = 1, 2, 3)$ 是 $P_1P_2P_3\text{-}Q_1Q_2Q_3$ 的重心线面, 则 $\pi_{G_0R_iG_0'G_{i+1}}$ 通过下底棱 $P_{i+1}P_{i+2}$ 中点 $S_{i+1,i+2}(i = 1, 2, 3)$ 的充分必要条件 $\pi_{G_0R_iG_0'G_{i+1}}$ 通过上底棱 $Q_{i+1}Q_{i+2}$ 中点 $T_{i+1,i+2}(i = 1, 2, 3)$.

证明 根据定理 7.3.8, 由式 (7.3.35) 和 (7.3.36) 的几何意义, 即得.

定理 7.3.9 设 $P_1P_2P_3$-$Q_1Q_2Q_3$ 是拟三棱台体, R_i 是侧棱 $P_iQ_i(i=1,2,3)$ 的中点, G_i 是侧面 $P_iP_{i+1}Q_{i+1}Q_i(i=1,2,3)$ 的重心, G_0', G_0 分别是上、下底面 $Q_1Q_2Q_3, P_1P_2P_3$ 的重心, $\pi_{G_0R_iG_0'G_{i+1}}(i=1,2,3)$ 是 $P_1P_2P_3$-$Q_1Q_2Q_3$ 的重心线面, 则

$$\mathrm{D}_{P_1\text{-}\pi_{G_0R_iG_0'G_{i+1}}} + \mathrm{D}_{P_2\text{-}\pi_{G_0R_iG_0'G_{i+1}}} + \mathrm{D}_{P_3\text{-}\pi_{G_0R_iG_0'G_{i+1}}} = 0 \quad (i=1,2,3), \quad (7.3.37)$$

$$\mathrm{D}_{Q_1\text{-}\pi_{G_0R_iG_0'G_{i+1}}} + \mathrm{D}_{Q_2\text{-}\pi_{G_0R_iG_0'G_{i+1}}} + \mathrm{D}_{Q_3\text{-}\pi_{G_0R_iG_0'G_{i+1}}} = 0 \quad (i=1,2,3). \quad (7.3.38)$$

证明 根据定理 7.3.1, 式 (7.3.1)+(7.3.2) +(7.3.3), 得

$$6\mathrm{a}_{G_0R_1G_0'}\left(\mathrm{D}_{P_1\text{-}\pi_{G_0R_1G_0'G_2}} + \mathrm{D}_{P_2\text{-}\pi_{G_0R_1G_0'G_2}} + \mathrm{D}_{P_3\text{-}\pi_{G_0R_1G_0'G_2}}\right) = 0.$$

因为 $6\mathrm{a}_{G_0R_1G_0'} \neq 0$, 所以当 $i=1$ 时, 式 (7.3.37) 成立.

同理可以证明, 当 $i=2,3$ 时, 式 (7.3.37) 成立.

类似地, 可以证明, 式 (7.3.38) 成立.

推论 7.3.9 设 $P_1P_2P_3$-$Q_1Q_2Q_3$ 是拟三棱台体, R_i 是侧棱 $P_iQ_i(i=1,2,3)$ 的中点, G_i 是侧面 $P_iP_{i+1}Q_{i+1}Q_i(i=1,2,3)$ 的重心, G_0', G_0 分别是上、下底面 $Q_1Q_2Q_3, P_1P_2P_3$ 的重心, $\pi_{G_0R_iG_0'G_{i+1}}(i=1,2,3)$ 是 $P_1P_2P_3$-$Q_1Q_2Q_3$ 的重心线面, 则

(1) 在 $P_1P_2P_3$-$Q_1Q_2Q_3$ 下底面的三个顶点到重心线面 $\pi_{G_0R_iG_0'G_{i+1}}$ 的距离

$$\mathrm{d}_{P_1\text{-}\pi_{G_0R_iG_0'G_{i+1}}}, \quad \mathrm{d}_{P_2\text{-}\pi_{G_0R_iG_0'G_{i+1}}}, \quad \mathrm{d}_{P_3\text{-}\pi_{G_0R_iG_0'G_{i+1}}} \quad (i=1,2,3)$$

中, 其中一条较长的距离都等于另两条较短的有向距离的和;

(2) 在 $P_1P_2P_3$-$Q_1Q_2Q_3$ 上底面的三个顶点到重心线面 $\pi_{G_0R_iG_0'G_{i+1}}$ 的距离

$$\mathrm{d}_{Q_1\text{-}\pi_{G_0R_iG_0'G_{i+1}}}, \quad \mathrm{d}_{Q_2\text{-}\pi_{G_0R_iG_0'G_{i+1}}}, \quad \mathrm{d}_{Q_3\text{-}\pi_{G_0R_iG_0'G_{i+1}}} \quad (i=1,2,3)$$

中, 其中一条较长的距离都等于另两条较短的有向距离的和.

证明 在式 (7.3.37) 和 (7.3.38) 中, 注意到各式中其中一条较长的有向距离的符号与另两条较短的有向距离的符号相反, 即得 (1) 和 (2) 中结论均成立.

定理 7.3.10 设 $P_1P_2P_3$-$Q_1Q_2Q_3$ 是拟三棱台体, R_i 是侧棱 $P_iQ_i(i=1,2,3)$ 的中点, G_i 是侧面 $P_iP_{i+1}Q_{i+1}Q_i(i=1,2,3)$ 的重心, G_0', G_0 分别是上、下底面 $Q_1Q_2Q_3, P_1P_2P_3$ 的重心, $\pi_{G_0R_iG_0'G_{i+1}}(i=1,2,3)$ 是 $P_1P_2P_3$-$Q_1Q_2Q_3$ 的重心线面, 则

(1) $\mathrm{D}_{P_i\text{-}\pi_{G_0R_iG_0'G_{i+1}}} = 0(i=1,2,3)$ 的充分必要条件是式 (7.3.35) 成立;

(2) $D_{Q_i\text{-}\pi_{G_0R_iG_0'G_{i+1}}} = 0(i = 1, 2, 3)$ 的充分必要条件是式 (7.3.36) 成立.

证明　(1) 根据定理 7.3.9, 由式 (7.3.37) 可得

$D_{P_i\text{-}\pi_{G_0R_iG_0'G_{i+1}}} = 0(i = 1, 2, 3) \Leftrightarrow$ 式 (7.3.35) 成立.

类似地, 可以证明 (2) 中结论成立.

推论 7.3.10　设 $P_1P_2P_3\text{-}Q_1Q_2Q_3$ 是拟三棱台体, R_i 是侧棱 $P_iQ_i(i = 1, 2, 3)$ 的中点, G_i 是侧面 $P_iP_{i+1}Q_{i+1}Q_i(i = 1, 2, 3)$ 的重心, G_0', G_0 分别是上、下底面 $Q_1Q_2Q_3, P_1P_2P_3$ 的重心, $\pi_{G_0R_iG_0'G_{i+1}}(i = 1, 2, 3)$ 是 $P_1P_2P_3\text{-}Q_1Q_2Q_3$ 的重心线面, 则

(1) $\pi_{G_0R_iG_0'G_{i+1}}$ 通过顶点 $P_i(i = 1, 2, 3)$ 的充分必要条件是 $\pi_{G_0R_iG_0'G_{i+1}}$ 通过底边 $P_{i+1}P_{i+2}$ 的中点 $S_{i+1,i+2}(i = 1, 2, 3)$;

(2) $\pi_{G_0R_iG_0'G_{i+1}}$ 通过顶点 $Q_i(i = 1, 2, 3)$ 的充分必要条件是 $\pi_{G_0R_iG_0'G_{i+1}}$ 通过底边 $Q_{i+1}Q_{i+2}$ 的中点 $T_{i+1,i+2}(i = 1, 2, 3)$.

证明　(1) 因为 $\pi_{G_0R_iG_0'G_{i+1}}$ 通过顶点 $P_i(i = 1, 2, 3)$ 的充分必要条件是 $D_{P_i\text{-}\pi_{G_0R_iG_0'G_{i+1}}} = 0(i = 1, 2, 3)$; $\pi_{G_0R_iG_0'G_{i+1}}$ 通过底边 $P_{i+1}P_{i+2}$ 中点 $S_{i+1,i+2}(i = 1, 2, 3)$ 的充分必要条件是式 (7.3.37) 成立. 故由定理 7.3.10(1) 知, 推论 7.3.10(1) 结论成立.

类似地, 可以证明 (2) 中结论成立.

定理 7.3.11　设 $P_1P_2P_3\text{-}Q_1Q_2Q_3$ 是拟三棱台体, R_i 是侧棱 $P_iQ_i(i = 1, 2, 3)$ 的中点, G_i 是侧面 $P_iP_{i+1}Q_{i+1}Q_i(i = 1, 2, 3)$ 的重心, G_0', G_0 分别是上、下底面 $Q_1Q_2Q_3, P_1P_2P_3$ 的重心, $\pi_{G_0R_iG_0'G_{i+1}}(i = 1, 2, 3)$ 是 $P_1P_2P_3\text{-}Q_1Q_2Q_3$ 的重心线面, 则如下两个条件

$$D_{P_i\text{-}\pi_{G_0R_iG_0'G_{i+1}}} = 0 \quad (i = 1, 2, 3) \quad \text{和} \quad D_{Q_i\text{-}\pi_{G_0R_iG_0'G_{i+1}}} = 0 \quad (i = 1, 2, 3)$$

均与式 (7.3.35) 和 (7.3.36) 等价, 即这两个条件与式 (7.3.35) 和 (7.3.36) 共四个条件互为充分必要条件.

证明　根据定理 7.3.8 和定理 7.3.10 即得.

推论 7.3.11　设 $P_1P_2P_3\text{-}Q_1Q_2Q_3$ 是拟三棱台体, R_i 是侧棱 $P_iQ_i(i = 1, 2, 3)$ 的中点, G_i 是侧面 $P_iP_{i+1}Q_{i+1}Q_i(i = 1, 2, 3)$ 的重心, G_0', G_0 分别是上、下底面 $Q_1Q_2Q_3, P_1P_2P_3$ 的重心, $\pi_{G_0R_iG_0'G_{i+1}}(i = 1, 2, 3)$ 是 $P_1P_2P_3\text{-}Q_1Q_2Q_3$ 的重心线面, 则以下四个条件等价, 即它们互为充分必要条件: (1) $\pi_{G_0R_iG_0'G_{i+1}}$ 通过顶点 $P_i(i = 1, 2, 3)$; (2) $\pi_{G_0R_iG_0'G_{i+1}}$ 通过顶点 $Q_i(i = 1, 2, 3)$; (3) $\pi_{G_0R_iG_0'G_{i+1}}$ 通过底边 $P_{i+1}P_{i+2}$ 的中点 $S_{i+1,i+2}(i = 1, 2, 3)$; (4) $\pi_{G_0R_iG_0'G_{i+1}}$ 通过底边 $Q_{i+1}Q_{i+2}$ 的中点 $T_{i+1,i+2}(i = 1, 2, 3)$.

证明　根据定理 7.3.11 或推论 7.3.8 和推论 7.3.10 即得.

定理 7.3.12 设 $P_1P_2P_3$-$Q_1Q_2Q_3$ 是拟三棱台体, R_i 是侧棱 $P_iQ_i(i=1,2,3)$ 的中点, G_i 是侧面 $P_iP_{i+1}Q_{i+1}Q_i(i=1,2,3)$ 的重心, G_0', G_0 分别是上、下底面 $Q_1Q_2Q_3, P_1P_2P_3$ 的重心, $G_0R_iG_0'G_{i+1}(i=1,2,3)$ 是 $P_1P_2P_3$-$Q_1Q_2Q_3$ 的重心线 四边形, 则

$$\mathrm{a}_{G_0R_iG_0'} = 2\mathrm{a}_{G_0'G_{i+1}G_0} = 2\mathrm{a}_{G_0R_iG_0'G_{i+1}}/3 \quad (i=1,2,3), \tag{7.3.39}$$

$$\mathrm{a}_{R_iG_0'G_{i+1}} = \mathrm{a}_{G_{i+1}G_0R_i} = \mathrm{a}_{G_0R_iG_0'G_{i+1}}/2 \quad (i=1,2,3). \tag{7.3.40}$$

从而, $\mathrm{d}_{G_0\text{-}G_0'G_{i+1}} = \mathrm{d}_{G_0'\text{-}R_iG_{i+1}}(i=1,2,3)$.

证明 根据定理 7.3.1~ 定理 7.3.3, 在式 (7.3.1), (7.3.12) 和 (7.3.23) 中注意 到 $\mathrm{D}_{P_1\text{-}\pi_{G_0R_1G_0'G_2}} \neq 0, \mathrm{D}_{P_1\text{-}\pi_{G_0R_2G_0'G_3}} \neq 0, \mathrm{D}_{P_1\text{-}\pi_{G_0R_3G_0'G_1}} \neq 0$, 即得

$$3\mathrm{a}_{G_0R_iG_0'} = 4\mathrm{a}_{R_iG_0'G_{i+1}} = 6\mathrm{a}_{G_0'G_{i+1}G_0} = 4\mathrm{a}_{G_{i+1}G_0R_i} \quad (i=1,2,3).$$

又因为

$$\mathrm{a}_{G_0R_iG_0'} + \mathrm{a}_{R_iG_0'G_{i+1}} + \mathrm{a}_{G_0'G_{i+1}G_0} + \mathrm{a}_{G_{i+1}G_0R_i} = 2\mathrm{a}_{G_0R_iG_0'G_{i+1}} \quad (i=1,2,3),$$

所以 $3\mathrm{a}_{G_0R_iG_0'} = 2\mathrm{a}_{G_0R_iG_0'G_{i+1}}, \mathrm{a}_{G_0R_iG_0'} = 2\mathrm{a}_{G_0R_iG_0'G_{i+1}}/3(i=1,2,3)$, 因此, 式 (7.3.39) 和 (7.3.40) 成立. 从而, $\mathrm{d}_{G_0\text{-}G_0'G_{i+1}} = \mathrm{d}_{G_0'\text{-}R_iG_{i+1}}(i=1,2,3)$.

推论 7.3.12 设 $P_1P_2P_3$-$Q_1Q_2Q_3$ 是拟三棱台体, R_i 是侧棱 $P_iQ_i(i=1,2,3)$ 的中点, G_i 是侧面 $P_iP_{i+1}Q_{i+1}Q_i(i=1,2,3)$ 的重心, G_0', G_0 分别是上、下底面 $Q_1Q_2Q_3, P_1P_2P_3$ 的重心, $\pi_{G_0R_iG_0'G_{i+1}}(i=1,2,3)$ 是 $P_1P_2P_3$-$Q_1Q_2Q_3$ 的重心线 面, 则

$$\mathrm{D}_{G_0R_iG_0'} = 2\mathrm{D}_{G_0'G_{i+1}G_0} = 2\mathrm{D}\mathrm{a}_{G_0R_iG_0'G_{i+1}}/3 \quad (i=1,2,3), \tag{7.3.41}$$

$$\mathrm{D}_{R_iG_0'G_{i+1}} = \mathrm{D}_{G_{i+1}G_0R_i} = \mathrm{D}\mathrm{a}_{G_0R_iG_0'G_{i+1}}/2 \quad (i=1,2,3). \tag{7.3.42}$$

证明 因为重心面 $\pi_{G_0R_1G_0'G_2}$ 与重心线三角面 $\pi_{G_0R_1G_0'}, \pi_{R_1G_0'G_2}, \pi_{G_0'G_2G_0}$, $\pi_{G_2G_0R_1}$ 同向重合, 所以重心线四边形 $G_0R_1G_0'G_2$ 与三角形 $G_0R_1G_0', R_1G_0'G_2$, $G_0'G_2G_0, G_2G_0R_1$ 是同向的. 故由式 (7.3.39) 和 (7.3.40), 即得式 (7.3.41) 和 (7.3.42).

7.4 拟三棱台体顶点到双侧面重心线面的有向距离与应用

本节主要应用有向度量法, 研究拟三棱台体顶点到双侧面重心线面有向距离 的问题. 首先, 给出拟三棱台体双侧面重心线面的概念; 其次, 给出拟三棱台体顶 点到双侧面重心线面的有向距离 (距离) 公式; 最后, 应用拟三棱台体顶点到双侧 面重心线面的有向距离公式, 得出相应的有向体积 (体积) 公式, 拟三棱台体三个 侧面重心线面重合, 以及拟三棱台体双侧面重心线四边形中面积 (有向面积) 相等 的一些结论.

7.4.1 拟三棱台体双侧面重心线面的基本概念

定义 7.4.1 设 $P_1P_2P_3\text{-}Q_1Q_2Q_3$ 是拟三棱台体, R_i 是侧棱 $P_iQ_i(i=1,2,3)$ 的中点, G_i 是侧面 $P_iP_{i+1}Q_{i+1}Q_i(i=1,2,3)$ 的重心, 则称 $P_1P_2P_3\text{-}Q_1Q_2Q_3$ 任意两条重心线 $R_iG_{i+1}, R_{i+1}G_{i+2}$ 所确定的四边形 $R_iR_{i+1}G_{i+1}G_{i+2}(i=1,2,3)$ 为 $P_1P_2P_3\text{-}Q_1Q_2Q_3$ 的双侧面重心线四边形, 简称重心线四边形; $R_iR_{i+1}G_{i+1}G_{i+2}$ 所在的平面 $\pi_{R_iR_{i+1}G_{i+1}G_{i+2}}(i=1,2,3)$ 为 $P_1P_2P_3\text{-}Q_1Q_2Q_3$ 的双侧面重心线面, 简称重心线面.

显然, $P_1P_2P_3\text{-}Q_1Q_2Q_3$ 的重心线面 $\pi_{R_iR_{i+1}G_{i+1}G_{i+2}}(i=1,2,3)$ 是重心线包络面的特殊情形. 重心线面 $\pi_{R_iR_{i+1}G_{i+1}G_{i+2}}$ 既是过其中一条重心线的包络面, 也是其中另一条重心线的包络面. 因此, 本节中的所有结论, 对具有同化性质的相关重心线包络面亦成立.

7.4.2 拟三棱台体双侧面重心线面有向距离公式

定理 7.4.1 设 $P_1P_2P_3\text{-}Q_1Q_2Q_3$ 是拟三棱台体, R_i 是侧棱 $P_iQ_i(i=1,2,3)$ 的中点, G_i 是侧面 $P_iP_{i+1}Q_{i+1}Q_i(i=1,2,3)$ 的重心, $\pi_{R_iR_{i+1}G_{i+1}G_{i+2}}(i=1,2,3)$ 是 $P_1P_2P_3\text{-}Q_1Q_2Q_3$ 的重心线面. 记

$$F_{i+3}(P) = 16a_{R_iR_{i+1}G_{i+1}}\mathrm{D}_{P\text{-}\pi_{R_iR_{i+1}G_{i+1}G_{i+2}}} = 32a_{R_{i+1}G_{i+1}G_{i+2}}\mathrm{D}_{P\text{-}\pi_{R_iR_{i+1}G_{i+1}G_{i+2}}}$$

$$= 32a_{G_{i+1}G_{i+2}R_i}\mathrm{D}_{P\text{-}\pi_{R_iR_{i+1}G_{i+1}G_{i+2}}}$$

$$= 16a_{G_{i+2}R_iR_{i+1}}\mathrm{D}_{P\text{-}\pi_{R_iR_{i+1}G_{i+1}G_{i+2}}} \quad (i=1,2,3),$$

则

$$F_{i+3}(P_1) = 3\left(\mathrm{D}_{P_1P_2P_3Q_1} - \mathrm{D}_{P_1P_2Q_1Q_3} + \mathrm{D}_{P_1P_3Q_1Q_2} + \mathrm{D}_{P_1Q_1Q_2Q_3}\right) \quad (i=1,2,3),$$
$$\tag{7.4.1}$$

$$F_{i+3}(P_2) = 3\left(\mathrm{D}_{P_1P_2P_3Q_2} - \mathrm{D}_{P_1P_2Q_2Q_3} + \mathrm{D}_{P_2P_3Q_1Q_2} + \mathrm{D}_{P_2Q_1Q_2Q_3}\right) \quad (i=1,2,3),$$
$$\tag{7.4.2}$$

$$F_{i+3}(P_3) = 3\left(\mathrm{D}_{P_1P_2P_3Q_2} - \mathrm{D}_{P_1P_2Q_2Q_3} + \mathrm{D}_{P_2P_3Q_1Q_2} + \mathrm{D}_{P_2Q_1Q_2Q_3}\right) \quad (i=1,2,3);$$
$$\tag{7.4.3}$$

$$F_{i+3}(Q_1) = 3\left(\mathrm{D}_{P_1P_2Q_1Q_3} - \mathrm{D}_{P_1P_2P_3Q_1} - \mathrm{D}_{P_1P_3Q_1Q_2} - \mathrm{D}_{P_1Q_1Q_2Q_3}\right) \quad (i=1,2,3),$$
$$\tag{7.4.4}$$

$$F_{i+3}(Q_2) = 3\left(\mathrm{D}_{P_1P_2Q_2Q_3} - \mathrm{D}_{P_1P_2P_3Q_2} - \mathrm{D}_{P_2P_3Q_1Q_2} - \mathrm{D}_{P_2Q_1Q_2Q_3}\right) \quad (i=1,2,3),$$
$$\tag{7.4.5}$$

$$F_{i+3}(Q_3) = 3\left(\mathrm{D}_{P_1 P_3 Q_2 Q_3} - \mathrm{D}_{P_1 P_2 P_3 Q_3} - \mathrm{D}_{P_2 P_3 Q_1 Q_3} - \mathrm{D}_{P_3 Q_1 Q_2 Q_3}\right) \quad (i = 1, 2, 3).$$
$$(7.4.6)$$

证明 如图 7.4.1 所示. 设 $P_1 P_2 P_3$-$Q_1 Q_2 Q_3$ 顶点的坐标分别为 $P_i(x_i, y_i, z_i)$ $(i = 1, 2, 3)$, $Q_i(a_i, b_i, c_i)(i = 1, 2, 3)$. 于是侧棱 $P_i Q_i(i = 1, 2, 3)$ 的中点和侧面 $P_i P_{i+1} Q_{i+1} Q_i(i = 1, 2, 3)$ 重心的坐标分别为

$$R_i\left(\frac{x_i + a_i}{2}, \frac{y_i + b_i}{2}, \frac{z_i + c_i}{2}\right) \quad (i = 1, 2, 3);$$

$$G_i\left(\sum_{i=1}^{2} \frac{x_i + a_i}{4}, \sum_{i=1}^{2} \frac{y_i + b_i}{4}, \sum_{i=1}^{2} \frac{z_i + c_i}{4}\right) \quad (i = 1, 2, 3).$$

因为重心线面 $\pi_{R_1 R_2 G_2 G_3}$ 与重心三角面 $\pi_{R_1 R_2 G_2}, \pi_{R_2 G_2 G_3}, \pi_{G_2 G_3 R_1}, \pi_{G_3 R_1 R_2}$ 同向重合, 所以 $P_1 P_2 P_3$-$Q_1 Q_2 Q_3$ 的任一点顶点到这五个平面的有向距离相等.

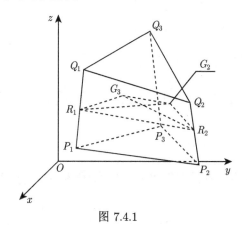

图 7.4.1

又因为 $\pi_{R_1 R_2 G_2}$ 的方程为

$$x \operatorname{Prj}_{yz} \mathrm{D}_{R_1 R_2 G_2} + y \operatorname{Prj}_{zx} \mathrm{D}_{R_1 R_2 G_2} + z \operatorname{Prj}_{xy} \mathrm{D}_{R_1 R_2 G_2} - \Delta_{R_1 R_2 G_2} = 0,$$

其中

$$\Delta_{R_1 R_2 G_2} = \frac{1}{2} \begin{vmatrix} (x_1 + a_1)/2 & (y_1 + b_1)/2 & (z_1 + c_1)/2 \\ (x_2 + a_2)/2 & (y_2 + b_2)/2 & (z_2 + c_2)/2 \\ (x_2 + x_3 + a_3 + a_2)/4 & (y_2 + y_3 + b_3 + b_2)/4 & (z_2 + z_3 + c_3 + c_2)/4 \end{vmatrix}.$$

于是由点到平面的有向距离公式, 有

$$\mathrm{a}_{R_1 R_2 G_2} \mathrm{D}_{P_1 - \pi_{R_1 R_2 G_2 G_3}} = \mathrm{a}_{R_1 R_2 G_2} \mathrm{D}_{P_1 - \pi_{R_1 R_2 G_2}}$$

$$= x_1 \operatorname{Prj}_{yz} \mathrm{D}_{R_1R_2G_2} + y_1 \operatorname{Prj}_{zx} \mathrm{D}_{R_1R_2G_2} + z_1 \operatorname{Prj}_{xy} \mathrm{D}_{R_1R_2G_2} - \Delta_{R_1R_2G_2}$$

$$= \frac{1}{2} \begin{vmatrix} x_1 & y_1 & z_1 & 1 \\ (x_1+a_1)/2 & (y_1+b_1)/2 & (z_1+c_1)/2 & 1 \\ (x_2+a_2)/2 & (y_2+b_2)/2 & (z_2+c_2)/2 & 1 \\ (x_2+x_3+a_3+a_2)/4 & (y_2+y_3+b_3+b_2)/4 & (z_2+z_3+c_3+c_2)/4 & 1 \end{vmatrix}$$

$$= \frac{1}{32} \begin{vmatrix} x_1 & y_1 & z_1 & 1 \\ x_1+a_1 & y_1+b_1 & z_1+c_1 & 2 \\ x_2+a_2 & y_2+b_2 & z_2+c_2 & 2 \\ x_2+x_3+a_3+a_2 & y_2+y_3+b_3+b_2 & z_2+z_3+c_3+c_2 & 4 \end{vmatrix}$$

$$= \frac{1}{32} \begin{vmatrix} x_1 & y_1 & z_1 & 1 \\ a_1 & b_1 & c_1 & 1 \\ x_2+a_2 & y_2+b_2 & z_2+c_2 & 2 \\ x_3+a_3 & y_3+b_3 & z_3+c_3 & 2 \end{vmatrix}$$

$$= \frac{3}{16} (\mathrm{D}_{P_1Q_1P_2P_3} + \mathrm{D}_{P_1Q_1P_2Q_3} + \mathrm{D}_{P_1Q_1Q_2P_3} + \mathrm{D}_{P_1Q_1Q_2Q_3})$$

$$= \frac{3}{16} (\mathrm{D}_{P_1P_2P_3Q_1} - \mathrm{D}_{P_1P_2Q_1Q_3} + \mathrm{D}_{P_1P_3Q_1Q_2} + \mathrm{D}_{P_1Q_1Q_2Q_3}),$$

所以
$$16a_{R_1R_2G_2} \mathrm{D}_{P_1\text{-}\pi_{R_1R_2G_2G_3}}$$
$$= 3 (\mathrm{D}_{P_1P_2P_3Q_1} - \mathrm{D}_{P_1P_2Q_1Q_3} + \mathrm{D}_{P_1P_3Q_1Q_2} + \mathrm{D}_{P_1Q_1Q_2Q_3}).$$

同理, 可以证明
$$32a_{R_2G_2G_3} \mathrm{D}_{P_1\text{-}\pi_{R_1R_2G_2G_3}} = 32a_{G_2G_3R_1} \mathrm{D}_{P_1\text{-}\pi_{R_1R_2G_2G_3}} = 16a_{G_3R_1R_2} \mathrm{D}_{P_1\text{-}\pi_{R_1R_2G_2G_3}}$$
$$= 3 (\mathrm{D}_{P_1P_2P_3Q_1} - \mathrm{D}_{P_1P_2Q_1Q_3} + \mathrm{D}_{P_1P_3Q_1Q_2} + \mathrm{D}_{P_1Q_1Q_2Q_3}),$$

因此, 当 $i=1$ 时, 式 (7.4.1) 成立.

同理可以证明, 当 $i=2,3$ 时, 式 (7.4.1) 成立.

类似地, 可以证明式 (7.4.2)~(7.4.6) 成立.

推论 7.4.1 设 $P_1P_2P_3\text{-}Q_1Q_2Q_3$ 是拟三棱台体, R_i 是侧棱 $P_iQ_i(i=1,2,3)$ 的中点, G_i 是侧面 $P_iP_{i+1}Q_{i+1}Q_i(i=1,2,3)$ 的重心, $\pi_{R_iR_{i+1}G_{i+1}G_{i+2}}(i=1,2,3)$ 是 $P_1P_2P_3\text{-}Q_1Q_2Q_3$ 的重心线面. 记

$$f_{i+3}(P) = 16a_{R_iR_{i+1}G_{i+1}} \mathrm{D}_{P\text{-}\pi_{R_iR_{i+1}G_{i+1}G_{i+2}}} = 32a_{R_{i+1}G_{i+1}G_{i+2}} \mathrm{D}_{P\text{-}\pi_{R_iR_{i+1}G_{i+1}G_{i+2}}}$$

$$= 32a_{G_{i+1}G_{i+2}R_i} \mathrm{D}_{P\text{-}\pi_{R_iR_{i+1}G_{i+1}G_{i+2}}}$$

$$= 16a_{G_{i+2}R_iR_{i+1}} D_{P-\pi_{R_iR_{i+1}G_{i+1}G_{i+2}}} \quad (i = 1, 2, 3),$$

则

$$f_{i+3}(P_1) = f_{i+3}(Q_1)$$
$$= 3 \left| D_{P_1P_2P_3Q_1} - D_{P_1P_2Q_1Q_3} + D_{P_1P_3Q_1Q_2} + D_{P_1Q_1Q_2Q_3} \right| \quad (i = 1, 2, 3), \quad (7.4.7)$$
$$f_{i+3}(P_2) = f_{i+3}(Q_2)$$
$$= 3 \left| D_{P_1P_2P_3Q_2} - D_{P_1P_2Q_2Q_3} + D_{P_2P_3Q_1Q_2} + D_{P_2Q_1Q_2Q_3} \right| \quad (i = 1, 2, 3), \quad (7.4.8)$$
$$f_{i+3}(P_3) = f_{i+3}(Q_3)$$
$$= 3 \left| D_{P_1P_2P_3Q_2} - D_{P_1P_2Q_2Q_3} + D_{P_2P_3Q_1Q_2} + D_{P_2Q_1Q_2Q_3} \right| \quad (i = 1, 2, 3). \quad (7.4.9)$$

证明 根据定理 7.4.1, 式 (7.4.1)~(7.4.6) 等号两边取绝对值, 即得式 (7.4.7)~(7.4.9).

7.4.3 拟三棱台体双侧面重心线面有向距离公式的应用

根据定理 1.2.3, 可以得出定理 7.4.1 中有向距离公式相应的有向体积 (体积) 公式. 兹列如下.

定理 7.4.2 设 $P_1P_2P_3$-$Q_1Q_2Q_3$ 是拟三棱台体, R_i 是侧棱 $P_iQ_i(i = 1, 2, 3)$ 的中点, G_i 是侧面 $P_iP_{i+1}Q_{i+1}Q_i(i = 1, 2, 3)$ 的重心, $R_iR_{i+1}G_{i+1}G_{i+2}(i = 1, 2, 3)$ 是 $P_1P_2P_3$-$Q_1Q_2Q_3$ 的重心线四边形. 记 $G_{i+3}(P) = 16D_{PR_iR_{i+1}G_{i+1}} = 32D_{PR_{i+1}G_{i+1}G_{i+2}} = 32D_{PG_{i+1}G_{i+2}R_i} = 16D_{PG_{i+2}R_iR_{i+1}}(i = 1, 2, 3)$, 则

$$G_{i+3}(P_1) = D_{P_1P_2P_3Q_1} - D_{P_1P_2Q_1Q_3} + D_{P_1P_3Q_1Q_2} + D_{P_1Q_1Q_2Q_3} \quad (i = 1, 2, 3),$$

$$G_{i+3}(P_2) = D_{P_1P_2P_3Q_2} - D_{P_1P_2Q_2Q_3} + D_{P_2P_3Q_1Q_2} + D_{P_2Q_1Q_2Q_3} \quad (i = 1, 2, 3),$$

$$G_{i+3}(P_3) = D_{P_1P_2P_3Q_2} - D_{P_1P_2Q_2Q_3} + D_{P_2P_3Q_1Q_2} + D_{P_2Q_1Q_2Q_3} \quad (i = 1, 2, 3);$$

$$G_{i+3}(Q_1) = D_{P_1P_2Q_1Q_3} - D_{P_1P_2P_3Q_1} - D_{P_1P_3Q_1Q_2} - D_{P_1Q_1Q_2Q_3} \quad (i = 1, 2, 3),$$

$$G_{i+3}(Q_2) = D_{P_1P_2Q_2Q_3} - D_{P_1P_2P_3Q_2} - D_{P_2P_3Q_1Q_2} - D_{P_2Q_1Q_2Q_3} \quad (i = 1, 2, 3),$$

$$G_{i+3}(Q_3) = D_{P_1P_3Q_2Q_3} - D_{P_1P_2P_3Q_3} - D_{P_2P_3Q_1Q_3} - D_{P_3Q_1Q_2Q_3} \quad (i = 1, 2, 3).$$

推论 7.4.2 设 $P_1P_2P_3$-$Q_1Q_2Q_3$ 是拟三棱台体, R_i 是侧棱 $P_iQ_i(i = 1, 2, 3)$ 的中点, G_i 是侧面 $P_iP_{i+1}Q_{i+1}Q_i(i = 1, 2, 3)$ 的重心, $R_iR_{i+1}G_{i+1}G_{i+2}(i = 1, 2, 3)$ 是 $P_1P_2P_3$-$Q_1Q_2Q_3$ 的重心线四边形. 记 $g_{i+3}(P) = 16v_{PR_iR_{i+1}G_{i+1}} = 32v_{PR_{i+1}G_{i+1}G_{i+2}} = 32v_{PG_{i+1}G_{i+2}R_i} = 16v_{PG_{i+2}R_iR_{i+1}}(i = 1, 2, 3)$, 则

$$g_{i+3}(P_1) = g_{i+3}(Q_1)$$

$$= |D_{P_1P_2P_3Q_1} - D_{P_1P_2Q_1Q_3} + D_{P_1P_3Q_1Q_2} + D_{P_1Q_1Q_2Q_3}| \quad (i=1,2,3),$$

$$g_{i+3}(P_2) = g_{i+3}(Q_2)$$

$$= |D_{P_1P_2P_3Q_2} - D_{P_1P_2Q_2Q_3} + D_{P_2P_3Q_1Q_2} + D_{P_2Q_1Q_2Q_3}| \quad (i=1,2,3),$$

$$g_{i+3}(P_3) = g_{i+3}(Q_3)$$

$$= |D_{P_1P_2P_3Q_2} - D_{P_1P_2Q_2Q_3} + D_{P_2P_3Q_1Q_2} + D_{P_2Q_1Q_2Q_3}| \quad (i=1,2,3).$$

定理 7.4.3　设 $P_1P_2P_3$-$Q_1Q_2Q_3$ 是拟三棱台体, R_i 是侧棱 $P_iQ_i(i=1,2,3)$ 的中点, G_i 是侧面 $P_iP_{i+1}Q_{i+1}Q_i(i=1,2,3)$ 的重心, $\pi_{R_iR_{i+1}G_{i+1}G_{i+2}}(i=1,2,3)$ 是 $P_1P_2P_3$-$Q_1Q_2Q_3$ 的重心线面, 则

$$D_{P_1\text{-}\pi_{R_iR_{i+1}G_{i+1}G_{i+2}}} + D_{Q_1\text{-}\pi_{R_iR_{i+1}G_{i+1}G_{i+2}}}$$
$$= 0 \quad (d_{P_1\text{-}\pi_{R_iR_{i+1}G_{i+1}G_{i+2}}} = d_{Q_1\text{-}\pi_{R_iR_{i+1}G_{i+1}G_{i+2}}}) \quad (i=1,2,3); \qquad (7.4.10)$$

$$D_{P_2\text{-}\pi_{R_iR_{i+1}G_{i+1}G_{i+2}}} + D_{Q_2\text{-}\pi_{R_iR_{i+1}G_{i+1}G_{i+2}}}$$
$$= 0 \quad (d_{P_2\text{-}\pi_{R_iR_{i+1}G_{i+1}G_{i+2}}} = d_{Q_2\text{-}\pi_{R_iR_{i+1}G_{i+1}G_{i+2}}}) \quad (i=1,2,3); \qquad (7.4.11)$$

$$D_{P_3\text{-}\pi_{R_iR_{i+1}G_{i+1}G_{i+2}}} + D_{Q_3\text{-}\pi_{R_iR_{i+1}G_{i+1}G_{i+2}}}$$
$$= 0 \quad (d_{P_3\text{-}\pi_{R_iR_{i+1}G_{i+1}G_{i+2}}} = d_{Q_3\text{-}\pi_{R_iR_{i+1}G_{i+1}G_{i+2}}}) \quad (i=1,2,3). \qquad (7.4.12)$$

证明　根据定理 7.4.1, 式 (7.4.1)+(7.4.4), 即得

$$16a_{R_iR_{i+1}G_{i+1}}\left(D_{P_1\text{-}\pi_{R_iR_{i+1}G_{i+1}G_{i+2}}} + D_{Q_1\text{-}\pi_{R_iR_{i+1}G_{i+1}G_{i+2}}}\right) = 0 \quad (i=1,2,3).$$

因为 $16a_{R_iR_{i+1}G_{i+1}} \neq 0$, 所以式 (7.4.10) 成立.

类似地, 可以证明式 (7.4.11) 和 (7.4.12) 成立.

推论 7.4.3　设 $P_1P_2P_3$-$Q_1Q_2Q_3$ 是拟三棱台体, R_i 是侧棱 $P_iQ_i(i=1,2,3)$ 的中点, G_i 是侧面 $P_iP_{i+1}Q_{i+1}Q_i(i=1,2,3)$ 的重心, $\pi_{R_iR_{i+1}G_{i+1}G_{i+2}}(i=1,2,3)$ 是 $P_1P_2P_3$-$Q_1Q_2Q_3$ 的重心线面, 则 $\pi_{R_iR_{i+1}G_{i+1}G_{i+2}}$ 通过侧棱 $P_{i+2}Q_{i+2}$ 的中点 $R_{i+2}(i=1,2,3)$, 于是 $P_1P_2P_3$-$Q_1Q_2Q_3$ 的三个重心线面 $\pi_{R_iR_{i+1}G_{i+1}G_{i+2}}(i=1,2,3)$ 重合.

证明　根据定理 7.4.3, 由式 (7.4.10)~(7.4.12), 可知 $\pi_{R_iR_{i+1}G_{i+1}G_{i+2}}$ 通过侧棱 $P_{i+2}Q_{i+2}$ 的中点 $R_{i+2}(i=1,2,3)$, 从而 $P_1P_2P_3$-$Q_1Q_2Q_3$ 的三个重心线面 $\pi_{R_iR_{i+1}G_{i+1}G_{i+2}}(i=1,2,3)$ 重合.

定理 7.4.4 设 $P_1P_2P_3$-$Q_1Q_2Q_3$ 是拟三棱台体, R_i 是侧棱 $P_iQ_i(i=1,2,3)$ 的中点, G_i 是侧面 $P_iP_{i+1}Q_{i+1}Q_i(i=1,2,3)$ 的重心, $R_iR_{i+1}G_{i+1}G_{i+2}(i=1,2,3)$ 是 $P_1P_2P_3$-$Q_1Q_2Q_3$ 的重心线四边形, 则

$$\mathrm{a}_{R_iR_{i+1}G_{i+1}} = \mathrm{a}_{G_{i+2}R_iR_{i+1}} = 2\mathrm{a}_{R_iR_{i+1}G_{i+1}G_{i+2}}/3 \quad (i=1,2,3), \tag{7.4.13}$$

$$\mathrm{a}_{R_{i+1}G_{i+1}G_{i+2}} = \mathrm{a}_{G_{i+1}G_{i+2}R_i} = \mathrm{a}_{R_iR_{i+1}G_{i+1}G_{i+2}}/3 \quad (i=1,2,3). \tag{7.4.14}$$

从而, $R_iR_{i+1}G_{i+1}G_{i+2}$ 为梯形, 且 $R_iR_{i+1}//G_{i+1}G_{i+2}(i=1,2,3)$.

证明 根据定理 7.4.1, 在式 (7.4.1) 中注意到 $16\mathrm{a}_{R_iR_{i+1}G_{i+1}} \neq 0$, 即得

$$\mathrm{a}_{R_iR_{i+1}G_{i+1}} = 2\mathrm{a}_{R_{i+1}G_{i+1}G_{i+2}} = 2\mathrm{a}_{G_{i+1}G_{i+2}R_i} = \mathrm{a}_{G_{i+2}R_iR_{i+1}} \quad (i=1,2,3).$$

又因为

$$\mathrm{a}_{R_iR_{i+1}G_{i+1}} + \mathrm{a}_{R_{i+1}G_{i+1}G_{i+2}} + \mathrm{a}_{G_{i+1}G_{i+2}R_i} + \mathrm{a}_{G_{i+2}R_iR_{i+1}} = 2\mathrm{a}_{R_iR_{i+1}G_{i+1}G_{i+2}},$$

所以 $3\mathrm{a}_{R_iR_{i+1}G_{i+1}} = 2\mathrm{a}_{R_iR_{i+1}G_{i+1}G_{i+2}}$, $\mathrm{a}_{R_iR_{i+1}G_{i+1}} = 2\mathrm{a}_{R_iR_{i+1}G_{i+1}G_{i+2}}/3$. 因此, 式 (7.4.13) 和 (7.4.14) 成立. 从而 $R_iR_{i+1}G_{i+1}G_{i+2}$ 为梯形, 且 $R_iR_{i+1}//G_{i+1}G_{i+2}$ $(i=1,2,3)$.

推论 7.4.4 设 $P_1P_2P_3$-$Q_1Q_2Q_3$ 是拟三棱台体, R_i 是侧棱 $P_iQ_i(i=1,2,3)$ 的中点, G_i 是侧面 $P_iP_{i+1}Q_{i+1}Q_i(i=1,2,3)$ 的重心, $\pi_{R_iR_{i+1}G_{i+1}G_{i+2}}(i=1,2,3)$ 是 $P_1P_2P_3$-$Q_1Q_2Q_3$ 的重心线面, 则

$$\mathrm{D}_{R_iR_{i+1}G_{i+1}} = \mathrm{D}_{G_{i+2}R_iR_{i+1}} = \mathrm{D}\mathrm{a}_{R_iR_{i+1}G_{i+1}G_{i+2}}/3 \quad (i=1,2,3), \tag{7.4.15}$$

$$\mathrm{D}_{R_{i+1}G_{i+1}G_{i+2}} = \mathrm{D}_{G_{i+1}G_{i+2}R_i} = \mathrm{D}\mathrm{a}_{R_iR_{i+1}G_{i+1}G_{i+2}}/6 \quad (i=1,2,3). \tag{7.4.16}$$

证明 因为重心线面 $\pi_{R_iR_{i+1}G_{i+1}G_{i+2}}$ 与重心线三角面 $\pi_{R_iR_{i+1}G_{i+1}}$, $\pi_{R_{i+1}G_{i+1}G_{i+2}}, \pi_{G_{i+1}G_{i+2}R_i}, \pi_{G_{i+2}R_iR_{i+1}}(i=1,2,3)$ 同向重合, 所以重心四边形 $R_iR_{i+1}G_{i+1}G_{i+2}$ 与重心线三角形 $R_iR_{i+1}G_{i+1}, R_{i+1}G_{i+1}G_{i+2}$, $G_{i+1}G_{i+2}R_i$, $G_{i+2}R_iR_{i+1}$ 均同向. 故由式 (7.4.13) 和 (7.4.14), 即得式 (7.4.15) 和 (7.4.16).

第 8 章 四棱锥重心线的有向度量定理与应用

8.1 四棱锥重心线的共面共点定理与应用

本节主要应用有向体积和有向体积定值法, 研究四棱锥重心线共面的有关问题. 首先, 给出四棱锥重心线的概念; 其次, 给出四棱锥重心线的共面定理; 最后, 利用该共面定理和有向体积法, 得出四棱锥重心线的共点定理和四棱锥重心线的定比分点定理.

8.1.1 四棱锥重心线的概念

定义 8.1.1 设 $S = \{P_0, P_1, P_2, P_3, P_4\}$ 是四棱锥 $P_0\text{-}P_1P_2P_3P_4$ 所有顶点的集合, (S_1, S_4'), (S_2, S_3') 分别是 S 的一个 $(1,4), (2,3)$ 完备集对, 且 S_1, S_2 为 $P_0\text{-}P_1P_2P_3P_4$ 单个顶点和单棱上两个顶点的集合, S_3', S_4' 分别为 $P_0\text{-}P_1P_2P_3P_4$ 单个面上三个、四个顶点的集合, 则称 (S_1, S_4') 和 (S_2, S_3') 中两个集合重心之间的连线为 $P_0\text{-}P_1P_2P_3P_4$ 的一条点-面和边-面重心线, 都简称为重心线. 这里, $P_0\text{-}P_1P_2P_3P_4$ 未必是凸四棱锥.

显然, $P_0\text{-}P_1P_2P_3P_4$ 的点-面重心线是顶点 P_0 和底面 $P_1P_2P_3P_4$ 重心 G_0 之间的连线 P_0G_0, 因此 P_0G_0 也称为底面上的重心线; $P_0\text{-}P_1P_2P_3P_4$ 的边-面重心线为底边 P_iP_{i+1} 的中点 R_i 与该边所对侧面 $P_0P_{i+2}P_{i+3}$ 的重心 G_{i+2} 之间的连线 $R_iG_{i+2}(i = 1, 2, 3, 4)$. 因为除上述 $(1,4), (2,3)$ 完备集对外, $P_0\text{-}P_1P_2P_3P_4$ 没有该意义上其他类型的完备集对, 所以 $P_0\text{-}P_1P_2P_3P_4$ 只有如上五条重心线.

8.1.2 四棱锥重心线的共面定理及其应用

定理 8.1.1 (四棱锥重心线的共面定理) 设 $P_0\text{-}P_1P_2P_3P_4$ 是四棱锥, R_i 是底边 $P_iP_{i+1}(i = 1, 2, 3, 4)$ 的中点, G_i 是侧面 $P_0P_iP_{i+1}(i = 1, 2, 3, 4)$ 的重心, G_0 是底面 $P_1P_2P_3P_4$ 的重心, 则 $P_0\text{-}P_1P_2P_3P_4$ 五条重心线 $R_1G_3, R_2G_4, R_3G_1, R_4G_2, P_0G_0$ 中的任意两条均共面.

证明 如图 8.1.1 所示. 设 $P_0\text{-}P_1P_2P_3P_4$ 的坐标分别为 $P_i(x_i, y_i, z_i)(i = 0, 1, 2, 3, 4)$, 于是底边 P_iP_{i+1} 的中点和侧面 $P_0P_iP_{i+1}$ 的重心的坐标分别为

$$R_i\left(\frac{x_i + x_{i+1}}{2}, \frac{y_i + y_{i+1}}{2}, \frac{z_i + z_{i+1}}{2}\right) \quad (i = 1, 2, 3, 4);$$

$$G_i \left(\frac{x_0 + x_i + x_{i+1}}{3}, \frac{y_0 + y_i + y_{i+1}}{3}, \frac{z_0 + z_i + z_{i+1}}{3} \right) \quad (i = 1, 2, 3, 4).$$

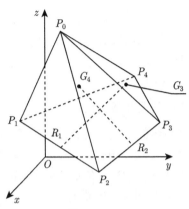

图 8.1.1

于是由四面体有向体积公式, 得

$$6 \times 36 \mathrm{D}_{R_1 R_2 G_3 G_4}$$

$$= \begin{vmatrix} x_1 + x_2 & y_1 + y_2 & z_1 + z_2 & 2 \\ x_2 + x_3 & y_2 + y_3 & z_2 + z_3 & 2 \\ x_0 + x_3 + x_4 & y_0 + y_3 + y_4 & z_0 + z_3 + z_4 & 3 \\ x_0 + x_4 + x_1 & y_0 + y_4 + y_1 & z_0 + z_4 + z_1 & 3 \end{vmatrix}$$

$$= \begin{vmatrix} x_1 + x_2 & y_1 + y_2 & z_1 + z_2 & 2 \\ x_3 - x_1 & y_2 - y_1 & z_2 - z_1 & 0 \\ x_3 - x_1 & y_3 - y_1 & z_3 - z_1 & 0 \\ x_0 + x_4 + x_1 & y_0 + y_4 + y_1 & z_0 + z_4 + z_1 & 3 \end{vmatrix}$$

$$= 0,$$

所以 $\mathrm{D}_{R_1 R_2 G_3 G_4} = 0$. 因此, $R_1 G_3, R_2 G_4$ 两线共面.

类似地, 可以证明 $R_i G_{i+2}, R_j G_{j+2}(i, j = 1, 2, 3, 4; i < j; i \neq 1, j \neq 2)$, $R_i G_{i+2}, P_0 G_0 (i = 1, 2, 3, 4)$ 均两线共面.

推论 8.1.1 设 $P_0\text{-}P_1 P_2 P_3 P_4$ 是四棱锥, R_i 是底边 $P_i P_{i+1}(i = 1, 2, 3, 4)$ 的中点, G_i 是侧面 $P_0 P_i P_{i+1}(i = 1, 2, 3, 4)$ 的重心, G_0 是底面 $P_1 P_2 P_3 P_4$ 的重心, P 是空间任意一点, 则

$$\mathrm{D}_{P R_j G_{i+2} G_{j+2}} - \mathrm{D}_{P G_{i+2} G_{j+2} R_i} + \mathrm{D}_{P G_{j+2} R_i R_j} - \mathrm{D}_{P R_i R_j G_{i+2}} = 0, \quad (8.1.1)$$

其中 $i, j = 1, 2, 3, 4; i < j$;

$$D_{PP_0G_{i+2}G_0} - D_{PG_{i+2}G_0R_i} + D_{PG_0R_iP_0} - D_{PR_iP_0G_{i+2}} = 0, \tag{8.1.2}$$

其中 $i = 1, 2, 3, 4$.

证明　根据定理 8.1.1, 由 $D_{R_iR_jG_{i+2}G_{j+2}} = 0(i, j = 1, 2, 3, 4; i < j)$ 及四面体对面四面体的可加性, 即得式 (8.1.1).

类似地, 可以证明式 (8.1.2) 成立.

8.1.3　四棱锥重心线的共点定理及其应用

定理 8.1.2 (四棱锥重心线的共点定理)　设 $P_0\text{-}P_1P_2P_3P_4$ 是四棱锥, R_i 是底边 $P_iP_{i+1}(i = 1, 2, 3, 4)$ 的中点, G_i 是侧面 $P_0P_iP_{i+1}(i = 1, 2, 3, 4)$ 的重心, G_0 是底面 $P_1P_2P_3P_4$ 的重心, 则 $P_0\text{-}P_1P_2P_3P_4$ 五条重心线 $R_1G_3, R_2G_4, R_3G_1, R_4G_2, P_0G_0$ 所在直线相交于一点, 且这点为四棱锥的重心.

证明　如图 8.1.2 所示. 因为 R_1G_3, R_2G_4 共面且不相互平行, 所以 R_1G_3, R_2G_4 所在直线相交于一点. 设此交点为 G, 则

$$D_{GG_3G_1R_1} = D_{GR_1R_3G_3} = 0, \quad D_{GG_4G_1R_2} = D_{GR_2R_3G_4} = 0.$$

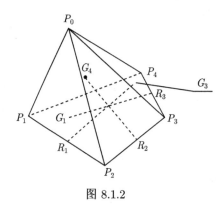

图 8.1.2

在式 (8.1.1) 中, 分别令 $P = G, i = 1, j = 3; P = G, i = 2, j = 3$, 并分别将前述两式代入, 得

$$D_{GR_3G_3G_1} + D_{GG_1R_1R_3} = 0, \quad D_{GR_3G_4G_1} + D_{GG_1R_2R_3} = 0.$$

显然, 上述两式都可以看成是直线 R_3G_1 的某种特殊形式的平面束方程, 且它们是两个不同的平面. 因此, 两个独立的平面束方程联立构成一个关于 G 点坐标的三元一次方程组. 故由线性方程组解的理论易知: 其解是 $3 - 2 = 1$ 维的, 于是当 G 在两平面的交线 R_3G_1 上时, 方程组成立. 从而 G 在直线 R_3G_1 上.

类似地, 可以证明 G 在直线 R_4G_2, P_0G_0 上.

故 $P_0\text{-}P_1P_2P_3P_4$ 五条重心线 $R_1G_3, R_2G_4, R_3G_1, R_4G_2, P_0G_0$ 所在直线相交于一点 G.

现求 G 的坐标. 设 $P_0\text{-}P_1P_2P_3P_4$ 顶点的坐标分别为 $P_i(x_i, y_i, z_i)(i = 0, 1, 2, 3, 4)$, 于是底边 P_iP_{i+1} 的中点和侧面 $P_0P_iP_{i+1}$ 的重心的坐标分别为

$$R_i\left(\frac{x_i + x_{i+1}}{2}, \frac{y_i + y_{i+1}}{2}, \frac{z_i + z_{i+1}}{2}\right) \quad (i = 1, 2, 3, 4);$$

$$G_i\left(\frac{x_0 + x_i + x_{i+1}}{3}, \frac{y_0 + y_i + y_{i+1}}{3}, \frac{z_0 + z_i + z_{i+1}}{3}\right) \quad (i = 1, 2, 3, 4).$$

因为 G 是 $R_1G_3, R_2G_4, R_3G_1, R_4G_2$ 的交点, 故由 G 关于这四条重心线的对称性, 在两直线 R_1G_3, R_2G_4 的方程

$$\frac{x - x_{R_i}}{x_{G_{i+2}} - x_{R_i}} = \frac{y - y_{R_i}}{y_{G_{i+2}} - y_{R_i}} = \frac{z - z_{R_i}}{z_{G_{i+2}} - z_{R_i}} = t_i \quad (i = 1, 2)$$

中令 $t_1 = t_2 = t$, 可得

$$\frac{x_G - x_{R_1}}{x_{G_3} - x_{R_1}} = \frac{x_G - x_{R_2}}{x_{G_4} - x_{R_2}}.$$

于是

$$x_G = \frac{x_{R_1}(x_{G_4} - x_{R_2}) - x_{R_2}(x_{G_3} - x_{R_1})}{(x_{G_4} - x_{R_2}) - (x_{G_3} - x_{R_1})} = \frac{x_{R_1}x_{G_4} - x_{R_2}x_{G_3}}{(x_{G_4} - x_{G_3}) - (x_{R_2} - x_{R_1})}$$

$$= \frac{(x_1 + x_2)(x_0 + x_4 + x_1) - (x_2 + x_3)(x_0 + x_3 + x_4)}{2(x_1 - x_3) - 3(x_3 - x_1)}$$

$$= \frac{(x_1 - x_3)(x_0 + x_1 + x_2 + x_3 + x_4)}{5(x_1 - x_3)} = \frac{1}{5}\sum_{i=0}^{4} x_i.$$

类似地, 可以求得

$$y_G = \frac{1}{5}\sum_{i=0}^{4} y_i, \quad z_G = \frac{1}{5}\sum_{i=0}^{4} z_i.$$

所以 $G = \dfrac{1}{5}\sum_{i=0}^{4} P_i$, 即 G 是 $P_0\text{-}P_1P_2P_3P_4$ 的重心. 又显然, G 是各重心线的内点, 故重心线 $R_1G_3, R_2G_4, R_3G_1, R_4G_2, P_0G_0$ 相交于一点.

定理 8.1.3 (四棱锥重心线的定比分点定理) 设 $P_0\text{-}P_1P_2P_3P_4$ 是四棱锥, $R_1G_3, R_2G_4, R_3G_1, R_4G_2, P_0G_0$ 是 $P_0\text{-}P_1P_2P_3P_4$ 的五条重心线, G 是 $P_0\text{-}P_1P_2P_3P_4$

的重心, 则 G 是四条棱-面重心线 $R_1G_3, R_2G_4, R_3G_1, R_4G_2$ 的 3/2-分点 (加权重心), 是底面重心线 P_0G_0 的 4-分点 (加权重心), 即

$$\mathrm{D}_{P_iG}/\mathrm{D}_{GG_{i+2}} = 3/2 \quad (i=1,2,3,4), \quad \mathrm{D}_{P_0G}/\mathrm{D}_{GG_0} = 4$$

或

$$G = (2R_i + 3G_{i+1})/5 \quad (i=1,2,3,4), \quad G = (P_0 + 4G_0)/5.$$

证明　不妨设四棱锥 $P_0\text{-}P_1P_2P_3P_4$ 的四条棱-面重心线 $R_1G_3, R_2G_4, R_3G_1,$ R_4G_2 在 x 轴上的投影均不为零, 且其顶点的坐标如定理 8.1.2 所设, 且则

$$
\begin{aligned}
\frac{\mathrm{D}_{R_iG}}{\mathrm{D}_{GG_{i+2}}} &= \frac{\mathrm{Prj}_x\mathrm{D}_{R_iG}}{\mathrm{Prj}_x\mathrm{D}_{GG_{i+2}}} = \frac{x_G - x_{R_i}}{x_{G_{i+2}} - x_G} \\
&= \frac{(x_0+x_1+x_2+x_3+x_4)/5 - (x_i+x_{i+1})/2}{(x_0+x_{i+2}+x_{i+3})/3 - (x_0+x_1+x_2+x_3+x_4)/5} \\
&= \frac{6(x_0+x_{i+2}+x_{i+3}) - 9(x_i+x_{i+1})}{4(x_0+x_{i+2}+x_{i+3}) - 6(x_i+x_{i+1})} = \frac{3}{2} \quad (i=1,2,3,4),
\end{aligned}
$$

所以 $G = (2R_i + 3G_{i+1})/5 (i=1,2,3,4)$. 即重心 G 是四条边-面重心线 $R_1G_3,$ R_2G_4, R_3G_1, R_4G_2 的 3/2-分点 (加权重心).

类似地, 可以证明 $\mathrm{D}_{P_0G}/\mathrm{D}_{GG_0} = 4$, $G = (P_0 + 4G_0)/5$. 即重心 G 是底面重心线 P_0G_0 的 4-分点 (加权重心).

8.2　四棱锥重心线包络面有向距离的关系定理与应用

本节主要利用有向距离法, 研究四棱锥顶点到重心线包络面有向距离的有关问题. 首先, 给出四棱锥重心线包络面的概念与方程; 其次, 给出四棱锥顶点到重心线包络面的两个关系定理, 从而推出 "四棱锥一面上的顶点到该面上重心线包络面的距离中, 其中一条较长的距离等于另两条较短的有向距离的和" 等结论; 最后, 利用这两个关系定理, 得出侧面重心线包络面通过四棱锥顶点和底面顶点的充分必要条件, 以及底面重心线包络面通过底面顶点、底边中点和底面对角线中点的充分必要条件.

8.2.1　四棱锥重心线包络面的概念与方程

定义 8.2.1　设 $P_0\text{-}P_1P_2P_3P_4$ 是四棱锥, R_i 为底边 $P_iP_{i+1}(i=1,2,3,4)$ 的中点, G_0 为底面 $P_1P_2P_3P_4$ 的重心, G_i 为侧面 $P_0P_{i+2}P_{i+3}(i=1,2,3,4)$ 的重心, P_0G_0 和 $R_iG_{i+2}(i=1,2,3,4)$ 为 $P_0\text{-}P_1P_2P_3P_4$ 的重心线, 则称过 $P_0\text{-}P_1P_2P_3P_4$ 任

意一条重心线 P_0G_0 或 $R_iG_{i+2}(i = 1, 2, 3, 4)$ 的所有平面为 P_0-$P_1P_2P_3P_4$ 该重心线的包络面, 其中前者称为底面重心线的包络面, 后者称为侧面重心线包络面.

定义 8.2.2 由四棱锥 P_0-$P_1P_2P_3P_4$ 重心线 P_0G_0 和 $R_iG_{i+2}(i = 1, 2, 3, 4)$ 的方程所生成的带有两个不全为零的参数 $\mu_i, \nu_i(i = 0, 1, 2, 3, 4)$ 的包络面称为该重心线的双参数包络面, 分别记为 $\pi_{P_0G_0\text{-}\mu_0\nu_0}$ 和 $\pi_{R_iG_{i+2}\text{-}\mu_i\nu_i}(i = 1, 2, 3, 4)$.

引理 8.2.1 设 P_0-$P_1P_2P_3P_4$ 是四棱锥, $\mu_i, \nu_i(i = 0, 1, 2, 3, 4)$ 均是不全为零的实数, 则 P_0-$P_1P_2P_3P_4$ 底面重心线 P_0G_0 和侧面重心线 $R_iG_{i+2}(i = 1, 2, 3, 4)$ 的平面束方程可以分别表示成

$$\pi_{P_0G_0\text{-}\mu_0\nu_0} : a_0x + b_0y + c_0z + d_0 = 0, \tag{8.2.1}$$

其中 $a_0 = \mu_0(y_{G_0} - y_{P_0}), b_0 = \mu_0(x_{P_0} - x_{G_0}) + \nu_0(z_{G_0} - z_{P_0}), c_0 = \nu_0(y_{P_0} - y_{G_0}),$
$d_0 = \mu_0(x_{G_0}y_{P_0} - x_{P_0}y_{G_0}) + \nu_0(y_{G_0}z_{P_0} - y_{P_0}z_{G_0});$

$$\pi_{R_iG_{i+2}\text{-}\mu_i\nu_i} : a_ix + b_iy + c_iz + d_i = 0 \quad (i = 1, 2, 3, 4), \tag{8.2.2}$$

其中 $a_i = \mu_i(y_{G_{i+2}} - y_{R_i}), b_i = \mu_i(x_{R_i} - x_{G_{i+2}}) + \nu_i(z_{G_{i+2}} - z_{R_i}), c_i = \nu_i(y_{R_i} - y_{G_{i+2}}),$
$d_i = \mu_i(x_{G_{i+2}}y_{R_i} - x_{R_i}y_{G_{i+2}}) + \nu_i(y_{G_{i+2}}z_{R_i} - y_{R_i}z_{G_{i+2}}).$

证明 根据直线 P_0G_0 的两点式方程

$$\frac{x - x_{P_0}}{x_{G_0} - x_{P_0}} = \frac{y - y_{P_0}}{y_{G_0} - y_{P_0}} = \frac{z - z_{P_0}}{z_{G_0} - z_{P_0}},$$

仿引理 2.4.1 证明, 即得重心线 P_0G_0 的平面束方程可以表示成式 (8.2.1) 的形式. 类似地, 可以证明式 (8.2.2) 成立.

8.2.2 四棱锥顶点到重心线包络面有向距离的关系定理

定理 8.2.1 设 P_0-$P_1P_2P_3P_4$ 是四棱锥, G_0 为底面 $P_1P_2P_3P_4$ 的重心, P_0G_0 为 P_0-$P_1P_2P_3P_4$ 的重心线, $\pi_{P_0G_0\text{-}\mu_0\nu_0}$ 是 P_0G_0 的重心线包络面, 则

$$D_{P_1\text{-}\pi_{P_0G_0\text{-}\mu_0\nu_0}} + D_{P_2\text{-}\pi_{P_0G_0\text{-}\mu_0\nu_0}} + D_{P_3\text{-}\pi_{P_0G_0\text{-}\mu_0\nu_0}} + D_{P_4\text{-}\pi_{P_0G_0\text{-}\mu_0\nu_0}} = 0. \tag{8.2.3}$$

证明 不妨设 $\pi_{P_0G_0\text{-}\mu_0\nu_0}$ 是 P_0G_0 形如式 (8.2.1) 的平面束方程所表示的重心线包络面. 设 P_0-$P_1P_2P_3P_4$ 的坐标分别为 $P_i(x_i, y_i, z_i)(i = 0, 1, 2, 3)$, 于是底面 $P_1P_2P_3P_4$ 重心的坐标为

$$G_0\left(\frac{x_1 + x_2 + x_3 + x_4}{4}, \frac{y_1 + y_2 + y_3 + y_4}{4}, \frac{z_1 + z_2 + z_3 + z_4}{4}\right).$$

于是由 $\pi_{P_0G_0\text{-}\mu_0\nu_0}$ 的方程 (8.2.1), 可得

$$16\sqrt{a_0^2 + b_0^2 + c_0^2}D_{P_i\text{-}\pi_{P_0G_0\text{-}\mu_0\nu_0}}$$

$$= 16\mu_0 \left[x_i(y_{G_0} - y_{P_0}) + (x_{P_0} - x_{G_0})y_i + (x_{G_0}y_{P_0} - x_{P_0}y_{G_0}) \right]$$

$$+ 16\nu_0 \left[y_i(z_{G_0} - z_{P_0}) + (y_{P_0} - y_{G_0})z_i + (y_{G_0}z_{P_0} - y_{P_0}z_{G_0}) \right]$$

$$= \mu_0 \left[4x_i \left(\sum_{j=1}^{4} y_j - 4y_0 \right) + 4 \left(4x_0 - \sum_{j=1}^{4} x_j \right) y_i + \left(y_0 \sum_{j=1}^{4} x_j - x_0 \sum_{j=1}^{4} y_j \right) \right]$$

$$+ \nu_0 \left[4y_i \left(\sum_{j=1}^{4} z_j - 4z_0 \right) + 4 \left(4y_0 - \sum_{j=1}^{4} y_j \right) z_i + \left(z_0 \sum_{j=1}^{4} y_j - y_0 \sum_{j=1}^{4} z_j \right) \right],$$

其中 $i = 1, 2, 3, 4$. 所以

$$16\sqrt{a_0^2 + b_0^2 + c_0^2} \sum_{i=1}^{4} \mathrm{D}_{P_i\text{-}\pi_{P_0 G_0\text{-}\mu_0\nu_0}}$$

$$= 4\mu_0 \left[\left(\sum_{j=1}^{4} y_j - 4y_0 \right) \sum_{i=1}^{4} x_i + \left(4x_0 - \sum_{j=1}^{4} x_j \right) \sum_{i=1}^{4} y_i + 4 \left(y_0 \sum_{j=1}^{4} x_j - x_0 \sum_{j=1}^{4} y_j \right) \right]$$

$$+ 4\nu_0 \left[\left(\sum_{j=1}^{4} z_j - 4z_0 \right) \sum_{i=1}^{4} y_i + \left(4y_0 - \sum_{j=1}^{4} y_j \right) \sum_{i=1}^{4} z_i + 4 \left(z_0 \sum_{j=1}^{4} y_j - y_0 \sum_{j=1}^{4} z_j \right) \right]$$

$$= 0.$$

注意到 $16\sqrt{a_0^2 + b_0^2 + c_0^2} \neq 0$, 因此式 (8.2.3) 成立.

推论 8.2.1 设 $P_0\text{-}P_1P_2P_3P_4$ 是四棱锥, G_0 为底面 $P_1P_2P_3P_4$ 的重心, P_0G_0 为 $P_0\text{-}P_1P_2P_3P_4$ 的重心线, $\pi_{P_0G_0\text{-}\mu_0\nu_0}$ 是 P_0G_0 的重心线包络面, 则在底面 $P_1P_2P_3P_4$ 的四个顶点到 $\pi_{P_0G_0\text{-}\mu_0\nu_0}$ 的距离

$$\mathrm{d}_{P_1\text{-}\pi_{P_0G_0\text{-}\mu_0\nu_0}}, \quad \mathrm{d}_{P_2\text{-}\pi_{P_0G_0\text{-}\mu_0\nu_0}}, \quad \mathrm{d}_{P_3\text{-}\pi_{P_0G_0\text{-}\mu_0\nu_0}}, \quad \mathrm{d}_{P_4\text{-}\pi_{P_0G_0\text{-}\mu_0\nu_0}}$$

中, 其中一条较长的距离等于两外三条较短的距离的和, 或其中两条距离的和等于另外两条较短的距离的和.

证明 根据定理 8.2.1, 由式 (8.2.3) 的几何意义, 即得.

定理 8.2.2 设 $P_0\text{-}P_1P_2P_3P_4$ 是四棱锥, R_i 为底边 $P_iP_{i+1}(i = 1,2,3,4)$ 的中点, G_i 为侧面 $P_0P_{i+2}P_{i+3}(i = 1,2,3,4)$ 的重心, $\pi_{R_iG_{i+1}\text{-}\mu_i\nu_i}$ 是 $R_iG_{i+2}(i = 1,2,3,4)$ 的重心线包络面, 则

$$\mathrm{D}_{P_1\text{-}\pi_{R_1G_3\text{-}\mu_1\nu_1}} + \mathrm{D}_{P_2\text{-}\pi_{R_1G_3\text{-}\mu_1\nu_1}} = 0 \quad (\mathrm{d}_{P_1\text{-}\pi_{R_1G_3\text{-}\mu_1\nu_1}} = \mathrm{d}_{P_2\text{-}\pi_{R_1G_3\text{-}\mu_1\nu_1}}), \quad (8.2.4)$$

$$\mathrm{D}_{P_0\text{-}\pi_{R_1G_3\text{-}\mu_1\nu_1}} + \mathrm{D}_{P_3\text{-}\pi_{R_1G_3\text{-}\mu_1\nu_1}} + \mathrm{D}_{P_4\text{-}\pi_{R_1G_3\text{-}\mu_1\nu_1}} = 0; \quad (8.2.5)$$

$$D_{P_2 \text{-} \pi_{R_2 G_4 \text{-} \mu_2 \nu_2}} + D_{P_3 \text{-} \pi_{R_2 G_4 \text{-} \mu_2 \nu_2}} = 0 \quad (d_{P_2 \text{-} \pi_{R_2 G_4 \text{-} \mu_2 \nu_2}} = d_{P_3 \text{-} \pi_{R_2 G_4 \text{-} \mu_2 \nu_2}}), \tag{8.2.6}$$

$$D_{P_0 \text{-} \pi_{R_2 G_4 \text{-} \mu_2 \nu_2}} + D_{P_4 \text{-} \pi_{R_2 G_4 \text{-} \mu_2 \nu_2}} + D_{P_1 \text{-} \pi_{R_2 G_4 \text{-} \mu_2 \nu_2}} = 0; \tag{8.2.7}$$

$$D_{P_3 \text{-} \pi_{R_3 G_1 \text{-} \mu_3 \nu_3}} + D_{P_4 \text{-} \pi_{R_3 G_1 \text{-} \mu_3 \nu_3}} = 0 \quad (d_{P_3 \text{-} \pi_{R_3 G_1 \text{-} \mu_3 \nu_3}} = d_{P_4 \text{-} \pi_{R_3 G_1 \text{-} \mu_3 \nu_3}}), \tag{8.2.8}$$

$$D_{P_0 \text{-} \pi_{R_3 G_1 \text{-} \mu_3 \nu_3}} + D_{P_1 \text{-} \pi_{R_3 G_1 \text{-} \mu_3 \nu_3}} + D_{P_2 \text{-} \pi_{R_3 G_1 \text{-} \mu_3 \nu_3}} = 0; \tag{8.2.9}$$

$$D_{P_4 \text{-} \pi_{R_4 G_2 \text{-} \mu_4 \nu_4}} + D_{P_1 \text{-} \pi_{R_4 G_2 \text{-} \mu_4 \nu_4}} = 0 \quad (d_{P_4 \text{-} \pi_{R_4 G_2 \text{-} \mu_4 \nu_4}} = d_{P_1 \text{-} \pi_{R_4 G_2 \text{-} \mu_4 \nu_4}}), \tag{8.2.10}$$

$$D_{P_0 \text{-} \pi_{R_4 G_2 \text{-} \mu_4 \nu_4}} + D_{P_2 \text{-} \pi_{R_4 G_2 \text{-} \mu_4 \nu_4}} + D_{P_3 \text{-} \pi_{R_4 G_2 \text{-} \mu_4 \nu_4}} = 0. \tag{8.2.11}$$

证明 仿定理 8.2.1 证明, 即得式 (8.2.4)~(8.2.11).

推论 8.2.2 设 $P_0\text{-}P_1 P_2 P_3 P_4$ 是四棱锥, R_i 为底边 $P_i P_{i+1}(i = 1, 2, 3, 4)$ 的中点, G_i 为侧面 $P_0 P_{i+2} P_{i+3}(i = 1, 2, 3, 4)$ 的重心, $\pi_{R_i G_{i+2} \text{-} \mu_i \nu_i}$ 是 $R_i G_{i+2}(i = 1, 2, 3, 4)$ 的重心线包络面, 则

(1) 底边 $P_i P_{i+1}(i = 1, 2, 3, 4)$ 两端点 P_i, P_{i+1} 分居于重心包络面 $\pi_{R_i G_{i+2} \text{-} \mu_i \nu_i}$ 的两侧, 且到 $\pi_{R_i G_{i+2} \text{-} \mu_i \nu_i}(i = 1, 2, 3, 4)$ 的距离相等;

(2) 侧面 $P_0 P_{i+2} P_{i+3}(i = 1, 2, 3, 4)$ 的三个顶点到重心线包络面 $\pi_{R_i G_{i+2} \text{-} \mu_i \nu_i}$ 的距离

$$d_{P_0 \text{-} \pi_{R_i G_{i+2} \text{-} \mu_i \nu_i}}, \quad d_{P_{i+2} \text{-} \pi_{R_i G_{i+2} \text{-} \mu_i \nu_i}}, \quad d_{P_{i+3} \text{-} \pi_{R_i G_{i+2} \text{-} \mu_i \nu_i}} \quad (i = 1, 2, 3, 4)$$

中, 其中一条较长的距离, 均等于另两条较短的有向距离的和.

证明 (1) 根据定理 8.2.2, 由式 (8.2.4), (8.2.6), (8.2.8) 和 (8.2.10) 的几何意义即得.

(2) 根据定理 8.2.2, 在式 (8.2.5), (8.2.7), (8.2.9) 和 (8.2.11) 中, 注意到其中一条较长的有向距离与另两条较短的有向距离符号相反即得.

8.2.3 四棱锥顶点到重心线包络面有向距离关系定理的应用

定理 8.2.3 设 $P_0\text{-}P_1 P_2 P_3 P_4$ 是四棱锥, G_0 为底面 $P_1 P_2 P_3 P_4$ 的重心, $P_0 G_0$ 为 $P_0\text{-}P_1 P_2 P_3 P_4$ 的重心线, $\pi_{P_0 G_0 \text{-} \mu_0 \nu_0}$ 是 $P_0 G_0$ 的重心线包络面, 则 $D_{P_{i+3} \text{-} \pi_{P_0 G_0 \text{-} \mu_0 \nu_0}} = 0(i = 1, 2, 3, 4)$ 的充分必要条件是

$$D_{P_i \text{-} \pi_{P_0 G_0 \text{-} \mu_0 \nu_0}} + D_{P_{i+1} \text{-} \pi_{P_0 G_0 \text{-} \mu_0 \nu_0}} + D_{P_{i+2} \text{-} \pi_{P_0 G_0 \text{-} \mu_0 \nu_0}} = 0 \quad (i = 1, 2, 3, 4). \tag{8.2.12}$$

证明 根据定理 8.2.1, 将式 (8.2.1) 改写成

$$D_{P_i \text{-} \pi_{P_0 G_0 \text{-} \mu_0 \nu_0}} + D_{P_{i+1} \text{-} \pi_{P_0 G_0 \text{-} \mu_0 \nu_0}} + D_{P_{i+2} \text{-} \pi_{P_0 G_0 \text{-} \mu_0 \nu_0}} + D_{P_{i+3} \text{-} \pi_{P_0 G_0 \text{-} \mu_0 \nu_0}} = 0, \tag{8.2.13}$$

其中 $i = 1, 2, 3, 4$. 于是由式 (8.2.13), 即得

$$\mathrm{D}_{P_{i+3}\text{-}\pi_{P_0G_0\text{-}\mu_0\nu_0}} = 0 (i = 1,2,3,4) \Leftrightarrow 式 (8.2.12) 成立.$$

推论 8.2.3　设 $P_0\text{-}P_1P_2P_3P_4$ 是四棱锥, G_0 为底面 $P_1P_2P_3P_4$ 的重心, P_0G_0 为 $P_0\text{-}P_1P_2P_3P_4$ 的重心线, $\pi_{P_0G_0\text{-}\mu_0\nu_0}$ 是 P_0G_0 的重心线包络面, 则 $P_{i+3}(i = 1,2,3,4)$ 在 $\pi_{P_0G_0\text{-}\mu_0\nu_0}$ 上的充分必要条件是 $P_0\text{-}P_1P_2P_3P_4$ 底面上其余三个顶点到 $\pi_{P_0G_0\text{-}\mu_0\nu_0}$ 的距离

$$\mathrm{d}_{P_i\text{-}\pi_{P_0G_0\text{-}\mu_0\nu_0}}, \quad \mathrm{d}_{P_{i+1}\text{-}\pi_{P_0G_0\text{-}\mu_0\nu_0}}, \quad \mathrm{d}_{P_{i+2}\text{-}\pi_{P_0G_0\text{-}\mu_0\nu_0}} \quad (i = 1,2,3,4)$$

中, 其中一条较长的距离等于另两条较短的有向距离的和.

证明　由 $\mathrm{D}_{P_{i+3}\text{-}\pi_{P_0G_0\text{-}\mu_0\nu_0}} = 0$ $(i = 1,2,3,4)$ 和式 (8.2.12) 的几何意义即得.

定理 8.2.4　设 $P_0\text{-}P_1P_2P_3P_4$ 是四棱锥, G_0 为底面 $P_1P_2P_3P_4$ 的重心, P_0G_0 为 $P_0\text{-}P_1P_2P_3P_4$ 的重心线, $\pi_{P_0G_0\text{-}\mu_0\nu_0}$ 是 P_0G_0 的重心线包络面, 则在以下三组式子中, 每组中的两式都是等价的. 即式 (8.2.14) 成立的充分必要条件是式 (8.2.15) 成立; 式 (8.2.16) 成立的充分必要条件是式 (8.2.17) 成立; 式 (8.2.18) 成立的充分必要条件是式 (8.2.19) 成立.

$$\mathrm{D}_{P_1\text{-}\pi_{P_0G_0\text{-}\mu_0\nu_0}} + \mathrm{D}_{P_2\text{-}\pi_{P_0G_0\text{-}\mu_0\nu_0}} = 0 \quad (\mathrm{d}_{P_1\text{-}\pi_{P_0G_0\text{-}\mu_0\nu_0}} = \mathrm{d}_{P_2\text{-}\pi_{P_0G_0\text{-}\mu_0\nu_0}}), \quad (8.2.14)$$

$$\mathrm{D}_{P_3\text{-}\pi_{P_0G_0\text{-}\mu_0\nu_0}} + \mathrm{D}_{P_4\text{-}\pi_{P_0G_0\text{-}\mu_0\nu_0}} = 0 \quad (\mathrm{d}_{P_3\text{-}\pi_{P_0G_0\text{-}\mu_0\nu_0}} = \mathrm{d}_{P_4\text{-}\pi_{P_0G_0\text{-}\mu_0\nu_0}}); \quad (8.2.15)$$

$$\mathrm{D}_{P_2\text{-}\pi_{P_0G_0\text{-}\mu_0\nu_0}} + \mathrm{D}_{P_3\text{-}\pi_{P_0G_0\text{-}\mu_0\nu_0}} = 0 \quad (\mathrm{d}_{P_2\text{-}\pi_{P_0G_0\text{-}\mu_0\nu_0}} = \mathrm{d}_{P_3\text{-}\pi_{P_0G_0\text{-}\mu_0\nu_0}}), \quad (8.2.16)$$

$$\mathrm{D}_{P_4\text{-}\pi_{P_0G_0\text{-}\mu_0\nu_0}} + \mathrm{D}_{P_1\text{-}\pi_{P_0G_0\text{-}\mu_0\nu_0}} = 0 \quad (\mathrm{d}_{P_4\text{-}\pi_{P_0G_0\text{-}\mu_0\nu_0}} = \mathrm{d}_{P_1\text{-}\pi_{P_0G_0\text{-}\mu_0\nu_0}}); \quad (8.2.17)$$

$$\mathrm{D}_{P_1\text{-}\pi_{P_0G_0\text{-}\mu_0\nu_0}} + \mathrm{D}_{P_3\text{-}\pi_{P_0G_0\text{-}\mu_0\nu_0}} = 0 \quad (\mathrm{d}_{P_1\text{-}\pi_{P_0G_0\text{-}\mu_0\nu_0}} = \mathrm{d}_{P_3\text{-}\pi_{P_0G_0\text{-}\mu_0\nu_0}}), \quad (8.2.18)$$

$$\mathrm{D}_{P_2\text{-}\pi_{P_0G_0\text{-}\mu_0\nu_0}} + \mathrm{D}_{P_4\text{-}\pi_{P_0G_0\text{-}\mu_0\nu_0}} = 0 \quad (\mathrm{d}_{P_2\text{-}\pi_{P_0G_0\text{-}\mu_0\nu_0}} = \mathrm{d}_{P_4\text{-}\pi_{P_0G_0\text{-}\mu_0\nu_0}}). \quad (8.2.19)$$

证明　根据定理 8.2.1, 由式 (8.2.3) 即得.

推论 8.2.4　设 $P_0\text{-}P_1P_2P_3P_4$ 是四棱锥, G_0 为底面 $P_1P_2P_3P_4$ 的重心, P_0G_0 为 $P_0\text{-}P_1P_2P_3P_4$ 的重心线, $\pi_{P_0G_0\text{-}\mu_0\nu_0}$ 是 P_0G_0 的重心线包络面, 则

(1) $\pi_{P_0G_0\text{-}\mu_0\nu_0}$ 通过底边 P_1P_2 的中点的充分必要条件是 $\pi_{P_0G_0\text{-}\mu_0\nu_0}$ 通过底边 P_3P_4 的中点;

(2) $\pi_{P_0G_0\text{-}\mu_0\nu_0}$ 通过底边 P_2P_3 的中点的充分必要条件是 $\pi_{P_0G_0\text{-}\mu_0\nu_0}$ 通过底边 P_4P_1 的中点;

(3) $\pi_{P_0G_0\text{-}\mu_0\nu_0}$ 通过底面对角线 P_1P_3 的中点的充分必要条件是 $\pi_{P_0G_0\text{-}\mu_0\nu_0}$ 通过底面对角线 P_2P_4 的中点.

证明　(1) 根据定理 8.2.4, 由式 (8.2.14) 和 (8.2.15) 的几何意义, 即得.
类似地, 可以证明 (2) 和 (3) 中结论成立.

定理 8.2.5 设 P_0-$P_1P_2P_3P_4$ 是四棱锥, R_i 为底边 $P_iP_{i+1}(i = 1, 2, 3, 4)$ 的中点, G_i 为侧面 $P_0P_{i+2}P_{i+3}(i = 1, 2, 3, 4)$ 的重心, $\pi_{R_iG_{i+1}\text{-}\mu_i\nu_i}$ 是 $R_iG_{i+2}(i = 1, 2, 3, 4)$ 的重心线包络面, 则

(1) $\mathrm{D}_{P_0\text{-}\pi_{R_iG_{i+2}\text{-}\mu_i\nu_i}} = 0(i = 1, 2, 3, 4)$ 的充分必要条件是

$$\mathrm{D}_{P_{i+2}\text{-}\pi_{R_iG_{i+2}\text{-}\mu_i\nu_i}} + \mathrm{D}_{P_{i+3}\text{-}\pi_{R_iG_{i+2}\text{-}\mu_i\nu_i}} = 0 \quad (i = 1, 2, 3, 4); \tag{8.2.20}$$

(2) $\mathrm{D}_{P_{i+2}\text{-}\pi_{R_iG_{i+2}\text{-}\mu_i\nu_i}} = 0(i = 1, 2, 3, 4)$ 的充分必要条件是

$$\mathrm{D}_{P_0\text{-}\pi_{R_iG_{i+2}\text{-}\mu_i\nu_i}} + \mathrm{D}_{P_{i+3}\text{-}\pi_{R_iG_{i+2}\text{-}\mu_i\nu_i}} = 0 \quad (i = 1, 2, 3, 4);$$

(3) $\mathrm{D}_{P_{i+3}\text{-}\pi_{R_iG_{i+2}\text{-}\mu_i\nu_i}} = 0(i = 1, 2, 3, 4)$ 的充分必要条件是

$$\mathrm{D}_{P_0\text{-}\pi_{R_iG_{i+2}\text{-}\mu_i\nu_i}} + \mathrm{D}_{P_{i+2}\text{-}\pi_{R_iG_{i+2}\text{-}\mu_i\nu_i}} = 0 \quad (i = 1, 2, 3, 4).$$

证明 (1) 根据定理 8.2.2, 由式 (8.2.5), (8.2.7), (8.2.9) 和 (8.2.11), 可得 $\mathrm{D}_{P_0\text{-}\pi_{R_iG_{i+2}\text{-}\mu_i\nu_i}} = 0(i = 1, 2, 3, 4)$ 的充分必要条件是式 (8.2.20) 成立.

类似地, 可以证明 (2) 和 (3) 中结论成立.

推论 8.2.5 设 P_0-$P_1P_2P_3P_4$ 是四棱锥, R_i, R_i' 分别为底边 $P_iP_{i+1}(i = 1, 2, 3, 4)$ 和侧棱 $P_0P_i(i = 1, 2, 3, 4)$ 的中点, G_i 为侧面 $P_0P_{i+2}P_{i+3}(i = 1, 2, 3, 4)$ 的重心, $\pi_{R_iG_{i+1}\text{-}\mu_i\nu_i}$ 是 $R_iG_{i+2}(i = 1, 2, 3, 4)$ 的重心线包络面, 则

(1) $\pi_{R_iG_{i+2}\text{-}\mu_i\nu_i}(i = 1, 2, 3, 4)$ 通过顶点 P_0 的充分必要条件是 $\pi_{R_iG_{i+2}\text{-}\mu_i\nu_i}$ 通过底边 $P_{i+2}P_{i+3}$ 的中点 $R_{i+2}(i = 1, 2, 3, 4)$;

(2) $\pi_{R_iG_{i+2}\text{-}\mu_i\nu_i}$ 通过底面顶点 $P_{i+2}(i = 1, 2, 3, 4)$ 的充分必要条件是 $\pi_{R_iG_{i+2}\text{-}\mu_i\nu_i}$ $(i = 1, 2, 3, 4)$ 通过侧棱 $P_0P_{i+3}(i = 1, 2, 3, 4)$ 的中点 $R_{i+3}'(i = 1, 2, 3, 4)$;

(3) $\pi_{R_iG_{i+2}\text{-}\mu_i\nu_i}$ 通过底面顶点 $P_{i+3}(i = 1, 2, 3, 4)$ 的充分必要条件是 $\pi_{R_iG_{i+2}\text{-}\mu_i\nu_i}$ 通过侧棱 $P_0P_{i+2}(i = 1, 2, 3, 4)$ 的中点 $R_{i+2}'(i = 1, 2, 3, 4)$.

证明 (1) 根据定理 8.2.5, 由式 (8.2.20) 和 $\mathrm{D}_{P_0\text{-}\pi_{R_iG_{i+2}\text{-}\mu_i\nu_i}} = 0(i = 1, 2, 3, 4)$ 的几何意义, 即得.

类似地, 可以证明 (2) 和 (3) 中结论成立.

8.3 四棱锥单侧面重心线面有向距离公式与应用

本节主要应用有向度量法, 研究四棱锥顶点到单侧面重心线面有向距离的有关问题. 首先, 给出四棱锥单侧面重心线面的概念; 其次, 给出四棱锥顶点到四棱锥单侧面重心线面的有向距离 (距离) 公式; 最后, 利用四棱锥单侧面重心线面有向距离 (距离) 公式, 得出相应的有向体积 (体积) 公式, 四棱锥一面上底边及其底面对边的顶点与相应的单侧面重心面有向距离 (距离) 之间的关系、过四棱锥底面

上一边中点的单侧面重心线面必定通过该边底面对边的中点, 以及重心线三角形、重心线四边形面积 (有向面积) 相等的一些结论.

8.3.1　四棱锥单侧面重心线面的概念

定义 8.3.1　设 $P_0\text{-}P_1P_2P_3P_4$ 是四棱锥, R_i 为底边 $P_iP_{i+1}(i=1,2,3,4)$ 的中点, G_0 为底面 $P_1P_2P_3P_4$ 的重心, $G_i(i=1,2,3,4)$ 为侧面 $P_0P_{i+2}P_{i+3}$ 的重心, P_0G_0 和 $R_iG_{i+2}(i=1,2,3,4)$ 为 $P_0\text{-}P_1P_2P_3P_4$ 的重心线, 则称 $P_0\text{-}P_1P_2P_3P_4$ 的底面重心线 P_0G_0 和任意一条侧面重心线 R_iG_{i+2} 所确定的四边形 $P_0R_iG_0G_{i+2}(i=1,2,3,4)$ 为 $P_0\text{-}P_1P_2P_3P_4$ 的单侧面重心线四边形, $P_0R_iG_0G_{i+2}$ 所在的平面 $\pi_{P_0R_iG_0G_{i+2}}(i=1,2,3,4)$ 称为 $P_0\text{-}P_1P_2P_3P_4$ 的单侧面重心线面, 简称为重心线面.

显然, $P_0\text{-}P_1P_2P_3P_4$ 的重心线面 $\pi_{P_0R_iG_0G_{i+2}}(i=1,2,3,4)$ 是重心线包络面的特殊情形. 各重心线面 $\pi_{P_0R_iG_0G_{i+2}}(i=1,2,3,4)$ 既是底面重心线的包络面, 也是其中侧面重心线的包络面. 因此, 本节中的所有结论对具有同化性质的重心线包络面亦成立.

8.3.2　四棱锥顶点到单侧面重心线面有向距离公式

定理 8.3.1　设 $P_0\text{-}P_1P_2P_3P_4$ 是四棱锥, R_1 为底边 P_1P_2 的中点, G_0 为底面 $P_1P_2P_3P_4$ 的重心, G_3 为侧面 $P_0P_3P_4$ 的重心, $\pi_{P_0R_1G_0G_3}$ 是 $P_0\text{-}P_1P_2P_3P_4$ 的重心线面. 记 $F_1(P)=8a_{P_0R_1G_0}\mathrm{D}_{P\text{-}\pi_{P_0R_1G_0G_3}}=24a_{R_1G_0G_3}\mathrm{D}_{P\text{-}\pi_{P_0R_1G_0G_3}}=12a_{G_0G_3P_0}\mathrm{D}_{P\text{-}\pi_{P_0R_1G_0G_3}}=6a_{G_3P_0R_1}\mathrm{D}_{P\text{-}\pi_{P_0R_1G_0G_3}}$, 则

$$F_1(P_i)=(-1)^i3\left(\mathrm{D}_{P_0P_4P_1P_2}+\mathrm{D}_{P_0P_1P_2P_3}\right)\quad(i=1,2),\tag{8.3.1}$$

$$F_1(P_{i+2})=(-1)^{i-1}3\left(\mathrm{D}_{P_0P_2P_3P_4}+\mathrm{D}_{P_0P_3P_4P_1}\right)\quad(i=1,2).\tag{8.3.2}$$

证明　如图 8.3.1 所示. 设 $P_0\text{-}P_1P_2P_3P_4$ 的坐标分别为 $P_i(x_i,y_i,z_i)(i=0,1,2,3,4)$, 于是底边 P_1P_2 中点、底面 $P_1P_2P_3P_4$ 重心和侧面 $P_0P_3P_4$ 重心的坐标分别为

$$R_1\left(\frac{x_1+x_2}{2},\frac{y_1+y_2}{2},\frac{z_1+z_2}{2}\right),$$

$$G_0\left(\frac{x_1+x_2+x_3+x_4}{4},\frac{y_1+y_2+y_3+y_4}{4},\frac{z_1+z_2+z_3+z_4}{4}\right),$$

$$G_3\left(\frac{x_0+x_3+x_4}{3},\frac{y_0+y_3+y_4}{3},\frac{z_0+z_3+z_4}{3}\right).$$

因为重心线面 $\pi_{P_0R_1G_0G_3}$ 与平面 $\pi_{P_0R_1G_0}$, $\pi_{R_1G_0G_3}$, $\pi_{G_0G_3P_0}$, $\pi_{G_3P_0R_1}$ 同向重合, 所以 $P_0\text{-}P_1P_2P_3P_4$ 的每个点顶点到以上五个平面的有向距离相等.

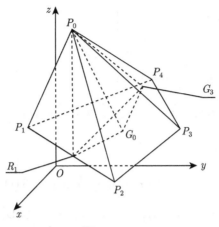

图 8.3.1

又因为 $\pi_{P_0 R_1 G_0}$ 的方程为

$$x\mathrm{Prj}_{yz}\mathrm{D}_{P_0 R_1 G_0} + y\mathrm{Prj}_{zx}\mathrm{D}_{P_0 R_1 G_0} + z\mathrm{Prj}_{xy}\mathrm{D}_{P_0 R_1 G_0} - \Delta_{P_0 R_1 G_0} = 0,$$

其中

$$\Delta_{P_0 R_1 G_0} = \frac{1}{2} \begin{vmatrix} x_0 & y_0 & z_0 \\ (x_1+x_2)/2 & (y_1+y_2)/2 & (z_1+z_2)/2 \\ (x_1+x_2+x_3+x_4)/4 & (y_1+y_2+y_3+y_4)/4 & (z_1+z_2+z_3+z_4)/4 \end{vmatrix}.$$

于是由点到平面的有向距离公式, 可得

$$a_{P_0 R_1 G_0}\mathrm{D}_{P_i\text{-}\pi_{P_0 R_1 G_0 G_3}} = a_{P_0 R_1 G_0}\mathrm{D}_{P_i\text{-}\pi_{P_0 R_1 G_0}}$$

$$= x_i\mathrm{Prj}_{yz}\mathrm{D}_{P_0 R_1 G_0} + y_i\mathrm{Prj}_{zx}\mathrm{D}_{P_0 R_1 G_0} + z_i\mathrm{Prj}_{xy}\mathrm{D}_{P_0 R_1 G_0} - \Delta_{P_0 R_1 G_0}$$

$$= \frac{1}{2} \begin{vmatrix} x_i & y_i & z_i & 1 \\ x_0 & y_0 & z_0 & 1 \\ (x_1+x_2)/2 & (y_1+y_2)/2 & (z_1+z_2)/2 & 1 \\ (x_1+x_2+x_3+x_4)/4 & (y_1+y_2+y_3+y_4)/4 & (z_1+z_2+z_3+z_4)/4 & 1 \end{vmatrix}$$

$$= \frac{1}{16} \begin{vmatrix} x_i & y_i & z_i & 1 \\ x_0 & y_0 & z_0 & 1 \\ x_1+x_2 & y_1+y_2 & z_1+z_2 & 2 \\ x_1+x_2+x_3+x_4 & y_1+y_2+y_3+y_4 & z_1+z_2+z_3+z_4 & 4 \end{vmatrix}$$

$$= \frac{1}{16} \begin{vmatrix} x_i & y_i & z_i & 1 \\ x_0 & y_0 & z_0 & 1 \\ x_1 + x_2 & y_1 + y_2 & z_1 + z_2 & 2 \\ x_3 + x_4 & y_3 + y_4 & z_3 + z_4 & 2 \end{vmatrix}$$

$$= \frac{3}{8} \left(D_{P_i P_0 P_1 P_3} + D_{P_i P_0 P_1 P_4} + D_{P_i P_0 P_2 P_3} + D_{P_i P_0 P_2 P_4} \right),$$

其中 $i = 1, 2, 3, 4$. 所以

$$8a_{P_0 R_1 G_0} D_{P_1 \text{-} \pi_{P_0 R_1 G_0 G_3}} = 3 \left(D_{P_1 P_0 P_2 P_3} + D_{P_1 P_0 P_2 P_4} \right) = -3 \left(D_{P_0 P_1 P_2 P_3} + D_{P_0 P_4 P_1 P_2} \right),$$

$$8a_{P_0 R_1 G_0} D_{P_2 \text{-} \pi_{P_0 R_1 G_0 G_3}} = 3 \left(D_{P_2 P_0 P_1 P_3} + D_{P_2 P_0 P_1 P_4} \right) = 3 \left(D_{P_0 P_1 P_2 P_3} + D_{P_0 P_4 P_1 P_2} \right),$$

$$8a_{P_0 R_1 G_0} D_{P_3 \text{-} \pi_{P_0 R_1 G_0 G_3}} = 3 \left(D_{P_3 P_0 P_1 P_4} + D_{P_3 P_0 P_2 P_4} \right) = 3 \left(D_{P_0 P_3 P_4 P_1} + D_{P_0 P_2 P_3 P_4} \right),$$

$$8a_{P_0 R_1 G_0} D_{P_4 \text{-} \pi_{P_0 R_1 G_0 G_3}} = 3 \left(D_{P_4 P_0 P_1 P_3} + D_{P_4 P_0 P_2 P_3} \right) = -3 \left(D_{P_0 P_2 P_3 P_4} + D_{P_0 P_3 P_4 P_1} \right),$$

因此, 式 (8.3.1) 和 (8.3.2) 的前一部分均成立.

类似地, 可以证明式 (8.3.1) 和 (8.3.2) 的后三部分均成立.

推论 8.3.1　设 $P_0\text{-}P_1 P_2 P_3 P_4$ 是四棱锥, R_1 为底边 $P_1 P_2$ 的中点, G_0 为底面 $P_1 P_2 P_3 P_4$ 的重心, G_3 为侧面 $P_0 P_3 P_4$ 的重心, $\pi_{P_0 R_1 G_0 G_3}$ 是 $P_0\text{-}P_1 P_2 P_3 P_4$ 的重心线面. 记 $f_1(P) = 8a_{P_0 R_1 G_0} d_{P\text{-}\pi_{P_0 R_1 G_0 G_3}} = 24a_{R_1 G_0 G_3} d_{P\text{-}\pi_{P_0 R_1 G_0 G_3}} = 12a_{G_0 G_3 P_0} d_{P\text{-}\pi_{P_0 R_1 G_0 G_3}} = 6a_{G_3 P_0 R_1} d_{P\text{-}\pi_{P_0 R_1 G_0 G_3}}$, 则

$$f_1(P_1) = f_1(P_2) = 3 \left| D_{P_0 P_4 P_1 P_2} + D_{P_0 P_1 P_2 P_3} \right|, \tag{8.3.3}$$

$$f_1(P_3) = f_1(P_4) = 3 \left| D_{P_0 P_2 P_3 P_4} + D_{P_0 P_3 P_4 P_1} \right|. \tag{8.3.4}$$

证明　根据定理 8.3.1, 式 (8.3.1) 和 (8.3.2) 等号两边分别取绝对值, 即得式 (8.3.3) 和 (8.3.4).

定理 8.3.2　设 $P_0\text{-}P_1 P_2 P_3 P_4$ 是四棱锥, R_2 为底边 $P_2 P_3$ 的中点, G_0 为底面 $P_1 P_2 P_3 P_4$ 的重心, G_4 为侧面 $P_0 P_4 P_1$ 的重心, $\pi_{P_0 R_2 G_0 G_4}$ 是 $P_0\text{-}P_1 P_2 P_3 P_4$ 的重心线面. 记 $F_2(P) = 8a_{P_0 R_2 G_0} D_{P\text{-}\pi_{P_0 R_2 G_0 G_4}} = 24a_{R_2 G_0 G_4} D_{P\text{-}\pi_{P_0 R_2 G_0 G_4}} = 12a_{G_0 G_4 P_0} D_{P\text{-}\pi_{P_0 R_2 G_0 G_4}} = 6a_{G_4 P_0 R_2} D_{P\text{-}\pi_{P_0 R_2 G_0 G_4}}$, 则

$$F_2(P_i) = (-1)^{i-1} 3 \left(D_{P_0 P_1 P_2 P_3} + D_{P_0 P_2 P_3 P_4} \right) \quad (i = 2, 3), \tag{8.3.5}$$

$$F_2(P_{i+2}) = (-1)^i 3 \left(D_{P_0 P_3 P_4 P_1} + D_{P_0 P_4 P_1 P_2} \right) \quad (i = 2, 3). \tag{8.3.6}$$

证明　仿定理 8.3.1 证明, 即得式 (8.3.5) 和 (8.3.6).

推论 8.3.2 设 $P_0\text{-}P_1P_2P_3P_4$ 是四棱锥, R_2 为底边 P_2P_3 的中点, G_0 为底面 $P_1P_2P_3P_4$ 的重心, G_4 为侧面 $P_0P_4P_1$ 的重心, $\pi_{P_0R_2G_0G_4}$ 是 $P_0\text{-}P_1P_2P_3P_4$ 的重心线面. 记 $f_2(P) = 8a_{P_0R_2G_0}\mathrm{d}_{P\text{-}\pi_{P_0R_2G_0G_4}} = 24a_{R_2G_0G_4}\mathrm{d}_{P\text{-}\pi_{P_0R_2G_0G_4}} = 12a_{G_0G_4P_0}\mathrm{d}_{P\text{-}\pi_{P_0R_2G_0G_4}} = 6a_{G_4P_0R_2}\mathrm{d}_{P\text{-}\pi_{P_0R_2G_0G_4}}$, 则

$$f_2(P_2) = f_2(P_3) = 3\left|\mathrm{D}_{P_0P_1P_2P_3} + \mathrm{D}_{P_0P_2P_3P_4}\right|, \tag{8.3.7}$$

$$f_2(P_4) = f_2(P_1) = 3\left|\mathrm{D}_{P_0P_3P_4P_1} + \mathrm{D}_{P_0P_4P_1P_2}\right|. \tag{8.3.8}$$

证明 根据定理 8.3.2, 式 (8.3.5) 和 (8.3.6) 等号两边分别取绝对值, 即得式 (8.3.7) 和 (8.3.8).

定理 8.3.3 设 $P_0\text{-}P_1P_2P_3P_4$ 是四棱锥, R_3 为底边 P_3P_4 的中点, G_0 为底面 $P_1P_2P_3P_4$ 的重心, G_1 为侧面 $P_0P_1P_2$ 的重心, $\pi_{P_0R_3G_0G_1}$ 是 $P_0\text{-}P_1P_2P_3P_4$ 的重心线面. 记 $F_3(P) = 8a_{P_0R_3G_0}\mathrm{D}_{P\text{-}\pi_{P_0R_3G_0G_1}} = 24a_{R_3G_0G_1}\mathrm{D}_{P\text{-}\pi_{P_0R_3G_0G_1}} = 12a_{G_0G_1P_0}\mathrm{D}_{P\text{-}\pi_{P_0R_3G_0G_1}} = 6a_{G_1P_0R_3}\mathrm{D}_{P\text{-}\pi_{P_0R_3G_0G_1}}$, 则

$$F_3(P_i) = (-1)^i 3\left(\mathrm{D}_{P_0P_2P_3P_4} + \mathrm{D}_{P_0P_3P_4P_1}\right) \quad (i = 3, 4), \tag{8.3.9}$$

$$F_3(P_{i+2}) = (-1)^{i-1} 3\left(\mathrm{D}_{P_0P_4P_1P_2} + \mathrm{D}_{P_0P_1P_2P_3}\right) \quad (i = 3, 4). \tag{8.3.10}$$

证明 仿定理 8.3.1 证明, 即得式 (8.3.9)~(8.3.10).

推论 8.3.3 设 $P_0\text{-}P_1P_2P_3P_4$ 是四棱锥, R_3 为底边 P_3P_4 的中点, G_0 为底面 $P_1P_2P_3P_4$ 的重心, G_1 为侧面 $P_0P_1P_2$ 的重心, $\pi_{P_0R_3G_0G_1}$ 是 $P_0\text{-}P_1P_2P_3P_4$ 的重心线面. 记 $f_3(P) = 8a_{P_0R_3G_0}\mathrm{d}_{P\text{-}\pi_{P_0R_3G_0G_1}} = 24a_{R_3G_0G_1}\mathrm{d}_{P\text{-}\pi_{P_0R_3G_0G_1}} = 12a_{G_0P_0}\mathrm{d}_{P\text{-}\pi_{P_0R_3G_0G_1}} = 6a_{G_1P_0R_3}\mathrm{d}_{P\text{-}\pi_{P_0R_3G_0G_1}}$, 则

$$f_3(P_3) = f_3(P_4) = 3\left|\mathrm{D}_{P_0P_2P_3P_4} + \mathrm{D}_{P_0P_3P_4P_1}\right|, \tag{8.3.11}$$

$$f_3(P_1) = f_3(P_2) = 3\left|\mathrm{D}_{P_0P_4P_1P_2} + \mathrm{D}_{P_0P_1P_2P_3}\right|. \tag{8.3.12}$$

证明 根据定理 8.3.3, 式 (8.3.9)~(8.3.10) 等号两边取绝对值, 即得式 (8.3.11)~(8.3.12).

定理 8.3.4 设 $P_0\text{-}P_1P_2P_3P_4$ 是四棱锥, R_4 为底边 P_3P_4 的中点, G_0 为底面 $P_1P_2P_3P_4$ 的重心, G_2 为侧面 $P_0P_2P_3$ 的重心, $\pi_{P_0R_4G_0G_2}$ 是 $P_0\text{-}P_1P_2P_3P_4$ 的重心线面. 记 $F_4(P) = 8a_{P_0R_4G_0}\mathrm{D}_{P\text{-}\pi_{P_0R_4G_0G_2}} = 24a_{R_4G_0G_2}\mathrm{D}_{P\text{-}\pi_{P_0R_4G_0G_2}} = 12a_{G_0G_2P_0}\mathrm{D}_{P\text{-}\pi_{P_0R_4G_0G_2}} = 6a_{G_2P_0R_4}\mathrm{D}_{P\text{-}\pi_{P_0R_4G_0G_2}}$, 则

$$F_4(P_i) = (-1)^{i-1} 3\left(\mathrm{D}_{P_0P_3P_4P_1} + \mathrm{D}_{P_0P_4P_1P_2}\right) \quad (i = 4, 1), \tag{8.3.13}$$

$$F_4(P_{i+2}) = (-1)^i 3\left(\mathrm{D}_{P_0P_1P_2P_3} + \mathrm{D}_{P_0P_2P_3P_4}\right) \quad (i = 4, 1). \tag{8.3.14}$$

证明　仿定理 8.3.1 证明, 即得式 (8.3.13)~(8.3.14).

推论 8.3.4　设 $P_0\text{-}P_1P_2P_3P_4$ 是四棱锥, R_4 为底边 P_3P_4 的中点, G_0 为底面 $P_1P_2P_3P_4$ 的重心, G_2 为侧面 $P_0P_2P_3$ 的重心, $\pi_{P_0R_4G_0G_2}$ 是 $P_0\text{-}P_1P_2P_3P_4$ 的重心线面. 记 $f_4(P) = 8a_{P_0R_4G_0}\mathrm{d}_{P\text{-}\pi_{P_0R_4G_0G_2}} = 24a_{R_4G_0G_2}\mathrm{d}_{P\text{-}\pi_{P_0R_4G_0G_2}} = 12a_{G_0G_2P_0}\mathrm{d}_{P\text{-}\pi_{P_0R_4G_0G_2}} = 6a_{G_2P_0R_4}\mathrm{d}_{P\pi_{P_0R_4G_0G_2}}$, 则

$$f_4(P_4) = f_4(P_1) = 3\,|\mathrm{D}_{P_0P_3P_4P_1} + \mathrm{D}_{P_0P_4P_1P_2}|, \tag{8.3.15}$$

$$f_4(P_2) = f_4(P_3) = 3\,|\mathrm{D}_{P_0P_1P_2P_3} + \mathrm{D}_{P_0P_2P_3P_4}|. \tag{8.3.16}$$

证明　根据定理 8.3.1, 式 (8.3.13)~(8.3.14) 等号两边取绝对值, 即得式 (8.3.15)~(8.3.16).

注 8.3.1　当 $P_0\text{-}P_1P_2P_3P_4$ 是凸四棱锥时, 注意到 $P_0P_1P_2P_3, P_0P_2P_3P_4$, $P_0P_3P_4P_1, P_0P_4P_1P_2$ 均为同向四面体, 故推论 8.3.1~ 推论 8.3.4 中各式等号右边的有向体积均可改为体积, 绝对值符号均可以改为括号.

8.3.3　四棱锥顶点到单侧面重心线面有向距离公式的应用

根据定理 1.2.3, 可以得出定理 8.3.1~ 定理 8.3.4 中有向距离公式相应的有向体积 (体积) 公式. 兹列如下.

定理 8.3.5　设 $P_0\text{-}P_1P_2P_3P_4$ 是四棱锥, R_1 为底边 P_1P_2 的中点, G_0 为底面 $P_1P_2P_3P_4$ 的重心, G_3 为侧面 $P_0P_3P_4$ 的重心, $P_0R_1G_0G_3$ 是 $P_0\text{-}P_1P_2P_3P_4$ 的重心线四边形. 记 $G_1(P) = 8\mathrm{D}_{PP_0R_1G_0} = 24\mathrm{D}_{PR_1G_0G_3} = 12\mathrm{D}_{PG_0G_3P_0} = 6\mathrm{D}_{PG_3P_0R_1}$, 则

$$G_1(P_i) = (-1)^i\,(\mathrm{D}_{P_0P_4P_1P_2} + \mathrm{D}_{P_0P_1P_2P_3})\quad (i = 1, 2),$$

$$G_1(P_{i+2}) = (-1)^{i-1}\,(\mathrm{D}_{P_0P_2P_3P_4} + \mathrm{D}_{P_0P_3P_4P_1})\quad (i = 1, 2).$$

推论 8.3.5　设 $P_0\text{-}P_1P_2P_3P_4$ 是四棱锥, R_1 为底边 P_1P_2 的中点, G_0 为底面 $P_1P_2P_3P_4$ 的重心, G_3 为侧面 $P_0P_3P_4$ 的重心, $P_0R_1G_0G_3$ 是 $P_0\text{-}P_1P_2P_3P_4$ 的重心线四边形. 记 $g_1(P) = 8\mathrm{v}_{PP_0R_1G_0} = 24\mathrm{v}_{PR_1G_0G_3} = 12\mathrm{v}_{PG_0G_3P_0} = 6\mathrm{v}_{PG_3P_0R_1}$, 则

$$g_1(P_1) = g_1(P_2) = |\mathrm{D}_{P_0P_4P_1P_2} + \mathrm{D}_{P_0P_1P_2P_3}|,$$

$$g_1(P_3) = g_1(P_4) = |\mathrm{D}_{P_0P_2P_3P_4} + \mathrm{D}_{P_0P_3P_4P_1}|.$$

定理 8.3.6　设 $P_0\text{-}P_1P_2P_3P_4$ 是四棱锥, R_2 为底边 P_2P_3 的中点, G_0 为底面 $P_1P_2P_3P_4$ 的重心, G_4 为侧面 $P_0P_4P_1$ 的重心, $P_0R_2G_0G_4$ 是 $P_0\text{-}P_1P_2P_3P_4$ 的重

心线四边形. 记 $G_2(P) = 8\mathrm{D}_{PP_0R_2G_0} = 24\mathrm{D}_{PR_2G_0G_4} = 12\mathrm{D}_{PG_0G_4P_0} = 6\mathrm{D}_{PG_4P_0R_2}$,
则

$$G_2(P_i) = (-1)^{i-1} \left(\mathrm{D}_{P_0P_1P_2P_3} + \mathrm{D}_{P_0P_2P_3P_4} \right) \quad (i = 2, 3),$$

$$G_2(P_{i+2}) = (-1)^{i} \left(\mathrm{D}_{P_0P_3P_4P_1} + \mathrm{D}_{P_0P_4P_1P_2} \right) \quad (i = 2, 3).$$

推论 8.3.6 设 $P_0\text{-}P_1P_2P_3P_4$ 是四棱锥, R_2 为底边 P_2P_3 的中点, G_0 为底面 $P_1P_2P_3P_4$ 的重心, G_4 为侧面 $P_0P_4P_1$ 的重心, $P_0R_2G_0G_4$ 是 $P_0\text{-}P_1P_2P_3P_4$ 的重心线四边形. 记 $g_2(P) = 8\mathrm{v}_{PP_0R_2G_0} = 24\mathrm{v}_{PR_2G_0G_4} = 12\mathrm{v}_{PG_0G_4P_0} = 6\mathrm{v}_{PG_4P_0R_2}$,
则

$$g_2(P_2) = g_2(P_3) = \left| \mathrm{D}_{P_0P_1P_2P_3} + \mathrm{D}_{P_0P_2P_3P_4} \right|,$$

$$g_2(P_4) = g_2(P_1) = \left| \mathrm{D}_{P_0P_3P_4P_1} + \mathrm{D}_{P_0P_4P_1P_2} \right|.$$

定理 8.3.7 设 $P_0\text{-}P_1P_2P_3P_4$ 是四棱锥, R_3 为底边 P_3P_4 的中点, G_0 为底面 $P_1P_2P_3P_4$ 的重心, G_1 为侧面 $P_0P_1P_2$ 的重心, $P_0R_3G_0G_1$ 是 $P_0\text{-}P_1P_2P_3P_4$ 的重心线四边形. 记 $G_3(P) = 8\mathrm{D}_{PP_0R_3G_0} = 24\mathrm{D}_{PR_3G_0G_1} = 12\mathrm{D}_{PG_0G_1P_0} = 6\mathrm{D}_{PG_1P_0R_3}$,
则

$$G_3(P_i) = (-1)^{i} \left(\mathrm{D}_{P_0P_2P_3P_4} + \mathrm{D}_{P_0P_3P_4P_1} \right) \quad (i = 3, 4),$$

$$G_3(P_{i+2}) = (-1)^{i-1} \left(\mathrm{D}_{P_0P_4P_1P_2} + \mathrm{D}_{P_0P_1P_2P_3} \right) \quad (i = 3, 4).$$

推论 8.3.7 设 $P_0\text{-}P_1P_2P_3P_4$ 是四棱锥, R_3 为底边 P_3P_4 的中点, G_0 为底面 $P_1P_2P_3P_4$ 的重心, G_1 为侧面 $P_0P_1P_2$ 的重心, $P_0R_3G_0G_1$ 是 $P_0\text{-}P_1P_2P_3P_4$ 的重心线四边形. 记 $g_3(P) = 8\mathrm{v}_{PP_0R_3G_0} = 24g_{PR_3G_0G_1} = 12g_{PG_0G_1P_0} = 6g_{PG_1P_0R_3}$, 则

$$g_3(P_3) = g_3(P_4) = \left| \mathrm{D}_{P_0P_2P_3P_4} + \mathrm{D}_{P_0P_3P_4P_1} \right|,$$

$$g_3(P_1) = g_3(P_2) = \left| \mathrm{D}_{P_0P_4P_1P_2} + \mathrm{D}_{P_0P_1P_2P_3} \right|.$$

定理 8.3.8 设 $P_0\text{-}P_1P_2P_3P_4$ 是四棱锥, R_4 为底边 P_3P_4 的中点, G_0 为底面 $P_1P_2P_3P_4$ 的重心, G_2 为侧面 $P_0P_2P_3$ 的重心, $P_0R_4G_0G_2$ 是 $P_0\text{-}P_1P_2P_3P_4$ 的重心线四边形. 记 $G_4(P) = 8\mathrm{D}_{PP_0R_4G_0} = 24\mathrm{D}_{PR_4G_0G_2} = 12\mathrm{D}_{PG_0G_2P_0} = 6\mathrm{D}_{PG_2P_0R_4}$,
则

$$G_4(P_i) = (-1)^{i-1} \left(\mathrm{D}_{P_0P_3P_4P_1} + \mathrm{D}_{P_0P_4P_1P_2} \right) \quad (i = 4, 1),$$

$$G_4(P_{i+2}) = (-1)^{i} \left(\mathrm{D}_{P_0P_1P_2P_3} + \mathrm{D}_{P_0P_2P_3P_4} \right) \quad (i = 4, 1).$$

推论 8.3.8　设 $P_0\text{-}P_1P_2P_3P_4$ 是四棱锥, R_4 为底边 P_3P_4 的中点, G_0 为底面 $P_1P_2P_3P_4$ 的重心, G_2 为侧面 $P_0P_2P_3$ 的重心, $P_0R_4G_0G_2$ 是 $P_0\text{-}P_1P_2P_3P_4$ 的重心线四边形. 记 $g_4(P) = 8\mathrm{v}_{PP_0R_4G_0} = 24\mathrm{v}_{PR_4G_0G_2} = 12\mathrm{v}_{PG_0G_2P_0} = 6\mathrm{v}_{PG_2P_0R_4}$, 则

$$g_4(P_4) = g_4(P_1) = |\mathrm{D}_{P_0P_3P_4P_1} + \mathrm{D}_{P_0P_4P_1P_2}|,$$

$$g_4(P_2) = g_4(P_3) = |\mathrm{D}_{P_0P_1P_2P_3} + \mathrm{D}_{P_0P_2P_3P_4}|.$$

定理 8.3.9　设 $P_0\text{-}P_1P_2P_3P_4$ 是四棱锥, R_1 为底边 P_1P_2 的中点, G_0 为底面 $P_1P_2P_3P_4$ 的重心, G_3 为侧面 $P_0P_3P_4$ 的重心, $\pi_{P_0R_1G_0G_3}$ 是 $P_0\text{-}P_1P_2P_3P_4$ 的重心线面, 则

$$\mathrm{D}_{P_1\text{-}\pi_{P_0R_1G_0G_3}} + \mathrm{D}_{P_2\text{-}\pi_{P_0R_1G_0G_3}} = 0 \quad (\mathrm{d}_{P_1\text{-}\pi_{P_0R_1G_0G_3}} = \mathrm{d}_{P_2\text{-}\pi_{P_0R_1G_0G_3}}), \quad (8.3.17)$$

$$\mathrm{D}_{P_3\text{-}\pi_{P_0R_1G_0G_3}} + \mathrm{D}_{P_4\text{-}\pi_{P_0R_1G_0G_3}} = 0 \quad (\mathrm{d}_{P_3\text{-}\pi_{P_0R_1G_0G_3}} = \mathrm{d}_{P_4\text{-}\pi_{P_0R_1G_0G_3}}). \quad (8.3.18)$$

证明　根据定理 8.3.1, 由式 (8.3.1) 可得

$$\mathrm{a}_{P_0R_1G_0}\left(\mathrm{D}_{P_1\text{-}\pi_{P_0R_1G_0G_3}} + \mathrm{D}_{P_2\text{-}\pi_{P_0R_1G_0G_3}}\right) = 0,$$

因为 $\mathrm{a}_{P_0R_1G_0} \neq 0$, 所以式 (8.3.17) 成立.

类似地, 由式 (8.3.2), 可以证明 (8.3.18) 成立.

推论 8.3.9　设 $P_0\text{-}P_1P_2P_3P_4$ 是四棱锥, R_1 为底边 P_1P_2 的中点, G_0 为底面 $P_1P_2P_3P_4$ 的重心, G_3 为侧面 $P_0P_3P_4$ 的重心, $\pi_{P_0R_1G_0G_3}$ 是 $P_0\text{-}P_1P_2P_3P_4$ 的重心线面, 则 $\pi_{P_0R_1G_0G_3}$ 通过 P_1P_2 对边 P_3P_4 的中点.

证明　根据定理 8.3.9, 由式 (8.3.18) 即得.

定理 8.3.10　设 $P_0\text{-}P_1P_2P_3P_4$ 是四棱锥, R_1 为底边 P_1P_2 的中点, G_0 为底面 $P_1P_2P_3P_4$ 的重心, G_3 为侧面 $P_0P_3P_4$ 的重心, $P_0R_1G_0G_3$ 是 $P_0\text{-}P_1P_2P_3P_4$ 的重心线四边形, 则

$$\mathrm{a}_{P_0R_1G_0} = 3\mathrm{a}_{R_1G_0G_3} = 0.6\mathrm{a}_{P_0R_1G_0G_3}, \quad (8.3.19)$$

$$\mathrm{a}_{G_3P_0R_1} = 2\mathrm{a}_{G_0G_3P_0} = 0.8\mathrm{a}_{P_0R_1G_0G_3}. \quad (8.3.20)$$

证明　根据定理 8.3.1, 在式 (8.3.1) 中注意到 $2\mathrm{D}_{P_1\text{-}\pi_{P_0R_1G_0G_3}} \neq 0$, 即得

$$4\mathrm{a}_{P_0R_1G_0} = 12\mathrm{a}_{R_1G_0G_3} = 6\mathrm{a}_{G_0G_3P_0} = 3\mathrm{a}_{G_3P_0R_1}.$$

又在重心线四边形 $R_1R_2G_3G_4$ 中, 有

$$\mathrm{a}_{P_0R_1G_0} + \mathrm{a}_{R_1G_0G_3} + \mathrm{a}_{G_0G_3P_0} + \mathrm{a}_{G_3P_0R_1} = 2\mathrm{a}_{P_0R_1G_0G_3},$$

所以 $10a_{P_0R_1G_0}/3 = 2a_{P_0R_1G_0G_3}, a_{P_0R_1G_0} = 0.6a_{P_0R_1G_0G_3}$. 因此, 式 (8.3.19) 和 (8.3.20) 成立.

推论 8.3.10 设 $P_0\text{-}P_1P_2P_3P_4$ 是四棱锥, R_1 为底边 P_1P_2 的中点, G_0 为底面 $P_1P_2P_3P_4$ 的重心, G_3 为侧面 $P_0P_3P_4$ 的重心, $P_0R_1G_0G_3$ 是 $P_0\text{-}P_1P_2P_3P_4$ 的重心线四边形, 则

$$D_{P_0R_1G_0} = 3D_{R_1G_0G_3} = 0.6Da_{P_0R_1G_0G_3}, \tag{8.3.21}$$

$$D_{G_3P_0R_1} = 2D_{G_0G_3P_0} = 0.8Da_{P_0R_1G_0G_3}. \tag{8.3.22}$$

证明 因为重心线面 $\pi_{P_0R_1G_0G_3}$ 与重心线三角面 $\pi_{P_0R_1G_0}, \pi_{R_1G_0G_3}, \pi_{G_0G_3P_0}$, $\pi_{G_3P_0R_1}$ 是同向重合的, 故重心线四边形 $P_0R_1G_0G_3$ 与重心线三角形 $P_0R_1G_0$, $R_1G_0G_3, G_0G_3P_0, G_3P_0R_1$ 同向, 故由式 (8.3.19) 和 (8.3.20), 即得式 (8.3.21) 和 (8.3.22).

定理 8.3.11 设 $P_0\text{-}P_1P_2P_3P_4$ 是四棱锥, R_2 为底边 P_2P_3 的中点, G_0 为底面 $P_1P_2P_3P_4$ 的重心, G_4 为侧面 $P_0P_4P_1$ 的重心, $\pi_{P_0R_2G_0G_4}$ 是 $P_0\text{-}P_1P_2P_3P_4$ 的重心线面, 则

$$D_{P_2\text{-}\pi_{P_0R_2G_0G_4}} + D_{P_3\text{-}\pi_{P_0R_2G_0G_4}} = 0 \quad (d_{P_2\text{-}\pi_{P_0R_2G_0G_4}} = d_{P_3\text{-}\pi_{P_0R_2G_0G_4}}), \tag{8.3.23}$$

$$D_{P_4\text{-}\pi_{P_0R_2G_0G_4}} + D_{P_1\text{-}\pi_{P_0R_2G_0G_4}} = 0 \quad (d_{P_4\text{-}\pi_{P_0R_2G_0G_4}} = d_{P_1\text{-}\pi_{P_0R_2G_0G_4}}). \tag{8.3.24}$$

证明 根据定理 8.3.2, 仿定理 8.3.9 证明, 即得式 (8.3.23) 和 (8.3.24).

推论 8.3.11 设 $P_0\text{-}P_1P_2P_3P_4$ 是四棱锥, R_2 为底边 P_2P_3 的中点, G_0 为底面 $P_1P_2P_3P_4$ 的重心, G_4 为侧面 $P_0P_4P_1$ 的重心, $\pi_{P_0R_2G_0G_4}$ 是 $P_0\text{-}P_1P_2P_3P_4$ 的重心线面, 则 $\pi_{P_0R_1G_0G_3}$ 通过 P_2P_3 对边 P_4P_1 的中点.

证明 根据定理 8.3.11, 由式 (8.3.24) 即得.

定理 8.3.12 设 $P_0\text{-}P_1P_2P_3P_4$ 是四棱锥, R_2 为底边 P_2P_3 的中点, G_0 为底面 $P_1P_2P_3P_4$ 的重心, G_4 为侧面 $P_0P_4P_1$ 的重心, $P_0R_2G_0G_4$ 是 $P_0\text{-}P_1P_2P_3P_4$ 的重心线四边形, 则

$$a_{P_0R_2G_0} = 3a_{R_2G_0G_4} = 0.6a_{P_0R_2G_0G_4}, \tag{8.3.25}$$

$$a_{G_4P_0R_2} = 2a_{G_0G_4P_0} = 0.8a_{P_0R_2G_0G_4}. \tag{8.3.26}$$

证明 根据定理 8.3.2, 由式 (8.3.5) 仿定理 8.3.10 证明, 即得式 (8.3.25) 和 (8.3.26).

推论 8.3.12 设 $P_0\text{-}P_1P_2P_3P_4$ 是四棱锥, R_2 为底边 P_2P_3 的中点, G_0 为底面 $P_1P_2P_3P_4$ 的重心, G_4 为侧面 $P_0P_4P_1$ 的重心, $P_0R_2G_0G_4$ 是 $P_0\text{-}P_1P_2P_3P_4$ 的

重心线四边形, 则

$$D_{P_0 R_2 G_0} = 3D_{R_2 G_0 G_4} = 0.6 Da_{P_0 R_2 G_0 G_4}, \tag{8.3.27}$$

$$D_{G_4 P_0 R_2} = 2D_{G_0 G_4 P_0} = 0.8 Da_{P_0 R_2 G_0 G_4}. \tag{8.3.28}$$

证明　根据定理 8.3.12, 仿推论 8.3.10 证明, 即得式 (8.3.27) 和 (8.3.28).

定理 8.3.13　设 $P_0\text{-}P_1 P_2 P_3 P_4$ 是四棱锥, R_3 为底边 $P_3 P_4$ 的中点, G_0 为底面 $P_1 P_2 P_3 P_4$ 的重心, G_1 为侧面 $P_0 P_1 P_2$ 的重心, $\pi_{P_0 R_3 G_0 G_1}$ 是 $P_0\text{-}P_1 P_2 P_3 P_4$ 的重心线面, 则

$$D_{P_3\text{-}\pi_{P_0 R_3 G_0 G_1}} + D_{P_4\text{-}\pi_{P_0 R_3 G_0 G_1}} = 0 \quad (d_{P_3\text{-}\pi_{P_0 R_3 G_0 G_1}} = d_{P_4\text{-}\pi_{P_0 R_3 G_0 G_1}}), \tag{8.3.29}$$

$$D_{P_1\text{-}\pi_{P_0 R_3 G_0 G_1}} + D_{P_2\text{-}\pi_{P_0 R_3 G_0 G_1}} = 0 \quad (d_{P_1\text{-}\pi_{P_0 R_3 G_0 G_1}} = d_{P_2\text{-}\pi_{P_0 R_3 G_0 G_1}}). \tag{8.3.30}$$

证明　根据定理 8.4.3, 仿定理 8.3.9 证明, 即得式 (8.3.29) 和 (8.3.30).

推论 8.3.13　设 $P_0\text{-}P_1 P_2 P_3 P_4$ 是四棱锥, R_3 为底边 $P_3 P_4$ 的中点, G_0 为底面 $P_1 P_2 P_3 P_4$ 的重心, G_1 为侧面 $P_0 P_1 P_2$ 的重心, $\pi_{P_0 R_3 G_0 G_1}$ 是 $P_0\text{-}P_1 P_2 P_3 P_4$ 的重心线面, 则 $\pi_{P_0 R_3 G_0 G_1}$ 通过 $P_3 P_4$ 对边 $P_1 P_2$ 的中点.

证明　根据定理 8.3.13, 由式 (8.3.30) 即得.

定理 8.3.14　设 $P_0\text{-}P_1 P_2 P_3 P_4$ 是四棱锥, R_3 为底边 $P_3 P_4$ 的中点, G_0 为底面 $P_1 P_2 P_3 P_4$ 的重心, G_1 为侧面 $P_0 P_1 P_2$ 的重心, $P_0 R_3 G_0 G_1$ 是 $P_0\text{-}P_1 P_2 P_3 P_4$ 的重心线四边形, 则

$$a_{P_0 R_3 G_0} = 3a_{R_3 G_0 G_1} = 0.6 a_{P_0 R_3 G_0 G_1}, \tag{8.3.31}$$

$$a_{G_1 P_0 R_3} = 2a_{G_0 G_1 P_0} = 0.8 a_{P_0 R_3 G_0 G_1}. \tag{8.3.32}$$

证明　根据定理 8.3.3, 由式 (8.3.9) 仿定理 8.3.10 证明, 即得式 (8.3.31) 和 (8.3.32).

推论 8.3.14　设 $P_0\text{-}P_1 P_2 P_3 P_4$ 是四棱锥, R_3 为底边 $P_3 P_4$ 的中点, G_0 为底面 $P_1 P_2 P_3 P_4$ 的重心, G_1 为侧面 $P_0 P_1 P_2$ 的重心, $P_0 R_3 G_0 G_1$ 是 $P_0\text{-}P_1 P_2 P_3 P_4$ 的重心线四边形, 则

$$D_{P_0 R_3 G_0} = 3D_{R_3 G_0 G_1} = 0.6 Da_{P_0 R_3 G_0 G_1}, \tag{8.3.33}$$

$$D_{G_1 P_0 R_3} = 2D_{G_0 G_1 P_0} = 0.8 Da_{P_0 R_3 G_0 G_1}. \tag{8.3.34}$$

证明　根据定理 8.3.14, 仿推论 8.3.10 证明, 即得式 (8.3.33) 和 (8.3.34).

定理 8.3.15　设 $P_0\text{-}P_1 P_2 P_3 P_4$ 是四棱锥, R_4 为底边 $P_3 P_4$ 的中点, G_0 为底面 $P_1 P_2 P_3 P_4$ 的重心, G_2 为侧面 $P_0 P_2 P_3$ 的重心, $\pi_{P_0 R_4 G_0 G_2}$ 是 $P_0\text{-}P_1 P_2 P_3 P_4$ 的

重心线面, 则

$$\mathrm{D}_{P_4\text{-}\pi_{P_0R_4G_0G_2}} + \mathrm{D}_{P_1\text{-}\pi_{P_0R_4G_0G_2}} = 0 \quad (\mathrm{d}_{P_4\text{-}\pi_{P_0R_4G_0G_2}} = \mathrm{d}_{P_1\text{-}\pi_{P_0R_4G_0G_2}}), \quad (8.3.35)$$

$$\mathrm{D}_{P_2\text{-}\pi_{P_0R_4G_0G_2}} + \mathrm{D}_{P_3\text{-}\pi_{P_0R_4G_0G_2}} = 0 \quad (\mathrm{d}_{P_2\text{-}\pi_{P_0R_4G_0G_2}} = \mathrm{d}_{P_3\text{-}\pi_{P_0R_4G_0G_2}}). \quad (8.3.36)$$

证明 根据定理 8.3.4, 仿定理 8.3.9 证明, 即得式 (8.3.35) 和 (8.3.36).

推论 8.3.15 设 $P_0\text{-}P_1P_2P_3P_4$ 是四棱锥, R_4 为底边 P_3P_4 的中点, G_0 为底面 $P_1P_2P_3P_4$ 的重心, G_2 为侧面 $P_0P_2P_3$ 的重心, $\pi_{P_0R_4G_0G_2}$ 是 $P_0\text{-}P_1P_2P_3P_4$ 的重心线面, 则 $\pi_{P_0R_4G_0G_2}$ 通过 P_4P_1 对边 P_2P_3 的中点.

证明 根据定理 8.3.15, 由式 (8.3.36) 即得.

定理 8.3.16 设 $P_0\text{-}P_1P_2P_3P_4$ 是四棱锥, R_4 为底边 P_3P_4 的中点, G_0 为底面 $P_1P_2P_3P_4$ 的重心, G_2 为侧面 $P_0P_2P_3$ 的重心, $P_0R_4G_0G_2$ 是 $P_0\text{-}P_1P_2P_3P_4$ 的重心线四边形, 则

$$\mathrm{a}_{P_0R_4G_0} = 3\mathrm{a}_{R_4G_0G_2} = 0.6\mathrm{a}_{P_0R_4G_0G_2}, \quad (8.3.37)$$

$$\mathrm{a}_{G_2P_0R_4} = 2\mathrm{a}_{G_0G_2P_0} = 0.8\mathrm{a}_{P_0R_4G_0G_2}. \quad (8.3.38)$$

证明 根据定理 8.3.4, 由式 (8.3.13) 仿定理 8.3.10 证明, 即得式 (8.3.37) 和 (8.3.38).

推论 8.3.16 设 $P_0\text{-}P_1P_2P_3P_4$ 是四棱锥, R_4 为底边 P_3P_4 的中点, G_0 为底面 $P_1P_2P_2P_3$ 的重心, G_2 为侧面 $P_0P_2P_3$ 的重心, $P_0R_4G_0G_2$ 是 $P_0\text{-}P_1P_2P_3P_4$ 的重心线四边形, 则

$$\mathrm{D}_{P_0R_4G_0} = 3\mathrm{D}_{R_4G_0G_2} = 0.6\mathrm{D}a_{P_0R_4G_0G_2}, \quad (8.3.39)$$

$$\mathrm{D}_{G_2P_0R_4} = 2\mathrm{D}_{G_0G_2P_0} = 0.8\mathrm{D}a_{P_0R_4G_0G_2}. \quad (8.3.40)$$

证明 根据定理 8.3.16, 仿推论 8.3.10 证明, 即得式 (8.3.39) 和 (8.3.40).

定理 8.3.17 设 $P_0\text{-}P_1P_2P_3P_4$ 是四棱锥, R_1, R_3 分别为底边 P_1P_2, P_3P_4 的中点, G_0 为底面 $P_1P_2P_3P_4$ 的重心, G_1, G_3 分别为侧面 $P_0P_1P_2, P_0P_3P_4$ 的重心, $\pi_{P_0G_0\text{-}\mu_0\nu_0}$ 是 $P_0\text{-}P_1P_2P_3P_4$ 底面重心线包络面, 则

(1) $\pi_{P_0G_0\text{-}\mu_0\nu_0}$ 通过底边 P_1P_2 中点 R_1 的充分必要条件是 $\pi_{P_0G_0\text{-}\mu_0\nu_0}$ 通过底边 P_3P_4 的中点 R_3;

(2) $\pi_{P_0G_0\text{-}\mu_0\nu_0}$ 通过侧面 $P_0P_1P_2$ 重心 G_1 的充分必要条件是 $\pi_{P_0G_0\text{-}\mu_0\nu_0}$ 通过侧面 $P_0P_3P_4$ 的重心 G_3.

证明 (1) **必要性** 若 $\pi_{P_0G_0\text{-}\mu_0\nu_0}$ 通过底边 P_1P_2 的中点 R_1, 则 $\pi_{P_0G_0\text{-}\mu_0\nu_0}$ 是底面重心线 P_0G_0 与底边 P_1P_2 的中点 R_1 所确定的平面 $\pi_{P_0R_1G_0}$, 从而是底面

重心线 P_0G_0 与侧面重心线 R_1G_3 所确定的平面 $\pi_{P_0R_1G_0G_3}$，故由推论 8.3.9 知 $\pi_{P_0G_0\text{-}\mu_0\nu_0}$ 通过底边 P_3P_4 的中点 R_3；

充分性　若 $\pi_{P_0G_0\text{-}\mu_0\nu_0}$ 通过底边 P_3P_4 的中点 R_3，则 $\pi_{P_0G_0\text{-}\mu_0\nu_0}$ 是底面重心线 P_0G_0 与底边 P_3P_4 的中点 R_3 所确定的平面 $\pi_{P_0R_3G_0}$，从而是底面重心线 P_0G_0 与侧面重心线 R_3G_1 所确定的平面 $\pi_{P_0R_3G_0G_1}$，故由推论 8.3.9 知 $\pi_{P_0G_0\text{-}\mu_0\nu_0}$ 通过底边 P_1P_2 的中点 R_1.

类似地，可以证明 (2) 中结论成立.

推论 8.3.17　设 $P_0\text{-}P_1P_2P_3P_4$ 是四棱锥，R_1, R_3 分别为底边 P_1P_2, P_3P_4 的中点，G_0 为底面 $P_1P_2P_3P_4$ 的重心，G_1, G_3 分别为侧面 $P_0P_1P_2, P_0P_3P_4$ 的重心，$\pi_{P_0R_1G_0G_3}, \pi_{P_0R_3G_0G_1}$ 是 $P_0\text{-}P_1P_2P_3P_4$ 的重心面，则 $\pi_{P_0R_1G_0G_3}, \pi_{P_0R_3G_0G_1}$ 是反向重合的平面，从而 $P_0, R_1, R_3, G_0, G_1, G_3$ 六点共面.

证明　根据定理 8.3.17 即得.

定理 8.3.18　设 $P_0\text{-}P_1P_2P_3P_4$ 是四棱锥，R_2, R_4 分别为底边 P_2P_3, P_4P_1 的中点，G_0 为底面 $P_1P_2P_3P_4$ 的重心，G_2, G_4 分别为侧面 $P_0P_2P_3, P_0P_4P_1$ 的重心，$\pi_{P_0G_0\text{-}\mu_0\nu_0}$ 是 $P_0\text{-}P_1P_2P_3P_4$ 底面重心线包络面，则

(1) $\pi_{P_0G_0\text{-}\mu_0\nu_0}$ 通过底边 P_2P_3 中点 R_2 的充分必要条件是 $\pi_{P_0G_0\text{-}\mu_0\nu_0}$ 通过底边 P_4P_1 的中点 R_4；

(2) $\pi_{P_0G_0\text{-}\mu_0\nu_0}$ 通过侧面 $P_0P_2P_3$ 重心 G_2 的充分必要条件是 $\pi_{P_0G_0\text{-}\mu_0\nu_0}$ 通过侧面 $P_0P_4P_1$ 的重心 G_4.

证明　仿定理 8.3.17 证明即得.

推论 8.3.18　设 $P_0\text{-}P_1P_2P_3P_4$ 是四棱锥，R_2, R_4 分别为底边 P_2P_3, P_4P_1 的中点，G_0 为底面 $P_1P_2P_3P_4$ 的重心，G_2, G_4 分别为侧面 $P_0P_2P_3, P_0P_4P_1$ 的重心，$\pi_{P_0R_2G_0G_4}, \pi_{P_0R_4G_0G_2}$ 是 $P_0\text{-}P_1P_2P_3P_4$ 的重心面，则 $\pi_{P_0R_2G_0G_4}, \pi_{P_0R_4G_0G_2}$ 是反向重合的平面，从而 $P_0, R_2, R_4, G_0, G_2, G_4$ 六点共面.

证明　根据定理 8.3.18 即得.

8.4　四棱锥双侧面重心线面有向距离公式与应用

本节主要应用有向度量法，研究四棱锥顶点到双侧面重心线面有向距离的有关问题. 首先, 给出四棱锥双侧面重心线面的概念; 其次, 给出四棱锥顶点到四棱锥双侧面重心线面的有向距离 (距离) 公式; 最后, 利用四棱锥双侧面重心线面有向距离 (距离) 公式, 得出相应的有向体积 (体积) 公式、四棱锥一面上底边及其底面对边的顶点与相应的重心面有向距离 (距离) 之间的关系、过四棱锥底面上一边中点的重心线面必定通过该边底面对边的中点, 以及重心线三角形、重心线四边形面积 (有向面积) 相等的一些结论.

8.4.1 四棱锥双侧面重心线面的概念

定义 8.4.1 设 $P_0\text{-}P_1P_2P_3P_4$ 是四棱锥, R_i 为底边 $P_iP_{i+1}(i=1,2,3,4)$ 的中点, G_i 为侧面 $P_0P_{i+2}P_{i+3}(i=1,2,3,4)$ 的重心, $R_iG_{i+2}(i=1,2,3,4)$ 为 $P_0\text{-}P_1P_2P_3P_4$ 的重心线, 则称 $P_0\text{-}P_1P_2P_3P_4$ 任意两条侧面重心线 R_iG_{i+2}, R_jG_{j+2} 所确定的四边形 $R_iR_jG_{i+2}G_{j+2}(i,j=1,2,3,4;i<j)$ 为 $P_0\text{-}P_1P_2P_3P_4$ 的双侧面重心线四边形, $R_iR_jG_{i+2}G_{j+2}$ 所在的平面 $\pi_{R_iR_jG_{i+2}G_{j+2}}(i,j=1,2,3,4;i<j)$ 称为 $P_0\text{-}P_1P_2P_3P_4$ 的双侧面重心线面, 简称重心线面.

显然, $P_0\text{-}P_1P_2P_3P_4$ 的重心线面 $\pi_{R_iR_jG_{i+2}G_{j+2}}(i,j=1,2,3,4;i<j)$ 是重心线包络面的特殊情形. $\pi_{R_iR_jG_{i+2}G_{j+2}}$ 既是其中一条重心线 R_iG_{i+2} 的包络面, 也是其中另一条重心线 $R_jG_{j+2}(i,j=1,2,3,4;i<j)$ 的包络面. 本节中的所有结论, 对具有同化性质的重心线包络面亦成立.

8.4.2 四棱锥顶点到双侧面重心线面的有向距离公式

定理 8.4.1 设 $P_0\text{-}P_1P_2P_3P_4$ 是四棱锥, R_i 为底边 $P_iP_{i+1}(i=1,2,3,4)$ 的中点, G_i 为侧面 $P_0P_iP_{i+1}(i=1,2,3,4)$ 的重心, $\pi_{R_iR_{i+1}G_{i+2}G_{i+3}}(i=1,2,3,4)$ 是 $P_0\text{-}P_1P_2P_3P_4$ 的重心线面. 记 $F_{i+4}(P)=4a_{R_iR_{i+1}G_{i+2}}\mathrm{D}_{P\text{-}\pi_{R_iR_{i+1}G_{i+2}G_{i+3}}}=6a_{R_{i+1}G_{i+2}G_{i+3}}\mathrm{D}_{P\text{-}\pi_{R_iR_{i+1}G_{i+2}G_{i+3}}}=6a_{G_{i+2}G_{i+3}R_i}\mathrm{D}_{P\text{-}\pi_{R_iR_{i+1}G_{i+2}G_{i+3}}}=4a_{G_{i+3}R_iR_{i+1}}\cdot\mathrm{D}_{P\text{-}\pi_{R_iR_{i+1}G_{i+2}G_{i+3}}}(i=1,2,3,4)$, 则

$$F_5(P_0)=F_6(P_0)=F_7(P_0)=F_8(P_0)$$

$$=\mathrm{D}_{P_0P_1P_2P_3}+\mathrm{D}_{P_0P_2P_3P_4}+\mathrm{D}_{P_0P_3P_4P_1}+\mathrm{D}_{P_0P_4P_1P_2};\tag{8.4.1}$$

$$F_5(P_i)=(-1)^i\mathrm{D}_{P_0P_1P_2P_3}\quad(i=1,2,3),\tag{8.4.2}$$

$$F_5(P_4)=-(\mathrm{D}_{P_0P_2P_3P_4}+\mathrm{D}_{P_0P_3P_4P_1}+\mathrm{D}_{P_0P_4P_1P_2});\tag{8.4.3}$$

$$F_6(P_i)=(-1)^{i-1}\mathrm{D}_{P_0P_2P_3P_4}\quad(i=2,3,4),\tag{8.4.4}$$

$$F_6(P_1)=-(\mathrm{D}_{P_0P_2P_3P_4}+\mathrm{D}_{P_0P_3P_4P_1}+\mathrm{D}_{P_0P_4P_1P_2});\tag{8.4.5}$$

$$F_7(P_i)=(-1)^i\mathrm{D}_{P_0P_3P_4P_1}\quad(i=3,4,1),\tag{8.4.6}$$

$$F_7(P_2)=-(\mathrm{D}_{P_0P_3P_4P_1}+\mathrm{D}_{P_0P_4P_1P_2}+\mathrm{D}_{P_0P_1P_2P_3});\tag{8.4.7}$$

$$F_8(P_i)=(-1)^{i-1}\mathrm{D}_{P_0P_4P_1P_2}\quad(i=4,1,2),\tag{8.4.8}$$

$$F_8(P_3)=-(\mathrm{D}_{P_0P_4P_1P_2}+\mathrm{D}_{P_0P_1P_2P_3}+\mathrm{D}_{P_0P_2P_3P_4}).\tag{8.4.9}$$

证明 如图 8.4.1 所示. 设 $P_0\text{-}P_1P_2P_3P_4$ 顶点的坐标分别为 $P_i(x_i,y_i,z_i)(i=0,1,2,3,4)$, 于是底边 P_iP_{i+1} 中点和侧面 $P_0P_iP_{i+1}$ 重心的坐标分别为

$$R_i\left(\frac{x_i+x_{i+1}}{2},\frac{y_i+y_{i+1}}{2},\frac{z_i+z_{i+1}}{2}\right)\quad(i=1,2,3,4);$$

$$G_i\left(\frac{x_0+x_i+x_{i+1}}{3},\frac{y_0+y_i+y_{i+1}}{3},\frac{z_0+z_i+z_{i+1}}{3}\right)\quad(i=1,2,3,4).$$

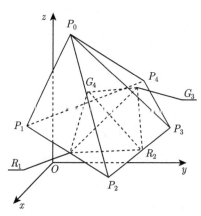

图 8.4.1

因为重心线面 $\pi_{R_1R_2G_3G_4}$ 与重心线三角面 $\pi_{R_1R_2G_3},\pi_{R_2G_3G_4},\pi_{G_3G_4R_1},\pi_{G_4R_1R_2}$ 同向重合, 所以 $P_0\text{-}P_1P_2P_3P_4$ 的任一点顶点到以上五个平面的有向距离相等.

又因为 $\pi_{R_1R_2G_3}$ 的方程为

$$x\,\mathrm{Prj}_{yz}\,\mathrm{D}_{R_1R_2G_3}+y\,\mathrm{Prj}_{zx}\,\mathrm{D}_{R_1R_2G_3}+z\,\mathrm{Prj}_{xy}\,\mathrm{D}_{R_1R_2G_3}-\Delta_{R_1R_2G_3}=0,$$

其中

$$\Delta_{R_1R_2G_3}=\frac{1}{2}\begin{vmatrix}(x_1+x_2)/2 & (y_1+y_2)/2 & (z_1+z_2)/2\\(x_2+x_3)/2 & (y_2+y_3)/2 & (z_2+z_3)/2\\(x_0+x_3+x_4)/3 & (y_0+y_3+y_4)/3 & (z_0+z_3+z_4)/3\end{vmatrix}.$$

于是由点到平面的有向距离公式, 可得

$$a_{R_1R_2G_3}\mathrm{D}_{P_i\text{-}\pi_{R_1R_2G_3G_4}}=a_{R_1R_2G_3}\mathrm{D}_{P_i\text{-}\pi_{R_1R_2G_3}}$$

$$=x_i\,\mathrm{Prj}_{yz}\,\mathrm{D}_{R_1R_2G_3}+y_i\,\mathrm{Prj}_{zx}\,\mathrm{D}_{R_1R_2G_3}+z_i\,\mathrm{Prj}_{xy}\,\mathrm{D}_{R_1R_2G_3}-\Delta_{R_1R_2G_3}$$

$$=\frac{1}{2}\begin{vmatrix}x_i & y_i & z_i & 1\\(x_1+x_2)/2 & (y_1+y_2)/2 & (z_1+z_2)/2 & 1\\(x_2+x_3)/2 & (y_2+y_3)/2 & (z_2+z_3)/2 & 1\\(x_0+x_3+x_4)/3 & (y_0+y_3+y_4)/3 & (z_0+z_3+z_4)/3 & 1\end{vmatrix}$$

$$
= \frac{1}{24} \begin{vmatrix} x_i & y_i & z_i & 1 \\ x_1 + x_2 & y_1 + y_2 & z_1 + z_2 & 2 \\ x_2 + x_3 & y_2 + y_3 & z_2 + z_3 & 2 \\ x_0 + x_3 + x_4 & y_0 + y_3 + y_4 & z_0 + z_3 + z_4 & 3 \end{vmatrix}
$$

$$
= \frac{1}{24} \begin{vmatrix} x_i & y_i & z_i & 1 \\ x_1 & y_1 & z_1 & 1 \\ x_2 & y_2 & z_2 & 1 \\ x_0 + x_3 + x_4 & y_0 + y_3 + y_4 & z_0 + z_3 + z_4 & 3 \end{vmatrix}
$$

$$
+ \frac{1}{24} \begin{vmatrix} x_i & y_i & z_i & 1 \\ x_1 + x_2 & y_1 + y_2 & z_1 + z_2 & 2 \\ x_3 & y_3 & z_3 & 1 \\ x_0 + x_4 & y_0 + y_4 & z_0 + z_4 & 2 \end{vmatrix}
$$

$$
= \frac{1}{4} \left(D_{P_i P_1 P_2 P_0} + D_{P_i P_1 P_2 P_3} + D_{P_i P_1 P_2 P_4} + D_{P_i P_1 P_3 P_0} + D_{P_i P_1 P_3 P_4} \right.
$$

$$
\left. + D_{P_i P_2 P_3 P_0} + D_{P_i P_2 P_3 P_4} \right)
$$

其中 $i = 0, 1, 2, 3, 4.$ 所以

$$
4a_{R_1 R_2 G_3} D_{P_0 - \pi_{R_1 R_2 G_3 G_4}} = D_{P_0 P_1 P_2 P_3} + D_{P_0 P_2 P_3 P_4} + D_{P_0 P_3 P_4 P_1} + D_{P_0 P_4 P_1 P_2},
$$

$$
4a_{R_1 R_2 G_3} D_{P_1 - \pi_{R_1 R_2 G_3 G_4}} = D_{P_1 P_2 P_3 P_0} + D_{P_1 P_2 P_3 P_4} = -D_{P_0 P_1 P_2 P_3},
$$

$$
4a_{R_1 R_2 G_3} D_{P_2 - \pi_{R_1 R_2 G_3 G_4}} = D_{P_2 P_1 P_3 P_0} + D_{P_2 P_1 P_3 P_4} = D_{P_0 P_1 P_2 P_3},
$$

$$
4a_{R_1 R_2 G_3} D_{P_3 - \pi_{R_1 R_2 G_3 G_4}} = D_{P_3 P_1 P_2 P_0} + D_{P_3 P_1 P_2 P_4} = -D_{P_0 P_1 P_2 P_3},
$$

$$
4a_{R_1 R_2 G_3} D_{P_4 - \pi_{R_1 R_2 G_3 G_4}} = -D_{P_0 P_2 P_3 P_4} - D_{P_0 P_3 P_4 P_1} - D_{P_0 P_4 P_1 P_2}.
$$

因此, 式 (8.4.1) 中 $F_5(P_0)$ 的前一部分与 (8.4.2) 和 (8.4.3) 的前一部分成立.

同理, 可以证明, 式 (8.4.1) 中 $F_5(P_0)$ 的后三部分与 (8.4.2) 和 (8.4.3) 的后三部分成立.

从而, 式 (8.4.1)~(8.4.3) 成立.

类似地, 可以证明, 式 (8.4.4)~(8.4.9) 成立.

推论 8.4.1 设 $P_0\text{-}P_1 P_2 P_3 P_4$ 是四棱锥, R_i 为底边 $P_i P_{i+1}(i = 1, 2, 3, 4)$ 的中点, G_i 为侧面 $P_0 P_i P_{i+1}(i = 1, 2, 3, 4)$ 的重心, $\pi_{R_i R_{i+1} G_{i+2} G_{i+3}}(i = 1, 2, 3, 4)$ 是 $P_0\text{-}P_1 P_2 P_3 P_4$ 的重心线面. 记 $f_{i+4}(P) = 4a_{R_i R_{i+1} G_{i+2}} d_{P - \pi_{R_i R_{i+1} G_{i+2} G_{i+3}}} = 6a_{R_{i+1} G_{i+2} G_{i+3}} d_{P - \pi_{R_i R_{i+1} G_{i+2} G_{i+3}}} = 6a_{G_{i+2} G_{i+3} R_i} d_{P - \pi_{R_i R_{i+1} G_{i+2} G_{i+3}}} = 4a_{G_{i+3} R_i R_{i+1}} \cdot$

$\mathrm{d}_{P\text{-}\pi_{R_iR_{i+1}G_{i+2}G_{i+3}}}(i=1,2,3,4)$，则

$$f_5(P_0)=f_6(P_0)=f_7(P_0)=f_8(P_0)$$

$$=|\mathrm{D}_{P_0P_1P_2P_3}+\mathrm{D}_{P_0P_2P_3P_4}+\mathrm{D}_{P_0P_3P_4P_1}+\mathrm{D}_{P_0P_4P_1P_2}|;\tag{8.4.10}$$

$$f_5(P_1)=f_5(P_2)=f_5(P_3)=\mathrm{v}_{P_0P_1P_2P_3},\tag{8.4.11}$$

$$f_5(P_4)=|\mathrm{D}_{P_0P_2P_3P_4}+\mathrm{D}_{P_0P_3P_4P_1}+\mathrm{D}_{P_0P_4P_1P_2}|;\tag{8.4.12}$$

$$f_6(P_2)=f_6(P_3)=f_6(P_4)=\mathrm{v}_{P_0P_2P_3P_4},\tag{8.4.13}$$

$$f_6(P_1)=|\mathrm{D}_{P_0P_2P_3P_4}+\mathrm{D}_{P_0P_3P_4P_1}+\mathrm{D}_{P_0P_4P_1P_2}|;\tag{8.4.14}$$

$$f_7(P_3)=f_7(P_4)=f_7(P_1)=\mathrm{v}_{P_0P_3P_4P_1},\tag{8.4.15}$$

$$f_7(P_2)=|\mathrm{D}_{P_0P_3P_4P_1}+\mathrm{D}_{P_0P_4P_1P_2}+\mathrm{D}_{P_0P_1P_2P_3}|;\tag{8.4.16}$$

$$f_8(P_4)=f_8(P_1)=f_8(P_2)=\mathrm{v}_{P_0P_4P_1P_2},\tag{8.4.17}$$

$$f_8(P_3)=|\mathrm{D}_{P_0P_4P_1P_2}+\mathrm{D}_{P_0P_1P_2P_3}+\mathrm{D}_{P_0P_2P_3P_4}|.\tag{8.4.18}$$

证明　根据定理 8.4.1, 式 (8.4.1)~(8.4.9) 等号两边分别取绝对值, 即得式 (8.4.10)~(8.4.18).

定理 8.4.2　设 $P_0\text{-}P_1P_2P_3P_4$ 是四棱锥, R_i 为底边 $P_iP_{i+1}(i=1,3)$ 的中点, G_i 为侧面 $P_0P_iP_{i+1}(i=1,3)$ 的重心, $\pi_{R_iR_{i+2}G_{i+2}G_i}(i=1,2)$ 是 $P_0\text{-}P_1P_2P_3P_4$ 的重心线面. 记 $F_{i+8}(P)=4a_{R_iR_{i+2}G_{i+2}}\mathrm{D}_{P\text{-}\pi_{R_iR_{i+2}G_{i+2}G_i}}=6a_{R_{i+2}G_{i+2}G_i}\mathrm{D}_{P\text{-}\pi_{R_iR_{i+2}G_{i+2}G_i}}=6a_{G_{i+2}G_iR_i}\mathrm{D}_{P\text{-}\pi_{R_iR_{i+2}G_{i+2}G_i}}=4a_{G_iR_iR_{i+2}}\mathrm{D}_{P\text{-}\pi_{R_iR_{i+2}G_{i+2}G_i}}(i=1,2)$, 则 $\mathrm{D}_{P_0\text{-}\pi_{R_iR_{i+2}G_{i+2}G_i}}=0(i=1,2)$, 且

$$F_9(P_i)=(-1)^i\left(\mathrm{D}_{P_0P_4P_1P_2}+\mathrm{D}_{P_0P_1P_2P_3}\right)\quad(i=1,2),\tag{8.4.19}$$

$$F_9(P_{i+2})=(-1)^{i-1}\left(\mathrm{D}_{P_0P_2P_3P_4}+\mathrm{D}_{P_0P_3P_4P_1}\right)\quad(i=1,2);\tag{8.4.20}$$

$$F_{10}(P_i)=(-1)^{i-1}\left(\mathrm{D}_{P_0P_1P_2P_3}+\mathrm{D}_{P_0P_2P_3P_4}\right)\quad(i=2,3),\tag{8.4.21}$$

$$F_{10}(P_{i+2})=(-1)^i\left(\mathrm{D}_{P_0P_3P_4P_1}+\mathrm{D}_{P_0P_4P_1P_2}\right)\quad(i=2,3).\tag{8.4.22}$$

证明　设 $P_0\text{-}P_1P_2P_3P_4$ 顶点的坐标分别为 $P_i(x_i,y_i,z_i)(i=0,1,2,3,4)$, 于是底边 P_iP_{i+1} 中点和侧面 $P_0P_iP_{i+1}$ 重心的坐标分别为

$$R_i\left(\frac{x_i+x_{i+1}}{2},\frac{y_i+y_{i+1}}{2},\frac{z_i+z_{i+1}}{2}\right)\quad(i=1,2,3,4);$$

$$G_i \left(\frac{x_0 + x_i + x_{i+1}}{3}, \frac{y_0 + y_i + y_{i+1}}{3}, \frac{z_0 + z_i + z_{i+1}}{3} \right) \quad (i = 1, 2, 3, 4).$$

因为重心线面 $\pi_{R_1 R_3 G_3 G_1}$ 与重心线三角面 $\pi_{R_1 R_3 G_3}, \pi_{R_3 G_3 G_1}, \pi_{G_3 G_1 R_1}, \pi_{G_1 R_1 R_3}$ 同向重合, 所以 $P_0\text{-}P_1 P_2 P_3 P_4$ 的每个顶点到以上五个平面的有向距离相等.

又因为 $\pi_{R_1 R_3 G_3}$ 的方程为

$$x \operatorname{Prj}_{yz} D_{R_1 R_3 G_3} + y \operatorname{Prj}_{zx} D_{R_1 R_3 G_3} + z \operatorname{Prj}_{xy} D_{R_1 R_3 G_3} - \Delta_{R_1 R_3 G_3} = 0$$

其中

$$\Delta_{R_1 R_3 G_3} = \frac{1}{2} \begin{vmatrix} (x_1 + x_2)/2 & (y_1 + y_2)/2 & (z_1 + z_2)/2 \\ (x_3 + x_4)/2 & (y_3 + y_4)/2 & (z_3 + z_4)/2 \\ (x_0 + x_3 + x_4)/3 & (y_0 + y_3 + y_4)/3 & (z_0 + z_3 + z_4)/3 \end{vmatrix}.$$

于是由点到平面的有向距离公式, 可得

$$\mathbf{a}_{R_1 R_3 G_3} D_{P_i\text{-}\pi_{R_1 R_3 G_3 G_1}} = a_{R_1 R_3 G_3} D_{P_i\text{-}\pi_{R_1 R_3 G_3}}$$

$$= x_i \operatorname{Prj}_{yz} D_{R_1 R_3 G_3} + y_i \operatorname{Prj}_{zx} D_{R_1 R_3 G_3} + z_i \operatorname{Prj}_{xy} D_{R_1 R_3 G_3} - \Delta_{R_1 R_3 G_3}$$

$$= \frac{1}{2} \begin{vmatrix} x_i & y_i & z_i & 1 \\ (x_1 + x_2)/2 & (y_1 + y_2)/2 & (z_1 + z_2)/2 & 1 \\ (x_3 + x_4)/2 & (y_3 + y_4)/2 & (z_3 + z_4)/2 & 1 \\ (x_0 + x_3 + x_4)/3 & (y_0 + y_3 + y_4)/3 & (z_0 + z_3 + z_4)/3 & 1 \end{vmatrix}$$

$$= \frac{1}{24} \begin{vmatrix} x_i & y_i & z_i & 1 \\ x_1 + x_2 & y_1 + y_2 & z_1 + z_2 & 2 \\ x_3 + x_4 & y_3 + y_4 & z_3 + z_4 & 2 \\ x_0 + x_3 + x_4 & y_0 + y_3 + y_4 & z_0 + z_3 + z_4 & 3 \end{vmatrix}$$

$$= \frac{1}{24} \begin{vmatrix} x_i & y_i & z_i & 1 \\ x_1 + x_2 & y_1 + y_2 & z_1 + z_2 & 2 \\ x_3 + x_4 & y_3 + y_4 & z_3 + z_4 & 2 \\ x_0 & y_0 & z_0 & 1 \end{vmatrix}$$

$$= \frac{1}{4} \left(D_{P_i P_1 P_3 P_0} + D_{P_i P_1 P_4 P_0} + D_{P_i P_2 P_3 P_0} + D_{P_i P_2 P_4 P_0} \right),$$

其中 $i = 0, 1, 2, 3, 4$. 所以

$$4\mathbf{a}_{R_1 R_3 G_3} D_{P_0\text{-}\pi_{R_1 R_3 G_3 G_1}} = 0,$$

$$4\mathbf{a}_{R_1 R_3 G_3} D_{P_1\text{-}\pi_{R_1 R_3 G_3 G_1}} = D_{P_1 P_2 P_3 P_0} + D_{P_1 P_2 P_4 P_0} = -\left(D_{P_0 P_4 P_1 P_2} + D_{P_0 P_1 P_2 P_3} \right),$$

$$4a_{R_1R_3G_3}D_{P_2\text{-}\pi_{R_1R_3G_3G_1}} = D_{P_2P_1P_3P_0} + D_{P_2P_1P_4P_0} = D_{P_0P_4P_1P_2} + D_{P_0P_1P_2P_3},$$

$$4a_{R_1R_3G_3}D_{P_3\text{-}\pi_{R_1R_3G_3G_1}} = D_{P_3P_1P_4P_0} + D_{P_3P_2P_4P_0} = D_{P_0P_2P_3P_4} + D_{P_0P_3P_4P_1},$$

$$4a_{R_1R_3G_3}D_{P_4\text{-}\pi_{R_1R_3G_3G_1}} = D_{P_4P_1P_3P_0} + D_{P_4P_2P_3P_0} = -(D_{P_0P_2P_3P_4} + D_{P_0P_3P_4P_1}),$$

因此, $D_{P_0\text{-}\pi_{R_1R_3G_3G_1}} = 0$, 且式 (8.4.19) 和 (8.4.20) 的前一部分成立.

同理可以证明, 式 (8.4.19) 和 (8.4.20) 的后三部分成立. 从而 $D_{P_0\text{-}\pi_{R_1R_3G_3G_1}} = 0$, 且式 (8.4.19) 和 (8.4.20) 成立.

类似地, 可以证明, $D_{P_0\text{-}\pi_{R_2R_4G_4G_2}} = 0$, 且式 (8.4.21) 和 (8.4.22) 成立.

推论 8.4.2　设 $P_0\text{-}P_1P_2P_3P_4$ 是四棱锥, R_i 为底边 $P_iP_{i+1}(i=1,3)$ 的中点, G_i 为侧面 $P_0P_iP_{i+1}(i=1,3)$ 的重心, $\pi_{R_iR_{i+2}G_{i+2}G_i}(i=1,2)$ 是 $P_0\text{-}P_1P_2P_3P_4$ 的重心线面. 记 $f_{i+8}(P) = 4a_{R_iR_{i+2}G_{i+2}}d_{P\text{-}\pi_{R_iR_{i+2}G_{i+2}G_i}} = 6a_{R_{i+2}G_{i+2}G_i}d_{P\text{-}\pi_{R_iR_{i+2}G_{i+2}G_i}} = 6a_{G_{i+2}G_iR_i}d_{P\text{-}\pi_{R_iR_{i+2}G_{i+2}G_i}} = 4a_{G_iR_iR_{i+2}}d_{P\text{-}\pi_{R_iR_{i+2}G_{i+2}G_i}}(i=1,2)$, 则 P_0 在侧面重心线面 $\pi_{R_iR_{i+2}G_{i+2}G_i}(i=1,2)$ 上, 且

$$f_9(P_1) = f_9(P_2) = |D_{P_0P_4P_1P_2} + D_{P_0P_1P_2P_3}|, \tag{8.4.23}$$

$$F_9(P_3) = F_9(P_4) = |D_{P_0P_2P_3P_4} + D_{P_0P_3P_4P_1}|; \tag{8.4.24}$$

$$F_{10}(P_2) = F_{10}(P_3) = |D_{P_0P_1P_2P_3} + D_{P_0P_2P_3P_4}|, \tag{8.4.25}$$

$$F_{10}(P_4) = F_{10}(P_1) = |D_{P_0P_3P_4P_1} + D_{P_0P_4P_1P_2}|. \tag{8.4.26}$$

8.4.3　四棱锥顶点到侧面重心线面有向距离公式的应用

根据定理 1.2.3, 可以得出定理 8.4.1~ 定理 8.4.4 中有向距离公式相应的有向体积 (体积) 公式. 兹列如下.

定理 8.4.3　设 $P_0\text{-}P_1P_2P_3P_4$ 是四棱锥, R_i 为底边 $P_iP_{i+1}(i=1,2,3,4)$ 的中点, G_i 为侧面 $P_0P_iP_{i+1}(i=1,2,3,4)$ 的重心, $R_iR_{i+1}G_{i+2}G_{i+3}(i=1,2,3,4)$ 是 $P_0\text{-}P_1P_2P_3P_4$ 的重心线四边形. 记 $G_{i+4}(P) = 12D_{PR_iR_{i+1}G_{i+2}} = 18D_{PR_{i+1}G_{i+2}G_{i+3}} = 18D_{PG_{i+2}G_{i+3}R_i} = 12D_{PG_{i+3}R_iR_{i+1}}(i=1,2,3,4)$, 则

$$G_5(P_0) = G_6(P_0) = G_7(P_0) = G_8(P_0)$$

$$= D_{P_0P_1P_2P_3} + D_{P_0P_2P_3P_4} + D_{P_0P_3P_4P_1} + D_{P_0P_4P_1P_2};$$

$$G_5(P_i) = (-1)^i D_{P_0P_1P_2P_3} \quad (i=1,2,3),$$

$$G_5(P_4) = -(D_{P_0P_2P_3P_4} + D_{P_0P_3P_4P_1} + D_{P_0P_4P_1P_2});$$

$$G_6(P_i) = (-1)^{i-1} D_{P_0P_2P_3P_4} \quad (i=2,3,4),$$

$$G_6(P_1) = -(D_{P_0P_2P_3P_4} + D_{P_0P_3P_4P_1} + D_{P_0P_4P_1P_2});$$

$$G_7(P_i) = (-1)^i D_{P_0P_3P_4P_1} \quad (i = 3, 4, 1),$$

$$G_7(P_2) = -(D_{P_0P_3P_4P_1} + D_{P_0P_4P_1P_2} + D_{P_0P_1P_2P_3});$$

$$G_8(P_i) = (-1)^{i-1} D_{P_0P_4P_1P_2} \quad (i = 4, 1, 2),$$

$$G_8(P_3) = -(D_{P_0P_4P_1P_2} + D_{P_0P_1P_2P_3} + D_{P_0P_2P_3P_4}).$$

推论 8.4.3　设 $P_0\text{-}P_1P_2P_3P_4$ 是四棱锥, R_i 为底边 $P_iP_{i+1}(i=1,2,3,4)$ 的中点, G_i 为侧面 $P_0P_iP_{i+1}(i=1,2,3,4)$ 的重心, $R_iR_{i+1}G_{i+2}G_{i+3}(i=1,2,3,4)$ 是 $P_0\text{-}P_1P_2P_3P_4$ 的重心线四边形. 记 $g_{i+4}(P)=12\mathrm{v}_{PR_iR_{i+1}G_{i+2}}=18\mathrm{v}_{PR_{i+1}G_{i+2}G_{i+3}}=18\mathrm{v}_{PG_{i+2}G_{i+3}R_i}=12\mathrm{v}_{PG_{i+3}R_iR_{i+1}}(i=1,2,3,4)$, 则

$$g_5(P_0) = g_6(P_0) = g_7(P_0) = g_8(P_0)$$

$$= |D_{P_0P_1P_2P_3} + D_{P_0P_2P_3P_4} + D_{P_0P_3P_4P_1} + D_{P_0P_4P_1P_2}|;$$

$$g_5(P_1) = g_5(P_2) = g_5(P_3) = \mathrm{v}_{P_0P_1P_2P_3},$$

$$g_5(P_4) = |D_{P_0P_2P_3P_4} + D_{P_0P_3P_4P_1} + D_{P_0P_4P_1P_2}|;$$

$$g_6(P_2) = g_6(P_3) = g_6(P_4) = \mathrm{v}_{P_0P_2P_3P_4},$$

$$g_6(P_1) = |D_{P_0P_2P_3P_4} + D_{P_0P_3P_4P_1} + D_{P_0P_4P_1P_2}|;$$

$$g_7(P_3) = g_7(P_4) = g_7(P_1) = \mathrm{v}_{P_0P_3P_4P_1},$$

$$g_7(P_2) = |D_{P_0P_3P_4P_1} + D_{P_0P_4P_1P_2} + D_{P_0P_1P_2P_3}|;$$

$$g_8(P_4) = g_8(P_1) = g_8(P_2) = \mathrm{v}_{P_0P_4P_1P_2},$$

$$g_8(P_3) = |D_{P_0P_4P_1P_2} + D_{P_0P_1P_2P_3} + D_{P_0P_2P_3P_4}|.$$

定理 8.4.4　设 $P_0\text{-}P_1P_2P_3P_4$ 是四棱锥, R_i 为底边 $P_iP_{i+1}(i=1,3)$ 的中点, G_i 为侧面 $P_0P_iP_{i+1}(i=1,3)$ 的重心, $R_iR_{i+2}G_{i+2}G_i(i=1,2)$ 是 $P_0\text{-}P_1P_2P_3P_4$ 的重心线四边形. 记 $G_{i+8}(P)=12D_{PR_iR_{i+2}G_{i+2}}=18D_{PR_{i+2}G_{i+2}G_i}=18D_{PG_{i+2}G_iR_i}=12D_{PG_iR_iR_{i+2}}(i=1,2)$, 则

$$D_{P_0R_iR_{i+2}G_{i+2}} = D_{P_0R_{i+2}G_{i+2}G_i} = D_{P_0G_{i+2}G_iR_i} = D_{P_0G_iR_iR_{i+2}} = 0 \quad (i=1,2);$$

$$G_9(P_i) = (-1)^i (D_{P_0P_4P_1P_2} + D_{P_0P_1P_2P_3}) \quad (i=1,2),$$

$$G_9(P_{i+2}) = (-1)^{i-1} (D_{P_0P_2P_3P_4} + D_{P_0P_3P_4P_1}) \quad (i=1,2);$$

$$G_{10}(P_i) = (-1)^{i-1} \left(D_{P_0 P_1 P_2 P_3} + D_{P_0 P_2 P_3 P_4} \right) \quad (i = 2, 3),$$

$$G_{10}(P_{i+2}) = (-1)^{i} \left(D_{P_0 P_3 P_4 P_1} + D_{P_0 P_4 P_1 P_2} \right) \quad (i = 2, 3).$$

推论 8.4.4　设 $P_0\text{-}P_1 P_2 P_3 P_4$ 是四棱锥, R_i 为底边 $P_i P_{i+1}(i = 1, 3)$ 的中点, G_i 为侧面 $P_0 P_i P_{i+1}(i = 1, 3)$ 的重心, $R_i R_{i+2} G_{i+2} G_i(i = 1, 2)$ 是 $P_0\text{-}P_1 P_2 P_3 P_4$ 的重心线四边形. 记 $g_{i+8}(P) = 12 \mathrm{v}_{P R_i R_{i+2} G_{i+2}} = 18 \mathrm{v}_{P R_{i+2} G_{i+2} G_i} = 18 \mathrm{v}_{P G_{i+2} G_i R_i} = 12 \mathrm{v}_{P G_i R_i R_{i+2}}(i = 1, 2)$, 则

$$\mathrm{v}_{P_0 R_i R_{i+2} G_{i+2}} = \mathrm{v}_{P_0 R_{i+2} G_{i+2} G_i} = \mathrm{v}_{P_0 G_{i+2} G_i R_i} = \mathrm{v}_{P_0 G_i R_i R_{i+2}} = 0 (i = 1, 2);$$

$$g_9(P_1) = g_9(P_2) = \left| D_{P_0 P_4 P_1 P_2} + D_{P_0 P_1 P_2 P_3} \right|,$$

$$g_9(P_3) = g_9(P_4) = \left| D_{P_0 P_2 P_3 P_4} + D_{P_0 P_3 P_4 P_1} \right|;$$

$$g_{10}(P_2) = g_{10}(P_3) = \left| D_{P_0 P_1 P_2 P_3} + D_{P_0 P_2 P_3 P_4} \right|,$$

$$g_{10}(P_4) = g_{10}(P_1) = \left| D_{P_0 P_3 P_4 P_1} + D_{P_0 P_4 P_1 P_2} \right|.$$

定理 8.4.5　设 $P_0\text{-}P_1 P_2 P_3 P_4$ 是四棱锥, R_i 为底边 $P_i P_{i+1}(i = 1, 2)$ 的中点, G_i 为侧面 $P_0 P_i P_{i+1}(i = 3, 4)$ 的重心, $\pi_{R_1 R_2 G_3 G_4}$ 是 $P_0\text{-}P_1 P_2 P_3 P_4$ 的重心线面, 则

$$D_{P_1\text{-}\pi_{R_1 R_2 G_3 G_4}} + D_{P_2\text{-}\pi_{R_1 R_2 G_3 G_4}} = 0 \quad (d_{P_1\text{-}\pi_{R_1 R_2 G_3 G_4}} = d_{P_2\text{-}\pi_{R_1 R_2 G_3 G_4}}), \quad (8.4.27)$$

$$D_{P_2\text{-}\pi_{R_1 R_2 G_3 G_4}} + D_{P_3\text{-}\pi_{R_1 R_2 G_3 G_4}} = 0 \quad (d_{P_2\text{-}\pi_{R_1 R_2 G_3 G_4}} = d_{P_3\text{-}\pi_{R_1 R_2 G_3 G_4}}), \quad (8.4.28)$$

$$D_{P_0\text{-}\pi_{R_1 R_2 G_3 G_4}} + D_{P_4\text{-}\pi_{R_1 R_2 G_3 G_4}} = 0 \quad (d_{P_0\text{-}\pi_{R_1 R_2 G_3 G_4}} = d_{P_4\text{-}\pi_{R_1 R_2 G_3 G_4}}), \quad (8.4.29)$$

$$D_{P_3\text{-}\pi_{R_1 R_2 G_3 G_4}} - D_{P_1\text{-}\pi_{R_1 R_2 G_3 G_4}} = 0 \quad (d_{P_3\text{-}\pi_{R_1 R_2 G_3 G_4}} = d_{P_1\text{-}\pi_{R_1 R_2 G_3 G_4}}). \quad (8.4.30)$$

证明　根据定理 8.4.1, 由式 (8.4.1) 可得

$$F_5(P_1) + F_5(P_2) = 0,$$

从而

$$\mathrm{a}_{R_1 R_2 G_3} \left(D_{P_1\text{-}\pi_{R_1 R_2 G_3 G_4}} + D_{P_2\text{-}\pi_{R_1 R_2 G_3 G_4}} \right) = 0.$$

因为 $\mathrm{a}_{R_1 R_2 G_3} \neq 0$, 所以式 (8.4.27) 成立.

类似地, 分别由

$$F_5(P_2) + F(P_3) = 0, \quad F_5(P_0) + F(P_4) = 0, \quad F_5(P_1) - F(P_3) = 0,$$

可以证明式 (8.4.28)~(8.4.30) 成立.

推论 8.4.5 设 P_0-$P_1P_2P_3P_4$ 是四棱锥, R_i 为底边 $P_iP_{i+1}(i=1,2)$ 的中点, G_i 为侧面 $P_0P_iP_{i+1}(i=3,4)$ 的重心, $\pi_{R_1R_2G_3G_4}$ 是 P_0-$P_1P_2P_3P_4$ 的重心线面, 则 P_2 与 P_1, P_3 分居于 $\pi_{R_1R_2G_3G_4}$ 的两侧且到该平面的距离相等, 因此 $P_1P_3//\pi_{R_1R_2G_3G_4}$, 且 $\pi_{R_1R_2G_3G_4}$ 通过侧棱 P_0P_4 的中点.

证明 根据定理 8.4.5, 由式 (8.4.27) 和 (8.4.28) 易知, P_2 与 P_1, P_3 分居于 $\pi_{R_1R_2G_3G_4}$ 的两侧且到该平面的距离相等, 因此 $P_1P_3//\pi_{R_1R_2G_3G_4}$; 而由式 (8.4.30) 易知, 底面 $P_1P_2P_3P_4$ 对角线 P_1P_3 平行于 $\pi_{R_1R_2G_3G_4}$.

推论 8.4.6 设 P_0-$P_1P_2P_3P_4$ 是四棱锥, R_i 为底边 $P_iP_{i+1}(i=1,2)$ 的中点, G_i 为侧面 $P_0P_iP_{i+1}(i=3,4)$ 的重心, $\pi_{R_1R_2G_3G_4}$ 是 P_0-$P_1P_2P_3P_4$ 的重心线面.

(1) 若 P_0-$P_1P_2P_3P_4$ 底面的对角线 P_1P_3 平行于重心线包络面 $\pi_{R_1G_3\text{-}\mu_1\nu_1}$ ($\pi_{R_2G_4\text{-}\mu_2\nu_2}$), 则 $\pi_{R_1G_3\text{-}\mu_1\nu_1}$($\pi_{R_2G_4\text{-}\mu_2\nu_2}$) 通过底边 $P_2P_3(P_1P_2)$ 的中点, 且通过侧棱 P_0P_4 的中点;

(2) 若 $\pi_{R_1G_3\text{-}\mu_1\nu_1}$($\pi_{R_2G_4\text{-}\mu_2\nu_2}$) 通过侧棱 P_0P_4 的中点, 则 $\pi_{R_1G_3\text{-}\mu_1\nu_1}$($\pi_{R_2G_4\text{-}\mu_2\nu_2}$) 通过底边 $P_2P_3(P_1P_2)$ 的中点, 且 P_0-$P_1P_2P_3P_4$ 底面的对角线 P_1P_3 平行于 $\pi_{R_1G_3\text{-}\mu_1\nu_1}$($\pi_{R_2G_4\text{-}\mu_2\nu_2}$);

(3) 若 $\pi_{R_1G_3\text{-}\mu_1\nu_1}$($\pi_{R_2G_4\text{-}\mu_2\nu_2}$) 通过底边 $P_2P_3(P_1P_2)$ 的中点, 则 $\pi_{R_1G_3\text{-}\mu_1\nu_1}$($\pi_{R_2G_4\text{-}\mu_2\nu_2}$) 通过侧棱 P_0P_4 的中点, 且 P_0-$P_1P_2P_3P_4$ 底面的对角线 P_1P_3 平行于 $\pi_{R_1G_3\text{-}\mu_1\nu_1}$($\pi_{R_2G_4\text{-}\mu_2\nu_2}$).

证明 (1) 若 P_0-$P_1P_2P_3P_4$ 的底面 $P_1P_2P_3P_4$ 对角线 P_1P_3 平行于重心线包络面 $\pi_{R_1G_3\text{-}\mu_1\nu_1}$($\pi_{R_2G_4\text{-}\mu_2\nu_2}$), 则 $\pi_{R_1G_3\text{-}\mu_1\nu_1}$($\pi_{R_2G_4\text{-}\mu_2\nu_2}$) 满足式 (8.4.30), 从而 $\pi_{R_1G_3\text{-}\mu_1\nu_1}$($\pi_{R_2G_4\text{-}\mu_2\nu_2}$) 必定满足式 (8.4.27) 和 (8.4.28), 从而 $\pi_{R_1G_3\text{-}\mu_1\nu_1}$($\pi_{R_2G_4\text{-}\mu_2\nu_2}$) 通过底边 $P_2P_3(P_1P_2)$ 的中点, 即 $\pi_{R_1G_3\text{-}\mu_1\nu_1}$($\pi_{R_2G_4\text{-}\mu_2\nu_2}$) 就是 P_0-$P_1P_2P_3P_4$ 的重心线面 $\pi_{R_1R_2G_3G_4}$, 从而 $\pi_{R_1G_3\text{-}\mu_1\nu_1}$($\pi_{R_2G_4\text{-}\mu_2\nu_2}$) 必定通过侧棱 P_0P_4 的中点;

类似地, 可以证明 (2) 和 (3) 中结论成立.

定理 8.4.6 设 P_0-$P_1P_2P_3P_4$ 是四棱锥, R_i 为底边 $P_iP_{i+1}(i=2,3)$ 的中点, G_i 为侧面 $P_0P_iP_{i+1}(i=4,1)$ 的重心, $\pi_{R_2R_3G_4G_1}$ 是 P_0-$P_1P_2P_3P_4$ 的重心线面, 则

$$\mathrm{D}_{P_2\text{-}\pi_{R_2R_3G_4G_1}} + \mathrm{D}_{P_3\text{-}\pi_{R_2R_3G_4G_1}} = 0 \quad (\mathrm{d}_{P_2\text{-}\pi_{R_2R_3G_4G_1}} = \mathrm{d}_{P_3\text{-}\pi_{R_2R_3G_4G_1}}), \quad (8.4.31)$$

$$\mathrm{D}_{P_3\text{-}\pi_{R_2R_3G_4G_1}} + \mathrm{D}_{P_4\text{-}\pi_{R_2R_3G_4G_1}} = 0 \quad (\mathrm{d}_{P_3\text{-}\pi_{R_2R_3G_4G_1}} = \mathrm{d}_{P_4\text{-}\pi_{R_2R_3G_4G_1}}), \quad (8.4.32)$$

$$\mathrm{D}_{P_0\text{-}\pi_{R_2R_3G_4G_1}} + \mathrm{D}_{P_1\text{-}\pi_{R_2R_3G_4G_1}} = 0 \quad (\mathrm{d}_{P_0\text{-}\pi_{R_2R_3G_4G_1}} = \mathrm{d}_{P_1\text{-}\pi_{R_2R_3G_4G_1}}), \quad (8.4.33)$$

$$\mathrm{D}_{P_4\text{-}\pi_{R_2R_3G_4G_1}} - \mathrm{D}_{P_2\text{-}\pi_{R_2R_3G_4G_1}} = 0 \quad (\mathrm{d}_{P_4\text{-}\pi_{R_2R_3G_4G_1}} = \mathrm{d}_{P_2\text{-}\pi_{R_2R_3G_4G_1}}). \quad (8.4.34)$$

证明 根据定理 8.4.1, 由式 (8.4.4) 仿定理 8.4.5 证明, 即得式 (8.4.31)~(8.4.34).

推论 8.4.7　设 $P_0\text{-}P_1P_2P_3P_4$ 是四棱锥, R_i 为底边 $P_iP_{i+1}(i=2,3)$ 的中点, G_i 为侧面 $P_0P_iP_{i+1}(i=4,1)$ 的重心, $\pi_{R_2R_3G_4G_1}$ 是 $P_0\text{-}P_1P_2P_3P_4$ 的重心线面, 则 P_3 与 P_2,P_4 分居于 $\pi_{R_2R_3G_4G_1}$ 的两侧且到该平面的距离相等, 因此 $P_2P_4/\!/\pi_{R_2R_3G_4G_1}$, 且 $\pi_{R_2R_3G_4G_1}$ 通过侧棱 P_0P_1 的中点.

证明　根据定理 8.4.6, 仿推论 8.4.5 证明即得.

推论 8.4.8　设 $P_0\text{-}P_1P_2P_3P_4$ 是四棱锥, R_i 为底边 $P_iP_{i+1}(i=2,3)$ 的中点, G_i 为侧面 $P_0P_iP_{i+1}(i=4,1)$ 的重心, $\pi_{R_2R_3G_4G_1}$ 是 $P_0\text{-}P_1P_2P_3P_4$ 的重心线面.

(1) 若 $P_0\text{-}P_1P_2P_3P_4$ 底面的对角线 P_2P_4 平行于重心线包络面 $\pi_{R_2G_4\text{-}\mu_2\nu_2}$ $(\pi_{R_3G_1\text{-}\mu_3\nu_3})$, 则 $\pi_{R_2G_4\text{-}\mu_2\nu_2}(\pi_{R_3G_1\text{-}\mu_3\nu_3})$ 通过底边 $P_3P_4(P_2P_3)$ 的中点, 且通过侧棱 P_0P_1 的中点;

(2) 若 $\pi_{R_2G_4\text{-}\mu_2\nu_2}(\pi_{R_3G_1\text{-}\mu_3\nu_3})$ 通过侧棱 P_0P_1 的中点, 则 $\pi_{R_2G_4\text{-}\mu_2\nu_2}(\pi_{R_3G_1\text{-}\mu_3\nu_3})$ 通过底边 $P_3P_4(P_2P_3)$ 的中点, 且 $P_0\text{-}P_1P_2P_3P_4$ 底面的对角线 P_2P_4 平行于 $\pi_{R_2G_4\text{-}\mu_2\nu_2}(\pi_{R_3G_1\text{-}\mu_3\nu_3})$;

(3) 若 $\pi_{R_2G_4\text{-}\mu_2\nu_2}(\pi_{R_3G_1\text{-}\mu_3\nu_3})$ 通过底边 $P_3P_4(P_2P_3)$ 的中点, 则 $\pi_{R_2G_4\text{-}\mu_2\nu_2}$ $(\pi_{R_3G_1\text{-}\mu_3\nu_3})$ 通过侧棱 P_0P_1 的中点, 且 $P_0\text{-}P_1P_2P_3P_4$ 底面的对角线 P_2P_4 平行于 $\pi_{R_2G_4\text{-}\mu_2\nu_2}(\pi_{R_3G_1\text{-}\mu_3\nu_3})$.

证明　根据定理 8.4.6, 仿推论 8.4.6 证明即得.

定理 8.4.7　设 $P_0\text{-}P_1P_2P_3P_4$ 是四棱锥, R_i 为底边 $P_iP_{i+1}(i=3,4)$ 的中点, G_i 为侧面 $P_0P_iP_{i+1}(i=1,2)$ 的重心, $\pi_{R_3R_4G_1G_2}$ 是 $P_0\text{-}P_1P_2P_3P_4$ 的重心线面, 则

$$\mathrm{D}_{P_3\text{-}\pi_{R_3R_4G_1G_2}} + \mathrm{D}_{P_4\text{-}\pi_{R_3R_4G_1G_2}} = 0 \quad (\mathrm{d}_{P_3\text{-}\pi_{R_3R_4G_1G_2}} = \mathrm{d}_{P_4\text{-}\pi_{R_3R_4G_1G_2}}), \quad (8.4.35)$$

$$\mathrm{D}_{P_4\text{-}\pi_{R_3R_4G_1G_2}} + \mathrm{D}_{P_1\text{-}\pi_{R_3R_4G_1G_2}} = 0 \quad (\mathrm{d}_{P_4\text{-}\pi_{R_3R_4G_1G_2}} = \mathrm{d}_{P_1\text{-}\pi_{R_3R_4G_1G_2}}), \quad (8.4.36)$$

$$\mathrm{D}_{P_0\text{-}\pi_{R_3R_4G_1G_2}} + \mathrm{D}_{P_2\text{-}\pi_{R_3R_4G_1G_2}} = 0 \quad (\mathrm{d}_{P_0\text{-}\pi_{R_3R_4G_1G_2}} = \mathrm{d}_{P_2\text{-}\pi_{R_3R_4G_1G_2}}), \quad (8.4.37)$$

$$\mathrm{D}_{P_1\text{-}\pi_{R_3R_4G_1G_2}} - \mathrm{D}_{P_3\text{-}\pi_{R_3R_4G_1G_2}} = 0 \quad (\mathrm{d}_{P_1\text{-}\pi_{R_3R_4G_1G_2}} = \mathrm{d}_{P_3\text{-}\pi_{R_3R_4G_1G_2}}). \quad (8.4.38)$$

证明　根据定理 8.4.1, 由式 (8.4.6) 仿定理 8.4.5 证明, 即得式 (8.4.35)~ (8.4.38).

推论 8.4.9　设 $P_0\text{-}P_1P_2P_3P_4$ 是四棱锥, R_i 为底边 $P_iP_{i+1}(i=3,4)$ 的中点, G_i 为侧面 $P_0P_iP_{i+1}(i=1,2)$ 的重心, $\pi_{R_3R_4G_1G_2}$ 是 $P_0\text{-}P_1P_2P_3P_4$ 的重心线面, 则 P_4 与 P_3,P_1 分居于 $\pi_{R_3R_4G_1G_2}$ 的两侧且到该平面的距离相等, 因此 $P_3P_1/\!/\pi_{R_3R_4G_1G_2}$, 且 $\pi_{R_3R_4G_1G_2}$ 通过侧棱 P_0P_2 的中点.

证明　根据定理 8.4.7, 仿推论 8.4.5 证明即得.

推论 8.4.10　设 $P_0\text{-}P_1P_2P_3P_4$ 是四棱锥, R_i 为底边 $P_iP_{i+1}(i=3,4)$ 的中点, G_i 为侧面 $P_0P_iP_{i+1}(i=1,2)$ 的重心, $\pi_{R_3R_4G_1G_2}$ 是 $P_0\text{-}P_1P_2P_3P_4$ 的重心线面.

(1) 若 $P_0\text{-}P_1P_2P_3P_4$ 底面的对角线 P_3P_1 平行于重心线包络面 $\pi_{R_3G_1\text{-}\mu_3\nu_3}$ $(\pi_{R_4G_2\text{-}\mu_4\nu_4})$，则 $\pi_{R_3G_1\text{-}\mu_3\nu_3}(\pi_{R_4G_2\text{-}\mu_4\nu_4})$ 通过底边 $P_4P_1(P_3P_4)$ 的中点，且通过侧棱 P_0P_2 的中点；

(2) 若 $\pi_{R_3G_1\text{-}\mu_3\nu_3}(\pi_{R_4G_2\text{-}\mu_4\nu_4})$ 通过侧棱 P_0P_2 的中点，则 $\pi_{R_3G_1\text{-}\mu_3\nu_3}(\pi_{R_4G_2\text{-}\mu_4\nu_4})$ 通过底边 $P_4P_1(P_3P_4)$ 的中点，且 $P_0\text{-}P_1P_2P_3P_4$ 底面的对角线 P_3P_1 平行于 $\pi_{R_3G_1\text{-}\mu_3\nu_3}(\pi_{R_4G_2\text{-}\mu_4\nu_4})$；

(3) 若 $\pi_{R_3G_1\text{-}\mu_3\nu_3}(\pi_{R_4G_2\text{-}\mu_4\nu_4})$ 通过底边 $P_4P_1(P_3P_4)$ 的中点，则 $\pi_{R_3G_1\text{-}\mu_3\nu_3}$ $(\pi_{R_4G_2\text{-}\mu_4\nu_4})$ 通过侧棱 P_0P_2 的中点，且 $P_0\text{-}P_1P_2P_3P_4$ 底面的对角线 P_3P_1 平行于 $\pi_{R_3G_1\text{-}\mu_3\nu_3}(\pi_{R_4G_2\text{-}\mu_4\nu_4})$.

证明 根据定理 8.4.7, 仿推论 8.4.6 证明即得.

定理 8.4.8 设 $P_0\text{-}P_1P_2P_3P_4$ 是四棱锥, R_i 为底边 $P_iP_{i+1}(i=4,1)$ 的中点, G_i 为侧面 $P_0P_iP_{i+1}(i=2,3)$ 的重心, $\pi_{R_4R_1G_2G_3}$ 是 $P_0\text{-}P_1P_2P_3P_4$ 的重心线面, 则

$$\mathrm{D}_{P_4\text{-}\pi_{R_4R_1G_2G_3}} + \mathrm{D}_{P_1\text{-}\pi_{R_4R_1G_2G_3}} = 0 \quad (\mathrm{d}_{P_4\text{-}\pi_{R_4R_1G_2G_3}} = \mathrm{d}_{P_1\text{-}\pi_{R_4R_1G_2G_3}}), \quad (8.4.39)$$

$$\mathrm{D}_{P_1\text{-}\pi_{R_4R_1G_2G_3}} + \mathrm{D}_{P_2\text{-}\pi_{R_4R_1G_2G_3}} = 0 \quad (\mathrm{d}_{P_1\text{-}\pi_{R_4R_1G_2G_3}} = \mathrm{d}_{P_2\text{-}\pi_{R_4R_1G_2G_3}}), \quad (8.4.40)$$

$$\mathrm{D}_{P_0\text{-}\pi_{R_4R_1G_2G_3}} + \mathrm{D}_{P_3\text{-}\pi_{R_4R_1G_2G_3}} = 0 \quad (\mathrm{d}_{P_0\text{-}\pi_{R_4R_1G_2G_3}} = \mathrm{d}_{P_3\text{-}\pi_{R_4R_1G_2G_3}}), \quad (8.4.41)$$

$$\mathrm{D}_{P_2\text{-}\pi_{R_4R_1G_2G_3}} - \mathrm{D}_{P_4\text{-}\pi_{R_4R_1G_2G_3}} = 0 \quad (\mathrm{d}_{P_2\text{-}\pi_{R_4R_1G_2G_3}} = \mathrm{d}_{P_4\text{-}\pi_{R_4R_1G_2G_3}}). \quad (8.4.42)$$

证明 根据定理 8.4.1, 由式 (8.4.8) 仿定理 8.4.5 证明, 即得式 (8.4.39)~ (8.4.42).

推论 8.4.11 设 $P_0\text{-}P_1P_2P_3P_4$ 是四棱锥, R_i 为底边 $P_iP_{i+1}(i=4,1)$ 的中点, G_i 为侧面 $P_0P_iP_{i+1}(i=2,3)$ 的重心, $\pi_{R_4R_1G_2G_3}$ 是 $P_0\text{-}P_1P_2P_3P_4$ 的重心线面, 则 P_1 与 P_4, P_2 分居于 $\pi_{R_4R_1G_2G_3}$ 的两侧且到该平面的距离相等, 因此 $P_4P_2 // \pi_{R_4R_1G_2G_3}$, 且 $\pi_{R_4R_1G_2G_3}$ 通过侧棱 P_0P_3 的中点.

证明 根据定理 8.4.8, 仿推论 8.4.5 证明即得.

推论 8.4.12 设 $P_0\text{-}P_1P_2P_3P_4$ 是四棱锥, R_i 为底边 $P_iP_{i+1}(i=4,1)$ 的中点, G_i 为侧面 $P_0P_iP_{i+1}(i=2,3)$ 的重心, $\pi_{R_4R_1G_2G_3}$ 是 $P_0\text{-}P_1P_2P_3P_4$ 的重心线面.

(1) 若 $P_0\text{-}P_1P_2P_3P_4$ 底面的对角线 P_4P_2 平行于重心线包络面 $\pi_{R_4G_2\text{-}\mu_4\nu_4}$ $(\pi_{R_1G_3\text{-}\mu_1\nu_1})$，则 $\pi_{R_4G_2\text{-}\mu_4\nu_4}(\pi_{R_1G_3\text{-}\mu_1\nu_1})$ 通过底边 $P_1P_2(P_4P_1)$ 的中点，且通过侧棱 $\pi_{R_4G_2\text{-}\mu_4\nu_4}(\pi_{R_1G_3\text{-}\mu_1\nu_1})$ 的中点；

(2) 若 $\pi_{R_4G_2\text{-}\mu_4\nu_4}(\pi_{R_1G_3\text{-}\mu_1\nu_1})$ 通过侧棱 P_0P_3 的中点，则 $\pi_{R_4G_2\text{-}\mu_4\nu_4}(\pi_{R_1G_3\text{-}\mu_1\nu_1})$ 通过底边 $P_1P_2(P_4P_1)$ 的中点，且 $P_0\text{-}P_1P_2P_3P_4$ 底面的对角线 P_4P_2 平行于 $\pi_{R_4G_2\text{-}\mu_4\nu_4}(\pi_{R_1G_3\text{-}\mu_1\nu_1})$；

(3) 若 $\pi_{R_4G_2\text{-}\mu_4\nu_4}(\pi_{R_1G_3\text{-}\mu_1\nu_1})$ 通过底边 $P_1P_2(P_4P_1)$ 的中点，则 $\pi_{R_4G_2\text{-}\mu_4\nu_4}$

$(\pi_{R_1 G_3 - \mu_1 \nu_1})$ 通过侧棱 $P_0 P_3$ 的中点, 且 P_0-$P_1 P_2 P_3 P_4$ 底面的对角线 $P_4 P_2$ 平行于 $\pi_{R_4 G_2 - \mu_4 \nu_4}(\pi_{R_1 G_3 - \mu_1 \nu_1})$.

证明　根据定理 8.4.8, 仿推论 8.4.6 证明即得.

定理 8.4.9　设 P_0-$P_1 P_2 P_3 P_4$ 是四棱锥, R_i 为底边 $P_i P_{i+1}(i = 1, 2, 3, 4)$ 的中点, G_i 为侧面 $P_0 P_i P_{i+1}(i = 1, 2, 3, 4)$ 的重心, $R_i R_{i+1} G_{i+2} G_{i+3}(i = 1, 2, 3, 4)$ 是 P_0-$P_1 P_2 P_3 P_4$ 的重心线四边形, 则

$$\mathrm{a}_{R_i R_{i+1} G_{i+2}} = \mathrm{a}_{G_{i+3} R_i R_{i+1}} = 0.6 \mathrm{a}_{R_i R_{i+1} G_{i+2} G_{i+3}} \quad (i = 1, 2, 3, 4), \qquad (8.4.43)$$

$$\mathrm{a}_{R_{i+1} G_{i+2} G_{i+3}} = \mathrm{a}_{G_{i+2} G_{i+3} R_i} = 0.4 \mathrm{a}_{R_i R_{i+1} G_{i+2} G_{i+3}} \quad (i = 1, 2, 3, 4). \qquad (8.4.44)$$

从而, $R_i R_{i+1} G_{i+2} G_{i+3}$ 是梯形, 且 $R_i R_{i+1} // G_{i+2} G_{i+3}(i = 1, 2, 3, 4)$.

证明　根据定理 8.4.1, 在式 (8.3.2) 中注意到 $2\mathrm{D}_{P_1 - \pi_{R_1 R_2 G_3 G_4}} \neq 0$, 即得

$$2\mathrm{a}_{R_1 R_2 G_3} = 3\mathrm{a}_{R_2 G_3 G_4} = 3\mathrm{a}_{G_3 G_4 R_1} = 2\mathrm{a}_{G_4 R_1 R_2}.$$

又在重心线四边形 $R_1 R_2 G_3 G_4$ 中, 有

$$\mathrm{a}_{R_1 R_2 G_3} + \mathrm{a}_{G_4 R_1 R_2} + \mathrm{a}_{R_2 G_3 G_4} + \mathrm{a}_{G_3 G_4 R_1} = 2\mathrm{a}_{R_1 R_2 G_3 G_4},$$

所以 $10\mathrm{a}_{R_1 R_2 G_3}/3 = 2\mathrm{a}_{R_1 R_2 G_3 G_4}, \mathrm{a}_{R_1 R_2 G_3} = 0.6 \mathrm{a}_{R_1 R_2 G_3 G_4}$. 因此, 当 $i = 1$ 时, 式 (8.4.43) 和 (8.4.44) 成立.

类似地, 可以证明, 当 $i = 2, 3, 4$ 时, 式 (8.4.43) 和 (8.4.44) 成立.

从而, $R_i R_{i+1} G_{i+2} G_{i+3}$ 是梯形, 且 $R_i R_{i+1} // G_{i+2} G_{i+3}(i = 1, 2, 3, 4)$.

注 8.4.1　特别地, 当 P_0-$P_1 P_2 P_3 P_4$ 为正四棱锥时, 易见 $\mathrm{d}_{R_i G_{i+2}} = \mathrm{d}_{R_{i+1} G_{i+3}}$ $(i = 1, 2, 3, 4)$, 故此时 $R_i R_{i+1} G_{i+2} G_{i+3}(i = 1, 2, 3, 4)$ 均为等腰梯形.

推论 8.4.13　设 P_0-$P_1 P_2 P_3 P_4$ 是四棱锥, R_i 为底边 $P_i P_{i+1}(i = 1, 2, 3, 4)$ 的中点, G_i 为侧面 $P_0 P_i P_{i+1}(i = 1, 2, 3, 4)$ 的重心, $R_i R_{i+1} G_{i+2} G_{i+3}(i = 1, 2, 3, 4)$ 是 P_0-$P_1 P_2 P_3 P_4$ 的重心线四边形, 则

$$\mathrm{D}_{R_i R_{i+1} G_{i+2}} = \mathrm{D}_{G_{i+3} R_i R_{i+1}} = 0.6 \mathrm{Da}_{R_i R_{i+1} G_{i+2} G_{i+3}} \quad (i = 1, 2, 3, 4), \qquad (8.4.45)$$

$$\mathrm{D}_{R_{i+1} G_{i+2} G_{i+3}} = \mathrm{D}_{G_{i+2} G_{i+3} R_i} = 0.4 \mathrm{Da}_{R_i R_{i+1} G_{i+2} G_{i+3}} \quad (i = 1, 2, 3, 4). \qquad (8.4.46)$$

证明　因为重心线面 $\pi_{R_1 R_2 G_3 G_4}$ 与重心线三角面 $\pi_{R_1 R_2 G_3}, \pi_{R_2 G_3 G_4}, \pi_{G_3 G_4 R_1}$, $\pi_{G_4 R_1 R_2}$ 是同向重合的, 故重心线四边形 $R_1 R_2 G_3 G_4$ 与平面 $R_1 R_2 G_3, R_2 G_3 G_4$, $G_3 G_4 R_1, G_4 R_1 R_2$ 同向, 故当 $i = 1$ 时, 由式 (8.4.43) 和 (8.4.44), 即得

$$\mathrm{D}_{R_1 R_2 G_3} = \mathrm{D}_{G_4 R_1 R_2} = 0.6 \mathrm{Da}_{R_1 R_2 G_3 G_4}, \quad \mathrm{D}_{R_2 G_3 G_4} = \mathrm{D}_{G_3 G_4 R_1} = 0.4 \mathrm{Da}_{R_1 R_2 G_3 G_4}.$$

因此, 当 $i = 1$ 时, 式 (8.4.45) 和 (8.4.46) 成立.

类似地, 可以证明, 当 $i = 2, 3, 4$ 时, 式 (8.4.45) 和 (8.4.46) 成立.

定理 8.4.10　设 $P_0\text{-}P_1P_2P_3P_4$ 是四棱锥, R_i 为底边 $P_iP_{i+1}(i = 1, 3)$ 的中点, G_i 为侧面 $P_0P_iP_{i+1}(i = 1, 3)$ 的重心, $\pi_{R_1R_3G_3G_1}$ 是 $P_0\text{-}P_1P_2P_3P_4$ 的重心线面, 则

$$\mathrm{D}_{P_1\text{-}\pi_{R_1R_3G_3G_1}} + \mathrm{D}_{P_2\text{-}\pi_{R_1R_3G_3G_1}} = 0 \quad (\mathrm{d}_{P_1\text{-}\pi_{R_1R_3G_3G_1}} = \mathrm{d}_{P_2\text{-}\pi_{R_1R_3G_3G_1}}), \quad (8.4.47)$$

$$\mathrm{D}_{P_3\text{-}\pi_{R_1R_3G_3G_1}} + \mathrm{D}_{P_4\text{-}\pi_{R_1R_3G_3G_1}} = 0 \quad (\mathrm{d}_{P_3\text{-}\pi_{R_1R_3G_3G_1}} = \mathrm{d}_{P_4\text{-}\pi_{R_1R_3G_3G_1}}). \quad (8.4.48)$$

证明　根据定理 8.4.2, 分别由式 (8.4.19) 和 (8.4.20), 仿定理 8.4.5 证明, 即得式 (8.4.47) 和 (8.4.48).

推论 8.4.14　设 $P_0\text{-}P_1P_2P_3P_4$ 是四棱锥, R_i 为底边 $P_iP_{i+1}(i = 1, 3)$ 的中点, G_i 为侧面 $P_0P_iP_{i+1}(i = 1, 3)$ 的重心, $\pi_{R_1R_3G_3G_1}$ 是 $P_0\text{-}P_1P_2P_3P_4$ 的重心线面, 则腰棱 P_1P_2, P_3P_4 的两个端点 $P_1, P_2; P_3, P_4$ 均分居于 $\pi_{R_1R_3G_3G_1}$ 的两侧, 且距离相等.

证明　由式 (8.4.47) 和 (8.4.48) 的几何意义即得.

定理 8.4.11　设 $P_0\text{-}P_1P_2P_3P_4$ 是四棱锥, R_i 为底边 $P_iP_{i+1}(i = 2, 4)$ 的中点, G_i 为侧面 $P_0P_iP_{i+1}(i = 2, 4)$ 的重心, $\pi_{R_2R_4G_4G_2}$ 是 $P_0\text{-}P_1P_2P_3P_4$ 的重心线面, 则

$$\mathrm{D}_{P_2\text{-}\pi_{R_2R_4G_4G_2}} + \mathrm{D}_{P_3\text{-}\pi_{R_2R_4G_4G_2}} = 0 \quad (\mathrm{d}_{P_2\text{-}\pi_{R_2R_4G_4G_2}} = \mathrm{d}_{P_3\text{-}\pi_{R_2R_4G_4G_2}}), \quad (8.4.49)$$

$$\mathrm{D}_{P_4\text{-}\pi_{R_2R_4G_4G_2}} + \mathrm{D}_{P_1\text{-}\pi_{R_2R_4G_4G_2}} = 0 \quad (\mathrm{d}_{P_4\text{-}\pi_{R_2R_4G_4G_2}} = \mathrm{d}_{P_1\text{-}\pi_{R_2R_4G_4G_2}}). \quad (8.4.50)$$

证明　根据定理 8.4.2, 分别由式 (8.4.21) 和 (8.4.22), 仿定理 8.4.5 证明, 即得式 (8.4.49) 和 (8.4.50).

推论 8.4.15　设 $P_0\text{-}P_1P_2P_3P_4$ 是四棱锥, R_i 为底边 $P_iP_{i+1}(i = 2, 4)$ 的中点, G_i 为侧面 $P_0P_iP_{i+1}(i = 2, 4)$ 的重心, $\pi_{R_2R_4G_4G_2}$ 是 $P_0\text{-}P_1P_2P_3P_4$ 的重心线面, 则腰棱 P_2P_3, P_4P_1 的两个端点 $P_2, P_3; P_4, P_1$ 均分居于 $\pi_{R_2R_4G_4G_2}$ 的两侧, 且距离相等.

证明　由式 (8.4.49) 和 (8.4.50) 的几何意义即得.

定理 8.4.12　设 $P_0\text{-}P_1P_2P_3P_4$ 是四棱锥, R_i 为底边 $P_iP_{i+1}(i = 1, 2, 3, 4)$ 的中点, G_i 为侧面 $P_0P_iP_{i+1}(i = 1, 2, 3, 4)$ 的重心, $R_iR_{i+2}G_{i+2}G_i(i = 1, 2)$ 是 $P_0\text{-}P_1P_2P_3P_4$ 的重心线四边形, 则

$$\mathrm{a}_{R_iR_{i+2}G_{i+2}G_i} = \mathrm{a}_{G_iR_iR_{i+2}} = 0.6\mathrm{a}_{R_iR_{i+2}G_{i+2}G_i} \quad (i = 1, 2), \quad (8.4.51)$$

$$\mathrm{a}_{R_{i+2}G_{i+2}G_i} = \mathrm{a}_{G_{i+2}G_iR_i} = 0.4\mathrm{a}_{R_iR_{i+2}G_{i+2}G_i} \quad (i = 1, 2). \quad (8.4.52)$$

从而, $R_iR_{i+2}G_{i+2}G_i$ 是梯形, 且 $R_iR_{i+2}//G_{i+2}G_i(i = 1, 2)$.

证明　根据定理 8.4.2, 由式 (8.4.19) 和 (8.4.21), 仿定理 8.4.5 证明, 即得式 (8.4.51) 和 (8.4.52). 从而, $R_iR_{i+2}G_{i+2}G_i$ 是梯形, 且 $R_iR_{i+2}//G_{i+2}G_i(i = 1, 2)$.

注 8.4.2　特别地, 当 P_0-$P_1P_2P_3P_4$ 为正四棱锥时, 易见 $\mathrm{d}_{R_iG_{i+2}} = \mathrm{d}_{R_{i+2}G_i}$ $(i=1,2)$, 故此时 $R_iR_{i+2}G_{i+2}G_i(i=1,2)$ 为等腰梯形.

推论 8.4.16　设 P_0-$P_1P_2P_3P_4$ 是四棱锥, R_i 为底边 $P_iP_{i+1}(i=1,2,3,4)$ 的中点, G_i 为侧面 $P_0P_iP_{i+1}(i=1,2,3,4)$ 的重心, $R_iR_{i+2}G_{i+2}G_i(i=1,2)$ 是 P_0-$P_1P_2P_3P_4$ 的重心线四边形, 则

$$\mathrm{D}_{R_iR_{i+2}G_{i+2}G_i} = \mathrm{D}_{G_iR_iR_{i+2}} = 0.6\mathrm{Da}_{R_iR_{i+2}G_{i+2}G_i} \quad (i=1,2), \tag{8.4.53}$$

$$\mathrm{D}_{R_{i+2}G_{i+2}G_i} = \mathrm{D}_{G_{i+2}G_iR_i} = 0.4\mathrm{Da}_{R_iR_{i+2}G_{i+2}G_i} \quad (i=1,2). \tag{8.4.54}$$

证明　根据定理 8.4.12, 仿推论 8.4.5 证明, 即得式 (8.4.53) 和 (8.4.54).

参 考 文 献

[1] 喻德生. 平面有向几何学 [M]. 北京: 科学出版社, 2014.

[2] 喻德生. 有向几何学: 有向距离及其应用 [M]. 北京: 科学出版社, 2016.

[3] 喻德生. 有向几何学: 有向面积及其应用 (上)[M]. 北京: 科学出版社, 2017.

[4] 喻德生. 有向几何学: 有向面积及其应用 (下)[M]. 北京: 科学出版社, 2018.

[5] 喻德生. 空间有向几何学 (上)[M]. 北京: 科学出版社, 2019.

[6] 喻德生. 空间有向几何学 (下)[M]. 北京: 科学出版社, 2020.

[7] 夏道行, 吴作人, 严绍宗, 舒五昌. 实变函数论与泛函分析 (下册)[M]. 2 版. 北京: 高等教育出版社, 1985.

[8] 张景中. 几何新方法和新体系 [M]. 北京: 科学出版社, 2009.

[9] 单蹲. 数学名题词典 [M]. 南京: 江苏教育出版社, 2002.

[10] 亚格龙 U M. 几何变换 3[M]. 章学成, 译. 北京: 北京大学出版社, 1987.

[11] Dergiades N, Salazar J C. Harcourt's theorem [J]. Forum Geometricorum, 2003, 3: 117-124.

[12] Ayme J L. A purely synthetic proof of the Droz-Farny line theorem[J]. Forum Geometricorum, 2004, 4: 219-224.

[13] 喻德生, 师晶. 二次曲线外切多角形中有向距离的定值定理 [J]. 南昌航空大学学报, 2009, 23(3): 38-42.

[14] 梅向明, 刘增贤, 林向岩. 高等几何 [M]. 北京: 高等教育出版社, 1983.

[15] 巴兹列夫 B T. 几何学及拓扑学习题集 [M]. 李质朴, 译. 北京: 北京师范大学出版社, 1985.

[16] 喻德生. 关于平面多边形有向面积的一些定理 [J]. 赣南师范学院学报, 1999(3): 11-14.

[17] Svrtan D, Veljan D. Vladimir volenec[J]. Geometry of Pentagons : from Gauss to Robbins. http://218.264.35.10.hdbsm/, 2006.

[18] 徐道. 正多边形中的定值问题 [J]. 安顺师专学报, 1999(2): 19-24.

[19] Dergiades N. Signed distance and the Erdös-Mordell inequality[J]. Forum Geometricorum, 2004, 4: 67-68.

[20] 喻德生. 有向面积及其应用 [J]. 吉安师专学报, 1999(6): 35-40.

[21] 喻德生. 平面四边形有向面积的两个定理及其应用 [J]. 赣南师范学院学报, 2000(3): 18-21.

[22] 喻德生, 徐迎博, 刘朝霞. 四边形中有向面积的定值定理及其应用 [J]. 数学研究期刊, 2011, 12(1): 1-9.

[23] 喻德生. 关于外、内三角形有向面积的两个定理及其应用 [J]. 宜春学院学报, 2004, 26(6): 19-21.

[24] 考克瑟特 H S M, 格雷策 S L. 几何学的新探索 [M]. 陈维桓, 译. 北京: 北京大学出版社, 1986.

[25]   嘎尔别林 Г A, 托尔贝戈 A K. 第 1-50 届莫斯科数学奥林匹克 [M]. 苏淳, 等译. 北京: 科
       学出版社, 1990.

[26]   喻德生. 关于垂足三角形有向面积的一些定理 [J]. 江西师范大学学报, 2001, 25(3): 214-
       218.

[27]   喻德生. 一类垂足多边形的有向面积公式及其应用 [J]. 南昌航空工业学院学报, 2000,
       14(4): 72-76.

[28]   Ehrmann J P. Steiner's theorems on the complete quadrilateral[J]. Forum Geometricorum,
       2004, 4: 35-52.

[29]   喻德生, 师晶. 线型三角形有向面积公式及其应用 [J]. 南昌航空大学学报, 2010, 24(3):
       51-55.

[30]   梁延堂. 关于两个三角形成正交透视的几个定理及其应用 [J]. 兰州大学学报, 2002, 38(1):
       18-21.

[31]   Cerin Z. Rings of squares around orthologic triangles[J]. Forum Geometricorum, 2009, 9:
       58-80.

[32]   Gruenberg K W, Weir A J. Linear Geometry [M]. New York: Springer-Verlag.

[33]   廖小勇. Menelaus 定理的矢量证明及其应用 [J]. 曲靖师范学院学报, 2003, 22(6): 29-31.

[34]   喻德生. 高线三角形有向面积的定值定理及其应用 [J]. 南昌航空工业学院学报, 2003,
       17(3): 43-45.

[35]   喻德生. 关于切顶线三角形有向面积的定值定理及其应用 [J]. 南昌航空工业学院学报,
       2002, 16(3): 1-3.

[36]   Hoffmann M, Gorjanc S. On the generalized gergonne point and beyeond[J]. Forum Geo-
       metricorum, 2008, 8: 151-155.

[37]   喻德生. 椭圆类二次曲线外切多边形中有向面积的定值定理及其应用 [J]. 南昌大学学报,
       2003, 25(3): 94-97.

[38]   喻德生. 双曲类二次曲线外切多边形中有向面积的定值定理及其应用 [J]. 福州大学学报,
       2004, 32(5): 522-525.

[39]   喻德生. 椭圆外切 $2n+1$ 边形中切定线三角形有向面积的定值定理及其应用 [J]. 南昌航
       空工业学院学报, 2003, 17(1): 10-12.

[40]   喻德生. 抛物类二次曲线外切多边形中有向面积的定值定理及其应用 [J]. 大学数学, 2006,
       22(1): 26-29.

[41]   喻德生. 圆外切五边形中有向面积的定值定理及其应用 [J]. 南昌航空工业学院学报, 2001,
       15(4): 65-69.

[42]   喻德生. 抛物线外切 $2n+1$ 边形中有向面积的定值定理及其应用 [J]. 江西师范大学学报,
       2006, 30(4): 315-317.

[43]   喻德生. 双曲类二次曲线外切 $2n+1$ 边形中有向面积的定值定理及其应用 [J]. 福州大学
       学报, 2006, 34(2): 176-179.

[44]   喻德生. Brianchon 定理在二次曲线外切 $2n$ 边形中的推广 [J]. 数学的实践与认识, 2007,
       37(13): 109-113.

[45]   Konecny V, Heuver J, Pfiefer R E. Problem 1320 and solutions[J]. Math. Mag., 1989(62):
       137; 1990(63): 130-131.

[46] Yu D S. On a fixed value theorem for directed areas in conic circumscribed polygons and applications[J]. 数学季刊, 2009, 24(4): 485-490.

[47] Yu D S. On two fixed value theorems for directed areas in conic circumscribed $2n+1$ polygon and applications [J]. The 2nd International Conference on Multimedia Technology, 2011, 3(2): 2781-2784.

[48] 喻德生, 徐迎博, 刘朝霞. 四边形中有向面积的定值定理及其应用 [J]. 数学研究期刊, 2011, 1(1): 1-9.

[49] 张景中. 几何定理机器证明 20 年 [J]. 科学通报, 1997, 42(21): 2248-2256.

[50] 张景中, 李永彬. 几何定理机器证明三十年 [J]. 系统科学与数学, 2009, 29(9): 1155-1168.

[51] 吴文俊. 数学机械化 [M]. 北京: 科学出版社, 2003.

[52] 徐利治. 数学方法论十二讲 [M]. 大连: 大连理工大学出版社, 2007.

[53] 朱华伟. 从数学竞赛到竞赛数学 [M]. 北京: 科学出版社, 2009.

[54] 沈文选. 走进教育数学 [M]. 北京: 科学出版社, 2009.

[55] 中国数学奥林匹克委员会. 世界数学奥林匹克解题大辞典: 几何卷 [M]. 石家庄: 河北出版传媒集团, 河北少年儿童出版社, 2012.

[56] 胡敦复, 荣方舟. 世界著名平面几何经典著作钩沉 [M]. 哈尔滨: 哈尔滨工业大学出版社, 2011.

[57] 匡继昌. 常用不等式 [M]. 3 版. 济南: 山东科学技术出版社, 2004.

[58] 田贵辰. 利用点到平面的距离公式证明分式不等式 [J]. 高等数学研究, 2004, 7(2): 27-29.

[59] 喻德生. 关于两道数学奥林匹克题的推广与证明 [J]. 数学通报, 2017, 56(6): 61-63.

名词索引